CAMBRIDGE LIBRARY COLLECTION

Books of enduring scholarly value

Mathematics

From its pre-historic roots in simple counting to the algorithms powering modern desktop computers, from the genius of Archimedes to the genius of Einstein, advances in mathematical understanding and numerical techniques have been directly responsible for creating the modern world as we know it. This series will provide a library of the most influential publications and writers on mathematics in its broadest sense. As such, it will show not only the deep roots from which modern science and technology have grown, but also the astonishing breadth of application of mathematical techniques in the humanities and social sciences, and in everyday life.

Werke

The genius of Carl Friedrich Gauss (1777–1855) and the novelty of his work (published in Latin, German, and occasionally French) in areas as diverse as number theory, probability and astronomy were already widely acknowledged during his lifetime. But it took another three generations of mathematicians to reveal the true extent of his output as they studied Gauss' extensive unpublished papers and his voluminous correspondence. This posthumous twelve-volume collection of Gauss' complete works, published between 1863 and 1933, marks the culmination of their efforts and provides a fascinating account of one of the great scientific minds of the nineteenth century. Volume 1 reproduces the 1801 *Disquisitiones arithmeticae*, a masterpiece of mathematical rigour, in which Gauss drew together and greatly extended the number-theoretic knowledge of his time. The final chapter, on the criterion for the constructibility of a regular polygon, solved a problem that had been open since antiquity.

Werke

Volume 1

Carl Friedrich Gauss

CAMBRIDGE
UNIVERSITY PRESS

CAMBRIDGE UNIVERSITY PRESS

Cambridge, New York, Melbourne, Madrid, Cape Town,
Singapore, São Paolo, Delhi, Tokyo, Mexico City

Published in the United States of America by Cambridge University Press, New York

www.cambridge.org
Information on this title: www.cambridge.org/9781108032230

This edition first published 1863
This digitally printed version 2011

ISBN 978-1-108-03223-0 Paperback

CARL FRIEDRICH GAUSS WERKE

BAND I.

CARL FRIEDRICH GAUSS

WERKE

ERSTER BAND

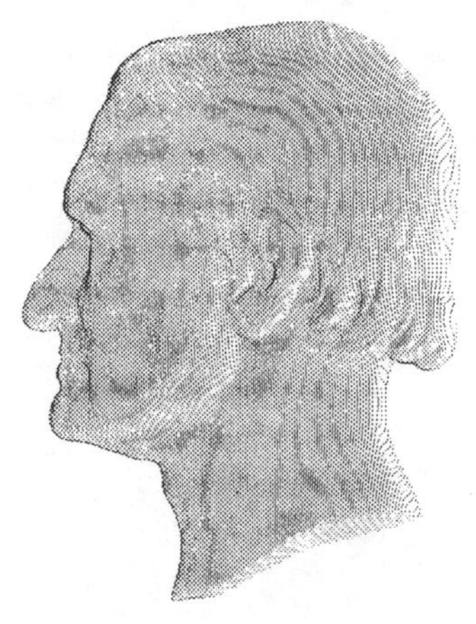

HERAUSGEGEBEN

VON DER

KÖNIGLICHEN GESELLSCHAFT DER WISSENSCHAFTEN

ZU

GÖTTINGEN

1863.

DISQUISITIONES

ARITHMETICAE

AUCTORE

D. CAROLO FRIDERICO GAUSS.

LIPSIAE

IN COMMISSIS APUD GERH. FLEISCHER JUN.

1801.

SERENISSIMO

PRINCIPI AC DOMINO

CAROLO GUILIELMO FERDINANDO

BRUNOVICENSIUM AC LUNEBURGENSIUM DUCI.

PRINCEPS SERENISSIME

Summae equidem felicitati mihi duco, quod Celsissimo nomini Tuo hoc opus inscribere mihi permittis, quod ut Tibi offeram sancto pietatis officio obstringor. Nisi enim Tua gratia, Serenissime princeps, introitum mihi ad scientias primum aperuisset, nisi perpetua Tua beneficia studia mea usque sustentavissent, scientiae mathematicae, ad quam vehementi semper amore delatus sum, totum me devovere non potuissem. Quin adeo eas ipsas meditationes, quarum partem hoc volumen exhibet, ut suscipere, per plures annos continuare literisque consignare liceret, Tua sola benignitas effecit, quae ut, ceterarum curarum expers, huic imprimis incumbere possem praestitit. Quas quum tandem in lucem emittere cuperem, Tua munificentia cuncta, quae editionem remorabantur, obstacula removit. Haec Tua tanta de me meisque conatibus merita gratissima potius mente tacitaque admiratione revolvere, quam iustis dignisque laudibus celebrare possum. Namque non solum tali me muneri haud parem sentio, sed et neminem ignorare puto, solennem Tibi esse tam insignem liberalitatem in omnes qui ad optimas disciplinas excolendas conferre videntur, neque eas scientias, quae vulgo abstrusiores et a vitae communis utilitate remotiores creduntur, a patrocinio Tuo exclusas esse, quum Tu ipse intimum scientiarum omnium inter se et necessarium vinculum mente illa sapientissima omniumque quae ad humanae societatis prosperitatem augendam pertinent peritissima, penitus perspexeris. Quodsi Tu, Princeps Serenissime, hunc librum, et gratissimi in Te animi et laborum nobilissimae scientiae dicatorum testem, insigni illo favore, quo me tamdiu amplexus es, haud indignum iudicaveris, operam meam me non inutiliter collocasse, eiusque honoris, quem prae omnibus in votis habui, compotem me factum esse, mihi gratulabor

PRINCEPS SERENISSIME

Brunovici mense Julio 1801.

Celsitudinis Tuae servus addictissimus

C. F. Gauss.

PRAEFATIO.

Disquisitiones in hoc opere contentae ad eam Matheseos partem pertinent, quae circa numeros integros versatur, fractis plerumque, surdis semper exclusis. Analysis indeterminata quam vocant seu Diophantaea, quae ex infinitis solutionibus problemati indeterminato satisfacientibus eas seligere docet, quae per numeros integros aut saltem rationales absolvuntur (plerumque ea quoque conditione adiecta ut sint positivi) non est illa disciplina ipsa, sed potius pars eius valde specialis, ad eamque ita fere se habet, ut ars aequationes reducendi et solvendi (Algebra) ad universam Analysin. Nimirum quemadmodum ad *Analyseos* ditionem referuntur omnes quae circa quantitatum affectiones generales institui possunt disquisitiones: ita numeri integri (fractique quatenus per integros determinantur) obiectum proprium Arithmeticae constituunt. Sed quum ea, quae Arithmetices nomine vulgo traduntur, vix ultra artem numerandi et calculandi (i. e. numeros per signa idonea e. g. secundum systema decadicum exhibendi, operationesque arithmeticas perficiendi) extendantur, adiectis nonnullis quae vel ad Arithmeticam omnino non pertinent (ut doctrina de logarithmis) vel saltem numeris integris non sunt propria sed ad omnes quantitates patent: e re esse videtur, duas Arithmeticae partes distinguere, illaque ad Arithmeticam elementarem referre, omnes autem disquisitiones generales de numerorum integrorum affectionibus propriis *Arithmeticae Sublimiori,* de qua sola hic sermo erit, vindicare.

Pertinent ad Arithmeticam Sublimiorem ea, quae Euclides in Elementis L. VII sqq. elegantia et rigore apud veteres consuetis tradidit: attamen ad prima initia huius scientiae limitantur. Diophanti opus celebre. quod totum problematis indeterminatis dicatum est, multas quaestiones continet, quae propter difficultatem suam artificiorumque subtilitatem de auctoris ingenio et acumine existimationem haud mediocrem suscitant, praesertim si subsidiorum quibus illi uti licuit tenuitatem consideres. At quum haec problemata dexteritatem quandam potius scitamque tractationem, quam principia profundiora postulent, praetereaque nimis specialia sint raroque ad conclusiones generaliores deducant: hic liber ideo magis epocham in historia Matheseos constituere videtur, quod prima artis characteristicae et Algebrae vestigia sistit, quam quod Arithmeticam Sublimiorem inventis novis auxerit. Longe plurima recentioribus debentur, inter quos pauci quidem sed immortalis gloriae viri P. de Fermat, L. Euler, L. La Grange, A. M. Le Gendre (ut paucos alios praeteream) introitum ad penetralia huius divinae scientiae aperuerunt, quantisque divitiis abundent patefecerunt. Quaenam vero inventa a singulis his geometris profecta sint, hic enarrare supersedeo, quum e praefationibus Additamentorum quibus ill. La Grange Euleri Algebram ditavit operisque mox memorandi ab ill. Le Gendre nuper editi cognosci possint, insuperque pleraque locis suis in his Disquisitionibus Arithmeticis laudentur.

Propositum huius operis, ad quod edendum iam annos abhinc quinque publice fidem dederam, id fuit, ut disquisitiones ex Arithmetica Sublimiori, quas partim ante id tempus partim postea institui, divulgarem. Ne quis vero miretur, scientiam hic a primis propemodum initiis repetitam, multasque disquisitiones hic denuo resumtas esse, quibus alii operam suam iam navarunt, monendum esse duxi, me, quum primum initio a. 1795 huic disquisitionum generi animum applicavi, omnium quae quidem a recentioribus in hac arena elaborata fuerint ignarum, omniumque subsidiorum per quae de his quidpiam comperire potuissem expertem fuisse. Scilicet in alio forte labore tunc occupatus, casu incidi in eximiam quandam veritatem arithmeticam (fuit autem ni fallor theorema art. 108), quam quum et per se pulcherrimam aestimarem et cum maioribus connexam esse suspicarer, summa qua potui contentione in id incubui, ut principia quibus inniteretur perspicerem, demonstrationemque rigorosam nanciscerer. Quod postquam tandem ex voto successisset, illecebris harum quaestionum ita fui implicatus, ut eas deserere non potuerim; quo pacto, dum alia semper ad alia viam sternebant, ea quae in quatuor primis Sectionibus huius operis traduntur ad maximam partem absoluta erant, antequam de aliorum geometrarum laboribus similibus quidquam vidissem. Dein copia mihi facta, horum summorum ingeniorum scripta evolvendi, maiorem quidem partem meditationum mearum rebus dudum transactis impensam esse agnovi: sed eo alacrior, illorum vestigiis insistens, Arithmeticam ulterius excolere studui; ita variae disquisitiones institutae sunt, quarum partem Sectiones V, VI et VII tradunt. Postquam interiecto tempore consilium de fructibus vigiliarum in publicum edendis cepi: eo lubentius, quod plures optabant, mihi persuaderi passus sum, ne quid vel ex illis investigationibus prioribus supprimerem, quod tum temporis liber non habebatur, ex quo aliorum geometrarum labores de his rebus, in Academiarum Commentariis sparsi, edisci potuissent; quod multae ex illis omnino novae et pleraeque per methodos novas tractatae erant; denique quod omnes tum inter se tum cum disquisitionibus posterioribus tam arcto nexu cohaerebant, ut ne nova quidem satis commode explicari possent, nisi reliquis ab initio repetitis.

Prodiit interea opus egregium viri iam antea de Arithmetica Sublimiori magnopere meriti, *Le Gendre Essai d'une théorie des nombres, Paris a. VI,* in quo non modo omnia quae hactenus in hac scientia elaborata sunt diligenter collegit et in ordinem redegit, sed permulta insuper nova de suo adiecit. Quum hic liber serius ad manum mihi pervenerit, postquam maxima operis pars typis iam exscripta esset; nullibi, ubi rerum analogia occasionem dare potuisset, eius mentionem iniicere licuit; de paucis tantummodo locis quaedam observationes in Additamentis adiungere necessarium videbatur, quas vir humanissimus et candidissimus benigne ut spero interpretabitur.

Inter impressionem huius operis, quae pluries interrupta variisque impedimentis usque in quartum annum protracta est, non modo eas investigationes, quas quidem iam antea susceperam, sed quarum promulgationem in aliud tempus differre constitueram, ne liber nimis magnus evaderet, ulterius continuavi, sed plures etiam alias novas aggressus sum. Plures quoque, quas ex eadem ratione leviter tantum attigi, quum tractatio uberior minus necessaria videretur (e. g. eae quae in artt. 37, 82 sqq. aliisque locis traduntur), postea resumtae sunt, disquisitionibusque generalioribus quae luce perdignae videntur locum dederunt (Conf. etiam quae in Additamentis de art. 306 dicuntur). Denique quum liber praesertim propter amplitudinem Sect. V in longe maius quam exspectaveram volumen excresceret, plura quae ab initio ei destinata erant, interque ea totam Sectionem *octavam* (quae passim iam in hoc volumine commemoratur, atque tractationem generalem de congruentiis algebraicis cuiusvis gradus continet) resecare oportuit. Haec omnia, quae volumen huic aequale facile explebunt, publici iuris fient, quamprimum occasio aderit.

Quod, in pluribus quaestionibus difficilibus, demonstrationibus syntheticis usus sum, analysinque per quam erutae sunt suppressi, imprimis brevitatis studio tribuendum est, cui quantum fieri poterat consulere oportebat.

Theoria divisionis circuli, sive polygonorum regularium, quae in Sect. VII tractatur, *ipsa* quidem *per se* ad Arithmeticam non pertinet, attamen eius *principia* unice ex Arithmetica Sublimiori petenda sunt: quod forsan geometris tam inexspectatum erit, quantum veritates novas, quas ex hoc fonte haurire licuit, ipsis gratas fore spero.

Haec sunt, de quibus lectorem praemonere volui. De rebus ipsis non meum est iudicare. Nihil equidem magis opto, quam ut iis, quibus scientiarum incrementa cordi sunt, placeant, quae vel hactenus desiderata explent, vel aditum ad nova aperiunt.

DISQUISITIONES ARITHMETICAE.

SECTIO PRIMA

DE

NUMERORUM CONGRUENTIA IN GENERE.

Numeri congrui, moduli, residua et nonresidua.

1.

Si numerus a numerorum b, c differentiam metitur. b et c *secundum a congrui* dicuntur, sin minus, *incongrui:* ipsum a *modulum* appellamus. Uterque numerorum b, c priori in casu alterius *residuum,* in posteriori vero *nonresiduum* vocatur.

Hae notiones de omnibus numeris integris tam positivis quam negativis*) valent, neque vero ad fractos sunt extendendae. *E. g.* -9 et $+16$ secundum modulum 5 sunt congrui; -7 ipsius $+15$ secundum modulum 11 residuum secundum modulum 3 vero nonresiduum. Ceterum quoniam cifram numerus quisque metitur, omnis numerus tamquam sibi ipsi congruus secundum modulum quemcunque est spectandus.

2.

Omnia numeri dati a residua secundum modulum m sub formula $a+km$ comprehenduntur, designante k numerum integrum indeterminatum. Propositionum quas post trademus faciliores nullo negotio hinc demonstrari possunt: sed istarum quidem veritatem aeque facile quivis intuendo poterit perspicere

*) Modulus manifesto semper *absolute* i. e. sine omni signo est sumendus.

Numerorum congruentiam hoc signo, $\equiv$, in posterum denotabimus, modulum ubi opus erit in clausulis adiungentes, $-16\equiv 9$ (mod. 5). $-7\equiv 15$ (mod. 11) *).

3.

Theorema. *Propositis* m *numeris integris successivis*

$$a,\ a+1,\ a+2\ \ldots.\ a+m-1$$

alioque A*, illorum aliquis huic secundum modulum* m *congruus erit, et quidem unicus tantum.*

Si enim $\frac{a-A}{m}$ integer, erit $a\equiv A$, sin fractus, sit integer proxime maior, (aut quando est negativus, proxime *minor,* si ad signum non respiciatur) $=k$, cadetque $A+km$ inter a et $a+m$, quare erit numerus quaesitus. Et manifestum est omnes quotientes $\frac{a-A}{m}$, $\frac{a+1-A}{m}$, $\frac{a+2-A}{m}$ etc. inter $k-1$ et $k+1$ sitos esse; quare plures quam unus integri esse nequeunt.

Residua minima.

4.

Quisque igitur numerus residuum habebit tum in hac serie, $0, 1, 2, \ldots m-1$, tum in hac, $0, -1, -2, \ldots. -(m-1)$, quae *residua minima* dicemus, patetque, nisi 0 fuerit residuum, bina semper dari, *positivum* alterum, alterum *negativum.* Quae si magnitudine sunt inaequalia, alterum erit $<\frac{m}{2}$, sin secus utrumque $=\frac{m}{2}$, signi respectu non habito. Unde patet, quemvis numerum residuum habere moduli semissem non superans quod *absolute minimum* vocabitur.

E. g. -13 secundum modulum 5, habet residuum minimum positivum 2, quod simul est absolute minimum, -3 vero residuum minimum negativum; $+5$ secundum modulum 7 sui ipsius est residuum minimum positivum, -2 negativum, simulque absolute minimum.

Propositiones elementares de congruentiis.

5.

His notionibus stabilitis eas numerorum congruorum proprietates quae prima fronte se offerunt colligamus.

---

*) Hoc signum propter magnam analogiam quae inter aequalitatem atque congruentiam invenitur adoptavimus. Ob eandem caussam ill. Le Gendre in comment. infra saepius laudanda ipsum aequalitatis signum pro congruentia retinuit, quod nos ne ambiguitas oriatur imitari dubitavimus.

Qui numeri secundum modulum compositum sunt congrui, etiam secundum quemvis eius divisorem congrui.

Si plures numeri eidem numero secundum eundem modulum sunt congrui, inter se erunt congrui (secundum eundem modulum).

Haec modulorum identitas etiam in sequentibus est subintelligenda.

Numeri congrui residua minima habent eadem, incongrui diversa.

6.

Si habentur quotcunque numeri A, B, C etc. totidemque alii a, b, c etc. illis secundum modulum quemcunque congrui

$$A\equiv a,\ B\equiv b \text{ etc., erit } A+B+C+\text{ etc.} \equiv a+b+c+\text{ etc.}$$

Si $A\equiv a$, $B\equiv b$, *erit* $A-B\equiv a-b$.

7

Si $A\equiv a$, *erit quoque* $kA\equiv ka$.

Si k numerus positivus, hoc est tantummodo casus particularis propos. art. praec., ponendo ibi $A=B=C$ etc., $a=b=c$ etc. Si k negativus, erit $-k$ positivus, adeoque $-kA\equiv -ka$, unde $kA\equiv ka$.

Si $A\equiv a$, $B\equiv b$, *erit* $AB\equiv ab$. Namque $AB\equiv Ab\equiv ba$.

8.

Si habentur quotcunque numeri, A, B, C etc. totidemque alii a, b, c etc. his congrui, $A\equiv a$, $B\equiv b$ etc., producta ex utrisque erunt congrua, ABC etc. $\equiv abc$ etc.

Ex artic. praec. $AB\equiv ab$, et ob eandem rationem $ABC\equiv abc$; eodemque modo quotcunque alii factores accedere possunt.

Si omnes numeri A, B, C etc. aequales assumuntur, nec non respondentes a, b, c etc., habetur hoc theorema: *Si* $A\equiv a$ *et* k *integer positivus, erit* $A^k\equiv a^k$.

9.

Sit X *functio algebraica indeterminatae* x, *huius formae*

$$Ax^a+Bx^b+Cx^c+\text{etc.}$$

designantibus A, B, C etc. numeros integros quoscunque; a, b, c etc. vero integros non negativos. Tum si indeterminatae x valores secundum modulum quemcunque congrui tribuuntur, valores functionis X inde prodeuntes congrui erunt.

Sint f, g valores congrui ipsius x. Tum ex art. praec. $f^a \equiv g^a$ et $Af^a \equiv Ag^a$, eodemque modo $Bf^b \equiv Bg^b$ etc. Hinc

$$Af^a + Bf^b + Cf^c + \text{etc.} \equiv Ag^a + Bg^b + Cg^c + \text{etc.} \quad Q.\ E.\ D.$$

Ceterum facile intelligitur, quomodo hoc theorema ad functiones plurium indeterminatarum extendi possit.

10.

Quodsi igitur pro x omnes numeri integri consecutivi substituuntur, valoresque functionis X ad residua minima reducuntur, haec seriem constituent, in qua post intervallum m terminorum (designante m modulum) iidem termini iterum recurrunt; sive haec series ex *periodo* m terminorum infinities repetita, erit formata. Sit e. g. $X = x^3 - 8x + 6$ et $m = 5$; tum pro $x = 0, 1, 2, 3$ etc., valores ipsius X haec residua minima positiva suppeditant, 1, 4, 3, 4, 3, 1, 4 etc., ubi quina priora 1, 4, 3, 4, 3 in infinitum repetuntur; atque si series retro continuatur, i. e. ipsi x valores negativi tribuuntur, eadem periodus ordine terminorum inverso prodit: unde manifestum est, terminos alios quam qui hanc periodum constituant in tota serie locum habere non posse.

11

In hoc igitur exemplo X neque $\equiv 0$, neque $\equiv 2$ (mod. 5) fieri potest, multoque minus $= 0$, aut $= 2$. Unde sequitur, aequationes $x^3 - 8x + 6 = 0$, et $x^3 - 8x + 4 = 0$ per numeros integros et proin, uti notum est, per numeros rationales solvi non posse. Generaliter perspicuum est, aequationem $X = 0$, quando X functio incognitae x, huius formae

$$x^n + Ax^{n-1} + Bx^{n-2} + \text{etc.} + N$$

A, B, C etc. integri, atque n integer positivus, (ad quam formam omnes aequationes algebraicas reduci posse constat) radicem rationalem nullam habere, si congruentiae $X \equiv 0$ secundum ullum modulum satisfieri nequeat. Sed hoc criterium, quod hic sponte se nobis obtulit, in Sect. VIII fusius pertractabitur. Poterit certe ex hoc specimine notiuncula qualiscunque de harum investigationum utilitate efformari.

Quaedam applicationes.

12.

Theorematibus in hoc capite traditis complura quae in arithmeticis doceri solent innituntur, e. g. regulae ad explorandam divisibilitatem numeri propositi per 9, 11 aut alios numeros. *Secundum modulum* 9 omnes numeri 10 potestates unitati sunt congruae: quare si numerus propositus habet formam $a + 10b + 100c + \text{etc.}$, idem residuum minimum secundum modulum 9 dabit, quod $a + b + c + \text{etc.}$ Hinc manifestum est, si figurae singulae numeri decadice expressi sine respectu loci quem occupant addantur, summam hanc numerumque propositum eadem residua minima praebere, adeoque hunc per 9 dividi posse, si illa per 9 sit divisibilis, et contra. Idem etiam de divisore 3 tenendum. Quoniam *secundum modulum* 11, $100 \equiv 1$ erit generaliter $10^{2k} \equiv 1$, $10^{2k+1} \equiv 10 \equiv -1$ et numerus formae $a + 10b + 100c + \text{etc.}$ secundum modulum 11 idem residuum minimum dabit quod $a - b + c$ etc.; unde regula nota protinus derivatur. Ex eodem principio omnia similia praecepta facile deducuntur.

Nec minus ex praecedentibus petenda est ratio regularum, quae ad verificationem operationum arithmeticarum vulgo commendantur. Scilicet si ex numeris datis alii per additionem, subtractionem, multiplicationem aut elevationem ad potestates sunt deducendi: substituuntur datorum loco residua ipsorum minima secundum modulum arbitrarium (vulgo 9 aut 11 quoniam in nostro systemate decadico secundum hos, uti modo ostendimus, residua tam facile possunt inveniri). Numeri hinc oriundi illis, qui ex numeris propositis deducti fuerunt, congrui esse debent; quod nisi eveniat, vitium in calculum irrepsisse concluditur.

Sed quum haec hisque similia abunde sint nota, diutius iis immorari superfluum foret.

SECTIO SECUNDA

DE

CONGRUENTIIS PRIMI GRADUS.

Theoremata praeliminaria de numeris primis, factoribus etc.

13.

THEOREMA. *Productum e duobus numeris positivis numero primo dato minoribus per hunc primum dividi nequit.*

Sit p primus, et a positivus $<p$: tum nullus numerus positivus b ipso p minor dabitur, ita ut sit $ab \equiv 0$ (mod. p).

Dem. Si quis neget, supponamus dari numeros b, c, d etc. omnes $<p$, ita ut $ab \equiv 0$, $ac \equiv 0$, $ad \equiv 0$ etc. (mod.p). Sit omnium minimus b, ita ut omnes numeri ipso b minores hac proprietate sint destituti. Manifesto erit $b > 1$: si enim $b = 1$, foret $ab = a < p$ (*hyp.*), adeoque per p non divisibilis. Quare p tamquam primus per b dividi non poterit, sed inter duo ipsius b multipla proxima mb et $(m+1)b$ cadet. Sit $p - mb = b'$, eritque b' numerus positivus et $<b$. Iam quia supposuimus, $ab \equiv 0$ (mod. p), habebitur quoque $mab \equiv 0$ (art. 7), et hinc, subtrahendo ab $ap \equiv 0$, erit $a(p - mb) = ab' \equiv 0$; i. e. b' inter numeros b, c, d etc. referendus, licet minimo eorum b sit minor. *Q. E. A.*

14.

Si nec a nec b per numerum primum p dividi potest: etiam productum ab per p dividi non poterit.

Sint numerorum a, b, secundum modulum p residua minima positiva α, β quorum neutrum erit 0 (*hyp.*) Iam si esset $ab \equiv 0$ (mod. p), foret quoque, propter $ab \equiv \alpha\beta$, $\alpha\beta \equiv 0$, quod cum theoremate praec. consistere nequit.

Huius theorematis demonstratio iam ab Euclide tradita, *El.* VII. 32. Nos tamen omittere eam noluimus, tum quod recentiorum complures seu ratiocinia vaga pro demonstratione venditaverunt, seu theorema omnino praeterierunt, tum quod indoles methodi hic adhibitae, qua infra ad multo reconditiora enodanda utemur, e casu simpliciori facilius deprehendi poterit.

15.

Si nullus numerorum a, b, c, d etc. per numerum primum p dividi potest, etiam productum $abcd$ etc. per p dividi non poterit.

Secundum artic. praec. ab per p dividi nequit; ergo etiam abc; hinc $abcd$ etc.

16.

Theorema. *Numerus compositus quicunque unico tantum modo in factores primos resolvi potest.*

Dem. Quemvis numerum compositum in factores primos resolvi posse, ex elementis constat, sed pluribus modis diversis fieri hoc non posse perperam plerumque supponitur tacite. Fingamus numerum compositum A, qui sit $= a^\alpha b^\beta c^\gamma$ etc., designantibus a, b, c etc. numeros primos inaequales, alio adhuc modo in factores primos esse resolubilem. Primo manifestum est, in secundum hoc factorum systema alios primos quam a, b, c etc. ingredi non posse, quum quicunque alius primus numerum A ex his compositum metiri nequeat. Similiter etiam in secundo hoc factorum systemate nullus primorum a, b, c etc. deesse potest, quippe qui alias ipsum A non metiretur (art. praec.). Quare hae binae in factores resolutiones in eo tantummodo differre possunt, quod in altera aliquis primus pluries quam in altera habeatur. Sit talis primus p, qui in altera resolutione m, in altera vero n vicibus occurrat, sitque $m > n$: Iam deleatur ex utroque systemate factor p, n vicibus, quo fiet ut in altero adhuc $m-n$ vicibus remaneat, ex altero vero omnino abierit. I. e. numeri $\frac{A}{p^n}$ duae in factores resolutiones habentur, quarum altera a factore p prorsus libera, altera vero $m-n$ vicibus eum continet, contra ea quae modo demonstravimus.

17

Si itaque numerus compositus A est productum ex B, C, D etc., patet, inter factores primos numerorum B, C, D etc. alios esse non posse, quam qui etiam sint inter factores numeri A, et quemvis horum factorum toties in B, C, D etc. coniunctim occurrere debere, quoties in A. Hinc colligitur criterium, utrum numerus B alium A metiatur, necne. Illud eveniet, si B neque alios factores primos, neque ullum pluries involvit, quam A; quarum conditionum si aliqua deficit, B ipsum A non metietur.

Facile hinc calculi combinationum auxilio derivari potest, si $A = a^\alpha b^\beta c^\gamma$ etc. designantibus ut supra a, b, c etc. numeros primos diversos: A habere

$$(\alpha+1)(\beta+1)(\gamma+1) \text{ etc.}$$

divisores diversos, inclusis etiam 1 et A.

18.

Si igitur $A = a^\alpha b^\beta c^\gamma$ etc., $K = k^\varkappa l^\lambda m^\mu$ etc., atque primi a, b, c etc., k, l, m etc. omnes diversi, patet A et K divisorem communem praeter 1 non habere sive inter se esse primos.

Pluribus numeris A, B, C etc. propositis *maxima omnibus communis mensura* ita determinatur. Resolvantur omnes in suos factores primos, atque ex his excerpantur ii, qui omnibus numeris A, B, C etc. sunt communes (si tales non adsunt, nullus divisor erit omnibus communis). Tum quoties quisque horum factorum primorum in singulis A, B, C etc. contineatur, sive *quot dimensiones* in singulis A, B, C etc. quisque habeat, adnotetur. Tandem singulis factoribus primis tribuantur dimensiones omnium quas in A, B, C etc. habent minimae. componaturque productum ex iis, quod erit mensura communis quaesita.

Quando vero numerorum A, B, C etc. *minimus communis dividuus* desideratur, ita procedendum. Colligantur omnes numeri primi, qui numerorum A, B, C etc. aliquem metiuntur, tribuatur cuivis dimensio omnium quas in numeris A, B, C etc. habet maxima, sicque ex omnibus productum confletur, quod erit dividuus quaesitus.

Ex. Sit $A = 504 = 2^3 3^2 7$; $B = 2880 = 2^6 3^2 5$; $C = 864 = 2^5 3^3$. Pro inveniendo divisore communi maximo habentur factores primi 2, 3, quibus dimensiones 3, 2 tribuendi; unde fiet $= 2^3 3^2 = 72$; dividuus vero communis minimus erit $2^6 3^3 5\ 7 = 60480$.

Demonstrationes propter facilitatem omittimus. Ceterum quomodo haec problemata solvenda sint, quando numerorum A, B, C etc. in factores resolutio non detur, ex elementis notum.

19.

Si numeri a, b, c *etc. ad alium* k *sunt primi, etiam productum ex illis* abc *etc. ad* k *primum est.*

Quia enim nulli numerorum a, b, c etc. factor primus cum k est communis productumque abc etc. alios factores primos habere nequit, quam qui sunt factores alicuius numerorum a, b, c etc., productum abc etc. etiam cum k factorem primum communem non habebit. Quare ex art. praec. k ad abc etc. primus.

Si numeri a, b, c *etc. inter se sunt primi, aliumque* k *singuli metiuntur: etiam productum ex illis numerum* k *metietur.*

Hoc aeque facile ex artt. 17, 18 derivatur. Sit enim quicunque producti abc etc. divisor primus p, quem contineat π vicibus, manifestumque est, aliquem numerorum a, b, c etc. eundem hunc divisorem π vicibus continere debere. Quare etiam k, quem hic numerus metitur, π vicibus divisorem p continet. Similiter de reliquis producti abc etc. divisoribus.

Hinc *si duo numeri* m, n *secundum plures modulos inter se primos* a, b, c *etc. sunt congrui, etiam secundum productum ex his congrui erunt.* Quum enim $m-n$ per singulos a, b, c etc. sit divisibilis, etiam per eorum productum dividi poterit.

Denique *si* a *ad* b *primus et* ak *per* b *divisibilis, erit etiam* k *per* b *divisibilis.* Namque quoniam ak tam per a quam per b divisibilis, etiam per ab dividi poterit, i. e. $\frac{ak}{ab}=\frac{k}{b}$ erit integer.

20.

Quando $A=a^{\alpha}b^{\beta}c^{\gamma}$ *etc., designantibus* a, b, c *etc. numeros primos inaequales, est potestas aliqua, puta* $=k^n$*: omnes exponentes* α, β, γ *etc. per* n *erunt divisibiles.*

Numerus enim k alios factores primos quam a, b, c etc. non involvit. Contineat factorem a, α' vicibus, continebitque k^n sive A hunc factorem $n\alpha'$ vicibus; quare $n\alpha'=\alpha$, et $\frac{\alpha}{n}$ integer. Similiter $\frac{\beta}{n}$ etc. integros esse demonstratur.

21.

Quando a, b, c *etc. sunt inter se primi, et productum* abc *etc. potestas aliqua, puta* $=k^n$: *singuli numeri* a, b, c *etc. similes potestates erunt.*

Sit $a = l^\lambda m^\mu p^\pi$ etc., designantibus l, m, p etc. numeros primos diversos, quorum nullus per *hyp.* est factor numerorum b, c etc. Quare productum abc etc. factorem l implicabit λ vicibus, factorem m vero μ vicibus etc.: hinc (*art. praec.*) λ, μ, π etc. per n divisibiles adeoque

$$\sqrt[n]{a} = l^{\frac{\lambda}{n}} m^{\frac{\mu}{n}} p^{\frac{\pi}{n}} \text{ etc.}$$

integer. Similiter de reliquis b, c etc.

Haec de numeris primis praemittenda erant; iam ad ea quae finem nobis propositum propius attinent convertimur.

22.

Si numeri a, b *per alium* k *divisibiles secundum modulum* m *ad* k *primum sunt congrui:* $\frac{a}{k}$ *et* $\frac{b}{k}$ *secundum eundem modulum congrui erunt.*

Patet enim $a - b$ per k divisibilem fore, nec minus per m (*hyp.*); quare (*art.* 19) $\frac{a-b}{k}$ per m divisibilis erit, i. e. erit $\frac{a}{k} \equiv \frac{b}{k}$ (mod. m).

Si autem reliquis manentibus m et k habent divisorem communem maximum e, erit $\frac{a}{k} \equiv \frac{b}{k}$ (mod. $\frac{m}{e}$). Namque $\frac{k}{e}$ et $\frac{m}{e}$ inter se primi. At $a - b$ tam per k quam per m divisibilis adeoque etiam $\frac{a-b}{e}$ tam per $\frac{k}{e}$ quam per $\frac{m}{e}$, hincque per $\frac{km}{ee}$ i. e. $\frac{a-b}{k}$ per $\frac{m}{e}$, sive $\frac{a}{k} \equiv \frac{b}{k}$ (mod. $\frac{m}{e}$).

23.

Si a *ad* m *primus, et* e, f *numeri secundum modulum* m *incongrui: erunt etiam* ae, af *incongrui secundum* m.

Hoc est tantum conversio theor art. praec.

Hinc vero manifestum est, si a per omnes numeros integros a 0 usque ad $m - 1$ multiplicetur productaque secundum modulum m ad residua sua minima reducantur, haec omnia fore inaequalia. Et quum horum residuorum, quorum nullum $> m$, numerus sit m, totidemque dentur numeri a 0 usque ad $m - 1$, patet, nullum horum numerorum inter illa residua deesse posse.

24.

Expressio $ax+b$, denotantibus a, b numeros datos, x numerum indeterminatum seu variabilem, *secundum modulum* m, *ad* a *primum, cuivis numero dato congrua fieri potest.*

Sit numerus, cui congrua fieri debet, c, et residuum minimum positivum ipsius $c-b$ secundum modulum m, e. Ex art. praec. necessario datur valor ipsius $x<m$, talis, ut producti ax secundum modulum m residuum minimum fiat e; esto hic valor v eritque $av\equiv e\equiv c-b$; unde $av+b\equiv c$ (mod. m) *Q. E. F*

25.

Expressionem duas quantitates congruas exhibentem ad instar aequationum, *congruentiam* vocamus; quae si incognitam implicat, *resolvi* dicitur, quando pro hac valor invenitur congruentiae satisfaciens (*radix*). Hinc porro intelligitur, quid sit *congruentia resolubilis et congruentia irresolubilis.* Tandem facile perspicitur similes distinctiones locum hic habere posse uti in aequationibus. Congruentiarum *transscendentium* infra exempla occurrent; *algebraicae* vero secundum dimensionem maximam incognitae in congruentias primi, secundi altiorumque *graduum* distribuuntur. Nec minus congruentiae plures proponi possunt plures incognitas involventes, de quarum *eliminatione* disquirendum.

Solutio congruentiarum primi gradus.

26.

Congruentia itaque primi gradus $ax+b\equiv c$ ex art. 24 semper resolubilis, quando modulus ad a est primus. Quodsi vero v fuerit valor idoneus ipsius x, sive radix congruentiae, palam est, omnes numeros, ipsi v secundum congruentiae propositae modulum congruos, etiam radices fore (art. 9). Neque minus facile perspicitur, omnes radices ipsi v congruos esse debere: si enim alia radix fuerit t, erit $av+b\equiv at+b$, unde $av\equiv at$, et hinc $v\equiv t$ (art. 22). Hinc colligitur congruentiam $x\equiv v$ (mod. m) exhibere resolutionem completam congruentiae $ax+b\equiv c$.

Quia resolutiones congruentiae per valores ipsius x congruos per se sunt obviae, atque, hoc respectu, numeri congrui tamquam aequivalentes considerandi, tales congruentiae resolutiones pro una eademque habebimus. Quamobrem quum

3*

nostra congruentia $ax+b\equiv c$ alias resolutiones non admittat, pronunciabimus, unico tantum modo eam esse resolubilem seu unam tantum radicem habere. Ita *e. g.* congruentia $6x+5\equiv 13$ (mod. 11) alias radices non admittit, quam quae sunt $\equiv 5$ (mod. 11). Haud perinde res se habet in congruentiis altiorum graduum, sive etiam in congruentiis primi gradus, ubi incognita per numerum est multiplicata, ad quem modulus non est primus.

27

Superest, ut de invenienda resolutione ipsa congruentiae huiusmodi, quaedam adiiciamus. Primo observamus, congruentiam formae $ax+t\equiv u$, cuius modulum ad a primum supponimus, ab hac $ax\equiv\pm 1$ pendere: si enim huic satisfacit $x\equiv r$, illi satisfaciet $x\equiv\pm(u-t)\,r$. At congruentiae $ax\equiv\pm 1$, modulo per b designato, aequivalet aequatio indeterminata $ax=by\pm 1$, quae quomodo sit solvenda hoc quidem tempore abunde est notum; quare nobis sufficiet, calculi algorithmum huc transscripsisse.

Si quantitates A, B C, D, E etc. ita ab his α, β, γ, δ etc. pendent, ut habeatur

$$A=\alpha,\quad B=\beta A+1,\quad C=\gamma B+A,\quad D=\delta C+B,\quad E=\varepsilon D+C \text{ etc.}$$

brevitatis gratia ita eas designamus,

$$A=[\alpha],\quad B=[\alpha,\beta],\quad C=[\alpha,\beta,\gamma],\quad D=[\alpha,\beta,\gamma,\delta] \text{ etc.*)}.$$

Iam proposita sit aequatio indeterminata $ax=by\pm 1$, ubi a, b positivi. Supponamus, id quod licet, a esse non $<b$. Tum ad instar algorithmi noti, secundum quem duorum numerorum divisor communis maximus investigatur, formentur per divisionem vulgarem aequationes,

$$a=\alpha b+c,\quad b=\beta c+d,\quad c=\gamma d+e \text{ etc.}$$

ita ut α, β, γ etc. c, d, e etc. sint integri positivi, et b, c, d, e continuo decrescentes, donec perveniatur ad $m=\mu n+1$

*) Multo generalius haecce relatio considerari potest, quod negotium alia forsan occasione suscipiemus. Hic duas tantum propositiones adiicimus, quae usum suum in praesenti investigatione habent; scilicet,

1°. $[\alpha,\beta,\gamma\ldots\ldots\lambda,\mu].\ [\beta,\gamma\ldots\ldots\lambda]-[\alpha,\beta,\gamma\ldots\lambda]\ [\beta,\gamma,\ldots\lambda,\mu]=\pm 1$,

ubi signum superius accipiendum quando numerorum α, β, $\gamma\ldots\lambda$, μ multitudo par, inferius quando impar.

2°. Numerorum α, β, γ etc. ordo inverti potest, $[\alpha,\beta,\gamma\ldots\lambda,\mu]=[\mu,\lambda\ldots\gamma,\beta,\alpha]$.

Demonstrationes quae non sunt difficiles hic supprimimus.

quod tandem evenire debere constat. Erit itaque

$$a = [n, \mu, \ldots. \gamma, \beta, \alpha], \quad b = [n, \mu \ldots. \gamma, \beta]$$

Tum fiat $$x = [\mu, \ldots. \gamma, \beta], \quad y = [\mu, \ldots. \gamma, \beta, \alpha]$$

eritque $ax = by + 1$, quando numerorum $\alpha, \beta, \gamma \ldots. \mu, n$ multitudo est par, aut $ax = by - 1$, quando est impar. *Q. E. F.*

28

Resolutionem generalem huiusmodi aequationum indeterminatarum ill. Euler primus docuit, *Comment. Petrop. T.* VII. *p.* 46. Methodus qua usus est consistit in substitutione aliarum incognitarum loco ipsarum x, y, atque hoc quidem tempore satis est nota. Ill. La Grange paullo aliter rem aggressus est: scilicet ex theoria fractionum continuarum constat, si fractio $\frac{b}{a}$ in fractionem continuam

$$\cfrac{1}{\alpha + \cfrac{1}{\beta + \cfrac{1}{\gamma + \text{etc.} \cfrac{+1}{\mu + \frac{x}{n}}}}}$$

convertatur, haecque deleta ultima sui parte $\frac{x}{n}$ in fractionem communem $\frac{x}{y}$ restituatur, fore $ax = by \pm 1$, siquidem fuerit a ad b primus. Ceterum ex utraque methodo idem algorithmus derivatur. Investigationes ill. La Grange exstant *Hist. de l'Ac. de Berlin Année* 1767 *p.* 175, et cum aliis in *Supplementis versioni gallicae Algebrae Eulerianae adiectis.*

29.

Congruentiae $ax + t \equiv u$ cuius modulus ad a non primus, facile ad casum praecedentem reducitur. Sit modulus m, maximusque numerorum a, m divisor communis δ. Primo patet quemvis valorem ipsius x congruentiae secundum modulum m satisfacientem eidem etiam secundum modulum δ satisfacere (art. 5). At semper $ax \equiv 0$ (mod. δ), quoniam δ ipsum a metitur. Quare, nisi $t \equiv u$ (mod. δ) i. e. $t - u$ per δ divisibilis, congruentia proposita non est resolubilis.

Ponamus itaque $a = \delta e$, $m = \delta f$, $t - u = \delta k$, eritque e ad f primus. Tum vero congruentiae propositae $\delta ex + \delta k \equiv 0$ (mod. δf) aequivalebit haec $ex + k \equiv 0$ (mod. f), i. e. quicunque ipsius x valor huic satisfaciat, etiam illi satisfaciet et vice versa. Manifesto enim $ex + k$ per f dividi poterit, quando $\delta ex + \delta k$ per δf dividi potest, et vice versa. At congruentiam $ex + k \equiv 0$ (mod. f) supra solvere docuimus; unde simul patet, si v sit unus ex valoribus ipsius x, $x \equiv v$ (mod. f) exhibere resolutionem completam congruentiae propositae.

30.

Quando modulus est compositus, nonnumquam praestat sequenti methodo uti.

Sit modulus $= mn$, atque congruentia proposita $ax \equiv b$. Solvatur primo congruentia haec secundum modulum m, ponamusque ei satisfieri, si $x \equiv v$ (mod. $\frac{m}{\delta}$), designante δ divisorem communem maximum numerorum m, a. Iam manifestum est, quemvis valorem ipsius x congruentiae $ax \equiv b$ secundum modulum mn satisfacientem eidem etiam secundum modulum m satisfacere debere: adeoque in forma $v + \frac{m}{\delta}x'$ contineri, designante x' numerum indeterminatum, quamvis non vice versa omnes numeri in forma $v + \frac{m}{\delta}x'$ contenti congruentiae secundum mod. mn satisfaciant. Quomodo autem x' determinari debeat, ut $v + \frac{m}{\delta}x'$ fiat radix congruentiae $ax \equiv b$ (mod. mn), ex solutione congruentiae $\frac{am}{\delta}x' + av \equiv b$ (mod. mn) deduci potest, cui aequivalet haec $\frac{a}{\delta}x' \equiv \frac{b - av}{m}$ (mod. n). Hinc colligitur solutionem congruentiae cuiuscunque primi gradus secundum modulum mn reduci posse ad solutionem duarum congruentiarum secundum modulum m et n. Facile autem perspicietur, si n iterum sit productum e duobus factoribus, solutionem congruentiae secundum modulum n pendere a solutione duarum congruentiarum quarum moduli sint illi factores. Generaliter solutio congruentiae secundum modulum compositum quemcumque pendet a solutione aliarum congruentiarum, quarum moduli sunt factores illius numeri; hi autem, si commodum esse videtur, ita semper accipi possunt, ut sint numeri primi.

Ex. Si congruentia $19x \equiv 1$ (mod. 140) proponitur: solvatur primo secundum modulum 2, eritque $x \equiv 1$ (mod. 2). Ponatur $x = 1 + 2x'$, fietque $38x' \equiv -18$ (mod. 140) cui aequivalet $19x' \equiv -9$ (mod. 70). Si haec iterum secundum modulum 2 solvitur, fit $x' \equiv 1 \pmod{2}$ positoque $x' = 1 + 2x''$, fit $38x'' \equiv -28 \pmod{70}$ sive $19x'' \equiv -14 \pmod{35}$. Haec secundum 5 soluta dat $x'' \equiv 4 \pmod{5}$, substitutoque $x'' = 4 + 5x'''$, fit $95x''' \equiv -90 \pmod{35}$ sive $19x''' \equiv -18 \pmod{7}$. Ex hac tandem sequitur, $x''' \equiv 2 \pmod{7}$, positoque $x''' = 2 + 7x''''$ colligitur $x = 59 + 140x''''$; quare $x \equiv 59 \pmod{140}$ est solutio completa congruentiae propositae.

31.

Simili modo ut aequationis $ax = b$ radix per $\frac{b}{a}$ exprimitur, etiam congruentiae $ax \equiv b$ radicem quamcunque per $\frac{b}{a}$ designabimus, congruentiae modulum, distinctionis gratia, apponentes. Ita e. g. $\frac{19}{17} \pmod{12}$ denotat quemvis numerum, qui est $\equiv 11 \pmod{12}$ *). Generaliter ex praecedentibus patet, $\frac{a}{b} \pmod{c}$ nihil reale significare (aut si quis malit aliquid imaginarii), si a, c habeant divisorem communem, qui ipsum b non metiatur. At hoc casu excepto, expressio $\frac{b}{a} \pmod{c}$ semper valores reales habebit, et quidem infinitos: hi vero omnes secundum c erunt congrui quando a ad c primus, aut secundum $\frac{c}{\delta}$, quando δ numerorum c, a divisor communis maximus.

Hae expressiones similem fere habent algorithmum ut fractiones vulgares. Aliquot proprietates quae facile ex praecedentibus deduci possunt hic apponimus.

1. Si secundum modulum c, $a \equiv \alpha$, $b \equiv \beta$ expressiones $\frac{a}{b} \pmod{c}$ et $\frac{\alpha}{\beta} \pmod{c}$ sunt aequivalentes.

2. $\frac{a\delta}{b\delta} \pmod{c\delta}$ et $\frac{a}{b} \pmod{c}$ sunt aequivalentes.

3. $\frac{ak}{bk} \pmod{c}$ et $\frac{a}{b} \pmod{c}$ sunt aequivalentes quando k ad c est primus.

Multae aliae similes propositiones afferri possent: at quum nulli difficultati sint obnoxiae, neque ad sequentia adeo necessariae, ad alia properamus.

De inveniendo numero secundum modulos datos residuis datis congruo.

32.

Problema quod magnum in sequentibus usum habebit, *invenire omnes numeros, qui secundum modulos quotcunque datos residua data praebent*, facile ex praecedentibus solvi potest. Sint primo duo moduli $A, B,$ secundum quos numerus

*) id quod ex analogia per $\frac{11}{1} \pmod{12}$ designari potest.

quaesitus, z, numeris a, b respective congruus esse debeat. Omnes itaque valores ipsius z sub forma $Ax + a$ continentur, ubi x est indeterminatus sed talis ut fiat $Ax + a \equiv b$ (mod. B). Quodsi iam numerorum A, B divisor communis maximus est δ, resolutio completa huius congruentiae hanc habebit formam: $x \equiv v$ (mod. $\frac{B}{\delta}$) sive quod eodem redit, $x = v + \frac{kB}{\delta}$, denotante k numerum integrum arbitrarium. Hinc formula $Av + a + \frac{kAB}{\delta}$ omnes ipsius z valores comprehendet, i. e. $z \equiv Av + a$ (mod. $\frac{AB}{\delta}$) erit resolutio completa problematis. Si ad modulos A, B tertius accedit, C, secundum quem numerus quaesitus z debet esse $\equiv c$, manifesto eodem modo procedendum, quum binae priores conditiones in unicam iam sint conflatae. Scilicet si numerorum $\frac{AB}{\delta}$, C divisor communis maximus $= \varepsilon$, atque congruentiae $\frac{AB}{\delta}x + Av + a \equiv c$ (mod. C) resolutio: $x \equiv w$ (mod. $\frac{C}{\varepsilon}$), problema per congruentiam $z \equiv \frac{ABw}{\delta} + Av + a$ (mod. $\frac{ABC}{\delta\varepsilon}$) complete erit resolutum. Similiter procedendum, quotcunque moduli proponantur. Observari convenit $\frac{AB}{\delta}$, $\frac{ABC}{\delta\varepsilon}$ esse numerorum A, B; et A, B, C respective minimos communes dividuos, facileque inde perspicitur, quotcunque habeantur moduli A, B, C etc., si eorum minimus communis dividuus sit M, resolutionem completam hanc formam habere, $z \equiv r$ (mod. M). Ceterum quando ulla congruentiarum auxiliarium est irresolubilis, problema impossibilitatem involvere concludendum est. Perspicuum vero, hoc evenire non posse, quando omnes numeri A, B, C etc. inter se sint primi.

Ex. Sint numeri A, B, C; a, b, c; 504, 35, 16; 17, $-$4, 33; hic duae conditiones ut z sit $\equiv 17$ (mod. 504) et $\equiv -4$ (mod. 35) unicae, ut sit $\equiv 521$ (mod. 2520) aequivalent; ex qua cum hac: $z \equiv 33$ (mod. 16) coniuncta, promanat $z \equiv 3041$ (mod. 5040).

33.

Quando omnes numeri A, B, C etc. inter se sunt primi, constat, productum ex ipsis esse minimum omnibus communem dividuum. In quo casu manifestum est, omnes congruentias $z \equiv a$ (mod. A); $z \equiv b$ (mod. B) etc. unicae $z \equiv r$ (mod. R) prorsus aequivalere, denotante R numerorum A, B, C etc. productum. Hinc vero vicissim sequitur, unicam conditionem $z \equiv r$ (mod. R in plures dissolvi posse; scilicet si R quomodocunque in factores inter se primos A, B, C etc. resolvitur, conditiones $z \equiv r$ (mod. A), $z \equiv r$ (mod. B), $z \equiv r$ (mod. C), etc. propositum exhaurient. Haec observatio methodum nobis aperit non modo impossibilitatem, si quam forte conditiones propositae implicent, statim detegendi, sed etiam calculum commodius atque concinnius instituendi.

34.

Sint ut supra conditiones propositae, ut sit $z \equiv a \,(\text{mod.}\, A)$, $z \equiv b \,(\text{mod.}\, B)$, $z \equiv c \,(\text{mod.}\, C)$. Resolvantur omnes moduli in factores inter se primos, A in $A' A'' A'''$ etc.; B in $B' B'' B'''$ etc. etc. et quidem ita ut numeri A', A'' etc. B', B'' etc. etc. sint aut primi, aut primorum potestates. Si vero aliquis numerorum A, B, C etc. iam per se est primus, aut primi potestas, nulla resolutione in factores pro hocce opus est. Tum vero ex praecedentibus patescit, pro conditionibus propositis hasce substitui posse: $z \equiv a \,(\text{mod.}\, A')$, $z \equiv a \,(\text{mod.}\, A'')$, $z \equiv a \,(\text{mod.}\, A''')$ etc., $z \equiv b \,(\text{mod.}\, B')$, $z \equiv b \,(\text{mod.}\, B'')$ etc. etc. Iam nisi omnes numeri A, B, C etc. fuerint inter se primi, ex. gr. si A ad B non primus, manifestum est, omnes divisores primos ipsorum A, B diversos esse non posse, sed inter factores A', A'', A''' etc. unum aut alterum esse debere, qui inter B', B'', B''' etc. aut aequalem aut multiplum aut submultiplum habeat. Si *primo* $A' = B'$, conditiones $z \equiv a \,(\text{mod.}\, A')$, $z \equiv b \,(\text{mod.}\, B')$ identicae esse debent, sive $a \equiv b \,(\text{mod.}\, A'$ vel $B')$, quare alterutra reiici poterit. Si vero non $a \equiv b \,(\text{mod.}\, A')$, problema impossibilitatem implicat. Si *secundo* B' multiplum ipsius A', conditio $z \equiv a \,(\text{mod.}\, A')$ in hac $z \equiv b \,(\text{mod.}\, B')$ contenta esse debet, sive haec $z \equiv b \,(\text{mod.}\, A')$ quae ex posteriori deducitur cum priori identica esse debet. Unde sequitur conditionem $z \equiv a \,(\text{mod.}\, A')$, nisi alteri repugnet (in quo casu problema impossibile) reiici posse. Quando omnes conditiones superfluae ita reiectae sunt, patet, omnes modulos ex his A', A'', A''' etc., B', B'', B''' etc. etc. remanentes inter se primos fore: tum igitur de problematis possibilitate certi esse et secundum praecepta ante data procedere possumus.

35.

Ex. Si ut supra esse debet $z \equiv 17 \,(\text{mod.}\, 504)$, $\equiv -4 \,(\text{mod.}\, 35)$, et $\equiv 33 \,(\text{mod.}\, 16)$; hae conditiones in sequentes resolvi possunt, $z \equiv 17 \,(\text{mod.}\, 8)$, $\equiv 17 \,(\text{mod.}\, 9)$, $\equiv 17 \,(\text{mod.}\, 7)$, $\equiv -4 \,(\text{mod.}\, 5)$, $\equiv -4 \,(\text{mod.}\, 7)$, $\equiv 33 \,(\text{mod.}\, 16)$. Ex his conditiones $z \equiv 17 \,(\text{mod.}\, 8)$, $z \equiv 17 \,(\text{mod.}\, 7)$ reiici possunt, quum prior in conditione $z \equiv 33 \,(\text{mod.}\, 16)$ contineatur, posterior vero cum hac $z \equiv -4 \,(\text{mod.}\, 7)$ sit identica; remanent itaque

$$z \equiv \begin{cases} 17 \pmod{9} \\ -4 \pmod{5} \\ -4 \pmod{7} \\ 33 \pmod{16} \end{cases} \quad \text{unde colligitur} \quad z \equiv 3041 \pmod{5040}.$$

Ceterum palam est, plerumque commodius fore, si de conditionibus remanentibus eae quae ex una eademque conditione evolutae erant seorsim recolligantur, quum hoc nullo negotio fieri possit; *e.g.* quando ex conditionibus $z \equiv a \pmod{A'}$, $z \equiv a \pmod{A''}$ etc. aliquae abierunt: quae ex reliquis restituitur, haec erit, $z \equiv a$ secundum modulum qui est productum omnium modulorum ex A', A'', A''' etc. remanentium. Ita in nostro exemplo ex conditionibus $z \equiv -4 \pmod{5}$, $z \equiv -4 \pmod{7}$ ea ex qua ortae erant $z \equiv -4 \pmod{35}$ sponte restituitur. Porro hinc sequitur haud prorsus perinde esse, quaenam ex conditionibus superfluis reiiciantur, quantum ad calculi brevitatem: sed haec aliaque artificia practica, quae ex usu multo facilius quam ex praeceptis ediscuntur hic tradere non est instituti nostri.

36.

Quando omnes moduli A, B, C, D etc. inter se sunt primi, sequenti methodo saepius praestat uti. Determinetur numerus α secundum A unitati, secundum reliquorum modulorum productum vero cifrae congruus, sive sit α valor quicunque (plerumque praestat *minimum* accipere) expressionis $\frac{1}{BCD \text{ etc.}} \pmod{A}$ per BCD etc. multiplicatus (vid. art. 32); similiter sit $\mathfrak{b} \equiv 1 \pmod{B}$ et $\equiv 0 \pmod{ACD \text{ etc.}}$, $\gamma \equiv 1 \pmod{C}$ et $\equiv 0 \pmod{ABD \text{ etc.}}$, etc. Tunc si numerus z desideratur, qui secundum modulos A, B, C, D etc. numeris a, b, c, d etc. respective sit congruus, poni poterit

$$z \equiv \alpha a + \mathfrak{b} b + \gamma c + \delta d \text{ etc.} \pmod{ABCD \text{ etc.}}.$$

Manifesto enim, $\alpha a \equiv a \pmod{A.}$; reliqua autem membra $\mathfrak{b} b$, γc etc. omnia $\equiv 0 \pmod{A}$: quare $z \equiv a \pmod{A}$. Similiter de reliquis modulis demonstratio adornatur. Haec solutio priori praeferenda, quando plura huiusmodi problemata sunt solvenda, pro quibus moduli A, B, C etc. valores suos retinent; tunc enim numeri α, $\mathfrak{b}$, γ etc., valores constantes nanciscuntur. Hoc usu venit in problemate chronologico ubi quaeritur, quotus in periodo Juliana sit annus, cuius indictio, numerus aureus, et cyclus solaris dantur. Hic $A = 15$, $B = 19$, $C = 28$; quare, quum valor expressionis $\frac{1}{19.28}$(mod. 15), sive $\frac{1}{532}$(mod. 15), sit 13, erit $\alpha = 6916$. Similiter pro β invenitur 4200, et pro γ 4845, quare numerus quaesitus erit residuum minimum numeri $6916a + 4200b + 4845c$, denotantibus a indictionem, b numerum aureum, c cyclum solarem.

Congruentiae lineares quae plures incognitas implicant.

37.

Haec de congruentiis primi gradus unicam incognitam continentibus sufficiant. Superest ut de congruentiis agamus, in quibus plures incognitae sunt permixtae. At quoniam hoc caput, si omni rigore singula exponere velimus, sine prolixitate absolvi non potest, propositumque hoc loco nobis non est, omnia exhaurire, sed ea tantum tradere, quae attentione digniora videantur: hic ad paucas observationes investigationem restringimus, uberiorem huius rei expositionem ad aliam occasionem nobis reservantes.

1) Simili modo, ut in aequationibus, perspicitur, etiam hic totidem congruentias haberi debere, quot sint incognitae determinandae.

2) Propositae sint igitur congruentiae

$$ax + by + cz \ldots \equiv f \pmod{m} \quad \ldots \quad (A)$$
$$a'x + b'y + c'z \ldots \equiv f' \quad \ldots \quad (A')$$
$$a''x + b''y + c''z \ldots \equiv f'' \quad \ldots \quad (A'')$$
$$\text{etc.}$$

totidem numero, quot sunt incognitae x, y, z etc.

Iam determinentur numeri ξ, ξ', ξ'' etc. ita ut sit

$$b\xi + b'\xi' + b''\xi'' + \text{etc.} = 0$$
$$c\xi + c'\xi' + c''\xi'' + \text{etc.} = 0$$
$$\text{etc.}$$

et quidem ita ut omnes sint integri nullumque factorem communem habeant, quod fieri posse ex theoria aequationum linearium constat. Simili modo determinentur v, v', v'' etc., ζ, ζ', ζ'' etc. etc. ita ut sit

$$av + a'v' + a''v'' + \text{etc.} = 0$$
$$cv + c'v' + c''v'' + \text{etc.} = 0$$
$$\text{etc.}$$

$$a\zeta + a'\zeta' + a''\zeta'' + \text{etc.} = 0$$
$$b\zeta + b'\zeta' + b''\zeta'' + \text{etc.} = 0$$
$$\text{etc.} \quad \text{etc.}$$

3) Manifestum est si congruentiae A, A', A'' etc. per ξ, ξ', ξ'' etc., tum per v, v', v'', etc. etc. multiplicentur, tuncque addantur, has congruentias proventuras esse:

$$(a\xi + a'\xi' + a''\xi'' + \text{etc.})\, x \equiv f\xi + f'\xi' + f''\xi'' + \text{etc.}$$
$$(bv + b'v' + b''v'' + \text{etc.})\, y \equiv fv + f'v' + f''v'' + \text{etc.}$$
$$(c\zeta + c'\zeta' + c''\zeta'' + \text{etc.})\, z \equiv f\zeta + f'\zeta' + f''\zeta'' + \text{etc.}$$
$$\text{etc.}$$

quas brevitatis gratia ita exhibemus:

$$\Sigma(a\xi)x \equiv \Sigma(f\xi), \quad \Sigma(bv)y \equiv \Sigma(fv), \quad \Sigma(c\zeta)z \equiv \Sigma(f\zeta) \quad \text{etc.}$$

4) Iam plures casus sunt distinguendi.

Primo quando omnes incognitarum coefficientes $\Sigma(a\xi)$, $\Sigma(av)$ etc. ad congruentiarum modulum m sunt primi; hae congruentiae secundum praecepta ante tradita solvi possunt, problematisque solutio completa per congruentias formae $x \equiv p\,(\text{mod.}\, m)$, $y \equiv q\,(\text{mod.}\, m)$ etc. exhibebitur*). *E.g.* Si proponuntur congruentiae

$$x + 3y + z \equiv 1, \quad 4x + y + 5z \equiv 7, \quad 2x + 2y + z \equiv 3\,(\text{mod.}\, 8)$$

invenietur $\xi = 9$, $\xi' = 1$, $\xi'' = -14$, unde fit $-15x \equiv -26$, quare $x \equiv 6\,(\text{mod.}\, 8)$; eodem modo invenitur $15y \equiv -4$, $15z \equiv 1$, et hinc $y \equiv 4$, $z \equiv 7$ (mod. 8).

5) *Secundo* quando non omnes coefficientes $\Sigma(a\xi)$, $\Sigma(bv)$ etc. ad modulum sunt primi, sint α, β, γ etc. divisores communes maximi ipsius m cum $\Sigma(a\xi)$, $\Sigma(bv)$, $\Sigma(c\zeta)$ etc. resp., patetque problema impossibile esse, nisi illi numeros $\Sigma(f\xi)$, $\Sigma(fv)$, $\Sigma(f\zeta)$ etc. resp. metiantur. Quando vero hae conditiones locum habent, congruentiae in (3) complete resolventur per tales $x \equiv p$ $(\text{mod.}\, \frac{m}{\alpha})$, $y \equiv q$ $(\text{mod.}\, \frac{m}{\beta})$, $z \equiv r$ $(\text{mod.}\, \frac{m}{\gamma})$ etc., aut si mavis dabuntur α valores diversi ipsius x (i. e. secundum m incongrui puta $p, p + \frac{m}{\alpha} \,..\, p + \frac{(\alpha - 1)m}{\alpha}$),

*) Observare convenit hancce conclusionem demonstratione egere, quam autem hic supprimimus. Proprie enim nihil aliud ex analysi nostra sequitur, quam quod congruentiae propositae per alios incognitarum x, y etc. valores solvi nequeant: hos vero satisfacere non sequitur. Fieri enim posset ut nulla omnino solutio daretur. Similis paralogismus etiam in aequationum linearium explicatione plerumque committitur.

$\mathfrak{b}$ valores diversi ipsius y etc., illis congruentiis satisfacientes: manifestoque omnes solutiones congruentiarum propositarum (si quae omnino dantur) inter illas reperientur. Attamen hanc conclusionem convertere non licet; nam plerumque non omnes combinationes omnium α valorum ipsius x cum omnibus ipsius y cum omnibus ipsius z etc. problemati satisfaciunt, sed quaedam tantum, quarum nexum per unam pluresve congruentias conditionales exhibere licet. At quum completa huius problematis resolutio ad sequentia non sit necessaria, hoc argumentum fusius hoc loco non exsequimur, exemploque ideam qualemcunque de eo dedisse sat habemus.

Propositae sint congruentiae

$$3x+5y+z\equiv 4,\quad 2x+3y+2z\equiv 7,\quad 5x+y+3z\equiv 6 \pmod{12}$$

Hic fiunt ξ, ξ', ξ''; v, v', v''; ζ, ζ', ζ''; resp. $=1, -2, 1$; $1, 1, -1$; $-13, 22, -1$, unde $4x\equiv -4$, $7y\equiv 5$, $28z\equiv 96$. Hinc prodeunt quatuor valores ipsius x puta $\equiv 2, 5, 8, 11$; unus valor ipsius y puta $\equiv 11$; quatuor valores ipsius z puta $\equiv 0, 3, 6, 9 \pmod{12}$. Iam ut sciamus, quasnam combinationes valorum ipsius x cum valoribus ipsius z adhibere liceat, substituimus in congruentiis propp. pro x, y, z resp. $2+3t$, 11, $3u$, unde transeunt in has

$$57+9t+3u\equiv 0,\quad 30+6t+6u\equiv 0,\quad 15+15t+9u\equiv 0 \pmod{12}$$

quibus facile intelligitur aequivalere has

$$19+3t+u\equiv 0,\quad 10+2t+2u\equiv 0,\quad 5+5t+3u\equiv 0 \pmod{4}$$

Prima manifesto requirit ut sit $u\equiv t+1 \pmod{4}$, quo valore in reliquis substituto etiam his satisfieri invenitur. Hinc colligitur, valores ipsius x hos $2, 5, 8, 11$ (qui prodeunt statuendo $t\equiv 0, 1, 2, 3$) necessario combinandos esse cum valoribus ipsius z his $z\equiv 3, 6, 9, 0$ resp., ita ut omnino quatuor solutiones habeantur

$$\begin{array}{ll} x\equiv & 2,\ 5,\ 8,\ 11 \pmod{12} \\ y\equiv & 11,\ 11,\ 11,\ 11 \\ z\equiv & 3,\ 6,\ 9,\ 0 \end{array}$$

* * *

His disquisitionibus, per quas sectionis propositum iam absolutum est, adhuc quasdam propositiones similibus principiis innixas adiungimus, quibus in sequentibus frequenter opus erit.

Theoremata varia.

38.

PROBLEMA. *Invenire, quot numeri positivi dentur numero positivo dato A minores simulque ad ipsum primi.*

Designemus brevitatis gratia multitudinem numerorum positivorum ad numerum datum primorum ipsoque minorum per praefixum characterem ϕ. Quaeritur itaque ϕA.

I. Quando A est primus, manifestum est omnes numeros ab 1 usque ad $A-1$ ad A primos esse; quare in hoc casu erit

$$\phi A = A - 1$$

II. Quando A est numeri primi potestas puta $=p^m$, omnes numeri per p divisibiles ad A non erunt primi, reliqui erunt. Quamobrem de p^m-1 numeris hi sunt reiiciendi: $p, 2p, 3p \ldots . (p^{m-1}-1)p$; remanent igitur $p^m-1-(p^{m-1}-1)$ sive $p^{m-1}(p-1)$. Hinc

$$\phi p^m = p^{m-1}(p-1)$$

III. Reliqui casus facile ad hos reducuntur ope sequentis propositionis: *Si A in factores M, N, P etc. inter se primos est resolutus, erit*

$$\phi A = \phi M . \phi N . \phi P \text{ etc.}$$

quae ita demonstratur. Sint numeri ad M primi ipsoque M minores m, m', m'' etc. quorum itaque multitudo $=\phi M$. Similiter sint numeri ad N, P etc. respective primi ipsisque minores n, n', n'' etc.; p, p', p'' etc. etc., quorum multitudo ϕN, ϕP etc. Iam constat omnes numeros ad productum A primos etiam ad factores singulos M, N, P etc. primos fore et vice versa (art. 19); porro omnes numeros qui horum m, m', m'' etc. alicui sint congrui secundum modulum M ad M primos fore et vice versa, similiterque de N, P etc. Quaestio itaque huc reducta est: determinare quot dentur numeri infra A, qui secundum modulum M, alicui numerorum m, m', m'' etc. secundum N, alicui ex his n, n', n''

etc. etc. sint congrui. Sed ex art. 32 sequitur, omnes numeros, secundum singulos modulos M, N, P etc. residua determinata dantes, congruos secundum eorum productum A fore, adeoque infra A unicum tantum dari, secundum singulos M, N, P etc. residuis datis congruum. Quare numerus quaesitus aequalis erit numero combinationum singulorum numerorum m, m', m'' cum singulis n, n', n'' atque p, p', p'' etc. etc. Hunc vero esse $= \phi M. \phi N. \phi P$ etc. ex theoria combinationum constat. *Q. E. D.*

IV. Iam quomodo hoc ad casum de quo agimus applicandum sit facile intelligitur. Resolvatur A in factores suos primos sive reducatur ad formam $a^\alpha b^\beta c^\gamma$ etc. designantibus a, b, c etc. numeros primos diversos. Tum erit

$$\phi A = \phi a^\alpha . \phi b^\beta . \phi c^\gamma \text{ etc.} = a^{\alpha-1}(a-1)\, b^{\beta-1}(b-1)\, c^{\gamma-1}(c-1) \text{ etc.}$$

seu concinnius $$\phi A = A \frac{a-1}{a} . \frac{b-1}{b} . \frac{c-1}{c} \text{ etc.}$$

Exempl. Sit $A = 60 = 2^2. 3. 5$, adeoque $\phi A = \frac{1}{2}.\frac{2}{3}.\frac{4}{5}. 60 = 16$. Numeri hi ad 60 primi sunt 1, 7, 11, 13, 17, 19, 23, 29, 31, 37, 41, 43, 47, 49, 53, 59.

Solutio prima huius problematis exstat in commentatione ill. Euleri, *theoremata arithmetica nova methodo demonstrata,* Comm. nov. Ac. Petrop. VIII p. 74. Demonstratio postea repetita est in alia diss. *Speculationes circa quasdam insignes proprietates numerorum,* Acta Petrop. VIII p. 17.

39.

Si characteris ϕ significatio ita determinatur, ut ϕ A exprimat multitudinem numerorum ad A primorum ipsoque A *non maiorum*, perspicuum est $\phi 1$ fore non amplius $=0$, sed $=1$, in omnibus reliquis casibus nihil hinc immutari. Hancce definitionem adoptantes sequens habebimus theorema.

Si a, a', a'' *etc. sunt omnes divisores ipsius* A *(unitate et ipso* A *non exclusis), erit*

$$\phi a + \phi a' + \phi a'' + etc. = A$$

Ex. sit $A = 30$, tum erit $\phi 1 + \phi 2 + \phi 3 + \phi 5 + \phi 6 + \phi 10 + \phi 15 + \phi 30 = 1 + 1 + 2 + 4 + 2 + 4 + 8 + 8 = 30$.

Demonstr. Multiplicentur omnes numeri ad a primi ipsoque a non maiores per $\frac{A}{a}$, similiter omnes ad a' primi per $\frac{A}{a'}$ etc., habebunturque $\phi a + \phi a'$

$+\phi a''+$ etc. numeri, omnes ipso A non maiores. At

1) omnes hi numeri erunt inaequales. Omnes enim eos qui ex *eodem* ipsius A divisore sint generati, inaequales fore, per se clarum. Si vero e divisoribus diversis M, N numerisque μ, ν ad istos respective primis aequales prodiissent, i. e. si esset $\frac{A}{M}\mu = \frac{A}{N}\nu$, sequeretur $\mu N = \nu M$. Ponatur $M > N$ (id quod licet). Quoniam M ad μ est primus, atque numerum μN metitur, etiam ipsum N metietur, maior minorem. *Q. E. A.*

2) inter hos numeros, omnes hi $1, 2, 3 \ldots A$ invenientur. Sit numerus quicunque ipsum A non superans t, maxima numerorum A, t communis mensura δ eritque $\frac{A}{\delta}$ divisor ipsius A ad quem $\frac{t}{\delta}$ primus. Manifesto hinc numerus t inter eos invenietur qui ex divisore $\frac{A}{\delta}$ prodierunt.

3) Hinc colligitur horum numerorum multitudinem esse A, quare

$$\phi a + \phi a' + \phi a'' + \text{etc.} = A. \quad Q.E.D.$$

40.

Si maximus numerorum A, B, C, D etc. divisor communis $= \mu$: numeri a, b, c, d etc. ita determinari possunt, ut sit

$$aA + bB + cC + etc. = \mu$$

Dem. Consideremus primo duos tantum numeros A, B, sitque horum divisor maximus communis $= \lambda$. Tum congruentia $Ax \equiv \lambda$ (mod. B) erit resolubilis (art. 30). Sit radix $\equiv \alpha$. ponaturque $\frac{\lambda - A\alpha}{B} = \beta$. Tum erit $\alpha A + \beta B = \lambda$, uti desiderabatur.

Accedente numero tertio C, sit maximus divisor communis numerorum $\lambda, C, = \lambda'$, eritque hic simul maximus divisor communis numerorum A, B, C Determinentur numeri k, γ ita ut sit $k\lambda + \gamma C = \lambda'$, eritque $k\alpha A + k\beta B + \gamma C = \lambda'$.

Accedente numero quarto D, ponatur maximus divisor communis numerorum λ', D (quem simul esse maximum divisorem communem numerorum A, B, C, D facile perspicitur) $= \lambda''$, fiatque $k'\lambda' + \delta D = \lambda''$. Tum erit $kk'\alpha A + kk'\beta B + k'\gamma C + \delta D = \lambda''$.

---

*) Metietur enim manifesto λ' omnes A, B, C. Si vero non esset divisor communis *maximus:* maximus foret maior quam λ'. Iam quoniam hic divisor maximus metitur ipsos A, B, C, metietur etiam ipsum $k\alpha A + k\beta B + \gamma C$ i. e. ipsum λ', maior minorem *Q. E. A.* — Facilius adhuc hoc ex art. 18 deduci potest.

Simili modo procedi potest, quotcunque alii numeri accedant.

Si itaque numeri A, B, C, D etc. divisorem communem non habent, patet fieri posse

$$aA + bB + cC + \text{etc.} = 1$$

41.

Si p est numerus primus atque habentur p res, inter quas quotcunque aequales esse possunt, modo non omnes sint aequales: numerus permutationum harum rerum per p erit divisibilis.

Ex. Quinque res A, A, A, B, B decem modis diversis possunt transponi.

Demonstratio huius theorematis facile quidem ex nota permutationum theoria peti potest. Si enim inter has res sunt primo a aequales nempe $= A$, tum b aequales nempe $= B$, tum c aequales nempe $= C$ etc. (ubi numeri a, b, c etc. etiam unitatem designare possunt), ita ut habeatur

$$a + b + c + \text{etc.} = p$$

numerus permutationum erit

$$= \frac{1.2.3 \ldots\ldots p}{1.2.3 \ldots a.1.2 \ldots b.1.2 \ldots c \text{ etc.}}$$

Iam per se clarum est, huius fractionis numeratorem per denominatorem divisibilem esse, quoniam numerus permutationum debet esse integer: at numerator per p divisibilis est, denominator vero, qui ex factoribus ipso p minoribus est compositus, per p non divisibilis (art. 15). Quare numerus permutationum per p erit divisibilis (art. 19).

Speramus tamen fore quibus etiam sequens demonstratio haud ingrata sit futura.

Quando in duabus permutationibus rerum e quibus compositae sunt ordo in eo tantum discrepat, ut ea res quae in altera primum locum occupat, aliam sedem in altera teneat, reliquae autem eodem in utraque ordine progrediuntur eamque quae in altera ultima est, ea quae est prima, in altera excipit; *permutationes similes* vocemus*). Ita in ex. nostro permutationes $ABAAB$ et $ABABA$ similes erunt, quoniam res quae in priori primum secundum etc. locum occupant, in posteriori loco tertio quarto etc. eodem ordine sunt collocatae.

*) Si permutationes similes in circulum scriptae esse concipiuntur ita ut ultima res primae fiat contigua, nulla omnino erit discrepantia, quoniam nullus locus primus aut ultimus vocari poterit.

Iam quoniam quaeque permutatio ex p rebus constat, patet cuivis $p-1$ similes adinveniri posse, si ea res quae prima fuerat, ad secundum, tertium etc. locum promoveatur. Quarum si nullae identicae esse possunt manifestum est, omnium permutationum numerum per p divisibilem evadere, quippe qui p vicibus maior sit quam numerus omnium permutationum dissimilium. Supponamus igitur duas permutationes

$$PQ\ldots TV\ldots YZ; \qquad V\ldots YZPQ\ldots T$$

quarum altera ex altera per terminorum promotionem orta sit, identicas esse sive $P=V$ etc. Sit terminus P qui in priori est primus, $n+1^{\text{tus}}$ in posteriori. Erit igitur in serie posteriori terminus $n+1^{\text{tus}}$ aequalis primo, $n+2^{\text{tus}}$ secundo etc. unde $2n+1^{\text{tus}}$ rursus primo aequalis evadet, eademque ratione $3n+1^{\text{tus}}$ etc.; generaliterque terminus $kn+m^{\text{tus}}$ m^{to} (ubi quando $kn+m$ ipsum p superat, aut series $V\ldots YZPQ\ldots T$ semper ab initio repeti concipienda est, aut a $kn+m$ multiplum ipsius p proxime minus rescindendum). Quamobrem si k ita determinatur, ut fiat $kn\equiv 1\ (\text{mod.}\,p)$, quod fieri potest quia p primus, sequitur generaliter terminum m^{tum} $m+1^{\text{to}}$ aequalem esse, sive quemvis terminum sequenti, *i. e.* omnes terminos aequales esse contra hypothesin.

42.

Si coefficientes $A, B, C \ldots . N;\ a, b, c \ldots . n$ *duarum functionum formae*

$$x^m + Ax^{m-1} + Bx^{m-2} + Cx^{m-3} \ldots . . + N \quad . \quad . \quad . \quad . \quad . \quad (P)$$
$$x^\mu + ax^{\mu-1} + bx^{\mu-2} + cx^{\mu-3} \ldots . . + n \quad . \quad . \quad . \quad . \quad . \quad (Q)$$

omnes sunt rationales, neque vero omnes integri, productumque ex (P) et (Q)

$$= x^{m+\mu} + \mathfrak{A}x^{m+\mu-1} + \mathfrak{B}x^{m+\mu-2} + etc. + \mathfrak{Z}$$

omnes coefficientes $\mathfrak{A}, \mathfrak{B} \ldots . \mathfrak{Z}$ *integri esse nequeunt.*

Demonstr. Exprimantur omnes fractiones in coefficientibus A, B etc. a, b etc. per numeros quam minimos, eligaturque ad libitum numerus primus p, qui aliquem aut plures ex denominatoribus harum fractionum metiatur. Ponamus, id quod licet, p metiri denominatorem alicuius coefficientis fracti in (P), patetque si (Q) per p dividatur, etiam in $\frac{(Q)}{p}$ dari ad minimum unum coefficientem fractum cuius denominator implicet factorem p (puta coefficientem primum $\frac{1}{p}$).

Iam facile perspicitur, in (P) datum iri terminum unum, fractum, cuius denominator involvat *plures* dimensiones ipsius p quam denominatores omnium similium praecedentium, et *non pauciores* quam denominatores omnium sequentium; sit hic terminus $= Gx^g$, et multitudo dimensionum ipsius p in denominatore ipsius G, $= t$. Similis terminus dabitur in $\frac{(Q)}{p}$ qui sit $= \Gamma x^\gamma$ et multitudo dimensionum ipsius p in denominatore ipsius Γ, $= \tau$. Manifesto hic erit $t + \tau$ ad minimum $= 2$. His ita praeparatis, terminus $x^{g+\gamma}$ producti ex (P) et (Q) coefficientem habebit fractum, cuius denominator $t + \tau - 1$ dimensiones ipsius p involvet, id quod ita demonstratur.

Sint termini qui in (P) terminum Gx^g praecedunt, $'Gx^{g+1}$, $''Gx^{g+2}$ etc. sequentes vero $G'x^{g-1}$, $G''x^{g-2}$ etc.; similiterque in $\frac{(Q)}{p}$ praecedant terminum Γx^γ termini $'\Gamma x^{\gamma+1}$, $''\Gamma x^{\gamma+2}$ etc. sequantur autem termini $\Gamma' x^{\gamma-1}$, $\Gamma'' x^{\gamma-2}$ etc. Tum constat in producto ex (P), $\frac{(Q)}{p}$ coefficientem termini $x^{g+\gamma}$ fore

$$\begin{aligned} &= G\Gamma + 'G\Gamma' + ''G\Gamma'' + \text{etc.} \\ &\quad + '\Gamma G' + ''\Gamma G'' + \text{etc.} \end{aligned}$$

Pars $G\Gamma$ erit fractio quae si per numeros quam minimos exprimitur in denominatore $t + \tau$ dimensiones ipsius p involvit, reliquae autem partes si sunt fractae, in denominatore pauciores dimensiones numeri p implicabunt, quoniam omnes sunt producta e binis factoribus quorum alter non plures quam t, alter vero pauciores quam τ dimensiones ipsius p implicat; vel alter non plures quam τ, alterque pauciores quam t. Hinc $G\Gamma$ erit formae $\frac{e}{fp^{t+\tau}}$ reliquarum vero summa formae $\frac{e'}{f'p^{t+\tau-\delta}}$ ubi δ positivus et e, f, f' a factore p liberi: quare omnium summa erit $= \frac{ef' + e'fp^\delta}{ff'p^{t+\tau}}$ cuius numerator per p non divisibilis, adeoque denominator per nullam reductionem pauciores dimensiones quam $t + \tau$ obtinere potest. Hinc coefficiens termini $x^{g+\gamma}$ in producto ex (P), (Q) erit

$$= \frac{ef' + e'fp^\delta}{ff'p^{t+\tau-1}}$$

i. e. fractio cuius denominator $t + \tau - 1$ dimensiones ipsius p implicat. *Q. E. D.*

43.

Congruentia m^{ti} gradus

$$Ax^m + Bx^{m-1} + Cx^{m-2} + etc. + Mx + N \equiv 0$$

cuius modulus est numerus primus p, ipsum A non metiens, pluribus quam m modis diversis solvi non potest, sive plures quam m radices secundum p incongruas non habet (Vid. artt. 25, 26).

Si quis neget, ponamus dari congruentias diversorum graduum m, n etc. quae plures quam m, n etc. radices habeant, sitque minimus gradus m, ita ut omnes similes congruentiae inferiorum graduum theorematì nostro sint consentaneae. Quod quum de primo gradu iam supra sit demonstratum (art. 26), manifestum est, m fore aut $=2$ aut maiorem. Admittet itaque congruentia

$$Ax^m + Bx^{m-1} + \text{etc.} + Mx + N \equiv 0$$

saltem $m+1$ radices, quae sint $x \equiv \alpha, x \equiv \beta, x \equiv \gamma$ etc., ponamusque id quod licet omnes numeros α, β, γ etc. esse positivos et minores quam p, omniumque minimum α. Iam in congruentia proposita substituatur pro x, $y+\alpha$, transeatque inde in hanc

$$A'y^m + B'y^{m-1} + C'y^{m-2}. \quad + M'y + N' \equiv 0$$

Tum manifestum est, huic congruentiae satisfieri, si ponatur $y \equiv 0$, aut $\equiv \beta - \alpha$, aut $\equiv \gamma - \alpha$ etc., quae radices omnes erunt diversae, numerusque earum $= m+1$. At ex eo quod $y \equiv 0$ est radix, sequitur, N' per p divisibilem fore. Quare etiam haec expressio

$$y(A'y^{m-1} + B'y^{m-2} + \text{etc.} + M') \text{ fiet } \equiv 0 \, (\text{mod.} p),$$

si ipsi y unus ex m valoribus $\beta - \alpha, \gamma - \alpha$ etc. tribuitur, qui omnes sunt >0 et $<p$, adeoque in omnibus hisce casibus etiam

$$A'y^{m-1} + B'y^{m-2} + \text{etc.} + M' \text{ fiet } \equiv 0 \text{ (art. 22)}$$

i. e. congruentia $\quad A'y^{m-1} + B'y^{m-2} + \text{etc.} + M' \equiv 0$

quae est gradus $m-1^{ti}$, m radices habet et proin theorematì nostro adversatur (patet enim facile, A' fore $=A$, adeoque per p non divisibilem, uti requiritur) licet supposuerimus, omnes congruentias inferioris gradus quam m^{ti}, theorematì consentire. *Q. E. A.*

44.

Quamvis hic supposuerimus, modulum p non metiri coefficientem termini summi, tamen theorema ad hunc casum non restringitur. Si enim primus coefficiens sive etiam aliqui sequentium per p divisibiles essent, hi termini tuto reiici possent, congruentiaque tandem ad inferiorem gradum deprimeretur, ubi coefficiens primus per p non amplius foret divisibilis, siquidem non omnes coefficientes per p dividi possunt; in quo casu congruentia foret identica atque incognita prorsus indeterminata.

Theorema hoc primum ab ill. La Grange propositum atque demonstratum est (*Mém. de l'Ac. de Berlin, Année* 1768 *p.* 192). Exstat etiam in dissert. ill. Le Gendre, *Recherches d'Analyse indéterminée, Hist. de l'Acad. de Paris* 1785 *p.* 466. Ill. Euler in *Nov. Comm. Ac. Petr.* XVIII *p.* 93 demonstravit congruentiam $x^n - 1 \equiv 0$ plures quam n radices diversas habere non posse. Quae quamvis sit particularis, tamen methodus qua vir summus usus est omnibus congruentiis facile adaptari potest. Casum adhuc magis limitatum iam antea absolverat, *Comm. nov. Ac. Petr.* V *p.* 6, sed haec methodus generaliter adhiberi nequit. Infra Sect. VIII alio adhuc modo theorema demonstrabimus; at quantumvis diversae primo aspectu omnes hae methodi videri possint, periti qui comparare eas voluerint facile certiores fient omnes eidem principio superstructas esse. Ceterum quum hoc theorema hic tantum tamquam lemma sit considerandum, neque completa expositio huc pertineat: de modulis compositis seorsim agere supersedemus.

SECTIO TERTIA

DE

RESIDUIS POTESTATUM.

Residua terminorum progressionis geometricae ab unitate incipientis constituunt seriem periodicam.

45.

Theorema. *In omni progressione geometrica* $1, a, aa, a^3$ *etc. praeter primum* 1, *alius adhuc datur terminus* a^t, *secundum modulum* p *ad* a *primum unitati congruus, cuius exponens* $t < p$.

Demonstr. Quoniam modulus p ad a, adeoque ad quamvis ipsius a potestatem est primus, nullus progressionis terminus erit $\equiv 0 \pmod{p}$, sed quivis alicui ex his numeris $1, 2, 3 \ldots . p-1$ congruus. Quorum multitudo quum sit $p-1$, manifestum est, si plures quam $p-1$ progressionis termini considerentur, omnes residua minima diversa habere non posse. Quocirca inter terminos $1, a, aa, a^3 \ldots a^{p-1}$ bini ad minimum congrui invenientur. Sit itaque $a^m \equiv a^n$ et $m > n$, fietque dividendo per a^n, $a^{m-n} \equiv 1$ (art. 22) ubi $m-n < p$, et > 0. *Q. E. D.*

Ex. In progressione $2, 4, 8$ etc. terminus primus qui secundum modulum 13 unitati est congruus, invenitur $2^{12} = 4096$. At secundum modulum 23 in eadem progressione fit $2^{11} = 2048 \equiv 1$. Similiter numeri 5 potestas sexta, 15625, unitati congrua secundum modulum 7, quinta vero, 3125, secundum 11. In aliis igitur casibus potestas exponentis minoris quam $p-1$ unitati congrua evadit, in aliis contra usque ad potestatem $p-1^{\text{tam}}$ ascendere necesse est.

46.

Quando progressio ultra terminum qui unitati est congruus continuatur, eadem quae ab initio habebantur residua prodeunt iterum. Scilicet si $a^t \equiv 1$, erit $a^{t+1} \equiv a$, $a^{t+2} \equiv aa$ etc. donec ad terminum a^{2t} perveniatur, cuius residuum minimum iterum erit $\equiv 1$, atque residuorum *periodum* denuo inchoat. Habetur itaque periodus t residua comprehendens, quae simulac finita est ab initio semper repetitur; neque alia residua quam quae in hac periodo continentur in tota progressione occurrere possunt. Generaliter erit $a^{mt} \equiv 1$, et $a^{mt+n} \equiv a^n$, id quod per designationem nostram ita exhibetur:

Si $r \equiv \rho\,(mod.\, t)$, *erit* $a^r \equiv a^\rho\,(mod.\, p)$.

47.

Petitur ex hoc theoremate compendium potestatum quantumvis magno exponente affectarum residua expedite inveniendi, simulac potestas unitati congrua innotescat. Si *ex. gr.* residuum e divisione potestatis 3^{1000} per 13 oriundum quaeritur, erit propter $3^3 \equiv 1$ (mod. 13), $t \equiv 3$; quare quum sit $1000 \equiv 1$ (mod. 3), erit $3^{1000} \equiv 3$ (mod. 13).

48.

Quando a^t est *infima* potestas unitati congrua (praeter $a^0 = 1$, ad quem casum hic non respicimus), illi t termini, residuorum periodum constituentes omnes erunt diversi, uti ex demonstratione art. 45 nullo negotio perspicitur. Tum autem propositio art. 46 converti potest; scilicet si $a^m \equiv a^n$ (mod. p), erit $m \equiv n$ (mod. t). Si enim m, n secundum modulum t incongrui essent, residua eorum minima μ, ν diversa forent. At $a^\mu \equiv a^m$, $a^\nu \equiv a^n$, quare $a^\mu \equiv a^\nu$ *i. e.* non omnes potestates infra a^t incongruae forent contra hypoth.

Si itaque $a^k \equiv 1$ (mod. p), erit $k \equiv 0$ (mod. t) *i. e.* k per t divisibilis.

Hactenus de modulis quibuscunque si modo ad a sint primi diximus. Iam modulos qui sunt numeri absolute primi seorsim consideremus atque huic fundamento investigationem generaliorem postea superstruamus.

Considerantur primo moduli qui sunt numeri primi.

49.

Theorema. *Si p est numerus primus ipsum a non metiens, atque a^t infima ipsius a potestas secundum modulum p unitati congrua, exponens t aut erit $=$ $p-1$ aut pars aliquota huius numeri.*

Conferantur exempla art. 45.

Demonstr. Quum iam ostensum sit, t esse aut $=p-1$, aut $<p-1$, superest, ut in posteriori casu t semper ipsius $p-1$ partem aliquotam esse evincatur.

I. Colligantur residua minima positiva omnium horum terminorum $1, a, aa \ldots a^{t-1}$, quae per $\alpha, \alpha', \alpha''$ etc. designentur, ita ut sit $\alpha=1, \alpha'\equiv a, \alpha''\equiv aa$ etc. Perspicuum est, haec omnia fore diversa, si enim duo termini a^m, a^n eadem praeberent, foret (supponendo $m>n$) $a^{m-n}\equiv 1$ atque $m-n<t$, *Q. E. A.* quum nulla inferior potestas quam a^t unitati sit congrua (*hyp.*). Porro omnes $\alpha, \alpha', \alpha''$ etc. in serie numerorum $1, 2, 3 \ldots p-1$ continentur, quam tamen non exhaurient, quum $t<p-1$. Complexum omnium $\alpha, \alpha', \alpha''$ etc. per (A) designabimus. Comprehendet igitur (A) terminos t

II. Accipiatur numerus quicunque β ex his $1, 2, 3 \ldots p-1$, qui in (A) desit. Multiplicetur β per omnes $\alpha, \alpha', \alpha''$ etc., sintque residua minima inde oriunda β, β', β'' etc., quorum numerus etiam erit t. At haec residua tum inter se quam ab omnibus $\alpha, \alpha', \alpha''$ etc. erunt diversa. Si enim *prior* assertio falsa esset, haberetur $\beta a^m\equiv\beta a^n$ adeoque dividendo per β, $a^m\equiv a^n$, contra ea quae modo demonstravimus; si vero *posterior*, haberetur $\beta a^m\equiv a^n$, unde, quando $m<n$, $\beta\equiv a^{n-m}$ *i. e.* β alicui ex his $\alpha, \alpha', \alpha''$ etc. congruus contra hyp.; quando vero $m>n$, sequitur multiplicando per a^{t-m}, $\beta a^t\equiv a^{t+n-m}$, sive propter $a^t\equiv 1$, $\beta\equiv a^{t+n-m}$, quae est eadem absurditas. Designetur complexus omnium β, β', β'' etc. quorum multitudo $=t$, per (B), habebunturque iam $2t$ numeri ex his $1, 2, 3 \ldots p-1$. Quodsi igitur (A) et (B) omnes hos numeros complectuntur, fit $\frac{p-1}{2}=t$ adeoque theorema demonstratum.

III. Si vero aliqui adhuc deficiunt, sit horum aliquis γ. Per hunc multiplicentur omnes $\alpha, \alpha', \alpha''$ etc. productorumque residua minima sint $\gamma, \gamma', \gamma''$ etc.; omnium complexus per (C) designetur. (C) igitur comprehendet t numeros ex his $1, 2, 3 \ldots p-1$, qui omnes tum inter se quam a numeris in (A) et (B)

contentis erunt diversi. Assertiones priores eodem modo demonstrantur ut in II, tertia ita. Si esset $\gamma a^m \equiv \mathfrak{b} a^n$, fieret $\gamma \equiv \mathfrak{b} a^{n-m}$, aut $\equiv \mathfrak{b} a^{t+n-m}$ prout $m < n$, aut $> n$, in utroque casu γ alicui ex (B) congrua contra hyp. Habentur igitur $3t$ numeri ex his $1, 2, 3 \ldots p-1$, atque si nulli amplius desunt, fiet $t = \frac{p-1}{3}$ adeoque theorema erit demonstratum.

IV. Si vero etiamnum aliqui desunt, eodem modo ad quartum numerorum complexum (D) progrediendum erit etc. Patet vero quoniam numerorum $1, 2, 3 \ldots p-1$ multitudo est finita, tandem eam exhaustum iri, adeoque multiplum ipsius t fore: quare t erit pars aliquota numeri $p-1$. *Q. E. D.*

Fermatii Theorema.

50.

Quum igitur $\frac{p-1}{t}$ sit integer, sequitur evehendo utramque partem congruentiae $a^t \equiv 1$ ad potestatem exponentis $\frac{p-1}{t}$, $a^{p-1} \equiv 1$, *sive* $a^{p-1} - 1$ *semper per* p *divisibilis est, quando* p *est primus ipsum* a *non metiens.*

Theorema hoc quod tum propter elegantiam tum propter eximiam utilitatem omni attentione dignum, ab inventore *theorema Fermatianum* appellari solet. Vid. *Fermatii Opera Mathem. Tolosae* 1679 *fol. p.* 163. Demonstrationem inventor non adiecit, quam tamen in potestate sua esse professus est. Ill. Euler primus demonstrationem publici iuris fecit, in diss. cui titulus *Theorematum quorundam ad numeros primos spectantium demonstratio*, *Comm. Acad. Petrop. T.* VIII*). Innititur ista evolutioni potestatis $(a+1)^p$, ubi ex coefficientium forma facillime deducitur $(a+1)^p - a^p - 1$ semper per p fore divisibilem, adeoque $(a+1)^p - (a+1)$ per p divisibilem fore, quando $a^p - a$ per p sit divisibilis. Iam quia $1^p - 1$ semper per p divisibilis est, etiam $2^p - 2$ semper erit; hinc etiam $3^p - 3$ etc. generaliterque $a^p - a$. Quodsi itaque p ipsum a non metitur, etiam $a^{p-1} - 1$ per p divisibilis erit. Haec sufficient ad methodi indolem declarandam. Clar. Lambert similem demonstrationem tradidit in *Actis Erudit.* 1769

*) In comment. anteriore vir summus ad scopum nondum pervenerat. *Comm. Petr. T.* VI *p.* 106. — In controversia famosa inter Maupertuis et König, a principio actionis minimae orta, sed mox ad res heterogeneas egressa, König in manibus se habere dixit autographum Leibnitianum, in quo demonstratio huius theorematis cum Euleriana prorsus conspirans contineatur. *Appel au public. p.* 106. Licet vero fidem huic testimonio denegare nolimus, certe Leibnitius inventum suum numquam publicavit. Conf. *Hist. de l'Ac. de Prusse, A.* 1750 *p.* 530.

p. 109. Quia vero evolutio potestatis binomii a theoria numerorum satis aliena esse videbatur, aliam demonstrationem ill. Euler investigavit quae exstat *Comment. nov. Petr. T.* VII *p.* 70, atque cum ea quam nos art. praec. exposuimus prorsus convenit. In sequentibus adhuc aliae quaedam se nobis offerent. Hoc loco unam superaddere liceat, quae similibus principiis innititur, uti prima ill. Euleri. Propositio sequens, cuius casus tantum particularis est theorema nostrum, etiam ad alias investigationes infra adhibebitur.

51.

Polynomii $a+b+c+$ *etc. potestas* p^{ta} *secundum modulum* p *est*

$$\equiv a^p+b^p+c^p+ \text{ etc.}$$

siquidem p *est numerus primus.*

Demonstr. Constat potestatem p^{tam} polynomii $a+b+c+$etc. esse compositam e partibus formae $\varkappa a^\alpha b^\beta c^\gamma$ etc. ubi $\alpha+\beta+\gamma$ etc. $=p$, et $\varkappa$ designat, quot modis p res, quarum α, β, γ etc. respective sunt $=a, b, c$ etc. permutari possint. At supra art. 41 ostendimus, hunc numerum semper esse per p divisibilem, nisi omnes res sint aequales, *i. e.* nisi aliquis numerorum α, β, γ etc. sit $=p$ reliqui vero $=0$. Unde sequitur omnes ipsius $(a+b+c+\text{etc.})^p$ partes, praeter has a^p, b^p, c^p etc., per p divisibiles esse; quae igitur quando de congruentia secundum modulum p agitur, tuto omitti poterunt, fietque

$$(a+b+c+\text{etc.})^p \equiv a^p+b^p+c^p+\text{etc.} \quad Q. E. D.$$

Quodsi iam omnes quantitates a, b, c etc. $=1$ ponuntur, numerusque earum $=k$, fiet $k^p \equiv k$ uti in art. praec.

Quot numeris respondeant periodi, in quibus terminorum multitudo est divisor datus numeri $p-1$.

52.

Quoniam igitur alii numeri quam qui sunt divisores ipsius $p-1$ nequeunt esse exponentes potestatum infimarum ad quas evecti numeri aliqui unitati congrui fiunt, quaestio sese offert, num omnes ipsius $p-1$ divisores ad hoc sint idonei, atque, quando omnes numeri per p non divisibiles secundum exponentem infimae suae potestatis unitati congruae classificentur, quot ad singulos exponentes sint perventuri. Ubi statim observare convenit, sufficere, si omnes numeri positivi ab 1 usque ad $p-1$ considerentur; manifestum enim est, numeros congruos ad eandem potestatem elevari debere, quo unitati fiant congruae, adeoque numerum quemcunque ad eundem exponentem esse referendum ad quem residuum suum minimum positivum. Quocirca in id nobis erit incumbendum, ut quomodo hoc respectu numeri $1, 2, 3 \ldots p-1$ inter singulos factores numeri $p-1$ distribuendi sint eruamus. Brevitatis gratia, si d est unus e divisoribus numeri $p-1$ (ad quos etiam 1 et $p-1$ referendi), per ψd designabimus multitudinem numerorum positivorum ipso p minorum quorum potestas d^{ta} est infima unitati congrua.

53.

Quo facilius haec disquisitio intelligi possit, exemplum apponimus. Pro $p=19$ distribuentur numeri $1, 2, 3 \ldots 18$ inter divisores numeri 18 hoc modo:

1	1.
2	18.
3	7, 11.
6	8, 12.
9	4, 5, 6, 9, 16, 17
18	2, 3, 10, 13, 14, 15.

In hoc igitur casu fit $\psi 1=1, \psi 2=1, \psi 3=2, \psi 6=2, \psi 9=6, \psi 18=6$. Ubi exigua attentio docet, totidem ad quemvis exponentem pertinere, quot dentur numeri hoc non maiores ad ipsumque primi, sive esse in hoc certe casu, retento signo art. 39, $\psi d=\phi d$. Hanc autem observationem generaliter veram esse ita demonstramus.

I. Si numerus aliquis habetur, a, ad exponentem d *pertinens* (*i.e.* cuius potestas d^{ta} unitati congrua, omnes inferiores incongruae), omnes huius potestates $aa, a^3, a^4 \ldots a^d$ sive ipsarum residua minima proprietatem priorem etiam possidebunt (ut potestas ipsarum d^{ta} unitati sit congrua) et quum hoc ita etiam exprimi possit, residua minima numerorum $a, aa, a^3 \ldots a^d$ (quae omnia sunt diversa) esse radices congruentiae $x^d \equiv 1$, haec autem plures quam d radices diversas habere nequeat, manifestum est, praeter numerorum $a, aa, a^3 \ldots a^d$ residua minima alios numeros inter 1 et $p-1$ incl. non dari quorum potestates exponentis d congruae sint unitati. Hinc patet omnes numeros ad exponentem d pertinentes inter residua minima numerorum $a, aa, a^3 \ldots . a^d$ reperiri. Quales vero sint, quantaque eorum multitudo, ita definitur. Si k est numerus ad d primus, omnes potestates ipsius a^k, quarum exponentes $< d$, unitati non erunt congrui: esto enim $\frac{1}{k}(\text{mod. } d) \equiv m$ (vid. art. 31) eritque $a^{km} \equiv a$; quare si potestas e^{ta} ipsius a^k unitati esset congrua atque $e < d$, foret etiam $a^{kme} \equiv 1$ et hinc $a^e \equiv 1$ contra hyp. Hinc manifestum est, residuum minimum ipsius a^k ad exponentem d pertinere. Si vero k divisorem aliquem, δ, cum d communem habet, ipsius a^k residuum minimum ad exponentem d non pertinet; quoniam tum potestas $\frac{d}{\delta}^{\text{ta}}$ iam unitati fit congrua (erit enim $\frac{kd}{\delta}$ per d divisibilis, sive $\equiv 0 (\text{mod.} d)$ adeoque $a^{\frac{kd}{\delta}} \equiv 1$). Hinc colligitur, totidem numeros ad exponentem d pertinere quot numerorum $1, 2, 3 \ldots . d$ ad d sint primi. At memorem esse oportet, hanc conclusionem innixam esse suppositioni, unum numerum a iam haberi ad exponentem d pertinentem. Quamobrem dubium remanet, fierine possit ut ad aliquem exponentem nullus omnino numerus pertineat; conclusioque eo limitatur ut ψd sit vel $= 0$ vel $= \phi d$.

54.

II. Iam sint omnes divisores numeri $p - 1$ hi: d, d', d'' etc. eritque, quia omnes numeri $1, 2, 3 \ldots . p - 1$ inter hos sunt distributi,

$$\psi d + \psi d' + \psi d'' + \text{etc.} = p - 1$$

At in art. 40 demonstravimus esse

$$\phi d + \phi d' + \phi d'' + \text{etc.} = p - 1$$

atque ex art. praec. sequitur ψd ipsi ϕd aut aequalem aut ipso minorem esse, maiorem esse non posse, similiterque de $\psi d'$ et $\phi d'$, etc. Si itaque aliquis terminus ex his $\psi d, \psi d', \psi d''$ etc. termino respondente ex his $\phi d, \phi d', \phi d''$, esset minor (sive etiam plures) illorum summa summae horum aequalis esse non posset. Unde tandem concludimus *ψd ipsi ϕd semper esse aequalem,* adeoque a magnitudine ipsius $p - 1$ non pendere.

55.

Maximam autem attentionem meretur casus particularis propositionis praecedentis scilicet *semper dari numeros quorum nulla potestas inferior quam* $p-1^{ta}$ *unitati congrua*, et quidem totidem inter 1 et $p-1$ quot infra $p-1$ sint numeri ad $p-1$ primi. Cuius theorematis demonstratio quum minime tam obvia sit quam primo aspectu videri possit, propter theorematis dignitatem liceat aliam adhuc adiicere a praecedente aliquantum diversam, quandoquidem methodorum diversitas ad res obscuriores illustrandas plurimum conferre solet. Resolvatur $p-1$ in factores suos primos fiatque $p-1=a^\alpha b^\beta c^\gamma$ etc., designantibus a, b, c etc. numeros primos inaequales. Tum theorematis demonstrationem per sequentia absolvemus:

I. Semper inveniri posse numerum A (aut plures) ad exponentem a^α pertinentem, similiterque numeros B, C etc. ad exponentes b^β, c^γ etc. respective pertinentes.

II. Productum ex omnibus numeris A, B, C etc. (sive huius producti residuum minimum) ad exponentem $p-1$ pertinere. Haec autem ita demonstramus.

I. Sit g numerus aliquis ex his $1, 2, 3\ldots p-1$, congruentiae $x^{\frac{p-1}{a}} \equiv 1$ (mod. p) *non* satisfaciens, omnes enim hi numeri congruentiae huic, cuius gradus $< p-1$, satisfacere nequeunt. Tum dico si potestas $\frac{p-1}{a^\alpha}$ ta ipsius g ponatur $\equiv h$, hunc numerum, sive eius residuum minimum ad exponentem a^α pertinere.

Namque patet potestatem a^α tam ipsius h congruam fore potestati $p-1$ tae ipsius g *i.e.* unitati, potestas vero $a^{\alpha-1}$ ta ipsius h congrua erit potestati $\frac{p-1}{a}$ tae ipsius g, *i.e.* unitati erit incongrua, multoque minus potestates $a^{\alpha-2}$, $a^{\alpha-3}$ tae etc. ipsius h unitati congruae esse possunt. At exponens infimae potestatis ipsius h, unitati congruae, sive exponens ad quam pertinet h, numerum a^α metiri debet (art. 48). Quare quum a^α per alios numeros divisibilis non sit quam per se ipsum, atque per inferiores ipsius a potestates, necessario a^α erit exponens ad quem h pertinet. *Q. E. D.* Per similem methodum demonstratur, dari numeros ad exponentes b^β, c^γ etc. pertinentes.

II. Si supponimus, productum ex omnibus A, B, C etc. non ad exponentem $p-1$, sed ad minorem t pertinere, t ipsum $p-1$ metietur (art. 48), sive erit $\frac{p-1}{t}$ integer unitate maior. Facile autem perspicitur, hunc quotientem vel esse unum e numeris primis a, b, c etc. vel saltem per aliquem eorum divisibilem (art. 17), *ex. gr.* per a, de reliquis enim simile est ratiocinium.

Metietur itaque t ipsum $\frac{p-1}{a}$; quare productum ABC etc. etiam ad potestatem $\frac{p-1}{a}$ tam elevatum unitati erit congruum (art. 46). Sed perspicuum est singulos B, C, etc. (exemto ipso A) ad potestatem $\frac{p-1}{a}$ tam elevatos unitati congruos fieri, quum exponentes b^6, c^γ etc. ad quos singuli pertinent ipsum $\frac{p-1}{a}$ metiantur. Hinc erit

$$A^{\frac{p-1}{a}} B^{\frac{p-1}{a}} C^{\frac{p-1}{a}} \text{ etc.} \equiv A^{\frac{p-1}{a}} \equiv 1.$$

Unde sequitur exponentem ad quem A pertinet ipsum $\frac{p-1}{a}$ metiri debere (art. 48), *i. e.* $\frac{p-1}{a^{\alpha+1}}$ esse integrum; at $\frac{p-1}{a^{\alpha+1}} = \frac{b^6 c^\gamma \text{ etc.}}{a}$ integer esse nequit (art 15). Unde tandem concludere oportet, suppositionem nostram consistere non posse, *i. e.* productum ABC etc. revera ad exponentem $p-1$ pertinere. *Q. E. D.*

Demonstratio posterior priori aliquantulum prolixior esse videtur, prior contra posteriori minus directa.

56.

Hoc theorema insigne exemplum suppeditat, quanta circumspectione in theoria numerorum saepenumero opus sit, ne, quae non sunt, pro certis assumamus. Celeb. Lambert in diss. iam supra laudata *Acta Erudit.* 1769 *p.* 127 huius propositionis mentionem facit sed demonstrationis ne necessitatem quidem attigit. Nemo vero demonstrationem tentavit praeter summum Eulerum, *Comment. nov. Ac. Petrop. T.* XVIII ad annum 1773, *Demonstrationes circa residua ex divisione potestatum per numeros primos resultantia* p. 85 seqq. vid. imprimis art. 37 ubi de demonstrationis necessitate fusius locutus est. At demonstratio quam Vir sagacissimus exhibuit duos defectus habet. Alterum quod art. 31 et sqq. tacite supponit, congruentiam $x^n \equiv 1$ (translatis ratiociniis illic adhibitis in nostra signa) revera n radices diversas habere, quamquam ante nihil aliud fuerit demonstratum quam quod *plures* habere nequeat; alterum, quod formulam art. 34 per inductionem tantummodo deduxit.

Radices primitivae, bases, indices.

57.

Numeros ad exponentem $p-1$ pertinentes *radices primitivas* cum ill. Eulero vocabimus. Si igitur a est radix primitiva, potestatum $a, aa, a^3 \ldots a^{p-1}$

residua minima omnia erunt diversa; unde facile deducitur, inter haec omnes numeros $1, 2, 3, \ldots p-1$, qui totidem sunt multitudine quot illa residua minima, reperiri debere, *i. e.* quemvis numerum per p non divisibilem potestati alicui ipsius a congruum esse. Insignis haec proprietas permagnae est utilitatis, operationesque arithmeticas, ad congruentias pertinentes, haud parum sublevare potest, simili fere modo, ut logarithmorum introductio operationes arithmeticae vulgaris. Radicem aliquam primitivam, a, ad lubitum pro *basi* adoptabimus, ad quam omnes numeros per p non divisibiles referemus, et si fuerit $a^e \equiv b \pmod{p}$, e ipsius b *indicem* vocabimus. *Ex. gr.* si pro modulo 19, radix primitiva 2 pro basi assumatur respondebunt

numeris	1.	2.	3.	4.	5.	6.	7.	8.	9.	10.	11.	12.	13.	14.	15.	16.	17.	18.
indices	0.	1.	13.	2.	16.	14.	6.	3.	8.	17.	12.	15.	5.	7.	11.	4.	10.	9.

Ceterum patet, manente basi, cuique numero plures indices convenire, sed hos omnes secundum modulum $p-1$ fore congruos; quamobrem quoties de indicibus sermo erit, qui secundum modulum $p-1$ sunt congrui pro aequivalentibus habebuntur, simili modo uti numeri ipsi, quando secundum modulum p sunt congrui, tamquam aequivalentes spectantur.

Algorithmus indicum.

58.

Theoremata ad indices pertinentia prorsus analoga sunt iis quae ad logarithmos spectant.

Index producti e quotcunque factoribus conflati congruus est summae indicum singulorum factorum secundum modulum $p-1$.

Index potestatis numeri alicuius congruus est producto ex indice numeri dati in exponentem potestatis, secundum mod. $p-1$.

Demonstrationes propter facilitatem omittimus.

Hinc perspicitur si tabulam construere velimus ex qua omnium numerorum indices pro modulis diversis desumi possint, ex hac tum omnes numeros modulo maiores, tum omnes compositos omitti posse. Specimen huius modi tabulae ad calcem operis huius adiectum est, *Tab.* I, ubi in prima columna verticali positi sunt numeri primi primorumque potestates a 3 usque ad 97, qui tamquam moduli sunt spectandi, iuxta hos singulos numeri pro basi assumti; tum sequuntur indices numerorum primorum successivorum, quorum quini semper per parvulum intervallum sunt disiuncti, eodemque ordine supra dispositi sunt numeri primi; ita ut quis index numero primo dato secundum modulum datum respondeat, facile tutoque inveniri possit.

Ita *ex. gr.* si $p = 67$ index numeri 60, assumto 12 pro basi erit

$$\equiv 2\,\text{Ind.}\,2 + \text{Ind.}\,3 + \text{Ind.}\,5\ (\text{mod.}\ 66) \equiv 58 + 9 + 39 \equiv 40$$

59.

Index valoris cuiuscunque expressionis $\frac{a}{b}$ *(mod. p.), (art. 31) congruus est secundum modulum* $p-1$ *differentiae indicum numeratoris* a *et denominatoris* b, *siquidem numeri* a, b *per* p *non sunt divisibiles.*

Sit enim valor quicunque c: eritque $bc \equiv a\ (\text{mod.}\ p)$; hinc

$$\text{Ind.}\,b + \text{Ind.}\,c \equiv \text{Ind.}\,a\ (\text{mod.}\ p-1)$$

adeoque
$$\text{Ind.}\,c \equiv \text{Ind.}\,a - \text{Ind.}\,b$$

Si itaque tabula habetur, ex qua index cuique numero respondens pro quovis modulo primo, aliaque ex qua numerus ad indicem datum pertinens derivari possit, omnes congruentiae primi gradus facillimo negotio solvi poterunt, quoniam omnes reduci possunt ad tales, quarum modulus est numerus primus (art. 30). *E. g.* proposita congruentia

$$29x + 7 \equiv 0\ (\text{mod.}\ 47) \text{ erit } x \equiv \frac{-7}{29}\ (\text{mod.}\ 47)$$

Hinc $\text{Ind.}\,x \equiv \text{Ind.} -7 - \text{Ind.}\,29 \equiv \text{Ind.}\,40 - \text{Ind.}\,29 \equiv 15 - 43 \equiv 18\ (\text{mod.}\ 46)$

At numerus cuius index 18 invenitur 3. Quare $x \equiv 3\ (\text{mod.}\ 47)$. — Tabulam secundam quidem non adiecimus: at huius vice alia defungi poterit uti Sect. VI ostendemus.

De radicibus congruentiae $x^n \equiv A$.

60.

Simili modo ut art. 31 radices congruentiarum primi gradus designavimus, in sequentibus etiam congruentiarum purarum altiorum graduum radices per signum exhibebimus. Uti scilicet $\sqrt[n]{A}$ nihil aliud significat quam radicem aequationis $x^n = A$, ita apposito modulo per $\sqrt[n]{A}\ (\text{mod.}\ p)$ denotabitur radix quaecunque congruentiae $x^n \equiv A\ (\text{mod.}\ p)$. Hanc expressionem $\sqrt[n]{A}\ (\text{mod.}\ p)$ tot valores habere dicemus, quot habet secundum p incongruos, omnes enim qui secundum p

sunt congrui tamquam aequivalentes spectandi (art. 26). Ceterum patet, si A, B secundum p fuerint congrui, expressiones $\sqrt[n]{A}$, $\sqrt[n]{B}$ (mod. p) aequivalentes fore

Iam si ponitur $\sqrt[n]{A} \equiv x$ (mod. p), erit n Ind. $x \equiv$ Ind. A (mod. $p-1$). Ex hac congruentia deducuntur ad praecepta sectionis praec. valores ipsius Ind. x atque ex his valores respondentes ipsius x. Facile vero perspicitur x habere totidem valores, quot radices congruentia n Ind. $x \equiv$ Ind. A (mod. $p-1$). Manifesto igitur $\sqrt[n]{A}$ unum tantummodo valorem habebit quando n ad $p-1$ est primus; quando vero numeri $n, p-1$ divisorem communem habent δ, atque hic est maximus, Ind. x habebit δ valores incongruos secundum $p-1$, adeoque $\sqrt[n]{A}$ totidem valores incongruos secundum p, siquidem Ind. A per δ est divisibilis. Qua conditione deficiente $\sqrt[n]{A}$ nullum valorem realem habebit.

Exemplum. Quaeruntur valores expressionis $\sqrt[15]{11}$ (mod. 19). Solvi itaque debet congruentia 15 Ind. $x \equiv$ Ind. $11 \equiv 6$ (mod. 18), invenienturque tres valores ipsius Ind. $x \equiv 4, 10, 16$ (mod. 18). His vero respondent valores ipsius x, 6, 9, 4.

61.

Quantumvis expedita sit methodus haec quando tabulae necessariae adsunt, debemus tamen non oblivisci, indirectam eam esse. Operae igitur pretium erit inquirere quantum methodi directae polleant: trademusque hic ea quae ex praecedentibus hauriri possunt: alia, quae considerationes reconditiores postulant, ad sectionem VIII reservantes. Initium facimus a casu simplicissimo, ubi $A=1$, sive ubi radices congruentiae $x^n \equiv 1$ (mod. p) quaeruntur. Hic itaque, assumta radice quacunque primitiva pro basi, debet esse n Ind. $x \equiv 0$ (mod. $p-1$). Quae congruentia, quando n ad $p-1$ est primus, unam tantummodo radicem habebit, scilicet Ind. $x \equiv 0$ (mod. $p-1$): quare *in hocce casu* $\sqrt[n]{1}$ (mod. p) unicum valorem habet, scilicet $\equiv 1$. Quando autem numeri $n, p-1$ habent divisorem communem (maximum) δ congruentiae n Ind. $x \equiv 0$ (mod. $p-1$) solutio completa erit Ind. $x \equiv 0$ (mod. $\frac{p-1}{\delta}$) (V. art. 29), *i. e.* Ind. x secundum modulum $p-1$ alicui ex his numeris

$$0, \frac{p-1}{\delta}, \frac{2(p-1)}{\delta}, \frac{3(p-1)}{\delta}, \ldots \frac{(\delta-1)(p-1)}{\delta}$$

congruus esse debebit, sive δ valores secundum modulum $p-1$ incongruos habebit; quare etiam x in hocce casu δ valores diversos (secundum modulum

p incongruos) habebit. Hinc perspicitur, expressionem $\sqrt[\delta]{1}$ etiam δ valores diversos habere, quorum indices cum ante allatis prorsus conveniant. Quocirca expressio $\sqrt[\delta]{1}\,(\text{mod.}\,p)$ huic $\sqrt[n]{1}\,(\text{mod.}\,p)$ omnino aequivalet, *i. e.* congruentia $x^\delta \equiv 1\,(\text{mod.}\,p)$ easdem radices habet quas haec, $x^n \equiv 1\,(\text{mod.}\,p)$. Prior autem inferioris erit gradus siquidem δ et n sunt inaequales.

Ex. $\sqrt[15]{1}\,(\text{mod.}\,19)$ tres habet valores, quia 3 maxima numerorum 15, 18 mensura communis, hique simul erunt valores expressionis $\sqrt[3]{1}\,(\text{mod.}\,19)$. Sunt autem hi 1, 7, 11.

62.

Per hanc igitur reductionem id lucramur ut alias congruentias formae $x^n \equiv 1$ solvere non sit opus, quam ubi n numeri $p-1$ est divisor. Infra vero ostendemus, congruentias huius formae semper ulterius adhuc deprimi posse, licet praecedentia ad hoc non sufficiant. Unum tamen casum iam hic absolvere possumus scilicet ubi $n=2$. Manifesto enim valores expressionis $\sqrt[2]{1}$ erunt $+1$ et -1 quia plures quam duos habere nequit, hique $+1$ et -1 semper sunt incongrui nisi modulus sit $=2$, in quo casu $\sqrt[2]{1}$ unum tantum valorem habere posse, per se clarum. Hinc sequitur, $+1$ et -1 etiam fore valores expressionis $\sqrt[2m]{1}$ quando m ad $\frac{p-1}{2}$ sit primus. Hoc semper eveniet, quoties modulus est eius indolis ut $\frac{p-1}{2}$ fiat numerus absolute primus (nisi forte $p-1=2m$ in quo casu omnes numeri $1, 2, 3 \ldots . p-1$ sunt radices) *ex. gr.* quando $p=3, 5, 7, 11, 23, 47, 59, 83, 107$ etc. Tamquam corollarium hic annotetur, indicem ipsius -1 semper esse $\equiv \frac{p-1}{2}\,(\text{mod.}\,p-1)$, quaecunque radix primitiva pro basi accipiatur. Namque $2\,\text{Ind.}(-1) \equiv 0\,(\text{mod.}\,p-1)$. Quare $\text{Ind.}(-1)$ erit vel $\equiv 0$, vel $\equiv \frac{p-1}{2}\,(\text{mod.}\,p-1)$: 0 vero semper index ipsius $+1$, atque $+1$ et -1 semper indices diversos habere debent (praeter casum $p=2$ ad quem hic respicere operae non est pretium).

63.

Ostendimus art. 60 expressionem $\sqrt[n]{A}\,(\text{mod.}\,p)$ habere δ valores diversos, aut omnino nullum, si fuerit δ divisor communis maximus numerorum n, $p-1$. Iam uti modo docuimus $\sqrt[n]{A}$ et $\sqrt[\delta]{A}$ aequivalentes esse, si fuerit $A \equiv 1$, generalius probabimus, expressionem $\sqrt[n]{A}$ semper ad aliam $\sqrt[\delta]{B}$ reduci posse cui aequivaleat. Illius enim valore quocunque denotato per x erit $x^n \equiv A$; iam sit t valor quicunque expressionis $\frac{\delta}{n}$ (mod. $p-1$), quam valores reales habere ex art. 31 perspicuum; eritque $x^{tn} \equiv A^t$ at $x^{tn} \equiv x^\delta$ propter $tn \equiv \delta$ (mod. $p-1$). Quare $x^\delta \equiv A^t$ adeoque quicunque ipsius $\sqrt[n]{A}$ valor erit etiam valor ipsius $\sqrt[\delta]{A^t}$. Quoties igitur $\sqrt[n]{A}$ valores reales habet, expressioni $\sqrt[\delta]{A^t}$ prorsus aequivalens erit, quoniam illa neque alios habet quam haec neque pauciores, licet quando $\sqrt[n]{A}$ nullum valorem realem habet, fieri tamen possit ut $\sqrt[\delta]{A^t}$ valores reales habeat.

Ex. Si valores expressionis $\sqrt[21]{2}$ (mod. 31) quaeruntur, erit numerorum 21 et 30 divisor communis maximus 3, expressionisque $\frac{3}{21}$ (mod. 30) valor aliquis 3, quare si $\sqrt[21]{2}$ valores reales habet, huic expressioni $\sqrt[3]{2^3}$ sive $\sqrt[3]{8}$ aequivalebit, invenieturque revera, posterioris expressionis valores qui sunt 2, 10, 19 etiam priori satisfacere.

64.

Ne autem hanc operationem incassum suscepisse periclitemur, regulam investigare oportet, per quam statim diiudicari possit utrum $\sqrt[n]{A}$ valores reales admittat necne. Quodsi tabula indicum habetur, res in promtu est; namque ex art. 60 manifestum est, valores reales dari, si ipsius A index, radice quacunque primitiva pro basi accepta, per δ sit divisibilis, sin vero minus, non dari. Attamen hoc etiam absque tali tabula inveniri potest. Posito enim indice ipsius $A = k$, si hic fuerit per δ divisibilis, erit $\frac{k(p-1)}{\delta}$ per $p-1$ divisibilis et vice versa. Atqui numeri $A^{\frac{p-1}{\delta}}$ index erit $\frac{k(p-1)}{\delta}$. Quare si $\sqrt[n]{A}$ (mod. p) habet valores reales, $A^{\frac{p-1}{\delta}}$ unitati congruus erit, sin minus, incongruus. Ita in exemplo art. praec. habetur $2^{10} = 1024 \equiv 1$ (mod. 31), unde concluditur $\sqrt[21]{2}$ (mod. 31) valores reales habere. Similiter certiores hinc fimus, $\sqrt[2]{-1}$ (mod. p) semper valores binos reales habere, quando p sit formae $4m+1$, nullum vero, quando p sit formae $4m+3$; propter $(-1)^{2m} = 1$ et $(-1)^{2m+1} = -1$. Elegans hoc theorema, quod vulgo ita profertur: *Si* p *est numerus primus formae* $4m+1$, *inveniri potest quadratum* aa, *ita ut* $aa+1$ *per* p *fiat divisibilis; si vero* p *est formae* $4m-1$, *tale quadratum non datur*, hoc modo demonstratum est ab ill. Eulero, *Comm. nov. Acad. Petrop. T.* XVIII *p.* 112 ad annum 1773. Demonstrationem aliam iam multo ante dederat, *Comm. nov. T.* V *p.* 5 qui prodiit a. 1760. In dissert. priori, *Comm. nov. T.* IV *p.* 25, rem nondum perfecerat. Postea etiam ill. La Grange theorematis demonstrationem tradidit, *Nouveaux Mém. de l'Ac. de Berlin A.* 1775 *p.* 342. Aliam adhuc demonstrationem in sectione sequenti ubi proprie de hoc argumento agendum erit, dabimus.

65.

Postquam omnes expressiones $\sqrt[n]{A}\,(\text{mod.}\,p)$ ad tales reducere docuimus, ubi n divisor numeri $p-1$, criteriumque nacti sumus utrum valores reales admittat, necne, tales expressiones $\sqrt[n]{A}\,(\text{mod.}\,p)$ ubi n ipsius $p-1$ est divisor accuratius considerabimus. Primo ostendemus, quam relationem valores singuli expressionis inter se habeant, tum artificia quaedam trademus, quorum auxilio unus valor expressionis saepenumero inveniri possit.

Primo, quando $A\equiv 1$, atque r aliquis ex n valoribus expressionis $\sqrt[n]{1}$ $(\text{mod.}\,p)$, sive $r^n\equiv 1\,(\text{mod.}\,p)$, omnes etiam ipsius r potestates erunt valores istius expressionis; horum autem totidem erunt diversi quot unitates habet exponens ad quem r pertinet (art. 48). Quodsi igitur r est valor ad exponentem n pertinens, potestates ipsius r hae $r, r^2, r^3 \ldots . r^n$ (ubi loco ultimae *unitas* substitui potest) omnes expressionis $\sqrt[n]{1}\,(\text{mod.}\,p)$ valores involvent. Qualia autem subsidia exstent ad tales valores inveniendos qui ad exponentem n pertineant, in Sect. VIII fusius explicabimus.

Secundo. Quando A unitati est incongruus, unusque valor expressionis $\sqrt[n]{A}\,(\text{mod.}\,p)$ notus, qui sit z, reliqui hoc modo inde deducuntur. Sint valores expressionis $\sqrt[n]{1}$ hi

$$1,\ r,\ r^2 \ldots r^{n-1}$$

(uti modo ostendimus), eruntque omnes expr. $\sqrt[n]{A}$ valores hi

$$z,\ zr,\ zr^2 \ldots zr^{n-1}$$

namque omnes hos congruentiae $x^n\equiv A$ satisfacere inde manifestum quod, posito quocunque eorum $\equiv zr^k$, potestas ipsius n^{ta}, $z^n r^{nk}$, propter $r^n\equiv 1$ et $z^n \equiv A$, ipsi A fit congrua: omnes diversos esse ex art. 23 facile intelligitur; plures autem valores quam hos quorum numerus est n, expressio $\sqrt[n]{A}$ habere nequit. Ita *ex. gr.* si alter expressionis $\sqrt[2]{A}$ valor est z, alter erit $-z$. Denique hinc concludendum omnes valores expr. $\sqrt[n]{A}$ inveniri non posse, nisi simul omnes valores expr. $\sqrt[n]{1}$ constent.

66.

Secundum quod nobis proposueramus fuit docere, in quo casu unus expressionis $\sqrt[n]{A}\,(\text{mod.}\,p)$ valor (ubi n supponitur esse divisor ipsius $p-1$) directe inveniri possit. Hoc evenit quando aliquis valor potestati alicui ipsius A congruus evadit, qui casus quum haud raro occurrat, aliquantum huic rei immorari non superfluum erit. Sit talis valor, *si quis datur* z, sive $z \equiv A^k$ et $A \equiv z^n$ (mod. p). Hinc colligitur $A \equiv A^{kn}$; quare si numerus k habetur, ita ut sit $A \equiv A^{kn}$, A^k erit valor quaesitus. At huic conditioni aequivalet ista, ut sit $1 \equiv kn\,(\text{mod.}\,t)$, designante t exponentem ad quem pertinet A (art. 46, 48). Ut vero haec congruentia possibilis sit, requiritur, ut sit n ad t primus. Hoc in casu erit $k \equiv \frac{1}{n}\,(\text{mod.}\,t)$; si vero t et n divisorem communem habent, nullus valor z potestati ipsius A congruus esse potest.

67.

Quum autem ad hanc solutionem ipsum t novisse oporteat, videamus quomodo procedere possimus, si hunc numerum ignoremus. Primo facile intelligitur, t ipsum $\frac{p-1}{n}$ metiri debere, siquidem $\sqrt[n]{A}\,(\text{mod.}\,p)$ valores reales habeat, uti hic semper supponimus. Sit enim quicunque valor y, eritque tum $y^{p-1} \equiv 1$, tum $y^n \equiv A\,(\text{mod.}\,p)$; quare elevando partes posterioris congruentiae ad potestatem $\frac{p-1}{n}$ tam, fiet $A^{\frac{p-1}{n}} \equiv 1$; adeoque $\frac{p-1}{n}$ per t divisibilis (art. 48). Iam si $\frac{p-1}{n}$ ad n est primus, congruentia art. praec. $kn \equiv 1$ etiam secundum modulum $\frac{p-1}{n}$ solvi poterit, manifestoque valor ipsius k congruentiae secundum modulum hunc satisfaciens eidem etiam secundum modulum t, qui ipsum $\frac{p-1}{n}$ metitur, satisfaciet (art. 5). Tum igitur quod quaerebatur inventum. Si vero $\frac{p-1}{n}$ ad n non est primus, omnes ipsius $\frac{p-1}{n}$ factores primi qui simul ipsum n metiuntur ex $\frac{p-1}{n}$ eiiciantur. Hinc nanciscemur numerum $\frac{p-1}{nq}$, ad n primum, designante q productum ex omnibus illis factoribus primis, quos eiecimus. Quodsi iam conditio ad quam in artic. praec. pervenimus ut t ad n sit primus locum habet, t etiam ad q erit primus adeoque etiam ipsum $\frac{p-1}{nq}$ metietur. Quare si congruentia $kn \equiv 1\,(\text{mod.}\,\frac{p-1}{nq})$ solvitur (quod fieri potest quia n ad $\frac{p-1}{nq}$ primus), valor ipsius k etiam secundum modulum

t congruentiae satisfaciet, id quod quaerebatur. Totum hoc artificium in eo versatur, ut numerus eruatur qui ipsius t, quem ignoramus, vice fungi possit. Attamen probe meminisse oportet, nos quando $\frac{p-1}{n}$ ad n non est primus, supposuisse conditionem art. praec. locum habere, quae si deficit omnes conclusiones erroneae erunt; atque si regulas datas temere sequendo pro z valor invenitur, cuius potestas n^{ta} ipsi A non sit congrua, indicio hoc est, conditionem deficere adeoque methodum hanc omnino adhiberi non posse.

68.

Sed in hocce etiam casu saepe prodesse potest, hunc laborem suscepisse; operaeque pretium est, quomodo hic valor falsus ad veros sese habeat investigare. Supponamus itaque numeros k, z rite esse determinatos sed z^n non esse $\equiv A$ (mod. p). Tum si modo valores expressionis $\sqrt[n]{\frac{A}{z^n}}$ (mod. p) determinari possint, hos singulos per z multiplicando valores ipsius $\sqrt[n]{A}$ obtinebimus. Si enim v est valor aliquis ipsius $\sqrt[n]{\frac{A}{z^n}}$: erit $(vz)^n \equiv A$. Sed expressio $\sqrt[n]{\frac{A}{z^n}}$ eatenus hac $\sqrt[n]{A}$ simplicior, quod $\frac{A}{z^n}$ (mod. p) ad exponentem minorem plerumque pertinet quam A. Scilicet si numerorum t, q divisor communis maximus est d, $\frac{A}{z^n}$ (mod. p) ad exponentem d pertinebit, id quod ita demonstratur. Substituto pro z valore, fit $\frac{A}{z^n} \equiv \frac{1}{A^{kn-1}}$ (mod. p). At $kn-1$ per $\frac{p-1}{nq}$ divisibilis (art. praec.), $\frac{p-1}{n}$ vero per t (ibid.) sive $\frac{p-1}{nd}$ per $\frac{t}{d}$. Atqui $\frac{t}{d}$ ad $\frac{q}{d}$ est primus (*hyp.*), quare etiam $\frac{p-1}{nd}$ per $\frac{tq}{dd}$ sive $\frac{p-1}{nq}$ per $\frac{t}{d}$, adeoque etiam $kn-1$ per $\frac{t}{d}$ et $(kn-1)d$ per t erit divisibilis. Hinc $A^{(kn-1)d} \equiv 1$ (mod. p). Unde facile deducitur, $\frac{A}{z^n}$ ad potestatem d^{tam} evectum unitati congruum fieri. Quod vero $\frac{A}{z^n}$ ad exponentem minorem quam d pertinere non possit facile quidem demonstrari potest, sed quoniam ad finem nostrum non requiritur, huic rei non immoramur. Certi igitur esse possumus, $\frac{A}{z^n}$ (mod. p) semper ad minorem exponentem pertinere quam A, unico excepto casu, scilicet quando t ipsum q metitur, adeoque $d=t$.

Sed quid iuvat, quod $\frac{A}{z^n}$ ad minorem exponentem pertinet quam A? Plures numeri dantur qui possunt esse A quam qui possunt esse $\frac{A}{z^n}$ et quando secundum eundem modulum plures huiusmodi expressiones $\sqrt[n]{A}$ evolvere occasio est id lucramur ut plures ex eodem fonte haurire possimus. Ita *ex. gr.* semper unicum saltem valorem expressionis $\sqrt[7]{A}$ (mod. 29) determinare in potestate erit, si modo expressionis $\sqrt[2]{-1}\,(\text{mod. } 29)$ valores (qui sunt ± 12) innotuerint. Facile enim ex art. praec. perspicitur, huiusmodi expressionum unum valorem semper directe determinari posse, quando t impar, et d fieri $=2$ quando t par; praeter -1 autem nullus numerus ad exponentem 2 pertinet.

Exempla. Quaeritur $\sqrt[3]{31}\,(\text{mod. } 37)$. Hic $p-1=36$, $n=3$, $\frac{p-1}{3}=12$, adeoque $q=3$: debet igitur esse $3k\equiv 1\,(\text{mod. } 4)$ quod obtinetur ponendo $k=3$. Hinc $z\equiv 31^3\,(\text{mod. } 37)\equiv 6$, inveniturque revera $6^3\equiv 31\,(\text{mod. } 37)$. Si valores expressionis $\sqrt[3]{1}\,(\text{mod. } 37)$ sunt noti, etiam reliqui expr. $\sqrt[3]{6}$ valores determinari possunt. Sunt vero illi $1, 10, 26$, per quos multiplicando ipsum 6, prodeunt reliqui $\equiv 23$ et 8.

Si autem quaeritur valor expr. $\sqrt[2]{3}\,(\text{mod. } 37)$, erit $n=2$, $\frac{p-1}{n}=18$; adeoque $q=2$. Hinc debet esse $2k\equiv 1\,(\text{mod. } 9)$, unde fit $k\equiv 5\,(\text{mod. } 9)$. Quare $z\equiv 3^5\equiv 21\,(\text{mod. } 37)$; at 21^2 non $\equiv 3$, sed $\equiv 34$; est autem $\frac{3}{34}\,(\text{mod. } 37)\equiv -1$, atque $\sqrt[2]{-1}\,(\text{mod. } 37)\equiv \pm 6$; unde obtinentur valores veri $\pm 6.21\equiv \pm 15$.

Haec fere sunt, quae hic de talium expressionum evolutione tradere licuit. Palam est methodos directas satis prolixas saepe evasuras: at hoc incommodum tantum non omnibus methodis directis in numerorum theoria incumbit: neque ideo negligendum censuimus, quantum hic praestare valeant ostendere. Etiam hic observare convenit, artificia particularia quae exercitato haud raro se offerunt sigillatim explicare, non esse instituti nostri.

Nexus indicum in systematibus diversis.

69.

Revertimur nunc ad radices quas diximus primitivas. Ostendimus, radice primitiva quacunque pro basi assumta omnes numeros, quorum indices ad $p-1$ primi, etiam fore radices primitivas, nullosque praeter hos: unde simul radicum primitivarum multitudo sponte innotescit. V. art. 53. Quamnam autem radicem primitivam pro basi adoptare velimus, in genere arbitrio nostro relinquitur; unde intelligitur, etiam hic, ut in calculo logarithmico, plura quasi systemata dari posse

*) In eo autem differunt, quod in logarithmis systematum numerus est infinitus, hic vero tantus, quantus numerus radicum primitivarum. Manifesto enim bases congruae idem systema generant.

quae quo vinculo connexa sint videamus. Sint a, b duae radices primitivae, aliusque numerus m, atque, quando a pro basi assumitur, index numeri b $\equiv \beta$, numeri m vero index $\equiv \mu$ (mod. $p-1$); quando autem b pro basi assumitur index numeri $a \equiv \alpha$, numeri m vero $\equiv \nu$ (mod. $p-1$). Tum erit $\alpha\beta \equiv 1$ (mod. $p-1$); namque $a^\beta \equiv b$, quare $a^{\alpha\beta} \equiv b^\alpha \equiv a$ (mod. p), (*hyp.*), hinc $\alpha\beta \equiv 1$ (mod. $p-1$). Per simile ratiocinium invenitur $\nu \equiv \alpha\mu$, atque $\mu \equiv \beta\nu$ (mod. $p-1$). Si igitur tabella indicum pro basi a constructa habetur, facile in aliam converti potest, ubi b basis. Si enim pro basi a ipsius b index est $\equiv \beta$, pro basi b ipsius a index erit $\equiv \frac{1}{\beta}$ (mod. $p-1$), multiplicandoque per hunc numerum omnes tabellae indices, habebuntur omnes indices pro basi b.

70.

Quamvis autem plures indices numero dato contingere possint, aliis aliisque radicibus primitivis pro basi acceptis, omnes tamen in eo convenient, quod omnes eundem divisorem maximum cum $p-1$ communem habebunt. Si enim pro basi a, index numeri dati est m, pro basi b vero n, atque divisores maximi his cum $p-1$ communes μ, ν supponuntur esse inaequales, alter erit maior *ex. gr.* $\mu > \nu$, adeoque μ ipsum n non metietur. At designato indice ipsius a, quando b pro basi assumitur, per α, erit (art. praec.) $n \equiv \alpha m$ (mod. $p-1$) adeoque μ etiam ipsum n metietur. *Q. E. A.*

Hunc divisorem maximum indicibus numeri dati, ipsique $p-1$ communem, a basi non pendere, etiam inde perspicuum, quod aequalis est ipsi $\frac{p-1}{t}$, designante t exponentem ad quem numerus de cuius indicibus agitur, pertinet. Si enim index pro basi quacunque est k, erit t minimus numerus per quem k multiplicatus ipsius $p-1$ multiplum evadit (excepta cifra) vid. artt. 48 58 sive minimus valor expressionis $\frac{0}{k}$ (mod. $p-1$) praeter cifram; hunc autem aequalem esse divisori maximo communi numerorum k et $p-1$ ex art. 29 nullo negotio derivatur.

71.

Porro facile demonstratur, basin ita semper accipere licere, ut numerus ad exponentem t pertinens indicem quemlibet datum nansiscatur, cuius quidem maximus divisor cum $p-1$ communis $=\frac{p-1}{t}$ Designemus hunc brevitatis gratia per d, sitque index propositus $\equiv dm$, numerique propositi, quando quaelibet radix primitiva a pro basi accipitur, index $\equiv dn$, eruntque m, n ad $\frac{p-1}{d}$ sive ad t primi. Tum si ε est valor expressionis $\frac{dn}{dm}$ (mod. $p-1$), simulque ad $p-1$ primus, erit a^ε radix primitiva, qua pro basi accepta numerus propositus indicem dm adipiscetur (erit enim $a^{\varepsilon dm} \equiv a^{dn} \equiv$ numero proposito), id quod desiderabatur. Sed expressionem $\frac{dn}{dm}$ (mod. $p-1$) valores ad $p-1$ primos admittere, ita probatur. Aequivalet illa expressio huic: $\frac{n}{m}$ (mod. $\frac{p-1}{d}$) sive $\frac{n}{m}$ (mod. t) vid. art. 31, 2, eruntque omnes eius valores ad t primi; si enim aliquis valor e divisorem cum t communem haberet, hic divisor etiam ipsum me metiri deberet, adeoque etiam ipsum n, cui me secundum t congruus, contra hypoth., ex qua n ad t primus. Quando igitur omnes divisores primi ipsius $p-1$ etiam ipsum t metiuntur, *omnes* expr. $\frac{n}{m}$ (mod. t) valores ad $p-1$ primi erunt multitudoque eorum $= d$; quando autem $p-1$ alios adhuc divisores primos, f, g, h etc. implicat, ipsum t non metientes, ponatur valor quicunque expr. $\frac{n}{m}$ (mod. t) $\equiv e$. Tum autem quia omnes t, f, g, h etc. inter se primi, inveniri potest numerus ε, qui secundum t ipsi e, secundum f, g, h etc. vero numeris quibuscunque ad hos respective primis fiat congruus (art. 32). Talis itaque numerus per nullum factorem primum ipsius $p-1$ divisibilis adeoque ad $p-1$ primus erit, uti desiderabatur. Tandem haud difficile ex combinationum theoria deducitur, talium valorum multitudinem fore $= \frac{p-1 \,.\, f-1 \,.\, g-1 \,.\, h-1 \,.\, \text{etc.}}{t \,.\, f \,.\, g \,.\, h \,.\, \text{etc.}}$; sed ne digressio haec in nimiam molem excrescat. demonstrationem, quum ad institutum nostrum non sit adeo necessaria, omittimus.

Bases usibus peculiaribus accommodatae.

72.

Quamvis in genere prorsus arbitrarium sit, quaenam radix primitiva pro basi adoptetur, interdum tamen bases aliae prae aliis commoda quaedam peculiaria praebere possunt. In tabula I semper numerum 10 pro basi assumsimus, quando fuit radix primitiva; alioquin basin ita semper determinavimus ut numeri 10 index evaserit quam minimus *i. e.* $= \frac{p-1}{t}$ denotante t exponentem ad quem 10 pertinuit. Quid vero hinc lucremur, in Sect. VI ostendemus ubi eadem tabula ad alios adhuc usus adhibebitur. Sed quoniam etiam hic aliquid arbitrarii remanere potest, ut ex art. praec. apparet: ut aliquid certi statueremus, ex omnibus radicibus primitivis quaesitum praestantibus *minimam* semper pro basi elegimus. Ita pro $p = 73$, ubi $t = 8$ atque $d = 9$, a^ε habet $\frac{72 \,.\, 2}{8 \,.\, 3}$ *i. e.* 6 valores. qui sunt 5, 14, 20, 28, 39, 40. Assumsimus itaque minimum 5 pro basi.

Methodus radices primitivas assignandi.

73.

Methodi radices primitivas inveniendi maximam partem tentando innituntur. Si quis ea quae art. 55 docuimus cum iis quae infra de solutione congruentiae $x^n \equiv 1$ trademus confert, omnia fere, quae per methodos directas effici possunt, habebit. Ill. Euler confitetur, *Opusc. Analyt. T.* I. *p.* 152, maxime difficile videri, hos numeros assignare, eorumque indolem ad profundissima numerorum mysteria esse referendam. At tentando satis expedite sequenti modo determinari possunt. Exercitatus operationis prolixitati per multifaria artificia particularia succurrere sciet: haec vero per usum multo citius quam per praecepta ediscuntur.

1⁰. Assumatur ad libitum numerus ad p (ita semper modulum designamus) primus, a, plerumque ad calculi brevitatem conducit, si quam minimum accipimus, *ex. gr.* numerum 2) determineturque eius periodus (art. 46), *i. e.* residua minima ipsius potestatum, donec ad potestatem a^t perveniatur, cuius residuum minimum sit 1*). Iam si fuerit $t = p - 1$, a est radix primitiva.

2⁰ Si vero $t < p - 1$, accipiatur alius numerus b in periodo ipsius a non contentus, investigeturque simili modo huius periodus. Designato exponente ad quem b pertinet per u, facile perspicitur u neque ipsi t aequalem neque ipsius partem aliquotam esse posse, in utroque enim casu fieret $b^t \equiv 1$, quod esse nequit, quum periodus ipsius a omnes numeros amplectatur, quorum potestas exponentis t unitati congrua (art. 53). Quodsi u fuerit $= p - 1$, erit b radix primitiva; si vero u non quidem $= p - 1$, sed tamen multiplum ipsius t, id lucrati sumus, ut numerus constet ad exponentem maiorem pertinens, adeoque scopo nostro, qui est invenire numerum ad exponentem *maximum* pertinentem, propiores iam simus. Si vero u neque $= p - 1$, neque ipsius t multiplum, tamen numerum invenire possumus ad exponentem ipsis t, u maiorem pertinentem, nempe ad exponentem minimo dividuo communi numerorum t, u aequalem. Sit hic $= y$, resolvaturque y ita in duos factores inter se primos, m, n, ut alter ipsum t, alter ipsum u metiatur†). Tum fiat potestas $\frac{t}{m}$ ta ipsius a, $\equiv A$, pote-

*) Quisquis sponte perspiciet, non opus esse has potestates ipsas novisse, quum cuiusvis residuum minimum facile ex residuo minimo potestatis praecedentis obtineri possit.

†) Quomodo hoc fieri possit ex art. 18 haud difficulter derivatur. Resolvatur y in factores tales, qui sint aut numeri primi diversi aut numerorum primorum diversorum potestates. Horum quisque alterutrum nu-

stas $\frac{u}{n}^{\text{ta}}$ ipsius b, $\equiv B$ (mod. p), eritque productum AB numerus ad exponentem n pertinens; facile enim intelligitur, A ad exponentem m, B ad exponentem n pertinere; adeoque productum AB ad mn pertinebit, quia m, n inter se sunt primi, id quod prorsus eodem modo uti in art. 55, II processimus probari poterit.

3°. Iam si $y = p - 1$, AB erit radix primitiva; sin minus, simili modo ut antea alius numerus adhibendus erit, in periodo ipsius AB non occurrens; eritque hic aut radix primitiva, aut pertinebit ad exponentem ipso y maiorem, aut certe ipsius auxilio (uti ante) numerus ad exponentem ipso y maiorem pertinens inveniri poterit. Quum igitur numeri qui per repetitionem huius operationis prodeunt, ad exponentes continuo crescentes pertineant, manifestum est tandem numerum inventum iri, qui ad exponentem *maximum* pertineat, *i. e.* radicem primam, *q. e. f.*

74.

Per exemplum praecepta haec clariora fient. Sit $p = 73$, pro quo radix primitiva quaeratur. Tentemus primo numerum 2, cuius periodus prodit haec:

1. 2. 4. 8. 16. 32. 64. 55. 37. 1 etc.
0. 1. 2. 3. 4. 5. 6. 7. 8. 9 etc.

Quum igitur iam potestas exponentis 9 unitati congrua fiat, 2 non est radix primitiva. Tentetur alius numerus in periodo ipsius 2 non occurrens *ex. gr.* 3, cuius periodus est haec:

1. 3. 9. 27. 8. 24. 72. 70. 64. 46. 65. 49. 1 etc.
0. 1. 2. 3. 4. 5. 6. 7. 8. 9. 10. 11. 12 etc.

Quare neque 3 est radix primitiva. Exponentium autem ad quos 2, 3 pertinent, (*i. e.* numerorum 9, 12) dividuus communis minimus est 36, qui in factores 9 et 4 ad praecepta art. praec. resolvitur. Evehendus itaque 2 ad potestatem exponentis $\frac{9}{9}$, *i. e.* numerus 2 ipse retinendus; 3 autem ad potestatem exponentis 3: productum ex his est 54, quod itaque ad exponentem 36 pertinebit. Si denique ipsius 54 periodus computatur numerusque in hac non contentus *ex. gr.* 5 denuo tentatur, hunc esse radicem primitivam, reperietur.

---

merorum t, u metietur (sive etiam utrumque). Adscribantur singuli aut numero t aut numero u, prout illum aut hunc metiuntur: quando aliquis utrumque metitur, arbitrarium est, cui adscribatur: productum ex iis qui ipsi t adscripti sunt, sit $= m$, productum e reliquis $= n$, facileque perspicietur m ipsum t, n ipsum u metiri, atque esse $mn = y$.

Theoremata varia de periodis et radicibus primitivis.

75.

Antequam hoc argumentum deseramus, propositiones quasdam trademus, quae ob simplicitatem suam attentione haud indignae videntur.

Productum ex omnibus terminis periodi numeri cuiusvis est $\equiv 1$, *quando ipsorum multitudo, sive exponens ad quem numerus pertinet, est impar, et* $\equiv -1$, *quando ille exponens est par.*

Ex. Pro modulo 13 periodus numeri 5 constat ex his terminis 1, 5, 12, 8 quorum productum $480 \equiv -1$ (mod. 13).

Secundum eundem modulum periodus numeri 3 constat e terminis 1, 3, 9 quorum productum $27 \equiv 1$ (mod. 13).

Demonstr. Sit exponens, ad quem numerus pertinet, t, atque index numeri, $\frac{p-1}{t}$, id quod si basis rite determinatur semper fieri potest (art. 71). Tum index producti ex omnibus periodi terminis erit

$$\equiv (1+2+3+\text{etc.}+t-1)\frac{p-1}{t} = \frac{(t-1)(p-1)}{2}$$

i. e. $\equiv 0$ (mod. $p-1$), quando t impar, et $\equiv \frac{p-1}{2}$, quando t par; hinc in priori casu productum illud $\equiv 1$ (mod. p); in posteriori vero $\equiv -1$ (mod. p), (art. 62). *Q. E. D.*

76.

Si numerus iste in theor. praecedente est radix primitiva, eius periodus omnes numeros $1, 2, 3 \ldots\ldots p-1$ comprehendet, quorum productum itaque semper $\equiv -1$ (namque $p-1$ semper par, unico casu $p=2$ excepto in quo -1 et $+1$ aequivalent). Theorema hoc elegans quod ita enunciari solet: *productum ex omnibus numeris numero primo dato minoribus, unitate auctum per hunc primum est divisibile,* primum a cel. Waring est prolatum armigeroque Wilson adscriptum, *Meditt. algebr. Ed.* 3. *p.* 380. Sed neuter demonstrare potuit, et cel. Waring fatetur demonstrationem eo difficiliorem videri, quod nulla *notatio* fingi possit, quae numerum primum exprimat. — At nostro quidem iudicio huiusmodi veritates ex notionibus potius quam ex notationibus hauriri debebant. Postea ill. La Grange demonstrationem dedit, *Nouv. Mém. de l'Ac. de Berlin,* 1771. Innititur ea considerationi coefficientium ex evolutione producti

$$x+1.x+2.x+3....x+p-1$$

oriundorum. Scilicet posito hoc producto

$$\equiv x^{p-1}+Ax^{p-2}+Bx^{p-3}+\text{etc.}+Mx+N$$

coefficientes A, B etc. M per p erunt divisibiles, N vero erit $=1.2.3 \quad .p-1$. Iam pro $x=1$, productum per p divisibile; tunc autem erit $\equiv 1+N\,(\text{mod.}\,p)$; quare necessario $1+N$ per p dividi poterit.

Denique ill. Euler in *Opusc. analyt. T.* I. *p.* 329 demonstrationem dedit. cum ea quam nos hic exposuimus conspirantem. Quodsi tales viri theorema hoc meditationibus suis non indignum censuerunt, non improbatum iri speramus, si aliam adhuc demonstrationem apponimus.

77.

Quando secundum modulum p, productum duorum numerorum a, b unitati est congruum, numeros a, b cum ill. Euler *socios* vocemus. Tum secundum sect. praec. quivis numerus positivus ipso p minor socium habebit positivum ipso p minorem et quidem unicum. Facile autem probari potest ex numeris $1, 2, 3....p-1$; 1 et $p-1$ esse unicos qui sibi ipsis sint socii: numeri enim sibi ipsis socii, radices erunt congruentiae $xx\equiv 1$; quae quoniam est secundi gradus plures quam duas radices, *i. e.* alias quam 1 et $p-1$ habere nequit. Abiectis itaque his numerorum reliquorum $2.3....p-2$ bini semper erunt associati; quare productum ex ipsis erit $\equiv 1$ adeoque productum ex omnibus $1, 2, 3 \quad p-1, \equiv p-1$ sive $\equiv -1$. *Q. E. D.*

Ex. gr. pro $p=13$ numeri $2, 3, 4 \quad ..11$ ita associantur: 2 cum 7; 3 cum 9; 4 cum 10; 5 cum 8; 6 cum 11; scilicet $2.7\equiv 1$; $3.9\equiv 1$ etc. Hinc $2.3.4....11\equiv 1$; adeoque $1.2.3....12\equiv -1$.

78.

Potest autem theorema Wilsonianum generalius sic proponi. *Productum ex omnibus numeris, numero* q u o c u n q u e *dato A minoribus simulque ad ipsum primis, congruum est secundum A, unitati vel negative vel positive sumtae.* Negative sumenda est unitas, quando A est formae p^m aut huiusce $2p^m$, designante p numerum primum a 2 diversum, insuperque quando $A=4$; positive autem in omnibus casibus reliquis. Theorema, quale a cel. Wilson est prolatum, sub casu priori continetur. — *Ex. gr.* pro $A=15$ productum e numeris $1, 2, 4, 7, 8, 11, 13, 14$ est $\equiv 1 \pmod{15}$. Demonstrationem brevitatis gratia non adiungimus: observamus tantum, eam simili modo perfici posse ut in art. praec., excepto quod congruentia $xx\equiv 1$ plures quam duas radices habere potest, quae considerationes quasdam peculiares postulant. Posset etiam demonstratio ex consideratione indicum peti, similiter ut in art. 75, si ea quae mox de modulis non primis trademus conferantur.

79.

Revertimur ad enumerationem aliarum propositionum (art. 75).

Summa omnium terminorum periodi numeri cuiusvis est $\equiv 0$, uti in ex. art. 75, $1+5+12+8=26\equiv 0 \pmod{13}$.

Dem. Numerus de cuius periodo agitur, sit $=a$, atque exponens ad quem pertinet, $=t$, eritque summa terminorum omnium periodi

$$\equiv 1+a+aa+a^3+\text{etc.}+a^{t-1}\equiv \frac{a^t-1}{a-1} \pmod{p}$$

At $a^t-1\equiv 0$: quare summa haec semper erit $\equiv 0$ (art 22), nisi forte $a-1$ per p sit divisibilis, sive $a\equiv 1$; hunc igitur casum excipere oportet, si vel unum terminum *periodum* vocare velimus.

80.

Productum ex omnibus radicibus primitivis est $\equiv 1$, excepto unico casu, $p=3$; tum enim una tantum datur radix primitiva, 2.

Demonstr. Si radix primitiva quaecunque pro basi assumitur, indices radicum omnium primitivarum erunt numeri ad $p-1$ primi simulque ipso minores. At horum numerorum summa, *i. e.* index producti ex omnibus radicibus primitivis, est $\equiv 0 \pmod{p-1}$ adeoque productum $\equiv 1 \pmod{p}$; facile enim perspicitur, si k fuerit numerus ad $p-1$ primus, etiam $p-1-k$ ad $p-1$ primum fore adeoque binos numeros ad $p-1$ primos summam constituere per $p-1$ divisibilem; (k autem ipsi $p-1-k$ numquam aequalis esse potest, praeter casum, $p-1=2$, sive $p=3$, quem excepimus; manifesto enim $\frac{p-1}{2}$ in omnibus reliquis casibus ad $p-1$ non est primus).

81.

Summa omnium radicum primitivarum est aut $\equiv 0$ (quando $p-1$ per *quadratum* aliquod est divisibilis), *aut* $\equiv \pm 1$ (*mod.* p). (quando $p-1$ est productum e numeris primis inaequalibus; quorum multitudo si est par signum positivum, si vero impar, negativum sumendum).

Ex. 1^0 pro $p=13$, habentur radices primitivae $2, 6, 7, 11$, quarum summa $26 \equiv 0$ (mod. 13).

2^0 pro $p=11$, radices primitivae sunt $2, 6, 7, 8$ quarum summa $23 \equiv +1$ (mod. 11).

3^0 pro $p=31$, radices primitivae sunt $3, 11, 12, 13, 17, 21, 22, 24$, quarum summa, $123 \equiv -1$ (mod. 31).

Demonstr. Supra demonstravimus (art. 55, II), si $p-1$ fuerit $= a^\alpha b^\beta c^\gamma$ etc. (designantibus a, b, c etc. numeros primos inaequales) atque A, B, C etc. numeri quicunque ad exponentes $a^\alpha, b^\beta, c^\gamma$ etc. respective pertinentes, omnia producta ABC etc. exhibere radices primitivas. Facile vero etiam demonstrari potest, quamvis radicem primitivam per huiusmodi productum exhiberi posse et quidem unico tantum modo *).

Unde sequitur haec producta loco ipsarum radicum primitivarum accipi posse. At quoniam in his productis omnes valores ipsius A cum omnibus ipsius B etc. combinari oportet, omnium horum productorum summa aequalis est producto ex summa omnium valorum ipsius A, in summam omnium valorum ipsius B, in summam omnium valorum ipsius C etc. uti ex doctrina combinationum notum est. Designentur omnes valores ipsorum A; B etc., per A, A', A'' etc.; B, B', B'' etc. etc., eritque summa omnium radicum primitivarum

$$\equiv (A+A'+\text{etc.})\,(B+B'+\text{etc.})\ \text{etc.}$$

Iam dico, si exponens α fuerit $=1$, summam $A+A'+A''+$etc. fore $\equiv -1$ (mod. p), si vero α fuerit >1, summam hanc fore $\equiv 0$, similiterque de reliquis β, γ etc. Simulac haec erunt demonstrata, theorematis nostri veritas mani-

*) Determinentur scilicet numeri $\mathfrak{a}, \mathfrak{b}, \mathfrak{c}$, etc. ita, ut sit $\mathfrak{a} \equiv 1$ (mod. a^α) et $\equiv 0$ (mod. $b^\beta c^\gamma$ etc.); $\mathfrak{b} \equiv 1$ (mod. b^β) et $\equiv 0$ (mod. $a^\alpha c^\gamma$ etc.) etc. (vid. art. 32), unde fiet $\mathfrak{a}+\mathfrak{b}+\mathfrak{c}+$ etc. $\equiv 1$ (mod. $p-1$), (art. 19). Iam si radix primitiva quaecunque, r, per productum ABC etc. exhiberi debet accipiatur $A \equiv r^{\mathfrak{a}}$, $B \equiv r^{\mathfrak{b}}$, $C \equiv r^{\mathfrak{c}}$ etc., atque pertinebunt A ad exponentem a^α, B ad exponentem b^β etc.; productumque ex omnibus A, B, C etc. erit $\equiv r$ (mod. p); denique facile perspicitur A, B, C etc. alio modo determinari non posse.

festa erit. Quando enim $p-1$ per quadratum aliquod divisibilis est, aliquis exponentium $\alpha, \mathfrak{b}, \gamma$ etc. unitatem superabit, adeoque aliquis factorum, quorum producto congrua est summa omnium radicum primitivarum, erit $\equiv 0$, et proin etiam productum ipsum: quando vero $p-1$ per nullum quadratum dividi potest, omnes exponentes $\alpha, \mathfrak{b}, \gamma$ etc. erunt $=1$, unde summa omnium radicum primitivarum congrua erit producto ex tot factoribus quorum quisque $\equiv -1$, quot habentur numeri a, b, c etc., adeoque erit $\equiv \pm 1$, prout horum numerorum multitudo par vel impar. Illa autem ita probantur.

1^0 Quando $\alpha = 1$ atque A numerus ad exponentem a pertinens, reliqui numeri ad hunc exponentem pertinentes erunt $A^2, A^3 \ldots . A^{a-1}$. At

$$1 + A + A^2 + A^3 \ldots . + A^{a-1}$$

est summa periodi completae, adeoque $\equiv 0$ (art. 79), quare

$$A + A^2 + A^3 \ldots . + A^{a-1} \equiv -1$$

2^0 Quando autem $\alpha > 1$, atque A numerus ad exponentem a^α pertinens, reliqui numeri ad hunc exponentem pertinentes habebuntur, si ex his A^2, $A^3, A^4 \ldots . A^{a^\alpha - 1}$ reiiciuntur A^a, A^{2a}, A^{3a} etc., vid art. 53; quare summa eorum erit

$$\equiv 1 + A + A^2 \ldots + A^{a^\alpha - 1} - (1 + A^a + A^{2a} \ldots + A^{a^\alpha - a})$$

i. e. congrua differentiae duarum periodorum, adeoque $\equiv 0$. *Q. E. D.*

De modulis qui sunt numerorum primorum potestates.

82.

Omnia quae hactenus exposuimus innituntur suppositioni, modulum esse numerum primum. Superest ut eum quoque casum consideremus, ubi pro modulo assumitur numerus compositus. Attamen quum hic neque proprietates tam elegantes eniteant, quam in casu priori, neque ad eas inveniendas artificiis subtilibus sit opus, sed potius omnia fere per solam principiorum praecedentium applicationem erui possint, omnes minutias hic exhaurire superfluum atque taediosum foret. Breviter itaque quae huic casui cum priori sint communia quaeque propria exponemus.

83.

Propositiones artt. 45—48 generaliter iam sunt demonstratae. At prop. art. 49 ita immutari debet:

Si f designat, quot numeri dentur ad m primi simul ipso m minores, i. e. si $f = \phi m$ (art. 38): exponens t infimae potestatis numeri dati a ad m primi, quae secundum modulum m unitati est congrua, vel erit $= f$ vel pars aliquota huius numeri.

Demonstratio prop. art. 49 etiam pro hoc casu valere potest, si modo ubique loco ipsius p, m, loco ipsius $p-1$, f, et loco numerorum $1, 2, 3, \ldots . p-1$, numeri ad m primi simulque ipso m minores substituantur. Huc itaque lectorem ablegamus. Ceterum demonstrationes reliquae de quibus illic locuti sumus (artt. 50, 51) non sine multis ambagibus ad hunc casum applicari possunt. — At respectu propositionum sequentium, art. 52 sqq. magna differentia incipit inter modulos, qui numerorum primorum sunt potestates, eosque, qui per plures numeros primos dividi possunt. Seorsim itaque modulos prioris generis comtemplabimur.

84.

Si modulus $m = p^n$, designante p numerum primum, erit $f = p^{n-1}(p-1)$ (art. 38). Iam si disquisitiones in artt. 53, 54 contentae ad hunc casum applicantur, mutatis mutandis uti in art. praec. praescripsimus, invenietur, omnia quae ibi demonstrata sunt etiam pro hoc casu locum habere, si modo ante probatum esset, congruentiam formae $x^t - 1 \equiv 0 \pmod{p^n}$ plures quam t radices diversas habere non posse. Pro modulo primo hanc veritatem ex propositione generaliori art. 43 deduximus, quae autem in omni sua extensione de modulis primis tantummodo valet, neque adeo ad hunc casum applicanda. Attamen propositionem pro hoc casu particulari veram esse per methodum singularem demonstrabimus. Infra (sect. VIII) idem facilius invenire docebimus.

85.

Demonstrandum proponimus nobis hoc theorema:

Si numerorum t et $p^{n-1}(p-1)$ divisor communis maximus est e, congruentia $x^t \equiv 1 \pmod{p^n}$ habebit e radices diversas.

Sit $e = kp^\nu$ ita ut k factorem p non involvat, adeoque numerum $p-1$

metiatur. Tum congruentia $x^t \equiv 1$ secundum modulum p habebit k radices diversas, quibus per A, B, C etc. designatis, radix quaecunque eiusdem congruentiae secundum modulum p^n, congrua esse debet secundum modulum p alicui numerorum A, B, C etc. Iam demonstrabimus, congruentiam $x^t \equiv 1$ (mod. p^n) habere p^ν radices ipsi A, totidem ipsi B etc. congruas secundum modulum p. Quo facto omnium radicum numerus erit kp^ν sive e, uti diximus. Illam vero demonstrationem ita adornabimus, ut *primo* ostendamus, si α fuerit radix ipsi A secundum modulum p congrua, etiam

$$\alpha + p^{n-\nu},\quad \alpha + 2p^{n-\nu},\quad \alpha + 3p^{n-\nu}, \ldots . \alpha + (p^\nu - 1)\, p^{n-\nu}$$

fore radices; *secundo*, numeros ipsi A secundum modulum p congruos alios quam qui in forma $\alpha + hp^{n-\nu}$ sint comprehensi (denotante h integrum quemcunque), radices esse non posse: unde manifesto p^ν radices diversae habebuntur, et non plures: atque idem etiam de radicibus, quae singulis B, C etc. sunt congruae, locum habebit: *tertio* docebimus, quomodo semper radix, ipsi A secundum p congrua, inveniri possit.

86.

Theorema. *Si uti in art. praec. t est numerus per p^ν, neque vero per $p^{\nu+1}$ divisibilis, erit*

$$(\alpha + hp^\mu)^t - \alpha^t \equiv 0\,(mod.\, p^{\mu+\nu}),\quad at \equiv \alpha^{t-1}\, hp^\mu t\,(mod.\, p^{\mu+\nu+1})$$

Theorematis pars posterior locum non habet, quando $p=2$ simulque $\mu=1$.

Demonstratio huius theorematis ex evolutione potestatis binomii peti posset, si ostenderetur omnes terminos post secundum per $p^{\mu+\nu+1}$ divisibiles esse. Sed quoniam consideratio denominatorum coefficientium in aliquot ambages deducit, methodum sequentem praeferimus.

Ponamus *primo* $\mu > 1$ atque $\nu = 1$, eritque propter

$$x^t - y^t = (x-y)(x^{t-1} + x^{t-2}y + x^{t-3}y^2 + \text{etc.} + y^{t-1})$$

$$(\alpha + hp^\mu)^t - \alpha^t = hp^\mu\,((\alpha + hp^\mu)^{t-1} + (\alpha + hp^\mu)^{t-2}\alpha + \text{etc.} + \alpha^{t-1})$$

At est $$\alpha + hp^\mu \equiv \alpha\,(\text{mod.}\, p^2)$$

quare quisque terminus $(\alpha+hp^\mu)^{t-1}$, $(\alpha+hp^\mu)^{t-2}\alpha$ etc. erit $\equiv\alpha^{t-1}(\text{mod.}\,p^2)$, adeoque omnium summa $\equiv t\alpha^{t-1}\,(\text{mod.}\,p^2)$ sive formae $t\alpha^{t-1}+Vp^2$ denotante V numerum quemcunque. Hinc $(\alpha+hp^\mu)^t-\alpha^t$ erit formae

$$\alpha^{t-1}hp^\mu t+Vhp^{\mu+2},\ \textit{i. e.}\ \equiv\alpha^{t-1}hp^\mu t(\text{mod.}\,p^{\mu+2})\ \text{et}\ \equiv 0\,(\text{mod.}\,p^{\mu+1}).$$

Pro hoc itaque casu theorema est demonstratum.

Iam si theorema pro aliis ipsius ν valoribus verum non esset, manente etiamnum $\mu>1$, limes aliquis necessario daretur, usque ad quem theorema semper verum foret, ultra vero falsum. Sit minimus valor ipsius ν, pro quo falsum est $=\varphi$, unde facile perspicitur, si t per $p^{\varphi-1}$ non autem per p^φ fuerit divisibilis, theorema adhuc verum esse, at si loco ipsius t substituatur tp, falsum. Habemus itaque

$$(\alpha+hp^\mu)^t\equiv\alpha^t+\alpha^{t-1}hp^\mu t\,(\text{mod.}\,p^{\mu+\varphi})\quad\text{sive}\ =\alpha^t+\alpha^{t-1}hp^\mu t+up^{\mu+\varphi}$$

denotante u numerum integrum. At quia pro $\nu=1$ theorema iam est demonstratum, erit

$$(\alpha^t+\alpha^{t-1}hp^\mu t+up^{\mu+\varphi})^p\equiv\alpha^{tp}+\alpha^{tp-1}hp^{\mu+1}t+\alpha^{tp-t}up^{\mu+\varphi+1}\,(\text{mod.}\,p^{\mu+\varphi+1})$$

adeoque etiam

$$(\alpha+hp^\mu)^{tp}\equiv\alpha^{tp}+\alpha^{tp-1}hp^\mu tp\ (\text{mod.}\,p^{\mu+\varphi+1})$$

i. e. theorema etiam verum, si loco ipsius t substituitur tp, *i. e.* etiam pro $\nu=\varphi$, contra hypothesin. Unde manifestum pro omnibus ipsius ν valoribus theorema verum esse.

87.

Superest casus ubi $\mu=1$. Per methodum prorsus similem ei qua in art. praec. usi sumus, sine adiumento theorematis binomialis demonstrari potest, esse

$$\begin{aligned}(\alpha+hp)^{t-1}&\equiv\alpha^{t-1}+\alpha^{t-2}(t-1)hp\quad(\text{mod.}\,p^2)\\ \alpha(\alpha+hp)^{t-2}&\equiv\alpha^{t-1}+\alpha^{t-2}(t-2)hp\\ \alpha\alpha(\alpha+hp)^{t-3}&\equiv\alpha^{t-1}+\alpha^{t-2}(t-3)hp\\ &\text{etc.}\end{aligned}$$

unde aggregatum erit (quia partium multitudo $=t$)

$$\equiv t\alpha^{t-1} + \tfrac{(t-1)t}{2}\alpha^{t-2}hp \,(\text{mod.}\, p^2)$$

At quoniam t per p divisibilis, etiam $\frac{(t-1)t}{2}$ per p divisibilis erit in omnibus casibus excepto eo ubi $p=2$ de quo iam in art. praec. monuimus. In reliquis autem casibus erit $\frac{(t-1)t}{2}\alpha^{t-2}hp \equiv 0 \,(\text{mod.}\, p^2)$, adeoque etiam illud aggregatum $\equiv t\alpha^{t-1} (\text{mod.}\, p^2)$ ut in art. praec. In reliquis demonstratio hic eodem modo procedit ut istic.

Colligimus igitur generaliter unico casu $p=2$ excepto, esse

$$(\alpha + hp^\mu)^t \equiv \alpha^t (\text{mod.}\, p^{\mu+\nu})$$

et $(\alpha+hp^\mu)^t$ *non* $\equiv \alpha^t$ pro quovis modulo qui sit altior potestas ipsius p, quam haec $p^{\mu+\nu}$, quoties quidem h per p non est divisibilis, atque p^ν potestas suprema ipsius p quae numerum t dividit.

Hinc protinus derivantur propositiones 1. et 2. quas art. 85 demonstrandas nobis proposueramus: scilicet

primo, si $\alpha^t \equiv 1$, erit etiam $(\alpha + hp^{n-\nu})^t \equiv 1 \,(\text{mod.}\, p^n)$;

secundo si numerus aliquis α' ipsi A adeoque etiam ipsi α secundum modulum p congruus, neque vero huic secundum modulum $p^{n-\nu}$, congruentiae $x^t \equiv 1$ $(\text{mod.}\, p^n)$ satisfaceret, ponamus α' esse $=\alpha + lp^\lambda$, ita ut l per p non sit divisibilis, eritque $\lambda < n-\nu$, tunc autem $(\alpha+lp^\lambda)^t$ secundum modulum $p^{\lambda+\nu}$ ipsi α^t congruus erit, non autem secundum modulum p^n, quae est altior potestas, quare α' radix congruentiae $x^t \equiv 1$ esse nequit.

88.

Tertium vero fuit radicem aliquam congruentiae $x^t \equiv 1 \,(\text{mod.}\, p^n)$, ipsi A congruam, invenire. Ostendemus hic tantummodo quomodo hoc fieri possit, si iam radix eiusdem congruentiae secundum modulum p^{n-1} innotuerit; manifesto hoc sufficit, quum a modulo p pro quo A est radix, ad modulum p^2, sicque deinceps ad omnes potestates consecutivas progredi possimus.

Esto itaque α radix congruentiae $x^t \equiv 1 \,(\text{mod.}\, p^{n-1})$ quaeriturque radix eiusdem congruentiae secundum modulum p^n, ponatur haec $=\alpha + hp^{n-\nu-1}$, quam formam eam habere debere ex art. praec. sequitur (casum ubi $\nu = n-1$

postea seorsim considerabimus: maior vero quam $n-1$, ν esse nequit) Debet itaque esse

$$(\alpha+hp^{n-\nu-1})^t\equiv 1\,(\text{mod.}\,p^{n-1})$$

At
$$(\alpha+hp^{n-\nu-1})^t\equiv\alpha^t+\alpha^{t-1}htp^{n-\nu-1}\,(\text{mod.}\,p^n)$$

Si itaque h ita determinatur, ut fiat $1\equiv\alpha^t+\alpha^{t-1}htp^{n-\nu-1}\,(\text{mod.}\,p^n)$; sive (quia per hyp. $1\equiv\alpha^t\,(\text{mod.}\,p^{n-1})$ atque t per p^ν divisibilis) ita ut fiat $\frac{\alpha^t-1}{p^{n-1}}+\alpha^{t-1}h\frac{t}{p^\nu}$ per p divisibilis, quaesito satisfactum erit. Hoc autem semper fieri posse ex Sect. praec. manifestum, quum t per altiorem ipsius p potestatem quam p^ν dividi non posse hic supponamus, adeoque $\alpha^{t-1}\frac{t}{p^\nu}$ ad p sit primus.

Si vero $\nu=n-1$ *i. e.* t per p^{n-1} sive etiam per altiorem ipsius p potestatem divisibilis, quivis valor A congruentiae $x^t\equiv 1$ secundum modulum p satisfaciens eidem etiam secundum modulum p^n satisfaciet. Sit enim $t=p^{n-1}\tau$, eritque $t\equiv\tau\,(\text{mod.}\,p-1)$: quare quoniam $A^t\equiv 1\,(\text{mod.}\,p)$ erit etiam $A^\tau\equiv 1\,(\text{mod.}\,p)$. Ponatur itaque $A^\tau=1+hp$ eritque $A^t=(1+hp)^{p^{n-1}}\equiv 1\,(\text{mod.}\,p^n)$ art. 87.

89.

Omnia quae art. 57 sqq. adiumento theorematis, congruentiam $x^t\equiv 1$ plures quam t radices diversas non habere eruimus, etiam pro modulo qui est numeri primi potestas locum habent, et si *radices primitivae* vocantur numeri, qui ad exponentem $p^{n-1}(p-1)$ pertinent, sive in quorum periodis omnes numeri per p non divisibiles inveniuntur, etiam hic radices primitivae exstabunt. Omnia autem quae supra de indicibus eorumque usu tradidimus, necnon de solutione congruentiae $x^t\equiv 1$, ad hunc quoque casum applicari possunt. Quae quum nulli difficultati obnoxia sint omnia ex integro repetere superfluum foret. Praeterea radices congruentiae $x^t\equiv 1$ secundum modulum p^n e radicibus eiusdem congruentiae secundum p deducere docuimus. Sed de eo casu ubi potestas aliqua numeri 2 est modulus, quia supra exceptus fuit, aliqua adhuc sunt adiicienda.

Moduli qui sunt potestates binarii.

90.

Si potestas aliqua numeri 2, altior quam secunda, puta 2^n pro modulo accipitur numeri cuiusvis imparis potestas exponentis 2^{n-2}, unitati est congrua.

Ex. gr. $3^8 = 6561 \equiv 1$ (mod. 32).

Quivis enim numerus impar vel sub forma $1+4h$, vel sub hac $-1+4h$ comprehenditur: unde propositio protinus sequitur (theor. art. 86).

Quoniam igitur exponens ad quem quicunque numerus impar secundum modulum 2^n pertinet, divisor ipsius 2^{n-2} esse debet, quivis ad aliquem horum numerum pertinebit $1, 2, 4, 8 \ldots . 2^{2n-2}$, ad quemnam vero pertineat ita facile diiudicatur. Sit numerus propositus $= 4h \pm 1$, atque exponens maximae potestatis numeri 2, quae ipsum h metitur, $= m$ (qui etiam $= 0$ esse potest, quando scilicet h est impar); tum exponens ad quem numerus propositus pertinet, erit $= 2^{n-m-2}$, siquidem $n > m+2$; si autem $n =$ vel $< m+2$, numerus propositus est $\equiv \pm 1$ adeoque vel ad exponentem 1 vel ad exponentem 2 pertinebit. Numerum enim formae $\pm 1 + 2^{m+2}k$, (quae huic aequivalet, $4h \pm 1$) ad potestatem exponentis 2^{n-m-2} elevatum unitati secundum modulum 2^n congruum fieri, ad potestatem autem exponentis, qui est inferior numeri 2 potestas, incongruum, ex art. 86 nullo negotio deducitur. Numerus itaque quicunque formae $8k+3$ vel $8k+5$ ad exponentem 2^{n-2} pertinebit.

91.

Hinc patet eo sensu quo supra expressionem accepimus, *radices primitivas* hic non dari, nullos scilicet numeros, quorum periodus omnes numeros modulo minores ad ipsumque primos amplectatur. Attamen facile perspicitur, analogon hic haberi. Invenitur enim, numeri formae $8k+3$ potestatem exponentis imparis semper esse formae $8k+3$, potestatem autem exponentis paris, semper formae $8k+1$; nulla igitur potestas formae $8k+5$ aut $8k+7$ esse potest. Quare quum periodus numeri formae $8k+3$, ex 2^{n-2} terminis diversis constet, quorum quisque aut formae $8k+3$ aut huius $8k+1$, neque plures huiusmodi numeri modulo minores dentur quam 2^{n-2}, manifesto quivis numerus formae $8k+1$ vel $8k+3$ congruus est secundum modulum 2^n potestati alicui numeri cujuscunque formae $8k+3$. Simili modo ostendi potest periodum numeri formae $8k+5$ comprehendere omnes numeros formarum $8k+1$ et $8k+5$. Si igitur numerus formae $8k+5$ pro basi assumitur, omnes numeri formae $8k+1$ et $8k+5$, positive, omnesque formae $8k+3$ et $8k+7$, negative sumti, indices reales nanciscentur, et quidem hic indices secundum 2^{n-2} congrui pro aequivalentibus sunt habendi. Hoc modo tabula nostra I intelligenda, ubi pro modulis 16, 32 et 64 (namque pro modulo 8 nulla tabula necessaria erit) semper numerum 5 pro basi accepimus. *Ex. gr.* numero 19 qui est formae $8n+3$ adeoque *negative* sumendus, respondet pro modulo 64 index 7, id quod significat esse $5^7 \equiv -19$ (mod. 64). Numeris autem formarum $8n+1$, $8n+5$ negative, atque numeris formarum $8n+3$, $8n+7$ positive acceptis, indices quasi imaginarii tribuendi forent. Quos introducendo calculus indicum ad algorithmum perquam simplicem reduci potest. Sed quoniam, si haec ad omnem rigorem exponere vellemus, nimis longe evagari oporteret, hoc negotium ad aliam occasionem nobis reservamus, quando forsan fusius quantitatum imaginarium theoriam, quae nostro quidem iudicio a nemiue hactenus ad notiones claras est reducta, pertractare suscipiemus. Periti hunc algorithmum facile ipsi eruent: qui minus sunt exercitati, perinde tamen tabula hac uti poterunt, ut ii qui recentiorum commenta de *logarithmis* imaginariis ignorant. logarithmis utuntur, si quidem principia supra stabilita probe tenuerint.

Moduli e pluribus primis compositi.

92.

Secundum modulum e pluribus primis compositum tantum non omnia quae ad residua potestatum pertinent ex theoria congruentiarum generali deduci possunt; quia vero infra congruentias quascunque secundum modulum e pluribus primis compositum ad congruentias, quarum modulus est primus aut primi potestas, reducere fusius docebimus, non est quod huic rei multum hic immoremur. Observamus tantum, bellissimam proprietatem, quae pro reliquis modulis locum habeat, quod scilicet semper exstent numeri quorum periodus omnes numeros ad modulum primos complectatur, hic deficere, excepto unico casu, quando scilicet modulus est duplum numeri primi, aut potestatis numeri primi. Si enim modulus m redigitur ad formam $A^a B^b C^c$ etc. designantibus A, B, C etc. numeros primos diversos, praeterea $A^{a-1}(A-1)$ designatur per α, $B^{b-1}(B-1)$ per $\mathfrak{b}$ etc. denique z est numerus ad m primus; erit $z^\alpha \equiv 1$ (mod. A^a), $z^{\mathfrak{b}} \equiv 1$ (mod. B^b) etc. Quodsi igitur μ est minimus numerorum $\alpha, \mathfrak{b}, \gamma$ etc. dividuus communis, erit $z^\mu \equiv 1$ secundum omnes modulos A^a, B^b etc. adeoque etiam secundum m, cui illorum productum est aequale. At excepto casu ubi m est duplum numeri primi aut potestatis numeri primi, numerorum $\alpha, \mathfrak{b}, \gamma$ etc. dividuus communis minimus, ipsorum producto est minor (quoniam numeri $\alpha, \mathfrak{b}, \gamma$ etc. inter se primi esse nequeunt sed certe divisorem 2 communem habent). Nullius itaque numeri periodus tot terminos comprehendere potest, quot dantur numeri ad modulum primi ipsoque minores, quia horum numerus producto ex α, β, γ etc. est aequalis. Ita *ex. gr.* pro $m = 1001$ cuiusvis numeri ad m primi potestas exponentis 60 unitati est congrua, quia 60 est dividuus communis numerorum 6, 10, 12. — Casus autem ubi modulus est duplum numeri primi aut duplum potestatis numeri primi illi ubi est primus aut primi potestas prorsus est similis.

93.

Scriptorum in quibus alii geometrae de argumento in hac sectione pertractato egerunt, iam passim mentio est facta. Eos tamen qui quaedam fusius, quam nobis brevitas permisit, explicata desiderant, ablegamus imprimis ad sequentes ill. Euleri commentationes, ob perspicuitatem qua vir summus prae omnibus semper excelluit, maxime commendabiles.

Theoremata circa residua ex divisione potestatum relicta Comm. nov. Petr. T. VII *p.* 49 sqq.

Demonstrationes circa residua ex divisione potestatum per numeros primos resultantia. Ibid. T. XVIII *p.* 85 sqq.

Adiungi his possunt *Opusculorum analyt. T.* I, *dissertt.* 5 et 8.

SECTIO QUARTA

DE

CONGRUENTIIS SECUNDI GRADUS.

Residua et non-residua quadratica.

94.

THEOREMA. *Numero quocunque m pro modulo accepto, ex numeris* $0, 1, 2, 3 \ldots . m-1$, *plures quam* $\frac{1}{2}m+1$ *quando m est par, sive plures quam* $\frac{1}{2}m+\frac{1}{2}$, *quando m est impar quadrato congrui fieri non possunt.*

Dem. Quoniam numerorum congruorum quadrata sunt congrua: quivis numerus, qui ulli quadrato congruus fieri potest, etiam quadrato alicui cuius radix $< m$ congruus erit. Sufficit itaque residua minima quadratorum $0, 1, 4, 9 \ldots . (m-1)^2$ considerare. At facile perspicitur, esse $(m-1)^2 \equiv 1$, $(m-2)^2 \equiv 2^2$, $(m-3)^2 \equiv 3^2$ etc. Hinc etiam, quando m est par, quadratorum $(\frac{1}{2}m-1)^2$ et $(\frac{1}{2}m+1)^2$, $(\frac{1}{2}m-2)^2$ et $(\frac{1}{2}m+2)^2$ etc. residua minima eadem erunt: quando vero m est impar, quadrata $(\frac{1}{2}m-\frac{1}{2})^2$ et $(\frac{1}{2}m+\frac{1}{2})^2$, $(\frac{1}{2}m-\frac{3}{2})^2$ et $(\frac{1}{2}m+\frac{3}{2})^2$ etc. erunt congrua. Unde palam est, alios numeros, quam qui alicui ex quadratis $0, 1, 4, 9 \ldots . (\frac{1}{2}m)^2$ congrui sint, quadrato congruos fieri non posse, quando m par; quando vero impar, quemvis numerum, qui ulli quadrato sit congruus, alicui ex his $0, 1, 4, 9 \ldots (\frac{1}{2}m-\frac{1}{2})^2$ necessario congruum esse. Quare dabuntur ad summum in priori casu $\frac{1}{2}m+1$ residua minima diversa, in posteriori $\frac{1}{2}m+\frac{1}{2}$ *Q. E. D.*

Exemplum. Secundum modulum 13 quadratorum numerorum $0, 1, 2, 3 \ldots 6$ residua minima inveniuntur $0, 1, 4, 9, 3, 12, 10$, post haec vero eadem ordine inverso recurrunt 10, 12, 3 etc. Quare numerus quisque, nulli ex istis residuis congruus, sive qui alicui ex his est congruus, 2, 5, 6, 7, 8, 11, nulli quadrato congruus esse potest.

Secundum modulum 15 haec inveniuntur residua 0, 1, 4, 9, 1, 10, 6, 4 post quae eadem ordine inverso recurrunt. Hic igitur numerus residuorum, quae quadrato congrua fieri possunt, minor adhuc est quam $\frac{1}{2}m+\frac{1}{2}$, quum sint 0, 1, 4, 6, 9, 10. Numeri autem 2, 3, 5, 7, 8, 11, 12, 13, 14 et qui horum alicui sunt congrui, nulli quadrato secundum mod. 15 congrui fieri possunt.

95.

Hinc colligitur, pro quovis modulo omnes numeros in duas classes distingui posse, quarum altera contineat numeros, qui quadrato alicui congrui fieri possint, altera eos qui non possint. Illos appellabimus *residua quadratica numeri istius quem pro modulo accepimus**), hos vero *ipsius non-residua quadratica*, sive etiam, quoties ambiguitas nulla inde oriri potest, simpliciter *residua* et *non-residua*. Ceterum palam est sufficere, si omnes numeri $0, 1, 2 \ldots m-1$ in classes redacti sint: numeri enim congrui ad eandem classem erunt referendi.

Etiam in hac disquisitione a modulis primis initium faciemus, quod itaque subintelligendum erit, etiamsi expressis verbis non moneatur. Numerus primus 2 autem excludendus, sive numeri primi *impares* tantum considerandi.

Quoties modulus est numerus primus, multitudo residuorum ipso minorum multitudini non-residuorum aequalis.

96.

Numero primo p pro modulo accepto, numerorum $1, 2, 3 \ldots p-1$ semissis erunt residua quadratica, reliqui non-residua, i. e. dabuntur $\frac{1}{2}(p-1)$ residua totidemque non-residua.

Facile enim probatur, omnia quadrata $1, 4, 9 \ldots \frac{1}{4}(p-1)^2$ esse incongrua. Scilicet si fieri posset $rr \equiv r'r' \pmod{p}$ atque numeri r, r' inaequales et non maiores quam $\frac{1}{2}(p-1)$ posito $r > r'$ i. q. licet, fieret $(r-r')(r+r')$ positivus et

*) Proprie quidem hic casu secundo alio sensu utimur, quam hucusque fecimus. Dicere scilicet oporteret, r esse residunm quadrati aa secundum modulum m quando $r \equiv aa \pmod{m}$; at brevitatis gratia in hac sectione semper r *ipsius* m residuum quadraticum vocamus neque hinc ulla ambiguitas metuenda. Expressionem enim, *residuum*, quando idem significat quod numerus congruus, abhinc non adhibebimus, nisi forte de residuis *minimis* sermo sit, ubi nullum dubium esse potest.

per p divisibilis. At uterque factor $r-r'$, et $r+r'$ ipso p est minor, quare suppositio consistere nequit (art. 13). Habentur itaque $\frac{1}{2}(p-1)$ residua quadratica inter hos numeros $1, 2, 3 \ldots p-1$ contenta; plura vero inter ipsos esse nequeunt quia accedente residuo 0 prodeunt $\frac{1}{2}(p+1)$, quem numerum omnium residuorum multitudo superare nequit. Quare reliqui numeri erunt non-residua horumque multitudo $=\frac{1}{2}(p-1)$.

Quum cifra semper sit residuum, hanc numerosque per modulum divisibiles ab investigationibus his excludimus, quia hic casus per se est clarus, theorematumque concinnitatem tantum turbaret. Ex eadem caussa etiam modulum 2 exclusimus.

97.

Quum plura quae in hac Sect. exponemus etiam ex principiis Sect. praec. derivari possint, neque inutile sit, eandem veritatem per methodos diversas perscrutari, hunc nexum ostendemus. Facile vero intelligitur, omnes numeros quadrato congruos, indices *pares* habere, eos contra, qui quadrato nullo modo congrui fieri possint, impares. Quia vero $p-1$ est numerus par, tot indices pares erunt quot impares, scilicet $\frac{1}{2}(p-1)$, totidemque tum residua tum non-residua dabuntur.

Exempla. Pro modulis sunt residua

3	1.
5	1, 4.
7 . .	1, 2, 4.
11 . . .	1, 3, 4, 5, 9.
13	1, 3, 4, 9, 10, 12.
17 . . .	1, 2, 4, 8, 9, 13, 15, 16.

etc.

reliqui vero numeri his modulis minores, non-residua.

Quaestio, utrum numerus compositus residuum numeri primi dati sit an non-residuum, ab indole factorum pendet.

98.

Theorema. *Productum e duobus residuis quadraticis numeri primi p, est residuum; productum e residuo in non-residuum, est non-residuum; denique productum e duobus non-residuis, residuum.*

Demonstr. I. Sint A, B residua e quadratis aa, bb oriunda sive $A \equiv aa$, $B \equiv bb$, eritque productum AB quadrato numeri ab congruum *i. e.* residuum.

II. Quando A est residuum, puta $\equiv aa$, B vero non-residuum, AB erit non-residuum. Ponatur enim si fieri potest $AB \equiv kk$, sitque valor expressionis $\frac{k}{a}(\text{mod.}\,p) \equiv b$; erit itaque $aaB \equiv aabb$, unde $B \equiv bb$, *i. e.* B residuum contra hyp.

Aliter. Multiplicentur omnes numeri qui inter hos $1, 2, 3 \ldots\ldots p-1$ sunt residua (quorum multitudo $= \frac{1}{2}(p-1)$), per A omniaque producta erunt residua quadratica, et quidem erunt omnia incongrua. Iam si non-residuum B per A multiplicatur, productum nulli productorum quae iam habentur congruum erit; quare si residuum esset, haberentur $\frac{1}{2}(p+1)$ residua incongrua inter quae nondum est residuum 0, contra art. 96.

III. Sint A, B non-residua. Multiplicentur omnes numeri qui inter hos $1, 2, 3 \ldots\ldots p-1$ sunt residua per A, habebunturque $\frac{1}{2}(p-1)$ non-residua inter se incongrua (II); iam productum AB nulli illorum congruum esse potest; quodsi igitur esset non-residuum, haberentur $\frac{1}{2}(p+1)$ non-residua inter se incongrua, contra art. 96. Quare productum etc. *Q. E. D.*

Facilius adhuc haec theoremata e principiis sect. praec. derivantur. Quia enim residuorum indices semper sunt pares, non-residuorum vero impares, index producti e duobus residuis vel non-residuis erit par, adeoque productum ipsum, residuum. Contra index producti e residuo in non-residuum erit impar adeoque productum ipsum non-residuum.

Utraque demonstrandi methodus etiam pro his theorematibus adhiberi potest: *Expressionis $\frac{a}{b}(\text{mod.}\,p)$ valor erit residuum, quando numeri a, b simul sunt residua, vel simul non-residua; contra autem erit non-residuum, quando numerorum a, b alter est residuum alter non-residuum.* Possunt etiam ex conversione theorr. praecc. obtineri.

99.

Generaliter, productum ex quotcunque factoribus est residuum tum quando omnes sunt residua, tum quando non-residuorum, quae inter eos occurrunt, multitudo est par; quando vero multitudo non-residuorum quae inter factores reperiuntur est impar, productum erit non-residuum. Facile itaque diiudicari potest, utrum numerus compositus sit residuum necne, si modo quid sint singuli ipsius factores constet. Quamobrem in tabula II numeros primos tantummodo recepimus. Oeconomia huius tabulae haec est. In margine positi sunt moduli*), in facie vero numeri primi successivi; quando ex his aliquis fuit residuum moduli alicuius, in spatio utrique respondente lineola collocata est, quando vero numerus primus fuit non-residuum moduli, spatium respondens vacuum mansit.

De modulis, qui sunt numeri compositi.

100.

Antequam ad difficiliora progrediamur, quaedam de modulis non primis adiicienda sunt.

Si numeri primi p, potestas aliqua p^n pro modulo assumitur (ubi p non esse 2 supponimus), omnium numerorum per p non divisibilium moduloque minorum altera semissis erunt residua, altera non-residua, *i. e.* utrorumque multitudo $=\frac{1}{2}(p-1)p^{n-1}$.

Si enim r est residuum: quadrato alicui congruus erit, cuius radix moduli dimidium non superat, vid. art. 94. Iam facile perspicitur, dari $\frac{1}{2}(p-1)p^{n-1}$ numeros per p non divisibiles modulique semisse minoribus; superest itaque ut demonstretur, omnium horum numerorum quadrata incongrua esse, sive residua quadratica diversa suppeditare. Quodsi duorum numerorum a, b per p non divisibilium modulique semisse minorum quadrata essent congrua, foret $aa-bb$ sive $(a-b)(a+b)$ per p^n divisibilis (posito i. q. licet $a>b$). Hoc vero fieri non potest, nisi *vel* alter numerorum $a-b$, $a+b$ per p^n fuerit divisibilis, quod fieri nequit, quoniam uterque $<p^n$, *vel* alter per p^m alter vero per p^{n-m}, *i. e.* uterque per p. Sed etiam hoc fieri nequit. Manifesto enim etiam summa et differentia $2a$ et $2b$ per p foret divisibilis adeoque etiam a et b contra hyp. — Hinc tandem colligitur inter numeros per p non divisibiles moduloque minores $\frac{1}{2}(p-1)p^n$ residua dari, reliquos quorum multitudo aeque magna, esse non-residua *Q. E. D.* — Potest etiam theorema hoc ex consideratione indicum derivari simili modo ut art. 97.

101.

Quivis numerus per p non divisibilis, qui ipsius p est residuum, erit residuum

*) Quomodo etiam modulis compositis carere possimus mox docebimus.

etiam ipsius p^n; *qui vero ipsius* p *est non-residuum, etiam ipsius* p^n *non-residuum erit.*

Pars posterior huius propositionis per se est manifesta. Si itaque prior falsa esset, inter numeros ipso p^n minores simulque per p non divisibiles plures forent residua ipsius p quam ipsius p^n, *i. e.* plures quam $\frac{1}{2}p^{n-1}(p-1)$. Nullo vero negotio perspici poterit, multitudinem residuorum numeri p inter illos numeros esse praecise $=\frac{1}{2}p^{n-1}(p-1)$.

Aeque facile est, quadratum reipsa invenire, quod secundum modulum p^n residuo dato sit congruum, si quadratum huic residuo secundum modulum p congruum habetur.

Scilicet si quadratum habetur, aa, quod residuo dato A secundum modulum p^μ est congruum, deducitur inde quadratum ipsi A secundum modulum p^ν congruum (ubi $\nu > \mu$ et $=$ vel $< 2\mu$ supponitur) sequenti modo. Ponatur radix quadrati quaesiti $=\pm a + xp^\mu$, quam formam eam habere debere facile perspicitur; debetque esse $aa \pm 2axp^\mu + xxp^{2\mu} \equiv A \pmod{p^\nu}$ sive propter $2\mu > \nu$, $A - aa \equiv \pm 2axp^\mu \pmod{p^\nu}$. Sit $A - aa = p^\mu d$, eritque x valor expressionis $\pm \frac{d}{2a} \pmod{p^{\nu-\mu}}$, quae huic $\pm \frac{A-aa}{2ap^\mu} \pmod{p^\nu}$ aequivalet.

Dato igitur quadrato ipsi A secundum p congruo, deducitur inde quadratum ipsi A secundum modulum p^2 congruum; hinc ad modulum p^4, hinc ad p^8 etc. ascendi poterit.

Ex. Proposito residuo 6, quod secundum modulum 5 quadrato 1 congruum, invenitur quadratum 9^2 cui secundum 25 est congruum, 16^2 cui secundum 125 congruum etc.

102.

Quod vero attinet ad numeros per p divisibiles, patet, eorum quadrata per pp fore divisibilia, adeoque omnes numeros per p quidem divisibiles, neque vero per pp, ipsius p^n fore non residua. Generaliter vero, si proponitur numerus $p^k A$ ubi A per p non est divisibilis, hi casus erunt distinguendi:

1) Quando $k =$ vel $> n$, erit $p^k A \equiv 0 \pmod{p^n}$, *i.e.* residuum.

2) Quando $k < n$ atque impar, erit $p^k A$ non-residuum.

Si enim esset $p^k A = p^{2\varkappa+1} A \equiv ss \pmod{p^n}$, ss per $p^{2\varkappa+1}$ divisibilis esset, id quod aliter fieri nequit, quam si fuerit s per $p^{\varkappa+1}$ divisibilis. Tunc vero ss

etiam per $p^{2\varkappa+2}$ divisibilis, adeoque etiam (quia $2\varkappa+2$ certo non maior quam n) $p^k A$ *i. e.* $p^{2\varkappa+1}A$; sive A per p, contra hyp.

3) Quando $k < n$ atque par. Tum $p^k A$ erit residuum vel non-residuum ipsius p^n, prout A est residuum vel non-residuum ipsius p. Quando enim A est residuum ipsius p, erit etiam residuum ipsius p^{n-k}. Posito autem $A \equiv aa$ (mod. p^{n-k}) erit $Ap^k \equiv aap^k$ (mod. p^n), aap^k vero est quadratum. Quando autem A est non-residuum ipsius p, $p^k A$ residuum ipsius p^n esse nequit. Ponatur enim $p^k A \equiv aa$ (mod. p^n), eritque necessario aa per p^k divisibilis. Quotiens erit quadratum cui A secundum modulum p^{n-k} adeoque etiam secundum modulum p congruus, *i. e.* A erit residuum ipsius p contra hyp.

103.

Quoniam casum $p=2$ exclusimus, de hoc adhuc quaedam dicenda. Quando numerus 2 est modulus, numerus quicunque erit residuum, non-residua nulla erunt. Quando vero 4 est modulus, omnes numeri impares formae $4k+1$ erunt residua, omnes vero formae $4k+3$ non-residua. Tandem quando 8 aut altior potestas numeri 2 est modulus, omnes numeri impares formae $8k+1$ erunt residua, reliqui vero, seu ii qui sunt formarum $8k+3$, $8k+5$, $8k+7$, erunt non-residua. Pars posterior huius propositionis inde clara, quod quadratum cuiusvis numeri imparis, sive sit formae $4k+1$, sive formae $4k-1$, fit formae $8k+1$. Priorem ita probamus.

1) Si duorum numerorum vel summa vel differentia per 2^{n-1} est divisibilis, numerorum quadrata erunt congrua secundum modulum 2^n. Si enim alter ponitur $=a$, erit alter formae $2^{n-1}h \pm a$, cuius quadratum invenitur $\equiv aa$ (mod. 2^n).

2) Quivis numerus impar, qui ipsius 2^n est residuum quadraticum, congruus erit quadrato alicui, cuius radix est numerus impar et $< 2^{n-2}$ Sit enim quadratum quodcunque, cui numerus ille congruus, aa atque numerus $a \equiv \pm \alpha$ (mod. 2^{n-1}) ita ut α moduli semissem non superet (art. 4), eritque $aa \equiv \alpha\alpha$. Quare etiam numerus propositus erit $\equiv \alpha\alpha$. Manifesto vero tum a tum α erunt impares atque $\alpha < 2^{n-2}$

3) Omnium numerorum imparium ipso 2^{n-2} minorum quadrata secundum 2^n incongrua erunt. Sint enim duo tales numeri r et s, quorum quadrata si secundum 2^n essent congrua, foret $(r-s)(r+s)$ per 2^n divisibilis (posito $r > s$). Facile vero perspicitur numeros $r-s$, $r+s$ simul per 4 divisibiles esse non

posse, quare si alter tantummodo per 2 est divisibilis, alter, ut productum per 2^n divisibilis fieret, per 2^{n-1} divisibilis esse deberet. *Q.E.A.* quoniam uterque $< 2^{n-2}$.

4) Quodsi denique haec quadrata ad *residua* sua *minima positiva* reducuntur, habebuntur 2^{n-3} residua quadratica diversa modulo minora*), quorum quodvis erit formae $8k+1$. Sed quum praecise 2^{n-3} numeri formae $8k+1$ modulo minores exstent, necessario hi omnes inter illa residua reperientur. *Q. E. D.*

Ut quadratum numero dato formae $8k+1$ secundum modulum 2^n congruum inveniatur, methodus similis adhiberi potest, ut in art. 101; vid. etiam art. 88. — Denique de numeris paribus eadem valent, quae art. 102 generaliter exposuimus.

104.

Circa multitudinem valorum diversorum (*i. e.* secundum modulum incongruorum), quos expressio talis $V = \sqrt{A} (\text{mod.} p^n)$ admittit, siquidem A est residuum ipsius p^n, facile e praecc. colliguntur haec. (Numerum p supponimus esse primum, ut ante, et brevitatis caussa casum $n=1$ statim includimus). I. Si A per p non est divisibilis, V *unum* valorem habet pro $p=2$, $n=1$, puta $V \equiv 1$; *duos*, quando p est impar, nec non pro $p=2$, $n=2$, puta ponendo unum $\equiv v$, alter erit $\equiv -v$; *quatuor* pro $p=2$, $n>2$. scilicet ponendo unum $\equiv v$, reliqui erunt $\equiv -v$, $2^{n-1}+v$, $2^{n-1}-v$. II. Si A per p divisibilis est, neque vero per p^n, sit potestas altissima ipsius p ipsum A metiens $p^{2\mu}$ (manifesto enim ipsius exponens par esse debebit) atque $A = ap^{2\mu}$. Tunc patet, omnes valores ipsius V per p^μ divisibiles esse, et quotientes e divisione ortos fieri valores expr. $V' = \sqrt{a} (\text{mod.} p^{n-2\mu})$; hinc omnes valores diversi ipsius V prodibunt, multiplicando omnes valores expr. V' inter 0 et $p^{n-\mu}$ sitos per p^μ; quare illi exhibebuntur per

$$vp^\mu,\ vp^\mu + p^{n-\mu},\ vp^\mu + 2p^{n-\mu} \ldots vp^\mu + (p^\mu - 1)p^{n-\mu}$$

si v indefinite omnes valores *diversos* expr. V' exprimit, ita ut illorum multitudo fiat p^μ, $2p^\mu$ vel $4p^\mu$, prout multitudo horum (per casum I) est 1, 2 vel 4. III. Si A per p^n divisibilis est, facile perspicietur, statuendo $n = 2m$ vel $= 2m-1$, prout par est vel impar, omnes numeros per p^m divisibiles, neque ullos alios, esse valores ipsius V; quare omnes valores diversi hi erunt $0, p^m, 2p^m \ldots (p^{n-m} - 1)p^m$, quorum multitudo p^{n-m}

*) Puta quoniam multitudo numerorum imparium infra 2^{n-2} est 2^{n-3}.

105.

Superest casus, ubi modulus m e pluribus numeris primis compositus est. Sit $m = abc\ldots$, designantibus a, b, c etc. numeros primos diversos aut primorum diversorum potestates, patetque statim, si n sit residuum ipsius m, fore etiam n residuum singulorum a, b, c etc., adeoque n certo non-residuum ipsius m esse, si fuerit NR. ullius e numeris a, b, c etc. Vice versa autem, si n singulorum a, b, c etc. residuum est, etiam residuum producti m erit. Supponendo enim, $n \equiv A^2$, B^2, C^2 etc. sec. mod. a, b, c etc. resp., patet, si numerus N ipsis A, B, C etc. sec. mod. a, b, c etc. resp. congruus eruatur (art. 32), fore $n \equiv NN$ secundum omnes hos modulos adeoque etiam secundum productum m. — Quum facile perspiciatur, hoc modo e combinatione *cuiusvis* valoris ipsius A sive expr. $\sqrt{n}\,(\text{mod.}\, a)$ cum *quovis* valore ipsius B cum *quovis* valore ipsius C etc. oriri valorem ipsius N sive expr. $\sqrt{n}\,(\text{mod.}\, m)$, nec non e combinationibus diversis produci diversos N, et e cunctis cunctos: multitudo omnium valorum diversorum ipsius N aequalis erit producto e multitudinibus valorum ipsorum A, B, C etc. quas determinare in art. praec. docuimus. — Porro manifestum est, si unus valor expressionis $\sqrt{n}\,(\text{mod.}\, m)$ sive ipsius N fuerit notus, hunc simul fore valorem omnium A, B, C etc.; et quum hinc per art. praec. omnes reliqui valores harum quantitatum deduci possint, facile sequitur, ex uno valore ipsius N omnes reliquos obtineri posse.

Ex. Sit modulus 315 cuius residuum an non-residuum sit 46, quaeritur. Divisores primi numeri 315 sunt 3, 5, 7, atque numerus 46 residuum cuiusvis eorum quare etiam ipsius 315 erit residuum. Porro, quia 46 $\equiv 1$, et $\equiv 64$ (mod. 9); $\equiv 1$ et $\equiv 16$ (mod. 5); $\equiv 4$ et $\equiv 25$ (mod. 7), inveniuntur radices quadratorum, quibus 46 secundum modulum 315 congruus, 19, 26, 44, 89, 226, 271, 289, 296.

Criterium generale, utrum numerus datus numeri primi dati residuum sit an non-residuum.

106.

Ex praecedentibus colligitur, si tantummodo semper dignosci possit utrum *numerus primus* datus numeri *primi dati* residuum sit an non-residuum, omnes reliquos casus ad hunc reduci posse. Pro illo itaque casu criteria certa omni studio nobis erunt indaganda. Antequam autem hanc perquisitionem aggrediamur, criterium quoddam exhibemus ex Sect. praec. petitum quod quamvis in praxi nullum fere usum habeat. tamen propter simplicitatem atque generalitatem memoratu dignum est.

Numerus quicunque A per numerum primum $2m+1$ non divisibilis, huius primi residuum est vel non-residuum, prout $A^m \equiv +1$ vel $\equiv -1$ (mod. $2m+1$).

Sit enim pro modulo $2m+1$ in systemate quocunque numeri A index a, eritque a par quando A est residuum ipsius $2m+1$, impar vero quando A non-residuum. At numeri A^m index erit ma, *i. e.* $\equiv 0$ vel $\equiv m$ (mod. $2m$), prout a par vel impar. Hinc denique A^m in priori casu erit $\equiv +1$, in posteriori vero $\equiv -1$ (mod. $2m+1$). V. artt. 57, 62.

Ex. 3 ipsius 13 est residuum quia $3^6 \equiv 1$ (mod. 13), 2 vero ipsius 13 non-residuum, quoniam $2^6 \equiv -1$ (mod. 13).

At quoties numeri examinandi mediocriter sunt magni, hoc criterium ob calculi immensitatem prorsus inutile erit.

Disquisitiones de numeris primis quorum residua aut non-residua sint numeri dati.

107.

Facillimum quidem est, proposito modulo, omnes assignare numeros, qui ipsius residua sunt vel non-residua. Scilicet si ille numerus ponitur $=m$, determinari debent quadrata, quorum radices semissem ipsius m non superant, sive etiam numeri his quadratis secundum m congrui (ad praxin methodi adhuc expeditiores dantur), tuncque omnes numeri horum alicui secundum m congrui, erunt residua ipsius m, omnes autem numeri nulli istorum congrui erunt non-residua. — At quaestio inversa, *proposito numero aliquo, assignare omnes numeros quorum ille sit residuum vel non-residuum,* multo altioris est indaginis. Hoc itaque problema, a cuius solutione illud quod in art. praec. nobis proposuimus pendet, in sequentibus perscrutabimur, a casibus simplicissimis inchoantes.

Residuum -1.

108.

Theorema. *Omnium numerorum primorum formae $4n+1$, -1 est residuum quadraticum, omnium vero numerorum primorum formae $4n+3$, non-residuum.*

Ex. -1 est residuum numerorum 5, 13, 17, 29, 37, 41, 53, 61. 73, 89, 97 etc , e quadratis numerorum 2, 5, 4, 12, 6, 9, 23, 11, 27, 34, 22 etc. respective oriundum; contra non-residuum est numerorum 3, 7, 11, 19, 23, 31, 43, 47, 59, 67, 71, 79, 83 etc.

Mentionem huius theor. iam in art. 64 fecimus. Demonstratio vero facile ex art. 106 petitur. Etenim pro numero primo formae $4n+1$ est $(-1)^{2n} \equiv 1$, pro numero autem formae $4n+3$ habetur $(-1)^{2n+1} \equiv -1$. Convenit haec demonstratio cum ea quam l. c. tradidimus. Sed propter theorematis elegantiam atque utilitatem non superfluum erit, alio adhuc modo idem ostendisse.

109.

Designemus complexum omnium residuorum numeri primi p, quae ipso p sunt minora, excluso residuo 0, per literam C, et quoniam horum residuorum multitudo semper $= \frac{p-1}{2}$, manifestum est, eam fore parem, quoties p sit formae $4n+1$, imparem vero, quoties p sit formae $4n+3$. Dicantur, ad instar art. 77 ubi de numeris in genere agebatur, *residua socia* talia, quorum productum $\equiv 1$ (mod. p); manifesto enim si r est residuum, etiam $\frac{1}{r}$ (mod. p) residuum erit. Et quoniam idem residuum plura socia inter residua C habere nequit, patet omnia residua C in classes distribui posse, quarum quaevis bina residua socia contineat. Iam perspicuum est, si nullum residuum daretur, quod sibi ipsi esset socium, *i. e.* si quaevis classis bina residua *inaequalia* contineret, omnium residuorum numerum fore duplum numeri omnium classium; quodsi vero aliqua dantur residua sibi ipsis socia *i. e.* aliquae classes quae unicum tantum residuum aut, si quis malit, idem residuum bis continent, posita harum classium multitudine $= a$, reliquarumque multitudine $= b$; erit omnium residuorum C numerus $= a + 2b$. Quare quando p est formae $4n+1$, erit a numerus par; quando autem p est formae $4n+3$, erit a impar. At numeri ipso p minores alii, quam 1 et $p-1$, sibi ipsis socii esse nequeunt (vid. art. 77); priorque 1 certo inter residua occurrit; unde in priori casu $p-1$ (seu quod hic idem valet, -1) debet esse residuum, in posteriori vero non-residuum; alias enim in illo casu foret $a = 1$, in hoc autem $= 2$, quod fieri nequit.

110.

Etiam haec demonstratio ill. Eulero debetur, qui et priorem primus invenit V. *Opusc. Anal. T.* I. *p.* 135. — Facile quisquis videbit eam similibus principiis innixam esse, ut demonstratio nostra secunda theor. Wilsoniani art. 77. Si vero hoc theorema supponere velimus, facilius adhuc demonstratio exhiberi poterit. Scilicet inter numeros $1, 2, 3 \ldots p-1$ erunt $\frac{p-1}{2}$ residua quadratica ipsius p totidemque non-residua; quare non-residuorum multitudo erit par, quando p est formae $4n+1$; impar quando p est formae $4n+3$. Hinc productum ex omnibus numeris $1, 2, 3 \ldots p-1$ in priori casu erit residuum, in posteriori non-residuum (art. 99). At productum hoc semper $\equiv -1 \pmod{p}$; adeoque etiam -1 in priori casu residuum, in posteriori non-residuum erit.

111.

Si itaque r est residuum numeri alicuius primi formae $4n+1$, etiam $-r$ huius primi residuum erit, omnia autem talis numeri non-residua, etiam signo contrario sumta non-residua manebunt*). Contrarium evenit pro numeris primis formae $4n+3$, quorum residua quando signum mutatur, non-residua fiunt et vice versa, vid. art. 98.

Ceterum facile ex praecedentibus derivatur regula generalis: -1 *est residuum omnium numerorum qui neque per* 4 *neque per ullum numerum primum formae* $4n+3$ *dividi possunt; omnium reliquorum non-residuum.* V. artt. 103 et 105.

Residua $+2$ *et* -2.

112.

Progredimur ad residua $+2$ et -2.

Si ex tabula II colligimus omnes numeros primos quorum residuum est $+2$, hos habebimus: 7, 17, 23, 31, 41, 47. 71, 73, 79, 89, 97. Facile autem animadvertitur, inter hos numeros nullos inveniri formarum $8n+3$ et $8n+5$.

Videamus itaque, num haec inductio ad certitudinem evehi possit.

Primum observamus quemvis numerum compositum formae $8n+3$ vel $8n+5$ necessario factorem primum alterutrius formae $8n+3$ vel $8n+5$, involvere; manifesto enim e solis numeris primis formarum $8n+1$, $8n+7$, alii numeri quam qui sunt formae $8n+1$ vel $8n+7$, componi nequeunt. Quodsi itaque inductio nostra generaliter est vera, nullus omnino numerus formae

*) Quando igitur de numero quocunque loquemur quatenus numeri formae $4n+1$ residuum vel non-residuum est, ipsius signum omnino negligere sive etiam signum anceps $\pm$ ipsi tribuere poterimus.

$8n+3$, $8n+5$ dabitur, cuius residuum $+2$; sicque nullus certe numerus huius formae infra 100 exstat, cuius residuum sit $+2$. Si autem ultra hunc limitem tales numeri reperirentur, ponamus minimum omnium $=t$. Erit itaque t vel formae $8n+3$ vel $8n+5$; $+2$ ipsius residuum erit, omnium autem numerorum similium minorum non-residuum. Ponatur $2 \equiv aa (\text{mod.}\, t)$ poteritque a ita semper accipi ut sit impar simulque $< t$, (habebit enim a ad minimum duos valores positivos ipso t minores quorum summa $=t$, quorumque adeo alter par alter impar v. artt. 104. 105). Quo facto sit $aa = 2 + tu$, sive $tu = aa - 2$, eritque aa formae $8n+1$, tu igitur formae $8n-1$, adeoque u formae $8n+3$ vel $8n+5$, prout t est formae posterioris vel prioris. At ex aequatione $aa = 2 + tu$ sequitur, etiam $2 \equiv aa (\text{mod.}\, u)$ *i. e.* 2 etiam ipsius u residuum fore. Facile vero perspicitur, esse $u < t$, quare t non est minimus numerus inductioni nostrae contrarius contra hyp. Unde manifesto sequitur id quod per inductionem inveneramus generaliter verum esse.

Combinando haec cum prop. art. 111 sequentia theoremata nanciscimur.

I. *Numerorum omnium primorum formae* $8n+3$, $+2$ *erit non-residuum,* -2 *vero residuum.*

II. *Numerorum omnium primorum formae* $8n+5$ *tum* $+2$ *tum* -2 *erunt non-residua.*

113.

Per similem inductionem ex tab. II inveniuntur numeri primi quorum residuum est -2 hi: 3, 11, 17, 19, 41, 43, 59, 67, 73, 83, 89, 97*). Inter quos quum nulli inveniantur formarum $8n+5$, $8n+7$, num etiam haec inductio theorematis generalis vim adipisci possit investigemus. Ostenditur simili modo ut in art. praec. quemvis numerum compositum formae $8n+5$ vel $8n+7$, factorem primum involvere formae $8n+5$ vel formae $8n+7$, ita ut, si inductio nostra generaliter vera, -2 nullius omnino numeri formae $8n+5$ vel $8n+7$ residuum esse possit. Si autem tales numeri darentur, ponatur omnium minimus $=t$, fiatque $-2 = aa - tu$. Ubi si uti supra a impar ipsoque t minor accipitur, u erit formae $8n+5$ vel $8n+7$, prout t formae $8n+7$ vel $8n+5$. At ex eo quod $aa + 2 = tu$ atque $a < t$, quisquis facile derivare poterit, etiam

*) Considerando scilicet -2 tamquam productum ex $+2$ et -1 V. art. 111.

u ipso t minorem fore. Denique -2 etiam ipsius u residuum erit, *i.e.* t non erit minimus numerus qui inductioni nostrae adversatur, contra hyp. Quare necessario -2 omnium numerorum formarum $8n+5$, $8n+7$ non-residuum.

Combinando haec cum prop. art. 111, prodeunt theoremata haec:

I. *Omnium numerorum primorum* $8n+5$, *tum* -2 *tum* $+2$ *sunt non-residua,* uti iam in art. praec. invenimus.

II. *Omnium numerorum primorum formae* $8n+7$, -2 *est non-residuum,* $+2$ *vero residuum.*

Ceterum in utraque demonstratione pro a etiam valorem parem accipere potuissemus; tunc autem casum ubi a fuisset formae $4n+2$, ab eo distinguere oportuisset, ubi a formae $4n$. Evolutio autem perinde procedit uti supra, nullique difficultati est obnoxia.

114.

Unus adhuc superest casus, scilicet ubi numerus primus est formae $8n+1$ Hic vero methodum praecedentem eludit, artificiaque prorsus peculiaria postulat.

Sit pro modulo primo $8n+1$, radix quaecunque primitiva a, eritque (art. 62) $a^{4n} \equiv -1 \pmod{8n+1}$, quae congruentia ita etiam exhiberi potest, $(a^{2n}+1)^2 \equiv 2a^{2n} \pmod{8n+1}$, sive etiam ita, $(a^{2n}-1)^2 \equiv -2a^{2n}$ Unde sequitur tum $2a^{2n}$ tum $-2a^{2n}$ ipsius $8n+1$ esse residuum: at quia a^{2n} est quadratum per modulum non divisibile, manifesto etiam tum $+2$ tum -2 residua erunt (art. 98).

115.

Haud inutile erit, adhuc aliam huius theorematis demonstrationem adiicere, quae similem relationem ad praecedentem habet, ut theorematis art. 108 demonstratio secunda (art. 109) ad primam (art. 108). Periti facilius tunc perspicient, binas demonstrationes tam illas quam has non adeo heterogeneas esse, quam primo forsan aspectu videantur.

I. Pro modulo quocunque primo formae $4m+1$, inter numeros ipso minores $1, 2, 3 \ldots 4m$, reperientur m qui biquadrato congrui esse possunt, reliqui vero $3m$ non poterunt.

Facile quidem hoc ex principiis Sect. praec. derivatur, sed etiam absque his demonstratio haud difficilis. Demonstravimus enim pro tali modulo -1 semper esse residuum quadraticum. Sit itaque $ff \equiv -1$ patetque, si z fuerit numerus quicunque per modulum non divisibilis, quaternorum numerorum $+z$, $-z$, $+fz$, $-fz$ (quos incongruos esse facile perspicitur) biquadrata inter se congrua fore; porro manifestum est biquadratum numeri cuiuscunque, qui nulli ex his quatuor congruus, illorum biquadratis congruum fieri non posse, (alias enim congruentia $x^4 \equiv z^4$ quae est quarti gradus plures quam 4 radices haberet, contra art. 43). Hinc facile colligitur, omnes numeros $1, 2, 3, \ldots 4m$, tantummodo m biquadrata incongrua praebere, quibus inter eosdem numeros m congrui reperientur, reliqui autem nulli biquadrato congrui esse poterunt.

II. Secundum modulum primum formae $8n+1$, -1 biquadrato congruus fieri poterit (-1 erit *residuum biquadraticum* huius numeri primi).

Omnium enim residuorum biquadraticorum ipso $8n+1$ minorum (cifra exclusa) multitudo erit $= 2n$ *i. e.* par. Porro facile probatur, si r fuerit residuum biquadraticum ipsius $8n+1$, etiam valorem expr. $\frac{1}{r}$ (mod. $8n+1$) fore tale residuum. Hinc omnia residua biquadratica in classes simili modo distribui poterunt, uti in art. 109 residua quadratica distribuimus: nec non reliqua demonstrationis pars prorsus eodem modo procedit ut illic.

III. Iam sit $g^4 \equiv -1$, et h valor expr. $\frac{1}{g}$ (mod. $8n+1$). Tunc erit

$$(g \pm h)^2 = g^2 + h^2 \pm 2gh \equiv g^2 + h^2 \pm 2$$

(propter $gh \equiv 1$). At $g^4 \equiv -1$, adeoque $-h^2 \equiv g^4 h^2 \equiv g^2$, unde tandem $g^2 + h^2 \equiv 0$, atque $(g \pm h)^2 \equiv \pm 2$ *i.e.* tum $+2$ tum -2 residuum quadraticum ipsius $8n+1$. *Q. E. D.*

116.

Ceterum ex praecc. facile regula sequens generalis deducitur: $+2$ *est residuum numeri cuiusvis, qui neque per* 4, *neque per ullum primum formae* $8n+3$ *vel* $8n+5$ *dividi potest, reliquorum autem* (*ex. gr.* omnium numerorum formarum $8n+3$, $8n+5$, sive sint primi, sive compositi) *non-residuum.*

-2 *est residuum numeri cuiusvis, qui neque per* 4, *neque per ullum primum formae* $8n+5$ *vel* $8n+7$ *dividi potest, omnium autem reliquorum non-residuum.*

Theoremata haec elegantia iam sagaci Fermatio innotuerunt, *Op. Mathem.* *p.* 168. Demonstrationem vero quam se habere professus est, nusquam communicavit. Postea ab ill. Eulero frustra semper est investigata: at ill. La Grange primus demonstrationem rigorosam reperit, *Nouv. Mém. de l'Ac. de Berlin* 1775. *p.* 349, 351. Quod ill. Eulerum adhuc latuisse videtur, quando scripsit diss. in *Opusc. Analyt.* conservatam, T. I. p. 259.

Residua $+3$ *et* -3.

117.

Pergimus ad residua $+3$ et -3. A posteriori initium faciamus.

Reperiuntur ex tab. II. numeri primi quorum residuum est -3 hi: 3, 7. 13, 19, 31, 37. 43, 61, 67, 73, 79, 97, inter quos nullus invenitur formae $6n+5$. Quod vero etiam ultra tabulae limites nulli primi huius formae dantur quorum residuum -3, ita demonstramus: Primo patet quemvis numerum compositum formae $6n+5$ necessario factorem primum aliquem eiusdem formae involvere. Quousque igitur nulli numeri primi formae $6n+5$ dantur, quorum residuum -3, eousque tales etiam compositi non dabuntur. Quodsi vero ultra tabulae nostrae limites tales numeri darentur, sit omnium minimus $=t$, ponaturque $-3=aa-tu$. Tunc erit, si acceperis a parem ipsoque t minorem, $u<t$, atque -3 residuum ipsius u. Sed quando a formae $6n\pm2$, tu erit formae $6n+1$, adeoque u formae $6n+5$ *Q. E. A.* quia t minimum esse numerum inductioni nostrae adversantem supposuimus. Quando vero a formae $6n$, erit tu formae $36n+3$ adeoque $\frac{1}{3}tu$ formae $12n+1$, quare $\frac{1}{3}u$ erit formae $6n+5$; patet autem -3 etiam ipsius $\frac{1}{3}u$ residuum fore, atque esse $\frac{1}{3}u<t$, *Q. E. A.* Manifestum itaque, -3 nullius numeri formae $6n+5$ residuum esse posse.

Quoniam quisque numerus formae $6n+5$ necessario vel sub forma $12n+5$, vel sub hac $12n+11$ continetur, prior autem forma sub hac $4n+1$, posterior sub hac $4n+3$ haec habentur theoremata:

I. *Cuiusvis numeri primi formae* $12n+5$, *tum* -3 *tum* $+3$ *non-residuum est.*

II. *Cuiusvis numeri primi formae* $12n+11$, -3 *est non-residuum* $+3$ *vero residuum.*

118.

Numeri quorum residuum est $+3$ ex tabula II. inveniuntur hi: 3, 11, 13, 23, 37, 47, 59, 61, 71, 73, 83, 97, inter quos nulli sunt formae $12n+5$ vel $12n+7$. Nullos autem omnino numeros formarum $12n+5$, $12n+7$ dari quorum $+3$ sit residuum, eodem prorsus modo, ut in artt. 112, 113, 117, comprobari potest, quare hoc negotio supersedemus. Habemus itaque collato art. 111 theoremata:

I. *Numeri cuiusvis primi formae* $12n+5$ *non-residua sunt tum* $+3$ *tum* -3 (uti iam in art praec. invenimus).

II. *Numeri cuiusvis primi formae* $12n+7$ *non-residuum est* $+3$, -3 *vero residuum.*

119.

Nihil autem per hanc methodum pro numeris formae $12n+1$ inveniri potest, qui proin artificia singularia requirunt. Ex inductione quidem facile colligitur, omnium numerorum primorum huius formae residua esse $+3$ et -3. Manifesto autem demonstrari tantummodo debet, numerorum talium residuum esse -3, quia tunc necessario etiam $+3$ residuum esse debet (art. 111). Ostendemus autem generalius, -3 esse residuum numeri cuiusvis primi formae $3n+1$.

Sit p huiusmodi primus atque a numerus pro modulo p ad exponentem 3 pertinens (quales dari ex art. 54 manifestum, quia 3 submultiplum ipsius $p-1$). Erit itaque $a^3 \equiv 1 \pmod{p}$ *i. e.* a^3-1 sive $(a^2+a+1)(a-1)$ per p divisibilis. Sed patet a esse non posse $\equiv 1 \pmod{p}$, quia 1 ad exponentem 1 pertinet, quare $a-1$ per p divisibilis non erit, sed a^2+a+1 erit, hincque etiam $4aa+4a+4$, *i. e.* erit $(2a+1)^2 \equiv -3 \pmod{p}$ sive -3 residuum ipsius p. *Q. E. D.*

Ceterum patet, hanc demonstrationem (quae a praecedentibus est independens) etiam numeros primos formae $12n+7$ complecti quos iam in art. praec. absolvimus.

Observare adhuc convenit, hanc analysin ad instar methodi in artt. 109, 115 usitatae exhiberi posse, at brevitatis gratia huic rei non immoramur.

120.

Colliguntur facile ex praecc. theoremata haec (vid. artt. 102, 103, 105).

I. -3 *est residuum omnium numerorum, qui neque per* 8, *neque per* 9 *neque per ullum numerum primum formae* $6n+5$ *dividi possunt, non-residuum autem omnium reliquorum.*

II. $+3$ *est residuum omnium numerorum, qui neque per* 4, *neque per* 9, *neque per ullum primum formae* $12n+5$ *vel* $12n+7$ *dividi possunt, omnium reliquorum non-residuum.*

Teneatur imprimis casus particularis hic:

-3 est *residuum* omnium numerorum primorum formae $3n+1$ seu quod idem est *omnium, qui ipsius* 3 *sunt residua, non-residuum* vero omnium numerorum primorum formae $6n+5$, seu, excluso numero 2, omnium formae $3n+2$, *i.e. omnium qui ipsius* 3 *sunt non-residua.* Facile vero perspicitur omnes reliquos casus ex hoc sponte sequi.

Propositiones ad residua $+3$ et -3 pertinentes iam Fermatio notae fuerunt, *Opera Wallisii T.* II. *p.* 857. At ill. Euler primus demonstrationes tradidit, *Comm. nov. Petr. T.* VIII. *p.* 105 sqq. Eo magis est mirandum, demonstrationes propositionum ad residua $+2$ et -2 pertinentium, prorsus similibus artificiis innixas, semper ipsius sagacitatem fugisse. Vid. etiam comment. ill. La Grange, *Nouv. Mém. de l'Ac. de Berlin,* 1775 *p.* 352.

Residua $+5$ *et* -5.

121.

Per inductionem deprehenditur, $+5$ nullius numeri imparis formae $5n+2$ vel $5n+3$ residuum esse, *i. e.* nullius numeri imparis qui ipsius 5 non-residuum sit. Hanc vero regulam nullam exceptionem pati, ita demonstratur. Sit numerus minimus, si quis datur, ab hac regula excipiendus $=t$, qui itaque numeri 5 est non-residuum, 5 autem ipsius t residuum. Sit $aa=5+tu$, ita ut a sit par ipsoque t minor. Erit igitur u impar ipsoque t minor, $+5$ autem ipsius u residuum erit. Quodsi iam a per 5 non est divisibilis, etiam u non erit; manifesto autem tu ipsius 5 est residuum, quare quum t ipsius 5 sit non-residuum, etiam u non-residuum erit; *i. e.* datur non-residuum impar numeri 5, cuius residuum est $+5$, ipso t minus, contra hyp. Si vero a per 5 est divisibilis, ponatur $a = 5b$, atque $u = 5v$, unde $tv \equiv -1 \equiv 4 \pmod{5}$, *i. e.* tv erit residuum numeri 5. In reliquis demonstratio perinde procedit ut in casu priori.

122.

Omnium igitur numerorum primorum, qui simul sunt ipsius 5 non-residua simulque formae $4n+1$, *i. e.* omnium numerorum primorum formae $20n+13$ vel $20n+17$, tum $+5$ quam -5 non-residua erunt; omnium autem numerorum primorum formae $20n+3$ vel $20n+7$, non-residuum erit $+5$, -5 residuum.

Potest vero prorsus simili modo demonstrari, -5 esse non-residuum omnium numerorum primorum formarum $20n+11$, $20n+13$, $20n+17$, $20n+19$, facileque perspicitur hinc sequi, $+5$ esse residuum omnium numerorum primorum formae $20n+11$ vel $20n+19$, non-residuum autem omnium formae $20n+13$ vel $20n+17$. Et quoniam quivis numerus primus, praeter 2 et 5 (quorum residuum ± 5), in aliqua harum formarum continetur $20n+1, 3, 7, 9, 11, 13, 17, 19$, patet, de omnibus iam iudicium ferri posse, exceptis iis qui sint formae $20n+1$ vel formae $20n+9$.

123.

Ex inductione facile deprehenditur, $+5$ et -5 esse residua omnium numerorum primorum formae $20n+1$ vel $20n+9$. Quodsi hoc generaliter verum est, lex elegans habebitur, $+5$ *esse residuum omnium numerorum primorum qui ipsius* 5 *sint residua* (hi enim in alterutra formarum $5n+1$ vel $5n+4$ sive in aliqua harum, $20n+1, 9, 11, 19$, continentur, de quarum tertia et quarta illud iam ostensum est), *non-residuum vero omnium numerorum imparium qui ipsius* 5 *sint non-residua*, ut iam supra demonstravimus. Clarum autem est, hoc theorema sufficere ad diiudicandum, utrum $+5$ (eoque ipso, -5, si tamquam productum ex $+5$ et -1 consideretur) numeri cuiuscunque dati residuum sit an non-residuum. Denique observetur huius theorematis cum illo quod art. 120 de residuo -3 exposuimus analogia.

At verificatio illius inductionis non adeo facilis. Quando numerus primus formae $20n+1$, sive generalius formae $5n+1$ proponitur, res simili modo absolvi potest, ut in artt. 114, 119. Sit scilicet numerus quicunque pro modulo $5n+1$ ad exponentem 5 pertinens a, quales dari ex Sect. praec. manifestum, eritque $a^5 \equiv 1$, sive $(a-1)(a^4+a^3+a^2+a+1) \equiv 0 \pmod{5n+1}$. At quia nequit esse $a \equiv 1$, neque adeo $a-1 \equiv 0$; necessario erit $a^4+a^3+a^2+a+1 \equiv 0$. Quare etiam $4(a^4+a^3+a^2+a+1) = (2aa+a+2)^2 - 5a^2$ erit $\equiv 0$ *i. e.* $5a^2$ erit residuum ipsius $5n+1$, adeoque etiam 5, quia a^2 est residuum per $5n+1$ non divisibile (a enim per $5n+1$ non divisibilis propter $a^5 \equiv 1$). *Q. E. D.*

At casus, ubi numerus primus formae $5n+4$ proponitur, subtiliora artificia postulat. Quoniam vero propositiones quarum ope negotium absolvitur in sequentibus generalius tractabuntur, hic breviter tantum eas attingimus.

I. Si p est numerus primus atque b non-residuum quadraticum datum ipsius p, valor expressionis

$$(A) \ldots \frac{(x+\sqrt{b})^{p+1} - (x-\sqrt{b})^{p+1}}{\sqrt{b}}$$

(ex qua evoluta irrationalitatem abire facile perspicitur), semper per p divisibilis erit, quicunque numerus pro x assumatur. Patet enim ex inspectione coefficientium qui ex evolutione ipsius A obtinentur, omnes terminos a secundo usque ad penultimum (incl.) per p divisibiles fore, adeoque esse $A \equiv 2(p+1)(x^p + xb^{\frac{p-1}{2}})$ (mod. p). At quoniam b ipsius p non-residuum est, erit $b^{\frac{p-1}{2}} \equiv -1 \pmod{p}$, (art. 106); x^p autem semper est $\equiv x$ (Sect. praec.), unde fit $A \equiv 0$. *Q. E. D.*

II. In congruentia $A \equiv 0 \pmod{p}$, indeterminata x habet p dimensiones omnesque numeri $0, 1, 2 \ldots p-1$ illius radices erunt. Iam ponatur e esse divisorem ipsius $p+1$ eritque expressio

$$\frac{(x+\sqrt{b})^e - (x-\sqrt{b})^e}{\sqrt{b}}$$

(quam per B designamus) si evolvitur, ab irrationalitate libera, indeterminata x in ipsa $e-1$ dimensiones habebit, constatque ex analyseos primis elementis, A per B (indefinite) esse divisibilem. Iam dico $e-1$ valores ipsius x dari, quibus in B substitutis, B per p divisibilis evadat. Ponatur enim $A \equiv BC$, habebitque x in C dimensiones $p-e+1$, adeoque congruentia $C \equiv 0 \pmod{p}$ non plures quam $p-e+1$ radices. Unde facile patet, omnes reliquos numeros ex his $0, 1, 2, 3 \ldots p-1$, quorum multitudo $= e-1$, congruentiae $B \equiv 0$ radices fore.

III. Iam ponatur p esse formae $5n+4$, $e = 5$, b non-residuum ipsius p, atque numerum a ita determinatum, ut sit

$$\frac{(a+\sqrt{b})^5-(a-\sqrt{b})^5}{\sqrt{b}}$$

per p divisibilis. At illa expressio fit

$$=10a^4+20aab+2bb=2\,((b+5aa)^2-20a^4)$$

Erit igitur etiam $(b+5aa)^2-20a^4$ per p divisibilis *i. e.* $20a^4$ residuum ipsius p; at quoniam $4a^4$ residuum est per p non divisibile (facile enim intelligitur, a per p dividi non posse), etiam 5 residuum ipsius p erit. *Q. E. D.*

Hinc patet theorema in initio huius articuli prolatum generaliter verum esse. —

Observamus adhuc, demonstrationes pro utroque casu ill. La Grange deberi, *Mém. de l'Ac. de Berlin* 1775, *p.* 352 sqq.

De ± 7.

124.

Per similem methodum demonstratur,

-7 *esse non-residuum cuiusvis numeri qui ipsius* 7 *sit non-residuum.*

Ex inductione vero concludi potest,

-7 *esse residuum cuiusvis numeri primi qui ipsius* 7 *sit residuum.*

At hoc a nemine hactenus rigorose demonstratum. Pro iis quidem residuis ipsius 7, quae sunt formae $4n-1$, facilis est demonstratio; etenim per methodum ex praecc. abunde notam ostendi potest, $+7$ semper esse talium numerorum primorum non-residuum, adeoque -7 residuum. Sed parum hinc lucramur: reliqui enim casus per hanc methodum tractari nequeunt. Unum quidem adhuc casum simili modo ut artt. 119, 123 absolvere possumus. Scilicet si p est numerus primus formae $7n+1$, atque a pro modulo p ad exponentem 7 pertinens, facile perspicitur

$$\frac{4(a^7-1)}{a-1}=(2a^3+a^2-a-2)^2+7\,(a^2+a)^2$$

per p divisibilem, adeoque $-7\,(a^2+a)^2$ ipsius p residuum fore. At $(a^2+a)^2$, tamquam quadratum, ipsius p residuum est, insuperque per p non divisibile; quum enim a ad exponentem 7 pertinere supponatur, neque $\equiv 0$, neque $\equiv -1 \pmod{p}$ esse potest, *i. e.* neque a neque $a+1$ per p divisibilis erit, adeoque etiam quadratum $(a+1)^2a^2$ Unde manifesto etiam 7 ipsius p residuum erit. *Q. E. D* — At primi numeri formae $7n+2$ vel $7n+4$ omnes methodos hucusque traditas eludunt. Ceterum etiam haec demonstratio ab ill. La Grange primum est detecta l. c. — Infra Sect. VII. docebimus generaliter, expressionem $\frac{4(x^p-1)}{x-1}$ semper ad formam $X^2 \mp p Y^2$ reduci posse, (ubi signum superius est accipiendum quando p est numerus primus formae $4n+1$, inferius quando est formae $4n+3$), denotantibus X, Y functiones rationales ipsius x, a fractionibus liberas. Hanc discerptionem ill. La Grange ultra casum $p=7$ non perfecit v. l. c. p. 352.

Praeparatio ad disquisitionem generalem.

125.

Quoniam igitur methodi praecedentes ad demonstrationes generales stabiliendas non sufficiunt, iam tempus est, aliam ab hoc defectu liberam exponere. Initium facimus a theoremate, cuius demonstratio satis diu operam nostram elusit, quamvis primo aspectu tam obvium videatur, ut quidam ne necessitatem quidem demonstrationis intellexerint. Est vero hoc: *Quemvis numerum, praeter quadrata positive sumta, aliquorum numerorum primorum non-residuum esse.* Quia vero hoc theoremate tantummodo tamquam auxiliari ad alia demonstranda usuri sumus, alios casus hic non explicamus quam quibus ad hunc finem indigemus. De reliquis casibus postea sponte idem constabit. Ostendemus itaque, *quemvis numerum primum formae* $4n+1$, *sive positive sive negative accipiatur**), *non-residuum esse aliquorum numerorum primorum*, et (si >5) quidem talium qui ipso sint minores.

Primo, quando numerus primus p, formae $4n+1$ (>17; sed $-13 N 3$, $-17 N 5$), *negative* sumendus proponitur, sit $2a$ numerus par proxime maior quam $\sqrt{p}$; tum facile perspicitur, $4aa$ semper fore $< 2p$ sive $4aa-p<p$. At $4aa-p$ est formae $4n+3$, $+p$ autem residuum quadraticum ipsius $4aa-p$, (quoniam $p \equiv 4aa \pmod{4aa-p}$); quodsi igitur $4aa-p$ est numerus primus, $-p$ ipsius non-residuum erit; sin minus, necessario factor aliquis ipsius $4aa-p$ formae $4n+3$ erit; et quum $+p$ etiam huius residuum esse debeat, $-p$ ipsius non-residuum erit. *Q. E. D.*

Pro numeris primis *positive* sumendis duos casus distinguimus. *Primo* sit p numerus primus formae $8n+5$. Sit a numerus quicunque positivus $<\sqrt{\frac{1}{2}p}$. Tum $8n+5-2aa$ erit numerus positivus formae $8n+5$ vel $8n+3$ (prout a

*) $+1$ autem excipi oportere per se manifestum est.

par vel impar), adeoque necessario per numerum aliquem primum formae $8n+3$ vel $8n+5$ divisibilis, productum enim ex quotcunque numeris formae $8n+1$ et $8n+7$ neque formam $8n+3$ neque hanc $8n+5$ habere potest. Sit hic q, eritque $8n+5 \equiv 2a^2 \pmod{q}$. At 2 ipsius q non-residuum erit (art. 112), adeoque etiam $2a^2$ *) et $8n+5$. *Q. E. D.*

126.

Sed numerum quemvis primum formae $8n+1$ positive acceptum semper alicuius numeri primi ipso minoris non residuum esse, per artificia tam obvia demonstrari nequit. Quum autem haec veritas maximi sit momenti, demonstrationem rigorosam, quamvis aliquantum prolixa sit, praeterire non possumus. Praemittimus sequens

Lemma. *Si habentur duae series numerorum*

$$A, B, C \text{ etc.} \ldots\ldots (\mathrm{I}), \quad A', B', C' \text{ etc.} \ldots\ldots (\mathrm{II})$$

(utrum terminorum multitudo in utraque eadem sit necne nihil interest) *ita comparatae, ut, denotante p numerum quemcunque primum aut numeri primi potestatem, terminum aliquem secundae seriei (sive etiam plures) metientem, totidem ad minimum termini in serie prima sint per p divisibiles, quot sunt in secunda: tum dico productum ex omnibus numeris* (I) *divisibile fore per productum ex omnibus numeris* (II).

Exempl. Constet (I) e numeris 12, 18, 45; (II) ex his 3, 4, 5, 6, 9. Tum divisibiles erunt per 2, 4, 3, 9, 5 in (I) 2, 1, 3, 2, 1 termini, in (II) 2, 1, 3, 1, 1 termini, respective; productum autem omnium terminorum (I) $= 9720$ divisibile est per productum omnium terminorum (II), 3240.

Demonstr. Sit productum ex omnibus terminis (I), $= Q$, productum omnium terminorum seriei (II), $= Q'$. Patet quemvis numerum primum qui sit divisor ipsius Q' etiam ipsius Q divisorem fore. Iam ostendemus quemvis factorem primum ipsius Q', in Q totidem ad minimum dimensiones habere quot habeat in Q'. Esto talis divisor p, ponaturque, in serie (I) a terminos esse per p divisibiles, b terminos per p^2 divisibiles, c terminos per p^3 divisibiles etc., similia denotent literae a', b', c' etc. pro serie (II), perspicieturque facile, p in Q habere

*) Art. 98. Patet enim a^2 esse residuum ipsius q per q non divisibile, nam alias etiam numerus primus p per q foret divisibilis. *Q. E. A.*

$a+b+c+$ etc. dimensiones, in Q' vero $a'+b'+c'+$ etc. At a' certe non maior quam a, b' non maior quam b etc. (hyp.); quare $a'+b'+c'$ etc. certo non erit $>a+b+c$ etc. — Quum itaque nullus numerus primus in Q' plures dimensiones habere possit, quam in Q, Q per Q' divisibilis erit (art. 17). *Q. E. D.*

127.

LEMMA. *In progressione* $1, 2, 3, 4, \ldots. n$, *plures termini esse nequeunt per numerum quemcunque* h *divisibiles, quam in hac* a, $a+1$, $a+2 \ldots\ldots a+n-1$ *ex totidem terminis constante.*

Nullo enim negotio perspicitur si n fuerit multiplum ipsius h, in utraque progressione $\frac{n}{h}$ terminos fore per h divisibiles; sin minus, ponatur $n=eh+f$, ita ut f sit $<h$, eruntque in priori serie e termini per h divisibiles, in posteriori autem vel totidem vel $e+1$.

Hinc tamquam Coroll. sequitur propositio ex numerorum figuratorum theoria nota, sed a nemine, ni fallimur, hactenus directe demonstrata,

$$\frac{a.a+1.a+2\ldots.a+n-1}{1\;.\;2\;.\;3\;\ldots.\;n}$$

semper esse numerum integrum.

Denique Lemma hoc generalius ita proponi potuisset:

In progressione a, $a+1$, $a+2, \ldots. a+n-1$ totidem ad minimum dantur termini secundum modulum h numero cuicunque dato, r, congrui, quot in hac $1, 2, 3 \quad .n$ termini per h divisibiles.

128.

THEOREMA. *Sit* a *numerus quicunque formae* $8n+1$, p *numerus quicunque ad* a *primus, cuius residuum* $+a$, *tandem* m *numerus arbitrarius: tum dico, in progressione*

$$a,\ \tfrac{1}{2}(a-1),\ 2(a-4),\ \tfrac{1}{2}(a-9),\ 2(a-16), \ldots.\ 2(a-m^2),\ vel\ \tfrac{1}{2}(a-m^2)$$

prout m *par vel impar, totidem ad minimum dari terminos per* p *divisibiles quot dentur in hac*

$$1,\ 2,\ 3, \ldots.\ 2m+1$$

Priorem progressionem designamus per (I), posteriorem per (II).

Demonstr. I. Quando $p=2$, in (I) omnes termini praeter primum, *i. e.* m termini divisibiles erunt; totidem autem erunt in (II).

II. Sit p numerus impar vel numeri imparis duplum vel quadruplum, atque $a \equiv rr$ (mod. p). Tum in progressione, $-m$, $-(m-1)$, $-(m-2)$, ... $+m$ (quae terminorum multitudine cum (II) convenit et per (III) designabitur) totidem ad minimum termini erunt secundum modulum p ipsi r congrui, quot in serie (II) per p divisibiles (art. praec.). Inter illos autem bini, qui signo tantum, non magnitudine, discrepent, occurrere nequeunt*). Tandem quisque eorum correspondentem habebit in serie (I), qui per p erit divisibilis. Scilicet si fuerit $\pm b$ aliquis terminus seriei (III) ipsi r secundum p congruus, erit $a-bb$ per p divisibilis. Quodsi igitur b est par, terminus seriei (I), $2(a-bb)$, per p divisibilis erit. Si vero b impar, terminus $\frac{1}{2}(a-bb)$ per p divisibilis erit: namque manifesto $\frac{a-bb}{p}$ erit integer *par*, quoniam $a-bb$ per 8, p autem ad summum per 4 divisibilis (a enim per hyp. est formae $8n+1$, bb autem ideo quod est numeri imparis quadratum eiusdem formae erit, quare differentia erit formae $8n$). Hinc tandem concluditur, in serie (I) totidem terminos esse per p divisibiles, quot in (III) sint ipsi r secundum p congrui *i. e.* totidem aut plures quam in (II) sint per p divisibiles. *Q. E. D.*

III. Sit p formae $8n$, atque $a \equiv rr$ (mod. $2p$). Facile enim perspicitur, a, quum ex hyp. ipsius p sit residuum, etiam ipsius $2p$ residuum fore. Tum in serie (III) totidem ad minimum termini erunt ipsi r secundum p congrui. quot in (II) sunt per p divisibiles, illique omnes magnitudine erunt inaequales. At cuique eorum respondebit aliquis in (I) per p divisibilis. Si enim $+b$ vel $-b$ $\equiv r$ (mod. p), erit $bb \equiv rr$ (mod. $2p$) †), adeoque terminus $\frac{1}{2}(a-bb)$ per p divisibilis. Quare in (I) totidem ad minimum termini erunt per p divisibiles quam in (II). *Q. E. D.*

129

THEOREMA. *Si a est numerus primus formae $8n+1$, necessario infra $2\sqrt{a}+1$ dabitur aliquis numerus primus cuius non-residuum sit a.*

*) Si enim esset $r \equiv -f \equiv +f$ (mod. p), fieret $2f$ per p divisibilis, adeoque etiam $2a$ (propter $ff \equiv a$ (mod. p)). Hoc autem aliter fieri nequit, quam si $p=2$, quum per hyp. a ad p sit primus. Sed de hoc casu iam seorsim diximus.

†) Erit scilicet $bb-rr=(b-r)(b+r)$ e duobus factoribus compositus, quorum alter per p divisibilis (hyp.), alter per 2 (quia tum b tum r sunt impares); adeoque $bb-rr$ per $2p$ divisibilis.

Demonstr. Esto, si fieri potest, a residuum omnium primorum ipso $2\sqrt{a}+1$ minorum. Tum facile perspicietur, a etiam omnium numerorum compositorum ipso $2\sqrt{a}+1$ minorum residuum fore (conferantur praecepta per quae diiudicare docuimus, utrum numerus propositus sit numeri compositi residuum necne; art. 105). Sit numerus proxime minor quam $\sqrt{a}$, $=m$. Tum in serie

$$(\text{I})\ldots\ldots a,\ \tfrac{1}{2}(a-1),\ 2(a-4),\ \tfrac{1}{2}(a-9)\ldots.2(a-mm) \text{ vel } \tfrac{1}{2}(a-mm)$$

totidem aut plures termini erunt per numerum quemcunque ipso $2\sqrt{a}+1$ minorem divisibiles, quam in hac

$$(\text{II})\ldots..1,\ 2,\ 3,\ 4\ldots.2m+1 \quad \text{(art. praec.)}$$

Hinc vero sequitur, productum ex omnibus terminis (I) per productum omnium terminorum (II) divisibile esse, (art. 126). At illud est aut $=a(a-1)(a-4)\ldots.(a-mm)$ aut semissis huius producti (prout m aut par aut impar). Quare productum $a(a-1)(a-4)\ldots.(a-mm)$ certo per productum omnium terminorum (II) dividi poterit, et, quia omnes hi termini ad a sunt primi, etiam productum illud omisso factore a. Sed productum ex omnibus terminis (II) ita etiam exhiberi potest,

$$(m+1)\,((m+1)^2-1)\,((m+1)^2-4)\ldots((m+1)^2-m^2)$$

Fiet igitur

$$\frac{1}{m+1}\cdot\frac{a-1}{(m+1)^2-1}\cdot\frac{a-4}{(m+1)^2-4}\cdots\frac{a-m^2}{(m+1)^2-m^2}$$

numerus integer, quamquam sit productum ex fractionibus unitate minoribus: quia enim necessario $\sqrt{a}$ irrationalis esse debet, erit $m+1>\sqrt{a}$, adeoque $(m+1)^2>a$. Hinc tandem concluditur suppositionem nostram locum habere non posse. *Q. E. D.*

Iam quia a certo >9, erit $2\sqrt{a}+1<a$, dabiturque adeo aliquis primus $<a$ cuius non-residuum a.

Per inductionem theorema generale (fundamentale) stabilitur, conclusionesque inde deducuntur.

130.

Postquam rigorose demonstravimus quemvis numerum primum formae $4n+1$, et positive et negative acceptum, alicuius numeri primi ipso minoris non-residuum esse, ad comparationem exactiorem et generaliorem numerorum primorum, quatenus unus alterius residuum vel non-residuum est, statim transimus.

Omni rigore supra demonstravimus, -3 et $+5$ esse residua vel non-residua omnium numerorum primorum, qui ipsorum 3, 5 respective sint residua vel non-residua.

Per inductionem autem circa numeros sequentes institutam invenitur: -7, -11, $+13$, $+17$, -19, -23, $+29$, -31, $+37$, $+41$, -43, -47, $+53$, -59 etc. esse residua vel non-residua omnium numerorum primorum, qui, positive sumti, illorum primorum respective sint residua vel non-residua. Inductio haec perfacile adiumento tabulae II confici potest.

Quivis autem levi attentione adhibita observabit, ex his numeris primis signo positivo affectos esse eos, qui sint formae $4n+1$, negativo autem eos, qui sint formae $4n+3$.

131.

Quod hic per inductionem deteximus, generaliter locum habere mox demonstrabimus. Antequam autem hoc negotium adeamus, necesse erit, omnia quae ex theoremate, si verum esse supponitur, sequuntur, eruere. Theorema ipsum ita enunciamus.

Si p est numerus primus formae $4n+1$, erit $+p$, si vero p formae $4n+3$, erit $-p$ residuum vel non-residuum cuiusvis numeri primi qui positive acceptus ipsius p est residuum vel non-residuum.

Quia omnia fere quae de residuis quadraticis dici possunt, huic theoremati innituntur denominatio *theorematis fundamentalis*, qua in sequentibus utemur, haud absona erit.

Ut ratiocinia nostra quam brevissime exhiberi possint, per a, a', a'' etc. numeros primos formae $4n+1$, per b, b', b'' etc. numeros primos formae $4n+3$ denotabimus; per A, A', A'' etc. numeros quoscunque formae $4n+1$, per B, B', B'' etc. autem numeros quoscunque formae $4n+3$; tandem litera R duabus quantitatibus interposita indicabit, priorem sequentis esse residuum, sicuti litera N significationem contrariam habebit. *Ex. gr.* $+5R11$, $\pm 2N5$, indicabit $+5$ ipsius 11 esse residuum, $+2$ vel -2 esse ipsius 5 non-residuum. Iam collato theoremate fundamentali cum theorematibus art. 111, sequentes propositiones facile deducentur.

	Si		erit
1.	$\pm aRa'$	......	$\pm a'Ra$
2.	$\pm aNa'$	......	$\pm a'Na$
3.	$\left\{\begin{matrix}+aRb\\ -aNb\end{matrix}\right\}$	......	$\pm bRa$
4.	$\left\{\begin{matrix}+aNb\\ -aRb\end{matrix}\right\}$	......	$\pm bNa$
5.	$\pm bRa$	......	$\left\{\begin{matrix}+aRb\\ -aNb\end{matrix}\right.$
6.	$\pm bNa$	......	$\left\{\begin{matrix}+aNb\\ -aRb\end{matrix}\right.$
7.	$\left\{\begin{matrix}+bRb'\\ -bNb'\end{matrix}\right\}$	......	$\left\{\begin{matrix}+b'Nb\\ -b'Rb\end{matrix}\right.$
8.	$\left\{\begin{matrix}+bNb'\\ -bRb'\end{matrix}\right\}$	....	$\left\{\begin{matrix}+b'Rb\\ -b'Nb\end{matrix}\right.$

132.

In his omnes casus, qui, duos numeros primos comparando occurrere possunt, continentur: quae sequuntur, ad numeros quoscunque pertinent: sed harum demonstrationes minus sunt obviae.

	Si		erit
9.	$\pm aRA$	....	$\pm ARa$
10.	$\pm bRA$	....	$\left\{\begin{matrix}+ARb\\ -ANb\end{matrix}\right.$
11.	$+aRB$	......	$\pm BRa$
12.	$-aRB$	....	$\pm BNa$
13.	$+bRB$	......	$\left\{\begin{matrix}-BRb\\ +BNb\end{matrix}\right.$
14.	$-bRB$	....	$\left\{\begin{matrix}+BRb\\ -BNb\end{matrix}\right.$

Quum omnium harum propositionum demonstrationes ex iisdem principiis sint petendae, necesse non erit omnes evolvere: demonstratio prop. 9, quam apponimus tamquam exemplum inservire potest. Ante omnia autem observetur, quemvis numerum formae $4n+1$ aut nullum factorem formae $4n+3$ habere, aut duos, aut quatuor etc., *i. e.* multitudinem talium factorum (inter quos etiam aequales esse possunt) semper fore parem: quemvis vero formae $4n+3$ multitudinem imparem factorum formae $4n+3$ (*i. e.* aut unum aut tres aut quinque etc.) implicare. Multitudo factorum formae $4n+1$ indeterminata manet.

Prop. 9 ita demonstratur. Sit A productum e factoribus primis a', a'', a''' etc., b, b', b'' etc.; eritque factorum b, b', b'' etc. multitudo par (possunt etiam nulli adesse, quod eodem redit). Iam si a est residuum ipsius A, erit residuum etiam omnium factorum a', a'', a''' etc. b, b', b'' etc. quare per propp. 1, 3 art. praec. singuli hi factores erunt residua ipsius a, adeoque etiam productum A. $-A$ vero idem esse debet. — Quodsi vero $-a$ est residuum ipsius A, eoque ipso omnium factorum a', a'' etc. b, b' etc.; singuli a', a'' etc. erunt ipsius a residua, singuli b, b' etc. autem non-residua. Sed quum posteriorum multitudo sit par, productum ex omnibus, *i. e.* A, ipsius a residuum erit, hincque etiam $-A$.

133.

Investigationem adhuc generalius instituamus. Contemplemur duos numeros quoscunque impares inter se primos, signis quibuscunque affectos, P et Q. Concipiatur P sine respectu signi sui in factores suos primos resolutus, designeturque per p, quot inter hos reperiantur quorum non-residuum sit Q. Si vero aliquis numerus primus, cuius non-residuum est Q, pluries inter factores ipsius P occurrit, pluries etiam numerandus erit. Similiter sit q multitudo factorum primorum ipsius Q, quorum non-residuum est P. Tum numeri p, q certam relationem mutuam habebunt ab indole numerorum P, Q pendentem. Scilicet si alter numerorum p, q est par vel impar, numerorum P, Q forma docebit, utrum alter par sit vel impar. Haec relatio in sequenti tabula exhibetur.

Erunt p, q simul pares vel simul impares, quando numeri P, Q habent formas:

1. $+A, \quad +A'$
2. $+A, \quad -A'$

3. $+A$, $+B$
4. $+A$, $-B$
5. $-A$, $-A'$
6. $+B$, $-B'$

Contra numerorum p, q alter erit par, alter impar, quando numeri P, Q habent formas:

7. $-A$, $+B$
8. $-A$, $-B$
9. $+B$, $+B'$
10. $-B$, $-B'$ *)

Ex. Sint numeri propositi -55 et $+1197$, qui ad casum quartum erunt referendi. Est autem 1197 non-residuum unius factoris primi ipsius 55, scilicet numeri 5, -55 autem non-residuum trium factorum primorum ipsius 1197, scilicet numerorum 3, 3, 19.

Si P et Q numeros primos designant, propositiones hae abeunt in eas quas art. 131 tradidimus. Hic scilicet p et q maiores quam 1 fieri nequeunt, quare quando p ponitur esse par necessario erit $=0$ *i. e.* Q erit residuum ipsius P; quando vero p est impar, Q ipsius P non-residuum erit. Et vice versa. Ita scriptis a, b loco ipsorum A, B, ex 8 sequitur, si $-a$ fuerit residuum vel non-residuum ipsius b, fore $-b$ non-residuum vel residuum ipsius a, quod cum 3 et 4 art. 131 convenit.

Generaliter vero patet, Q residuum ipsius P esse non posse nisi fuerit p $=0$; si igitur p impar, Q certo ipsius P non-residuum erit.

Hinc etiam propp. art. praec. sine difficultate derivari possunt.

Ceterum mox patebit, hanc repraesentationem generalem plus esse quam speculationem sterilem, quum theorematis fundamentalis demonstratio completa absque ea vix perfici possit.

---

*) Sit $l=1$ si uterque $P, Q \equiv 3 \pmod{4}$, alioquin $l=0$
$m=1$ si uterque P, Q negativus, alioquin $m=0$
tunc relatio pendet ab $l+m$.

134.

Aggrediamur nunc deductionem harum propositionum.

I. Concipiatur, ut ante, P in factores suos primos resolutus, signis neglectis, insuperque etiam Q in factores quomodocunque resolvatur, ita tamen ut signi ipsius Q ratio habeatur. Combinentur illi singuli cum singulis his. Tum si s designat multitudinem omnium combinationum, in quibus factor ipsius Q est non-residuum factoris ipsius P, p et s vel simul pares vel simul impares erunt. Sint enim factores primi ipsius P, hi f, f', f'' etc. et inter factores in quibus Q est resolutus, sint m qui ipsius f sint non-residua, m' non-residua ipsius f' m'' non-residua ipsius f'' etc. Tum facile quisquis perspiciet, fore

$$s = m + m' + m'' + \text{etc.}$$

p autem exprimere quot numeri inter ipsos m, m', m'' etc. sint impares. Unde sponte patet, s fore parem quando p sit par, imparem quando p sit impar.

II. Haec generaliter valent, quomodocunque Q in factores sit resolutus. Descendamus ad casus particulares. Contemplemur primo casus, ubi alter numerorum, P, est positivus, alter vero, Q, vel formae $+A$ vel formae $-B$. Resolvantur P, Q in factores suos primos, attribuatur singulis factoribus ipsius P signum positivum, singulis autem factoribus ipsius Q signum positivum vel negativum, prout sunt formae a vel b; tunc autem manifesto Q fiet vel formae $+A$ vel $-B$ uti requiritur. Combinentur factores singuli ipsius P cum singulis factoribus ipsius Q, designetque ut ante s multitudinem combinationum in quibus factor ipsius Q est non-residuum factoris ipsius P, similiterque t multitudinem combinationum in quibus factor ipsius P est non-residuum factoris ipsius Q. At ex theoremate fundamentali sequitur illas combinationes identicas fore cum his adeoque $s = t$. Tandem ex iis quae modo demonstravimus sequitur esse $p \equiv s$ (mod. 2), $q \equiv t$ (mod. 2), unde fit $p \equiv q$ (mod. 2).

Habentur itaque propp. 1, 3, 4 et 6 art. 133.

Propositiones reliquae per methodum similem directe erui possunt, sed una consideratione nova indigent; facilius autem ex praecedentibus sequenti modo derivantur.

III. Denotent rursus P, Q, numeros quoscunque impares inter se primos. p, q multitudinem factorum primorum ipsorum P, Q, quorum non-residua Q, P respective. Tandem sit p' multitudo factorum primorum ipsius P. quorum non-residuum est $-Q$ (quando Q per se est negativus, manifesto $-Q$ numerum positivum indicabit). Iam omnes factores primi ipsius P in quatuor classes distribuantur.

1) in factores formae a, quorum residuum est Q.

2) factores formae b, quorum residuum Q. Horum multitudo sit χ.

3) factores formae a, quorum non-residuum est Q. Horum multitudo sit ψ.

4) factores formae b, quorum non-residuum Q. Quorum multitudo $=\omega$.

Tum facile perspicitur fore $p=\psi+\omega$, $p'=\chi+\psi$.

Iam quando P est formae $\pm A$, erit $\chi+\omega$ adeoque etiam $\chi-\omega$ numerus par: quare fiet $p'=p+\chi-\omega\equiv p \pmod{2}$; quando vero P est formae $\pm B$, per simile ratiocinium invenitur, numeros p, p' sec. mod. 2 incongruos fore.

IV. Applicemus haec ad casus singulos. Sit primo tum P tum Q formae $+A$, eritque ex prop. 1 $p\equiv q \pmod{2}$; at erit $p'\equiv p \pmod{2}$; quare etiam $p'\equiv q$ (mod. 2). Quod convenit cum prop. 2. — Simili modo si P est formae $-A$, Q formae $+A$, erit $p\equiv q \pmod{2}$ ex prop. 2 quam modo demonstravimus; hinc, ob $p'\equiv p$, erit $p'\equiv q$. Est itaque etiam prop. 5 demonstrata.

Eodem modo prop. 7 ex 3; prop. 8 vel ex 4 vel ex 7; prop. 9 ex 6; ex eademque prop. 10 derivantur.

Demonstratio rigorosa theorematis fundamentalis.

135.

Per art. praec. propositiones art. 133 non quidem sunt demonstratae, sed tamen earum veritas a veritate theorematis fundamentalis quam aliquantisper supposuimus pendere ostensa est. At ex ipsa deductionis methodo manifestum est, illas valere pro numeris P, Q, si modo theorema fundamentale pro omnibus factoribus primis horum numerorum inter se comparatis locum habeat, etiamsi generaliter verum non sit. Nunc igitur ipsius theorematis fundamentalis demonstrationem aggrediamur. Cui praemittimus sequentem explicationem.

Theorema fundamentale usque ad numerum aliquem M verum esse dicemus, si valet pro duobus numeris primis quibuscunque, quorum neuter ipsum M superat.

Simili modo intelligi debet, si theoremata artt. 131, 132, 133 usque ad aliquem terminum vera esse dicemus. Facile vero perspicitur, si de veritate theorematis fundamentalis usque ad aliquem terminum constet, has propositiones usque ad eundem terminum locum esse habituras.

136.

Theorema fundamentale pro numeris parvis verum esse, per inductionem facile confirmari, atque sic limes determinari potest usque ad quem certo locum teneat. Hanc inductionem institutam esse postulamus: prorsus autem indifferens est quousque eam persecuti simus; sufficeret adeo, si tantummodo usque ad numerum 5 eam confirmavissemus, hoc autem per unicam observationem absolvitur, quod est $+5N3$, $\pm 3N5$.

Iam si theorema fundamentale generaliter verum non est, dabitur limes aliquis, T, vsque ad quem valebit, ita tamen ut usque ad numerum proxime maiorem, $T+1$, non amplius valeat. Hoc autem idem est ac si dicamus, dari duos numeros primos quorum maior sit $T+1$, et qui inter se comparati theoremati fundamentali repugnent, binos autem alios numeros primos quoscunque, si modo ambo ipso $T+1$ sint minores, huic theoremati esse consentaneos. Unde sequitur, propositiones artt. 131, 132, 133 usque ad T etiam locum habituras. Hanc vero suppositionem consistere non posse nunc ostendemus. Erunt autem secundum formas diversas, quas tum $T+1$, tum numerus primus ipso $T+1$ minor, quem cum $T+1$ comparatum theoremati repugnare supposuimus. habere possunt, casus sequentes distinguendi. Numerum istum primum per p designamus.

Quando tum $T+1$ tum p sunt formae $4n+1$, theorema fundamentale duobus modis falsum esse posset, scilicet si simul esset, *vel*

$$\pm pR(T+1) \text{ et } \pm(T+1)Np$$

vel simul $$\pm pN(T+1) \text{ et } \pm(T+1)Rp$$

Quando tum $T+1$ tum p sunt formae $4n+3$, theor. fund. falsum erit, si simul fuerit *vel*

$$+pR(T+1) \text{ et } -(T+1)Np$$

(sive quod eodem redit $-pN(T+1)$ et $+(T+1)Rp$)

vel $$+pN(T+1) \text{ et } -(T+1)Rp$$

(sive $-pR(T+1)$ et $+(T+1)Np$)

Quando $T+1$ est formae $4n+1$, p vero formae $4n+3$, theor. fund. falsum erit, si fuerit *vel*

$$\pm pR(T+1) \text{ et } +(T+1)Np \text{ (sive } -(T+1)Rp)$$

vel $$\pm pN(T+1) \text{ et } -(T+1)Np \text{ (sive } +(T+1)Rp)$$

Quando $T+1$ est formae $4n+3$, p vero formae $4n+1$, theor fund. falsum erit, si fuerit *vel*

$$+pR(T+1) \text{ (sive } -pN(T+1)) \text{ et } \pm(T+1)Np$$

vel

$$+pN(T+1) \text{ (sive } -pR(T+1)) \text{ et } \pm(T+1)Rp$$

Si demonstrari poterit, nullum horum octo casuum locum habere posse, simul certum erit, theorematis fundamentalis veritatem nullis limitibus circumscriptam esse. Hoc itaque negotium nunc aggredimur: at quoniam alii horum casuum ab aliis sunt dependentes, eundem ordinem, quo eos hic enumeravimus, servare non licebit.

137.

Casus primus. Quando $T+1$ est formae $4n+1$ $(=a)$, atque p eiusdem formae; insuper vero $\pm pRa$, non potest esse $\pm aNp$. Hic casus supra fuit primus.

Sit $+p \equiv e^2 (\text{mod.}\, a)$, atque e par et $<a$ (quod semper obtineri potest). Iam duo casus sunt distinguendi.

I. Quando e per p non est divisibilis. Ponatur $e^2 = p + af$, eritque f positivus, formae $4n+3$ (sive formae B), $<a$, et per p non divisibilis. Porro erit $e^2 \equiv p (\text{mod.}\, f)$, *i. e.* pRf adeoque ex prop. 11 art. 132 $\pm fRp$ (quia enim $p, f < a$, pro his propositiones istae valebunt). At est etiam $afRp$, quare fiet quoque $\pm aRp$.

II. Quando e per p est divisibilis, ponatur $e = gp$, atque $e^2 = p + aph$, sive $pg^2 = 1 + ah$. Tum erit h formae $4n+3$ (B), atque ad p et g^2 primus. Porro erit pg^2Rh, adeoque etiam pRh, hinc (prop. 11 art. 132) $\pm hRp$. At est etiam $-ahRp$, quia $-ah \equiv 1 (\text{mod.}\, p)$; quare fiet etiam $\mp aRp$

138.

Casus secundus. Quando $T+1$ est formae $4n+1 (=a)$, p formae $4n+3$, atque $\pm pR(T+1)$, non potest esse $+(T+1)Np$ sive $-(T+1)Rp$. Hic casus supra fuit quintus.

Sit ut supra $e^2 = p + fa$ atque e par et $<a$.

I. Quando e per p non est divisibilis, erit etiam f per p non divisibilis. Praeterea autem erit f positivus, formae $4n+1$ (sive A), atque $<a$; $+pRf$,

adeoque (prop. 10 art. 132) $+fRp$ Sed est etiam $+faRp$, quare fiet $+aRp$, sive $-aNp$.

II. Quando e per p est divisibilis, sit $e = pg$, atque $f = ph$. Erit itaque $g^2p = 1 + ha$. Tum h erit positivus, formae $4n+3$ (B), et ad p et g^2 primus. Porro $+g^2pRh$, adeoque $+pRh$; hinc fit (prop. 13 art. 132) $-hRp$. At est $-haRp$, unde fit $+aRp$ atque $-aNp$.

139.

Casus tertius. Quando $T+1$ *est formae* $4n+1$ $(=a)$, p *eiusdem formae, atque* $\pm pNa$: *non potest esse* $\pm aRp$. (Supra casus secundus).

Capiatur aliquis numerus primus ipso a minor, cuius non-residuum sit $+a$, quales dari supra demonstravimus (artt. 125, 129). Sed hic duos casus seorsim considerare oportet, prout hic numerus primus fuerit formae $4n+1$ vel $4n+3$, non enim demonstratum fuit, dari tales numeros primos *utriusque* formae.

I. Sit iste numerus primus formae $4n+1$ et $= a'$. Tum erit $\pm a'Na$ (art. 131) adeoque $\pm a'pRa$. Sit igitur $e^2 \equiv a'p \pmod{a}$ atque e par, $< a$. Tunc iterum quatuor casus erunt distinguendi.

1) Quando e neque per p neque per a' est divisibilis. Ponatur $e^2 = a'p \pm af$, signis ita acceptis ut f fiat positivus. Tum erit $f < a$, ad a' et p primus atque pro signo superiori formae $4n+3$, pro inferiori formae $4n+1$. Designemus brevitatis gratia per $[x, y]$ multitudinem factorum primorum numeri y quorum non-residuum est x. Tum erit $a'pRf$ adeoque $[a'p, f] = 0$. Hinc erit $[f, a'p]$ numerus par (propp. 1, 3, art. 133), *i. e.* aut $= 0$ aut $= 2$. Quare erit f aut residuum utriusque numerorum a', p, aut neutrius. Illud autem est impossibile, quum $\pm af$ sit residuum ipsius a', atque $\pm aNa'$ (hyp.); unde fit $\pm fNa'$. Hinc f debet esse utriusque numerorum a', p non-residuum. At propter $\pm afRp$ erit $\pm aNp$. *Q. E. D.*

2) Quando e per p, neque vero per a' est divisibilis, sit $e = gp$, atque $g^2p = a' \pm ah$, signo ita determinato, ut h fiat positivus. Tum erit $h < a$, ad a', g et p primus, atque pro signo superiori formae $4n+3$, pro inferiori vero formae $4n+1$. Ex aequatione $g^2p = a' \pm ah$ si per p et a' multiplicatur, nullo negotio deduci potest, $pa'Rh$.....(α); $\pm ahpRa'$....(β); $aa'hRp$.....(γ). Ex (α) sequitur $[pa', h] = 0$, adeoque (propp. 1, 3, art. 133) $[h, pa']$ par, *i. e*

erit h non-residuum vel utriusque p, a', vel neutrius. *Priori in casu* ex (β) sequitur $\pm apNa'$, et quum per hyp. sit $\pm aNa'$, erit $\pm pRa'$. Hinc per theor. fundam. quod pro numeris p, a' ipso $T+1$ minoribus valet, $\pm a'Rp$. Hinc et ex eo quod hNp, fit per (γ) $\pm aNp$. *Q. E. D.* *Posteriori casu* ex (β) sequitur $\pm apRa'$, hinc $\pm pNa'$, $\pm a'Np$, hincque tandem et ex hRp fit ex (γ) $\pm aNp$ *Q. E. D.*

3) Quando e per a' non autem per p est divisibilis. Pro hoc casu demonstratio tantum non eodem modo procedit ut in praec., neminemque qui hanc penetravit poterit morari.

4) Quando e tum per a' tum per p est divisibilis adeoque etiam per productum $a'p$ (numeros a', p enim *inaequales* esse supponimus, quia alias id quod demonstrare operam damus, esse aNp iam in hypothesi aNa' contentum foret), sit $e = ga'p$ atque $g^2a'p = 1 \pm ah$. Tum erit $h < a$, ad a' et p primus atque pro signo superiori formae $4n+3$, pro inferiori formae $4n+1$. Facile vero perspicitur, ex ista aequatione deduci posse haec $a'pRh$.... (α); $\pm ahRa'$.... (β); $\pm ahRp$.... (γ). Ex (α) quod convenit cum (α) in (2) sequitur perinde ut illic, esse vel simul hRp, hRa', vel hNp, hNa'. Sed in casu priori foret per (β), aRa', contra hyp.; quare erit hNp, adeoque per (γ) etiam aNp.

II. Quando iste numerus primus est formae $4n+3$, demonstratio praecedenti tam similis est, ut eam apponere superfluum nobis visum sit. In eorum gratiam qui per se eam evolvere gestiunt (quod maxime commendamus), id tantum observamus, postquam ad talem aequationem $e^2 = bp \pm af$ (designante b illum numerum primum) perventum fuerit, ad perspicuitatem profuturum, si utrumque signum seorsim consideretur.

140.

Casus quartus. Quando $T+1$ *est formae* $4n+1 (=a)$, p *formae* $4n+3$, *atque* $\pm pNa$, *non poterit esse* $+aRp$ *sive* $-aNp$. (Casus sextus supra).

Etiam huius casus demonstrationem, quum prorsus similis sit demonstrationi casus tertii, brevitatis gratia omittimus.

141.

Casus quintus. Quando $T+1$ *est formae* $4n+3\,(=b)$, p *eiusdem formae, atque* $+pRb$ *sive* $-pNb$, *nequit esse* $+bRp$ *sive* $-bNp$. (Casus tertius supra).

Sit $p\equiv e^2\,(\text{mod.}\,b)$, atque e par et $<b$.

I. Quando e per p non est divisibilis. Ponatur $e^2=p+bf$, eritque f positivus; formae $4n+3$, $<b$ atque ad p primus. Porro erit pRf adeoque per prop. 13 art. 132, $-fRp$. Hinc et ex $+bfRp$ fit $-bRp$ adeoque $+bNp$. *Q. E. D.*

II. Quando e per p est divisibilis, sit $e=pg$, atque $ggp=1+bh$. Tum erit h formae $4n+1$ atque ad p primus, $p\equiv g^2p^2\,(\text{mod.}\,h)$, adeoque pRh; hinc fit $+hRp$ (prop. 10 art. 132), unde et ex $-bhRp$ sequitur $-bRp$, sive $+bNp$. *Q. E. D.*

142.

Casus sextus. Quando $T+1$ *est formae* $4n+3\,(=b)$, p *formae* $4n+1$, *atque* pRb, *non poterit esse* $\pm bNp$. (Supra casus septimus).

Demonstrationem praecedenti omnino similem omittimus.

143.

Casus septimus. Quando $T+1$ *est formae* $4n+3\,(=b)$, p *eiusdem formae, atque* $+pNb$ *sive* $-pRb$, *non poterit esse* $+bNp$ *sive* $-bRp$. (Casus quartus supra).

Sit $-p\equiv e^2\,(\text{mod.}\,b)$, atque e par et $<b$.

I. Quando e per p non divisibilis. Sit $-p=e^2-bf$ eritque f positivus, formae $4n+1$, ad p primus ipsoque b minor (etenim e certo non maior quam $b-1$, $p<b-1$, quare erit $bf=e^2+p<b^2-b$, *i.e.* $f<b-1$). Porro erit $-pRf$, hinc (prop. 10 art. 132) $+fRp$, unde et ex $+bfRp$ fit $+bRp$, sive $-bNp$

II. Quando e per p est divisibilis, sit $e=pg$, atque $g^2p=-1+bh$. Tum erit h positivus, formae $4n+3$, ad p primus et $<b$. Porro erit $-pRh$, unde fit (prop. 14 art. 132) $+hRp$. Hinc et ex $bhRp$ sequitur $+bRp$ sive $-bNp$. *Q. E. D.*

144

Casus octavus. Quando $T+1$ *est formae* $4n+3$ $(=b)$, p *formae* $4n+1$, *atque* $+pNb$ *sive* $-pRb$ *non poterit esse* $\pm bRp$. (Casus ultimus supra).

Demonstratio perinde procedit ut in casu praecedenti.

Methodus analoga, theorema art. 114 *demonstrandi.*

145.

In demonstratt. praecc. semper pro e valorem parem accepimus (artt. 137.. 144); observare convenit, etiam valorem imparem adhiberi potuisse, sed tum plures adhuc distinctiones introducendae fuissent. Qui his disquisitionibus delectantur, haud inutile facient, si vires suas in evolutione horum casuum exercitent. Praeterea theoremata ad residua $+2$ et -2 pertinentia tunc supponi debuissent; quum vero nostra demonstratio absque his theorematibus sit perfecta, novam hinc methodum nanciscimur, illa demonstrandi. Quae minime est contemnenda, quum methodi, quibus supra pro demonstratione theorematis, ± 2 esse residuum cuiusvis numeri primi formae $8n+1$, usi sumus, minus directae videri possint. Reliquos casus (qui ad numeros primos formarum $8n+3$, $8n+5$, $8n+7$ spectant) per methodos supra traditas demonstratos, illudque theorema tantummodo per inductionem inventum esse supponemus; hanc autem inductionem per sequentes reflexiones ad certitudinis gradum evehemus.

Si ± 2 omnium numerorum primorum formae $8n+1$ residuum non esset, ponatur minimus primus huius formae, cuius non-residuum ± 2, $=a$, ita ut pro omnibus primis ipso a minoribus theorema valeat. Tum accipiatur numerus aliquis primus $<\frac{1}{2}a$, cuius non-residuum a (qualem dari ex art. 129 facile deducitur). Sit hic $=p$ eritque per theor. fund. pNa. Hinc fit $\pm 2pRa$. — Sit itaque $e^2 \equiv 2p \pmod{a}$ ita ut e sit impar atque $<a$. Tum duo casus erunt distinguendi.

I. Quando e per p non est divisibilis. Sit $e^2 = 2p + aq$ eritque q positivus formae $8n+7$ vel formae $8n+3$ (prout p est formae $4n+1$ vel $4n+3$), $<a$, atque per p non divisibilis. Iam omnes factores primi ipsius q in quatuor classes distribuantur, sint scilicet e formae $8n+1$, f formae $8n+3$, g formae $8n+5$, h formae $8n+7$; productum e factoribus primae classis sit E producta e factoribus secundae, tertiae, quartae classis respective. $F, G. H$*).

*) Si ex aliqua classe nulli factores adessent, loco producti ex his 1 scribere oporteret.

His ita factis, consideremus *primo* casum ubi p est formae $4n+1$, sive q formae $8n+7$. Tum facile perspicitur fore $2RE$, $2RH$, unde pRE, pRH hincque tandem ERp, HRp. Porro erit 2 non-residuum cuiusvis factoris formae $8n+3$ aut $8n+5$, adeoque etiam p; hinc quivis talis factor non-residuum ipsius p; unde facile concluditur FG fore ipsius p residuum si $f+g$ fuerit par, non-residuum si $f+g$ fuerit impar. At $f+g$ impar esse non potest; facile enim perspicietur omnes casus enumerando, $EFGH$ sive q fieri vel formae $8n+3$ vel $8n+5$, si fuerit $f+g$ impar, quidquid sint singuli e, f, g, h, contra hyp. Erit igitur $FGRp$, $EFGHRp$, sive qRp, hincque tandem, propter $aqRp$, aRp contra hyp. *Secundo* quando p est formae $4n+3$, simili modo ostendi potest, fore pRE adeoque ERp, $-pRF$ adeoque FRp, tandem $g+h$ parem hincque $GHRp$, unde tandem sequitur qRp, aRp contra hyp.

II. Quando e per p divisibilis, demonstratio simili modo adornari, et a peritis (quibus solis hic articulus est scriptus) haud difficulter evolvi poterit. Nos brevitatis gratia eam omittimus.

Solutio problematis generalis.

146.

Per theorema fundamentale atque propositiones ad residua -1 et ± 2 pertinentes semper determinari potest utrum numerus quicunque datus numeri primi dati residuum sit an non-residuum. At haud inutile erit, reliqua etiam quae supra tradidimus hic iterum in conspectum producere, ut omnia coniuncta habeantur quae sunt necessaria ad solutionem

Problematis: *Propositis duobus numeris quibuscunque P, Q, invenire, utrum alter Q, alterius P residuum sit an non-residuum.*

Sol. I. Sit $P = a^\alpha b^\beta c^\gamma$ etc. designantibus a, b, c etc. numeros primos inaequales positive acceptos (nam P manifesto absolute est sumendus). Brevitatis gratia in hoc art. *relationem* duorum numerorum x, y simpliciter dicemus eam quatenus prior x posterioris y residuum est vel non-residuum. Pendet igitur relatio ipsorum Q, P a relationibus ipsorum Q, a^α; Q, b^β etc. (art. 105).

II. Ut relatio ipsorum Q, a^α (de reliquis enim Q, b^β etc. idem valet) innotescat, duo casus distinguendi.

1. Quando Q per a est divisibilis. Ponatur $Q = Q'a^e$, ita ut Q' per a non sit divisibilis. Tunc si $e = \alpha$ vel $e > \alpha$, erit QRa^α; si vero $e < \alpha$ atque impar, erit QNa^α: tandem si $e < \alpha$ atque par, habebit Q ad a^α eandem relationem quam habet Q' ad $a^{\alpha-e}$ Reductus est itaque hic casus ad

2. Quando Q per a non est divisibilis. Hic denuo duos casus distinguimus.

(A) Quando $a = 2$. Tunc semper erit QRa^α, quando $\alpha = 1$; quando vero $\alpha = 2$, requiritur, ut sit Q formae $4n+1$: denique quando $\alpha = 3$ vel > 3, Q debet esse formae $8n+1$. Quae conditio si locum habet, erit QRa^α.

(B) Quando a est alius numerus primus. Tunc Q ad a^α eandem relationem habebit quam habet ad a (V. art. 101).

III. Relatio numeri cuiuscunque Q ad numerum primum a (imparem) ita investigatur. Quando $Q > a$, substituatur loco ipsius Q ipsius residuum minimum positivum secundum modulum a*). Hoc ad a eandem relationem habebit quam habet Q.

Porro resolvatur Q, sive numerus ipsius loco assumtus, in factores suos primos p, p', p'' etc., quibus adiungendus factor -1, quando Q est negativus. Tum constat relationem ipsius Q ad a pendere a relationibus singulorum p, p', p'' etc. ad a. Scilicet si inter illos factores sunt $2m$ non-residua ipsius a, erit QRa, si vera $2m+1$, erit QNa. Facile autem perspicitur, si inter factores p, p', p'' etc., bini aut quaterni aut seni aut generaliter $2k$ aequales occurrant, hos tuto eiici posse.

IV. Si inter factores p, p', p'' reperiuntur -1 et 2, horum relatio ad a ex artt. 108, 112, 113, 114 inveniri potest. Reliquorum autem relatio ad a pendet a relatione ipsius a ad ipsos (theor. fund., atque propp. art. 131). Sit p unus ex ipsis, invenieturque, (tractando numeros a, p eodem modo ut antea Q et a illis respective maiores) relationem ipsius a ad p aut per artt. 108—114 determinari posse (si scilicet residuum minimum ipsius a (mod. p) nullos factores primos impares habeat), aut insuper a relatione ipsius p ad numeros quosdam primos ipso p minores pendere. Idem valet de reliquis factoribus p', p'' etc. Facile iam

*) *Residuum* in signific. art. 4. — Plerumque praestat residuum *absolute* minimum accipere.

perspicitur per continuationem huius operationis tandem ad numeros perventum iri quorum relationes per propp. artt. 108—114 determinari possint. Per exemplum haec clariora fient.

Ex. Quaeritur relatio numeri $+453$ ad 1236. Est $1236 = 4.3\ 103$; $+453 R 4$ per II. 2 (A); $+453 R 3$ per II. 1. Superest igitur ut relatio ipsius $+453$ ad 103 exploretur. Eadem autem erit quam habet $+41$ ($\equiv 453$, mod. 103) ad 103; eadem ipsius $+103$ ad 41 (theor. fund.), sive ipsius -20 ad 41. At est $-20 R 41$; namque $-20 = -1.2.2.5$; $-1 R 41$ (art. 108); atque $+5 R 41$ ideo quod $41 \equiv 1$ adeoque ipsius 5 residuum est (theor. fund.). Hinc sequitur $+453 R 103$, hincque tandem $+453 R 1236$. Est autem revera $453 \equiv 297^2$ (mod. 1236).

De formis linearibus omnes numeros primos continentibus, quorum vel residuum vel non-residuum est numerus quicunque datus.

147.

Proposito numero quocunque A, *formulae* certae exhiberi possunt, sub quibus omnes numeri ad A primi quorum residuum est A continentur, sive omnes qui esse possunt *divisores* numerorum formae $xx - A$ (designante xx quadratum indeterminatum) *). Sed brevitatis gratia ad eos tantum divisores respiciemus, qui sunt impares atque ad A primi, quum ad hos casus reliqui facile reduci possint.

Sit primo A aut numerus primus positivus formae $4n+1$, aut negativus formae $4n-1$. Tum secundum theorema fundamentale omnes numeri primi, qui, positive sumti, sunt residua ipsius A, erunt divisores ipsius $xx - A$: omnes autem numeri primi (excepto numero 2 qui semper est divisor) qui ipsius A sunt non-residua erunt non-divisores ipsius $xx - A$. Sint omnia residua ipsius A ipso A minora (exclusa cifra) r, r', r'' etc. omnia non-residua vero n, n', n'' etc. Tum quivis numerus primus, in aliqua formarum $Ak+r$, $Ak+r'$, $Ak+r''$ etc. contentus, erit divisor ipsius $xx - A$, quivis autem primus in aliqua formarum $Ak+n$, $Ak+n'$ etc. contentus non-divisor erit, designante k numerum integrum indeterminatum. Illas formas dicimus *formas divisorum ipsius* $xx - A$, has vero *formas non-divisorum.* Utrorumque multitudo erit $\frac{1}{2}(A-1)$. Porro si B est numerus compositus impar atque ARB, omnes factores primi ipsius B in aliqua for-

*) Huiusmodi numeros simpliciter *divisores ipsius* $xx - A$ dicemus unde sponte patet quid sint *non-divisores*.

marum priorum continentur adeoque etiam B. Quare *quivis* numerus impar in forma non-divisorum contentus, erit non-divisor formae $xx-A$. Sed hoc theorema convertere non licet; nam si B est non-divisor compositus impar formae $xx-A$, inter factores primos ipsius B aliqui non-divisores erunt, quorum multitudo si est *par*, B nihilominus in aliqua forma divisorum reperietur. V. art. 99.

Ex. Hoc modo pro $A=-11$ formae divisorum ipsius $xx+11$ inveniuntur hae: $11k+1, 3, 4, 5, 9$; formae non-divisorum autem erunt $11k+2, 6, 7, 8, 10$. Erit itaque -11 non-residuum omnium numerorum imparium, qui in aliqua posteriorum formarum continentur, residuum autem omnium primorum ad aliquam priorum pertinentium.

Similes formae dantur pro divisoribus atque non-divisoribus ipsius $xx-A$, quemcunque numerum designet A. Sed facile perspicitur, eos ipsius A valores tantummodo considerari oportere, qui per nullum quadratum sint divisibiles; patet enim si fuerit $A=a^2A'$, omnes divisores*) ipsius $xx-A$ etiam fore divisores ipsius $xx-A'$, similiterque non-divisores. — Distinguemus autem tres casus, 1) quando A est formae $+(4n+1)$ vel $-(4n-1)$. 2) quando A est formae $-(4n+1)$ vel $+(4n-1)$. 3) quando A est par sive formae $\pm(4n+2)$.

148.

Casus primus, quando A est formae $+(4n+1)$ vel $-(4n-1)$ Resolvatur A in factores suos primos, tribuaturque iis qui sunt formae $4n+1$ signum positivum, iis vero qui sunt formae $4n-1$ signum negativum (unde fiet productum ex ipsis $=A$). Sint hi factores a, b, c, d etc. Distribuantur omnes numeri ipso A minores et ad A primi in duas classes et quidem in primam classem omnes numeri qui sunt nullius ex numeris a, b, c, d etc. non-residua, aut duorum, aut quatuor aut generaliter multitudinis paris; in secundam vero ii, qui sunt non-residua unius ex numeris a, b, c etc. aut trium etc. aut generaliter multitudinis imparis. Designentur priores per r, r', r'' etc., posteriores per n, n', n'' etc. Tum formae $Ak+r$, $Ak+r'$, $Ak+r''$ etc. erunt formae divisorum ipsius $xx-A$, formae vero $Ak+n$, $Ak+n'$ etc. erunt formae non-divisorum ipsius $xx-A$ (*i.e. numerus quicunque primus, praeter* 2, *erit divisor aut non-divisor ipsius* $xx-A$, *prout in aliqua formarum priorum aut posteriorum continetur*). Si enim p est nume-

*) Nempe qui sint primi ad A.

rus primus positivus atque alicuius ex numeris a, b, c etc. residuum vel non-residuum, hic ipse numerus ipsius p residuum vel non-residuum erit (theor. fund.). Quare si inter numeros a, b, c etc. sunt m, quorum non-residuum est p, totidem erunt non-residua ipsius p, adeoque si p in aliqua formarum priorum continetur, erit m par et ARp, si vero in aliqua posteriorum, erit m impar atque ANp.

Ex. Sit $A = +105 = -3 \times +5 \times -7$. Tum numeri r, r', r'' etc. erunt hi: 1, 4, 16, 46, 64, 79 (qui sunt non-residua nullius numerorum 3, 5, 7); 2, 8, 23, 32, 53, 92 (qui sunt non-residua numerorum 3, 5); 26, 41, 59, 89, 101, 104 (qui sunt non-residua numerorum 3, 7); 13, 52, 73, 82, 97, 103 (qui sunt non-residua numerorum 5, 7). — Numeri autem n, n', n'' etc. erunt hi: 11, 29, 44, 71, 74, 86; 22, 37, 43, 58, 67, 88; 19, 31, 34, 61, 76, 94; 17, 38, 47, 62, 68, 83. Seni primi sunt non-residua ipsius 3, seni posteriores non-residua ipsius 5, tum sequuntur non-residua ipsius 7, tandem ii qui sunt non-residua omnium trium simul.

Facile ex combinationum theoria atque artt. 32, 96 deducitur, numerorum r, r', r'' etc. multitudinem fore

$$= t\left(1 + \frac{l \,.\, l-1}{1 \,.\, 2} + \frac{l \,.\, l-1 \,.\, l-2 \,.\, l-3}{1 \,.\, 2 \,.\, 3 \,.\, 4} + \cdots\right)$$

numerorum n, n', n'' etc. multitudinem

$$= t\left(l + \frac{l \,.\, l-1 \,.\, l-2}{1 \,.\, 2 \,.\, 3} + \frac{l \,.\, l-1 \ldots\ldots l-4}{1 \,.\, 2 \ldots\ldots 5} + \cdots\right)$$

ubi l designat multitudinem numerorum a, b, c etc.;

$$t = 2^{-l}(a-1)(b-1)(c-1) \text{ etc.}$$

et utraque series continuanda donec abrumpatur. (Dabuntur scilicet t numeri qui sunt residua omnium a, b, c etc., $\frac{t \,.\, l \,.\, l-1}{1 \,.\, 2}$ qui sunt non-residua duorum, etc. sed demonstrationem hanc fusius explicare brevitas non permittit). Utriusque autem seriei summa*) est $= 2^{l-1}$. Scilicet prior prodit ex hac

$$1 + (l-1) + \frac{l-1 \,.\, l-2}{1 \,.\, 2} + \cdots$$

iungendo terminum secundum et tertium, quartum et quintum etc., posterior vero ex eadem iungendo terminum primum atque secundum, tertium et quartum etc. Dabuntur itaque tot formae divisorum ipsius $xx - A$, quot dantur formae non-divisorum, scilicet $\frac{1}{2}(a-1)(b-1)(c-1)$ etc.

*) Neglecto factore t.

149.

Casum secundum et tertium hic simul contemplari possumus. Poterit scilicet A semper hic poni $=(-1)Q$, aut $=(+2)Q$, aut $=(-2)Q$, designante Q numerum formae $+(4n+1)$, aut $-(4n-1)$, quales in art. praec. consideravimus. Sit generaliter $A=\alpha Q$, ita ut sit α aut $=-1$, aut $=\pm 2$. Tum erit A residuum omnium numerorum, quorum residuum est aut uterque α et Q, aut neuter; non-residuum autem omnium, quorum non-residuum alteruter tantum numerorum α, Q. Hinc formae divisorum ac non-divisorum ipsius $xx-A$ facile derivantur. Si $\alpha=-1$, distribuantur omnes numeri ipso $4A$ minores ad ipsumque primi in duas classes, in priorem ii, qui sunt in aliqua forma divisorum ipsius $xx-Q$ simulque in forma $4n+1$, iique, qui sunt in aliqua forma non-divisorum ipsius $xx-Q$ simulque in forma $4n+3$; in posteriorem reliqui. Sint priores r, r', r'' etc., posteriores n, n', n'' etc., eritque A residuum omnium numerorum primorum in aliqua formarum $4Ak+r$, $4Ak+r'$, $4Ak+r''$ etc. contentorum, non-residuum autem omnium primorum in aliqua formarum $4Ak+n$, $4Ak+n'$ etc. contentorum.— Si $\alpha=\pm 2$, distribuantur omnes numeri ipso $8Q$ minores ad ipsumque primi in duas classes, in primam ii, qui continentur in aliqua forma divisorum ipsius $xx-Q$ simulque in aliqua formarum $8n+1$, $8n+7$ pro signo superiori, vel formarum $8n+1$, $8n+3$ pro inferiori, iique qui contenti sunt in aliqua forma non-divisorum ipsius $xx-Q$ simulque in aliqua harum $8n+3$, $8n+5$ pro signo superiori, vel harum $8n+5$, $8n+7$ pro inferiori, — in secundam reliqui. Tum designatis numeris classis prioris per r, r', r'' etc., numerisque classis posterioris per n, n', n'' etc., $\pm 2Q$ erit residuum omnium numerorum primorum in aliqua formarum $8Qk+r$, $8Qk+r'$, $8Qk+r''$ etc. contentorum, omnium autem primorum in aliqua formarum $8Qk+n$, $8Qk+n'$, $8Qk+n''$ etc. non-residuum. Ceterum facile demonstrari potest, etiam hic totidem formas divisorum ipsius $xx-A$ datum iri ac non-divisorum.

Ex. Hoc modo invenitur $+10$ esse residuum omnium numerorum primorum in aliqua formarum $40k+1$, 3, 9, 13, 27, 31, 37, 39 contentorum, non-residuum vero omnium primorum, qui sub aliqua formarum $40k+7$, 11, 17, 19, 21, 23, 29. 33 continentur.

150.

Formae hae plures habent proprietates satis memorabiles, quarum tamen unam tantummodo apponimus. Si B est numerus compositus ad A primus, inter cuius factores primos occurrunt $2m$, qui in aliqua forma non-divisorum ipsius $xx-A$ continentur, B in aliqua forma divisorum ipsius $xx-A$ contentus erit; si vero multitudo factorum primorum ipsius B in aliqua forma non-divisorum ipsius $xx-A$ contentorum impar est, B quoque in forma non-divisorum contentus erit. Demonstrationem quae non est difficilis omittimus. Hinc vero sequitur, non modo quemvis numerum primum sed etiam quemvis compositum imparem ad A primum, qui in aliqua forma non-divisorum contineatur, non-divisorem fore: necessario enim aliquis factor primus talis numeri debet esse non-divisor.

De aliorum laboribus circa has investigationes.

151.

Theorema fundamentale, quod sane inter elegantissima in hoc genere est referendum, in eadem forma simplici, in qua supra propositum est, a nemine hucusque fuit prolatum. Quod eo magis est mirandum, quum aliae quaedam propositiones illi superstruendae, ex quibus ad illud facile reveniri potuisset, ill. Eulero iam innotuerint. Formas certas dari, in quibus omnes divisores primi numerorum formae $xx-A$ contineantur, aliasque in quibus omnes non-divisores primi numerorum eiusdem formae sint comprehensi, ita ut hae illas excludant, noverat methodumque illas formas inveniendi eruerat: sed omnes ipsius conatus ad demonstrationem perveniendi semper irriti fuerunt, veritatique illi per inductionem inventae maiorem tantummodo verisimilitudinem conciliaverunt. In aliqua quidem tractatione, *Novae demonstrationes circa divisores numerorum formae* $xx+nyy$, quae in Acad. Petrop. recitata est 1775 Nov. 20 et post mortem viri summi in *T.* I. *Nov. Act.* huius Ac. p. 47 sqq. est conservata, voti se compotem credidisse videtur: sed hic error irrepsit, scilicet p. 65 *tacite* supposuit, formas tales divisorum et non-divisorum exstare*) unde non difficile erat *quales* esse debeant derivare: methodus autem qua usus est ad comprobationem illius suppositionis haud

*) Nempe dari numeros r, r', r'' etc.; n, n', n'' etc. omnes diversos et $< 4A$ tales ut omnes divisores primi ipsius $xx-A$ sub aliqua formarum $4Ak+r$, $4Ak+r'$ etc. contineantur, omnesque non-divisores primi sub aliqua harum $4Ak+n$, $4Ak+n'$ etc. (designante k numerum indeterminatum).

idonea videtur. In alio schediasmate, *De criteriis aequationis* $fxx + gyy = hzz$ *utrumque resolutionem admittat necne,* Opusc. Anal. T. I. (ubi f, g, h sunt dati, x, y, z indeterminati) per inductionem invenit, si aequatio pro aliquo valore ipsius $h = s$ solubilis sit, eandem pro quovis alio valore ipsi s secundum mod. $4fg$ congruo, siquidem sit numerus primus, solubilem fore, ex qua propositione suppositio de qua diximus haud difficile demonstrari potest. Sed etiam huius theorematis demonstratio omnes ipsius labores elusit*), quod non est mirandum, quia nostro iudicio a theoremate fundamentali erat proficiscendum. Ceterum veritas huius propositionis ex iis quae in Sect. sequenti docebimus sponte demanabit.

Post Eulerum, clar. Le Gendre eidem argumento operam navavit, in egregia tract. *Recherches d'analyse indéterminée,* Hist. de l'Ac. des Sc. 1785 p. 465 sqq., ubi pervenit ad theorema, quod si rem ipsam spectas cum th. fund. idem est, scilicet designantibus p, q duos numeros primos positivos, fore residua absolute minima potestatum $p^{\frac{q-1}{2}}$, $q^{\frac{p-1}{2}}$ sec. mod. q, p resp. aut ambo $+1$, aut ambo -1. quando aut p aut q sit formae $4n+1$; quando vero tum p tum q sit formae $4n+3$, alterum res. min. fore $+1$, alterum -1, p. 516, ex quo sec. art. 106 derivatur, *relationem* (in signif. art. 146 acceptam) ipsius p ad q ipsiusque q ad p *eandem* esse, quando aut p aut q sit formae $4n+1$, *oppositam*, quando tum p tum q sit formae $4n+3$. Propos. haec inter propp. art. 131 est contenta, sequitur etiam ex 1, 3, 9, art. 133; vicissim autem theor. fund. ex ipsa derivari potest. Clar. Le Gendre etiam demonstrationem tentavit, de qua quum perquam ingeniosa sit in Sect. seq. fusius loquemur. Sed quoniam in ea plura sine demonstratione supposuit (uti ipse fatetur p. 520 *Nous avons supposé seulement* etc.) quae partim a nemine hucusque sunt demonstrata, partim nostro quidem iudicio sine theor. fund. ipso demonstrari nequeunt: via quam ingressus est, ad scopum deducere non posse videtur, nostraque demonstratio pro prima erit habenda. — Ceterum infra *duas alias demonstrationes* eiusdem gravissimi theorematis trademus, a praec. et inter se toto coelo diversas.

*) Uti ipse fatetur, l. c. p. 216: „Huius elegantissimi theorematis demonstratio adhuc desideratur, postquam a pluribus iamdudum frustra est investigata.... Quocirca plurimum is praestitisse censendus erit, cui successerit demonstrationem huius theorematis invenire." — Quanto ardore vir immortalis demonstrationem huius theorematis aliorumque, quae tantummodo casus speciales theor. fundam. sunt, desideraverit, videre licet ex multis aliis locis Opuscc. Anall. Conf. *Additamentum ad diss.* VIII, T. I. et *diss.* XIII, T. II. pluresque diss. in Comment. Petrop., iam passim laudatae.

De congruentiis secundi gradus non puris.

152.

Hactenus congruentiam puram $xx \equiv A$ (mod. m) tractavimus, ipsiusque resolubilitatem dignoscere docuimus. *Radicum ipsarum* investigatio per art. 105 ad eum casum est reducta, ubi m est aut primus aut primi potestas, posterior vero per art. 101 ad eum, ubi m est primus. Pro hoc autem casu ea quae in art. 61 sqq. tradidimus una cum iis quae in Sectt. V et VIII docebimus, omnia fere complectuntur quae per methodos directas erui possunt. Sed hae ubi sunt applicabiles plerumque infinities prolixiores sunt quam indirectae quas in Sect. VI docebimus, adeoque non tam propter utilitatem suam in praxi quam propter pulcritudinem memorabiles. — *Congruentiae secundi gradus non purae* ad puras facile reduci possunt. Proposita congruentia

$$axx + bx + c \equiv 0$$

secundum mod. m solvenda, huic aequivalebit congruentia

$$4aaxx + 4abx + 4ac \equiv 0 \pmod{4am}$$

i. e. quivis numerus alteri satisfaciens etiam alteri satisfaciet. Haec vero ita exhiberi potest

$$(2ax + b)^2 \equiv bb - 4ac \pmod{4am}$$

unde omnes valores ipsius $2ax + b$ minores quam $4am$ si qui dantur inveniri possunt. Quibus per r, r', r'' etc. designatis, omnes solutiones congr. prop deducentur ex solutionibus congruentiarum

$$2ax \equiv r - b,\ 2ax \equiv r' - b \text{ etc. } \pmod{4am}$$

quas in Sect. II invenire docuimus. Ceterum observamus, solutionem plerumque per varia artificia contrahi posse, *ex. gr.* loco congr. prop. aliam inveniri posse

$$a'xx + 2b'x + c' \equiv 0$$

illi aequipollentem, et in qua a' ipsum m metiatur; haec vero de quibus Sect. ultima conferri potest, hic explicare brevitas non permittit.

SECTIO QUINTA

DE

FORMIS AEQUATIONIBUSQUE INDETERMINATIS SECUNDI GRADUS.

Disquisitionis propositum: formarum definitio et signum.

153.

In hac sectione imprimis de functionibus duarum indeterminatarum x, y, huius formae

$$axx + 2bxy + cyy$$

ubi a, b, c sunt integri dati, tractabimus, quas *formas secundi gradus* sive simpliciter *formas* dicemus. Huic disquisitioni superstruetur solutio problematis famosi, invenire omnes solutiones aequationis cuiuscunque indeterminatae secundi gradus duas incognitas implicantis, sive hae incognitae valores integros sive rationales tantum nancisci debeant. Problema hoc quidem iam ab ill. La Grange in omni generalitate est solutum, multaque insuper ad naturam *formarum* pertinentia tum ab hoc ipso magno geometra tum ab ill. Eulero partim primum inventa. partim. a Fermatio olim inventa, demonstrationibus munita. Sed nobis acriter formarum perquisitioni insistentibus tam multa nova se obtulerunt, ut totum argumentum ab integro resumere operae pretium duxerimus, eo magis, quod Virorum illorum inventa, multis locis sparsa, paucis innotuisse experti sumus; porro quod methodus per quam haec tractabimus nobis ad maximam partem est propria; tandem quod nostra sine nova illorum expositione ne intelligi quidem possent. Nullum vero dubium nobis esse videtur, quin multa eaque egregia in hoc genere adhuc lateant, in quibus alii vires suas exercere possint. Ceterum quae ad veritatum insignium historiam pertinent, loco suo semper trademus.

Formam $axx+2bxy+cyy$, quando de indeterminatis x, y non agitur, ita designabimus, (a, b, c). Haec itaque expressio denotabit indefinite summam trium partium, producti numeri dati a in quadratum indeterminatae cuiuscunque; producti duplicati numeri b in hanc indeterminatam in aliam indeterminatam; producti numeri c in quadratum huius secundae indeterminatae. *Ex. gr.* $(1, 0, 2)$ exprimet summam quadrati et quadrati duplicati. Ceterum, quamvis formae (a, b, c) et (c, b, a) idem designent, si ad *partes ipsas* tantum respicimus, tamen different si insuper ad partium *ordinem* attendimus: quare sedulo eas in posterum distinguemus; quid vero inde lucremur in sequentibus sufficienter patebit.

Numerorum repraesentatio; determinans.

154.

Numerum aliquem datum per formam datam *repraesentari* dicemus, si formae indeterminatis tales valores integri tribuuntur, ut ipsius valor numero dato fiat aequalis. Hic habebimus sequens

Theorema. *Si numerus M ita per formam (a, b, c) repraesentari potest, ut indeterminatarum valores, per quos hoc efficitur, inter se sint primi: erit $bb-ac$ residuum quadraticum numeri M.*

Dem. Sint valores indeterminatarum m, n, scilicet

$$amm+2bmn+cnn = M$$

accipianturque numeri μ, ν ita ut sit $\mu m+\nu n = 1$ (art. 40). Tum per evolutionem facile probatur esse

$$(amm+2bmn+cnn)(a\nu\nu-2b\mu\nu+c\mu\mu) = (\mu(mb+nc)-\nu(ma+nb))^2-(bb-ac)(m\mu+n\nu)^2$$

sive

$$M(a\nu\nu-2b\mu\nu+c\mu\mu) = (\mu(mb+nc)-\nu(ma+nb))^2-(bb-ac)$$

Quare erit

$$bb - ac \equiv (\mu(mb+nc) - \nu(ma+nb))^2 \pmod{M}$$

i. e. $bb - ac$ residuum quadraticum ipsius M.

Numerum $bb - ac$, a cuius indole proprietates formae (a, b, c) imprimis pendere in sequentibus docebimus, *determinantem* huius formae vocabimus.

Valores expr. $\sqrt{(bb - ac)} \pmod{M}$ *ad quos repraesentatio numeri* M *par formam* (a, b, c) *pertinet.*

155.

Erit itaque

$$\mu(mb+nc) - \nu(ma+nb)$$

valor expressionis

$$\sqrt{(bb - ac)} \pmod{M}$$

Constat autem, numeros μ, ν infinitis modis ita determinari posse ut sit $\mu m + \nu n = 1$, unde alii aliique valores illius expressionis prodibunt, qui quem nexum inter se habeant videamus. Sit non modo $\mu m + \nu n = 1$, sed etiam $\mu' m + \nu' n = 1$, ponaturque

$$\mu(mb+nc) - \nu(ma+nb) = v, \quad \mu'(mb+nc) - \nu'(ma+nb) = v'$$

Multiplicando aequationem $\mu m + \nu n = 1$ per μ', alteram $\mu' m + \nu' n = 1$ per μ, et subtrahendo fit $\mu' - \mu = n(\mu'\nu - \mu\nu')$ similiterque multiplicando illam per ν', hanc per ν, fit subtrahendo $\nu' - \nu = m(\mu\nu' - \mu'\nu)$. Hinc statim prodit

$$v' - v = (\mu'\nu - \mu\nu')(amm + 2bmn + cnn) = (\mu'\nu - \mu\nu')M$$

sive $v' \equiv v \pmod{M}$. Quomodocunque igitur μ, ν determinentur, formula $\mu(mb+nc) - \nu(ma+nb)$ valores *diversos* (*i e.* incongruos) expressionis $\sqrt{(bb - ac)}$ (mod. M) dare nequit. Si itaque v est valor quicunque illius formulae: repraesentationem numeri M per formam $axx + 2bxy + cyy$ eam ubi $x = m$, $y = n$, *pertinere* dicemus *ad valorem* v *expressionis* $\sqrt{(bb - ac)}$ *(mod. M)*. Ceterum facile ostendi potest, si valor formulae illius aliquis sit v atque $v' \equiv v \pmod{M}$, loco numerorum μ, ν, qui dant v, alios μ', ν' accipi posse, qui dent v' Scilicet faciendo

$$\mu' = \mu + \frac{n(v'-v)}{M}, \quad \nu' = \nu - \frac{m(v'-v)}{M}$$

fiet

$$\mu' m + \nu' n = \mu m + \nu n = 1$$

valor autem formulae ex μ', ν' prodiens superabit valorem ex μ, ν prodeuntem quantitate $(\mu'\nu - \mu\nu')M$, quae fit $= (\mu m + \nu n)(v' - v) = v' - v$, sive valor ille erit $= v'$.

156.

Si duae repraesentationes eiusdem numeri M per eandem formam (a, b, c) habentur, in quibus indeterminatae valores inter se primos habent: hae vel ad eundem valorem expr. $\sqrt{(bb-ac)}\,(\text{mod.}\,M)$ pertinere possunt vel ad diversos. Sit

$$M = amm + 2bmn + cnn = am'm' + 2bm'n' + cn'n'$$

atque

$$\mu m + \nu n = 1, \quad \mu'm' + \nu'n' = 1$$

patetque si fuerit

$$\mu(mb+nc) - \nu(ma+nb) \equiv \mu'(m'b+n'c) - \nu'(m'a+n'b) \ (\text{mod.}\,M)$$

congruentiam semper manere, quicunque alii valores idonei pro μ, ν; μ', ν' accipiantur, in quo casu utramque repraesentationem ad *eundem* valorem expr. $\sqrt{(bb-ac)}\,(\text{mod.}\,M)$ pertinere dicemus; si vero congruentia pro ullis valoribus ipsorum μ, ν; μ', ν' locum non habet, pro nullis locum habebit, repraesentationesque ad valores *diversos* pertinebunt. Si vero

$$\mu(mb+nc) - \nu(ma+nb) \equiv -(\mu'(m'b+n'c) - \nu'(m'a+n'b))$$

repraesentationes ad valores *oppositos* expr. $\sqrt{(bb-ac)}$ pertinere dicentur. Omnibus hisce denominationibus etiam utemur, quando de pluribus repraesentationibus eiusdem numeri per formas *diversas*, sed quae eundem determinantem habent, agitur.

Ex. Sit forma proposita haec $(3, 7, -8)$ cuius determinans $= 73$. Per hanc formam habentur repraesentationes numeri 57 hae

$$3.13^2 + 14.13.25 - 8.25^2; \qquad 3.5^2 + 14.5.9 - 8.9^2$$

Pro prima poni potest $\mu = 2$, $\nu = -1$, unde prodit valor expr. $\sqrt{73}\,(\text{mod.}\,57)$ ad quam repr. pertinet

$$= 2(13.7 - 25.8) + (13.3 + 25.7) = -4$$

Simili modo repraesentatio secunda pertinere invenitur, faciendo $\mu = 2$, $\nu = -1$, ad valorem $+4$. Quare ambae repraesentationes ad valores oppositos pertinent.

Antequam ulterius progredimur, observamus, formas quarum determinans $= 0$ ab investigationibus sequentibus prorsus exclusas esse, quippe quae theorematum concinnitatem tantummodo turbarent, adeoque tractationem peculiarem postulent.

Forma aliam implicans, sive sub alia contenta; transformatio, propria et impropria.

157

Si forma F, cuius indeterminatae sunt x, y, in aliam F', cuius indeterminatae sunt x', y', per substitutiones tales

$$x = \alpha x' + \beta y', \quad y = \gamma x' + \delta y'$$

transmutari potest, ita ut $\alpha, \beta, \gamma, \delta$ sint integri: priorem *implicare* posteriorem, sive posteriorem *sub priori contentam esse* dicemus. Sit forma F haec

$$axx + 2bxy + cyy$$

forma F' vero haec

$$a'x'x' + 2b'x'y' + c'y'y'$$

habebunturque sequentes tres aequationes:

$$a' = a\alpha\alpha + 2b\alpha\gamma + c\gamma\gamma$$
$$b' = a\alpha\beta + b(\alpha\delta + \beta\gamma) + c\gamma\delta$$
$$c' = a\beta\beta + 2b\beta\delta + c\delta\delta$$

Multiplicando aequationem secundam per se ipsam, primam per tertiam, et subtrahendo fit deletis partibus se destruentibus

$$b'b' - a'c' = (bb - ac)(\alpha\delta - \beta\gamma)^2$$

Unde sequitur determinantem formae F' per determinantem formae F divisibilem et quotientem esse quadratum; manifesto igitur hi determinantes *eadem signa* habebunt. Quodsi itaque insuper forma F' per similem substitutionem in formam F transmutari potest, *i. e.* si tum F' sub F, tum F sub F' contenta est, formarum determinantes erunt aequales*) atque $(\alpha\delta-\beta\gamma)^2=1$. In hoc casu formas *aequivalentes* dicemus. Quare ad formarum aequivalentiam aequalitas determinantium est conditio necessaria, licet illa ex hac sola minime sequatur. — Substitutionem $x=\alpha x'+\beta y'$, $y=\gamma x'+\delta y'$ vocabimus *transformationem propriam*, si $\alpha\delta-\beta\gamma$ est numerus positivus, *impropriam*, si $\alpha\delta-\beta\gamma$ est negativus; formam F' *proprie* aut *improprie* sub forma F contentam esse dicemus, si F per transformationem propriam aut impropriam in formam F' transmutari potest. Si itaque formae F, F' sunt aequivalentes, erit $(\alpha\delta-\beta\gamma)^2=1$, adeoque si transformatio est propria, $\alpha\delta-\beta\gamma=+1$, si est impropria, $=-1$. — Si plures transformationes simul sunt propriae, aut simul impropriae, *similes* eas dicemus; propriam contra et impropriam *dissimiles*.

Aequivalentia, propria et impropria.

158.

Si formarum F, F' determinantes sunt aequales atque F' sub F contenta: etiam F sub F' contenta erit et quidem proprie vel improprie prout F' sub F proprie vel improprie continetur. Transeat F in F' ponendo

$$x=\alpha x'+\beta y',\quad y=\gamma x'+\delta y'$$

transibitque F' in F ponendo

$$x'=\delta x-\beta y,\quad y'=-\gamma x+\alpha y$$

Patet enim per hanc substitutionem ex F' fieri idem, quod fiat ex F ponendo

$$x=\alpha(\delta x-\beta y)+\beta(-\gamma x+\alpha y),\quad y=\gamma(\delta x-\beta y)+\delta(-\gamma x+\alpha y)$$

sive

$$x=(\alpha\delta-\beta\gamma)x,\quad y=(\alpha\delta-\beta\gamma)y$$

Hinc vero manifesto ex F fit $(\alpha\delta-\beta\gamma)^2F$ *i.e.* rursus F (art. praec.). Perspicuum autem est, transformationem posteriorem esse propriam vel impropriam prout prior sit propria vel impropria.

Si tum F' sub F, tum F sub F' *proprie* continetur, formas *proprie aequi-*

*) Manifestum est ex analysi praecedente hanc propositionem etiam ad formas quarum determinans $=0$, patere. Sed aequatio $(\alpha\delta-\beta\gamma)^2=1$ ad hunc casum non est extendenda.

valentes, si illae sub invicem improprie, vocabimus *improprie aequivalentes.* — Ceterum usus harum distinctionum mox innotescet.

Exempl. Forma $2xx - 8xy + 3yy$ per substitutiones $x = 2x' + y'$, $y = 3x' + 2y'$ transit in formam $-13x'x' - 12x'y' - 2y'y'$, haec vero in illam factis $x' = 2x - y$, $y' = -3x + 2y$. Quare formae $(2, -4, 3)$, $(-13, -6, -2)$ erunt *proprie aequivalentes.*

Problemata quae tractare iam aggrediemur sunt haec: I. Propositis duabus formis quibuscunque eundem determinantem habentibus, investigare utrum sint aequivalentes necne, utrum proprie aut improprie aut utroque modo, nam etiam hoc fieri potest. Quando vero determinantes inaequales habent, annon saltem altera alteram implicet, proprie vel improprie vel utroque modo. Denique invenire omnes transformationes alterius in alteram, tam proprias quam improprias. II. Proposita forma quacunque, invenire utrum numerus datus per eam repraesentari possit omnesque repraesentationes assignare. Sed quoniam formae determinantis negativi hic aliam methodum requirunt quam formae determinantis positivi, primo trademus ea quae utrisque sunt communia, tum vero formas cuiusvis generis seorsim considerabimus.

Formae oppositae.

159.

Si forma F formam F' implicat, haec vero formam F'', forma F etiam formam F'' implicabit.

Sint indeterminatae formarum F, F', F'' respective x, y; x', y'; x'', y'' transeatque F in F' ponendo

$$x = \alpha x' + \beta y', \quad y = \gamma x' + \delta y'$$

F' in F'' ponendo

$$x' = \alpha' x'' + \beta' y'', \quad y' = \gamma' x'' + \delta' y''$$

patetque, F in F'' transmutatum iri ponendo

$$x = \alpha(\alpha' x'' + \beta' y'') + \beta(\gamma' x'' + \delta' y''), \quad y = \gamma(\alpha' x'' + \beta' y'') + \delta(\gamma' x'' + \delta' y'')$$

sive

$$x = (\alpha\alpha' + \beta\gamma')x'' + (\alpha\beta' + \beta\delta')y'', \quad y = (\gamma\alpha' + \delta\gamma')x'' + (\gamma\beta' + \delta\delta')y''$$

Quare F ipsam F'' implicabit.

Quia

$$(\alpha\alpha'+\beta\gamma')(\gamma\beta'+\delta\delta')-(\alpha\beta'+\beta\delta')(\gamma\alpha'+\delta\gamma') = (\alpha\delta-\beta\gamma)(\alpha'\delta'-\beta'\gamma')$$

adeoque positivus, si tum $\alpha\delta-\beta\gamma$ tum $\alpha'\delta'-\beta'\gamma'$ positivus aut uterque negativus, negativus vero si alter horum numerorum positivus alter negativus: forma F formam F'' *proprie* implicabit, si F ipsam F' et F' ipsam F'' eodem modo implicant, *improprie* si diverso.

Hinc sequitur, si quotcunque formae habeantur F, F', F'', F''' etc., quarum quaevis sequentem implicet, primam implicaturam esse ultimam, et quidem *proprie,* si multitudo formarum, quae sequentem suam improprie implicant, fuerit par, *improprie* si multitudo haec impar.

Si forma F formae F' est aequivalens, formaque F' formae F'': forma F formae F'' aequivalens erit, et quidem proprie, si forma F formae F' eodem modo aequivalet ut forma F' formae F'', improprie, si diverso.

Quia enim formae F, F', his F', F'', respective sunt aequivalentes, tum illae has resp. implicabunt, adeoque F ipsam F'', tum hae illas. Quare F, F'' aequivalentes erunt. Ex praec. vero sequitur, F ipsam F'' proprie vel improprie implicare, prout F ipsi F' et F' ipsi F'' eodem modo vel diverso sint aequivalentes, ut et F'' ipsam F: quare in priori casu F, F'' proprie, in posteriori improprie aequivalentes erunt.

Formae $(a, -b, c)$, (c, b, a), $(c, -b, a)$ formae (a, b, c) aequivalent, et quidem duae priores improprie, ultima proprie.

Nam $axx+2bxy+cyy$ transit in $ax'x'-2bx'y'+cy'y'$ ponendo $x=x'+0.y'$, $y=0.x'-y'$, quae transformatio est impropria propter $1\times-1-0.0 = -1$; in formam $cx'x'+2bx'y'+ay'y'$ vero per transformationem impropriam $x=0.x'+y'$, $y=x'+0.y'$; et in formam $cx'x'-2bx'y'+ay'y'$ per propriam $x=0.x'-y'$, $y=x'+0.y'$.

Hinc manifestum est, quamvis formam, formae (a, b, c) aequivalentem, vel ipsi, vel formae $(a, -b, c)$ *proprie* aequivalere; similiterque, si quae forma formam (a, b, c) implicet aut sub ipsa contineatur eam vel formam (a, b, c) vel formam $(a, -b, c)$ *proprie* implicare, aut sub alterutra *proprie* contineri. Formas (a, b, c), $(a, -b, c)$ *oppositas* vocabimus.

Formae contiguae.

160.

Si formae (a, b, c), (a', b', c') eundem determinantem habent, insuperque est $c = a'$ et $b \equiv -b' \pmod{c}$, sive $b + b' \equiv 0 \pmod{c}$, formas has *contiguas* dicemus, et quidem, quando determinatione accuratiori opus est, priorem posteriori *a parte prima*, posteriorem priori *a parte ultima* contiguam dicemus.

Ita *ex gr.* forma $(7, 3, 2)$ formae $(3, 4, 7)$ a parte ultima contigua, forma $(3, 1, 3)$ oppositae suae $(3, -1, 3)$ ab utraque parte.

Formae contiguae semper sunt proprie aequivalentes. Nam forma $axx + 2bxy + cyy$ transit in formam contiguam $cx'x' + 2b'x'y' + c'y'y'$ per substitutionem $x = -y'$, $y = x' + \frac{b+b'}{c}y'$ (quae est propria ob $0 \times \frac{b+b'}{c} - 1 \times -1 = 1$), uti per evolutionem adiumento aequationis $bb - ac = b'b' - cc'$ facile probatur; $\frac{b+b'}{c}$ vero per hyp. est integer. — Ceterum hae definitiones et conclusiones locum non habent, si $c = a' = 0$. Hic vero casus occurrere nequit, nisi in formis quarum determinans est numerus quadratus.

Formae (a, b, c), (a', b', c') proprie aequivalentes sunt, si $a = a'$, $b \equiv b' \pmod{a}$. Forma enim (a, b, c) formae $(c, -b, a)$ proprie aequivalet (art. praec.), haec vero formae (a', b', c') a parte prima contigua erit.

Divisores communes coëfficientium formarum.

161.

Si forma (a, b, c) formam (a', b', c') implicat, quivis divisor communis numerorum a, b, c etiam numeros a', b', c' metietur, et quivis divisor communis numerorum $a, 2b, c$ ipsos $a', 2b', c'$.

Si enim forma $axx + 2bxy + cyy$ per substitutiones $x = \alpha x' + \beta y'$ $y = \gamma x' + \delta y'$ in formam $a'x'x' + 2b'x'y' + c'y'y'$ transit: habebuntur hae aequationes

$$a\alpha\alpha + 2b\alpha\gamma + c\gamma\gamma = a'$$
$$a\alpha\beta + b(\alpha\delta + \beta\gamma) + c\gamma\delta = b'$$
$$a\beta\beta + 2b\beta\delta + c\delta\delta = c'$$

unde propositio statim sequitur (pro parte secunda propos. loco aequationis secundae hanc adhibendo $2a\alpha\beta + 2b(\alpha\delta + \beta\gamma) + 2c\gamma\delta = 2b'$)

Hinc sequitur maximum divisorem communem numerorum $a, b\,(2b), c$ simul metiri divisorem communem maximum numerorum $a', b'\,(2b'), c'$. Quodsi igitur insuper forma (a', b', c') formam (a, b, c) implicat, *i. e.* formae sunt aequivalentes, divisor communis maximus numerorum $a, b\,(2b), c$, divisori communi maximo numerorum $a', b'\,(2b'), c'$ aequalis erit, quoniam tum ille hunc metiri debet, tum hic illum. Si itaque in hoc casu $a, b\,(2b), c$ divisorem communem non habent, *i. e.* si maximus $=1$, etiam $a', b'\,(2b'), c'$ divisorem communem non habebunt.

Nexus omnium transformationum similium formae datae in formam datam.

162.

PROBLEMA. *Si forma* $AXX + 2BXY + CYY \;...\; F$

formam $axx + 2bxy + cyy \;.....\; f$

implicat, atque transformatio aliqua illius in hanc est data: ex hac omnes reliquas transformationes ipsi similes deducere.

Solutio. Sit transformatio data haec $X = \alpha x + \beta y$, $Y = \gamma x + \delta y$, ponamusque primo aliam huic similem datam esse $X = \alpha' x + \beta' y$, $Y = \gamma' x + \delta' y$, ut quid inde sequatur investigemus. Tum positis determinantibus formarum $F, f, = D, d$, atque $\alpha\delta - \beta\gamma = e$, $\alpha'\delta' - \beta'\gamma' = e'$, erit (art. 157) $d = Dee = De'e'$, et quum ex hyp. e, e' eadem signa habeant, $e = e'$. Habebuntur autem sequentes sex aequationes:

$$A\alpha\alpha + 2B\alpha\gamma + C\gamma\gamma = a \;.......\; [1]$$
$$A\alpha'\alpha' + 2B\alpha'\gamma' + C\gamma'\gamma' = a \;.......\; [2]$$
$$A\alpha\beta + B(\alpha\delta + \beta\gamma) + C\gamma\delta = b \;......\; [3]$$
$$A\alpha'\beta' + B(\alpha'\delta' + \beta'\gamma') + C\gamma'\delta' = b \;......\; [4]$$
$$A\beta\beta + 2B\beta\delta + C\delta\delta = c \;.....\; [5]$$
$$A\beta'\beta' + 2B\beta'\delta' + C\delta'\delta' = c \;......\; [6]$$

Si brevitatis gratia numeros

$$A\alpha\alpha' + B(\alpha\gamma' + \gamma\alpha') + C\gamma\gamma'$$
$$A(\alpha\beta' + \beta\alpha') + B(\alpha\delta' + \beta\gamma' + \gamma\beta' + \delta\alpha') + C(\gamma\delta' + \delta\gamma')$$
$$A\beta\beta' + B(\beta\delta' + \delta\beta') + C\delta\delta'$$

per $a', 2b', c'$ designamus, ex aequ. praecc. sequentes novas deducemus*):

$$a'a' - D(\alpha\gamma' - \gamma\alpha')^2 = aa \quad \ldots \ldots \quad [7]$$
$$2a'b' - D(\alpha\gamma' - \gamma\alpha')(\alpha\delta' + \beta\gamma' - \gamma\beta' - \delta\alpha') = 2ab \quad . \; . \quad [8]$$
$$4b'b' - D((\alpha\delta' + \beta\gamma' - \gamma\beta' - \delta\alpha')^2 + 2ee') = 2bb + 2ac$$

unde fit, addendo $2Dee' = 2d = 2bb - 2ac$,

$$4b'b' - D(\alpha\delta' + \beta\gamma' - \gamma\beta' - \delta\alpha')^2 = 4bb \quad \ldots \ldots \quad [9]$$
$$a'c' - D(\alpha\delta' - \gamma\beta')(\beta\gamma' - \delta\alpha') = bb$$

unde subtrahendo $D(\alpha\delta - \beta\gamma)(\alpha'\delta' - \beta'\gamma') = bb - ac$ fit

$$a'c' - D(\alpha\gamma' - \gamma\alpha')(\beta\delta' - \delta\beta') = ac \quad \ldots \ldots \quad [10]$$
$$2b'c' - D(\alpha\delta' + \beta\gamma' - \gamma\beta' - \delta\alpha')(\beta\delta' - \delta\beta') = 2bc \quad . \; . \quad [11]$$
$$c'c' - D(\beta\delta' - \delta\beta')^2 = cc \quad \ldots \ldots \quad [12]$$

Ponamus iam, divisorem communem maximum numerorum $a, 2b, c$ esse m numerosque $\mathfrak{A}, \mathfrak{B}, \mathfrak{C}$ ita determinatos, ut fiat

$$\mathfrak{A}a + 2\mathfrak{B}b + \mathfrak{C}c = m$$

(art. 40); multiplicentur aequationes 7, 8, 9, 10, 11, 12 resp. per $\mathfrak{A}\mathfrak{A}$, $2\mathfrak{A}\mathfrak{B}$, $\mathfrak{B}\mathfrak{B}$, $2\mathfrak{A}\mathfrak{C}$, $2\mathfrak{B}\mathfrak{C}$, $\mathfrak{C}\mathfrak{C}$ summenturque producta. Quodsi iam brevitatis caussa ponimus

$$\mathfrak{A}a' + 2\mathfrak{B}b' + \mathfrak{C}c' = T \quad \ldots \ldots \quad [13]$$
$$\mathfrak{A}(\alpha\gamma' - \gamma\alpha') + \mathfrak{B}(\alpha\delta' + \beta\gamma' - \gamma\beta' - \delta\alpha') + \mathfrak{C}(\beta\delta' - \delta\beta') = U \quad . \; . \quad [14]$$

ubi T, U manifesto erunt integri, prodibit

$$TT - DUU = mm$$

Deducti itaque sumus ad hanc conclusionem elegantem, *ex binis quibuscunque transformationibus similibus formae F in f sequi solutionem aequationis indeterminatae $tt - Duu = mm$, in integris,* scilicet $t = T$, $u = U$. Ceterum quum in

*) Origo harum aequationum haec est: 7 fit ex 1.2 (*i. e.* si aequatio (1) in aequationem (2) multiplicatur, sive potius, si illius pars prior in partem priorem huius multiplicatur, illiusque pars posterior in posteriorem huius, productaque aequalia ponuntur); 8 ex 1.4 + 2.3; sequens quae non est numerata ex 1.6 + 2.5 + 3.4 + 3.4; sequens non numerata ex 3.4; 11 ex 3.6 + 4.5; 12 ex 5.6. Simili designatione etiam in sequentibus semper utemur. Evolutionem vero lectoribus relinquere debemus.

ratiociniis nostris non supposuerimus, transformationes esse *diversas: una* adeo transformatio bis considerata solutionem praebere debet. Tum vero fit propter $\alpha' = \alpha$, $\beta' = \beta$ etc. $a' = a$, $b' = b$, $c' = c$, adeoque $T = m$, $U = 0$, quae solutio per se est obvia.

Iam primam transformationem solutionemque aequationis indeterminatae tamquam cognitas consideremus, et quomodo hinc altera transformatio deduci possit, sive quomodo $\alpha', \beta', \gamma', \delta'$, ab his $\alpha, \beta, \gamma, \delta$, T, U pendeant, investigemus. Ad hunc finem multiplicamus primo aequationem [1] per $\delta\alpha' - \beta\gamma'$, [2] per $\alpha\delta' - \gamma\beta'$, [3] per $\alpha\gamma' - \gamma\alpha'$, [4] per $\gamma\alpha' - \alpha\gamma'$, addimusque producta, unde prodibit

$$(e+e')a' = (\alpha\delta' - \beta\gamma' - \gamma\beta' + \delta\alpha')a \quad \ldots\ldots \quad [15]$$

Simili modo fit ex

$$(\delta\beta' - \beta\delta')([1] - [2]) + (\alpha\delta' - \beta\gamma' - \gamma\beta' + \delta\alpha')([3] + [4]) + (\alpha\gamma' - \gamma\alpha')([5] - [6])$$

$$2(e+e')b' = 2(\alpha\delta' - \beta\gamma' - \gamma\beta' + \delta\alpha')b \quad \ldots\ldots \quad [16]$$

Denique ex $(\delta\beta' - \beta\delta')([3] - [4]) + (\alpha\delta' - \gamma\beta')[5] + (\delta\alpha' - \beta\gamma')[6]$ prodit:

$$(e+e')c' = (\alpha\delta' - \beta\gamma' - \gamma\beta' + \delta\alpha')c \quad \ldots\ldots \quad [17]$$

Substituendo hos valores (15, 16, 17) in 13 fit

$$(e+e')T = (\alpha\delta' - \beta\gamma' - \gamma\beta' + \delta\alpha')(\mathfrak{A}a + 2\mathfrak{B}b + \mathfrak{C}c)$$

sive

$$2eT = (\alpha\delta' - \beta\gamma' - \gamma\beta' + \delta\alpha')m \quad \ldots\ldots \quad [18]$$

unde T multo facilius deduci potest, quam ex [13]. — Combinando hanc aequationem cum 15, 16, 17 obtinetur $ma' = Ta$, $2mb' = 2Tb$, $mc' = Tc$. Quos valores ipsorum $a', 2b', c'$ in aequ. 7 — 12 substituendo et loco ipsius TT scribendo $mm + DUU$, transeunt illae post mutationes debitas in has

$$(\alpha\gamma' - \gamma\alpha')^2 mm = aaUU$$
$$(\alpha\gamma' - \gamma\alpha')(\alpha\delta' + \beta\gamma' - \gamma\beta' - \delta\alpha')mm = 2abUU$$

$$(\alpha\delta'+\beta\gamma'-\gamma\beta'-\delta\alpha')^2 mm = 4bbUU$$
$$(\alpha\gamma'-\gamma\alpha')(\beta\delta'-\delta\beta')mm = acUU$$
$$(\alpha\delta'+\beta\gamma'-\gamma\beta'-\delta\alpha')(\beta\delta'-\delta\beta')mm = 2bcUU$$
$$(\beta\delta'-\delta\beta')^2 mm = ccUU$$

Hinc adiumento aequationis [14] et huius $\mathfrak{A}a+2\mathfrak{B}b+\mathfrak{C}c=m$, facile deducitur (multiplicando primam, secundam, quartam; secundam, tertiam, quintam; quartam, quintam, sextam, resp. per $\mathfrak{A}, \mathfrak{B}, \mathfrak{C}$ addendoque producta):

$$(\alpha\gamma'-\gamma\alpha')Umm = maUU$$
$$(\alpha\delta'+\beta\gamma'-\gamma\beta'-\delta\alpha')Umm = 2mbUU$$
$$(\beta\delta'-\delta\beta')Umm = mcUU$$

atque hinc, dividendo per mU*)

$$aU = (\alpha\gamma'-\gamma\alpha')m \quad \ldots\ldots \quad [19]$$
$$2bU = (\alpha\delta'+\beta\gamma'-\gamma\beta'-\delta\alpha')m \quad \ldots\ldots \quad [20]$$
$$cU = (\beta\delta'-\delta\beta')m \quad \ldots \quad [21]$$

ex quarum aequationum aliqua U multo facilius quam ex [14] deduci potest. — Simul hinc colligitur, quomodocunque $\mathfrak{A}, \mathfrak{B}, \mathfrak{C}$ determinentur (quod infinitis modis diversis fieri potest), tum T tum U eundem valorem adipisci.

Iam si aequatio 18 multiplicatur per α, 19 per 2β, 20 per $-\alpha$, fit per additionem

$$2\alpha eT+2(\beta a-\alpha b)U = 2(\alpha\delta-\beta\gamma)\alpha'm = 2e\alpha'm$$

Simili modo fit ex $\beta[18]+\beta[20]-2\alpha[21]$

$$2\beta eT+2(\beta b-\alpha c)U = 2(\alpha\delta-\beta\gamma)\beta'm = 2e\beta'm$$

Porro ex $\gamma[18]+2\delta[19]-\gamma[20]$ fit

$$2\gamma eT+2(\delta a-\gamma b)U = 2(\alpha\delta-\beta\gamma)\gamma'm = 2e\gamma'm$$

Tandem ex $\delta[18]+\delta[20]-2\gamma[21]$ prodit

$$2\delta eT+2(\delta b-\gamma c)U = 2(\alpha\delta-\beta\gamma)\delta'm = 2e\delta'm$$

*) Hoc non liceret, si esset $U=0$: tunc vero aequationum 19, 20, 21 veritas statim ex prima, tertia et sexta praecedentium sequeretur.

In quibus formulis, si pro a, b, c valores ex 1, 3, 5 substituuntur fit

$$\begin{aligned} \alpha' m &= \alpha T - (\alpha B + \gamma C) U \\ \beta' m &= \beta T - (\beta B + \delta C) U \\ \gamma' m &= \gamma T + (\alpha A + \gamma B) U \\ \delta' m &= \delta T + (\beta A + \delta B) U \text{*)} \end{aligned}$$

Ex analysi praec. sequitur, nullam transformationem formae F in f propositae similem dari, quae non sit contenta sub formula

$$\begin{aligned} X &= \tfrac{1}{m}(\alpha t - (\alpha B + \gamma C) u) x + \tfrac{1}{m}(\beta t - (\beta B + \delta C) u) y \\ Y &= \tfrac{1}{m}(\gamma t + (\alpha A + \gamma B) u) x + \tfrac{1}{m}(\delta t + (\beta A + \delta B) u) y \quad \ldots \quad \text{(I)} \end{aligned}$$

designantibus t, u indefinite omnes numeros integros aequationi $tt - Duu = mm$ satisfacientes. Hinc vero concludere nondum possumus, omnes valores ipsorum t, u, aequationi illi satisfacientes, in formula (I) substitutos, transformationes idoneas praebere. At

1. Formam F per substitutionem, e quibusvis ipsorum t, u valoribus ortam, semper in formam f transmutari, per evolutionem confirmari facile potest adiumento aequationum 1, 3, 5 et huius $tt - Duu = mm$. Calculum prolixiorem quam difficiliorem brevitatis gratia supprimimus.

2. Quaevis transformatio ex formula deducta propositae erit similis. Namque

$$\begin{aligned} &\tfrac{1}{m}(\alpha t - (\alpha B + \gamma C) u) \times \tfrac{1}{m}(\delta t + (\beta A + \delta B) u) \\ &- \tfrac{1}{m}(\beta t - (\beta B + \delta C) u) \times \tfrac{1}{m}(\gamma t + (\alpha A + \gamma B) u) \\ &= \tfrac{1}{mm}(\alpha\delta - \beta\gamma)(tt - Duu) = \alpha\delta - \beta\gamma \end{aligned}$$

3. Si formae F, f determinantes inaequales habent, fieri potest, ut formula (I) pro quibusdam valoribus ipsorum t, u praebeat substitutiones, quae *fractiones* implicent, adeoque reiici debeant. Omnes vero reliquae erunt transformationes idoneae, aliaeque praeter ipsas non dabuntur.

4. Si vero formae F, f eundem determinantem habent adeoque sunt *aequivalentes*, formula (I) nullas transformationes quae fractiones implicent praebe-

*) Hinc facile deducitur

$$\begin{aligned} AeU &= (\delta\gamma' - \gamma\delta') m \\ 2BeU &= (\alpha\delta' - \delta\alpha' + \gamma\beta' - \beta\gamma') m \\ CeU &= (\beta\alpha' - \alpha\beta') m \end{aligned}$$

bit, adeoque in hoc casu solutionem completam problematis exhibebit. Illud vero ita demonstramus.

Ex theoremate art. praec. sequitur in hocce casu, m simul fore divisorem communem numerorum $A, 2B, C$. Quoniam $tt - Duu = mm$, fit $tt - BBuu = mm - ACuu$, quare $tt - BBuu$ per mm divisibilis erit: hinc etiam a potiori $4tt - 4BBuu$ adeoque (quia $2B$ per m divisibilis) etiam $4tt$ per mm et proin $2t$ per m Hinc $\frac{2}{m}(t + Bu)$, $\frac{2}{m}(t - Bu)$ erunt integri, et quidem (quoniam differentia inter ipsos $\frac{4}{m}Bu$ est par) aut uterque par aut uterque impar. Si uterque impar esset, etiam productum impar foret, quod tamquam quadruplum numeri $\frac{1}{mm}(tt - BBuu)$, quem integrum esse modo ostendimus, necessario par: quare hic casus est impossibilis, adeoque $\frac{2}{m}(t + Bu)$, $\frac{2}{m}(t - Bu)$ semper pares, unde $\frac{1}{m}(t + Bu)$, $\frac{1}{m}(t - Bu)$ erunt integri. Hinc vero nullo negotio deducitur, omnes quatuor coefficientes in (I) semper esse integros. *Q. E. D.*

Ex praecedentibus colligitur, si omnes solutiones aequationis $tt - Duu = mm$ habeantur, omnes transformationes formae (A, B, C) in (a, b, c) transf. datae similes inde derivari. Illas vero in sequentibus invenire docebimus. Hic tantummodo observamus multitudinem solutionum semper esse finitam, quando D sit negativus, aut positivus simulque quadratus: quando vero D positivus non quadratus, infinitam. Quando hic casus locum habet, simulque D non $= d$ (supra 3°), disquiri insuper deberet, quomodo ii valores ipsorum t, u, qui substitutiones a fractionibus liberas, ab iis, qui fractas producunt, a priori dignosci possint. Sed pro hocce casu infra aliam methodum ab hoc incommodo liberam exponemus (art. 214).

Exempl. Forma $xx + 2yy$ per substitutionem propriam $x = 2x' + 7y'$, $y = x' + 5y'$ transit in formam (6, 24, 99): desiderantur *omnes* transformationes propriae formae illius in hanc. Hic $D = -2$, $m = 3$, adeoque aequatio solvenda haec: $tt + 2uu = 9$. Huic sex modis diversis satisfit ponendo scilicet $t = 3$. $-3, 1, -1, 1, -1$; $u = 0, 0, 2, 2, -2, -2$ resp. Solutio tertia et sexta dant substitutiones in fractis, adeoque sunt reiiciendae; ex reliquis sequuntur quatuor substitutiones:

$$x = \begin{cases} 2x' + 7y' \\ -2x' - 7y' \\ -2x' - 9y' \\ 2x' + 9y' \end{cases} \quad y = \begin{cases} x' + 5y' \\ -x' - 5y' \\ x' + 3y' \\ -x' - 3y' \end{cases}$$

quarum prima est proposita

Formae ancipites.

163.

Iam supra obiter diximus fieri posse ut forma aliqua, F, aliam, F, tam proprie quam improprie implicet. Perspicuum est hoc evenire, si inter formas F, F' alia G interponi possit, ita ut F ipsam G, G ipsam F' implicet, formaque G ita sit comparata, ut sibi ipsa sit improprie aequivalens. Si enim F ipsam G proprie vel improprie implicare supponitur: quum G ipsam G improprie implicet, F ipsam G improprie vel proprie (resp.) implicabit, adeoque in utroque casu, tam proprie quam improprie (art. 159). Eodem modo hinc deducitur, quomodocunque G ipsam F' implicare supponatur, F semper ipsam F' tum proprie tum improprie implicare debere. — Tales vero formas dari, quae sibi ipsae sint improprie aequivalentes, videtur in casu maxime obvio, ubi formae terminus medius $=0$. Talis enim forma sibi ipsa erit opposita (art. 159) adeoque improprie aequivalens. Generalius quaevis forma (a, b, c) hac proprietate est praedita, in qua $2b$ per a est divisibilis. Huic enim forma (c, b, a) a parte prima erit contigua (art. 160) adeoque proprie aequivalens: sed (c, b, a) per art. 159 formae (a, b, c) improprie aequivalet: quare (a, b, c) sibi ipsa improprie aequivalebit. Tales formas (a, b, c) in quibus $2b$ per a est divisibilis, *ancipites* vocabimus. Habebimus itaque theorema hoc:

Forma F, aliam formam F' tum proprie tum improprie implicabit, si forma anceps inveniri potest sub F contenta ipsam F' vero implicans. Sed haec propositio etiam converti potest: scilicet

Theorema circa casum ubi forma sub alia simul proprie et improprie contenta est.

164.

Theorema. *Si forma* $Axx + 2Bxy + Cyy$ . . (F)

formam $A'x'x' + 2B'x'y' + C'y'y'$ . . . . (F')

tum proprie tum improprie implicat: forma anceps inveniri potest, sub F contenta formamque F' implicans.

Ponamus, formam F transire in formam F' tum per substitutionem

$$x = \alpha x' + \beta y', \quad y = \gamma x' + \delta y'$$

tum per hanc illi dissimilem

$$x = \alpha' x' + \beta' x', \quad y = \gamma' x' + \delta' y'$$

Tum designatis numeris $\alpha\delta - \beta\gamma$, $\alpha'\delta' - \beta'\gamma'$ per e, e', erit $B'B' - A'C' = ee(BB - AC) = e'e'(BB - AC)$; hinc $ee = e'e'$, et, quia per hyp. e, e' signa opposita habent, $e = -e'$ sive $e + e' = 0$. Iam patet si in F' pro x' substituatur $\delta' x'' - \beta' y''$, et pro $y', -\gamma' x'' + \alpha' y''$, eandem formam esse prodituram ac si in F scribatur

aut 1) pro x	$\alpha(\delta' x'' - \beta' y'') + \beta(-\gamma' x'' + \alpha' y'')$
i. e.	$(\alpha\delta' - \beta\gamma') x'' + (\beta\alpha' - \alpha\beta') y''$
et pro y	$\gamma(\delta' x'' - \beta' y'') + \delta(-\gamma' x'' + \alpha' y'')$
i. e.	$(\gamma\delta' - \delta\gamma') x'' + (\delta\alpha' - \gamma\beta') y''$
aut 2) pro x	$\alpha'(\delta' x'' - \beta' y'') + \beta'(-\gamma' x'' + \alpha' y'')$ *i. e.* $e' x''$
et pro y	$\gamma'(\delta' x'' - \beta' y'') + \delta'(-\gamma' x'' + \alpha' y'')$ *i. e.* $e' y''$

Designatis itaque numeris $\alpha\delta' - \beta\gamma'$, $\beta\alpha' - \alpha\beta'$, $\gamma\delta' - \delta\gamma'$, $\delta\alpha' - \gamma\beta'$ per a, b, c, d: forma F per duas substitutiones

$$x = ax'' + by'', \quad y = cx'' + dy''; \qquad x = e'x'', \quad y = e'y''$$

in eandem formam transmutabitur, unde obtinemus tres aequationes sequentes:

$$Aaa + 2Bac + Ccc = Ae'e' \quad \ldots \quad [1]$$
$$Aab + B(ad + bc) + Ccd = Be'e' \quad \ldots \quad [2]$$
$$Abb + 2Bbd + Cdd = Ce'e' \quad \ldots \quad [3]$$

Ex valoribus ipsorum a, b, c, d autem invenitur

$$ad - bc = ee' = -ee = -e'e' \quad \ldots \quad [4]$$

Hinc fit ex $d[1] - c[2]$

$$(Aa + Bc)(ad - bc) = (Ad - Bc)e'e'$$

adeoque

$$A(a + d) = 0$$

Porro ex $(a + d)[2] - b[1] - c[3]$ fit

$$(Ab+B(a+d)+Cc)(ad-bc) = (-Ab+B(a+d)-Cc)e'e'$$

adeoque

$$B(a+d) = 0$$

Denique ex $a[3]-b[2]$ fit

$$(Bb+Cd)(ad-bc) = (-Bb+Ca)e'e'$$

adeoque

$$C(a+d) = 0$$

Quare quum omnes A, B, C nequeant esse $=0$, necessario erit $a+d=0$ sive $a=-d$.

Ex $a[2]-b[1]$ fit

$$(Ba+Cc)(ad-bc) = (Ba-Ab)e'e'$$

unde

$$Ab-2Ba-Cc = 0 \quad . \; . \; . \; . \; . \; . \; . \; . \; . \quad [5]$$

Ex aequationibus $e+e'=0$, $a+d=0$ sive

$$\alpha\delta-\beta\gamma+\alpha'\delta'-\beta'\gamma' = 0, \quad \alpha\delta'-\beta\gamma'-\gamma\beta'+\delta\alpha' = 0$$

sequitur $(\alpha+\alpha')(\delta+\delta') = (\beta+\beta')(\gamma+\gamma')$ sive

$$(\alpha+\alpha') : (\gamma+\gamma') = (\beta+\beta') : (\delta+\delta')$$

Sit rationi huic*) in numeris minimis aequalis ratio $m:n$, ita ut m, n inter se primi sint, accipianturque μ, ν ita ut fiat $\mu m+\nu n=1$. Porro sit r div. comm. max. numerorum a, b, c; cuius quadratum propterea metietur ipsum $aa+bc$ sive $bc-ad$ sive ee; quare r etiam ipsum e metietur. His ita factis, si forma F per substitutionem

$$x = mt+\frac{\nu e}{r}u, \quad y = nt-\frac{\mu e}{r}u$$

in formam $Mtt+2Ntu+Puu$ (G) transire supponitur, haec anceps erit formamque F' implicabit.

*) Si omnes $\alpha+\alpha'$, $\gamma+\gamma'$, $\beta+\beta'$, $\delta+\delta'$ essent $=0$, ratio indeterminata foret, adeoque methodus non applicabilis. Sed exigua attentio docet, hoc cum suppositionibus nostris consistere non posse. Foret enim $\alpha\delta-\beta\gamma = \alpha'\delta'-\beta'\gamma'$ i. e. $e=e'$ adeoque, quia $e=-e'$, $e=e'=0$. Hinc vero etiam $B'B'-A'C'$ i. e. determinans formae F' fieret $=0$, quales formas omnino exclusimus.

Dem. I. Quo pateat, formam G esse ancipitem, ostendemus esse

$$M(b\mu\mu - 2a\mu\nu - c\nu\nu) = 2Nr$$

unde quia r ipsos a, b, c metitur $\frac{1}{r}(b\mu\mu - 2a\mu\nu - c\nu\nu)$ integer erit, adeoque $2N$ multiplum ipsius M. Erit autem

$$M = Amm + 2Bmn + Cnn,\quad Nr = (Am\nu - B(m\mu - n\nu) - Cn\mu)e \;.\;. \quad [6]$$

Porro per evolutionem facile confirmatur esse

$$2e + 2a = e - e' + a - d = (\alpha - \alpha')(\delta + \delta') - (\beta - \beta')(\gamma + \gamma')$$

$$2b = (\alpha + \alpha')(\beta - \beta') - (\alpha - \alpha')(\beta + \beta')$$

Hinc quoniam $m(\gamma + \gamma') = n(\alpha + \alpha')$, $m(\delta + \delta') = n(\beta + \beta')$ erit

$$m(2e + 2a) = -2nb \quad \text{sive}$$

$$me + ma + nb = 0 \;.\;.\quad .\;. \qquad [7]$$

Eodem modo erit

$$2e - 2a = e - e' - a + d = (\alpha + \alpha')(\delta - \delta') - (\beta + \beta')(\gamma - \gamma')$$

$$2c = (\gamma - \gamma')(\delta + \delta') - (\gamma + \gamma')(\delta - \delta')$$

atque hinc $n(2e - 2a) = -2mc$ sive

$$ne - na + mc = 0 \quad .\;.\;.\;. \qquad [8]$$

Iam si ad $mm(b\mu\mu - 2a\mu\nu - c\nu\nu)$ additur

$$(1 - m\mu - n\nu)(m\nu(e - a) + (m\mu + 1)b)$$
$$+ (me + ma + nb)(m\mu\nu + \nu) + (ne - na + mc)m\nu\nu$$

quod manifesto $= 0$ propter

$$1 - \mu m - \nu u = 0,\quad me + ma + nb = 0,\quad ne - na + mc = 0$$

prodit productis rite evolutis partibusque se destruentibus deletis, $2m\nu e + b$ Quare erit

$$mm(b\mu\mu - 2a\mu\nu - c\nu\nu) = 2m\nu e + b \quad .\;.\;.\;. \qquad [9]$$

Eodem modo addendo ad $mn(b\mu\mu - 2a\mu\nu - c\nu\nu)$ haec:

$$(1-m\mu-n\nu)\big((n\nu-m\mu)e-(1+m\mu+n\nu)a\big)$$
$$-(me+ma+nb)m\mu\mu+(ne-na+mc)n\nu\nu$$

invenitur

$$mn(b\mu\mu-2a\mu\nu-c\nu\nu)=(n\nu-m\mu)e-a \quad . \quad . \quad . \quad [10]$$

Denique addendo ad $nn(b\mu\mu-2a\mu\nu-c\nu\nu)$ haec:

$$(m\mu+n\nu-1)\big(n\mu(e+a)+(n\nu+1)c\big)$$
$$-(me+ma+nb)n\mu\mu-(ne-na+mc)(n\mu\nu+\mu)$$

fit

$$nn(b\mu\mu-2a\mu\nu-c\nu\nu)=-2n\mu e-c \quad . \quad . \quad . \quad . \quad [11]$$

Iam ex 9, 10, 11, deducitur

$$(Amm+2Bmn+Cnn)(b\mu\mu-2a\mu\nu-c\nu\nu)$$
$$=2e(Am\nu+B(n\nu-m\mu)-Cn\mu)+Ab-2Ba-Cc$$

sive propter [6],

$$M(b\mu\mu-2a\mu\nu-c\nu\nu)=2Nr. \quad Q.\ E.\ D.$$

II. Ut probetur, formam G implicare formam F', demonstrabimus, *primo* G transire in F' ponendo

$$t=(\mu\alpha+\nu\gamma)x'+(\mu\beta+\nu\delta)y',\quad u=\frac{r}{e}(n\alpha-m\gamma)x'+\frac{r}{e}(n\beta-m\delta)y'. \qquad (S)$$

secundo $\frac{r}{e}(n\alpha-m\gamma)$, $\frac{r}{e}(n\beta-m\delta)$ esse integros.

1. Quoniam F transit in G ponendo

$$x=mt+\frac{\nu e}{r}u,\quad y=nt-\frac{\mu e}{r}u$$

forma G per substitutionem (S) transmutabitur in eandem formam in quam F transformatur ponendo

$$x=m\big((\mu\alpha+\nu\gamma)x'+(\mu\beta+\nu\delta)y'\big)+\nu\big((n\alpha-m\gamma)x'+(n\beta-m\delta)y'\big)$$

i. e. $\qquad = \alpha(m\mu+n\nu)x'+\beta(m\mu+n\nu)y'$ sive $=\alpha x'+\beta y'$

et $y=n\big((\mu\alpha+\nu\gamma)x'+(\mu\beta+\nu\delta)y'\big)-\mu\big((n\alpha-m\gamma)x'+(n\beta-m\delta)y'\big)$

i. e. $\qquad =\gamma(n\nu+m\mu)x'+\delta(n\nu+m\mu)y'$ sive $=\gamma x'+\delta y'$

Per hanc vero substitutionem F transit in F': quare per substitutionem (S) etiam G transibit in F'.

2. Ex valoribus ipsorum e, b, d invenitur $\alpha' e + \gamma b - \alpha d = 0$, sive propter $d = -a$, $n\alpha' e + n\alpha a + n\gamma b = 0$; hinc ex [7], $n\alpha' e + n\alpha a = m\gamma e + m\gamma a$ sive

$$(n\alpha - m\gamma) a = (m\gamma - n\alpha') e \quad \ldots\ldots \quad [12]$$

Porro fit $\alpha n b = -\alpha m(e+a)$, $\gamma m b = -m(\alpha' e + \alpha a)$ adeoque

$$(n\alpha - m\gamma) b = (\alpha' - \alpha) m e \quad \ldots \quad [13]$$

Denique fit $\gamma' e - \gamma a + \alpha c = 0$: hinc multiplicando per n, et pro na substituendo valorem ex [8] fit

$$(n\alpha - m\gamma) c = (\gamma - \gamma') n e \quad \ldots\ldots \quad [14]$$

Simili modo eruitur $\beta' e + \delta b - \beta d = 0$, sive $n\beta' e + n\delta b + n\beta a = 0$, adeoque per [7], $n\beta' e + n\beta a = m\delta e + m\delta a$ sive

$$(n\beta - m\delta) a = (m\delta - n\beta') e \quad \ldots\ldots \quad [15]$$

Porro fit $\beta n b = -\beta m(e+a)$, $\delta m b = -m(\beta' e + \beta a)$ adeoque

$$(n\beta - m\delta) b = (\beta' - \beta) m e \quad . \quad [16]$$

Tandem $\delta' e - \delta a + \beta c = 0$: hinc multiplicando per n et substituendo pro na valorem ex [8] fit

$$(n\beta - m\delta) c = (\delta - \delta') n e \quad \ldots\ldots \quad [17]$$

Iam quum divisor communis maximus numerorum a, b, c sit r, integri $\mathfrak{A}, \mathfrak{B}, \mathfrak{C}$ ita accipi possunt, ut fiat

$$\mathfrak{A} a + \mathfrak{B} b + \mathfrak{C} c = r$$

Quo facto erit ex 12, 13, 14; 15, 16, 17

$$\mathfrak{A}(m\gamma - n\alpha') + \mathfrak{B}(\alpha' - \alpha) m + \mathfrak{C}(\gamma - \gamma') n = \frac{r}{e}(n\alpha - m\gamma)$$
$$\mathfrak{A}(m\delta - n\beta') + \mathfrak{B}(\beta' - \beta) m + \mathfrak{C}(\delta - \delta') n = \frac{r}{e}(n\beta - m\delta)$$

adeoque $\frac{r}{e}(n\alpha - n\gamma)$, $\frac{r}{e}(n\beta - m\delta)$ integri. *Q. E. D.*

165.

Ex. Forma $3xx + 14xy - 4yy$ in formam $-12x'x' - 18x'y' + 39y'y'$ transmutatur, tum proprie, ponendo

$$x = 4x' + 11y', \quad y = -x' - 2y'$$

tum improprie, ponendo

$$x = -74x' + 89y', \quad y = 15x' - 18y'$$

Hic igitur $\alpha + \alpha'$, $\beta + \beta'$, $\gamma + \gamma'$, $\delta + \delta'$ sunt -70, 100, 14, -20; est autem $-70:14 = 100:-20 = 5:-1$. Faciemus itaque $m = 5$, $n = -1$, $\mu = 0$, $\nu = -1$. Numeri autem a, b, c inveniuntur -237, -1170, 48, quorum divisor communis maximus $= 3 = r$; denique fit $e = 3$. Hinc transformatio (S) haec erit, $x = 5t - u$, $y = -t$. Per quam forma $(3, 7, -4)$ transit in formam ancipitem $tt - 16tu + 3uu$.

Si formae F, F' sunt aequivalentes: forma G, sub F contenta, etiam sub F' contenta erit. Sed quoniam eandem formam etiam implicat, ipsi aequivalens erit, et proin etiam formae F. In hoc igitur casu theorema ita enunciabitur:

Si F, F' tam proprie, quam improprie sunt aequivalentes: forma anceps utrique aequivalens inveniri poterit. — Ceterum in hoc casu $e = \pm 1$, adeoque etiam r ipsum e metiens, $= 1$ erit.

Haec de formarum transformatione in genere sufficiant: transimus itaque ad considerationem *repraesentationum*.

Generalia de repraesentationibus numerorum per formas, earumque nexu cum transformationibus.

166.

Si forma F formam F' implicat: quicunque numerus per F' repraesentari potest, etiam per F poterit.

Sint indeterminatae formarum F, F' respective x, y; x', y', ponamusque numerum M per F' repraesentari faciendo $x' = m$, $y' = n$, formam F vero in F' transire per substitutionem

$$x = \alpha x' + \beta y', \quad y = \gamma x' + \delta y'$$

Tum manifestum est, si ponatur

$$x = \alpha m + \beta n, \quad y = \gamma m + \delta n$$

F transire in M

Si M pluribus modis per formam F' repraesentari potest, e.g. etiam faciendo $x' = m'$, $y' = n'$: plures repraesentationes ipsius M per F inde sequentur. Si enim esset tum

$$\alpha m + \beta n = \alpha m' + \beta n' \text{ tum } \gamma m + \delta n = \gamma m' + \delta n'$$

foret aut $\alpha\delta - \beta\gamma = 0$, adeoque etiam determinans formae $F' = 0$ contra hyp., aut $m = m'$, $n = n'$. Hinc sequitur M ad minimum totidem modis diversis per F repraesentari posse quot per F'.

Si igitur tum F ipsam F', tum F' ipsam F implicat *i. e.* si F, F' sunt aequivalentes, numerusque M per alterutram repraesentari potest: etiam per alteram repraesentari poterit, et quidem totidem modis diversis per alteram, quot per alteram.

Denique observamus, in hocce casu divisorem communem maximum numerorum m, n aequalem esse divisori comm. max. numerorum $\alpha m + \beta n$, $\gamma m + \delta n$. Sit ille $= \Delta$, numerique μ, ν ita accepti, ut fiat $\mu m + \nu n = \Delta$. Tum erit

$$(\delta\mu - \gamma\nu)(\alpha m + \beta n) - (\beta\mu - \alpha\nu)(\gamma m + \delta n) = (\alpha\delta - \beta\gamma)(\mu m + \nu n) = \pm\Delta$$

Hinc div. comm. max. numerorum $\alpha m + \beta n$, $\gamma m + \delta n$ metietur ipsum Δ, Δ vero etiam illum metietur, quia manifesto ipsos $\alpha m + \beta n$, $\gamma m + \delta n$ metitur. Quare necessario ille erit $= \Delta$. — Quando igitur m, n inter se primi sunt, etiam $\alpha m + \beta n$, $\gamma m + \delta n$ inter se primi erunt.

167.

Theorema. *Si formae*

$$axx + 2bxy + cyy \;\ldots\ldots\; (F)$$
$$a'x'x' + 2b'x'y' + c'y'y' \;\ldots\ldots\; (F')$$

sunt aequivalentes, ipsarum determinans $= D$, *posteriorque in priorem transit ponendo*

$$x' = \alpha x + \beta y, \quad y' = \gamma x + \delta y$$

porro numerus M per F repraesentatur, faciendo $x=m$, $y=n$, adeoque per F' faciendo

$$x'=\alpha m+\beta n=m',\quad y'=\gamma m+\delta n=n'$$

et quidem ita ut m ad n eoque ipso etiam m' ad n' sit primus: ambae repraesentationes aut ad eundem valorem expressionis $\sqrt{D}$ (mod. M) pertinebunt, aut ad oppositos, prout transformatio formae F' in F propria est vel impropria.

Dem. Determinentur numeri μ, ν ita ut fiat $\mu m+\nu n=1$, ponaturque

$$\frac{\delta\mu-\gamma\nu}{\alpha\delta-\beta\gamma}=\mu',\quad \frac{-\beta\mu+\alpha\nu}{\alpha\delta-\beta\gamma}=\nu'$$

(qui erunt integri propter $\alpha\delta-\gamma\beta=\pm 1$). Tum erit

$$\mu'm'+\nu'n'=1. \quad \text{(Cf. art. praec. fin.)}$$

Porro sit

$$\mu(bm+cn)-\nu(am+bn)=V,\quad \mu'(b'm'+c'n')-\nu'(a'm'+b'n')=V'$$

eruntque V, V' valores expr. $\sqrt{D}$ (mod. M) ad quos repraesentatio prima et secunda pertinent. Si in V' pro μ', ν', m', n' valores ipsorum substituuntur, in V vero

$$\begin{aligned}&\text{pro } a, \quad a'\alpha\alpha+2b'\alpha\gamma+c'\gamma\gamma\\ &\text{pro } b, \quad a'\alpha\beta+b'(\alpha\delta+\beta\gamma)+c'\gamma\delta\\ &\text{pro } c, \quad a'\beta\beta+2b'\beta\delta+c'\delta\delta\end{aligned}$$

invenietur evolutione facta $V=V'(\alpha\delta-\beta\gamma)$.

Quare erit aut $V=V'$, aut $V=-V'$, prout $\alpha\delta-\beta\gamma=+1$ aut $=-1$ *i. e.* repraesentationes pertinebunt ad eundem valorem expr. $\sqrt{D}$ (mod. M) vel ad oppositos, prout transformatio formae F' in F est propria vel impropria. *Q. E. D.*

Si itaque plures repraesentationes numeri M per formam (a, b, c), ope valorum inter se primorum indeterminatarum x, y, habentur ad valores *diversos* expr. $\sqrt{D}$ (mod. M) pertinentes: repraesentationes respodentes per formam (a', b', c') ad eosdem resp. valores pertinebunt, et si nulla repraesentatio numeri M per formam aliquam ad valorem quendam determinatum pertinens datur, nulla quoque dabitur ad hunc valorem pertinens per formam illi aequivalentem.

168.

Theorema. *Si numerus M per formam $axx+2bxy+cyy$ repraesentatur tribuendo ipsis x, y, valores inter se primos m, n, valorque expressionis $\sqrt{D}\,(\text{mod.}\,M)$, ad quem haec repraesentatio pertinet, est N: formae (a, b, c), $(M, N, \frac{NN-D}{M})$ proprie aequivalentes erunt.*

Demonstr. Ex art. 155 patet, numeros integros μ, ν inveniri posse ita ut sit

$$m\mu+n\nu=1, \quad \mu(bm+cn)-\nu(am+bn)=N$$

Quo facto forma (a, b, c) per substitutionem $x=mx'-\nu y'$, $y=nx'+\mu y'$, quae manifesto est propria, transit in formam cuius determinans $=D(m\mu+n\nu)^2$ *i. e.* $=D$, sive in formam aequivalentem: quae forma si ponitur $=(M', N', \frac{N'N'-D}{M'})$, erit

$$M'=amm+2bmn+cnn=M, \quad N'=-m\nu a+(m\mu-n\nu)b+n\mu c=N$$

Quare forma in quam (a, b, c) per transformationem illam mutatur, erit $(M, N, \frac{NN-D}{M})$. *Q. E. D.*

Ceterum ex aequationibus

$$m\mu+n\nu=1, \quad \mu(mb+nc)-\nu(ma+nb)=N$$

deducitur

$$\mu=\frac{nN+ma+nb}{amm+2bmn+cnn}=\frac{nN+ma+nb}{M}, \quad \nu=\frac{mb+nc-mN}{M}$$

qui numeri itaque erunt integri.

Porro observandum, hanc propositionem locum non habere, si $M=0$; tum enim terminus $\frac{NN-D}{M}$ fit indeterminatus*).

169.

Si plures repraesentationes numeri M, per (a, b, c) habentur, ad eundem valorem expr. $\sqrt{D}\,(\text{mod.}\,M)$, N, pertinentes (ubi valores ipsorum x, y semper inter se primos supponimus): plures etiam transformationes propriae formae $(a, b, c)\,..\,(F)$, in $(M, N, \frac{NN-D}{M})\,..\,(G)$ inde deducentur. Scilicet si etiam per hos valores $x=m'$, $y=n'$ talis repraesentatio provenit, (F) etiam per substitutionem

*) In hoc enim casu, si ad ipsum phrasin extendere volumus, haec: N esse valorem expr. $\sqrt{D}\,(\text{mod.}\,M)$, sive $NN\equiv D\,(\text{mod.}\,M)$ significabit, $NN-D$ esse multiplum ipsius M, adeoque $=0$.

$$x = m'x' + \frac{m'N - m'b - n'c}{M}y', \quad y = n'x' + \frac{n'N + m'a + n'b}{M}y'$$

in (G) transit. Vice versa, ex quavis transformatione propria formae (F) in (G) sequetur repraesentatio numeri M per formam (F), ad valorem N pertinens. Scilicet si (F) transit in (G) positis $x = mx' - \nu y'$, $y = nx' + \mu y'$, M repraesentatur per (F) ponendo $x = m$, $y = n$, et quoniam hic $m\mu + n\nu = 1$, valor expr. $\sqrt{D}$ (mod. M) ad quem repraesentatio pertinet erit $\mu(bm + cn) - \nu(am + bn)$ *i. e.* N. Ex pluribus vero transformationibus propriis diversis, sequentur totidem repraesentationes diversae ad N pertinentes*). — Hinc facile colligitur, si omnes transformationes propriae formae (F) in (G) habeantur, ex his omnes repraesentationes ipsius M per (F) ad valorem N pertinentes sequi. Unde quaestio de repraesentationibus numeri dati per formam datam (in quibus indeterminatae valores inter se primos nanciscuntur) investigandis, reducta est ad quaestionem de inveniendis omnibus transformationibus propriis formae illius in datam aequivalentem.

Applicando iam ad haec ea quae in art. 162 docuimus, facile concluditur: Si repraesentatio aliqua numeri M per formam (F) ad valorem N pertinens sit haec: $x = \alpha$, $y = \gamma$: formulam generalem omnes repraesentationes eiusdem numeri per formam (F), ad valorem N pertinentes, comprehendentem fore hanc:

$$x = \frac{\alpha t - (\alpha b + \gamma c)u}{m}, \quad y = \frac{\gamma t + (\alpha a + \gamma b)u}{m}$$

ubi m divisor communis maximus numerorum a, $2b$, c; et t, u omnes numeri, indefinite, aequationi $tt - Duu = mm$ satisfacientes.

170.

Si forma (a, b, c) ancipiti alicui aequivalens, adeoque formae $(M, N, \frac{NN-D}{M})$ tam proprie, quam improprie, sive tam formae $(M, N, \frac{NN-D}{M})$, quam huic $(M, -N, \frac{NN-D}{M})$ proprie: repraesentationes numeri M habebuntur per formam

*) Si ex duabus transformationibus propriis diversis eadem repraesentatio defluere supponitur, illae ita se habere debebunt:

1) $x = mx' - \nu y'$, $y = nx' + \mu y'$; 2) $x = mx' - \nu' y'$, $y = nx' + \mu' x'$.

Sed ex duabus aequationibus

$$m\mu + n\nu = m\mu' + n\nu', \quad \mu(mb + nc) - \nu(ma + nb) = \mu'(mb + nc) - \nu'(ma + nb),$$

facile deducitur esse aut $M = 0$ aut $\mu = \mu'$, $\nu = \nu'$. At $M = 0$ iam exclusimus.

(F), tam ad valorem N, quam ad valorem $-N$, pertinentes. Et vice versa si plures repraesentationes numeri M per eandem formam (F), ad valores *oppositos* expr. $\sqrt{D}\,(\text{mod.}\,M)$, $N, -N$, pertinentes habentur: forma (F) formae (G) tam proprie quam improprie aequivalens erit, formaque anceps assignari poterit, cui (F) aequivaleat.

Haec generalia de repraesentationibus hic sufficiant: de repraesentationibus, in quibus indeterminatae valores inter se non primos habent, infra dicemus. Respectu aliarum proprietatum, formae quarum determinans est negativus prorsus alio modo sunt tractandae, quam formae determinantis positivi: quare iam utrasque seorsim considerabimus. Ab illis tamquam facilioribus initium facimus.

De formis determinantis negativi.

171.

PROBLEMA. *Proposita forma quacunque, (a, b, a'), cuius determinans negativus, $= -D$, designante D numerum positivum, invenire formam huic proprie aequivalentem, (A, B, C), in qua A nec maior quam $\sqrt{\tfrac{4}{3}D}$, C, nec minor quam $2B$.*

Solutio. Supponimus in forma proposita non omnes tres conditiones simul locum habere: alioquin enim aliam formam quaerere opus non esset. Sit b' residuum abs. min. numeri $-b$ secundum modulum a'*), atque $a'' = \frac{b'b'+D}{a'}$, qui erit integer quia $b'b' \equiv bb$, $b'b'+D \equiv bb+D \equiv aa' \equiv 0\,(\text{mod.}\,a')$. Iam si $a'' < a'$, fiat denuo b'' resid. abs. min. ipsius $-b'$ secundum mod. a'', atque $a''' = \frac{b''b''+D}{a''}$. Si hic iterum $a''' < a''$, sit rursus b''' res. abs. min. ipsius $-b''$ secundum mod. a''' atque $a'''' = \frac{b'''b'''+D}{a'''}$. Haec operatio continuetur donec in progressione a', a'', a''', a'''' etc. ad terminum a^{m+1} perveniatur, qui praecedente suo a^m non sit minor, quod tandem evenire debet, quia alias progressio infinita numerorum integrorum continuo decrescentium haberetur. Tum forma (a^m, b^m, a^{m+1}) omnibus conditionibus satisfaciet.

Dem. I. In progressione formarum (a, b, a'), (a', b', a''), (a'', b'', a''') etc. quaevis praecedenti est contigua, quare ultima primae proprie aequivalens erit (artt. 159, 160).

*) Observare convenit, si formae alicuius (a, b, a') terminus primus vel ultimus a vel a' sit $= 0$, ipsius determinantem esse quadratum positivum: quare illud in casu praesenti evenire nequit. — Ex simili ratione termini exteri a, a' formae determinantis negativi, signa opposita habere non possunt.

II. Quum b^m sit residuum absolute minimum ipsius $-b^{m-1}$ secundum mod. a^m, maior quam $\frac{1}{2}a^m$ non erit (art. 4).

III. Quia $a^m a^{m+1} = D + b^m b^m$, atque a^{m+1} non $< a^m$, $a^m a^m$ non erit $> D + b^m b^m$, et quum b^m non $> \frac{1}{2}a^m$, $a^m a^m$ non erit $> D + \frac{1}{4}a^m a^m$ et $\frac{3}{4}a^m a^m$ non $> D$, tandemque a^m *non* $> \sqrt{\frac{4}{3}D}$.

Exempl. Proposita sit forma (304, 217, 155), cuius determinans $= -31$. Hic invenitur progressio formarum:

$$(304, 217, 155), (155, -62, 25), (25, 12, 7), (7, 2, 5), (5, -2, 7).$$

Ultima est quaesita. — Eodem modo formae (121, 49, 20), cuius determinans $= -19$, aequivalentes inveniuntur: (20, —9, 5), (5, —1, 4), (4, 1, 5): quare (4, 1, 5) erit forma quaesita.

Tales formas (A, B, C), quarum determinans est negativus et in quibus A nec maior quam $\sqrt{\frac{4}{3}D}$, C, nec minor quam $2B$, *formas reductas* vocabimus. Quare cuivis formae determinantis negativi, forma reducta proprie aequivalens inveniri poterit.

172.

Problema. *Invenire conditiones, sub quibus duae formae reductae non identicae, eiusdem determinantis* $-D$, (a, b, c), (a', b', c') *proprie aequivalentes esse possint.*

Solutio. Supponamus, id quod licet, a' esse non $> a$, formamque $axx + 2bxy + cyy$ transire in $a'x'x' + 2b'x'y' + c'y'y'$ per substitutionem propriam $x = \alpha x' + \beta y'$, $y = \gamma x' + \delta y'$. Tum habebuntur aequationes

$$a\alpha\alpha + 2b\alpha\gamma + c\gamma\gamma = a' \quad \dots\dots\dots [1]$$
$$a\alpha\beta + b(\alpha\delta + \beta\gamma) + c\gamma\delta = b' \quad \dots\dots\dots [2]$$
$$\alpha\delta - \beta\gamma = 1 \quad \dots\dots\dots [3]$$

Ex [1] sequitur $aa' = (a\alpha + b\gamma)^2 + D\gamma\gamma$; quare aa' erit positivus; et quum $ac = D + bb$, $a'c' = D + b'b'$, etiam ac, $a'c'$ positivi erunt: quare a, a', c, c' omnes eadem signa habebunt. Sed tum a tum a' non $> \sqrt{\frac{4}{3}D}$, adeoque aa' non $> \sqrt{\frac{4}{3}D}$; quare multo minus $D\gamma\gamma$ $(= aa' - (a\alpha + b\gamma)^2)$ maior quam $\frac{4}{3}D$ esse poterit. Hinc γ erit aut $= 0$, aut $= \pm 1$.

I. Si $\gamma = 0$, ex [3] sequitur esse aut $\alpha = 1$, $\delta = 1$, aut $\alpha = -1$, $\delta = -1$

In utroque casu fit ex [1] $a'=a$, et ex [2] $b'-b=\pm 6a$. Sed b non $>\frac{1}{2}a$, et b' non $>\frac{1}{2}a'$, proin etiam non $>\frac{1}{2}a$. Quare aequatio $b'-b=\pm 6a$ consistere nequit, nisi fuerit

aut $b=b'$, unde sequeretur $c'=\frac{b'b'+D}{a'}=\frac{bb+D}{a}=c$, quare formae (a, b, c), (a', b', c') identicae essent contra hyp.

aut $b=-b'=\pm\frac{1}{2}a$. In hoc etiam casu erit $c'=c$ formaque (a', b', c') erit $(a, -b, c)$ *i. e.* formae (a, b, c) opposita. Simul patet formas has esse ancipites propter $2b=\pm a$.

II. Si $\gamma=\pm 1$, fit ex [1] $a\alpha\alpha+c-a'=\pm 2b\alpha$. Sed c non minor quam a, adeoque non minor quam a': hinc $a\alpha\alpha+c-a'$ sive $2b\alpha$ certo non minor quam $a\alpha\alpha$. Quare quum $2b$ non sit maior quam a, erit α non minor quam $\alpha\alpha$; unde necessario aut $\alpha=0$, aut $=\pm 1$.

1) Si $\alpha=0$, fit ex [1] $a'=c$, et quoniam a neque maior quam c, neque minor quam a', erit necessario $a'=a=c$. Porro ex [3] fit $6\gamma=-1$, unde ex [2] $b+b'=\pm\delta c=\pm\delta a$. Hinc simili modo ut in (I) sequitur esse

aut $b=b'$, in quo casu formae (a, b, c), (a', b', c') forent identicae, contra hyp.

aut $b=-b'$, in quo casu formae (a, b, c), (a', b', c') erunt oppositae.

2) Si $\alpha=\pm 1$, ex [1] sequitur $\pm 2b=a+c-a'$. Quare quum neque a, neque c $<a'$, erit $2b$ non $<a$, et non $<c$. Sed $2b$ etiam non $>a$, neque $>c$, unde necessario $\pm 2b=a=c$, et hinc ex aequ. $\pm 2b=a+c-a'$, etiam $=a'$. Fit igitur ex [2]

$$b'=a(\alpha 6+\gamma\delta)+b(\alpha\delta+6\gamma)$$

sive, propter $\alpha\delta-6\gamma=1$,

$$b'-b=a(\alpha 6+\gamma\delta)+2b6\gamma=a(\alpha 6+\gamma\delta\pm 6\gamma)$$

quare necessario, ut ante

aut $b=b'$, unde formae (a, b, c), (a', b', c') identicae, contra hyp.

aut $b=-b'$, adeoque formae illae oppositae. Simul in hoc casu propter $a=\pm 2b$, formae erunt ancipites.

Ex his omnibus colligitur, formas (a, b, c), (a', b', c') proprie aequivalentes esse non posse nisi fuerint oppositae, simulque *aut* ancipites, *aut* $a=c=a'=c'$.

In hisce casibus formas (a, b, c), (a', b', c') proprie aequivalere, vel a priori facile praevideri potuit; si enim formae sunt oppositae, improprie, et si insuper ancipites, etiam proprie aequivalentes esse debent; si vero $a = c$, forma $(\frac{D+(a-b)^2}{a}, a-b, a)$ formae (a, b, c) contigua et proin aequivalens erit; sed propter $D+bb = ac = aa$ fit $\frac{D+(a-b)^2}{a} = 2a-2b$, forma vero $(2a-2b, a-b, a)$ est anceps; quare (a, b, c) oppositae suae etiam proprie aequivalebit.

Aeque facile iam diiudicari potest, quando duae formae reductae (a, b, c), (a', b', c') non oppositae improprie aequivalentes esse possint. Erunt enim impr. aequivalentes, si (a, b, c), $(a', -b', c')$, quae non identicae erunt, proprie sunt aequivalentes, et contra. Hinc patet, conditionem, sub qua *illae* improprie sint aequivalentes, esse, ut sint identicae, insuperque aut ancipites aut $a = c$. — Formae vero reductae quae neque identicae sunt neque oppositae, neque proprie neque improprie aequivalentes esse possunt.

173.

Problema. *Propositis duabus formis eiusdem determinantis negativi, F et F', investigare utrum sint aequivalentes.*

Solutio. Quaerantur duae formae reductae f, f' formis F, F' resp. proprie aequivalentes: si formae f, f' sunt proprie, vel improprie vel utroque modo aequivalentes, etiam F, F' erunt; si vero f, f' nullo modo aequivalentes sunt, etiam F, F' non erunt.

Ex art. praec. dari possunt quatuor casus:

1) Si f, f' neque identicae neque oppositae, F, F' nullo modo aequivalentes erunt.

2) Si f, f' sunt *primo* vel identicae vel oppositae, et *secundo* vel ancipites, vel terminos suos extremos aequales habent: F, F' tum proprie, tum improprie aequivalentes erunt.

3) Si f, f' sunt identicae, neque vero ancipites neque terminos extremos aequales habent: F, F' proprie tantum aequivalebunt.

4) Si f, f' sunt oppositae, neque vero ancipites, neque terminos extremos aequales habent: F, F' improprie tantum aequivalentes erunt.

Ex. Formis $(41, 35, 30)$, $(7, 18, 47)$ quarum determinans $= -5$, reductae $(1, 0, 5)$, $(2, 1, 3)$ aequivalentes inveniuntur, quare illae nullo modo aequivalentes erunt. — Formis vero $(23, 38, 63)$, $(15, 20, 27)$ aequivalet eadem reducta (2, 1, 3), quae quum simul sit anceps, formae (23, 38, 63), (15, 20, 27) tum proprie tum improprie aequivalebunt. — Formis (37, 53, 78), (53, 73, 102), aequivalent reductae (9, 2, 9), (9, — 2, 9) quae quum sint oppositae, ipsarumque termini extremi aequales: formae propositae tam proprie quam improprie erunt aequivalentes.

174.

Multitudo omnium formarum reductarum, determinantem datum $-D$ habentium, semper est finita, et, respectu numeri D, satis modica: formae hae ipsae vero duplici modo inveniri possunt. Designemus formas reductas determinantis $-D$ indefinite per (a, b, c), ubi itaque omnes valores ipsorum a, b, c determinari debent.

Methodus prima. Accipiantur pro a omnes numeri, tum positivi tum negativi non maiores quam $\sqrt{\frac{4}{3}D}$, quorum residuum quadraticum $-D$, et pro singulis a, fiat b successive aequalis omnibus valoribus expr. $\sqrt{-D}\,(\text{mod.}\ a)$, non maioribus quam $\frac{1}{2}a$, tum positive tum negative acceptis; c vero pro singulis valoribus determinatis ipsorum a, b, ponatur $=\frac{D+bb}{a}$ Si quae formae hoc modo oriuntur in quibus $c<a$, hae erunt reiiciendae, reliquae autem manifesto erunt reductae.

Methodus secunda. Accipiantur pro b omnes numeri, tum positivi tum negativi, non maiores quam $\frac{1}{2}\sqrt{\frac{4}{3}D}$, sive $\sqrt{\frac{1}{3}D}$; pro singulis b resolvatur $bb+D$ omnibus quibus fieri potest modis in binos factores (etiam signorum diversitatis ratione habita) ambos ipso $2b$ non minores ponaturque alter factor, et quidem, quando factores sunt inaequales, minor $=a$, alter $=c$. Quum a non erit $>\sqrt{\frac{4}{3}D}$, omnes formae quae hoc modo prodeunt, manifesto erunt reductae. — Denique patet, nullam formam reductam dari posse quae non per utramque methodum inveniatur.

Ex. Sit $D=85$. Hic limes valorum ipsius a est $\sqrt{\frac{340}{3}}$ qui iacet inter 10 et 11. Numeri vero inter 1 et 10 (incl.) quorum residuum -85, sunt 1, 2, 5, 10. Unde habentur formae duodecim:

(1, 0, 85), (2, 1, 43), (2, —1, 43), (5, 0, 17), (10, 5, 11), (10, —5, 11); (—1, 0, —85), (—2, 1, —43), (—2, —1, —43), (—5, 0, —17), (—10, 5, —11, (—10, —5, —11).

Per methodum alteram limes valorum ipsius b habetur $\sqrt{\frac{85}{3}}$, qui situs est inter 5 et 6. Pro $b=0$, prodeunt formae

$$(1, 0, 85), \ (-1, 0, -85), \ (5, 0, 17), \ (-5, 0, -17),$$

pro $b = \pm 1$ hae $(2, \pm 1, 43)$, $(-2, \pm 1, -43)$.

Pro $b = \pm 2$ nullae habentur, quia 89 in duos factores, qui ambo non < 4. resolvi nequit. Idem valet de ± 3, ± 4. Tandem pro $b = \pm 5$, proveniunt

$$(10, \pm 5, 11), \ (-10, \pm 5, -11).$$

175.

Si ex omnibus formis reductis determinantis dati, formarum binarum, quae, licet non identicae, tamen proprie sunt aequivalentes, alterutra reiicitur: formae remanentes hac insigni proprietate erunt praeditae, ut, quaevis forma eiusdem determinantis alicui ex ipsis proprie sit aequivalens, et quidem unicae tantum (alias enim inter ipsas aliquae proprie aequivalentes forent). Unde patet, *omnes formas eiusdem determinantis in totidem classes distribui posse quot formae remanserint*, referendo scilicet formas eidem reductae proprie aequivalentes in eandem classem. Ita pro $D = 85$, remanent formae

$$(1, 0, 85), \ (2, 1, 43), \ (5, 0, 17), \ (10, 5, 11),$$
$$(-1, 0. -84), \ (-2, 1, -43), \ (-5, 0, -17), \ (-10, 5, -11)$$

quare omnes formae determinantis -85 in octo classes distribui poterunt, prout formae primae, aut secundae etc. proprie aequivalent. Perspicuum vero est, formas in eadem classe locatas proprie aequivalentes fore, formas ex diversis classibus proprie aequivalentes esse non posse. Sed hoc argumentum de classificatione formarum infra multo fusius exsequemur. Hic unicam observationem adiicimus. Iam supra ostendimus, si determinans formae (a, b, c) fuerit negativus $= -D$, a et c eadem signa habere (quia scilicet $ac = bb + D$ adeoque positivus); eadem ratione facile perspicitur, si formae (a, b, c), (a', b', c') sint aequivalentes, omnes a, c, a', c' eadem signa habituros. Si enim prior in posteriorem per substitut. $x = \alpha x' + \beta y'$, $y = \gamma x' + \delta y'$ transit: erit $a\alpha\alpha + 2b\alpha\gamma + c\gamma\gamma = a'$, hinc $aa' = (a\alpha + b\beta)^2 + D\gamma\gamma$, adeoque certo non negativus; quoniam vero neque a neque $a' = 0$ esse potest, erit aa' positivus et proin signa ipsorum a, a' eadem.

Hinc manifestum est, formas quarum termini exteri sint positivi, ab iis quarum termini exteri sint negativi, prorsus esse separatas, sufficitque ex formis reductis eas tantum considerare quae terminos suos exteros positivos habent, nam reliquae totidem sunt multitudine et ex illis oriuntur, tribuendo terminis exteris signa opposita; idemque valet de formis ex reductis reiiciendis et remanentibus.

176.

Ecce itaque pro determinantibus quibusdam negativis tabulam formarum, secundum quas omnes reliquae eiusdem determinantis in classes distingui possunt; apponimus autem, ad annotat. art. praec., semissem tantum, scilicet eas quarum termini exteri positivi.

D	
1	(1, 0, 1).
2	(1, 0, 2).
3	(1, 0, 3), (2, 1, 2).
4	(1, 0, 4), (2, 0, 2).
5	(1, 0, 5), (2, 1, 3).
6	(1, 0, 6), (2, 0, 3).
7	(1, 0, 7), (2, 1, 4).
8	(1, 0, 8), (2, 0, 4), (3, 1, 3).
9	(1, 0, 9), (2, 1, 5), (3, 0, 3).
10	(1, 0, 10), (2, 0, 5).
11	(1, 0, 11), (2, 1, 6), (3, 1, 4), (3, —1, 4).
12	(1, 0, 12), (2, 0, 6), (3, 0, 4), (4, 2, 4).

Superfluum foret hanc tabulam hic ulterius continuare, quippe quam infra multo aptius disponere docebimus.

Patet itaque, quamvis formam determinantis —1, formae $xx+yy$ proprie aequivalere, si ipsius termini exteri sint positivi, vel huic $-xx-yy$, si sint negativi; quamvis formam determinantis —2, cuius termini exteri positivi, formae $xx+2yy$ etc.; quamvis formam determinantis —11, cuius termini exteri positivi, alicui ex his $xx+11yy$, $2xx+2xy+6yy$, $3xx+2xy+4yy$, $3xx-2xy+4yy$ etc.

177.

Problema. *Habetur series formarum, quarum quaevis praecedenti a parte posteriori contigua: desideratur transformatio aliqua propria primae in formam quamcunque seriei.*

Solutio. Sint formae $(a, b, a') = F$; $(a', b', a'') = F'$; $(a'', b'', a''') = F''$; $(a''', b''', a'''') = F'''$ etc. Designentur $\frac{b+b'}{a'}$, $\frac{b'+b''}{a''}$, $\frac{b''+b'''}{a'''}$ etc. respective per h', h'', h''' etc. Sint indeterminatae formarum F, F', F'' etc. x, y; x', y'; x'', y'' etc. Ponatur F transmutari

$$\begin{array}{lll} \text{in } F' \text{ positis} & x = \alpha' x' + \beta' y', & y = \gamma' x' + \delta' y' \\ F'' \quad . \quad . & x = \alpha'' x'' + \beta'' y'', & y = \gamma'' x'' + \delta'' y'' \\ F''' \; . \; . \; . & x = \alpha''' x''' + \beta''' y''', & y = \gamma''' x''' + \delta''' y''' \\ & \text{etc.} & \end{array}$$

Tum quia F transit in F' positis $x = -y'$, $y = x' + h'y'$.
F' in F'' positis $x' = -y''$, $y' = x'' + h''y''$
F'' in F''' positis $x'' = -y'''$, $y'' = x''' + h'''y'''$ etc. (art. 160)
facile eruetur sequens algorithmus (art. 159):

$$\begin{array}{llll} \alpha' = 0 & \beta' = -1 & \gamma' = 1 & \delta' = h' \\ \alpha'' = \beta' & \beta'' = h''\beta' - \alpha' & \gamma'' = \delta' & \delta'' = h''\delta' - \gamma' \\ \alpha''' = \beta'' & \beta''' = h'''\beta'' - \alpha'' & \gamma''' = \delta'' & \delta''' = h'''\delta'' - \gamma'' \\ \alpha'''' = \beta''' & \beta'''' = h''''\beta''' - \alpha''' & \gamma'''' = \delta''' & \delta'''' = h''''\delta''' - \gamma''' \\ & \text{etc.} & & \end{array}$$

sive

$$\begin{array}{llll} \alpha' = 0 & \beta' = -1 & \gamma' = 1 & \delta' = h' \\ \alpha'' = \beta' & \beta'' = h''\beta' & \gamma'' = \delta' & \delta'' = h''\delta' - 1 \\ \alpha''' = \beta'' & \beta''' = h'''\beta'' - \beta' & \gamma''' = \delta'' & \delta''' = h'''\delta'' - \delta' \\ \alpha'''' = \beta''' & \beta'''' = h''''\beta''' - \beta'' & \gamma'''' = \delta''' & \delta'''' = h''''\delta''' - \delta'' \\ & \text{etc.} & & \end{array}$$

Omnes has transformationes esse proprias tum ex ipsarum formatione tum ex art. 159 nullo negotio deduci potest.

Algorithmus hic perquam simplex et ad calculum expeditus, algorithmo in art. 27 exposito est analogus, ad quem etiam reduci potest*). Ceterum solutio

*) Erit scilicet in signis art. 27, $\beta^n = \pm[-h'', h''', -h'''' \ldots \pm h^n]$
ubi signa ambigue posita, esse debent $--$; $-+$; $+-$; $++$; prout n formae $4k+0$; 1; 2; 3,
et
$$\delta^n = \pm[h', -h'', h''' \ldots\ldots \pm h^n]$$
ubi signa ambigua esse debent $+-$; $++$; $--$; $-+$. prout n formae $4k+0$; 1; 2; 3. Sed hoc, quod quivis facile ipse confirmare poterit, fusius exsequi, nobis brevitas non permittit.

haec ad formas determinantis negativi non est restricta, sed ad omnes casus patet, si modo nullus numerorum a', a'', a''' etc. $= 0$.

178.

Problema. *Propositis duabus formis F, f, eiusdem determinantis negativi, proprie aequivalentibus: invenire transformationem aliquam propriam alterius in alteram.*

Sol. Supponamus formam F esse (A, B, A') et per methodum art. 171 inventam esse progressionem formarum (A', B', A''), (A'', B'', A''') etc. usque ad (A^m, B^m, A^{m+1}), quae sit reducta: similiterque f esse (a, b, a') et per eandem methodum inventam seriem (a', b', a''), (a'', b'', a''') usque ad (a^n, b^n, a^{n+1}), quae sit reducta. Tum duo casus locum habere possunt.

I. Si formae (A^m, B^m, A^{m+1}), (a^n, b^n, a^{n+1}) sunt aut identicae, aut oppositae simulque ancipites. Tum formae (A^{m-1}, B^{m-1}, A^m), $(a^n, -b^{n-1}, a^{n-1})$ erunt contiguae (designante A^{m-1} terminum progressionis $A, A', A'' \ldots A^m$ penultimum, similiaque B^{m-1}, a^{n-1}, b^{n-1}). Nam $A^m = a^n$, $B^{m-1} \equiv -B^m (\text{mod. } A^m)$, $b^{n-1} \equiv -b^n (\text{mod. } a^n \text{ sive } A^m)$, unde $B^{m-1} - b^{n-1} \equiv b^n - B^m$ adeoque $\equiv 0$, si formae (A^m, B^m, A^{m+1}), (a^n, b^n, a^{n+1}) sunt identicae, et $\equiv 2b^n$ adeoque $\equiv 0$, si sunt oppositae et ancipites. Quare in progressione formarum

$$(A, B, A'), \ (A', B', A'') \ldots (A^{m-1}, B^{m-1}, A^m),$$
$$(a^n, -b^{n-1}, a^{n-1}), \ (a^{n-1}, -b^{n-2}, a^{n-2}) \ldots (a', -b, a), \ (a, b, a')$$

quaevis forma praecedenti contigua erit, adeoque per art. praec. transformatio propria primae F in ultimam f inveniri poterit.

II. Si formae (A^m, B^m, A^{m+1}), (a^n, b^n, a^{n+1}) non identicae, sed oppositae simulque $A^m = A^{m+1} = a^n = a^{n+1}$. Tum progressio formarum

$$(A, B, A'), \ (A', B', A'') \ldots (A^m, B^m, A^{m+1}),$$
$$(a^n, -b^{n-1}, a^{n-1}), \ (a^{n-1}, -b^{n-2}, a^{n-2}) \ldots (a', -b, a), \ (a, b, a')$$

eadem proprietate erit praedita. Nam $A^{m+1} = a^n$, et $B^m - b^{n-1} = -(b^n + b^{n-1})$ per a^n divisibilis. Unde per art. praec. invenietur transformatio propria formae primae F in ultimam f.

Ex. Ita pro formis (23, 38, 63), (15, 20, 27) habetur progressio

(23, 38, 63), (63, 25, 10), (10, 5, 3), (3, 1, 2), (2, —7, 27), (27, —20, 15), (15, 20, 27)

quare

$$h' = 1,\quad h'' = 3,\quad h''' = 2,\quad h'''' = -3,\quad h''''' = -1,\quad h'''''' = 0.$$

Hinc deducitur transformatio formae $23xx + 76xy + 63yy$ in $15tt + 40tu + 27uu$ haec: $x = -13t - 18u$, $y = 8t + 11u$.

Ex solutione hac nullo negotio sequitur solutio problematis: *Si formae F, f improprie sunt aequivalentes, invenire transformationem impropriam formae F in f.* Sit enim $f = att + 2btu + a'uu$ eritque forma opposita $app - 2bpq + a'qq$ formae F proprie aequivalens. Quaeratur transformatio propria formae F in illam, $x = \alpha p + \beta q$, $y = \gamma p + \delta q$, patetque F transire in f positis $x = \alpha t - \beta u$, $y = \gamma t - \delta u$, hancque transformationem fore impropriam.

Quodsi igitur formae F, f tam proprie quam improprie sunt aequivalentes: inveniri poterit tam transformatio propria aliqua quam impropria.

179.

Problema. *Si formae F, f sunt aequivalentes: invenire omnes transformationes formae F in f.*

Sol. Si formae F, f unico tantum modo sunt aequivalentes *i. e.* proprie tantum vel improprie tantum: quaeratur per art. praec. transformatio una formae F in f, patetque alias quam quae huic sint similes dari non posse. Si vero formae F, f tam proprie quam improprie aequivalent, quaerantur duae transformationes, altera propria, altera impropria. Iam sit forma $F = (A, B, C)$, $BB - AC = -D$, numerorumque A, $2B$, C divisor communis maximus $= m$. Tum ex art. 162 patet, in priori casu omnes transformationes formae F in f ex una transformatione, in posteriori omnes proprias ex propria omnesque improprias ex impropria deduci posse, si modo omnes solutiones aequationis $tt + Duu = mm$ habeantur. His igitur inventis problema erit solutum.

Habetur autem $D = AC - BB$, $4D = 4AC - 4BB$, quare $\frac{4D}{mm} = 4\frac{AC}{mm} - (\frac{2B}{m})^2$ erit integer. Iam si

1) $\frac{4D}{mm} > 4$, erit $D > mm$: quare in $tt + Duu = mm$. u necessario debebit esse $= 0$, adeoque t alios valores quam $+m$, et $-m$ habere nequit. Hinc

si F, f unico tantum modo aequivalentes sunt et transformatio aliqua

$$x = \alpha x' + \beta y', \quad y = \gamma x' + \delta y'$$

praeter hanc ipsam quae prodit ex $t = m$ (art. 162), et hanc

$$x = -\alpha x' - \beta y', \quad y = -\gamma x' - \delta y'$$

aliae locum habere non possunt. Si vero F, f tum proprie tum improprie aequivalent, atque propria aliqua transformatio habetur

$$x = \alpha x' + \beta y', \quad y = \gamma x' + \delta y'$$

impropriaque

$$x = \alpha' x' + \beta' y', \quad y = \gamma' x' + \delta' y'$$

praeter illam (ex $t = m$) et hancce

$$x = -\alpha x' - \beta y', \quad y = -\gamma x' - \delta y' \text{ (ex } t = -m)$$

alia propria non dabitur; similiterque nulla impropria praeter

$$x = \alpha' x' + \beta' y', \quad y = \gamma' x' + \delta' y'; \text{ et } x = -\alpha' x' - \beta' y', \quad y' = -\gamma' x' - \delta' y'$$

2) Si $\frac{4D}{mm} = 4$, sive $D = mm$, aequatio $tt + Duu = mm$ quatuor solutiones admittet t, u; $= m, 0$; $-m, 0$; $0, 1$; $0, -1$. Hinc si F, f unico tantum modo aequivalentes et transformatio aliqua

$$x = \alpha x' + \beta y', \quad y = \gamma x' + \delta y'$$

quatuor omnino transformationes dabuntur,

$$x = \pm \alpha x' \pm \beta y', \quad y = \pm \gamma x' \pm \delta y'$$

$$x = \mp \frac{\alpha B + \gamma C}{m} x' \mp \frac{\beta B + \delta C}{m} y', \quad y = \pm \frac{\alpha A + \gamma B}{m} x' \pm \frac{\beta A + \delta B}{m} y'$$

Si vero F, f duobus modis aequivalent, sive praeter transformationem illam datam alia ipsi dissimilis habetur: haec quoque suppeditabit quatuor illis dissimiles, ita ut *octo* transformationes habeantur. — Ceterum facile demonstrari potest in hoc casu F, f semper revera duobus modis aequivalere. Nam quum $D = mm = AC - BB$, m etiam ipsum B metietur. Formae $(\frac{A}{m}, \frac{B}{m}, \frac{C}{m})$ determinans erit $= -1$, quare formae $(1, 0, 1)$ vel huic $(-1, 0, -1)$ erit aequivalens.

Facile vero perspicitur, per eandem transformationem, per quam $(\frac{A}{m}, \frac{B}{m}, \frac{C}{m})$ transeat in $(\pm 1, 0, \pm 1)$, formam (A, B, C) transire in $(\pm m, 0, \pm m)$, ancipitem. Quare forma (A, B, C), ancipiti aequivalens, cuivis formae, cui aequivalet, tum proprie tum improprie aequivalebit.

3) Si $\frac{4D}{mm} = 3$, sive $4D = 3mm$. Tum m erit par omnesque solutiones aequationis $tt + Duu = mm$ erunt sex,

$$t, u; = m, 0;\ -m, 0;\ \tfrac{1}{2}m, 1;\ -\tfrac{1}{2}m, -1;\ \tfrac{1}{2}m, -1;\ -\tfrac{1}{2}m, 1$$

Si itaque duae transformationes dissimiles formae F in f habentur,

$$x = \alpha x' + 6y', \quad y = \gamma x' + \delta y'$$
$$x = \alpha' x' + 6' y', \quad y = \gamma' x' + \delta' y'$$

habebuntur duodecim transformationes, scilicet sex priori similes

$$x = \pm \alpha x' \pm 6y' \quad y = \pm \gamma x' \pm \delta y'$$

$$x = \pm (\tfrac{1}{2}\alpha - \frac{\alpha B + \gamma C}{m}) x' \pm (\tfrac{1}{2}6 - \frac{6B + \delta C}{m}) y'$$
$$y = \pm (\tfrac{1}{2}\gamma + \frac{\alpha A + \gamma B}{m}) x' \pm (\tfrac{1}{2}\delta + \frac{6A + \delta B}{m}) y'$$

$$x = \pm (\tfrac{1}{2}\alpha + \frac{\alpha B + \gamma C}{m}) x' \pm (\tfrac{1}{2}6 + \frac{6B + \delta C}{m}) y'$$
$$y = \pm (\tfrac{1}{2}\gamma - \frac{\alpha A + \gamma B}{m}) x' \pm (\tfrac{1}{2}\delta - \frac{6A + \delta B}{m}) y'$$

et sex posteriori similes, quae ex his nascuntur ponendo pro $\alpha, 6, \gamma, \delta$ hos $\alpha', 6', \gamma', \delta'$.

Quod vero in hoc casu semper F, f utroque modo aequivalent, ita demonstramus. Formae $(\frac{2A}{m}, \frac{2B}{m}, \frac{2C}{m})$ determinans erit $= -\frac{4D}{mm} = -3$ adeoque haec forma (art. 176) aut formae $(\pm 1, 0, \pm 3)$ aut huic $(\pm 2, \pm 1, \pm 2)$ aequivalens. Unde facile perspicitur, formam (A, B, C) aut formae $(\pm \frac{1}{2}m, 0, \pm \frac{3}{2}m)$ aut huic $(\pm m, \frac{1}{2}m, \pm m)$ *) quae ambae sunt ancipites, aequivalere adeoque, cuivis aequivalenti, utroque modo.

4) Si supponitur $\frac{4D}{mm} = 2$, fit $(\frac{2B}{m})^2 = 4\frac{AC}{mm} - 2$, adeoque $\equiv 2 \pmod{4}$.

---

*) Demonstrari potest, formam (A, B, C) necessario posteriori aequivalere: sed hoc hic non necessarium.

Sed quum nullum quadratum esse possit $\equiv 2 \pmod{4}$, hic casus locum habere nequit.

5) Supponendo $\frac{4D}{mm} = 1$, fit $(\frac{2B}{m})^2 = 4\frac{AC}{mm} - 1 \equiv -1 \pmod{4}$. Quod quum impossibile sit, etiam hic casus nequit locum habere.

Ceterum quum D neque $= 0$, neque negativus sit, alii casus praeter enumeratos dari non possunt.

180.

Problema. *Invenire omnes repraesentationes numeri dati M per formam $axx + 2bxy + cyy \ldots F$, determinantis negativi $-D$, in quibus x, y valores inter se primos nanciscuntur.*

Sol. Ex art. 154 patet, M eo quo requiritur modo repraesentari non posse, nisi $-D$ sit resid. quadr. ipsius M. Investigentur itaque primo omnes valores diversi (*i. e.* incongrui) expr. $\sqrt{-D} \pmod{M}$, qui sint $N, -N, N', -N', N'', -N''$ etc.; quo simplicior evadat calculus, omnes N, N' etc. ita determinari possunt, ut non sint $> \frac{1}{2}M$. Iam quoniam quaevis repraesentatio ad aliquem horum valorum pertinere debet, singuli seorsim considerentur.

Si formae F, $(M, N, \frac{D+NN}{M})$ non sunt proprie aequivalentes, nulla repraesentatio ipsius M ad valorem N pertinens dari potest (art. 168). Si vero sunt, investigetur transformatio propria formae F in

$$Mx'x' + 2Nx'y' + \frac{D+NN}{M}y'y'$$

quae sit

$$x = \alpha x' + \beta y', \quad y = \gamma x' + \delta y'$$

eritque $x = \alpha$, $y = \gamma$ repraesentatio numeri M per F ad N pertinens. Sit div. comm. max. numerorum $A, 2B, C, = m$ distinguanturque tres casus (art. praec.):

1) Si $\frac{4D}{mm} > 4$, aliae repraesentationes ad N pertinentes quam hae *duae* $x = \alpha$, $y = \gamma$; $x = -\alpha$, $y = -\gamma$ non dabuntur (artt. 169, 179).

2) Si $\frac{4D}{mm} = 4$, habebuntur *quatuor* repraesentationes

$$x = \pm\alpha, \quad y = \pm\gamma; \quad x = \mp\frac{\alpha B + \gamma C}{m}, \quad y = \pm\frac{\alpha A + \gamma B}{m}$$

3) Si $\frac{4D}{mm} = 3$, habebuntur *sex* repraesentationes

$$x = \pm\alpha, \quad y = \pm\gamma;$$
$$x = \pm(\tfrac{1}{2}\alpha - \tfrac{\alpha B+\gamma C}{m}), \quad y = \pm(\tfrac{1}{2}\gamma + \tfrac{\alpha A+\gamma B}{m})$$
$$x = \pm(\tfrac{1}{2}\alpha + \tfrac{\alpha B+\gamma C}{m}), \quad y = \pm(\tfrac{1}{2}\gamma - \tfrac{\alpha A+\gamma B}{m})$$

Eodem modo quaerendae sunt repraesentationes ad valores $-N$. N', $-N'$ etc. pertinentes.

181.

Investigatio repraesentationum numeri M per formam F, in quibus x, y valores inter se non primos habent, ad casum iam consideratum facile reduci potest. Fiat talis repraesentatio ponendo $x=\mu e$, $y=\mu f$, ita ut μ sit div. comm. max. ipsorum μe, μf, sive e, f inter se primi. Tum erit $M=\mu\mu(Aee+2Bef+Cff)$ adeoque per $\mu\mu$ divisibilis; substitutio vero $x=e$, $y=f$ erit repraesentatio numeri $\frac{M}{\mu\mu}$ per formam F, in qua x, y valores inter se primos habent. Si itaque M per nullum quadratum (praeter 1) divisibilis est, *e. g.* si est numerus primus: tales repraesentationes ipsius M non dabuntur. Si vero M divisores quadraticos implicat, sint hi $\mu\mu$, $\nu\nu$, $\pi\pi$, etc. Quaerantur primo omnes repraesentationes numeri $\frac{M}{\mu\mu}$ per formam (A, B, C), in quibus x, y valores inter se primos habent, qui valores si per μ multiplicantur, praebebunt omnes repraesentationes ipsius M, in quibus div. comm. max. numerorum x, y est μ. Simili modo omnes repraesentationes ipsius $\frac{M}{\nu\nu}$, in quibus valores ipsorum x, y inter se primi sunt, praebebunt omnes repraesentationes ipsius M, in quibus div. comm. max. valorum ipsorum x, y est ν etc.

Palam igitur est, per praecepta praecedentia omnes repraesentationes numeri dati per formam datam determinantis negativi inveniri posse.

Applicationes speciales ad discerptionem numerorum in quadrata duo, in quadratum simplex et duplex, in simplex et triplex.

182.

Descendimus ad quosdam casus particulares, tum propter insignem ipsorum elegantiam tum propter assiduam operam ab ill. Eulero ipsis impensam, unde classicam quasi dignitatem sunt nacti.

I. Per formam $xx+yy$ ita repraesentari ut x ad y sit primus (sive in duo quadrata inter se prima discerpi) nullus numerus potest nisi cuius residuum quadraticum est -1, tales vero numeri, positive accepti, omnes poterunt. Sit M talis numerus, omnesque valores expr. $\sqrt{-1}\,(\text{mod.}\,M)$ hi: $N, -N, N', -N', N'', -N''$ etc. Tum per art. 176 forma $(M, N, \frac{NN+1}{M})$ formae $(1, 0, 1)$ proprie aequivalens erit. Sit transformatio aliqua propria huius in illam, $x = \alpha x' + \beta y'$, $y = \gamma x' + \delta y'$, eruntque repraesentationes numeri M per formam $xx + yy$ ad N pertinentes hae quatuor*): $x = \pm\alpha,\ y = \pm\gamma;\quad x = \mp\gamma,\ y = \pm\alpha$.

Quum forma $(1, 0, 1)$ sit anceps, patet, etiam formam $(M, -N, \frac{NN+1}{M})$ ipsi proprie aequivalentem fore, illamque proprie in hanc transmutari positis $x = \alpha x' - \beta y'$, $y = -\gamma x' + \delta y'$. Hinc derivantur quatuor repraesentationes ipsius M ad $-N$ pertinentes, $x = \pm\alpha$, $y = \mp\gamma$; $x = \pm\gamma$, $y = \pm\alpha$. Manifestum itaque est, octo repraesentationes ipsius M dari, quarum semissis altera ad N, altera ad $-N$ pertineat; sed hae omnes *unicam* tantummodo discerptionem numeri M in duo quadrata exhibent, $M = \alpha\alpha + \gamma\gamma$, siquidem ad quadrata ipsa tantum, neque vero ad ordinem radicumve signa spectamus.

Quodsi itaque alii valores expr. $\sqrt{-1}\,(\text{mod.}\,M)$ praeter N et $-N$ non dantur, quod *e.g.* evenit, quando M est numerus primus, M unico tantum modo in duo quadrata inter se prima resolvi poterit Iam quum -1 sit residuum quadraticum cuiusvis numeri primi formae $4n+1$ (art. 108), manifestoque numerus primus in duo quadrata inter se non prima discerpi nequeat, habemus theorema:

Quivis numerus primus formae $4n+1$ *in duo quadrata decomponi potest, et quidem unico tantum modo.*

$1 = 0+1,\ 5 = 1+4,\ 13 = 4+9,\ 17 = 1+16,\ 29 = 4+25,\ 37 = 1+36,$
$41 = 16+25,\ 53 = 4+49,\ 61 = 25+36,\ 73 = 9+64,\ 89 = 25+64,$
$97 = 16+81$ etc.

Theorema hoc elegantissimum iam Fermatio notum fuit, sed ab ill. Eulero primo demonstratum est, *Comm. nov. Petr. T.* V, *ad annos* 1754, 1755, *p.* 3 sqq. In *T* IV, diss. exstat ad idem argumentum pertinens, *p.* 3 sqq., sed tum rem penitus nondum absolverat, vid. imprimis art. 27.

*) Patet enim, hunc casum sub (2) art. 180 contentum esse.

Si igitur numerus aliquis formae $4n+1$ aut pluribus modis aut nullo modo in duo quadrata resolvi potest, certo non erit primus.

Vice versa autem, si expr. $\sqrt{-1} \pmod{M}$ praeter N et $-N$ alios adhuc valores habet, aliae adhuc repraesentationes ipsius M dabuntur, ad hos pertinentes. In hoc itaque casu M pluribus modis in duo quadrata resolvi poterit *e.g.* $65 = 1+64 = 16+49$, $221 = 25+196 = 100+121$.

Repraesentationes reliquae, in quibus x, y valores obtinent non primos inter se, per methodum nostram generalem facile inveniri possunt. Observamus tantummodo, si numerus aliquis factores formae $4n+3$ involvens, per nullam divisionem per quadratum ab his liberari possit (quod fiet, si aliquis aut plures talium factorum *dimensionem imparem* habet), hunc nullo modo in duo quadrata resolvi posse *).

II. Per formam $xx+2yy$ nullus numerus, cuius non-residuum -2, ita repraesentari potest, ut x ad y sit primus, reliqui omnes poterunt. Sit -2 residuum numeri M, atque N valor aliquis expr. $\sqrt{-2} \pmod{M}$. Tum per art. 176 formae $(1, 0, 2)$, $(M, N, \frac{NN+2}{M})$ proprie aequivalentes erunt. Transeat illa proprie in hanc ponendo $x = \alpha x' + \beta y'$, $y = \gamma x' + \delta y'$, eritque $x = \alpha$, $y = \gamma$ repraesentatio numeri M ad N pertinens. Praeter quam et hanc $x = -\alpha$, $y = -\gamma$ aliae ad N non pertinebunt (art. 180).

Simili modo, ut supra, perspicitur, repraesentationes $x = \pm\alpha$, $y = \mp\gamma$ ad valorem $-N$ pertinere. Omnes vero hae quatuor repraesentationes unicam tantum discerptionem ipsius M in quadratum et quadratum duplex exhibent, et si praeter N et $-N$ alii valores expr. $\sqrt{-2} \pmod{M}$ non dantur, aliae discerptiones non dabuntur. Hinc adiumento proposs. art. 116 facile deducitur theorema:

---

*) Si numerus $M = 2^\mu S a^\alpha b^\beta c^\gamma \ldots$ ita ut a, b, c etc. sint numeri primi inaequales formae $4n+1$, atque S productum ex omnibus factoribus primis ipsius M formae $4n+3$ (ad quam formam quivis numerus positivus reduci potest, faciendo $\mu = 0$ quando M est impar, et $S = 1$ quando M nullos factores formae $4n+3$ implicat): *M nullo modo* in duo quadrata resolvi poterit, si S est non-quadratus; si vero S est quadratus, dabuntur $\frac{1}{2}(\alpha+1)(\beta+1)(\gamma+1)$ etc. discerptiones ipsius M, quando aliquis numerorum α, β, γ etc. est impar. aut $\frac{1}{2}(\alpha+1)(\beta+1)(\gamma+1)$ etc. $+\frac{1}{2}$, quando omnes α, β, γ etc. sunt pares (siquidem ad quadrata ipsa tantum respicitur). Qui in calculo combinationum aliquantum sunt versati, demonstrationem huius theorematis (cui. perinde ut aliis *particularibus* immorari nobis non licet) ex theoria nostra generali haud difficulter eruere poterunt. Cf. art. 105.

Quivis numerus primus formae $8n+1$ *vel* $8n+3$ *in quadratum et quadratum duplex decomponi potest et quidem unico tantum modo.*

$1=1+0$, $3=1+2$, $11=9+2$, $17=9+8$, $19=1+18$, $41=9+32$. $43=25+18$, $59=9+50$, $67=49+18$, $73=1+72$, $83=81+2$, $89=81+8$, $97=25+72$ etc.

Etiam hoc theorema, uti plura similia, Fermatio innotuit: sed ill. La Grange primus demonstrationem dedit, *Suite des recherches d'Arithmétique*, Nouv. Mém. de l'Ac. de Berlin 1775, p. 323 sqq. Multa ad idem argumentum pertinentia iam ill. Euler absolverat, *Specimen de usu observationum in mathesi pura* Comm. nov. Petr. T. VI p. 185 sqq. Sed demonstratio completa theorematis semper ipsius industriam elusit, p. 220. Conf. etiam diss. in T. VIII (ad annos 1760, 1761), *Supplementum quorundam theorematum arithmeticorum*, sub fin.

III. Per methodum similem demonstratur, quemvis numerum, cuius residuum quadr. sit -3, repraesentari posse aut per formam $xx+3yy$, aut per hanc $2xx+2xy+2yy$, ita ut valor ipsius x ad valorem ipsius y sit primus. Quare quum -3 sit residuum omnium numerorum primorum formae $3n+1$ (art. 119) manifestoque per formam $2xx+2xy+2yy$ numeri *pares* tantum repraesentari possint: eodem modo ut supra habetur theorema:

Quivis numerus primus formae $3n+1$ *in quadratum et quadratum triplex decomponi potest, et quidem unico tantum modo.*

$1=1+0$, $7=4+3$, $13=1+12$, $19=16+3$, $31=4+27$, $37=25+12$, $43=16+27$, $61=49+12$, $67=64+3$, $73=25+48$ etc.

Demonstrationem huius theorematis ill. Euler primus tradidit in commentatione modo laudata, *Comm. nov. Petr. T.* VIII, *p.* 105 sqq.

Simili modo ulterius progredi et *e.g.* ostendere possemus, quemvis numerum primum formae $20n+1$, vel $20n+3$, vel $20n+7$, vel $20n+9$ (quippe quorum residuum -5) per alterutram formam $xx+5yy$, $2xx+2xy+3yy$ repraesentari posse, et quidem numeros primos formae $20n+1$ et $20n+9$ per priorem, primos formae $20n+3$, $20n+7$ per posteriorem, nec non dupla primorum formae $20n+1$, $20n+9$ per formam $2xx+2xy+3yy$, dupla primorum formae $20n+3$, $20n+7$ per formam $xx+5yy$: sed hanc propositionem infinitasque alias particulares quivis proprio marte ex praecedentibus et infra tradendis derivare poterit. — Transimus itaque ad *formas determinantis positivi*, et quum harum indoles prorsus alia sit, quando determinans est quadratus, alia, quando non-quadratus: formas determinantis quadrati hic primo excludimus posteaque seorsim considerabimus.

De formis determinantis positivi non-quadrati.

183.

Problema. *Proposita forma quacunque* (a, b, a'), *cuius determinans positivus non-quadratus* $= D$: *invenire formam huic proprie aequivalentem*, (A, B, C), *in qua* B *sit positivus et* $< \sqrt{D}$; A *vero si est positivus, vel* $-A$, *si* A *negativus, inter* $\sqrt{D}+B$ *et* $\sqrt{D}-B$ *situs.*

Sol. Supponimus in forma proposita utramque conditionem nondum locum habere; alioquin enim aliam formam quaerere opus non esset. Porro observamus, in forma determinantis *non-quadrati* terminum primum vel ultimum $= 0$ esse non posse (art. 171 ann.). Sit $b' \equiv -b \pmod{a'}$ atque intra limites $\sqrt{D}$ et $\sqrt{D} \mp a'$ situs (accepto signo superiori quando a' positivus, inferiori quando est negativus) quod fieri posse simili ratione ut art. 3, facile demonstratur, ponaturque $\frac{b'b'-D}{a'} = a''$, qui erit integer, quia $b'b'-D \equiv bb-D \equiv aa' \equiv 0 \pmod{a'}$. Iam si $a'' < a'$, fiat denuo $b'' \equiv -b' \pmod{a''}$ et inter $\sqrt{D}$ et $\sqrt{D} \mp a''$ situs (prout a'' positivus vel negativus) et $\frac{b''b''-D}{a''} = a'''$. Si hic iterum $a''' < a''$, sit rursus $b''' \equiv -b'' \pmod{a'''}$, et inter $\sqrt{D}$ et $\sqrt{D} \mp a'''$ situs atque $\frac{b'''b'''-D}{a'''} = a''''$. Haec operatio continuetur, donec in progressione a', a'', a''', a'''' etc. ad terminum a^{m+1} perveniatur, praecedente a^m non minorem, quod tandem evenire debet, quia alioquin progressio infinita numerorum integrorum continuo decrescentium haberetur. Tum positis $a^m = A$, $b^m = B$, $a^{m+1} = C$, forma (A, B, C) omnibus conditionibus satisfaciet.

Dem. I. Quoniam in progressione formarum (a, b, a'), (a', b', a''), (a'', b'', a''') etc. quaevis praecedenti est contigua: ultima (A, B, C) primae (a, b, a') proprie aequivalens erit.

II. Quia B inter $\sqrt{D}$ et $\sqrt{D} \mp A$ situs est (accipiendo semper signum superius quando A est positivus, inferius quando A est negativus): patet, si ponatur $\sqrt{D}-B=p$, $B-(\sqrt{D} \mp A)=q$, hos p, q fore positivos. Iam facile confirmatur, fore $qq+2pq+2p\sqrt{D} = D+AA-BB$; quare $D+AA-BB$ erit numerus positivus, quem ponemus $= r$. Hinc propter $D = BB-AC$, fit $r = AA - AC$, adeoque $AA - AC$ numerus positivus: quia vero per hyp. A non est maior quam C, manifesto illud aliter fieri nequit, quam si AC est negativus, adeoque signa ipsorum A, C opposita. Hinc $BB = D + AC < D$ adeoque $B < \sqrt{D}$.

III. Porro quia $-AC = D - BB$, erit $AC < D$, et hinc (quia A non $> C$), $A < \sqrt{D}$ Quare $\sqrt{D} \mp A$ erit positivus, adeoque etiam B, qui inter limites $\sqrt{D}$ et $\sqrt{D} \mp A$ est situs.

IV. Hinc a potiori $\sqrt{D} + B \mp A$ positivus, et quia $\sqrt{D} - B \mp A = -q$, est negativus, $\pm A$ situs erit inter $\sqrt{D} + B$ et $\sqrt{D} - B$. *Q. E. D.*

Ex. Proposita sit forma $(67, 97, 140)$, cuius determinans $= 29$. Hic invenitur progressio formarum $(67, 97, 140)$, $(140, -97, 67)$, $(67, -37, 20)$, $(20, -3, -1)$, $(-1, 5, 4)$. Ultima erit quaesita.

Tales formas (A, B, C) determinantis positivi non-quadrati D, in quibus A positive acceptus iacet inter $\sqrt{D} + B$ et $\sqrt{D} - B$, B vero positivus est atque $< \sqrt{D}$, *formas reductas* vocabimus. Formae itaque reductae determinantis positivi non-quadrati aliquantum differunt a formis reductis determinantis negativi; sed propter magnam analogiam inter has et illas, denominationes diversas introducere noluimus.

184.

Si aequivalentia duarum formarum *reductarum* determinantis positivi aeque facile dignosci posset, ut in formis determinantis negativi (art. 172), aequivalentiam duarum formarum *quarumcunque* eiusdem determinantis positivi nullo negotio diiudicare possemus. Sed hic res longe aliter se habet, fierique potest ut permultae formae reductae inter se aequivalentes sint. Antequam itaque problema hoc aggrediamur, profundius in naturam formarum reductarum (determinantis positivi non-quadrati, quod semper hic subintelligendum) inquirere necesse erit.

1) Si (a, b, c) est forma reducta, a et c signa opposita habebunt. Nam posito determinante formae $= D$, erit $ac = bb - D$, adeoque, propter $b < \sqrt{D}$, negativus.

2) Numerus c perinde ut a, positive acceptus, inter $\sqrt{D} + b$ et $\sqrt{D} - b$ situs erit. Nam $-c = \frac{D - bb}{a}$; quare, abstractione facta a signo, c iacebit inter $\frac{D - bb}{\sqrt{D} + b}$ et $\frac{D - bb}{\sqrt{D} - b}$ *i. e.* inter $\sqrt{D} - b$ et $\sqrt{D} + b$

3) Hinc patet, etiam (c, b, a) fore formam reductam.

4) Tum a tum c erunt $< 2\sqrt{D}$. Uterque enim est $< \sqrt{D}+b$, adeoque a potiori $< 2\sqrt{D}$

5) Numerus b situs erit inter $\sqrt{D}$ et $\sqrt{D}\mp a$ (accepto signo superiori quando a positivus, inferiori quando est negativus). Quia enim $\pm a$ iacet inter $\sqrt{D}+b$ et $\sqrt{D}-b$, erit $\pm a-(\sqrt{D}-b)$, sive $b-(\sqrt{D}\mp a)$ positivus; $b-\sqrt{D}$ autem est negativus; quamobrem b inter $\sqrt{D}$ et $\sqrt{D}\mp a$ erit situs. — Prorsus eodem modo demonstratur, b inter $\sqrt{D}$ et $\sqrt{D}\mp c$ iacere (prout c pos. vel neg.).

6) *Cuivis formae reductae* (a, b, c) *ab utraque parte contigua est reducta una, et non plures.*

Fiat $a'=c, b'\equiv -b \pmod{a'}$ et inter $\sqrt{D}$ et $\sqrt{D}\mp a'$ situs*), $c'=\frac{b'b'-D}{a'}$, eritque forma (a', b', c') formae (a, b, c) ab ultima parte contigua, simulque manifestum est, si ulla forma reducta formae (a, b, c) ab ultima parte contigua detur, eam ab hac (a', b', c') diversam esse non posse. Hanc vero revera esse reductam. ita demonstramus.

A) Si ponitur

$$\sqrt{D}+b\mp a'=p, \quad \pm a'-(\sqrt{D}-b)=q, \quad \sqrt{D}-b=r$$

hi p, q, r ex (2) supra et defin. formae reductae erunt positivi. Porro ponatur

$$b'-(\sqrt{D}\mp a')=q', \quad \sqrt{D}-b'=r'$$

eruntque q', r' positivi, quia b' iacet inter $\sqrt{D}$ et $\sqrt{D}\mp a'$. Denique sit $b+b' = \pm ma'$ eritque m integer. Iam patet esse $p+q'=b+b'$, adeoque $b+b'$ sive $\pm ma'$ positivum, et proin etiam m; unde sequitur $m-1$ certe non esse negativum. Porro fit

$$r+q'\pm ma' = 2b'\pm a', \quad \text{sive} \quad 2b'=r+q'\pm(m-1)a'$$

unde $2b'$ et b' necessario erunt positivi. Et quoniam $b'+r'=\sqrt{D}$, erit $b'<\sqrt{D}$.

B) Porro fit

$$r\pm ma'=\sqrt{D}+b', \quad \text{sive} \quad r\pm(m-1)a'=\sqrt{D}+b'\mp a'$$

quare $\sqrt{D}+b'\mp a'$ erit positivus. Hinc et quoniam $\pm a'-(\sqrt{D}-b')=q'$,

*) Ubi signa ambigua sunt, superiora semper valent quando a' est positivus, inferiora quando a' negativus.

adeoque positivus, $\pm a'$ iacebit inter $\sqrt{D}+b'$ et $\sqrt{D}-b'$. — Quocirca (a', b', c') erit forma reducta.

Eodem modo demonstratur, si fiat $'c = a$, $'b \equiv -b \pmod{'c}$ et inter $\sqrt{D}$ et $\sqrt{D} \pm 'c$ situs, $'a = \frac{'b'b - D}{'c}$, formam $('a, 'b, 'c)$ fore reductam. Manifesto autem forma haec formae (a, b, c) a parte prima est contigua, aliaque reducta praeter $('a, 'b, 'c)$ hac proprietate praedita esse non poterit.

Ex. Formae reductae $(5, 11, -14)$, cuius determinans $= 191$, a parte ultima contigua reducta $(-14, 3, 13)$, a parte prima vero haec $(-22, 9, 5)$.

7) Si formae reductae (a, b, c) a parte ultima contigua est reducta (a', b', c'): reductae (c, b, a) contigua erit a prima parte forma (c', b', a'); et si reductae (a, b, c) a prima parte contigua est forma $('a, 'b, 'c)$; reductae (c, b, a) reducta $('c, 'b, 'a)$ contigua erit ab ultima parte. Porro etiam formae $(-'a, 'b, -'c)$, $(-a, b, -c)$, $(-a', b', -c')$ reductae erunt, et secunda primae, tertia secundae ab ultima parte contiguae, sive prima secundae, secundaque tertiae a parte prima; similiterque tres formae $(-c', b', -a')$, $(-c, b, -a)$, $(-'c, 'b, -'a)$. Haec tam obvia sunt ut explicatione non egeant.

185.

Multitudo omnium formarum reductarum determinantis dati D semper est finita, ipsae vero duplici modo inveniri possunt. Designemus indefinite omnes formas reductas determinantis D per (a, b, c), ita ut omnes valores ipsorum a, b, c determinare oporteat.

Methodus prima. Accipiantur pro a omnes numeri (tum positive, tum negative) minores quam $2\sqrt{D}$, quorum residuum quadraticum D, et pro singulis a, ponatur b aequalis omnibus valoribus positivis expr. $\sqrt{D} \pmod{a}$ inter $\sqrt{D}$ et $\sqrt{D} \mp a$ iacentibus, c vero pro singulis valoribus determinatis ipsorum a, b, ponatur $= \frac{bb - D}{a}$. Si quae formae hoc modo oriuntur, in quibus $\pm a$ extra $\sqrt{D}+b$ et $\sqrt{D}-b$ situs est, reiiciendae sunt.

Methodus secunda. Accipiantur pro b omnes numeri positivi minores quam $\sqrt{D}$, pro singulis b resolvatur $bb - D$ omnibus quibus fieri potest modis in binos factores, qui neglecto signo inter $\sqrt{D}+b$ et $\sqrt{D}-b$ iaceant, ponaturque alter $= a$, alter $= c$. Manifestum est, singulas resolutiones in factores praebere binas formas, quia uterque factor tum $= a$, tum $= c$ poni debet.

Ex. Sit $D = 79$ eruntque valores ipsius a viginti duo $\mp 1, 2, 3, 5, 6, 7, 9, 10, 13, 14, 15$. Unde inveniuntur formae undeviginti:

$(1, 8, -15)$, $(2, 7, -15)$, $(3, 8, -5)$, $(3, 7, -10)$, $(5, 8, -3)$, $(5, 7, -6)$, $(6, 7, -5)$, $(6, 5, -9)$, $(7, 4, -9)$, $(7, 3, -10)$, $(9, 5, -6)$, $(9, 4, -7)$, $(10, 7, -3)$, $(10, 3, -7)$, $(13, 1, -6)$, $(14, 3, -5)$, $(15, 8, -1)$, $(15, 7, -2)$, $(15, 2, -5)$

totidemque aliae quae fiunt ex his, si terminorum exterorum signa commutantur, puta $(-1, 8, 15)$, $(-2, 7, 15)$ etc., ita ut omnes triginta octo sint. Sed ex his reiiciendae sex $(\pm 13, 1, \mp 6)$, $(\pm 14, 3, \mp 5)$, $(\pm 15, 2, \mp 5)$, reliquae triginta duae omnes reductas amplectuntur. Per methodum secundam eaedem formae prodeunt sequenti ordine*):

$(\pm 7, 3, \mp 10)$, $(\pm 10, 3, \mp 7)$, $\pm 7, 4, \mp 9)$, $(\pm 9, 4, \mp 7)$, $(\pm 6, 5, \mp 9)$, $(\pm 9, 5, \mp 6)$, $(\pm 2, 7, \mp 15)$, $(\pm 3, 7, \mp 10)$, $(\pm 5, 7, \mp 6)$, $(\pm 6, 7, \mp 5)$, $(\pm 10, 7, \mp 3)$, $(\pm 15, 7, \mp 2)$, $(\pm 1, 8, \mp 15)$, $(\pm 3, 8, \mp 5)$, $(\pm 5, 8, \mp 3)$, $(\pm 15, 8, \mp 1)$.

186.

Sit F forma reducta determinantis D, ipsique ab ultima parte contigua forma reducta F'; huic iterum ab ultima parte contigua reducta F''; reducta F''' ipsi F'' contigua ab ultima parte etc. Tum patet, omnes formas F', F'', F''' etc. esse prorsus determinatas, et tum inter se tum formae F proprie aequivalentes. Quoniam vero multitudo omnium formarum reductarum determinantis dati est finita, manifestum est, omnes formas in progressione infinita F, F', F'' etc. diversas esse non posse. Ponamus F^m et F^{m+n} esse identicas, eruntque F^{m-1} F^{m+n-1} reductae, eidem formae reductae a parte prima contiguae, adeoque identicae; hinc eodem modo F^{m-2} et F^{m+n-2} etc. tandemque F et F^n identicae erunt. Quare in progressione F, F', F'' etc., si modo satis longe continuatur, necessario tandem forma prima F recurret; et si supponimus F^n esse primam identicam cum F, sive omnes $F', F'' \dots F^{n-1}$ a forma F diversas: facile perspicitur, omnes formas $F, F', F'' \dots F^{n-1}$ diversas fore. Complexum harum for-

*) Pro $b = 1$, -78 in duos factores, qui neglecto signo inter $\sqrt{79}+1$ et $\sqrt{79}-1$ iaceant, resolvi nequit; quare hic valor est praetereundus, ex eademque ratione valores 2 et 6.

marum vocabimus *periodum formae* F. Si igitur progressio ultra ultimam periodi formam producitur, eaedem formae F, F', F'' etc. iterum prodibunt, progressioque tota infinita F, F', F'' etc. constituta erit ex hac periodo formae F infinities repetita.

Progressio F, F', F'' etc. etiam retro continuari potest, praeponendo formae F reductam $'F$, quae ipsi a parte prima est contigua; huic iterum reductam $''F$, quae ipsi a prima parte contigua etc. Hoc modo habebitur progressio formarum *utrimque* infinita

$$\ldots\ldots '''F,\ ''F,\ 'F,\ F,\ F',\ F'',\ F''' \ldots$$

perspicieturque facile, $'F$ identicam fore cum F^{n-1}, $''F$ cum F^{n-2} etc. adeoque progressionem etiam a laeva parte e periodo formae F, infinities repetita, esse constitutam.

Si formis F, F', F'' etc. $'F, ''F$ etc. tribuuntur indices 0, 1, 2 etc. -1, -2 etc. generaliterque formae F^m index m, formae ^mF index $-m$, patet, *formas quascunque seriei identicas fore vel diversas, prout ipsarum indices congrui sint vel incongrui secundum modulum* n.

Ex. Periodus formae $(3, 8, -5)$, cuius determinans $=79$. invenitur haec: $(3, 8, -5)$, $(-5, 7, 6)$, $(6, 5, -9)$, $(-9, 4, 7)$, $(7, 3, -10)$, $(-10, 7, 3)$. Post ultimam iterum prodit $(3, 8, -5)$. Hic itaque $n = 6$.

187.

Ecce quasdam observationes generales circa has periodos.

1) Si formae F, F', F'' etc.; $'F, ''F, '''F$ etc. ita exhibentur:

$$(a, b, -a'),\ (-a', b', a''),\ (a'', b'', -a''')\ \text{etc.};\ (-'a, 'b, a),\ (''a, ''b, -'a),\ (-'''a, '''b, ''a)$$

omnes a, a', a'', a''' etc. $'a, ''a, '''a$ etc. *eadem signa* habebunt (art. 184, 1), omnes vero b, b', b'' etc. $'b, ''b$ etc. erunt positivi.

2) Hinc manifestum est, numerum n (multitudinem formarum ex quibus periodus formae F constat) semper esse *parem*. Etenim terminus primus formae cuiusvis F^m ex hac periodo manifesto idem signum habebit uti terminus primus a formae F, si m est par, oppositum, si m est impar. Quare quum F^n et F identicae sint, n necessario erit par.

3) Algorithmus, per quem numeri b', b'', b''' etc., a'', a''' etc. inveniuntur, ex art. 184, 6 est hic:

$$b' \equiv -b \, (\text{mod.}\, a') \quad \text{inter limites } \sqrt{D} \text{ et } \sqrt{D} \mp a'; \quad a'' = \frac{D-b'b'}{a'}$$

$$b'' \equiv -b' \, (\text{mod.}\, a'') \quad \ldots\ldots \quad \sqrt{D} \mp a''; \quad a''' = \frac{D-b''b''}{a''}$$

$$b''' \equiv -b'' \, (\text{mod.}\, a''') \quad \ldots\ldots \quad \sqrt{D} \mp a'''; \quad a'''' = \frac{D-b'''b'''}{a'''}$$

etc.

ubi in columna secunda signa superiora vel inferiora sunt accipienda, prout a, a', a'' etc. sunt positivi vel negativi. Loco formularum in columna tertia etiam sequentes adhiberi possunt, quae commodiores evadunt, quando D est numerus magnus:

$$a'' = \frac{b+b'}{a'}(b-b') + a$$

$$a''' = \frac{b'+b''}{a''}(b'-b'') + a'$$

$$a'''' = \frac{b''+b'''}{a'''}(b''-b''') + a''$$

etc.

4) Forma quaecunque F^m, in periodo formae F contenta, proprie eandem periodum habet ut F. Scilicet periodus illa erit F^m, $F^{m+1} \ldots . F^{n-1}$ F, $F' \ldots . F^{m-1}$, in qua eaedem formae eodemque ordine occurrunt, ut in periodo formae F, et quae ab hac tantummodo respectu initii et finis discrepat.

5) Hinc patet, omnes formas reductas eiusdem determinantis D in periodos *distribui* posse. Accipiatur aliqua harum formarum, F, ad libitum investigeturque ipsius periodus, F, F', $F'' \ldots . F^{n-1}$, quam designemus per P. Si haec omnes formas reductas determinantis D nondum amplectitur, sit aliqua in ipsa non contenta G huiusque periodus Q. Tum patet P et Q nullam formam communem habere posse; alioquin enim etiam G in P contenta esse deberet periodique omnino coinciderent. Si P et Q omnes formas reductas nondum exhauriunt, aliqua ex deficientibus, H, periodum tertiam, R, suppeditabit, quae neque cum P neque cum Q formam communem habebit. Hoc modo continuare possumus, usquedum omnes formae reductae sint exhaustae. Ita *e.g.* omnes formae reductae determinantis 79 in sex periodos distribuuntur:

I. (1, 8, —15), (—15, 7, 2), (2, 7, —15), (—15, 8, 1).
II. (—1, 8, 15), (15, 7, —2), (—2, 7, 15), (15, 8, —1).
III. (3, 8, —5), (—5, 7, 6), (6, 5, —9), (—9, 4, 7), (7, 3, —10), (—10, 7, 3).
IV. (—3, 8, 5), (5, 7, —6), (—6, 5, 9), (9, 4, —7), (—7, 3, 10), (10, 7, —3).
V. (5, 8, —3), (—3, 7, 10), (10, 3, —7), (—7, 4, 9), (9, 5, —6), (—6, 7, 5).
VI. (—5, 8, 3), (3, 7, —10), (—10, 3, 7), (7, 4, —9), (—9, 5, 6), (6, 7, —5).

6) Vocemus *formas socias*, quae ex iisdem terminis constant, sed ordine inverso positis, ut $(a, b, -a')$, $(-a', b, a)$. Tum facile perspicitur ex art. 184, 7, si periodus formae reductae F sit $F, F', F'' \ldots F^{n-1}$, formae F socia f formisque $F^{n-1}, F^{n-2} \ldots F''. F'$ resp. sociae sint formae $f', f'' \ldots f^{n-2}, f^{n-1}$: periodum formae f fore $f, f', f'' \ldots f^{n-2}, f^{n-1}$, adeoque ex totidem formis constare, ut periodum formae F Periodos formarum sociarum vocabimus *periodos socias*. Ita in exemplo nostro sociae sunt periodi III et VI; IV et V

7) Sed fieri etiam potest, ut forma f ipsa in periodo sociae suae F occurrat, uti in ex. nostro in periodo I et II, adeoque periodus formae F cum periodo formae f conveniat, sive ut *periodus formae F sibi ipsi sit socia.* Quoties hoc evenit, in hac periodo duae formae ancipites invenientur. Ponamus enim periodum formae F constare e $2n$ formis sive F et F^{2n} esse identicas; porro sit $2m+1$ index formae f in periodo formae F*), sive F^{2m+1} et F sociae. Tum patet etiam F' et F^{2m} fore socias nec non F'' et F^{2m-1} etc., adeoque etiam F^m et F^{m+1}. Sit $F^m = (a^m, b^m, -a^{m+1})$, $F^{m+1} = (-a^{m+1}, b^{m+1}, a^{m+2})$. Tum erit $b^m + b^{m+1} \equiv 0 \pmod{a^{m+1}}$; ex defin. formarum sociarum vero erit $b^m = b^{m+1}$ atque hinc $2b^{m+1} \equiv 0 \pmod{a^{m+1}}$, sive forma F^{m+1} anceps. — Eodem modo F^{2m+1} et F^{2n} erunt sociae; hinc F^{2m+2} et F^{2n-1}; F^{2m+3} et F^{2n-2} etc. tandemque F^{m+n} et F^{m+n+1}, quarum posterior erit anceps, uti per simile ratiocinium facile probatur. Quia vero $m+1$ et $m+n+1$ secundum mod. $2n$ sunt incongrui, formae F^{m+1} et F^{m+n+1} identicae non erunt (art. 186, ubi n idem denotat, quod hic $2n$). Ita in I sunt formae ancipites (1, 8, —15), (2, 7, —15), in II vero (—1, 8, 15), (—2, 7, 15).

*) Index hic necessario erit impar, quia manifesto termini primi formarum F, f signa opposita habent (*vid. supra* 2).

8) Vice versa, *quaevis periodus, in qua forma anceps occurrit, sibi ipsi socia est.* Facile enim perspicitur, si F^m sit forma reducta anceps: formam ipsi sociam (quae etiam est reducta) simul ipsi a parte prima contiguam esse, *i. e.* F^{m-1} et F^m socias. Tum vero tota periodus sibi ipsi socia erit. — Hinc patet, *fieri non posse, ut unica tantum forma anceps in periodo aliqua contenta sit.*

9) Sed etiam *plures quam duae in eadem periodo esse nequeunt.* Ponamus enim in periodo formae F, ex $2n$ formis constante, tres formas ancipites dari F^λ, F^μ, F^ν, ad indices λ, μ, ν respective pertinentes, ita ut λ, μ, ν sint numeri inaequales inter limites 0 et $2n-1$ (incl.) siti. Tum formae $F^{\lambda-1}$ et F^λ erunt sociae; similiterque $F^{\lambda-2}$ et $F^{\lambda+1}$ etc. tandemque F et $F^{2\lambda-1}$. Ex eadem ratione F et $F^{2\mu-1}$ sociae erunt, nec non F et $F^{2\nu-1}$; quare $F^{2\lambda-1}$, $F^{2\mu-1}$, $F^{2\nu-1}$ identicae, indicesque $2\lambda-1$, $2\mu-1$, $2\nu-1$ secundum modulum $2n$ congrui erunt, et proin etiam $\lambda\equiv\mu\equiv\nu \pmod{n}$. *Q. E. A.* quia manifesto inter limites 0 et $2n-1$ tres numeri diversi secundum modulum n congrui iacere nequeunt.

188.

Quum omnes formae ex eadem periodo proprie sint aequivalentes, quaestio oritur, annon etiam formae e periodis diversis proprie aequivalentes esse possint. Sed antequam ostendamus, *hoc esse impossibile,* quaedam de transformatione formarum reductarum sunt exponenda.

Quoniam in sequentibus de formarum transformationibus persaepe agendum erit: ut prolixitatem quantum fieri potest evitemus, sequenti scribendi compendio abhinc semper utemur. Si forma aliqua $LXX+2MXY+NYY$ per substitutionem $X=\alpha x+\beta y$, $Y=\gamma x+\delta y$ in formam $lxx+2mxy+nyy$ transformatur: simpliciter dicemus, (L, M, N) transformari in (l, m, n) per substitutionem $\alpha, \beta, \gamma, \delta$. Hoc modo opus non erit, indeterminatas formarum singularum, de quibus agitur, per signa propria denotare. — Palam vero est, indeterminatam *primam* a *secunda* in quavis forma probe distingui debere.

Proposita sit forma reducta $(a, b, -a')\ldots f$, determinantis D Formetur simili modo ut in art. 186 progressio formarum reductarum utrimque infinita, $.''f, 'f, f, f', f''\ldots.$, et quidem sit

$$f' = (-a', b', a''), \quad f'' = (a'', b'', -a''') \quad \text{etc.}$$

$$'f = (-'a, 'b, a), \quad ''f = (''a, ''b, -'a) \quad \text{etc.}$$

Ponatur

$$\frac{b+b'}{-a'} = h', \quad \frac{b'+b''}{a''} = h'', \quad \frac{b''+b'''}{-a'''} = h''' \quad \text{etc.}$$

$$\frac{'b+b}{a} = h, \quad \frac{''b+'b}{-'a} = 'h, \quad \frac{'''b+''b}{''a} = ''h \quad \text{etc.}$$

Tum patet, si (ut in art. 177) numeri $\alpha', \alpha'', \alpha'''$ etc. $\beta', \beta'', \beta'''$ etc. etc. formentur secundum algorithmum sequentem

$$\begin{array}{llll}
\alpha' = 0 & \beta' = -1 & \gamma' = 1 & \delta' = h' \\
\alpha'' = \beta' & \beta'' = h''\beta' & \gamma'' = \delta' & \delta'' = h''\delta' - 1 \\
\alpha''' = \beta'' & \beta''' = h'''\beta'' - \beta' & \gamma''' = \delta'' & \delta''' = h'''\delta'' - \delta' \\
\alpha'''' = \beta''' & \beta'''' = h''''\beta''' - \beta'' & \gamma'''' = \delta''' & \delta'''' = h''''\delta''' - \delta''
\end{array}$$

etc.

f transformatum iri

$$\begin{array}{lll}
\text{in } f' & \text{per substitutionem} & \alpha', \beta', \gamma', \delta' \\
f'' & \ldots\ldots & \alpha'', \beta'', \gamma'', \delta'' \\
f''' & \ldots\ldots & \alpha''', \beta''', \gamma''', \delta'''
\end{array}$$

etc.

omnesque has transformationes fore proprias.

Quum $'f$ transeat in f per substitutionem propriam $0, -1, 1, h$ (art. 158): f transibit in $'f$ per subst. prop. $h, 1, -1, 0$. Ex simili ratione $'f$ transibit in $''f$ per subst. propr. $'h, 1, -1, 0$; $''f$ in $'''f$ per subst. pr. $''h, 1, -1, 0$ etc. Hinc per art. 159 eodem modo ut art. 177 colligitur, si numeri $'\alpha, ''\alpha, '''\alpha$ etc. $'\beta, ''\beta, '''\beta$ etc. etc. formentur secundum algorithmum sequentem

$$\begin{array}{llll}
'\alpha = h & '\beta = 1 & '\gamma = -1 & '\delta = 0 \\
''\alpha = 'h\,'\alpha - 1 & ''\beta = '\alpha & ''\gamma = 'h\,'\gamma & ''\delta = '\gamma \\
'''\alpha = ''h\,''\alpha - '\alpha & '''\beta = ''\alpha & '''\gamma = ''h\,''\gamma - '\gamma & '''\delta = ''\gamma \\
''''\alpha = '''h\,'''\alpha - ''\alpha & ''''\beta = '''\alpha & ''''\gamma = '''h\,'''\gamma - ''\gamma & ''''\delta = '''\gamma
\end{array}$$

etc.

f transformatum iri

in $'f$ per substitutionem $'\alpha, '\beta, '\gamma, '\delta$
$''f$ . . . . . . $''\alpha, ''\beta, ''\gamma, ''\delta$
$'''f$ $'''\alpha, '''\beta, '''\gamma, '''\delta$
etc.

omnesque has transformationes fore proprias.

Si ponitur $\alpha = 1,\ \beta = 0,\ \gamma = 0,\ \delta = 1$: hi numeri eandem relationem habebunt ad formam f, quam habent $\alpha', \beta', \gamma', \delta'$ ad f'; $\alpha'', \beta'', \gamma'', \delta''$ ad f'' etc.; $'\alpha, '\beta, '\gamma, '\delta$ ad $'f$ etc. Scilicet per substitutionem $\alpha, \beta, \gamma, \delta$ forma f transibit in f. Tum vero progressiones infinitae $\alpha', \alpha'', \alpha'''$ etc., $'\alpha, ''\alpha, '''\alpha$ etc., per intercalationem termini α, concinne iungentur ita ut unam continuam utrimque infinitam constituere concipi possint secundum eandem legem ubique progredientem $\ldots '''\alpha, ''\alpha, '\alpha, \alpha, \alpha', \alpha'', \alpha''' \ldots$ Lex progressionis haec est:

$$'''\alpha + '\alpha = ''h''\alpha,\ ''\alpha + \alpha = 'h'\alpha,\ '\alpha + \alpha' = h\alpha,\ \alpha + \alpha'' = h'\alpha'\ \ \alpha' + \alpha''' = h''\alpha'' \text{ etc.}$$

sive generaliter (si indicem negativum a dextra scriptum idem designare supponimus, ac positivum a laeva)

$$\alpha^{m-1} + \alpha^{m+1} = h^m \alpha^m$$

Simili modo progressio $\ldots ''\beta, '\beta, \beta, \beta', \beta'' \ldots$ continua erit. cuius lex

$$\beta^{m-1} + \beta^{m+1} = h^{m+1} \beta^m$$

et proprie cum praecedente identica, omnibus terminis uno loco promotis. $''\beta = '\alpha,\ '\beta = \alpha,\ \beta = \alpha'$ etc. Lex progressionis continuae $\ldots ''\gamma, '\gamma, \gamma, \gamma', \gamma'' \ldots$ erit haec

$$\gamma^{m-1} + \gamma^{m+1} = h^m \gamma^m$$

et lex huius $\ldots ''\delta, '\delta, \delta, \delta', \delta'' \ldots$ erit

$$\delta^{m-1} + \delta^{m+1} = h^{m+1} \delta^m$$

insuperque generaliter $\delta^m = \gamma^{m+1}$

Ex. Sit forma proposita f haec $(3, 8, -5)$. quae transformabitur

in formam ${}^{\prime\prime\prime\prime\prime\prime\prime}f$	$(-10, 7, 3)$	per substitutionem	$-805, -152, +143, +27$
${}^{\prime\prime\prime\prime\prime\prime}f$	$(3, 8, -5)$		$-152, +45, +27, -8$
${}^{\prime\prime\prime\prime\prime}f$	$(-5, 7, 6)$		$+45, +17, -8, -3$
${}^{\prime\prime\prime\prime}f$	$(6, 5, -9)$		$+17, -11, -3, +2$
${}^{\prime\prime\prime}f$	$(-9, 4, 7)$		$-11, -6, +2, +1$
${}^{\prime\prime}f$	$(7, 3, -10)$		$-6, +5, +1, -1$
${}^{\prime}f$	$(-10, 7, 3)$		$+5, +1, -1, 0$
f	$(3, 8, -5)$		$+1, 0, 0, +1$
f'	$(-5, 7, 6)$		$0, -1, +1, -3$
f''	$(6, 5, -9)$		$-1, -2, -3, -7$
f'''	$(-9, 4, 7)$		$-2, +3, -7, +10$
f''''	$(7, 3, -10)$		$+3, +5, +10, +17$
f'''''	$(-10, 7, 3)$		$+5, -8, +17, -27$
f''''''	$(3, 8, -5)$		$-8, -45, -27, -152$
f'''''''	$(-5, 7, 6)$		$-45, +143, -152, +483$

etc.

189.

Circa hunc algorithmum sequentia sunt annotanda:

1) Omnes a, a', a'' etc., ${}'a, {}''a$ etc. eadem signa habebunt, omnes b, b', b'' etc. ${}'b, {}''b$ etc. erunt positivi; in progressione $\ldots {}''h, {}'h, h, h', h'' \ldots$ signa alternabunt, scilicet si omnes a, a' etc. sunt positivi, h^m vel ${}^m h$ erit positivus quando m est par, negativus quando m impar; si vero a, a' etc. sunt negativi, h^m vel ${}^m h$ pro m pari erit negativus, pro impari positivus.

2) Si a est positivus adeoque h' negativus, h'' positivus etc., erit $\alpha'' = -1$ neg., $\alpha''' = h''\alpha''$ neg. et $> \alpha''$ (vel $= \alpha''$ si $h'' = 1$); $\alpha'''' = h'''\alpha''' - \alpha''$ pos. et $> \alpha'''$ (quia $h'''\alpha'''$ pos., α'' neg.); $\alpha''''' = h''''\alpha'''' - \alpha'''$ pos. et $> \alpha''''$ (quia $h''''\alpha''''$ pos.) etc. Hinc facile concluditur, progressionem $\alpha', \alpha'', \alpha'''$ etc. in infinitum crescere duoque signa positiva semper duo negativa excipere ita ut α^m habeat signum $+, +, -, -$, prout $m \equiv 0, 1, 2, 3 \pmod 4$. Si a est negativus, per simile ratiocinium invenitur α'' neg., α''' pos. et vel $>$ vel $= \alpha''$; α'''' pos. $> \alpha'''$; α''''' neg. $> \alpha''''$ etc.,

ita ut progressio $\alpha', \alpha'', \alpha'''$ etc. continuo crescat, signumque termini α^m sit $+, -, -, +$, prout $m \equiv 0, 1, 2, 3 \pmod{4}$.

3) Hoc modo invenitur, omnes quatuor progressiones infinitas $\alpha', \alpha'', \alpha'''$ etc. $\gamma, \gamma', \gamma''$ etc.; $\alpha', \alpha, '\alpha, ''\alpha$ etc.; $\gamma, '\gamma, ''\gamma$ etc. continuo crescere, adeoque etiam sequentes cum illis identicas: β, β', β'' etc.; $'\delta, \delta, \delta', \delta''$ etc.; $\beta, '\beta, ''\beta$ etc.; $'\delta, ''\delta$ etc.; et, prout $m \equiv 0, 1, 2, 3 \pmod{4}$, signum

$$\text{ipsius } \alpha^m, \; + \; \pm \; - \; \mp; \quad \text{ipsius } \beta^m, \; \pm \; - \; \mp \; +$$

$$\text{ipsius } \gamma^m, \; \pm \; + \; \mp \; -; \quad \text{ipsius } \delta^m, \; + \; \mp \; - \; \pm$$

$$\text{ipsius } {}^m\alpha, \; + \; \pm \; - \; \mp; \quad \text{ipsius } {}^m\beta, \; \mp \; + \; \pm \; -$$

$$\text{ipsius } {}^m\gamma, \; \mp \; - \; \pm \; +; \quad \text{ipsius } {}^m\delta, \; + \; \mp \; - \; \pm$$

valentibus superioribus quando a est positivus, inferioribus quando a negativus. Teneatur imprimis haec proprietas: Designante m indicem quemcunque positivum, α^m et γ^m habebunt eadem signa quando a positivus, opposita quando a negativus, similiterque β^m et δ^m; contra ${}^m\alpha$ et ${}^m\gamma$, vel ${}^m\beta$ et ${}^m\delta$ habebunt eadem signa quando a negativus, opposita quando a positivus.

4) In signis art. 27 magnitudo ipsorum α^m etc. concinne ita exhiberi potest, ponendo

$$\mp h' = k', \quad \pm h'' = k'', \quad \mp h''' = k''' \text{ etc. } \pm h = k, \quad \mp 'h = 'k, \quad \pm ''h = ''k \text{ etc.}$$

ita ut omnes k', k'' etc. $k, 'k$ etc. sint numeri positivi:

$$\alpha^m = \pm [k'', k''', k'''' \ldots . k^{m-1}]; \quad \beta^m = \pm [k'', k''', k'''' \ldots k^m]$$

$$\gamma^m = \pm [k', k'', k''' \ldots .. k^{m-1}]; \quad \delta^m = \pm [k', k'', k''' \ldots k^m]$$

$${}^m\alpha = \pm [k, 'k, ''k \ldots . {}^{m-1}k]; \quad {}^m\beta = \pm [k, 'k, ''k \ldots . {}^{m-2}k]$$

$${}^m\gamma = \pm ['k, ''k \ldots .. {}^{m-1}k]; \quad {}^m\delta = \pm ['k, ''k \ldots . {}^{m-2}k]$$

signa vero ad praecepta modo tradita determinari debent. Secundum has formulas, quarum demonstrationem propter facilitatem omittimus, calculus semper expeditissime absolvi poterit.

190.

LEMMA. *Designantibus m, μ, m', n, ν, n' numeros integros quoscunque, ita tamen ut trium posteriorum nullus sit $=0$: dico, si $\frac{\mu}{\nu}$ iaceat inter limites $\frac{m}{n}$ et $\frac{m'}{n'}$ exclusive, atque sit $mn' - nm' = \mp 1$, denominatorem ν fore maiorem quam n et n'.*

Dem. Manifesto $\mu nn'$ iacebit inter $\nu mn'$ et $\nu nm'$, adeoque ab utroque limite minus differet quam limes alter ab altero, *i. e.* erit $\nu mn' - \nu nm' > \mu nn' - \nu mn'$ et $> \mu nn' - \nu nm'$, sive $\nu > n'(\mu n - \nu m)$ et $> n(\mu n' - \nu m')$. Hinc sequitur quoniam $\mu n - \nu m$ certe non $=0$ (alioquin enim foret $\frac{\mu}{\nu} = \frac{m}{n}$ contra hyp.), neque $\mu n' - \nu m' = 0$ (ex simili ratione), sed uterque ad minimum $=1$, fore $\nu > n'$ et $> n$. *Q. E. D.*

Perspicuum itaque est, ν non posse esse $=1$, *i. e.* si fuerit $mn' - nm' = \pm 1$, inter fractiones $\frac{m}{n}, \frac{m'}{n'}$ nullum numerum integrum iacere posse. Quare etiam cifra inter ipsas iacere nequit, *i. e.* fractiones istae signa opposita habere nequeunt.

191.

THEOREMA. *Si forma reducta $(a, b, -a')$ determinantis D per substitutionem $\alpha, \beta, \gamma, \delta$ transit in reductam $(A, B, -A')$ eiusdem determinantis: iacebit,* primo, $\frac{\pm\sqrt{D}-b}{a}$ *inter $\frac{\alpha}{\gamma}$ et $\frac{\beta}{\delta}$ (siquidem neque γ neque $\delta = 0$, i. e. si uterque limes est finitus), accepto signo superiori, quando neuter horum limitum habet signum signo ipsius a oppositum (sive clarius, quando aut* uterque *idem habet, aut* alter *idem,* alter *est $=0$) inferiori quando neuter habet idem ut a;* secundo $\frac{\pm\sqrt{D}+b}{a'}$ *inter $\frac{\gamma}{\alpha}$ et $\frac{\delta}{\beta}$ (siquidem neque α neque $\beta = 0$), signo superiori accepto quando limes neuter signum signo ipsius a' (vel a) oppositum habet, inferiori quando neuter habet idem ut a'* *).

Dem. Habentur aequationes

$$a\alpha\alpha + 2b\alpha\gamma - a'\gamma\gamma = A \quad \ldots \quad [1]$$

$$a\beta\beta + 2b\beta\delta - a'\delta\delta = -A' \quad [2]$$

Unde deducitur

$$\frac{\alpha}{\gamma} = \frac{\pm\sqrt{(D + \frac{aA}{\gamma\gamma})} - b}{a} \quad [3]$$

$$\frac{\beta}{\delta} = \frac{\pm\sqrt{(D - \frac{aA'}{\delta\delta})} - b}{a} \quad \ldots\ldots \quad [4]$$

*) Manifestum est, alios casus locum habere non posse, quum ex art. praec. propter $\alpha\delta - \beta\gamma = \pm 1$, limites bini neque signa opposita habere, neque simul $=0$ esse possint.

$$\frac{\gamma}{\alpha} = \frac{\pm\sqrt{(D - \frac{a'A}{\alpha\alpha})} + b}{a'} \quad \ldots\ldots \quad [5]$$

$$\frac{\delta}{\beta} = \frac{\pm\sqrt{(D + \frac{a'A'}{\beta\beta})} + b}{a'} \quad \ldots\ldots\ldots \quad [6]$$

Aequatio 3, 4, 5, 6 reiicienda erit, si $\gamma, \delta, \alpha, \beta$ resp. $= 0$. — Sed dubium hic manet, quae *signa* quantitatibus radicalibus tribui debeant; hoc sequenti modo decidemus.

Statim patet in [3] et [4] necessario signa superiora accipi debere, quando neque $\frac{\alpha}{\gamma}$ neque $\frac{\beta}{\delta}$ signum habeat signo ipsius a oppositum; quoniam accepto signo inferiori $\frac{a\alpha}{\gamma}$ et $\frac{a\beta}{\delta}$ fierent quantitates negativae. Quia vero A et A' signa eadem habent, $\sqrt{D}$ cadet inter $\sqrt{(D + \frac{aA}{\gamma\gamma})}$ et $\sqrt{(D - \frac{aA'}{\delta\delta})}$ adeoque in hocce casu $\frac{\sqrt{D}-b}{a}$ inter $\frac{\alpha}{\gamma}$ et $\frac{\beta}{\delta}$ Quare pars prima theorematis pro casu priori est demonstrata.

Eodem modo perspicitur, in [5] et [6] necessario signa inferiora accipi debere, quando neque $\frac{\gamma}{\alpha}$ neque $\frac{\delta}{\beta}$ signum idem habeant ut a' sive a, quia accepto superiori $\frac{a'\gamma}{\alpha}$, $\frac{a'\delta}{\beta}$ necessario fierent quantitates positivae. Unde protinus sequitur, $\frac{-\sqrt{D}+b}{a'}$ pro hocce casu iacere inter $\frac{\gamma}{\alpha}$ et $\frac{\delta}{\beta}$ Demonstrata est itaque etiam pars secunda theorematis pro casu posteriori. Quodsi aeque facile ostendi posset, in [3] et [4] signa inferiora accipi debere, quando neutra quantitatum $\frac{\alpha}{\gamma}$, $\frac{\beta}{\delta}$ signum idem habeat ut a, et in [5] et [6] superiora, quando neque $\frac{\gamma}{\alpha}$ neque $\frac{\delta}{\beta}$ signum oppositum habeat: hinc simili modo sequeretur, pro illo casu $\frac{-\sqrt{D}-b}{a}$ iacere inter $\frac{\alpha}{\gamma}$ et $\frac{\beta}{\delta}$, pro hoc $\frac{\sqrt{D}+b}{a'}$ inter $\frac{\gamma}{\alpha}$ et $\frac{\delta}{\beta}$, sive pars prima theorematis etiam pro casu posteriori, et secunda pro casu priori demonstratae forent. Sed quum illud difficile quidem non sit, attamen sine quibusdam ambagibus fieri nequeat, methodum sequentem praeferimus.

Quando nullus numerorum $\alpha, \beta, \gamma, \delta = 0$, $\frac{\alpha}{\gamma}$ et $\frac{\beta}{\delta}$ eadem signa habebunt ut $\frac{\gamma}{\alpha}$, $\frac{\delta}{\beta}$ Quando itaque neutra harum quantitatum signum idem habet ut a' sive a, adeoque $\frac{-\sqrt{D}+b}{a'}$ inter $\frac{\gamma}{\alpha}$ et $\frac{\delta}{\beta}$ cadit: neutra quantitatum $\frac{\alpha}{\gamma}$, $\frac{\beta}{\delta}$ signum idem ut a habebit, cadetque $\frac{a'}{-\sqrt{D}+b} = \frac{-\sqrt{D}-b}{a}$ (propter $aa' = D - bb$) inter $\frac{\alpha}{\gamma}$ et $\frac{\beta}{\delta}$. Quare pro eo casu ubi neque α neque $\beta = 0$, pars prima theor. etiam pro casu secundo est demonstrata (nam conditio ut neque γ neque $\delta = 0$, iam in theor. ipso est adiecta). Simili modo, quando nullus numerorum $\alpha, \beta, \gamma, \delta = 0$, et neque $\frac{\alpha}{\gamma}$ neque $\frac{\beta}{\delta}$ signum signo ipsius a vel a' oppositum habet, adeoque $\frac{\sqrt{D}-b}{a'}$ inter $\frac{\alpha}{\gamma}$ et $\frac{\beta}{\delta}$ iacet: etiam $\frac{\gamma}{\alpha}$ et $\frac{\delta}{\beta}$ signum oppositum signo ipsius a' non habebit, cadetque $\frac{a}{\sqrt{D}-b} = \frac{\sqrt{D}+b}{a'}$ inter $\frac{\gamma}{\alpha}$ et $\frac{\delta}{\beta}$ In eo igitur casu ubi neque γ neque $\delta = 0$ pars secunda theor. etiam pro casu secundo est demonstrata.

Nihil itaque superesset quam ut demonstretur, partem primam theor. etiam pro casu secundo locum habere si alteruter numerorum α, β sit $= 0$, et partem secundam pro casu primo si aut γ aut $\delta = 0$. At *omnes hi casus sunt impossibiles.* Supponamus enim, pro parte *prima* theor., esse neque γ neque $\delta = 0$; $\frac{\alpha}{\gamma}$, $\frac{\beta}{\delta}$ non habere signum idem ut a atque esse 1) $\alpha = 0$. Tum ex aequ. $\alpha\delta - \beta\gamma = \pm 1$ fit $\beta = \pm 1$, $\gamma = \pm 1$. Hinc ex [1] $A = -a'$, quare A et a', adeoque etiam a et A' signa opposita habent, unde fit $\sqrt{(D - \frac{aA'}{\delta\delta})} > \sqrt{D} > b$. Hinc patet in [4] necessario signum inferius accipi debere, quia accepto superiori $\frac{\beta}{\delta}$ manifesto signum idem obtineret ut a. Fit itaque $\frac{\beta}{\delta} > \frac{-\sqrt{D}-b}{a} > 1$ (propter $a < \sqrt{D}+b$ ex def. formae reductae), *Q. E. A.* quum $\beta = \pm 1$, et δ non $= 0$. — 2) Sit $\beta = 0$. Tum ex aequ. $\alpha\delta - \beta\gamma = \pm 1$ fit $\alpha = \pm 1$, $\delta = \pm 1$. Hinc ex [2] $-A' = -a'$, quare a' et a et A signa eadem habebunt, unde fit $\sqrt{(D + \frac{aA}{\alpha\alpha})} > \sqrt{D} > b$. Hinc patet in [3] signum inferius accipi debere, quia accepto superiori $\frac{\alpha}{\gamma}$ signum idem obtineret ut a. Fit itaque $\frac{\alpha}{\gamma} > \frac{-\sqrt{D}-b}{a} > 1$, *Q. E. A.* eadem ratione ut ante. — Pro parte *secunda* si supponimus neque α neque $\beta = 0$; $\frac{\gamma}{\alpha}$, $\frac{\delta}{\beta}$ non habere signum signo ipsius a' oppositum atque 1) $\gamma = 0$: ex aequ. $\alpha\delta - \beta\gamma = \pm 1$ fit $\alpha = \pm 1$, $\delta = \pm 1$. Hinc ex [1] $A = a$, quare a' et A' signa eadem habebunt, unde fit $\sqrt{(D + \frac{a'A'}{\beta\beta})} > \sqrt{D} > b$. Quocirca in [6] signum superius erit accipiendum, quia accepto inferiori, $\frac{\delta}{\beta}$ obtineret signum oppositum signo ipsius a'. Fit igitur $\frac{\delta}{\beta} > \frac{\sqrt{D}+b}{a'} > 1$, *Q. E. A.*, quia $\delta = \pm 1$ et β non $= 0$. Tandem 2) si esset $\delta = 0$, ex $\alpha\delta - \beta\gamma = \pm 1$ fit $\beta = \pm 1$, $\gamma = \pm 1$, adeoque ex [2] $-A' = a$. Hinc $\sqrt{(D - \frac{a'A}{\alpha\alpha})} > \sqrt{D} > b$, quare in [5] signum superius accipiendum. Hinc $\frac{\gamma}{\alpha} > \frac{\sqrt{D}+b}{a'} > 1$, *Q. E. A.* — Quare theorema in omni sua extensione est demonstratum.

Quum differentia inter $\frac{\alpha}{\gamma}$ et $\frac{\beta}{\delta}$ sit $= \frac{1}{\gamma\delta}$: differentia inter $\frac{\pm\sqrt{D}-b}{a}$ et $\frac{\alpha}{\gamma}$ vel $\frac{\beta}{\delta}$ erit $< \frac{1}{\gamma\delta}$; inter $\frac{\pm\sqrt{D}-b}{a}$ autem et $\frac{\alpha}{\gamma}$, vel inter illam quantitatem et $\frac{\beta}{\delta}$ nulla fractio iacere poterit, cuius denominator non sit maior quam γ aut δ (*lemma praec.*). — Eodem modo differentia quantitatis $\frac{\pm\sqrt{D}+b}{a}$ a fractione $\frac{\gamma}{\alpha}$ vel hac $\frac{\delta}{\beta}$

erit minor quam $\frac{1}{\alpha\beta}$, et inter illam quantitatem et neutram harum fractionum iacere potest fractio cuius denominator non sit maior quam α et β.

192.

Ex applicatione theor. praec. ad algorithmum art. 188 sequitur, quantitatem $\frac{\sqrt{D}-b}{a}$ quam per L designabimus, iacere inter $\frac{\alpha'}{\gamma'}$ et $\frac{\beta'}{\delta'}$; inter $\frac{\alpha''}{\gamma''}$ et $\frac{\beta''}{\delta''}$; inter $\frac{\alpha'''}{\gamma'''}$ et $\frac{\beta'''}{\delta'''}$ etc. (facile enim ex art. 189, 3 fin. deducitur, nullum horum limitum habere signum oppositum signo ipsius a; quare quantitati radicali $\sqrt{D}$ signum positivum tribui debet) sive inter $\frac{\alpha'}{\gamma'}$ et $\frac{\alpha''}{\gamma''}$; inter $\frac{\alpha''}{\gamma''}$ et $\frac{\alpha'''}{\gamma'''}$ etc. Omnes itaque fractiones $\frac{\alpha'}{\gamma'}$, $\frac{\alpha'''}{\gamma'''}$, $\frac{\alpha'''''}{\gamma'''''}$ etc. ipsi L ab eadem parte iacebunt, omnesque $\frac{\alpha''}{\gamma''}$, $\frac{\alpha''''}{\gamma''''}$, $\frac{\alpha''''''}{\gamma''''''}$ etc. a parte altera. Quoniam vero $\gamma' < \gamma'''$, $\frac{\alpha'}{\gamma'}$ iacebit *extra* $\frac{\alpha'''}{\gamma'''}$ et L, similique ratione $\frac{\alpha''}{\gamma''}$ extra L et $\frac{\alpha''''}{\gamma''''}$; $\frac{\alpha'''}{\gamma'''}$ extra L et $\frac{\alpha'''''}{\gamma'''''}$ etc. Unde manifestum est, has quantitates iacere sequenti ordine:

$$\frac{\alpha'}{\gamma'},\ \frac{\alpha'''}{\gamma'''},\ \frac{\alpha'''''}{\gamma'''''}\ldots L\ldots\frac{\alpha''''''}{\gamma''''''},\ \frac{\alpha''''}{\gamma''''},\ \frac{\alpha''}{\gamma''}$$

Differentia autem inter $\frac{\alpha'}{\gamma'}$ et L erit minor quam differentia inter $\frac{\alpha'}{\gamma'}$ et $\frac{\alpha''}{\gamma''}$ *i. e.* $< \frac{1}{\gamma'\gamma''}$, similique ratione differentia inter $\frac{\alpha''}{\gamma''}$ et L erit $< \frac{1}{\gamma''\gamma'''}$ etc. Quamobrem fractiones $\frac{\alpha'}{\gamma'}$, $\frac{\alpha''}{\gamma''}$, $\frac{\alpha'''}{\gamma'''}$ etc. continuo propius ad limitem L accedunt, et quoniam γ', γ'', γ''' continuo in infinitum crescunt, differentia fractionum a limite quavis quantitate data minor fieri potest.

Ex art. 189 nulla quantitatum $\frac{\gamma}{\alpha}$, $\frac{'\gamma}{'\alpha}$, $\frac{''\gamma}{''\alpha}$ etc. signum idem habebit ut a; hinc per ratiocinia praecedentibus omnino similia sequitur, illas et hanc $\frac{-\sqrt{D}+b}{a'}$ quam per L' designabimus, iacere sequenti ordine:

$$\frac{\gamma}{\alpha},\ \frac{''\gamma}{''\alpha},\ \frac{''''\gamma}{''''\alpha}\ldots\ldots L'\ldots\ldots\frac{'''''\gamma}{'''''\alpha}.\ \frac{'''\gamma}{'''\alpha},\ \frac{'\gamma}{'\alpha}$$

Differentia autem inter $\frac{\gamma}{\alpha}$ et L' minor erit quam $\frac{1}{'\alpha\alpha}$, differentia inter $\frac{'\gamma}{'\alpha}$ et L' minor quam $\frac{1}{''\alpha'\alpha}$ etc. Quare fractiones $\frac{\gamma}{\alpha}$, $\frac{'\gamma}{'\alpha}$ etc. continuo propius ad L' accedent, et differentia quavis quantitate data minor fieri poterit.

In *ex.* art. 188 fit $L = \frac{\sqrt{79}-8}{3} = 0{,}2960648$ et fractiones appropinquantes $\frac{0}{1}$, $\frac{1}{3}$, $\frac{2}{7}$, $\frac{3}{10}$, $\frac{5}{17}$, $\frac{8}{27}$, $\frac{45}{152}$, $\frac{143}{483}$, etc. Est autem $\frac{143}{483} = 0{,}2960662.$ — Ibidem fit $L' = \frac{-\sqrt{79}+8}{5} = -0{,}1776388$, fractionesque approximantes $\frac{0}{1}$, $-\frac{1}{5}$, $-\frac{1}{6}$, $-\frac{2}{11}$, $-\frac{3}{17}$, $-\frac{8}{45}$, $-\frac{27}{152}$, $-\frac{143}{805}$ etc. Est vero $\frac{143}{805} = 0{,}1776397$.

193.

THEOREMA. *Si formae reductae f, F proprie aequivalentes sunt: altera in alterius periodo contenta erit.*

Sit $f = (a, b, -a')$, $F = (A, B, -A')$, determinans harum formarum D, transeatque illa in hanc per substitutionem propriam $\mathfrak{A}$, $\mathfrak{B}$, $\mathfrak{C}$, $\mathfrak{D}$. Tum dico, si periodus formae f quaeratur progressioque utrimque infinita formarum reductarum atque transformationum formae f in ipsas eruatur, eodem modo ut art. 188: *vel* $+\mathfrak{A}$ fore aequalem termino alicui progressionis $\ldots {}''\alpha, {}'\alpha, \alpha, \alpha', \alpha'' \ldots$, hocque posito $= \alpha^m$, $+\mathfrak{B}$ fore $= \beta^m$, $+\mathfrak{C} = \gamma^m$, $+\mathfrak{D} = \delta^m$; *vel* $-\mathfrak{A}$ fore aequalem termino alicui α^m, et $-\mathfrak{B}$, $-\mathfrak{C}$, $-\mathfrak{D}$ resp. $= \beta^m$, γ^m, δ^m (ubi m etiam indicem negativum designare potest). In utroque casu F manifesto identica erit cum f^m.

Dem. I. Habentur quatuor aequationes,

$$a\mathfrak{A}\mathfrak{A} + 2b\mathfrak{A}\mathfrak{C} - a'\mathfrak{C}\mathfrak{C} = A \quad \ldots\ldots\ldots [1]$$
$$a\mathfrak{A}\mathfrak{B} + b(\mathfrak{A}\mathfrak{D} + \mathfrak{B}\mathfrak{C}) - a'\mathfrak{C}\mathfrak{D} = B. \quad \ldots\ldots [2]$$
$$a\mathfrak{B}\mathfrak{B} + 2b\mathfrak{B}\mathfrak{D} - a'\mathfrak{D}\mathfrak{D} = -A' \quad \ldots\ldots [3]$$
$$\mathfrak{A}\mathfrak{D} - \mathfrak{B}\mathfrak{C} = 1 \quad \ldots\ldots\ldots [4]$$

Consideramus autem *primo* casum, ubi aliquis numerorum $\mathfrak{A}$, $\mathfrak{B}$, $\mathfrak{C}$, $\mathfrak{D} = 0$.

1° Si $\mathfrak{A} = 0$, fit ex [4] $\mathfrak{B}\mathfrak{C} = -1$, adeoque $\mathfrak{B} = \pm 1$, $\mathfrak{C} = \mp 1$. Hinc ex [1], $-a' = A$; ex [2], $-b \pm a'\mathfrak{D} = B$ sive $B \equiv -b (\text{mod.}\, a' \text{ vel } A)$; unde sequitur formam $(A, B, -A')$ formae $(a, b, -a')$ ab ultima parte contiguam esse. Quoniam vero illa est reducta, necessario cum f' identica erit. Ergo $B = b'$, adeoque ex [2] $b + b' = -a'\mathfrak{C}\mathfrak{D} = \pm a'\mathfrak{D}$; hinc propter $\frac{b+b'}{-a'} = h'$, fit $\mathfrak{D} = \mp h'$. Unde colligitur, $\mp\mathfrak{A}$, $\mp\mathfrak{B}$, $\mp\mathfrak{C}$, $\mp\mathfrak{D}$ esse resp. $= 0$, -1, $+1$, h' sive $= \alpha'$, β', γ', δ'.

2° Si $\mathfrak{B} = 0$, fit ex [4] $\mathfrak{A} = \pm 1$, $\mathfrak{D} = \pm 1$; ex [3] $a' = A'$; ex [2] $b \mp a'\mathfrak{C} = B$, sive $b \equiv B (\text{mod.}\, a')$. Quoniam vero tum f tum F sunt formae reductae: tum b tum B iacebunt inter $\sqrt{D}$ et $\sqrt{D} \mp a'$ (prout a' pos. vel neg., art. 185, 5). Quare erit necessario $b = B$, et $\mathfrak{C} = 0$. Hinc formae f, F sunt identicae atque $\pm\mathfrak{A}$, $\pm\mathfrak{B}$, $\pm\mathfrak{C}$, $\pm\mathfrak{D} = 1, 0, 0, 1 = \alpha, \beta, \gamma\ \delta$ (resp.).

3° Si $\mathfrak{C} = 0$, fit ex [4] $\mathfrak{A} = \pm 1$, $\mathfrak{D} = \pm 1$; ex [1] $a = A$; ex [2] $\pm a\mathfrak{B} + b = B$ sive $b \equiv B (\text{mod.}\, a)$. Quia vero tum b tum B iacent inter $\sqrt{D}$

et $\sqrt{D}\mp a$: erit necessario $B=b$ et $\mathfrak{B}=0$. Quare casus hic a praecedente non differt.

4° Si $\mathfrak{D}=0$, fit ex [4] $\mathfrak{B}=\pm 1$, $\mathfrak{C}=\mp 1$; ex [3] $a=-A'$; ex [2] $\pm a\mathfrak{A}-b=B$ sive $B\equiv -b \pmod{a}$. Hinc forma F formae f a parte prima contigua erit, et proin cum forma $'f$ identica. Quare propter $\frac{'b+b}{a}=h$, et $B='b$, erit $\pm\mathfrak{A}=h$. Unde colligitur $\pm\mathfrak{A}$, $\pm\mathfrak{B}$, $\pm\mathfrak{C}$, $\pm\mathfrak{D}$ resp. esse $=h, 1, -1, 0, ='\alpha, '\beta, '\gamma, '\delta$.

Superest itaque casus ubi nullus numerorum $\mathfrak{A}, \mathfrak{B}, \mathfrak{C}, \mathfrak{D}=0$. Hic per Lemma art. 190 quantitates $\frac{\mathfrak{A}}{\mathfrak{C}}, \frac{\mathfrak{B}}{\mathfrak{D}}, \frac{\mathfrak{C}}{\mathfrak{A}}, \frac{\mathfrak{D}}{\mathfrak{B}}$ idem signum habebunt, oriunturque inde duo casus, quum signum hoc vel cum signo ipsorum a, a' convenire vel ipsi oppositum esse possit.

II. Si $\frac{\mathfrak{A}}{\mathfrak{C}}, \frac{\mathfrak{B}}{\mathfrak{D}}$ idem signum habent ut a: quantitas $\frac{\sqrt{D}-b}{a}$ (quam designabimus per L) inter has fractiones sita erit (art. 191). Demonstrabimus iam, $\frac{\mathfrak{A}}{\mathfrak{C}}$ aequalem fore alicui fractionum $\frac{\alpha''}{\gamma''}, \frac{\alpha'''}{\gamma'''}, \frac{\alpha''''}{\gamma''''}$ etc., atque $\frac{\mathfrak{B}}{\mathfrak{D}}$ proxime sequenti, scilicet si $\frac{\mathfrak{A}}{\mathfrak{C}}$ fuerit $=\frac{\alpha^m}{\gamma^m}$, $\frac{\mathfrak{B}}{\mathfrak{D}}$ fore $=\frac{\alpha^{m+1}}{\gamma^{m+1}}$ In art. praec. ostendimus, quantitates $\frac{\alpha'}{\gamma'}, \frac{\alpha''}{\gamma''}, \frac{\alpha'''}{\gamma'''}$ etc. (quas brevitatis gratia per (1), (2), (3) etc. denotabimus), atque L, hunc ordinem (I) observare: (1), (3), (5)...L.. (6), (4), (2); prima harum quantitatum est $=0$ (propter $\alpha'=0$), reliquae omnes idem signum habent ut L sive a. Quoniam vero per hyp. $\frac{\mathfrak{A}}{\mathfrak{C}}, \frac{\mathfrak{B}}{\mathfrak{D}}$ (pro quibus scribemus $\mathfrak{M}, \mathfrak{N}$) idem signum habent: patet has quantitates ipsi (1) a dextra iacere (aut si mavis ab eadem parte a qua L), et quidem, quum L iaceat inter ipsas, alteram ipsi L a dextra, alteram a laeva. Facile vero ostendi potest, $\mathfrak{M}$ ipsi (2) a dextra iacere non posse, alioquin enim $\mathfrak{N}$ iaceret inter (1) et L, unde sequeretur *primo* (2) iacere inter $\mathfrak{M}$ et $\mathfrak{N}$, adeoque denominatorem fractionis (2) maiorem esse denominatore fractionis $\mathfrak{N}$ (art. 190), *secundo* $\mathfrak{N}$ iacere inter (1) et (2), adeoque denom. fractionis $\mathfrak{N}$ esse maiorem quam denom. fractionis (2), *Q. E. A.*

Supponamus $\mathfrak{M}$ nulli fractionum (2), (3), (4) etc. aequalem esse, ut, quid inde sequatur, videamus. Tum manifestum est, si fractio $\mathfrak{M}$ ipsi L a laeva iaceat, necessario eam sitam esse aut inter (1) et (3), aut inter (3) et (5), aut inter (5) et (7) etc. (quoniam L est irrationalis, adeoque ipsi $\mathfrak{M}$ certo inaequalis, fractionesque (1), (3), (5) etc. quavis quantitate data, ipsi L inaequali, propius ad L accedere possunt). Si vero $\mathfrak{M}$ ipsi L a dextra iacet: necessario iacebit aut inter (2) et (4), aut inter (4) et (6) aut inter (6) et (8) etc. Ponamus itaque $\mathfrak{M}$ iacere inter

(m) et $(m+2)$, patetque quantitates $\mathfrak{M}$, (m), $(m+1)$, $(m+2)$, L iacere sequenti ordine,

$$(\text{II})^{*}):\qquad (m),\ (\mathfrak{M}),\ (m+2),\ L,\ (m+1)$$

Tum erit necessario $\mathfrak{N}=(m+1)$. Iacebit enim $\mathfrak{N}$ ipsi L a dextra; si vero etiam ipsi $(m+1)$ a dextra iaceret, $(m+1)$ iaceret inter $\mathfrak{M}$ et $\mathfrak{N}$, unde $\gamma^{m+1}>\mathfrak{C}$, $\mathfrak{M}$ vero inter (m) et $(m+1)$ unde $\mathfrak{C}>\gamma^{m+1}$ (art. 190), *Q. E. A.*; si vero $\mathfrak{N}$ ipsi $(m+1)$ a laeva iaceret, sive inter $(m+2)$ et $(m+1)$, foret $\mathfrak{D}>\gamma^{m+2}$, et quia $(m+2)$ inter $\mathfrak{M}$ et $\mathfrak{N}$, foret $\gamma^{m+2}>\mathfrak{D}$, *Q. E. A.* Erit itaque $\mathfrak{N}=(m+1)$, sive $\frac{\mathfrak{B}}{\mathfrak{D}}=\frac{\alpha^{m+1}}{\gamma^{m+1}}=\frac{\beta^{m}}{\delta^{m}}$

Quia $\mathfrak{A}\mathfrak{D}-\mathfrak{B}\mathfrak{C}=1$, $\mathfrak{B}$ erit primus ad $\mathfrak{D}$ et ex simili ratione β^m primus ad δ^m. Unde facile perspicitur aequationem $\frac{\mathfrak{B}}{\mathfrak{D}}=\frac{\beta^m}{\delta^m}$ consistere non posse, nisi fuerit aut $\mathfrak{B}=\beta^m$, $\mathfrak{D}=\delta^m$, aut $\mathfrak{B}=-\beta^m$, $\mathfrak{D}=-\delta^m$. Iam quum forma f per substitutionem propriam α^m, β^m, γ^m, δ^m in formam f^m transmutetur, quae est $(\pm a^m,\ b^m,\ \mp a^{m+1})$: habebuntur aequationes

$$\begin{aligned}
a\alpha^m\alpha^m+2b\alpha^m\gamma^m-a'\gamma^m\gamma^m &= \pm a^m \quad\ldots\ldots\ [5]\\
a\alpha^m\beta^m+b(\alpha^m\delta^m+\beta^m\gamma^m)-a'\gamma^m\delta^m &= b^m \quad\ldots\ldots\ [6]\\
a\beta^m\beta^m+2b\beta^m\delta^m-a'\delta^m\delta^m &= \mp a^{m+1} \quad\ldots\ldots\ [7]\\
\alpha^m\delta^m-\beta^m\gamma^m &= 1 \quad\ldots\ldots\ldots\ [8]
\end{aligned}$$

Hinc fit: (ex aequ. 7 et 3), $\mp a^{m+1}=-A'$. Porro multiplicando aequationem [2] per $\alpha^m\delta^m-\beta^m\gamma^m$, aequationem [6] per $\mathfrak{A}\mathfrak{D}-\mathfrak{B}\mathfrak{C}$ et subtrahendo facile per evolutionem confirmatur esse

$$\begin{aligned}
B-b^m = {} & (\mathfrak{C}\alpha^m-\mathfrak{A}\gamma^m)(a\mathfrak{B}\beta^m+b(\mathfrak{D}\beta^m+\mathfrak{B}\delta^m)-a'\mathfrak{D}\delta^m)\\
& +(\mathfrak{B}\delta^m-\mathfrak{D}\beta^m)(a\mathfrak{A}\alpha^m+b(\mathfrak{C}\alpha^m+\mathfrak{A}\gamma^m)-a'\mathfrak{C}\gamma^m)\quad\ldots\ [9]
\end{aligned}$$

sive quoniam vel $\beta^m=\mathfrak{B}$, $\delta^m=\mathfrak{D}$ vel $\beta^m=-\mathfrak{B}$, $\delta^m=-\mathfrak{D}$,

$$B-b^m=\pm(\mathfrak{C}\alpha^m-\mathfrak{A}\gamma^m)(a\mathfrak{B}\mathfrak{B}+2b\mathfrak{B}\mathfrak{D}-a'\mathfrak{D}\mathfrak{D})=\mp(\mathfrak{C}\alpha^m-\mathfrak{A}\gamma^m)A'$$

Hinc $B\equiv b^m(\text{mod.}\,A')$; quia vero tum B tum b^m, inter $\sqrt{D}$ et $\sqrt{D}\mp A'$ iacent, necessario erit $B=b^m$ adeoque $\mathfrak{C}\alpha^m-\mathfrak{A}\gamma^m=0$, sive $\frac{\mathfrak{A}}{\mathfrak{C}}=\frac{\alpha^m}{\gamma^m}$, *i. e.* $\mathfrak{M}=(m)$.

Hoc modo itaque ex suppositione, $\mathfrak{M}$ nulli quantitatum (2), (3), (4) etc. aequalem esse, deduximus, eam revera alicui aequalem esse. Quodsi vero ab

*) Nihil hic refert, sive ordo in (II) idem sit ut in (I), sive huic oppositus, *i. e.* sive (m) etiam in (I) ipsi L a laeva iaceat sive a dextra.

initio supponimus, esse $\mathfrak{M} = (m)$, manifesto erit vel $\mathfrak{A} = \alpha^m$, $\mathfrak{C} = \gamma^m$, vel $-\mathfrak{A} = \alpha^m$, $-\mathfrak{C} = \gamma^m$. In utroque casu fit ex [1] et [5] $A = \pm a^m$, et ex [9] $B - b^m = \pm(\mathfrak{B}\delta^m - \mathfrak{D}\beta^m)A$, sive $B \equiv b^m (\text{mod.} A)$. Hinc simili modo ut supra concluditur $B = b^m$, et hinc $\mathfrak{B}\delta^m = \mathfrak{D}\beta^m$; quare quum $\mathfrak{B}$ ad $\mathfrak{D}$ primus sit et β^m ad δ^m: erit aut $\mathfrak{B} = \beta^m$, $\mathfrak{D} = \delta^m$ aut $-\mathfrak{B} = \beta^m$, $-\mathfrak{D} = \delta^m$, et proin ex [7] $-A' = \mp a^{m+1}$. Quamobrem formae F, f^m identicae erunt. Adiumento aequationis $\mathfrak{A}\mathfrak{D} - \mathfrak{B}\mathfrak{C} = \alpha^m\delta^m - \beta^m\gamma^m$ autem nullo negotio probatur, poni debere $+\mathfrak{B} = \beta^m$, $+\mathfrak{D} = \delta^m$, quando $+\mathfrak{A} = \alpha^m$, $+\mathfrak{C} = \gamma^m$; contra $-\mathfrak{B} = \beta^m$ $-\mathfrak{D} = -\delta^m$, quando $-\mathfrak{A} = \alpha^m$, $-\mathfrak{C} = \gamma^m$. *Q. E. D.*

III. Si signum quantitatum $\frac{\mathfrak{A}}{\mathfrak{C}}$ etc. signo ipsius a oppositum: demonstratio praecedenti tam similis est, ut praecipua tantum momenta addigitavisse sufficiat. Iacebit $\frac{-\sqrt{D}+b}{a'}$ inter $\frac{\mathfrak{C}}{\mathfrak{A}}$ et $\frac{\mathfrak{D}}{\mathfrak{B}}$. Fractio $\frac{\mathfrak{D}}{\mathfrak{B}}$ alicui fractionum

$$\frac{'\delta}{'\beta},\ \frac{''\delta}{''\beta},\ \frac{'''\delta}{'''\beta} \text{ etc. aequalis erit} \quad . \quad . \quad . \qquad (\text{I})$$

qua posita $= \frac{^m\delta}{^m\beta}$,

$$\frac{\mathfrak{C}}{\mathfrak{A}} \text{ erit } = \frac{^m\gamma}{^m\alpha} \quad . \quad . \quad . \quad . \quad . \quad . \qquad (\text{II})$$

Demonstratur autem (I) ita: Si $\frac{\mathfrak{D}}{\mathfrak{B}}$ nulli illarum fractionum aequalis esse supponitur: inter duas tales $\frac{^m\delta}{^m\beta}$ et $\frac{^{m+2}\delta}{^{m+2}\beta}$ iacere debebit. Hinc vero eodem modo ut supra deducitur, necessario esse

$$\frac{\mathfrak{C}}{\mathfrak{A}} = \frac{^{m+1}\delta}{^{m+1}\beta} = \frac{^m\gamma}{^m\alpha}$$

atque vel $\mathfrak{A} = {}^m\alpha$, $\mathfrak{C} = {}^m\gamma$, vel $-\mathfrak{A} = {}^m\alpha$, $-\mathfrak{C} = {}^m\gamma$ Quoniam vero f per substitutionem propriam ${}^m\alpha$, ${}^m\beta$, ${}^m\gamma$, ${}^m\delta$ in formam

$$^mf = (\pm {}^ma,\ {}^mb,\ \mp {}^{m-1}a)$$

transit: hinc emergunt tres aequationes, ex quibus coniunctis cum aequ. 1, 2, 3, 4 atque hac, ${}^m\alpha\,{}^m\delta - {}^m\beta\,{}^m\gamma = 1$ deducitur eodem modo ut supra, terminum primum A formae F termino primo formae ${}^mf$ aequalem esse, illiusque terminum medium medio huius congruum secundum modulum A, unde sequitur, quia utraque forma est reducta, adeoque utriusque terminus medius inter $\sqrt{D}$ et $\sqrt{D} \mp A$ situs, hos terminos medios aequales esse: hinc vero deducitur $\frac{^m\delta}{^m\beta} = \frac{\mathfrak{D}}{\mathfrak{B}}$. Veritas itaque assertionis (I) derivata hic est ex suppositione illam esse falsam.

Supponendo autem $\frac{^m\delta}{^m\beta} = \frac{\mathfrak{D}}{\mathfrak{B}}$, prorsus simili modo et per easdem aequationes demonstratur, esse etiam $\frac{{}^m\gamma}{{}^m\beta} = \frac{\mathfrak{C}}{\mathfrak{A}}$, quod erat secundum (II). Hinc vero adiumento aequationum $\mathfrak{A}\mathfrak{D} - \mathfrak{B}\mathfrak{C} = 1$, ${}^m\alpha\, {}^m\delta - {}^m\beta\, {}^m\gamma = 1$ deducitur esse vel

$$\mathfrak{A} = {}^m\alpha, \quad \mathfrak{B} = {}^m\beta, \quad \mathfrak{C} = {}^m\gamma, \quad \mathfrak{D} = {}^m\delta$$

vel

$$-\mathfrak{A} = {}^m\alpha, \quad -\mathfrak{B} = {}^m\beta, \quad -\mathfrak{C} = {}^m\gamma, \quad -\mathfrak{D} = {}^m\delta$$

formasque F, ${}^m f$ identicas. *Q. E. D.*

194.

Quum formae quas supra socias vocavimus (art. 187, 6) semper sint improprie aequivalentes (art. 159), perspicuum est, si formae reductae F, f improprie aequivalentes sint, formaeque F socia forma G, formas f, G proprie aequivalentes fore adeoque formam G in periodo formae f contentam. Quodsi itaque formae F, f tum proprie tum improprie aequivalentes sunt, patet, tum F tum G in periodo formae f reperiri debere. Quare periodus haec sibi ipsi socia erit, duasque formas ancipites continebit (art. 187, 7). Vnde theorema art. 165 egregie confirmatur, ex quo iam poteramus esse certi, formam aliquam ancipitem dari formis F, f aequivalentem.

195.

PROBLEMA. *Propositis duabus formis quibuscunque Φ, φ eiusdem determinantis: diiudicare utrum aequivalentes sint, annon.*

Sol. Quaerantur duae formae reductae F, f propositis Φ, φ resp. proprie aequivalentes (art. 183). Quae prout aut proprie tantum aequivalent, aut improprie tantum, aut utroque modo, aut neutro; etiam propositae aut proprie tantum aequivalentes erunt, aut improprie tantum, aut utroque aut neutro modo. Evolvatur periodus alterutrius formae reductae *e.g.* periodus formae f. Si forma F in hac periodo occurrit neque vero simul forma ipsi F socia, manifesto casus *primus* locum habebit; contra si socia haec adest neque vero F ipsa, *secundus*; si utraque, *tertius*; si neutra, *quartus*.

Ex. Propositae sint formae (129, 92, 65), (42, 59, 81) determinantis 79. His proprie aequivalentes inveniuntur reductae (10, 7, —3), (5, 8, —3). Periodus formae prioris haec est: (10, 7, —3), (—3, 8, 5), (5, 7, —6), (—6, 5, 9), (9, 4, —7), (—7, 3, 10). In qua quum forma (5, 8, —3) ipsa non reperiatur, sed tamen socia (— 3, 8, 5): formas propositas improprie tantum aequivalere concludimus.

Si omnes formae reductae determinantis dati eodem modo ut supra (art. 187, 5) in periodos P, Q, R etc. distribuuntur, atque e quavis periodo forma aliqua ad libitum eligitur, ex P, F; ex Q, G; ex R, H etc.: inter has formas F, G, H etc. duae quae proprie aequivaleant esse non poterunt. Quaevis autem alia forma eiusdem determinantis alicui ex istis proprie aequivalens erit et quidem *unicae* tantum. Hinc manifestum est, *omnes formas huius determinantis in totidem classes distribui posse, quot habeantur periodi,* scilicet referendo eas quae formae F proprie aequivalent in primam classem, eas quae formae G proprie aequivalent in secundam etc. Hoc modo omnes formae in eadem classe contentae proprie aequivalentes erunt, formae vero e classibus diversis non poterunt proprie aequivalere. Sed hic huic argumento infra fusius explicando non immoramur.

196.

PROBLEMA. *Propositis duabus formis proprie aequivalentibus* Φ, φ: *invenire transformationem propriam alterius in alteram.*

Sol. Per methodum art. 183 inveniri poterunt duae series formarum

$$\Phi, \Phi', \Phi'' \ldots \Phi^n \text{ et } \varphi, \varphi', \varphi'' \ldots \varphi^\nu$$

tales ut quaevis forma sequens praecedenti proprie aequivaleat, ultimaeque Φ^n, φ^ν sint formae reductae; et quum Φ, φ proprie aequivalentes esse supponantur, necessario Φ^n in periodo formae φ^ν contenta erit. Sit $\varphi^\nu = f$ ipsiusque periodus usque ad formam Φ^n haec

$$f, f', f'' \ldots f^{m-1}, \Phi^n$$

ita ut in hac periodo index formae Φ^n sit m; designenturque formae quae oppositae sunt sociis formarum

$$\Phi, \Phi', \Phi'' \ldots \Phi^n \text{ per } \Psi, \Psi', \Psi'' \ldots \Psi^n \text{ resp.*)}.$$

Tum in progressione

*) Ita ut Ψ oriatur ex Φ commutando terminum primum et ultimum tribuendoque medio signum oppositum, similiterque de reliquis.

$$\varphi,\ \varphi',\ \varphi'' \ldots f,\ f',\ f'' \ldots f^{m-1},\quad \Psi^{n-1},\ \Psi^{n-2} \ldots \Psi,\ \Phi$$

quaevis forma praecedenti ab ultima parte contigua erit, unde per art. 177 inveniri poterit transformatio propria primae φ in ultimam Φ Illud autem de formis reliquis progressionis nullo negotio perspicitur; de his f^{m-1}, Ψ^{n-1} sic probatur: Sit

$$f^{m-1} = (g, h, i);\quad f^m \text{ sive } \Phi^n = (g', h', i');\quad \Phi^{n-1} = (g'', h'', i'')$$

Forma (g', h', i') tum formae (g, h, i) tum formae (g'', h'', i'') ab ultima parte contigua erit; hinc $i = g' = i''$, et $-h \equiv h' \equiv -h''$ (mod. i vel g' vel i''). Unde manifestum est, formam $(i'', -h'', g'')$, *i. e.* formam Ψ^{n-1} formae (g, h, i), *i. e.* formae f^{m-1} ab ultima parte contiguam esse.

Si formae Φ, φ improprie aequivalentes sunt: forma φ proprie aequivalebit formae cui opposita est Φ. Inveniri poterit itaque transformatio propria formae φ in formam cui Φ est opposita; quae si supponitur fieri per substitutionem $\alpha, \beta, \gamma, \delta$, facile perspicitur, φ improprie transformari in ipsam Φ per substitutionem $\alpha, -\beta, \gamma, -\delta$.

Hinc etiam perspicuum est, si formae Φ, φ tum proprie tum improprie aequivalentes sint, inveniri posse *duas* transformationes, propriam et impropriam.

Ex. Quaeritur transformatio impropria formae (129, 92, 65) in formam (42, 59, 81), quam illi improprie aequivalere in art. praec. invenimus. Investiganda erit itaque primo transformatio propria formae (129, 92, 65) in formam (42, —59, 81). Ad hunc finem evolvitur progressio formarum haec: (129, 92, 65), (65, —27, 10), (10, 7, —3), (—3, 8, 5), (5, 22, 81), (81, 59, 42), (42, —59, 81). Hinc deducitur transformatio propria —47, 56, 73, —87, per quam (129, 92, 65) transit in (42, —59, 81); quare per impropriam —47, —56, 73, 87 transibit in (42, 59, 81).

197.

Si transformatio una formae alicuius $(a, b, c) \ldots \varphi$ in aequivalentem Φ habetur: ex hac *omnes* transformationes similes formae φ in Φ deduci poterunt, si modo omnes solutiones aequationis indeterminatae $tt - Duu = mm$ assignari possunt, designante D determinantem formarum Φ, φ; m divisorem communem maximum numerorum a, $2b$, c (art. 162). Hoc igitur problema, quod pro valore negativo ipsius D iam supra solvimus, nunc pro positivo aggrediemur. Quia vero manifesto quivis valor ipsius t aequationi satisfaciens etiamnum mutato signo satisfacit, similiterque quivis valor ipsius u: sufficiet si omnes valores *positivos* ipsorum t, u assignare possimus, fungeturque quaelibet solutio per valores positivos, quatuor solutionum vice. Hoc negotium ita absolvemus, ut *primo* valores *minimos* ipsorum t, u (praeter hos per se obvios $t = m$, $u = 0$) invenire, *tum* ex his omnes reliquos derivare doceamus.

198.

Problema. *Invenire numeros minimos* t, u *aequationi indeterminatae* $tt - Duu = mm$ *satisfacientes, siquidem forma aliqua* (M, N, P) *datur, cuius determinans est* D, *numerorumque* M, $2N$, P *divisor communis maximus* m.

Sol. Accipiatur ad lubitum forma reducta $(a, b, -a') \ldots f$, determinantis D, ubi divisor communis maximus numerorum a, $2b$, a' sit m, qualem dari vel inde manifestum est, quod forma reducta formae (M, N, P) aequivalens inveniri potest, quae per art. 161 hac proprietate erit praedita: sed ad propositum praesens quaevis forma reducta in qua conditio haec locum habet poterit adhiberi. Evolvatur periodus formae f, quam ex n formis constare supponemus. Retentis omnibus signis quibus in art. 188 usi sumus, f^n erit $(+a^n, b^n, -a^{n+1})$, quia n par, et in hanc formam transibit f per substitutionem propriam α^n, β^n, γ^n, δ^n. Quia vero f et f^n sunt identicae: f transibit in f^n etiam per substitutionem propriam $1, 0, 0, 1$. Ex his duabus transformationibus similibus formae f in f^n per art. 162 deduci poterit solutio aequationis $tt - Duu = mm$ *in integris*, scilicet $t = \frac{1}{2}(\alpha^n + \delta^n)m$ (aequ. 18 art. 162), $u = \frac{\gamma^n m}{a}$ (aequ. 19)*). Designentur hi valores positive accepti si forte nondum sunt per T, U, eruntque hi T, U valores minimi ipsorum t, u, praeter hos $t = m$, $u = 0$ (a quibus necessario erunt diversi, quia manifesto γ^n non poterit esse $= 0$).

Supponamus enim dari adhuc minores valores ipsorum t, u puta $\mathfrak{t}$, $\mathfrak{u}$ qui sint positivi et $\mathfrak{u}$ non $= 0$. Tum per art. 162 forma f per substitutionem propriam $\frac{1}{m}(\mathfrak{t} - b\mathfrak{u})$, $\frac{1}{m}a'\mathfrak{u}$, $\frac{1}{m}a\mathfrak{u}$, $\frac{1}{m}(\mathfrak{t} + b\mathfrak{u})$ transformabitur in formam cum ipsa

*) Quae in art. 162 erant $\alpha, \beta, \gamma, \delta$; $\alpha', \beta', \gamma', \delta'$; A, B, C; a, b, c; e,
hic sunt $1, 0, 0, 1$; $\alpha^n, \beta^n, \gamma^n, \delta^n$; $a, \cdot b, -a'$; $a, b, -a'$; 1.

identicam. Iam ex art. 193, II sequitur, *aut* $\frac{1}{m}(\mathfrak{t}-b\mathfrak{u})$ *aut* $-\frac{1}{m}(\mathfrak{t}-b\mathfrak{u})$ alicui numerorum α'', α''', α'''' etc aequalem esse debere, puta $=\alpha^\mu$ (quia enim $\mathfrak{tt}=D\mathfrak{uu}+mm=bb\mathfrak{uu}+aa'\mathfrak{uu}+mm$, erit $\mathfrak{tt}>bb\mathfrak{uu}$, adeoque $\mathfrak{t}-b\mathfrak{u}$ positivus; hinc fractio $\frac{\mathfrak{t}-b\mathfrak{u}}{a\mathfrak{u}}$, quae respondet fractioni $\frac{\mathfrak{A}}{\mathfrak{C}}$ in art. 193, idem signum habebit ut a vel a'); atque in casu priori $\frac{1}{m}a'\mathfrak{u}$, $\frac{1}{m}a\mathfrak{u}$, $\frac{1}{m}(\mathfrak{t}+b\mathfrak{u})$, in posteriori easdem quantitates mutatis signis, resp. $=\beta^\mu$, γ^μ, δ^μ. Sed quum sit $\mathfrak{u}<U$ *i. e.* $\mathfrak{u}<\frac{\gamma^n m}{a}$ et >0: erit $\gamma^\mu<\gamma^n$ et >0; quocirca quum progressio γ, γ', γ'' etc. continuo crescat, necessario μ iacebit inter 0 et n excl. Forma vero respondens, f^μ, identica erit cum forma f, *Q. E. A.*, quum omnes formae f, f', f'' etc. usque ad f^{n-1} diversae esse supponantur. Ex his colligitur, minimos valores ipsorum t, u (exceptis valoribus m, 0) esse T, U.

Ex. Si $D=79$, $m=1$: adhiberi poterit forma $(3, 8, -5)$, pro qua $n=6$, atque $\alpha^n=-8$, $\gamma^n=-27$, $\delta^n=-152$ (art. 188). Hinc $T=80$, $U=9$, qui sunt valores minimi numerorum t, u, aequationi $tt-79uu=1$ satisfacientes.

199.

Ad praxin formulae adhuc commodiores erui possunt. Erit nimirum $2b\gamma^n=-a(\alpha^n-\delta^n)$, quod facile ex art. 162 deducitur, multiplicando aequ. [19] per $2b$, [20] per a et mutando characteres illic adhibitos in praesentes. Hinc fit $\alpha^n+\delta^n=2\delta^n-\frac{2b}{a}\gamma^n$, adeoque

$$\pm T=m(\delta^n-\tfrac{b}{a}\gamma^n),\quad \pm U=\tfrac{\gamma^n m}{a}$$

Per similem methodum hos valores obtinemus

$$\pm T=m(\alpha^n+\tfrac{b}{a'}\beta^n),\quad \pm U=\tfrac{\beta^n m}{a'}$$

Tum hae tum illae formulae perquam commodae evadunt, propter $\gamma^n=\delta^{n-1}$, $\alpha^n=\beta^{n-1}$, ita ut si his uteris, solam progressionem β', β'', $\beta'''\ldots\beta^n$; si illis uti mavis, solam hanc δ', δ'', δ''' etc. supputavisse sufficiat. Praeterea ex art. 189, 3 facile deducitur, quum n necessario sit par, α^n et $\frac{b}{a'}\beta^n$ eadem signa habere; neque minus δ^n et $\frac{b}{a}\gamma^n$, ita ut in formula priori pro T differentia absoluta, in posteriori summa absoluta accipi debeat, neque adeo ad signa respicere omnino opus sit. Receptis signis in art. 189, 4 adhibitis erit ex formula priori

$$T=m[k', k'', k''' \;.\; k^n]-\tfrac{mb}{a}[k', k'', k'''\ldots.k^{n-1}],\quad U=\tfrac{m}{a}[k', k'', k'''\ldots.k^{n-1}]$$

ex posteriori

$$T = m[k'', k''' \ldots . k^{n-1}] + \frac{mb}{a'}[k'', k''' \ldots . k^n], \quad U = \frac{m}{a'}[k'', k''' . . k^n]$$

ubi pro valore ipsius T etiam $m[k'', k''' \ldots . k^n, \frac{b}{a'}]$ scribi poterit.

Ex. Pro $D = 61$, $m = 2$ adhiberi potest forma $(2, 7, -6)$, pro qua eruitur $n = 6$; $k', k'', k''', k'''', k''''', k''''''$ resp. $= 2, 2, 7, 2, 2, 7$ Hinc fit

$$T = 2[2, 2, 7, 2, 2, 7] - 7[2, 2, 7, 2, 2] = 2888 - 1365 = 1523$$

ex formula prima; idem provenit ex secunda

$$T = 2[2, 7, 2, 2] + \tfrac{7}{3}[2, 7, 2, 2, 7]$$

U vero fit $= [2, 2, 7, 2, 2] = \frac{1}{3}[2, 7, 2, 2, 7] = 195$.

Ceterum plura artificia adhuc dantur, per quae calculus contrahi potest, sed de his fusius hic loqui brevitas non permittit.

200.

Ut ex valoribus minimis ipsorum t, u *omnes* obtineamus, aequationem $TT - DUU = mm$ ita exhibemus

$$(\tfrac{T}{m} + \tfrac{U}{m}\sqrt{D})(\tfrac{T}{m} - \tfrac{U}{m}\sqrt{D}) = 1$$

unde etiam erit

$$(\tfrac{T}{m} + \tfrac{U}{m}\sqrt{D})^e(\tfrac{T}{m} - \tfrac{U}{m}\sqrt{D})^e = 1 \quad . \; . \; . \; . \; . \qquad [1]$$

denotante e numerum quemcunque. Iam designabimus brevitatis caussa valores quantitatum

$$\tfrac{m}{2}(\tfrac{T}{m} + \tfrac{U}{m}\sqrt{D})^e + \tfrac{m}{2}(\tfrac{T}{m} - \tfrac{U}{m}\sqrt{D})^e, \quad \tfrac{m}{2\sqrt{D}}(\tfrac{T}{m} + \tfrac{U}{m}\sqrt{D})^e - \tfrac{m}{2\sqrt{D}}(\tfrac{T}{m} - \tfrac{U}{m}\sqrt{D})^e \; *)$$

generaliter per t^e, u^e resp. *i. e.* illarum valores pro $e = 0$, per t^0, u^0 (qui erunt $m, 0$); pro $e = 1$ per t', u' (qui fiunt T, U); pro $e = 2$ per t'', u''; pro $t = 3$ per t''', u''' etc. — demonstrabimusque, si pro e accipiantur omnes numeri integri non negativi *i. e.* 0, omnesque positivi ab 1 usque ad ∞, expressiones illas exhibere omnes valores positivos ipsorum t, u: scilicet I) omnes valores illarum expressio-

*) In his solis quatuor expressionibus et in aequ. [1] e denotat *exponentem* potestatis; in reliquis literae apici adscriptae semper *indicem* designant.

num esse revera valores ipsorum t, u; II) omnes valores illos esse numeros integros; III) nullos valores positivos ipsorum t, u dari qui sub formulis illis non contineantur.

I. Substitutis pro t^e, u^e valoribus suis nullo negotio adiumento aequ. [1] confirmatur, esse

$$(t^e + u^e\sqrt{D})(t^e - u^e\sqrt{D}) = mm, \quad i.\ e. \quad t^e t^e - Du^e u^e = mm$$

II. Eodem modo facile confirmatur, esse generaliter

$$t^{e+1} + t^{e-1} = \frac{2T}{m}t^e, \qquad u^{e+1} + u^{e-1} = \frac{2T}{m}u^e$$

Hinc manifestum est, duas progressiones t^0, t', t'', t''' etc., u^0, u', u'', u''' etc. esse recurrentes, et utriusque scalam relationis $\frac{2T}{m}$, -1, scilicet

$$t'' = \frac{2T}{m}t' - t^0, \quad t''' = \frac{2T}{m}t'' - t' \text{ etc.}, \quad u'' = \frac{2T}{m}u' \text{ etc.}$$

Iam quoniam per hyp. forma aliqua datur, (M, N, P), determinantis D, in qua $M, 2N, P$ per m sunt divisibiles: habebitur

$$TT = (NN - MP)UU + mm$$

eritque adeo manifesto $4TT$ per mm divisibilis. Hinc $\frac{2T}{m}$ erit numerus integer et quidem positivus. Quia vero $t^0 = m$, $t' = T$, $u^0 = 0$, $u' = U$, adeoque integri: omnes t'', t''' etc. u'', u''' etc. etiam integri erunt. Porro perspicuum est, quia $TT > mm$, omnes t^0, t', t'', t''' etc. positivos et continuo in infinitum crescentes esse nec non omnes u^0, u', u'', u''' etc.

III. Supponamus, dari adhuc alios valores positivos ipsorum t, u qui in progressione t^0, t', t'' etc. u^0, u', u'' etc. non contenti sint, puta $\mathfrak{T}, \mathfrak{U}$. Manifestum est. quum progressio u^0, u' etc. a 0 in infinitum crescat, $\mathfrak{U}$ necessario inter duos terminos proximos, u^n et u^{n+1} situm fore, ita ut sit $\mathfrak{U} > u^n$ et $\mathfrak{U} < u^{n+1}$ Ut absurditatem huius suppositionis demonstremus, observamus

1° Aequationi $tt - Duu = mm$ satisfactum iri etiam ponendo

$$t = \frac{1}{m}(\mathfrak{T}t^n - D\mathfrak{U}u^n), \quad u = \frac{1}{m}(\mathfrak{U}t^n - \mathfrak{T}u^n)$$

Hoc quidem nullo negotio per substitutionem confirmatur: quod vero hi valores quos ponemus brevitatis gratia $= \tau, \upsilon$, semper sunt numeri *integri*, ita ostendimus. Si (M, N, P) est forma determinantis D, atque m divisor communis numerorum $M, 2N, P$: erit tum $\mathfrak{T} + N\mathfrak{U}$ tum $t^n + Nu^n$ per m divisibilis adeoque etiam $\mathfrak{U}(t^n + Nu^n) - u^n(\mathfrak{T} + N\mathfrak{U})$ sive $\mathfrak{U}t^n - \mathfrak{T}u^n$. Quare υ erit integer et proin etiam τ, quia $\tau\tau = D\upsilon\upsilon + mm$.

2° Patet υ non posse esse $= 0$; hinc enim sequeretur

$$\mathfrak{U}\mathfrak{U}t^n t^n = \mathfrak{T}\mathfrak{T}u^n u^n$$

sive

$$\mathfrak{U}\mathfrak{U}(Du^n u^n + mm) = u^n u^n (D\mathfrak{U}\mathfrak{U} + mm)$$

sive $\mathfrak{U}\mathfrak{U} = u^n u^n$, contra hyp. ex qua $\mathfrak{U} > u^n$. Quum igitur praeter valorem 0, minimus valor ipsius u sit U, erit υ certe non minor quam U.

3° Facile ex valoribus ipsorum $t^n, t^{n+1}, u^n, u^{n+1}$ confirmari potest, esse

$$mU = u^{n+1}t^n - t^{n+1}u^n.$$

Quare $\mathfrak{U}t^n - \mathfrak{T}u^n$ certe non erit minor quam $u^{n+1}t^n - t^{n+1}u^n$

4° Iam ex aequatione $\mathfrak{T}\mathfrak{T} - D\mathfrak{U}\mathfrak{U} = mm$ habetur

$$\frac{\mathfrak{T}}{\mathfrak{U}} = \sqrt{(D + \frac{mm}{\mathfrak{U}\mathfrak{U}})}$$

et similiter

$$\frac{t^{n+1}}{u^{n+1}} = \sqrt{(D + \frac{mm}{u^{n+1}u^{n+1}})}$$

unde facile deducitur esse $\frac{\mathfrak{T}}{\mathfrak{U}} > \frac{t^{n+1}}{u^{n+1}}$. Hinc vero et ex conclusione in 3° sequitur

$$(\mathfrak{U}t^n - \mathfrak{T}u^n)(t^n + u^n\frac{\mathfrak{T}}{\mathfrak{U}}) > (u^{n+1}t^n - t^{n+1}u^n)(t^n + u^n\frac{t^{n+1}}{u^{n+1}})$$

sive, evolutione facta, et loco ipsorum $\mathfrak{T}\mathfrak{T}$, $t^n t^n$, $t^{n+1}t^{n+1}$ substitutis valoribus suis $D\mathfrak{U}\mathfrak{U} + mm$, $Du^n u^n + mm$, $Du^{n+1}u^{n+1} + mm$,

$$\frac{1}{\mathfrak{U}}(\mathfrak{U}\mathfrak{U} - u^n u^n) > \frac{1}{u^{n+1}}(u^{n+1}u^{n+1} - u^n u^n)$$

unde, quoniam utraque quantitas manifesto positiva, fit transponendo $\mathfrak{U} + \frac{u^n u^n}{u^{n+1}} > u^{n+1} + \frac{u^n u^n}{\mathfrak{U}}$, *Q. E. A.*, quia quantitatis prioris pars prima *minor* est quam pars prima quantitatis secundae, nec non illius secunda minor quam secunda huius. Quamobrem suppositio consistere nequit et progressiones t^0, t', t'' etc. u^0, u', u'' etc. omnes valores positivos ipsorum t, u exhibebunt.

Ex. Pro $D=61$, $m=2$ valores minimos positivos ipsorum t, u invenimus 1523, 195: quare *omnes* valores positivi exhibebuntur per has formulas

$$t=(\tfrac{1523}{2}+\tfrac{195}{2}\sqrt{61})^e+(\tfrac{1523}{2}-\tfrac{195}{2}\sqrt{61})^e$$

$$u=\tfrac{1}{\sqrt{61}}((\tfrac{1523}{2}+\tfrac{195}{2}\sqrt{61})^e-(\tfrac{1523}{2}-\tfrac{195}{2}\sqrt{61})^e)$$

Invenitur autem

$t^0=2$, $t'=1523$, $t''=1523t'-t^0=2319527$, $t'''=1523t''-t'=3532618098$ etc.
$u^0=0$, $u'=195$, $u''=1523u'-u^0=296985$, $u'''=1523u''-u'=452307960$ etc.

201.

Circa problema in artt. praecc. tractatum sequentes observationes adhuc adiicimus.

1) Quum aequationem $tt-Duu=mm$ pro omnibus casibus solvere docuerimus, ubi m est divisor communis maximus trium numerorum $M, 2N, P$, talium ut $NN-MP=D$: operae pretium est omnes numeros qui tales divisores esse possunt sive omnes valores ipsius m pro valore dato ipsius D assignare. Ponatur $D=nnD'$, ita ut D' a factoribus quadraticis omnino sit liber, quod obtinetur si pro nn assumitur maximum quadratum ipsum D metiens: sin vero D iam per se nullum factorem quadraticum implicaret, fieri deberet $n=1$. Tum dico

Primo, si D' fuerit formae $4k+1$, quemvis divisorem ipsius $2n$ fore valorem ipsius m, et vice versa. Si enim g est divisor ipsius $2n$, habebitur forma $(g, n, \frac{nn(1-D')}{g})$, cuius determinans est D, et in qua manifesto divisor communis maximus numerorum g, $2n$, $\frac{nn(D'-1)}{g}$ erit g (patet enim $\frac{nn(D'-1)}{gg}=\frac{4nn}{gg}\cdot\frac{D'-1}{4}$ esse numerum integrum). Si vero, vice versa, g supponitur esse valor ipsius m, scilicet divisor communis maximus numerorum $M, 2N, P$, atque $NN-MP=D$: manifesto $4D$ sive $4nnD'$ divisibilis erit per gg. Hinc vero sequitur, $2n$ necessario per g divisibilem esse. Si enim g ipsum $2n$ non metiretur, g et $2n$ haberent divisorem communem maximum minorem quam g, quo posito $=\delta$, atque $2n = \delta n'$, $g = \delta g'$, foret $n'n'D'$ per $g'g'$ divisibilis, n' ad g' adeoque etiam $n'n'$ ad $g'g'$ primus et proin etiam D' per $g'g'$ divisibilis, contra hyp. secundum quam D' ab omni factore quadratico est liberatus.

Secundo, si D' fuerit formae $4k+2$ vel $4k+3$. quemvis divisorem ipsius n fore valorem ipsius m, et vice versa quemvis valorem ipsius m metiri ipsum n. Si enim g est divisor ipsius n, habebitur forma $(g, 0, -\frac{nnD'}{g})$, cuius determinans $= D$, et ubi manifesto numerorum $g, 0, \frac{nnD'}{g}$ divisor communis maximus erit g. — Si vero g supponitur esse valor ipsius m, puta divisor communis maximus numerorum $M, 2N, P$, atque $NN - MP = D$: eodem modo ut supra g metietur ipsum $2n$, sive $\frac{2n}{g}$ erit integer. Si quotiens hic esset impar: quadratum $\frac{4nn}{gg}$ foret $\equiv 1 \pmod{4}$, adeoque $\frac{4nnD'}{gg}$ aut $\equiv 2$ aut $\equiv 3 \pmod{4}$. At $\frac{4nnD'}{gg} = \frac{4D}{gg} = \frac{4NN}{gg} - \frac{4MP}{gg} \equiv \frac{4NN}{gg} \pmod{4}$, et proin $\frac{4NN}{gg}$ aut $\equiv 2$ aut $\equiv 3 \pmod{4}$, *Q. E. A.*, quia omne quadratum aut cifrae aut unitati secundum modulum 4 congruum esse debet. Quare quotiens $\frac{2n}{g}$ necessario erit par, adeoque $\frac{n}{g}$ integer, sive g divisor ipsius n.

Patet itaque, 1 semper esse valorem ipsius m, sive aequationem $tt - Duu = 1$ pro quovis valore positivo non quadrato ipsius D per praecedentia resolubilem esse; 2 tunc tantummodo esse valorem ipsius m, si D fuerit aut formae $4k$, aut formae $4k+1$

2) Si m est maior quam 2, attamen numerus idoneus, solutio aequationis $tt - Duu = mm$ reduci potest ad solutionem similis aequationis, ubi m est aut 1 aut 2. Scilicet posito ut ante $D = nnD'$, si m ipsum n metitur, metietur mm ipsum D. Tum si valores minimi ipsorum p, q in aequatione $pp - \frac{D}{mm}qq = 1$ supponuntur esse $p = P$, $q = Q$, valores minimi ipsorum t, u in aequatione $tt - Duu = mm$ erunt $t = mP$, $u = Q$. — Si vero m ipsum n non metitur, metietur saltem ipsum $2n$ eritque certo par; $\frac{4D}{mm}$ autem integer. Et si tunc valores minimi ipsorum p, q in aequatione $pp - \frac{4D}{mm}qq = 4$ inventi sunt $p = P$, $q = Q$: valores minimi ipsorum t, u in aequatione $tt - Duu = mm$ erunt $t = \frac{m}{2}P$, $u = Q$. — In utroque autem casu non solum ex valoribus minimis ipsorum p, q valores minimi ipsorum t, u, sed ex *omnibus* valoribus illorum *omnes* valores horum per hanc methodum manifesto deduci poterunt.

3) Designantibus t^0, u^0; t', u'; t'', u'' etc. omnes valores positivos ipsorum

t, u in aequatione $tt - Duu = mm$ (ut in art. praec.), si contingit ut valores quidam ex serie illa, valoribus primis in eadem secundum modulum quemcunque datum r, congrui sint, puta $t^\rho \equiv t$ (sive $\equiv m$), $u^\rho \equiv u^0$ sive $\equiv 0$ (mod. r); simulque valores proxime sequentes valoribus secundis, puta

$$t^{\rho+1} \equiv t', \quad u^{\rho+1} \equiv u' \quad (\text{mod. } r)$$

erit etiam

$$t^{\rho+2} \equiv t'', \quad u^{\rho+2} \equiv u''; \qquad t^{\rho+3} \equiv t''', \quad u^{\rho+3} \equiv u''' \text{ etc.}$$

Hoc facile inde deducitur, quod utraque series t^0, t', t'' etc., u^0, u', u'' etc. est ex recurrentium genere, scilicet quoniam

$$t'' = \frac{2T}{m}t' - t^0, \quad t^{\rho+2} = \frac{2T}{m}t^{\rho+1} - t^\rho$$

erit

$$t'' \equiv t^{\rho+2}$$

similiterque de reliquis. — Hinc autem sequitur, fore generaliter

$$t^{h+\rho} \equiv t^h, \quad u^{h+\rho} \equiv u^h \,(\text{mod. } r)$$

denotante h numerum quemcunque, nec non adhuc generalius, si fuerit

$$\mu \equiv \nu \,(\text{mod. } \rho), \text{ fore } t^\mu \equiv t^\nu, \quad u^\mu \equiv u^\nu \,(\text{mod. } r).$$

4) Conditionibus autem in observ. praec. requisitis semper satisfieri potest, scilicet semper inveniri potest index ρ (pro modulo quocunque dato r), pro quo sit

$$t^\rho \equiv t^0, \quad t^{\rho+1} \equiv t', \quad u^\rho \equiv u^0, \quad u^{\rho+1} \equiv u'$$

Ad quod demonstrandum observamus

primo, conditioni tertiae semper satisfieri posse. Nullo enim negotio per criteria in (1) tradita perspicietur, etiam aequationem $pp - rrDqq = mm$ solubilem fore; et si valores minimi positivi ipsorum p, q (praeter hos m, o) supponuntur esse P, Q: inter valores ipsorum t, u manifesto erunt etiam $t = P$, $u = rQ$. Quare P, rQ in progressionibus t^0, t' etc., u^0, u' etc. contenti erunt, et si $P = t^\lambda$, $rQ = u^\lambda$, erit $u^\lambda \equiv 0 \equiv u^0$ (mod. r). Praeterea facile perspicietur, inter u^0 et u^λ nullum terminum fore ipsi u^0 secundum modulum r congruum.

Secundo patet, si hic insuper tres reliquae conditiones adimpletae sint, puta si etiam $u^{\lambda+1} \equiv u'$, $t^\lambda \equiv t^0$, $t^{\lambda+1} \equiv t'$, poni tantummodo debere $\rho = \lambda$. Si vero una aut altera illarum conditionum locum non habet, dico certe statui posse $\rho = 2\lambda$. Nam ex aequat. [1] formulisque generalibus pro t^e, u^e in art. praec. deducitur

$$t^{2\lambda} = \tfrac{1}{m}(t^\lambda t^\lambda + Du^\lambda u^\lambda) = \tfrac{1}{m}(mm + 2Du^\lambda u^\lambda)$$

adeoque

$$\frac{t^{2\lambda} - t^0}{r} = \frac{2Du^\lambda u^\lambda}{mr}$$

quae quantitas erit numerus integer, quia per hyp. r ipsum u^λ metitur, nec non mm ipsum $4D$, adeoque a potiori m ipsum $2D$. — Porro erit $u^{2\lambda} = \tfrac{2}{m}t^\lambda u^\lambda$, et quoniam

$$4t^\lambda t^\lambda = 4Du^\lambda u^\lambda + 4mm$$

adeoque per mm divisibilis, $2t^\lambda$ erit divisibilis per m, et proin $u^{2\lambda}$ per r, sive

$$u^{2\lambda} \equiv u^0 (\text{mod.}\, r)$$

Tertio invenitur

$$t^{2\lambda+1} = t' + \frac{2Du^\lambda u^{\lambda+1}}{m}$$

et quoniam ex simili ratione $\frac{2Du^\lambda}{mr}$ est integer, erit

$$t^{2\lambda+1} \equiv t' (\text{mod.}\, r)$$

Tandem reperitur

$$u^{2\lambda+1} = u' + \frac{2t^{\lambda+1}u^\lambda}{m}$$

et quoniam $2t^{\lambda+1}$ per m divisibilis est, u^λ per r: erit

$$u^{2\lambda+1} \equiv u' (\text{mod.}\, r). \quad Q.\, E.\, D.$$

Ceterum usus posteriorum duarum observationum in sequentibus apparebit.

202.

Casus particularis problematis, nempe solvere aequationem $tt - Duu = 1$, iam a geometris seculi praecedentis fuit agitatus. Sagacissimus Fermatius problema hoc analystis Anglis proposuit, Wallisiusque Brounkerum tamquam inventorem solutionis, quam in *Alg. Cap.* 98, *Opp. T.* II *p.* 418 sqq. tradit, nominat; Ozanam Fermatium; denique ill. Euler, qui de illo egit in *Comm. Petr.* VI *p.* 175, *Comm. nov.* XI *p.* 28*), *Algebra P.* II *p.* 226, *Opusc. An.* I *p.* 310, Pellium, unde

*) In hac comm. algorithmus quem art. 27 exposuimus, per similia signa exhibetur, quod nos illic annotare neglexímus.

problema illud a quibusdam auctoribus *Pellianum* vocatum est. Omnes hae solutiones, si essentiam spectas, conveniunt cum ea quam obtinemus, si in art. 198 formam reductam eam adoptamus in qua $a = 1$; attamen operationem quam praescribunt tandem necessario *finiri*, sive problema semper *revera solubile* esse, nemo ante ill. La Grange rigorose*) demonstravit, *Mélanges de la Soc. de Turin T.* IV *p.* 19, et concinnius *Hist. de l'Ac. de Berlin,* 1767, *p.* 237. Exstat haec disquisitio etiam in *supplementis ad Euleri Algebram* iam saepius laudatis. Ceterum methodus nostra (ex principiis omnino diversis petita, neque ad casum $m = 1$ restricta) plerumque plures vias ad solutionem perveniendi suppeditat, quoniam in art. 198 a quavis alia forma reducta $(a, b, -a')$ proficisci possumus.

203.

Problema. *Si formae Φ, φ sunt aequivalentes, omnes transformationes alterius in alteram exhibere.*

Sol. Quando formae hae unico tantum modo aequivalentes sunt (*i. e.* aut proprie tantum aut improprie tantum) quaeratur per art. 196 transformatio una formae φ in Φ, quae sit $\alpha, \beta, \gamma, \delta$, patetque alias quam quae huic sint similes, dari non posse. Quando vero φ, Φ tum proprie tum improprie aequivalent, quaerantur duae transformationes dissimiles. *i. e.* altera propria altera impropria, puta $\alpha, \beta, \gamma, \delta$ et $\alpha', \beta', \gamma', \delta'$, eritque quaevis alia transformatio aut huic aut illi similis. Si itaque forma φ est (a, b, c), ipsius determinans $= D$, divisor communis maximus numerorum $a, 2b, c$ (uti semper in praec.) m, atque t, u indefinite omnes numeri aequationi $tt - Duu = mm$ satisfacientes: in casu priori omnes transformationes formae φ in Φ contentae erunt sub prima formularum sequentium I, in posteriori vel sub prima I vel sub secunda II.

I . $\frac{1}{m}(\alpha t - (\alpha b + \gamma c)u)$, $\frac{1}{m}(\beta t - (\beta b + \delta c)u)$

$\frac{1}{m}(\gamma t + (\alpha a + \gamma b)u)$, $\frac{1}{m}(\delta t + (\beta a + \delta b)u)$

II . . . . . $\frac{1}{m}(\alpha' t - (\alpha' b + \gamma' c)u)$, $\frac{1}{m}(\beta' t - (\beta' b + \delta' c)u)$

$\frac{1}{m}(\gamma' t + (\alpha' a + \gamma' b)u)$, $\frac{1}{m}(\delta' t + (\beta' a + \delta' b)u)$

*) Quae Wallisius ad hunc finem protulit l. c. p. 427, 428 nihil ponderis habent. Paralogismus in eo consistit, quod p. 428 l. 4, supponit, proposita quantitate p inveniri posse numeros integros a, z tales ut $\frac{z}{a}$ minor sit quam p, defectus vero *assignato* minor. Hoc utique verum est, quando defectus *assignatus* est *quantitas data*, neque vero, quando ab a et z pendet adeoque variabilis est, uti in casu praesenti evenit.

Ex. Desiderantur omnes transformationes formae (129, 92, 65) in formam (42, 59, 81). Has improprie tantum aequivalentes esse in art. 195 invenimus et in art. seq. transformationem impropriam illius in hanc eruimus $-47, -56, 73, 87$. Quamobrem omnes transformationes formae (129, 92, 65) in (42, 59, 81) exhibebuntur per formulam

$$-(47t+421u),\quad -(56t+503u)\quad 73t+653u,\quad 87t+780u$$

ubi t, u sunt indefinite omnes numeri aequationi $tt-79uu=1$ satisfacientes: hi vero exhibentur per formulas

$$\pm t = \tfrac{1}{2}((80+9\sqrt{79})^e + (80-9\sqrt{79})^e)$$

$$\pm u = \tfrac{1}{2\sqrt{79}}((80+9\sqrt{79})^e - (80-9\sqrt{79})^e)$$

ubi pro e omnes numeri integri non negativi sunt accipiendi.

204.

Perspicuum est, formulam generalem omnes transformationes exhibentem eo *simpliciorem* evadere, quo simplicior fuerit transformatio initialis ex qua formula est deducta. Iam quum arbitrarium sit, a qua transformatione proficiscamur, saepenumero formula generalis simplicior reddi potest, si ex formula primo inventa transformatio simplicior deducitur tribuendo ipsis t, u valores determinatos, et tunc ex hac alia formula componitur. Ita *e. g.* positis in formula in ex. art. praec. inventa, $t=80$, $u=-9$, prodit transformatio simplicior quam ea a qua profecti eramus, scilicet $29, 47, -37, -60$, unde deducitur formula generalis $29t-263u$, $47t-424u$, $-37t+337u$, $-60t+543u$. Quando itaque per praecepta praecedentia formula generalis eruta est, tentari poterit, annon tribuendo ipsis t, u valores determinatos $\pm t'$, $\pm u'$; $\pm t''$, $\pm u''$ etc. transformatio obtineatur simplicior quam ea ex qua formula deducta fuit, in quo casu ex illa transformatione formula simplicior derivari poterit. — Ceterum in diiudicanda simplicitate aliquid arbitrarii remanet, quod si operae pretium esset ad normam fixam revocare, nec non in progressione t', u'; t'', u'' etc. *limites* assignare possemus, ultra quos transformationes continuo minus simplices prodeant, ita ut ultra progredi opus non sit sed intra illos tentamen instituisse sufficiat: attamen quum plerumque per methodos a nobis praescriptas transformatio simplicissima vel statim vel adhibitis pro t, u valoribus $\pm t'$, $\pm u'$ prodire soleat, hanc disquisitionem brevitatis gratia supprimimus.

205.

Problema. *Invenire omnes repraesentationes numeri dati M per formulam datam $axx + 2bxy + cyy$, cuius determinans positivus non-quadratus $= D$.*

Sol. Primo observamus, investigationem repraesentationum per valores ipsorum x, y inter se non primos, hic prorsus eodem modo, ut supra (art. 181) pro formis determinantis negativi, ad eum casum reduci posse, ubi repraesentationes per valores indeterminatarum inter se primos quaeruntur, quod igitur hic repetere superfluum foret. Ad possibilitatem repraesentationum per valores ipsorum x, y inter se primos autem requiritur, ut D sit residuum quadraticum ipsius M, et si omnes valores expressionis $\sqrt{D}\,(\text{mod.}\, M)$ sunt $N, -N, N', -N', N'', -N''$ etc. (quos ita accipere licet ut nullus sit $> \frac{1}{2}M$), quaevis repraesentatio numeri M per formam propositam ad aliquem horum valorum pertinebit. Ante omnia itaque valores illi erui debebunt; tunc repraesentationes ad singulos pertinentes deinceps investigari. Repraesentationes ad valorem N pertinentes non dabuntur, nisi formae (a, b, c) et $(M, N, \frac{NN-D}{M})$ proprie aequivalentes sunt; si vero sunt, quaeratur transformatio aliqua propria prioris in posteriorem, quae sit $\alpha, \beta, \gamma, \delta$. Tum habebitur repraesentatio numeri M per formam (a, b, c) ad valorem N pertinens haec: $x = \alpha$, $y = \gamma$, omnesque repraesentationes ad hunc valorem pertinentes exhibebuntur per formulam

$$x = \tfrac{1}{m}(\alpha t - (\alpha b + \gamma c)u), \qquad y = \tfrac{1}{m}(\gamma t + (\alpha a + \gamma b)u)$$

designante m divisorem communem maximum numerorum a, $2b$, c; et t, u indefinite omnes numeros aequationi $tt - Duu = mm$ satisfacientes. — Ceterum manifestum est, formulam hanc generalem eo simpliciorem evadere, quo simplicior sit transformatio $\alpha, \beta, \gamma, \delta$ ex qua deducta est; quare haud inutile erit, transformationem simplicissimam formae (a, b, c) in $(M, N, \frac{NN-D}{M})$ secundum art. praec. antea eruere, et ex hac formulam deducere. — Prorsus eodem modo repraesentationes ad valores reliquos $-N, N', -N'$ etc. pertinentes (si quae dantur) per formulas generales exhiberi possunt.

Ex. Quaeruntur omnes repraesentationes numeri 585 per formulam

$42xx + 62xy + 21yy$. Quod ad repraesentationes per valores ipsorum x, y inter se non primos pertinet, statim patet alias huius generis dari non posse, quam in quibus divisor communis maximus ipsorum x, y sit 3: quum 585 per unicum quadratum 9 divisibilis sit. Quando itaque omnes repraesentationes numeri $\frac{585}{9}$ *i. e.* 65 per formam $42x'x' + 62x'y' + 21y'y'$ inventae sunt, in quibus x' ad y' primus; omnes repraesentationes numeri 585 per formam $42xx + 62xy + 21yy$, in quibus x ad y non primus, ex illis derivabuntur ponendo $x = 3x'$, $y = 3y'$. Valores expressionis $\sqrt{79}$ (mod. 65) sunt ± 12, ± 27. Repraesentatio numeri 65 ad valorem -12 pertinens invenitur $x' = 2$, $y' = -1$; quocirca omnes repraesentationes ipsius 65 ad hunc valorem pertinentes exhibebuntur per formulam $x' = 2t - 41u$, $y' = -t + 53u$, adeoque omnes repraesentationes ipsius 585 *hinc* oriundae per formulam $x = 6t - 123u$, $y = -3t + 159u$. Simili modo invenitur formula generalis omnes repraesentationes numeri 65 ad valorem $+12$ pertinentes exhibens $x' = 22t - 199u$, $y' = -23t + 211u$; et formula omnes repraesentationes numeri 585 hinc oriundas complectens $x = 66t - 597u$, $y' = -69t + 633u$. Ad valores $+27$ et -27 autem nulla repraesentatio numeri 65 pertinet. — Ut repraesentationes numeri 585 per valores ipsorum x, y inter se primos inveniantur, primo valores expressionis $\sqrt{79}$ (mod. 585) eruere oportet, qui sunt ± 77, ± 103, ± 157, ± 248. Ad valores ± 77, ± 103, ± 248 invenitur nullam repraesentationem pertinere; ad valorem -157 autem pertinet repraesentatio $x = 3$, $y = 1$, unde deducitur formula generalis omnes repraesentationes ad hunc valorem pertinentes exhibens $x = 3t - 114u$, $y = t + 157u$; similiterque invenitur repraesentatio ad $+157$ pertinens $x = 83$, $y = -87$, et formula in qua omnes similes sunt contentae $x = 83t - 746u$, $y = -87t + 789u$. Habentur itaque quatuor formulae generales, sub quibus omnes repraesentationes numeri 585 per formam $42xx + 62xy + 21yy$ contentae sunt

$$\begin{array}{ll} x = 6t - 123u & y = -3t + 159u \\ x = 66t - 597u & y = -69t + 633u \\ x = 3t - 114u & y = t + 157u \\ x = 83t - 746u & y = -87t + 789u \end{array}$$

ubi t, u indefinite omnes numeros integros denotant, qui aequationi $tt - 79uu = 1$ satisfaciunt.

Applicationibus specialibus disquisitionum praecedentium de formis determinantis positivi non-quadrati brevitatis gratia non immoramur, quippe quas simili modo ut artt. 176, 182 quisque, sine negotio, proprio marte instituere poterit, statimque ad formas determinantis positivi quadrati, quae solae adhuc supersunt, properamus.

De formis determinantis quadrati.

206.

Problema. *Proposita forma (a, b, c) determinantis quadrati hh, designante h ipsius radicem positivam, invenire formam (A, B, C) illi proprie aequivalentem, in qua A iaceat inter limites 0 et $2h-1$ incl., B sit $=h$, $C=0$.*

Sol. I. Quoniam $hh=bb-ac$, erit $(h-b):a=c:-(h+b)$. Sit huic rationi aequalis ratio $\beta:\delta$, ita ut β ad δ sit primus, determinenturque α, γ ita ut sit $\alpha\delta-\beta\gamma=1$, quae fieri poterunt. Per substitutionem $\alpha, \beta, \gamma, \delta$ transeat forma (a, b, c) in (a', b', c'), quae igitur illi proprie aequivalens erit. Habebitur autem

$$\begin{aligned} b' &= a\alpha\beta+b(\alpha\delta+\beta\gamma)+c\gamma\delta \\ &= (h-b)\alpha\delta+b(\alpha\delta+\beta\gamma)-(h+b)\beta\gamma \\ &= h(\alpha\delta-\beta\gamma)=h \\ c' &= a\beta\beta+2b\beta\delta+c\delta\delta \\ &= (h-b)\beta\delta+2b\beta\delta-(h+b)\beta\delta=0 \end{aligned}$$

Quodsi itaque insuper a' inter limites 0 et $2h-1$ iam est situs, forma (a', b', c') omnibus conditionibus satisfaciet.

II. Si vero a' extra limites 0 et $2h-1$ iacet, sit A residuum minimum positivum ipsius a' secundum modulum $2h$, quod manifesto inter hos limites situm erit, ponaturque $A-a'=2hk$. Tum forma (a', b', c') i. e. $(a', h, 0)$ per substitutionem $1, 0, k, 1$ transibit in formam $(A, h, 0)$, quae formis (a', b', c'), (a, b, c) proprie aequivalens erit omnibusque conditionibus satisfaciet. — Ceterum perspicuum est, formam (a, b, c) transire in formam $(A, h, 0)$ per substitutionem $\alpha+\beta k, \beta, \gamma+\delta k, \delta$.

Ex. Proposita sit forma $(27, 15, 8)$ cuius determinans $=9$. Hic $h=3$; rationibus $-12:27=8:-18$ in numeris minimis aequalis est ratio $4:-9$. Positis itaque $\beta=4$, $\delta=-9$, $\alpha=-1$, $\gamma=2$, forma (a', b', c') fit $(-1, 3, 0)$, quae transit in formam $(5, 3, 0)$ per substitutionem $1, 0, 1, 1$. Haec igitur est forma quaesita, transitque in eam proposita per substitutionem propriam 3, 4, -7, -9.

Tales formas (A, B, C), in quibus $C=0$, $B=h$, A inter limites 0 et $2h-1$ situs, *formas reductas* vocabimus, quae igitur a formis reductis determinantis negativi, vel positivi non-quadrati, probe sunt distinguendae.

207.

Theorema. *Duae formae reductae* $(a, h, 0)$, $(a', h, 0)$, *non identicae proprie aequivalentes esse non possunt.*

Dem. Si enim proprie aequivalere supponuntur, transeat prior in posteriorem per substitutionem propriam $\alpha, \beta, \gamma, \delta$, habebunturque quatuor aequationes:

$$a\alpha\alpha + 2h\alpha\gamma = a' \quad \ldots\ldots\ldots [1]$$
$$a\alpha\beta + h(\alpha\delta + \beta\gamma) = h \quad \ldots\ldots\ldots [2]$$
$$a\beta\beta + 2h\beta\delta = 0 \quad \ldots\ldots\ldots [3]$$
$$\alpha\delta - \beta\gamma = 1 \quad \ldots\ldots\ldots [4]$$

Multiplicando aequationem secundam per β, tertiam per α et subtrahendo fit $-h(\alpha\delta-\beta\gamma)\beta = \beta h$, sive, propter [4], $-\beta h = \beta h$, unde necessario $\beta=0$. Quare ex [4], $\alpha\delta=1$, et $\alpha=\pm 1$. Hinc ex [1], $a\pm 2\gamma h=a'$, quae aequatio consistere nequit, nisi $\gamma=0$ (quoniam tum a tum a' per hyp. inter 0 et $2h-1$ iacent) *i.e.* nisi $a=a'$, sive formae $(a, h, 0)$, $(a', h, 0)$ identicae, contra hyp.

Hinc sequentia problemata, quae pro determinantibus non-quadratis multo maiorem difficultatem facessebant, nullo negotio solvi poterunt.

I. *Propositis duabus formis F, F' eiusdem determinantis quadrati, investigare an proprie aequivaleant.* Quaerantur duae formae reductae formis F, F' resp. proprie aequivalentes; quae si identicae sunt, propositae proprie aequivalentes erunt, sin minus, non erunt.

II. *Iisdem positis investigare an improprie aequivaleant.* Sit forma alterutri propositarum *e.g.* formae F opposita, G; quae si formae F' proprie aequivalet, F et F' improprie aequivalebunt, et contra.

208.

Problema. *Propositis duabus formis F, F' determinantis hh proprie aequivalentibus: invenire transformationem propriam alterius in alteram.*

Sol. Formae F proprie aequivaleat forma reducta Φ, quae itaque per hyp. etiam formae F' proprie aequivalebit. Quaeratur per art. 206 transformatio propria formae F in Φ, quae sit $\alpha, \beta, \gamma, \delta$; nec non transformatio propria formae F' in Φ, quae sit $\alpha', \beta', \gamma', \delta'$. Tunc Φ transformabitur in F' per substitutionem propriam $\delta', -\beta', -\gamma', \alpha'$ et hinc F in F' per substitutionem propriam

$$\alpha\delta' - \beta\gamma', \quad \beta\alpha' - \alpha\beta', \quad \gamma\delta' - \delta\gamma', \quad \delta\alpha' - \gamma\beta'$$

Operae pretium est, aliam formulam pro hac transformatione formae F in F' evolvere, ad quam formam reductam Φ ipsam novisse ne opus quidem sit. Ponamus formam

$$F \text{ esse } (a, b, c), \quad F' = (a', b', c'), \quad \Phi = (A, h, 0)$$

Quoniam rationibus $h-b:a$ vel $c:-(h+b)$ in numeris minimis aequalis est ratio $\beta:\delta$, facile perspicitur $\frac{h-b}{\beta} = \frac{a}{\delta}$ fore *integrum*, qui sit f; nec non $\frac{c}{\beta} = \frac{-h-b}{\delta}$ integrum fore qui ponatur $=g$. Habebitur autem

$$A = a\alpha\alpha + 2b\alpha\gamma + c\gamma\gamma \text{ adeoque } \beta A = a\alpha\alpha\beta + 2b\alpha\beta\gamma + c\beta\gamma\gamma$$

sive (substitutis pro $a\beta$, $\delta(h-b)$, pro c, βg)

$$\beta A = \alpha\alpha\delta h + b(2\beta\gamma - \alpha\delta)\alpha + \beta\beta\gamma\gamma g$$

sive (propter $b = -h - \delta g$)

$$\beta A = 2\alpha(\alpha\delta - \beta\gamma)h + (\alpha\delta - \beta\gamma)^2 g = 2\alpha h + g$$

Simili modo

$$\begin{aligned}\delta A &= a\alpha\alpha\delta + 2b\alpha\gamma\delta + c\gamma\gamma\delta \\ &= \alpha\alpha\delta\delta f + b(2\alpha\delta - \beta\gamma)\gamma - \beta\gamma\gamma h \\ &= (\alpha\delta - \beta\gamma)^2 f + 2\gamma(\alpha\delta - \beta\gamma)h = 2\gamma h + f\end{aligned}$$

Quare

$$\alpha = \frac{\beta A - g}{2h}, \quad \gamma = \frac{\delta A - f}{2h}$$

Prorsus eodem modo positis

$$\frac{h-b'}{\beta'} = \frac{a'}{\delta'} = f', \quad \frac{c'}{\beta'} = \frac{-h-b'}{\delta'} = g'$$

fit

$$\alpha' = \frac{\beta' A - g'}{2h}, \quad \gamma' = \frac{\delta' A - f'}{2h}$$

Quibus valoribus ipsorum $\alpha, \gamma, \alpha', \gamma'$ in formula modo tradita pro transformatione formae F in F' substitutis, transit in hanc:

$$\frac{\beta f' - \delta' g}{2h}, \quad \frac{\beta' g - \beta g'}{2h}, \quad \frac{\delta f' - \delta' f}{2h}, \quad \frac{\beta' f - \delta g'}{2h}$$

ex qua A omnino abiit.

Si duae formae F, F' improprie aequivalentes proponuntur, et transformatio impropria alterius in alteram quaeritur, sit forma G opposita formae F, et transformatio propria formae G in F' haec $\alpha, \beta, \gamma, \delta$. Tunc manifestum est, $\alpha, \beta, -\gamma, -\delta$ fore transformationem impropriam formae F in F'.

Denique patet, si formae propositae et proprie et improprie aequivalentes sint, hoc modo inveniri posse transformationes duas alteram propriam alteram impropriam.

209.

Nihil itaque iam superest quam ut ex una transformatione omnes reliquas similes deducere doceamus. Hoc vero pendet a solutione aequationis indeterminatae $tt - hhuu = mm$, designante m divisorem communem maximum numerorum $a, 2b, c$, si (a, b, c) est alterutra formarum aequivalentium. Sed haec aequatio semper duobus tantum modis solvi potest, nempe ponendo aut $t = m$, $u = 0$, aut $t = -m$, $u = 0$. Ponamus enim dari adhuc aliam solutionem $t = T$, $u = U$, ita ut U non $= 0$. Quia mm ipsum $4hh$ certo metitur, erit $\frac{4TT}{mm} = \frac{4hhUU}{mm} + 4$, atque tum $\frac{4TT}{mm}$ tum $\frac{4hhUU}{mm}$ quadrata integra. Sed nullo negotio perspicitur, numerum 4 duorum quadratorum integrorum differentiam esse non posse, nisi quadratum minus sit 0 *i. e.* $U = 0$, contra hyp. — Si itaque forma F in formam F per substitutionem $\alpha, \beta, \gamma, \delta$ transit, alia transformatio huic similis non dabitur praeter transformationem $-\alpha, -\beta, -\gamma, -\delta$. Quare si duae formae aut proprie tantum, aut improprie tantum aequivalent, *duae* tantum transformationes dabuntur; si vero tum proprie tum improprie, *quatuor*, nempe duae propriae duaeque impropriae.

210.

Theorema. *Si duae formae reductae* $(a, h, 0)$, $(a', h, 0)$ *improprie sunt aequivalentes, erit* $aa' \equiv mm \pmod{2mh}$, *designante* m *divisorem communem maximum numerorum* $a, 2h$, *vel* $a', 2h$; *et vice versa, si* $a, 2h$; $a', 2h$ *eundem divisorem communem maximum* m *habent, atque est* $aa' \equiv mm$ (*mod.* $2mh$), *formae* $(a, h, 0)$, $(a', h, 0)$ *improprie aequivalentes erunt.*

Dem. I. Transeat forma $(a, h, 0)$ in formam $(a', h, 0)$ per substitutionem impropriam $\alpha, \beta, \gamma, \delta$ ita ut habeantur quatuor aequationes

$$a\alpha\alpha + 2h\alpha\gamma = a' \quad \ldots \quad [1]$$

$$a\alpha\beta + h(\alpha\delta + \beta\gamma) = h \quad \ldots \quad [2]$$

$$a\beta\beta + 2h\beta\delta = 0 \quad \ldots \quad [3]$$

$$\alpha\delta - \beta\gamma = -1 \quad \ldots \quad [4]$$

Hinc sequitur, multiplicando [4] per h et subtrahendo a [2], quod ita exprimimus $[2] - h[4]$,

$$(a\alpha + 2h\gamma)\beta = 2h \quad \ldots \quad [5]$$

similiter ex $\gamma\delta[2] - \gamma\gamma[3] - (a + a\beta\gamma + h\gamma\delta)[4]$ deletis quae sese destruunt

$$-a\alpha\delta = a + 2h\gamma\delta, \text{ sive } -(a\alpha + 2h\gamma)\delta = a \quad . \ . \quad [6]$$

denique ex $a[1] \ldots a\alpha(a\alpha + 2h\gamma) = aa'$, sive

$$(a\alpha + 2h\gamma)^2 - aa' = 2h\gamma(a\alpha + 2h\gamma)$$

sive

$$(a\alpha + 2h\gamma)^2 \equiv aa' \; (\text{mod. } 2h(a\alpha + 2h\gamma)) \quad \ldots \quad [7]$$

Iam ex [5] et [6] sequitur $a\alpha + 2h\gamma$ metiri ipsos $2h$ et a, adeoque etiam ipsum m, qui est divisor communis maximus ipsorum a, $2h$; manifesto autem m metietur etiam ipsum $a\alpha + 2h\gamma$; quare necessario $a\alpha + 2h\gamma$ erit aut $= +m$ aut $= -m$. Hinc statim sequitur ex [7], $mm \equiv aa'$ (mod. $2mh$) *Q. E. P.*

II. Si $a, 2h; a', 2h$ eundem divisorem communem maximum m habent, insuperque est $aa' \equiv mm$ (mod. $2mh$), $\frac{a}{m}, \frac{2h}{m}, \frac{a'}{m}, \frac{aa'-mm}{2mh}$ erunt integri. Facile vero confirmatur, formam $(a, h, 0)$ transire in $(a', h, 0)$ per substitutionem $-\frac{a'}{m}, -\frac{2h}{m}, \frac{aa'-mm}{2mh}, \frac{a}{m}$; nec non hanc transformationem esse impropriam. Quare formae illae erunt improprie aequivalentes. *Q. E. S.*

Hinc etiam statim diiudicari potest, an forma aliqua reducta data $(a, h, 0)$ sibi ipsi improprie aequivalens sit. Scilicet designato divisore communi maximo numerorum a, $2h$ per m, esse debebit $aa \equiv mm$ (mod. $2mh$).

211.

Omnes formae reductae determinantis dati hh obtinentur, si in forma indefinita $(A, h, 0)$ pro A omnes numeri a 0 usque ad $2h-1$ incl substituuntur, quarum itaque multitudo erit $2h$. Perspicuum est, omnes formas determinantis hh in totidem *classes* distribui posse, hasque iisdem proprietatibus praeditas fore quas supra (artt. 175, 195) pro classibus formarum determinantis negativi, et positivi non-quadrati attigimus. Ita omnes formae determinantis 25 in decem classes distribuentur, quae per formas reductas in singulis contentas distingui poterunt. Hae formae reductae sunt: (0, 5, 0), (1, 5, 0), (2, 5, 0), (5, 5, 0), (8, 5, 0), (9, 5, 0), quae sibi ipsae simul improprie aequivalent; (3, 5, 0) cui improprie aequivalet (7, 5, 0); (4, 5, 0) cui improprie aequivalet (6, 5, 0).

212.

PROBLEMA. *Invenire omnes repraesentationes numeri dati M per formam datam $axx+2bxy+cyy$ determinantis hh.*

Solutio huius problematis ex principiis art. 168 prorsus eodem modo peti potest, ut supra (artt. 180, 181, 205) pro formis determinantis negativi et positivi non-quadrati ostendimus; quod, quum nulli difficultati sit obnoxium, hic repetere superfluum esset. Contra haud abs re erit, solutionem ex alio principio quod casui praesenti proprium est deducere.

Positis ut artt. 206, 208

$$h-b : a = c : -(h+b) = \beta : \delta$$
$$\frac{h-b}{\beta} = \frac{a}{\delta} = f; \quad \frac{c}{\beta} = \frac{-h-b}{\delta} = g$$

nullo negotio probatur, formam propositam esse productum ex factoribus $\delta x - \beta y$ et $fx - gy$. Unde manifestum est, quamvis repraesentationem numeri M per formam propositam praebere resolutionem numeri M in binos factores. Si itaque omnes divisores numeri M sunt d, d', d'' etc. (inclusis etiam 1, et M, et singulis *bis* sumtis puta tum positive tum negative), patet omnes repraesentationes numeri M obtineri, si successive ponatur

$$\delta x - \beta y = d, \quad fx - gy = \frac{M}{d}$$
$$\delta x - \beta y = d', \quad fx - gy = \frac{M}{d'} \quad \text{etc.}$$

valores ipsorum x, y hinc evolvantur, eaeque repraesentationes eiiciantur ubi x

aut y valores fractos obtinent. Manifesto vero ex duabus primis aequationibus sequitur

$$x = \frac{6M - gdd}{(6f - \delta g)d} \quad \text{et} \quad y = \frac{\delta M - fdd}{(6f - \delta g)d}$$

quos valores semper *determinatos* fore inde manifestum quod $6f - \delta g = 2h$, adeoque numerator certo non $= 0$. — Ceterum ex eodem principio, puta resolubilitate cuiusvis formae determinantis quadrati in binos factores, etiam reliqua problemata solvi potuissent: sed methodo ei quam supra pro formis determinantis non-quadrati tradidimus analoga etiam hic uti maluimus.

Ex. Quaeruntur omnes repraesentationes numeri 12 per formam $3xx + 4xy - 7yy$. Haec resolvitur in factores $x - y$ et $3x + 7y$. Omnes divisores numeri 12 sunt $\pm 1, 2, 3, 4, 6, 12$. Positis $x - y = 1$, $3x + 7y = 12$ fit $x = \frac{19}{10}$, $y = \frac{9}{10}$, qui valores tamquam fracti sunt reiiciendi. Eodem modo ex divisoribus $-1, \pm 3, \pm 4, \pm 6, \pm 12$ valores inutiles obtinentur; ex divisore $+2$ vero obtinentur valores $x = 2$, $y = 0$, et ex divisore -2 hi $x = -2$, $y = 0$; praeter has duas repraesentationes igitur aliae non dantur.

Methodus haec adhiberi nequit, si $M = 0$. In hoc casu manifestum est omnes valores ipsorum x, y aut aequationi $\delta x - 6y = 0$, aut huic $fx - gy = 0$ satisfacere debere. Omnes autem solutiones aequationis prioris continentur in formula $x = 6z$, $y = \delta z$, designante z indefinite numerum integrum quemcunque (siquidem uti supponitur 6, δ inter se primi sunt); similiterque ponendo divisorem communem maximum numerorum f, g, $= m$, omnes solutiones aequationis posterioris exhibebuntur per formulam $x = \frac{gz}{m}$, $y = \frac{hz}{m}$. Quare hae duae formulae generales omnes repraesentationes numeri M in hoc casu complectentur.

* * *

In praecedentibus omnia quae ad cognoscendam aequivalentiam et ad inveniendas omnes transformationes formarum nec non ad repraesentationes omnes numerorum datorum per formas datas indagandas pertinent, ita sunt explicata, ut nihil amplius desiderari posse videatur. Superest itaque tantummodo, ut propositis duabus formis quae propter *determinantium inaequalitatem* aequivalentes esse nequeunt, diiudicare doceamus, annon altera sub altera contenta sit, et in hoc casu omnes transformationes illius in hanc invenire.

Formae sub aliis contentae quibus tamen non aequivalent.

213.

Supra artt. 157, 158 ostendimus, si forma f determinantis D formam F determinantis E implicet atque in ipsam transeat per substitutionem $\alpha, \beta, \gamma, \delta$, fore $E = (\alpha\delta - \beta\gamma)^2 D$; si fuerit $\alpha\delta - \beta\gamma = \pm 1$, formam f non modo implicare formam F sed ipsi aequivalentem esse et proin si f ipsam F implicet neque vero eidem aequivaleat, quotientem $\frac{E}{D}$ esse integrum maiorem quam 1. Problema itaque hic solvendum erit, *diiudicare an forma data f determinantis D formam datam F determinantis Dee implicet,* ubi e supponitur esse numerus positivus maior quam 1. Hoc negotium ita absolvemus, ut multitudinem finitam formarum sub f contentarum assignare doceamus quae ita sint comparatae, ut F si sub f contenta est necessario alicui ex illis aequivalere debeat.

I. Ponamus omnes divisores (positivos) numeri e (inclusis etiam 1 et e) esse m, m', m'' etc., atque $e = mn = m'n' = m''n''$ etc. Designemus brevitatis gratia formam in quam f transit per substitutionem propriam $m, 0, 0, n$ ita $(m; 0)$, formam in quam f transit per substitutionem propriam $m, 1, 0, n$ per $(m; 1)$ etc. generaliterque formam in quam f per subst. propriam, $m, k, 0, n$ transmutatur per $(m; k)$. Simili modo transeat f per subst. propriam $m', 0, 0, n'$ in $(m'; 0)$; per hanc $m', 1, 0, n'$ in $(m'; 1)$ etc., per $m'', 0, 0, n''$ in $(m''; 0)$ etc. etc. Omnes hae formae sub f proprie contentae erunt, et cuiusvis determinans $= Dee$. Complexum omnium formarum $(m; 0), (m; 1), (m; 2) \ldots (m; m-1), (m'; 0), (m'; 1) \ldots (m'; m'-1)$; $(m''; 0)$ etc. quarum multitudo erit $m + m' + m'' +$ etc. et quas omnes inter se diversas fore facile perspicitur, designemus per Ω.

Si *e.g.* forma f est haec $(2, 5, 7)$ atque $e = 5$, Ω comprehendet sequentes sex formas $(1; 0)$, $(5; 0)$, $(5; 1)$, $(5; 2)$, $(5; 3)$, $(5; 4)$ quae si evolvuntur sunt $(2, 25, 175)$, $(50, 25, 7)$, $(50, 35, 19)$, $(50, 45, 35)$, $(50, 55, 55)$, $(50, 65, 79)$.

II. Iam dico, si forma F determinantis Dee sub f proprie contenta sit, necessario eandem alicui formarum Ω proprie aequivalentem fore. Ponamus formam f transformari in F per substitutionem propriam $\alpha, \beta, \gamma, \delta$, eritque $\alpha\delta - \beta\gamma = e$. Sit numerorum γ, δ (qui ambo simul 0 esse nequeunt) divisor communis maximus positive acceptus $= n$, atque $\frac{e}{n} = m$, qui manifesto erit integer. Accipiantur g, h ita ut sit $\gamma g + \delta h = n$, denique sit k residuum minimum positivum numeri $\alpha g + \beta h$ secundum modulum m. Tum forma $(m; k)$ quae manifesto erit inter formas Ω, formae F proprie aequivalebit, et quidem in ipsam transformabitur per substitutionem propriam

$$\frac{\gamma}{n}\cdot\frac{\alpha g + \beta h - k}{m} + h,\quad \frac{\delta}{n}\cdot\frac{\alpha g + \beta h - k}{m} - g,\quad \frac{\gamma}{n},\quad \frac{\delta}{n}$$

Nam *primo* perspicuum est hos quatuor numeros esse integros; *secundo* facile confirmatur substitutionem esse propriam; *tertio* patet, formam in quam $(m; k)$ per substitutionem illam transeat eandem esse in quam f *) transeat per substitutionem

$$m\left(\frac{\gamma}{n}\cdot\frac{\alpha g + \beta h - k}{m} + h\right) + \frac{k\gamma}{n},\quad m\left(\frac{\delta}{n}\cdot\frac{\alpha g + \beta h - k}{m} - g\right) + \frac{k\delta}{n},\quad \gamma,\quad \delta$$

sive quoniam $mn = e = \alpha\delta - \beta\gamma$, adeoque $\beta\gamma + mn = \alpha\delta$, $\alpha\delta - mn = \beta\gamma$, per hanc

$$\frac{1}{n}(\alpha\gamma g + \alpha\delta h),\quad \frac{1}{n}(\beta\gamma g + \beta\delta h),\quad \gamma,\quad \delta$$

sive denique quoniam $\gamma g + \delta h = n$, per hanc $\alpha, \beta, \gamma, \delta$ *i. e.* per hyp., in F. Quare $(m; k)$ et F proprie aequivalentes erunt. *Q. E. D.*

Ex his igitur semper diiudicari potest, an forma aliqua data f determinantis D formam F determinantis Dee proprie implicet. Si vero quaeritur an f ipsam F improprie implicet, investigari tantummodo debet an forma ipsi F opposita sub f proprie contenta sit, art. 159.

214.

Problema. *Propositis duabus formis, f determinantis D, et F determinantis Dee, quarum prior posteriorem proprie implicat: exhibere omnes transformationes proprias formae f in F.*

Sol. Designante Ω eundem formarum complexum ut in art. praec., excerpantur ex hoc complexu omnes formae quibus F proprie aequivalet, quae sint Φ, Φ', Φ'' etc. Quaevis harum formarum sequenti modo suppeditabit transformationes proprias formae f in F, et quidem aliae alias (*i. e.* singulae diversas), cunctae vero cunctas (*i. e.* nulla transformatio propria formae f in F erit quam non una ex formis Φ, Φ' etc. praebeat). Quoniam methodus pro omnibus formis Φ, Φ' etc. eadem est, de una tantum loquemur.

*) Quippe quae per substitutionem $m, k, 0, n$ in $(m; k)$ transit V art. 159.

Ponamus Φ esse $(M;\, K)$, atque $e = MN$ ita ut f in Φ per substitutionem propriam $M, K, 0, N$ transeat. Porro designentur omnes transformationes propriae formae Φ in F indefinite per $\mathfrak{a}, \mathfrak{b}, \mathfrak{c}, \mathfrak{d}$. Tum manifesto f transibit in Φ per substitutionem propriam $M\mathfrak{a}+K\mathfrak{c}$, $M\mathfrak{b}+K\mathfrak{d}$, $N\mathfrak{c}$, $N\mathfrak{d}$, et hoc modo ex quavis transformatione propria formae Φ in F sequetur transformatio propria formae f in F. — Eodem modo tractandae sunt formae reliquae Φ', Φ'' etc., quarum singulae transformationes propriae in F transformationem propriam formae f in F praebebunt.

Ut appareat, hanc solutionem ex omni parte completam esse, ostendendum erit

I. *Hoc modo omnes transformationes proprias possibiles formae f in F obtineri.* Sit transformatio quaecunque propria formae f in F haec $\alpha, \beta, \gamma, \delta$ atque ut in art. praec. II, n divisor communis maximus numerorum γ, δ; numeri m, g, h, k autem eodem modo ut illic determinati. Tunc forma $(m;\, k)$ erit inter formas Φ, Φ' etc., et

$$\frac{\gamma}{n}\cdot\frac{\alpha g+\beta h-k}{m}+h,\quad \frac{\delta}{n}\cdot\frac{\alpha g+\beta h-k}{m}-g,\quad \frac{\gamma}{n},\quad \frac{\delta}{n}$$

aliqua ex transformationibus propriis huius formae in F; ex hac vero per regulam modo traditam obtinetur transformatio $\alpha, \beta, \gamma, \delta$; haec omnia in art. praec. sunt demonstrata.

II. *Omnes transformationes hoc modo prodeuntes inter se diversas esse, seu nullam bis obtineri.* Nullo quidem negotio perspicitur, plures transformationes diversas eiusdem formae Φ vel Φ' etc. in F eandem transformationem formae f in F producere non posse; quod vero etiam formae diversae e. g. Φ et Φ' eandem transformationem suppeditare nequeant, ita demonstratur. Supponamus, transformationem propriam $\alpha, \beta, \gamma, \delta$ formae f in F obtineri *tum* ex transformatione propria $\mathfrak{a}, \mathfrak{b}, \mathfrak{c}, \mathfrak{d}$ formae Φ in F, *tum* ex transformatione propria $\mathfrak{a}', \mathfrak{b}', \mathfrak{c}', \mathfrak{d}'$ formae Φ' in F. Sit $\Phi = (M;\, K)$, $\Phi' = (M';\, K')$, $e = MN = M'N'$. Habebuntur itaque aequationes

$$\alpha = M\mathfrak{a}+K\mathfrak{c} = M'\mathfrak{a}'+K'\mathfrak{c}' \quad \ldots\ldots\ldots \quad [1]$$

$$\beta = M\mathfrak{b}+K\mathfrak{d} = M'\mathfrak{b}'+K'\mathfrak{d}' \quad \ldots\ldots\ldots \quad [2]$$

$$\gamma = N\mathfrak{c} = N'\mathfrak{c}' \quad \ldots\ldots\ldots \quad [3]$$

$$\mathfrak{d} = N\mathfrak{d} = N'\mathfrak{d}' \quad \ldots\ldots\ldots\ldots \quad [4]$$

$$\mathfrak{a}\mathfrak{d} - \mathfrak{b}\mathfrak{c} = \mathfrak{a}'\mathfrak{d}' - \mathfrak{b}'\mathfrak{c}' = 1 \quad \ldots\ldots\ldots \quad [5]$$

Ex $\mathfrak{a}[4] - \mathfrak{b}[3]$ sequitur adiumento aequ. [5], $N = N'(\mathfrak{a}\mathfrak{d}' - \mathfrak{b}\mathfrak{c}')$, quare N' metietur ipsum N; similiter ex $\mathfrak{a}'[4] - \mathfrak{b}'[3]$ fit $N(\mathfrak{a}'\mathfrak{d} - \mathfrak{b}'\mathfrak{c}) = N'$, quare N metietur ipsum N', unde, quia tum N tum N' supponuntur esse positivi, erit necessario $N = N'$, et $M = M'$, et hinc ex 3 et 4, $\mathfrak{c} = \mathfrak{c}'$, $\mathfrak{d} = \mathfrak{d}'$. Porro fit ex $\mathfrak{a}[2] - \mathfrak{b}[1]$,

$$K = M'(\mathfrak{a}\mathfrak{b}' - \mathfrak{b}\mathfrak{a}') + K'(\mathfrak{a}\mathfrak{d}' - \mathfrak{b}\mathfrak{c}') = M(\mathfrak{a}\mathfrak{b}' - \mathfrak{b}\mathfrak{a}') + K'$$

hinc $K \equiv K' (\text{mod.} M)$ quod fieri nequit nisi $K = K'$, quia tum K tum K' iacent inter limites 0 et $M - 1$. Quamobrem formae Φ, Φ' non sunt diversae, contra hyp.

Ceterum patet, si D fuerit negativus vel positivus quadratus, per methodum hanc omnes transformationes proprias formae f in F revera inveniri posse; si vero D positivus non-quadratus; formulae certae generales assignari poterunt, in quibus omnes transformationes propriae (quarum multitudo infinita) contentae erunt.

Denique, si forma F improprie sub forma f contenta est, omnes transformationes impropriae illius in hanc per methodum traditam facile exhiberi poterunt. Scilicet si $\alpha, \beta, \gamma, \delta$ indefinite omnes transformationes proprias formae f in formam quae formae F opposita est, designare supponitur: omnes transf. impropriae formae f in F exhibebuntur per $\alpha, -\beta, \gamma, -\delta$.

Ex. Desiderantur omnes transformationes formae $(2, 5, 7)$ in $(275, 0, -1)$, quae sub illa tum proprie tum improprie contenta est. Complexum formarum Ω pro hoc casu iam in art. praec. tradidimus; examine instituto invenitur, tum $(5; 1)$ tum $(5; 4)$ formae $(275, 0, -1)$ proprie aequivalere. Omnes transformationes propriae formae $(5; 1)$ *i. e.* $(50, 35, 19)$ in $(275, 0, -1)$ per theoriam nostram supra explicatam inveniuntur contineri sub formula generali

$$16t - 275u, \quad -t + 16u, \quad -15t + 275u, \quad t - 15u$$

ubi t, u designant indefinite omnes numeros integros aequationi $tt - 275uu = 1$

satisfacientes; quare omnes transformationes propriae formae (2, 5, 7) in (275, 0, —1) hinc oriundae contentae erunt sub formula generali

$$65t-1100u,\quad -4t+65u,\quad -15t+275u,\quad t-15u$$

Simili modo omnes transformationes propriae formae (5, 4) *i. e.* (50, 65, 79) in (275, 0, —1) continentur sub formula generali

$$14t+275u,\quad t+14u,\quad -15t-275u,\quad -t-15u$$

adeoque omnes transformationes propriae formae (2, 5, 7) in (275, 0, —1) hinc oriundae sub hac

$$10t+275u,\quad t+10u,\quad -15t-275u,\quad -t-15u$$

Hae duae formulae igitur omnes transformationes proprias quaesitas amplectuntur*). — Eodem vero modo invenitur, omnes transformationes improprias formae (2, 5, 7) in (275, 0, —1) sub sequentibus duabus formulis contentas esse:

(I) . . . $65t-1100u,\quad 4t-65u,\quad -15t+275u,\quad -t+15u$

et (II) . . . $10t+275u,\quad -t-10u,\quad -15t-275u,\quad t+15u$

Formae determinantis 0.

215.

Hucusque formas determinantis 0 ab omnibus disquisitionibus exclusimus; de his itaque, ut theoria nostra ab omni parte completa evadat, quaedam adhuc sunt adiicienda. Quoniam generaliter demonstratum est, si forma aliqua determinantis D formam determinantis D' implicet, D' esse multiplum ipsius D, statim patet, formam cuius determinans $=0$ aliam formam quam cuius determinans etiam sit $=0$ implicare non posse. Quare duo tantummodo problemata solvenda restant, scilicet 1° *propositis duabis formis* f, F, *quarum posterior habet determinantem* 0, *diiudicare utrum prior posteriorem implicet necne, et in illo casu omnes transformationes illius in hanc exhibere.* 2° *Invenire omnes repraesentationes numeri dati per formam datam determinantis* 0. Problema primum aliam metho-

*) Concinnius omnes transformationes propriae exhibentur per formulam

$$10t+55u,\quad t+2u,\quad -15t-55u,\quad -t-3u$$

denotantibus t, u indefinite omnes integros aequationi $tt-11uu=1$ satisfacientes.

dum requirit, quando determinans prioris formae f etiam est 0, aliam quando non est 0. Haec omnia iam exponemus.

I. Ante omnia observamus, quamvis formam $axx+2bxy+cyy$, cuius determinans $bb-ac=0$, ita exhiberi posse $m(gx+hy)^2$, denotantibus g, h numeros inter se primos, m integrum. Sit enim m divisor communis maximus ipsorum a, c eodem signo acceptus quo hi numeri ipsi sunt affecti (hos signa opposita habere non posse facile perspicitur), eruntque $\frac{a}{m}, \frac{c}{m}$ integri inter se primi non negativi, productum ex ipsis $=\frac{bb}{mm}$ *i. e.* quadratum, adeoque illi ipsi quadrata (art. 21). Sit $\frac{a}{m}=gg$, $\frac{c}{m}=hh$, eruntque etiam g, h inter se primi, $gghh=\frac{bb}{mm}$, et $gh=\pm\frac{b}{m}$. Hinc patet

$$m(gx\pm hy)^2 \text{ fore } = axx+2bxy+cyy$$

Iam propositae sint duae formae f, F, utraque determinantis 0, et quidem sit

$$f=m(gx+hy)^2, \quad F=M(GX+HY)^2$$

ita ut g ad h, G ad H sint primi. Tum dico, si forma f implicet formam F, m aut ipsi M aequalem esse aut saltem ipsum M metiri et quotientem esse quadratum; et vice versa si $\frac{M}{m}$ sit quadratum integrum, F contentam esse sub f Si enim f per substitutionem

$$x=\alpha X+\beta Y, \quad y=\gamma X+\delta Y$$

in F transire supponitur, erit

$$\frac{M}{m}(GX+HY)^2 = ((\alpha g+\gamma h)X+(\beta g+\delta h)Y)^2$$

unde facile sequitur $\frac{M}{m}$ esse quadratum. Ponatur $=ee$, eritque

$$e(GX+HY) = \pm((\alpha g+\gamma h)X+(\beta g+\delta h)Y), \text{ i. e.}$$
$$\pm eG=\alpha g+\gamma h, \quad \pm eH=\beta g+\delta h$$

si itaque $\mathfrak{G}, \mathfrak{H}$ ita determinantur ut sit $\mathfrak{G}G+\mathfrak{H}H=1$, erit

$$\pm e=\mathfrak{G}(\alpha g+\gamma h)+\mathfrak{H}(\beta g+\delta h), \text{ adeoque } integer. \quad Q.\ E.\ P.$$

Si vero, vice versa, supponitur, $\frac{M}{m}$ esse quadratum integrum $=ee$, forma f implicabit formam F. Scilicet integri $\alpha, \beta, \gamma, \delta$ ita poterunt determinari ut fiat

$$\alpha g + \gamma h = \pm eG, \quad \beta g + \delta h = \pm eH$$

Accipiantur enim integri $\mathfrak{g}$, $\mathfrak{h}$ ita ut fiat $\mathfrak{g}g + \mathfrak{h}h = 1$, satisfietque aequationibus illis ponendo

$$\alpha = \pm eG\mathfrak{g} + hz, \quad \gamma = \pm eG\mathfrak{h} - gz$$
$$\beta = \pm eH\mathfrak{g} + hz', \quad \delta = \pm eH\mathfrak{h} - gz'$$

quicunque valores integri ipsis z, z' tribuantur; quare F contenta erit sub f, *Q. E. S.* Simul haud difficulter intelligitur, has formulas omnes valores quos $\alpha, \beta, \gamma, \delta$ nancisci possunt, *i. e.* omnes transformationes formae f in F exhibere, si modo z, z' indefinite omnes numeros integros exhibere supponantur.

II. Propositis duabus formis $f = axx + 2bxy + cyy$ cuius determinans non $= 0$, et $F = M(GX + HY)^2$ cuius determinans $= 0$ (designantibus ut ante G, H numeros inter se primos), dico *primo*, si f implicet ipsam F, numerum M per formam f repraesentari posse; *secundo* si M per f repraesentari possit, F sub f contentam esse; *tertio*, si in hoc casu omnes repraesentationes numeri M per formam f indefinite exhibeantur ita $x = \xi$, $y = \upsilon$, omnes transformationes formae f in F exhiberi ita $G\xi$, $H\xi$, $G\upsilon$, $H\upsilon$. Quae omnia sequenti modo demonstramus.

1° Ponamus f transire in F per substitutionem $\alpha, \beta, \gamma, \delta$, accipianturque numeri $\mathfrak{G}$, $\mathfrak{H}$ ita ut sit $\mathfrak{G}G + \mathfrak{H}H = 1$. Tunc manifestum est, si ponatur $x = \alpha\mathfrak{G} + \beta\mathfrak{H}$, $y = \gamma\mathfrak{G} + \delta\mathfrak{H}$, valorem formae f fieri M, adeoque M repraesentabilem esse per formam f.

2° Si supponitur esse $a\xi\xi + 2b\xi\upsilon + c\upsilon\upsilon = M$, manifestum est, per substitutionem $G\xi$, $H\xi$, $G\upsilon$, $H\upsilon$, formam f transire in F Quod vero

3° in hoc casu substitutio $G\xi$, $H\xi$, $G\upsilon$, $H\upsilon$ *omnes* transformationes formae f in F exhibeat, si ξ, υ supponantur exhibere omnes valores ipsorum x, y, qui faciunt $f = M$, ita perspicitur. Sit $\alpha, \beta, \gamma, \delta$ transformatio quaecunque formae f in F, et ut ante $\mathfrak{G}G + \mathfrak{H}H = 1$. Tum inter valores ipsorum x, y erunt etiam hi

$$x = \alpha\mathfrak{G} + \beta\mathfrak{H}, \quad y = \gamma\mathfrak{G} + \delta\mathfrak{H}$$

ex quibus obtinetur substitutio

$$G(\alpha\mathfrak{G}+\beta\mathfrak{H}),\quad H(\alpha\mathfrak{G}+\beta\mathfrak{H}),\quad G(\gamma\mathfrak{G}+\delta\mathfrak{H}),\quad H(\gamma\mathfrak{G}+\delta\mathfrak{H})$$

sive

$$\alpha+\mathfrak{H}(\beta G-\alpha H),\quad \beta+\mathfrak{G}(\alpha H-\beta G)$$
$$\gamma+\mathfrak{H}(\delta G-\gamma H),\quad \delta+\mathfrak{G}(\gamma H-\delta G)$$

Sed quoniam

$$a(\alpha X+\beta Y)^2+2b(\alpha X+\beta Y)(\gamma X+\delta Y)+c(\gamma X+\delta Y)^2 = M(GX+HY)^2$$

erit

$$a(\alpha\delta-\beta\gamma)^2 = M(\delta G-\gamma H)^2$$
$$c(\beta\gamma-\alpha\delta)^2 = M(\beta G-\alpha H)^2$$

adeoque (quum determinans formae f per $(\alpha\delta-\beta\gamma)^2$ multiplicatus aequalis sit determinanti formae F *i. e.* $=0$, adeoque etiam $\alpha\delta-\beta\gamma=0$),

$$\delta G-\gamma H = 0,\quad \beta G-\alpha H = 0$$

Hinc substitutio illa transit in hanc $\alpha, \beta, \gamma, \delta$, unde patet, formulam traditam *omnes* transformationes formae f in F suppeditare.

III. Superest ut omnes repraesentationes numeri dati per formam datam determinantis 0 exhibere doceamus. Sit forma haec $m(gx+hy)^2$, patetque statim, numerum illum per m divisibilem, et quotientem quadratum esse debere. Si itaque numerus propositus statuitur $=mee$, perspicuum est, pro quibus valoribus ipsorum x, y fiat $m(gx+hy)^2=mee$, pro iisdem fieri $gx+hy$ aut $=+e$, aut $=-e$. Quare omnes repraesentationes habebuntur, si omnes solutiones aequationum linearium $gx+hy=e$, $gx+hy=-e$ in integris, sunt inventae. Has vero solubiles esse constat (siquidem g, h sunt inter se primi ut supponitur). Scilicet si $\mathfrak{g}$, $\mathfrak{h}$ ita determinantur ut sit $\mathfrak{g}g+\mathfrak{h}h=1$, aequationi priori satisfiet ponendo $x=\mathfrak{g}e+hz$, $y=\mathfrak{h}e-gz$; posteriori vero faciendo $x=-\mathfrak{g}e+hz$, $y=-\mathfrak{h}e-gz$, denotante z integrum quemcunque. Simul vero formulae hae *omnes* valores integros ipsorum x, y exhibent, si z indefinite numerum quemvis integrum designare supponitur.

* * *

Solutio generalis omnium aequationum indeterminatarum secundi gradus duas incognitas implicantium per numeros integros.

His disquisitionibus coronidis loco apponimus

216.

Problema. *Invenire omnes solutiones aequationis generalis* *) *indeterminatae secundi gradus duas incognitas implicantis*

$$axx+2bxy+cyy+2dx+2ey+f=0$$

(*ubi a, b, c etc. sunt integri quicunque dati*) *per numeros integros.*

Sol. Introducamus loco incognitarum x, y alias

$$p=(bb-ac)x+be-cd \quad \text{et} \quad q=(bb-ac)y+bd-ae$$

qui manifesto semper erunt integri, quando x, y sunt integri. Quo facto habebitur aequatio

$$app+2bpq+cqq+f(bb-ac)^2+(bb-ac)(aee-2bde+cdd)=0$$

sive posito brevitatis gratia numero

$$f(bb-ac)^2+(bb-ac)(aee-2bde+cdd)=-M$$

haec

$$app+2bpq+cqq=M$$

Iam omnes solutiones huius aequationis, *i. e.* omnes repraesentationes numeri M per formam (a, b, c) in praecedentibus invenire docuimus. Si vero ex singulis valoribus ipsorum p, q, valores respondentes ipsorum x, y adiumento aequationum

$$x=\frac{p+cd-be}{bb-ac}, \quad y=\frac{q+ae-bd}{bb-ac}$$

determinantur, facile perspicitur, omnes hos valores aequationi propositae satisfacere, et nullos valores integros ipsorum x, y dari qui hoc modo non obtineantur. Si itaque ex omnibus valoribus ipsorum x, y sic prodeuntibus valores fractos eiicimus, omnes solutiones quaesitae remanebunt.

Circa hanc solutionem sequentia sunt observanda.

---

*) Si aequatio proponeretur in qua coefficiens secundus, quartus vel quintus non esset par, multiplicata pèr 2 eam formam reciperet quam hic supponimus.

1° Si aut M per formam (a, b, c) repraesentari non potest, aut ex nulla repraesentatione valores *integri* ipsorum x, y sequuntur: aequatio in integris nullo modo solvi poterit.

2° Quando determinans formae (a, b, c), *i. e.* numerus $bb-ac$ est negativus, vel positivus quadratus simulque M non $=0$: multitudo repraesentationum numeri M per formam (a, b, c) erit finita, et proin etiam multitudo omnium solutionum aequationis propositae (si quae omnino dantur) finita erit.

3° Quando $bb-ac$ est positivus non-quadratus, vel quadratus et simul $M=0$: numerus M, si ullo modo, *infinitis modis diversis* per formam (a, b, c) repraesentari poterit; sed quoniam impossibile est, has repraesentationes omnes *ipsas* invenire et tentare utrum valores integros ipsorum x, y praebeant an fractos, necessarium est regulam tradere, per quam, quando forte nulla omnino repraesentatio valores integros ipsorum x, y praebere potest, de hac re *certi* fieri possimus (nam quotcunque repraesentationes in hoc casu *tentatae* fuerint, absque tali regula ad certitudinem numquam perveniremus); quando vero aliae repraesentationes dant valores integros ipsorum x, y, aliae fractos: docendum erit quomodo hae ab illis a priori generaliter dignosci possint.

4° Quando $bb-ac=0$: valores ipsorum x, y per formulas praecedentes omnino non possunt determinari; quare pro hoc casu *methodus peculiaris* investigari debebit.

217.

Pro eo casu, ubi $bb-ac$ est numerus positivus non-quadratus, supra docuimus, omnes repraesentationes numeri M per formam $app+2bpq+cqq$ (si quae omnino dentur) exhiberi posse, per unam vel per plures formulas tales

$$p=\tfrac{1}{m}(\mathfrak{A}t+\mathfrak{B}u),\quad q=\tfrac{1}{m}(\mathfrak{C}t+\mathfrak{D}u)$$

denotantibus $\mathfrak{A}, \mathfrak{B}, \mathfrak{C}, \mathfrak{D}$ numeros integros datos, m divisorem communem maximum numerorum $a, 2b, c$; denique t, u indefinite omnes numeros integros aequationi $tt-(bb-ac)uu=mm$ satisfacientes. Quoniam omnes valores ipsorum t, u tum positive tum negative accipi possunt: pro singulis illarum formarum *quaternas* alias substituere poterimus,

$$p=\tfrac{1}{m}(\mathfrak{A}t+\mathfrak{B}u),\quad q=\tfrac{1}{m}(\mathfrak{C}t+\mathfrak{D}u)$$
$$p=\tfrac{1}{m}(\mathfrak{A}t-\mathfrak{B}u),\quad q=\tfrac{1}{m}(\mathfrak{C}t-\mathfrak{D}u)$$

$$p = \tfrac{1}{m}(-\mathfrak{A}t + \mathfrak{B}u), \quad q = \tfrac{1}{m}(-\mathfrak{C}t + \mathfrak{D}u)$$
$$p = -\tfrac{1}{m}(\mathfrak{A}t + \mathfrak{B}u), \quad q = -\tfrac{1}{m}(\mathfrak{C}t + \mathfrak{D}u)$$

ita ut multitudo omnium formularum nunc quater maior sit quam antea, t et u vero non amplius omnes numeros aequationi $tt - (bb - ac)uu = mm$ satisfacientes exprimant, sed positivos tantum. Quaevis harum formarum itaque seorsim considerari, et qui valores ipsorum t, u praebeant valores integros ipsorum x, y, investigari debebit.

Ex formula

$$p = \tfrac{1}{m}(\mathfrak{A}t + \mathfrak{B}u), \quad q = \tfrac{1}{m}(\mathfrak{C}t + \mathfrak{D}u) \quad . \; . \; . \; . \; [1]$$

sequuntur valores ipsorum x, y hi:

$$x = \frac{\mathfrak{A}t + \mathfrak{B}u + mcd - mbe}{m(bb - ac)}, \quad y = \frac{\mathfrak{C}t + \mathfrak{D}u + mae - mbd}{m(bb - ac)}$$

Supra vero ostendimus, omnes valores (positivos) ipsorum t constituere progressionem recurrentem t^0, t', t'' etc., similiter valores respondentes ipsius u quoque seriem recurrentem formare u^0, u', u'' etc.; praeterea assignari posse numerum ρ talem, ut secundum modulum quemcunque datum fiat

$$t^\rho \equiv t^0, \quad t^{\rho+1} \equiv t', \quad t^{\rho+2} \equiv t'' \text{ etc.}, \qquad u^\rho \equiv u^0, \quad u^{\rho+1} \equiv u' \text{ etc.}$$

Pro hoc modulo accipiemus numerum $m(bb - ac)$, designabimusque brevitatis gratia valores ipsorum x, y qui prodeunt ponendo $t = t^0$, $u = u^0$, et quibus tribuemus indicem 0, per x^0, y^0; similiterque eos qui prodeunt faciendo $t = t'$, $u = u'$, per x', y' quibus tribuemus indicem 1, etc. Tunc nullo negotio perspicietur, si x^h, y^h fuerint numeri integri atque ρ rite determinatus, etiam $x^{h+\rho}$, $y^{h+\rho}$; nec non $x^{h+2\rho}$, $y^{h+2\rho}$ et generaliter $x^{h+k\rho}$, $y^{h+k\rho}$, integros fore; et contra si x^h vel y^h sit fractus, etiam $x^{h+k\rho}$, vel $y^{h+k\rho}$ fractum fore. Hinc facile concluditur, si valores ipsorum x, y, quibus indices $0, 1, 2 \ldots \rho - 1$ competunt, evolvantur, et pro nullo horum indicum *tum* x, *tum* y integer sit, nullum omnino indicem dari, pro quo tum x, tum y valores integros recipiant, in quo casu ex formula [1] nulli valores integri ipsorum x, y deduci poterunt. Si vero inter illos indices aliqui sunt, puta μ, μ', μ'' etc. quibus valores integri ipsorum x, y respondent, omnes valores integri ipsorum x, y, qui quidem ex formula [1] obtineri possunt, ii erunt, quorum indices sub aliqua formularum $\mu + k\rho$, $\mu' + k\rho$,

$\mu'' + k\rho$ etc. sunt contenti, denotante k indefinite omnes numeros integros positivos, inclusa etiam cifra.

Formulae reliquae sub quibus valores ipsorum p, q contenti sunt, prorsus eodem modo sunt tractandae. Si contingeret, ut ex nulla omnium harum formularum valores integri ipsorum x, y obtineantur, aequatio proposita in integris nullo prorsus modo solvi posset; quoties vero revera est solubilis, omnes solutiones in integris per praecepta in praecc. tradita exhiberi poterunt.

218.

Quando $bb - ac$ est numerus quadratus atque $M = 0$, omnes valores ipsorum p, q comprehensi erunt sub duabus huiusmodi formulis $p = \mathfrak{A}z$, $q = \mathfrak{B}z$; $p = \mathfrak{A}'z$, $q = \mathfrak{B}'z$, ubi z indefinite designat quemvis numerum integrum, $\mathfrak{A}$, $\mathfrak{B}$, $\mathfrak{A}'$, $\mathfrak{B}'$ vero sunt integri dati, quorum primus cum secundo, tertius cum quarto divisorem communem non habent (art. 212). Omnes itaque valores integri ipsorum x, y ex formula prima oriundi contenti erunt sub formula [1]

$$x = \frac{\mathfrak{A}z + cd - be}{bb - ac}, \quad y = \frac{\mathfrak{B}z + ae - bd}{bb - ac}$$

omnesque reliqui ex formula secunda oriundi sub hac [2]

$$x = \frac{\mathfrak{A}'z + cd - be}{bb - ac}, \quad y = \frac{\mathfrak{B}'z + ae - bd}{bb - ac}$$

Sed quoniam utraque formula etiam valores fractos praebere potest (nisi $bb - ac = 1$), opus est ut eos valores ipsius z, qui tum ipsum x tum ipsum y integrum reddunt, a reliquis in utraque formula separemus; attamen sufficit primam solam considerare, quum pro altera prorsus eadem methodus adhibenda sit.

Quoniam $\mathfrak{A}$, $\mathfrak{B}$ inter se primi sunt, duos numeros $\mathfrak{a}$, $\mathfrak{b}$ ita determinare licebit, ut fiat $\mathfrak{a}\mathfrak{A} + \mathfrak{b}\mathfrak{B} = 1$. Quo facto habetur

$$(\mathfrak{a}x + \mathfrak{b}y)(bb - ac) = z + \mathfrak{a}(cd - be) + \mathfrak{b}(ae - bd)$$

unde statim patet, omnes valores ipsius z qui valores integros ipsorum x, y producere possint, necessario numero $\mathfrak{a}(be - cd) + \mathfrak{b}(bd - ae)$ sec. mod. $bb - ac$ congruos, sive sub formula $(bb - ac)z' + \mathfrak{a}(be - cd) + \mathfrak{b}(bd - ae)$ contentos esse debere, designante z' indefinite numerum integrum. Hinc facile loco formulae [1] obtinemus sequentem

$$x = \mathfrak{A}z' + \mathfrak{b} \times \frac{\mathfrak{A}(bd-ae)-\mathfrak{B}(be-cd)}{bb-ac}$$

$$y = \mathfrak{B}z' - \mathfrak{a} \times \frac{\mathfrak{A}(bd-ae)-\mathfrak{B}(be-cd)}{bb-ac}$$

quam aut pro omnibus valoribus ipsius z' aut pro nullo valores integros ipsorum x, y praebere manifestum est, et quidem casus prior semper locum habebit, quando $\mathfrak{A}(bd-ae)$ et $\mathfrak{B}(be-cd)$ sec. mod. $bb-ac$ sunt congrui, posterior quando sunt incongrui. — Prorsus eodem modo tractanda erit formula [2], solutionesque in integris (si quas praebere potest) a reliquis separandae.

219.

Quando $bb-ac=0$, forma $axx+2bxy+cyy$ exhiberi poterit ita: $m(\alpha x+6y)^2$, ubi $m, \alpha, 6$ sunt integri (art. 215). Ponatur $\alpha x+6y=z$, transitque aequatio proposita in hanc:

$$mzz+2dx+2ey+f = 0$$

unde et ex $z=\alpha x+6y$, deducitur

$$x = \frac{6mzz+2ez+6f}{2\alpha e-26d}, \quad y = \frac{\alpha mzz+2dz+\alpha f}{26d-2\alpha e}$$

Iam patet, nisi fuerit $\alpha e=6d$ (quem casum statim seorsim considerabimus), valores ipsorum x, y, ex his formulis deductos tribuendo ipsi z valorem quemcunque, aequationi propositae satisfacere; quare nihil superest, nisi ut eos valores ipsius z determinare doceamus, ex quibus valores integri ipsorum x, y sequantur.

Quoniam $\alpha x+6y=z$, necessario pro z numeri *integri* tantum accipi possunt; praeterea vero manifestum est, si aliquis valor ipsius z tum ipsum x tum ipsum y integrum reddat, omnes valores ipsius z illi secundum modulum $2\alpha e-26d$ congruos itidem valores integros producere. Quodsi itaque pro z omnes numeri integri a 0 usque ad $2\alpha e-26d-1$ (quando $\alpha e-6d$ est positivus) aut ad $26d-2\alpha e-1$ (quando $\alpha e-6d$ est negativus) incl. substituuntur, et pro nullo horum valorum tum x tum y integri fiunt, nullus omnino valor ipsius z valores integros ipsorum x, y producet, aequatioque proposita in integris nullo modo poterit resolvi; si vero quidam ex illis valoribus ipsius z ipsis x, y valores integros conciliant, puta hi ζ, ζ', ζ'' etc. (quos etiam per solutionem congruentiarum secundi gradus ex principiis sect. IV invenire licet); *omnes* solutiones prodibunt ponendo $z = (2\alpha e - 2\beta d)v + \zeta$, $z = (2\alpha e - 2\beta d)v + \zeta'$ etc., designante v indefinite omnes numeros integros.

220.

Pro eo quem exclusimus casu, ubi $\alpha e = \beta d$, methodum peculiarem indagare oportet. Supponamus, α, β inter se primos esse, quod licere ex art. 215. I constat, eritque $\frac{d}{\alpha} = \frac{e}{\beta}$ numerus integer (art. 19), quem statuemus $= h$. Tunc aequatio proposita hanc induit formam:

$$(m\alpha x + m\beta y + h)^2 - hh + mf = 0$$

manifestoque adeo rationaliter solvi nequit, nisi $hh - mf$ fuerit numerus quadratus. Sit $hh - mf = kk$, patetque aequationi propositae sequentes duas aequivalere:

$$m\alpha x + m\beta y + h + k = 0, \text{ et } m\alpha x + m\beta y + h - k = 0$$

i. e. quamlibet solutionem aequationis propositae etiam alterutri harum aequationum satisfacere, et vice versa. Aequatio prior manifesto in integris solvi nequit, nisi $h + k$ per m fuerit divisibilis, similiterque posterior solutionem in integris non admittet, nisi $h - k$ per m fuerit divisibilis. Hae vero conditiones ad resolubilitatem utriusque aequationis sufficiunt (quia α, β inter se primi esse supponuntur), omnesque solutiones secundum regulas notas exhiberi poterunt.

221.

Casum in art. 217 consideratum (quia omnium difficillimus est) exemplo illustramus. Proposita sit aequatio $xx + 8xy + yy + 2x - 4y + 1 = 0$. Ex hac primo per introductionem aliarum incognitarum $p = 15x - 9$, $q = 15y + 6$ derivatur aequatio $pp + 8pq + qq = -540$. Huius autem solutiones omnes in integris, contineri inveniuntur sub quatuor formulis sequentibus:

$$\begin{array}{ll} p = 6t, & q = -24t - 90u \\ p = 6t, & q = -24t + 90u \\ p = -6t, & q = 24t - 90u \\ p = -6t, & q = 24t + 90u \end{array}$$

denotantibus t, u indefinite omnes numeros integros positivos aequationi

$tt - 15uu = 1$ satisfacientes, quos complectitur formula:

$$t = \tfrac{1}{2}((4+\sqrt{15})^n + (4-\sqrt{15})^n)$$
$$u = \tfrac{1}{2\sqrt{15}}((4+\sqrt{15})^n - (4-\sqrt{15})^n)$$

si n indefinite omnes numeros integros positivos (inclusa etiam cifra) designat. Quamobrem omnes valores ipsorum x, y contenti erunt sub formulis his:

$$x = \tfrac{1}{5}(2t+3), \quad y = -\tfrac{1}{5}(8t+30u+2)$$
$$x = \tfrac{1}{5}(2t+3), \quad y = -\tfrac{1}{5}(8t-30u+2)$$
$$x = \tfrac{1}{5}(-2t+3), \quad y = \tfrac{1}{5}(8t-30u-2)$$
$$x = \tfrac{1}{5}(-2t+3), \quad y = \tfrac{1}{5}(8t+30u-2)$$

Praeceptis autem nostris rite applicatis, reperietur, ut valores *integri* prodeant, in formula prima et secunda eos valores ipsorum t, u accipi debere, qui proveniant ex indice n *pari*; in tertia quartaque vero eos, qui ex *impari* n obtineantur. — Solutiones simplicissimae habentur hae: $x = 1, -1, -1$; $y = -2, 0, 12$ resp.

Ceterum observare convenit, solutionem problematis in artt. praecc. explicati plerumque per multifaria artificia abbreviari posse, praesertim quantum ad exclusionem solutionum inutilium *i. e.* fractiones implicantium pertinet; sed haec ne nimis longi fiamus hoc loco praeterire coacti sumus.

Annotationes historicae.

222.

Quoniam complura ex iis quae hucusque pertractavimus etiam ab aliis geometris considerata sunt, horum merita silentio praeterire non possumus. De *formarum aequivalentia* disquisitiones generales instituit ill. La Grange, *Nouv. Mém. de l'Ac. de Berlin,* 1773 *p.* 263 et 1775 *p.* 323 sqq., ubi imprimis docuit, pro quovis determinante dato multitudinem finitam formarum dari ita comparatarum, ut quaevis forma illius determinantis alicui ex ipsis aequivalens sit, adeoque omnes formas determinantis dati in classes distribui posse. Postea clar. Le Gendre plures proprietates elegantes huius classificationis ad maximam partem per inductionem detexit, quas infra trademus demonstrationibusque muniemus. Ceterum distinctionem aequivalentiae propriae et impropriae, cuius usus maxime in disquisitionibus subtilioribus conspicuus est, nemo hucusque attigerat.

Problema famosum in art. 216 sqq. explicatum ill. La Grange primus complete resolvit, *Hist. de l'Ac. de Berlin*, 1767 *p.* 165 et 1768 *p.* 181 sqq. Exstat solutio (sed minus completa) etiam in *Suppl. ad Euleri Algebram* iam saepius laudatis. Iam antea ill. Euler idem argumentum aggressus fuerat, *Comm. Petr. T.* VI *p.* 175; *Comm. Nov. T.* IX *p.* 3; *Ibid. T.* XVIII *p.* 185 sqq., sed investigationem suam eo semper restrinxit, ut ex aliqua solutione, quam iam cognitam esse supponit, aliae deriventur; praetereaque ipsius methodi in paucis tantummodo casibus *omnes* solutiones suppeditare valent (vid. La Grange *Hist. de l'Ac. de Berlin* 1767, *p.* 237). Quum ultima harum trium commentt. recentioris dati sit quam solutio La Grangiana, quae problema omni generalitate amplectitur nihilque hoc respectu desiderandum relinquit: Euler tunc temporis (Tomus XVIII Commentariorum pertinet ad annum 1773, et a. 1774 est publicatus) illam solutionem nondum novisse videtur. Ceterum solutio nostra (perinde ut omnia reliqua quae in hac sectione hactenus tradidimus), principiis omnino diversis est superstructa.

Quae ab aliis, Diophanto, Fermatio etc. huc pertinentia sunt tradita, casus maxime speciales spectant; quare quum eorum quae praesertim memoratu digna visa sunt, iam supra mentio facta sit, sigillatim omnia enarrare supersedemus.

* * *

Quae hactenus de formis secundi gradus exposuimus, pro primis tantum elementis huius doctrinae sunt habenda: innixius hanc disquisitionem persequentibus campus se aperuit nobis vastissimus, ex quo ea quae attentione imprimis digna videntur, in sequentibus excerpemus. Namque argumentum hoc tam fertile est, ut permulta alia, quae iam nunc invenire nobis contigit, brevitatis gratia silentio praeterire oporteat: multo vero plura sine dubio adhuc latent novosque conatus exspectant. Ceterum in limine harum investigationum statim adnotare convenit, formas determinantis 0 inde exclusas esse, nisi contrarium moneatur.

DISQUISITIONES ULTERIORES DE FORMIS.

Distributio formarum determinantis dati in classes.

223.

Iam supra (artt. 175, 195, 211) ostendimus, proposito numero quocunque integro D (sive positivo sive negativo) assignari posse multitudinem finitam formarum F, F', F'' etc. determinantis D, ita comparatarum, ut quaevis forma determinantis D proprie aequivalens sit alicui ex illis et quidem unicae tantum. Omnes igitur formae determinantis D (quarum multitudo est infinita) secundum illas formas *classificari* poterunt, formando scilicet e complexu omnium formarum formae F proprie aequivalentium classem primam; e formis quae formae F' proprie aequivalent, secundam etc.

Ex singulis classibus formarum determinantis dati D, forma aliqua eligi et tamquam *forma repraesentans* totius classis considerari poterit. Per se quidem prorsus arbitrarium est, quaenam forma ex quaque classe accipiatur, attamen ea semper praeferenda erit, quae reliquas *simplicitate* superare videtur. Simplicitas formae alicuius (a, b, c) manifesto ex magnitudine numerorum a, b, c aestimanda est, meritoque forma (a', b', c') minus simplex dicetur quam (a, b, c) si $a' > a$, $b' > b$, $c' > c$. Sed hinc res nondum determinatur penitus, arbitrioque nostro relinquitur *e. g.*, utram ex formis $(17, 0, -45)$, $(5, 0, -153)$ pro simpliciori habere malimus. Plerumque tamen e re erit, sequentem normam observare:

I. Quando determinans D est negativus, adoptentur formae reductae in singulis classibus contentae tamquam formae repraesentantes; ubi vero in eadem classe duae formae reductae reperiuntur (quae erunt oppositae, art. 172), recipiatur ea, cuius terminus medius positivus.

II. Quando determinans D est positivus non-quadratus, evolvatur periodus formae alicuius reductae in classe proposita contentae, in qua aut duae formae ancipites invenientur aut nulla (art. 187).

1) In casu priori sint formae ancipites hae: (A, B, C), (A', B', C'); residua minima numerorum B, B' secundum modulos A, A' resp. M, M' (quae positive accipi poterunt nisi sunt $= 0$); denique $\frac{D-MM}{A} = N$, $\frac{D-M'M'}{A'} = N'$. His ita factis, ex formis $(A, M, -N)$, $(A', M', -N')$ ea quae simplicissima videtur, pro forma repraesentante accipiatur. In hoc iudicio forma cuius terminus medius $= 0$, praeferatur; quando vero terminus medius aut in utraque aut in neutra est 0, ea quae terminum primum minorem habet, alteri praehabenda, et quando termini primi magnitudine sunt aequales signis diversi, signum negativum positivo postponendum.

2) Quando vero nulla forma anceps in tota periodo habetur, eligatur ex omnibus periodi formis ea quae terminum primum sine respectu signi minimum

habet, ita quidem, ut si duae formae in eadem periodo occurrant, in quarum altera idem terminus primus signo positivo affectus sit in altero negativo, posterior priori postponatur. Sit haec forma (A, B, C), deducaturque ex ipsa eodem modo ut in casu praec. forma alia $(A, M, -N)$ (puta, accipiendo pro M residuum absolute minimum ipsius B secundum mod. A, et faciendo $N = \frac{D-MM}{A}$): haec demum pro repraesentante adoptetur.

Quodsi vero eveniret, ut idem terminus primus minimus A pluribus periodi formis communis sit, omnes hae formae eo quo praescripsimus modo tractandae et ex formis prodeuntibus ea cuius terminus medius quam minimus evadit tamquam forma repraesentans assumenda erit.

Ita *e. g.* pro $D = 305$ habetur periodus inter alias haec: $(17, 4, -17)$, $(-17, 13, 8)$, $(8, 11, -23)$, $(-23, 12, 7)$, $(7, 16, -7)$, $(-7, 12, 23)$, $(23, 11, -8)$, $(-8, 13, 17)$, ex qua primo eligitur forma $(7, 16, -7)$, hincque secundo deducitur forma repraesentans $(7, 2, -43)$.

III. Quando determinans est positivus quadratus $= kk$, eruatur forma reducta $(A, k, 0)$ in classe proposita contenta et, si $A < k$ aut $= k$, pro forma repraesentante ipsa recipiatur; si vero $A > k$, assumatur illius loco forma $(A-2k, k, 0)$, cuius terminus primus erit negativus, sed minor quam k.

Ex. Hoc modo omnes formae determinantis -235 distribuuntur in classes sedecim, quarum repraesentantes erunt: $(1, 0, 235)$, $(2, 1, 118)$, $(4, 1, 59)$, $(4, -1, 59)$, $(5, 0, 47)$, $(10, 5, 26)$, $(13, 5, 20)$, $(13, -5, 20)$, octoque aliae a praecedentibus in solis signis terminorum externorum diversae $(-1, 0, -235)$, $(-2, 1, -118)$ etc.

Omnes formae determinantis 79 in sex classes discedunt, quarum repraesentantes $(1, 0, -79)$, $(3, 1, -26)$, $(3, -1, -26)$, $(-1, 0, 79)$, $(-3, 1, 26)$, $(-3, -1, 26)$.

224.

Per hanc itaque classificationem formae quae proprie aequivalentes sunt, a reliquis omnino segregabuntur. Duae formae eiusdem determinantis D, si ex eadem classe sunt, proprie aequivalentes erunt; quivis numerus per unam repraesentabilis etiam per alteram repraesentari poterit; et si numerus quicunque M per formam priorem ita repraesentari potest, ut indeterminatae valores inter se primos habeant, idem numerus per alteram formam eodem modo repraesentari poterit, et quidem ita, ut utraque repraesentatio ad eundem valorem expressionis $\sqrt{D}$ (mod. M) pertineat. Si vero duae formae ad classes diversas pertinent, proprie aequivalentes non erunt; a repraesentabilitate numeri alicuius dati per unam ad repraesentabilitatem eiusdem numeri per alteram concludi nequit; contra, si numerus M per alteram repraesentari potest ita ut valores indeterminatarum inter se primi sint, statim certi sumus, nullam similem repraesentationem eiusdem numeri per formam alteram dari, quae ad eundem valorem expr. $\sqrt{D}$ (mod. M) pertineat (V. artt. 167, 168).

Contra utique fieri potest, ut formae duae F, F', e classibus diversis K, K' improprie aequivalentes sint, in quo casu *quaevis* forma ex altera classe *cuivis* formae ex altera improprie aequivalebit; quaevis forma ex K formam sibi oppositam habebit in K', classesque ipsae K, K' *oppositae* dicentur. Ita in exemplo primo art. praec. classis tertia formarum det. -235 quartae, septima octavae opposita est; in ex. secundo classis secunda tertiae, quinta sextae. Propositis itaque duabus formis quibuscunque e classibus oppositis, quivis numerus M qui per alteram repraesentari potest, etiam per alteram poterit; quod, si in altera fit per valores indeterminatarum inter se primos, in altera perinde fieri poterit, ita tamen, ut hae duae repraesentationes ad valores oppositos expr $\sqrt{D}$ (mod. M) pertineant. — Ceterum regulae supra traditae pro electione formarum repraesentantium ita sunt constitutae, ut classes oppositae formas repraesentantes oppositas semper nanciscantur.

Denique dantur etiam classes *sibi ipsis oppositae*. Scilicet si forma aliqua simul cum forma opposita in eadem classe continetur, facile perspicitur, omnes formas huius classis tum proprie tum improprie inter se aequivalentes esse, oppositasque suas secum habere. Hanc indolem quaevis classis habebit, in qua forma anceps continetur, et vice versa in quavis classe sibi ipsi opposita necessario forma anceps reperietur (art. 163, 165), quamobrem *classis anceps* nuncupabitur. Ita inter classes formarum determinantis -235 octo ancipites habentur, quarum repraesentantes sunt $(1, 0, 235)$, $(2, 1, 118)$, $(5, 0, 47)$, $(10, 5, 26)$, $(-1, 0, -235)$, $(-2, 1, -118)$, $(-5, 0, -47)$, $(-10, 5, -26)$; inter classes formarum determinantis 79 duae, quarum repraesentantes $(1, 0, -79)$, $(-1, 0, 79)$. — Ceterum si formae repraesentantes secundum regulas nostras determinatae sunt, classes ancipites nullo negotio inde cognosci poterunt. Scilicet pro determinante positivo non-quadrato classis anceps certo formam repraesentantem ancipitem nanciscitur (art. 194); pro determinante negativo forma repraesentans classis ancipitis aut ipsa anceps erit, aut talis cuius termini externi sunt aequales (art. 172); denique pro determinante positivo quadrato per art. 210 facile diiudicatur, an forma repraesentans sibi ipsi improprie aequivalens sit adeoque classis, quam repraesentat, anceps.

225.

Iam supra (art. 175) ostendimus, in forma (a, b, c) determinantis negativi terminos externos eadem signa habere tum inter se tum cum terminis externis cuiusvis aliae formae illi aequivalentis. Si a, c sunt positivi, formam (a, b, c) *positivam* vocabimus, nec non totam classem in qua (a, b, c) continetur et quae e solis formis positivis constabit, *classem positivam* dicemus. Contra (a, b, c) erit *forma negativa,* et in *classe negativa* contenta, si a, c sunt negativi. Per formam positivam numeri negativi, per negativam positivi repraesentari nequeunt. Si forma (a, b, c) est repraesentans alicuius classis positivae, forma $(-a, b, -c)$ repraesentans classis negativae erit, unde sequitur, multitudinem classium positivarum multitudini negativarum aequalem esse, et, simul ac illae fuerint assignatae, etiam has haberi. Quocirca in disquisitionibus super formis determinantis negativi plerumque sufficit classes positivas considerare, quippe quarum proprietates ad classes negativas facile transferuntur.

Ceterum distinctio haec unice in formis determinantis negativi locum habet; per formas determinantis positivi sine discrimine numeri positivi et negativi repraesentari possunt, quin adeo haud raro duae formae tales (a, b, c), $(-a, b, -c)$ in hoc casu ad eandem classem sunt referendae.

Distributio classium in ordines.

226.

Formam quamcunque (a, b, c) *primitivam* vocamus, si numeri a, b, c divisorem communem non habent; alioquin dicitur *derivata,* et quidem, posito numerorum a, b, c divisore communi maximo $= m$, forma (a, b, c) erit *derivata e forma primitiva* $(\frac{a}{m}, \frac{b}{m}, \frac{c}{m})$. Ex hac definitione statim liquet, omnes formas, quarum determinans per nullum quadratum (praeter 1) divisibilis sit, necessario primitivas esse. Porro ex art. 161 patet, si in aliqua classe data formarum determinantis D forma primitiva inveniatur, omnes formas huius classis primitivas fore, in quo casu classis ipsa *primitiva* dicetur. Porro manifestum est, si forma aliqua F determinantis D derivata sit ex forma primitiva f determinantis $\frac{D}{mm}$, classesque in quibus formae F, f resp. contineantur, sint K, k, omnes formas e classe K derivatas fore e classe primitiva k; quocirca classem K ipsam *ex classe primitiva k derivatam* in hoc casu vocabimus.

Si (a, b, c) est forma primitiva, neque vero a, c simul pares (*i. e.* si aut uterque impar aut saltem alteruter), facile intelligitur, non modo a, b, c, sed etiam $a, 2b, c$ divisorem communem habere non posse, in quo casu forma (a, b, c) dicitur *proprie primitiva* sive simpliciter *forma propria*. Si vero (a, b, c) est forma primitiva, numeri a, c autem ambo pares, patet, numeros $a, 2b, c$ divisorem communem 2 habere (qui simul erit maximus), vocabiturque (a, b, c) *forma improprie primitiva*, sive simpliciter *forma impropria**). In hoc casu b necessario erit impar (alioquin enim (a, b, c) non esset forma primitiva); quare erit $bb \equiv 1$ (mod. 4) adeoque quoniam ac per 4 divisibilis, determinans $bb - ac \equiv 1$ (mod. 4). Formae impropriae itaque tantummodo pro determinante formae $4n+1$, si est positivus, vel formae $-(4n+3)$, si est negativus, locum habent. — Ex art. 161 autem perspicuum est, si in classe aliqua data forma proprie primitiva inveniatur, omnes formas huius classis proprie primitivas esse; contra classem quae formam improprie primitivam implicet ex solis formis improprie primitivis constare. Quamobrem classis ipsa in casu priori *proprie primitiva* seu simpliciter *propria*; in posteriori *improprie primitiva* seu *impropria* appellabitur. Ita *e. g.* inter classes positivas formarum determinantis -235 sex sunt propriae, puta quarum repraesentantes $(1, 0, 235)$, $(4, 1, 59)$, $(4, -1, 59)$, $(5, 0, 47)$, $(13, 5, 20)$, $(13, -5, 20)$, totidemque inter negativas; binae vero inter utrasque impropriae. — Classes formarum determinantis 79 (utpote numeri formae $4n+3$) omnes sunt propriae.

Si forma (a, b, c) est derivata, et quidem e primitiva $(\frac{a}{m}, \frac{b}{m}, \frac{c}{m})$, haec aut proprie primitiva aut improprie esse poterit. In casu priori m erit divisor communis maximus etiam numerorum $a, 2b, c$; in posteriori horum numerorum div. comm. max. erit $2m$. Hinc intelligitur distinctio inter *formam e forma proprie primitiva derivatam* et *formam ex improprie primitiva derivatam*; nec non (quoniam propter art. 161 omnes formae eiusdem classis hoc respectu perinde se habent)

*) Hos terminos *proprie* et *improprie* ideo hic elegimus, quia alii magis idonei non occurrebant, quod admonemus, ne quis inter hanc significationem eamque qua inde ab art. 157 usi sumus, nexum occultum quaerat, qui nullus adest. Ceterum ambiguitas certe hinc non est metuenda.

inter *classem derivatam e classe proprie primitiva* et *classem ex improprie primitiva derivatam.*

Per has distinctiones fundamentum primum nacti sumus, cui distributionem omnium classium formarum determinantis dati in varios *ordines* superstruere possumus. Classes duas, quarum repraesentantes sunt formae (a, b, c), (a', b', c') in *eundem ordinem* coniiciemus, si *tum* numeri a, b, c eundem divisorem communem maximum habent ut a', b', c', *tum* $a, 2b, c$ eundem ut $a', 2b', c'$; si vero aut alterutra aut utraque harum conditionum locum non habet, classes ad *ordines diversos* referentur. Hinc statim patet, omnes classes proprie primitivas unum ordinem constituere; omnes classes improprie primitivas, alium; si mm est quadratum determinantem D metiens, classes derivatae e classibus proprie primitivis determinantis $\frac{D}{mm}$ formabunt ordinem peculiarem, aliumque classes derivatae e classibus improprie primitivis determinantis $\frac{D}{mm}$ etc. Si forte D per nullum quadratum (praeter 1) divisibilis est, ordines classium derivatarum non aderunt adeoque aut unus tantum ordo dabitur (quando $D \equiv 2$ vel 3 secundum mod. 4), puta ordo classium proprie primitivarum, aut duo (quando $D \equiv 1$ (mod. 4)) scilicet O. classium proprie primitivarum et O. cl. impr. primitivarum. Per principia calculi combinationum haud difficile conditur regula sequens generalis: Si supponitur $D = D'\,2^{2\mu}a^{2\alpha}b^{2\beta}c^{2\gamma}\ldots$ ita ut D' nullum factorem quadraticum implicet, et a, b, c etc. sint numeri primi impares diversi (ad quam formam quivis numerus redigi potest faciendo $\mu = 0$, quando D per 4 non est divisibilis; et α, β, γ etc. omnes $= 0$, sive quod eodem redit omittendo factores $a^{2\alpha}, b^{2\beta}, c^{2\gamma}$ etc., quando D per nullum quadratum impar dividi potest): habebuntur aut ordines

$$(\mu+1)(\alpha+1)(\beta+1)(\gamma+1)\ .$$

nempe quando $D' \equiv 2$ vel 3 (mod. 4); aut ordines

$$(\mu+2)(\alpha+1)(\beta+1)(\gamma+1)\ldots$$

quando $D' \equiv 1$ (mod. 4). Sed demonstrationem huius regulae supprimimus, quoniam neque difficilis neque hic adeo necessaria est.

Ex. 1. Pro $D = 45 = 5.3^2$ habentur sex classes, quarum repraesentantes $(1, 0, -45)$, $(-1, 0, 45)$, $(2, 1, -22)$, $(-2, 1, 22)$, $(3, 0, -15)$, $(6, 3, -6)$. Hae distribuuntur in quatuor ordines, scilicet O. I comprehendet duas classes proprias quarum repr. $(1, 0, -45)$, $(-1, 0, 45)$; O. II continebit duas classes improprias, quarum repr. (2, 1, —22), (—2, 1, 22); O. III continebit unam classem derivatam e propria determinantis 5, puta cuius repr. (3, 0, —15); O. IV constabit ex una classe derivata ex impropria det. 5, puta cuius repr. (6, 3, —6).

Ex. 2. Classes positivae determinantis $-99 = -11.3^2$ inter quatuor ordines distribuentur: O. I complectetur classes proprie primitivas sequentes*): (1, 0, 99), (4, 1, 25), (4, —1, 25), (5, 1, 20), (5, —1, 20), (9, 0, 11); O. II continebit classes improprias (2, 1, 50), (10, 1, 10); O. III classes derivatas e propriis determinantis —11, (3, 0, 33), (9, 3, 12), (9, —3, 12); O. IV classem unicam derivatam ex impropria det. —11, (6, 3, 18). — Classes negativae huius determinantis prorsus eodem modo in ordines distribui poterunt.

Observamus, *classes oppositas semper ad eundem ordinem referri*, cuius theorematis ratio nullo negotio perspicitur.

227.

Ex his diversis ordinibus imprimis ordo classium proprie primitivarum maximam attentionem meretur. Nam singulae classes derivatae a certis classibus primitivis (determinantis minoris) originem trahunt, ex quarum consideratione ea quae ad illas spectant plerumque sponte sequuntur. Infra autem docebimus, quamlibet classem improprie primitivam simili modo quasi associatam esse aut unicae classi proprie primitivae aut tribus (eiusdem determinantis). Porro pro determinantibus negativis classes negativas praeterire licebit, quippe quibus singulis certae classes positivae semper respondent. Ut itaque naturam classium proprie primitivarum profundius penetremus, ante omnia differentiam certam essentialem explicabimus, secundum quam totus ordo classium propriarum in plura *genera* subdividi potest. Quoniam hoc argumentum gravissimum hactenus nondum attigimus, res ab integro nobis erit repetenda.

Ordinum partitio in genera.

228.

Theorema. *Per formam quamcunque proprie primitivam F repraesentari possunt infinite multi numeri per numerum primum quemcunque datum p non divisibiles.*

Dem. Si forma $F = axx + 2bxy + cyy$, manifestum est, p omnes tres numeros a, $2b$, c simul metiri non posse. Iam quando a per p non est divisi-

*) Adhibendo brevitatis caussa formas repraesentantes pro classibus ipsis quarum vice funguntur.

bilis, patet, si pro x assumatur numerus quicunque per p non divisibilis, pro y vero numerus per p divisibilis, valorem formae F fieri non divisibilem per p; quando c per p non est divisibilis, idem obtinetur tribuendo ipsi x valorem divisibilem ipsique y valorem non divisibilem; denique quando tum a tum c per p sunt divisibiles, adeoque $2b$ non divisibilis, forma F valorem per p non divisibilem induet tribuendo tum ipsi x tum ipsi y valores quoscunque per p non divisibiles. *Q. E. D.*

Manifestum est, theorema etiam pro formis *improprie primitivis* locum habere, si modo non fuerit $p=2$.

Quoniam plures huiusmodi conditiones simul consistere possunt, ut idem numerus per quosdam numeros primos datos divisibilis sit, per alios non divisibilis (v. art. 32): facile perspicitur, numeros x, y infinite multis modis ita determinari posse, ut forma primitiva $axx+2bxy+cyy$ valorem per quotcunque numeros primos datos non divisibilem adipiscatur, a quibus unice excludendus est 2, quoties forma est improprie primitiva. Hinc patet, theorema generalius ita proponi posse: *Per formam quamcunque primitivam repraesentari possunt infinite multi numeri, qui ad numerum quemcunque datum (imparem, quando forma est improprie primitiva) sint primi.*

229.

Theorema. *Sit F forma primitiva determinantis D, p numerus primus ipsum D metiens: tum numeri per p non divisibiles qui per formam F repraesentari possunt, in eo convenient, ut vel omnes sint residua quadratica ipsius p, vel omnes nonresidua.*

Dem. Sit $F=(a, b, c)$; m, m' duo numeri quicunque per p non divisibiles qui per formam F repraesentari possunt, scilicet

$$m = agg+2bgh+chh, \quad m' = ag'g'+2bg'h'+ch'h'$$

Tum erit

$$mm' = (agg'+b(gh'+hg')+chh')^2 - D(gh'-hg')^2$$

quare mm' quadrato congruus erit secundum modulum D, adeoque etiam secundum p, *i.e.* mm' erit residuum quadraticum ipsius p. Hinc sequitur, aut utrumque m, m' esse residuum quadraticum ipsius p, aut utrumque non-residuum. *Q. E. D.*

Simili modo probatur, quando determinans D per 4 sit divisibilis, omnes numeros impares per F repraesentabiles vel esse $\equiv 1$, vel omnes $\equiv 3$ (mod. 4). Scilicet productum e duobus numeris talibus in hoc casu semper erit residuum quadr. ipsius 4, adeoque $\equiv 1$ (mod. 4); quare vel uterque erit $\equiv 1$, vel uterque $\equiv 3$.

Denique quando D per 8 est divisibilis, productum e duobus numeris quibuscunque imparibus, qui per F repraesentari possunt, erit R. Q. ipsius 8 et proin $\equiv 1$ (mod. 8). Quare in hoc casu omnes numeri impares per F repraesentabiles vel erunt $\equiv 1$, vel omnes $\equiv 3$, vel omnes $\equiv 5$, vel omnes $\equiv 7$ (mod. 8).

Ita *e. g.* quum per formam (10, 3, 17) repraesentari possit numerus 10 qui est N. R. ipsius 7: omnes numeri per 7 non divisibiles, qui per formam illam repraesentari possunt, non-residua ipsius 7 erunt. — Quum -3 per formam $(-3, 1, 49)$ repraesentabilis et sec. mod. 4 sit $\equiv 1$, omnes numeri impares per formam hanc repraesentabiles perinde se habebunt.

Ceterum, si ad propositum praesens necessarium esset, facile demonstrare possemus, numeros per formam F repraesentabiles ad nullum numerum primum qui ipsum D non metiatur, talem relationem fixam habere, sed promiscue tum residua tum non-residua numeri cuiusvis primi ipsum D non metientis per formam F repraesentari posse. Contra respectu numerorum 4 et 8 analogon quoddam etiam in aliis casibus locum habet, quos praeterire non possumus.

I. *Quando determinans D formae primitivae F est $\equiv 3$ (mod. 4): omnes numeri impares, per formam F repraesentabiles, erunt vel $\equiv 1$, vel omnes $\equiv 3$ (mod. 4).* Si enim m, m' sunt duo numeri per F repraesentabiles, productum mm' eodem modo ut supra sub formam $pp - Dqq$ redigi poterit. Quando itaque uterque m, m' est impar, necessario alter numerorum p, q par erit, alter impar adeoque alterum quadratorum $pp, qq, \equiv 0$, alterum $\equiv 1$ (mod. 4). Unde facile deducitur, $pp - Dqq$ certo esse $\equiv 1$ (mod. 4), adeoque aut utrumque $m, m', \equiv 1$, aut utrumque $\equiv 3$ (mod. 4). Ita *e. g.* per formam (10, 3, 17) alii numeri impares quam qui sunt formae $4n+1$ repraesentari nequeunt.

II. *Quando determinans D formae primitivae F est $\equiv 2$ (mod. 8): omnes numeri impares, per formam F repraesentabiles, erunt vel partim $\equiv 1$ partim $\equiv 7$, vel partim $\equiv 3$ partim $\equiv 5$ (mod. 8).* Ponamus enim m, m' esse duos numeros impares per F repraesentabiles, quorum igitur productum mm' sub formam $pp-Dqq$ redigi poterit. Quando ergo uterque m, m' est impar, necessario p impar esse debebit (quia D par), adeoque $pp\equiv 1$ (mod. 8); qq vero erit vel $\equiv 0$ vel $\equiv 1$ vel $\equiv 4$, et proin Dqq vel $\equiv 0$ vel $\equiv 2$. Hinc $mm'=pp-Dqq$ fit vel $\equiv 1$ vel $\equiv 7$ (mod. 8); si itaque m est vel $\equiv 1$ vel $\equiv 7$, etiam m' erit vel $\equiv 1$ vel $\equiv 7$; si vero m est vel $\equiv 3$ vel $\equiv 5$, etiam m' erit vel $\equiv 3$ vel $\equiv 5$. *E. g.* omnes numeri impares per formam $(3, 1, 5)$ repraesentabiles sunt aut $\equiv 3$ aut $\equiv 5$ (mod. 8), nullique numeri formae $8n+1$ aut $8n+7$ per formam illam repraesentari possunt.

III. *Quando determinans D formae primitivae F est $\equiv 6$ (mod. 8): per formam hanc repraesentari possunt numeri impares vel tales tantum qui sunt $\equiv 1$ et $\equiv 3$ (mod. 8), vel tales tantum qui sunt $\equiv 5$ et $\equiv 7$ (mod. 8).* Demonstrationem praecedenti (in II) omnino similem quisque nullo negotio evolvere poterit. — Ita *e. g.* per formam $(5, 1, 7)$ unice tales numeri impares possunt repraesentari qui sunt aut $\equiv 5$ aut $\equiv 7$ (mod. 8).

230.

Omnes igitur numeri qui per formam primitivam datam F determinantis D repraesentari possunt, relationem fixam habebunt ad singulos divisores primos ipsius D (per quos quidem ipsi non sunt divisibiles), numeri impares vero qui per F possunt repraesentari, in quibusdam casibus etiam ad numeros 4 et 8 relationem fixam habebunt, scilicet ad 4, quoties D aut $\equiv 0$ aut $\equiv 3$ (mod. 4). et ad 8, quoties D aut $\equiv 0$, aut $\equiv 2$ aut $\equiv 6$ (mod. 8)*). Talem relationem ad singulos hos numeros, *characterem* seu *characterem particularem* formae F vocabimus sequentique modo exprimemus: Quando sola residua quadratica numeri primi p per formam F repraesentari possunt, tribuemus ipsi characterem Rp, in casu opposito characterem Np; similiter scribemus 1, 4, quando alii numeri impares per formam F repraesentari nequeunt nisi qui sunt $\equiv 1$ (mod. 4), unde statim liquet quales characteres exprimantur per signa 3, 4; 1, 8; 3, 8; 5, 8; 7, 8. Denique formis per quas numeri impares tales soli repraesentari possunt qui sec.

*) Pro determinantibus per 8 divisibilibus relatio ad numerum 4 negligi potest, quoniam in hoc casu sub relatione ad 8 iam est contenta.

mod 8 sunt vel $\equiv 1$ vel $\equiv 7$, tribuemus characterem 1 *et* 7, 8; ex quo significatio characterum 3 *et* 5, 8; 1 *et* 3, 8; 5 *et* 7, 8 sponte sequitur.

Characteres singuli formae primitivae datae (a, b, c) determinantis D semper ex uno saltem numerorum a, c (qui manifesto per formam illam ambo sunt repraesentabiles) cognosci possunt. Nam quoties p est divisor primus ipsius D, certe unus numerorum a, c per p non erit divisibilis; si enim uterque per p divisibilis esset, p etiam ipsum $bb (= D + ac)$ metiretur, et proin etiam ipsum b, *i. e.* forma (a, b, c) non esset primitiva. Simili modo in iis casibus, ubi forma (a, b, c) ad numerum 4 vel 8 relationem fixam habet, certo ad minimum unus numerorum a, c impar erit, ex quo igitur relatio illa deprehendi poterit. Ita *e. g.* character formae (7, 0, 23) respectu numeri 23 e numero 7 concluditur $N23$, eiusdem formae character respectu numeri 7 habetur ex numero 23 puta $R7$; denique character huius formae respectu numeri 4, puta 3, 4, vel e numero 7 vel e numero 23 colligi potest.

Quoniam omnes numeri qui per formam aliquam F in classe K contentam repraesentari possunt, etiam per quamlibet aliam formam huius classis sunt repraesentabiles: manifesto singuli characteres formae F omnibus reliquis formis huius classis quoque competent, quapropter illos tamquam characteres totius classis considerare licebit. Singuli itaque characteres classis cuiuslibet primitivae datae ex ipsius forma repraesentante cognoscuntur. Classes oppositae semper characteres omnes eosdem habebunt.

231.

Complexus *omnium* characterum particularium formae vel classis datae constituet characterem integrum huius formae vel classis. Ita *e. g.* character integer formae (10, 3, 17), vel totius classis quam repraesentat erit 1, 4; $N7$; $N23$. Simili modo character integer formae (7, 1, -17) erit 7, 8; $R3$; $N5$, nam character particularis 3, 4 in hoc casu omittitur quia in charactere 7, 8 iam est contentus. — Ex hoc fonte petimus subdivisionem totius ordinis classium proprie primitivarum (positivarum quando det. est negativus) determinantis dati in plura *genera* diversa, referendo omnes classes, quae eundem characterem integrum habent, ad genus idem; quarumque characteres integri diversi sunt, ad genera diversa. Singulis vero generibus eos characteres integros tribuemus, quos classes sub ipsis contentae habent. Ita *e. g.* pro determinante -161 habentur sedecim classes positivae proprie primitivae, quae sequenti modo in quatuor genera distribuuntur:

Character	Classium formae repraesentantes
1,4; $R7$; $R23$	(1, 0, 161), (2, 1, 81), (9, 1, 18), (9, —1, 18)
1,4; $N7$; $N23$	(5, 2, 33), (5, —2, 33), (10, 3, 17), (10, —3, 17)
3,4; $R7$; $N23$	(7, 0, 23), (11, 2, 15), (11, —2, 15), (14, 7, 15)
3,4; $N7$; $R23$	(3, 1, 54), (3, —1, 54), (6, 1, 27), (6, —1, 27)

De multitudine characterum integrorum diversorum, qui quidem a priori sunt possibiles, teneantur sequentia.

I. Quando determinans D per 8 est divisibilis, respectu numeri 8 quatuor characteres particulares diversi sunt possibiles; numerus 4 nullum characterem peculiarem suppeditat (annot. ad art. praec.). Praeterea respectu singulorum divisorum primorum imparium ipsius D bini characteres dantur; quare si illorum multitudo est m, dabuntur omnino 2^{m+2} characteres integri diversi (statuendo $m = 0$, quoties D est potestas binaria).

II. Quando det. D per 8 non est divisibilis, sed tamen per 4, insuperque per m numeros primos impares: omnino habebuntur 2^{m+1} characteres integri diversi.

III. Quando det. D est par neque vero per 4 divisibilis, erit vel $\equiv 2$ (mod. 8) vel $\equiv 6$. In casu priori dabuntur duo characteres particulares respectu numeri 8 puta 1 *et* 7, 8, atque 3 *et* 5, 8; in casu posteriori totidem. Posita igitur multitudine divisorum primorum imparium ipsius D, $= m$: habebuntur omnino 2^{m+1} characteres integri diversi.

IV. Quando D est impar, erit vel $\equiv 1$ vel $\equiv 3$ (mod. 4). In casu posteriori respectu numeri 4 duo characteres diversi dantur, qualis relatio in casu priori in characterem integrum non ingreditur. Quare designante m idem ut ante, in casu priori dabuntur 2^m, in posteriori 2^{m+1} characteres integri diversi.

Probe vero notandum est, hinc neutiquam sequi, totidem genera revera dari quot characteres diversi a priori sint possibiles. In exemplo quidem nostro horum semissi tantum revera classes sive genera respondent, nullaeque classes positivae dantur, quibus characteres 1, 4; *R*7; *N*23 vel 1, 4; *N*7; *R*23; vel 3, 4; *R*7; *R*23 vel 3, 4; *N*7; *N*23 competant. De quo argumento gravissimo infra fusius agetur.

Formae $(1, 0, -D)$, quae haud dubie inter omnes formas determinantis D pro simplicissima habenda est, nomen *formae principalis* abhinc tribuemus; classem totam in qua illa reperitur, *classem principalem* vocabimus; denique genus totum in quo classis principalis contenta est, *genus principale* dicetur. Probe itaque distinguendae sunt forma principalis, forma e classe principali et forma e genere principali; nec non classis principalis et classis e genere principali. His denominationibus semper utemur, etiamsi forte pro determinante aliquo aliae classes praeter principalem, vel alia genera praeter genus principale non dentur, uti *e. g.* evenit plerumque, quando D est numerus primus positivus formae $4n+1$.

232.

Quamquam ea quae de formarum characteribus explicata sunt proxime eum in finem sunt allata, ut subdivisio ordinis *positivi proprie primitivi* inde petatur: tamen nihil impedit quominus eadem etiam ad formas classesque negativas aut ad improprie primitivas applicentur, atque tum ordo improprie primitivus positivus, tum ordo proprie primitivus negativus, tum ordo improprie primitivus negativus ex eodem principio in genera subdividantur. Ita postquam *e. g.* ordo proprie primitivus formarum determinantis 145 in duo genera sequentia subdivisus est

*R*5, *R*29	$(1, 0, -145)$, $(5, 0, -29)$
*N*5, *N*29	$(3, 1, -48)$, $(3, -1, -48)$

etiam ordo improprie primitivus perinde in duo genera subdividi potest:

*R*5, *R*29	$(4, 1, -36)$, $(4, -1, -36)$
*N*5, *N*29	$(2, 1, -72)$, $(10, 5, -12)$

vel, sicuti classes positivae formarum determinantis -129 in quatuor genera distribuuntur:

1, 4; R3; R43	(1, 0, 129), (10, 1, 13), (10, —1, 13)
1, 4; N3; N43	(2, 1, 65), (5, 1, 26), (5, —1, 26)
3, 4; R3; N43	(3, 0, 43), (7, 2, 19), (7, —2, 19)
3, 4; N3; R43	(6, 3, 23), (11, 5, 14), (11, —5, 14)

etiam classes negativae in quatuor ordines discedunt

3, 4; N3; N43	(—1, 0, —129), (—10, 1, —13), (—10, —1, —13)
3, 4; R3; R43	(—2, 1, —65), (—5, 1, —26), (—5, —1, —26)
1, 4; N3; R43	(—3, 0, —43), (—7, 2, —19), (—7, —2, —19)
1, 4; R3; N43	(—6, 3, —23), (—11, 5, —14), (—11, —5, —14)

Attamen quum systema classium negativarum systemati positivarum semper tam simile evadat, plerumque superfluum videbitur illud seorsim construere. Ordinem improprie primitivum autem ad proprie primitivum reducere infra docebimus.

Tandem quod attinet ad ordines derivatos: pro harum subdivisione regulae novae non sunt necessariae. Quum enim quivis ordo derivatus ex aliquo ordine primitivo (determinantis minoris) originem trahat, illiusque classes singulae ad singulas huius sponte referantur: manifesto subdivisio ordinis derivati e subdivisione ordinis primitivi peti poterit.

233.

Si forma (primitiva) $F = (a, b, c)$ ita est comparata, ut inveniri possint duo numeri g, h tales ut fiat $gg \equiv a$, $gh \equiv b$, $hh \equiv c$ secundum modulum datum m, dicemus formam illam esse residuum quadraticum numeri m atque $gx + hy$ valorem expressionis $\sqrt{(axx + 2bxy + cyy)}$ (mod. m), sive brevius (g, h) valorem expr. $\sqrt{(a, b, c)}$ vel $\sqrt{F}$ (mod. m). Generalius, si multiplicator M, ad modulum m primus, eius est indolis ut fieri possit

$$gg \equiv aM, \quad gh \equiv bM, \quad hh \equiv cM \quad (\text{mod.}\ m)$$

dicemus $M \times (a, b, c)$ sive MF esse res. quadr. ipsius m, atque (g, h) valorem expressionis $\sqrt{M(a, b, c)}$ vel $\sqrt{MF}$ (mod. m). Ita *e.g.* forma (3, 1, 54) est res. quadr. ipsius 23 atque (7, 10) valor expr. $\sqrt{(3, 1, 54)}$ (mod. 23); similiter (2, —4) valor expr. $\sqrt{5(10, 3, 17)}$ (mod. 23). Usus harum definitionum infra ostendetur: hic notentur propositiones sequentes:

I. Si $M(a, b, c)$ est R. Q. numeri m, hic determinantem formae (a, b, c) metietur. Si enim (g, h) est valor expressionis $\sqrt{M(a, b, c)}\,(\text{mod.}\, m)$, sive

$$gg \equiv aM, \quad gh \equiv bM, \quad hh \equiv cM \pmod{m}$$

erit $bbMM - acMM \equiv 0$, sive $(bb - ac)MM$ per m divisibilis. Quoniam autem M ad m primus esse supponitur, etiam $bb - ac$ per m divisibilis erit.

II. Si $M(a, b, c)$ est R. Q. ipsius m, atque m aut numerus primus aut potestas numeri primi, puta $= p^\mu$: character particularis formae (a, b, c) respectu numeri p erit vel Rp vel Np, prout M est residuum vel non-residuum ipsius p. Hoc statim inde sequitur, quod tum aM tum cM est residuum ipsius m sive ipsius p, atque ad minimum unus numerorum a, c per p non divisibilis (art. 230).

Simili modo, si (manentibus reliquis) $m = 4$, erit vel $1, 4$ vel $3, 4$ character part. formae (a, b, c), prout $M \equiv 1$ vel $\equiv 3$; nec non si $m = 8$ vel altior potestas numeri 2, erit $1, 8$; $3, 8$; $5, 8$; $7, 8$ char. part. formae (a, b, c), prout $M \equiv 1$; 3; 5; 7 (mod. 8) resp.

III. Vice versa si m est numerus primus aut numeri primi imparis potestas $= p^\mu$, determinantem $bb - ac$ metiens, atque M vel residuum vel non-residuum ipsius p, prout character formae (a, b, c) respectu ipsius p est Rp vel Np resp., erit $M(a, b, c)$ resid. quadr. ipsius m. Quando enim a per p non est divisibilis, aM erit res. ipsius p adeoque etiam ipsius m; si itaque g est valor expr. $\sqrt{aM}$ (mod. m), h valor expr. $\frac{bg}{a}$ (mod. m), erit $gg \equiv aM$; $ah \equiv bg$, adeoque

$$agh \equiv bgg \equiv abM \quad \text{et} \quad gh \equiv bM$$

denique

$$ahh \equiv bgh \equiv bbM \equiv bbM - (bb - ac)M \equiv acM$$

adeoque $hh \equiv cM$, *i. e.* (g, h) valor expr. $\sqrt{M(a, b, c)}$. Quando vero a per m est divisibilis, certo c non erit; unde facile perspicitur, eadem resultare, si pro h assumatur valor expr. $\sqrt{cM}$ (mod. m), pro g valor expr. $\frac{bh}{c}$ (mod. m).

Simili modo demonstratur, si m fuerit $= 4$ ipsumque $bb - ac$ metiatur, numerusque M accipiatur vel $\equiv 1$ vel $\equiv 3$, prout $1, 4$ vel $3, 4$ fuerit char. part.

formae (a, b, c): fore $M(a, b, c)$ res. qu. ipsius m. Nec non, si m fuerit $= 8$ vel altior potestas ipsius 2, per quam $bb - ac$ divisibilis sit, atque M accipiatur $\equiv 1$; 3; 5; 7 (mod. 8), prout character part. formae (a, b, c) respectu numeri 8 postulet: $M(a, b, c)$ fore res. qu. ipsius m.

IV. Si determinans formae (a, b, c) est $= D$, atque $M(a, b, c)$ res. qu. ipsius D, omnes characteres particulares formae (a, b, c) tum respectu singulorum divisorum primorum imparium ipsius D, tum respectu numeri 4 vel numeri 8 (si ipsum D metiuntur) ex numero M statim cognosci possunt. Ita *e. g.* quum $3(20, 10, 27)$ sit resid. qu. ipsius 440, scilicet $(150, 9)$ valor expr. $\sqrt{3(20, 10, 27)}$ sec. mod. 440, atque $3N5$, $3R11$: characteres formae $(20, 10, 27)$ sunt 3, 8; $N5$; $R11$. Soli characteres particulares respectu numerorum 4 et 8, quoties determinantem non metiuntur, nexum necessarium cum numero M non habent.

V. Vice versa, si numerus M ad D primus omnes characteres particulares formae (a, b, c) in se complectitur (exceptis characteribus respectu numerorum 4, 8, quando ipsum D non metiuntur): erit $M(a, b, c)$ res. qu. ipsius D Nam ex III patet, si D sub formam $\pm A^{\alpha} B^{\beta} D^{\gamma} \ldots$ redigatur, ita ut A, B, C etc. sint numeri primi diversi, fore $M(a, b, c)$ resid. qu. singulorum A^{α}, B^{β}, C^{γ} etc. Si igitur valor expr. $\sqrt{M(a, b, c)}$ secundum mod. A^{α}, est $(\mathfrak{A}, \mathfrak{A}')$; secundum mod. B^{β}, $(\mathfrak{B}, \mathfrak{B}')$; sec. mod. C^{γ}, $(\mathfrak{C}, \mathfrak{C}')$ etc. numerique g, h ita determinantur ut sit $g \equiv \mathfrak{A}, \mathfrak{B}, \mathfrak{C}$ etc.; $h \equiv \mathfrak{A}', \mathfrak{B}', \mathfrak{C}'$ etc. secundum modulos A^{α}, B^{β}, C^{γ} etc. resp. (art. 32): facile perspicietur, fore $gg \equiv aM$, $gh \equiv bM$, $hh \equiv cM$ secundum omnes modulos A^{α}, B^{β}, C^{γ} etc. adeoque etiam secundum modulum D qui illorum est productum.

VI. Propter has rationes numeri tales ut M vocabuntur *numeri characteristici* formae (a, b, c), poteruntque per V plures huiusmodi numeri nullo negotio inveniri, simulac omnes characteres particulares huius formae sunt eruti; simplicissimi autem tentando plerumque evolvuntur facillime. Manifestum est, si M sit numerus characteristicus formae primitivae datae determinantis D, omnes numeros, ipsi M secundum mod. D congruos, fore numeros characteristicos eiusdem formae; formas in eadem classe, sive etiam in classibus diversis ex eodem genere, contentas eosdem numeros characteristicos habere, quamobrem quivis numerus characteristicus formae datae etiam toti classi et generi tribui potest; denique 1 semper esse numerum characteristicum formae classis et generis principalis, sive quamlibet formam e genere principali esse residuum determinantis sui.

VII. Si (g, h) est valor expr. $\sqrt{M(a, b, c)}\,(\text{mod.}\, m)$, atque $g' \equiv g$, $h' \equiv h$ $(\text{mod.}\, m)$: erit etiam (g', h') valor eiusdem expressionis. Tales valores pro *aequivalentibus* haberi possunt; contra si (g, h), (g', h') sunt valores eiusdem expr. $\sqrt{M(a, b, c)}$, neque tamen simul $g' \equiv g$, $h' \equiv h\,(\text{mod.}\, m)$, *diversi* sunt censendi. Manifesto quoties (g, h) est valor talis expressionis, etiam $(-g, -h)$ erit, facileque demonstratur, hos valores semper esse diversos nisi $m = 2$. Aeque facile demonstratur, expressionem $\sqrt{M(a, b, c)}\,(\text{mod.}\, m)$ plures valores diversos quam duos tales (oppositos) habere non posse, quando m sit aut numerus primus impar aut numeri primi imparis potestas aut $= 4$; quando vero m sit $= 8$ aut altior potestas numeri 2, quatuor omnino dari. Hinc facile deducitur per VI, si determinans D formae (a, b, c) sit $= \pm 2^{\mu} A^{\alpha} B^{6} \ldots$, designantibus A, B etc. numeros primos impares diversos quorum multitudo $= n$, atque M numerus characteristicus illius formae: dari omnino vel 2^n vel 2^{n+1} vel 2^{n+2} valores diversos expr. $\sqrt{M(a, b, c)}\,(\text{mod.}\, D)$, prout μ vel < 2 vel $= 2$ vel > 2. Ita *e. g.* habentur sedecim valores expr. $\sqrt{7\,(12, 6, -17)}\ (\text{mod.}\, 240)$, puta $(\pm 18, \mp 11)$, $(\pm 18, \pm 29)$, $(\pm 18, \mp 91)$, $(\pm 18, \pm 109)$, $(\pm 78, \pm 19)$, $(\pm 78, \pm 59)$, $(\pm 78, \mp 61)$, $(\pm 78, \mp 101)$. Demonstrationem ampliorem quum ad sequentia non sit adeo necessaria, brevitatis gratia non apponimus.

VIII. Denique observamus, si duarum formarum aequivalentium (a, b, c), (a', b', c') determinans sit D, numerus characteristicus M, priorque transeat in posteriorem per substitutionem $\alpha, 6, \gamma, \delta$: ex quovis valore expr. $\sqrt{M(a, b, c)}$ ut (g, h) sequi valorem expr. $\sqrt{M(a', b', c')}$, puta $(\alpha g + \gamma h, 6 g + \delta h)$. Demonstrationem quisque nullo negotio eruere poterit.

De compositione formarum.

234.

Postquam haec de formis in classes genera et ordines distribuendis praemisimus, proprietatesque generales quae ex his distinctionibus statim defluunt explicavimus, ad aliud argumentum gravissimum transimus a nemine hucusque attactum, de formarum *compositione*. In cuius disquisitionis limine, ne posthac demonstrationum seriem continuam interrumpere oporteat, statim intercalamus

LEMMA. *Habentur quatuor series numerorum integrorum*

$$a, a', a'' \ldots a^n; \quad b, b', b'' \ldots b^n; \quad c, c', c'' \ldots c^n; \quad d, d', d'' \ldots d^n$$

ex aeque multis (puta $n+1$*) terminis constantes, atque ita comparatae, ut*

$$cd'-dc', \; cd''-dc'' \text{ etc.}, \; c'd''-d'c'' \text{ etc. etc.}$$

respective sint

$$= k(ab'-ba'), \; k(ab''-ba'') \text{ etc.}, \; k(a'b''-b'a'') \text{ etc. etc.}$$

sive generaliter

$$c^\lambda d^\mu - d^\lambda c^\mu = k(a^\lambda b^\mu - b^\lambda a^\mu)$$

denotante k *numerum integrum datum;* λ, μ *integros quoscunque inaequales inter* 0 *et* n *incl. quorum maior* μ *); *praeterea omnes* $a^\lambda b^\mu - b^\lambda a^\mu$ *divisorem communem non habent. Tunc inveniri possunt quatuor numeri integri* α, β, γ, δ *tales, ut sit*

$$\alpha a + \beta b = c, \quad \alpha a' + \beta b' = c', \quad \alpha a'' + \beta b'' = c'' \text{ etc.}$$
$$\gamma a + \delta b = d, \quad \gamma a' + \delta b' = d', \quad \gamma a'' + \delta b'' = d'' \text{ etc.}$$

sive generaliter

$$\alpha a^\nu + \beta b^\nu = c^\nu, \quad \gamma a^\nu + \delta b^\nu = a^\nu$$

quo facto erit

$$\alpha\delta - \beta\gamma = k$$

Quum per hyp. numeri $ab'-ba'$, $ab''-ba''$ etc. $a'b''-b'a''$ etc. (quorum multitudo erit $= \frac{1}{2}(n+1)n$) divisorem communem non habeant, inveniri poterunt totidem alii numeri integri, per quos illis resp. multiplicatis productorum summa fiat $=1$ (art. 40). Designentur hi multiplicatores per $(0,1)$, $(0,2)$ etc. $(1,2)$ etc., sive generaliter multiplicator ipsius $a^\lambda b^\mu - b^\lambda a^\mu$ per (λ, μ), ita ut sit

$$\Sigma(\lambda, \mu)(a^\lambda b^\mu - b^\lambda a^\mu) = 1$$

(Per literam Σ denotamus aggregatum omnium valorum expressionis, cui praefixa

*) Considerando a tamquam a^0, b tamquam b^0 etc. — Ceterum manifesto eadem aequatio valebit quoque quando $\lambda = \mu$ aut $\lambda > \mu$.

est, qui oriuntur tribuendo ipsis λ, μ omnes valores inaequales inter 0 et n, ita ut sit $\mu > \lambda$). Quo facto si statuitur

$$\Sigma(\lambda,\mu)(c^\lambda b^\mu - b^\lambda c^\mu) = \alpha, \quad \Sigma(\lambda,\mu)(a^\lambda c^\mu - c^\lambda a^\mu) = \beta$$
$$\Sigma(\lambda,\mu)(d^\lambda b^\mu - b^\lambda d^\mu) = \gamma, \quad \Sigma(\lambda,\mu)(a^\lambda d^\mu - d^\lambda a^\mu) = \delta$$

hi α, β, γ δ proprietatibus praescriptis erunt praediti.

Dem. I. Denotante ν numerum quemcunque integrum inter 0 et n, erit

$$\begin{aligned}\alpha a^\nu + \beta b^\nu &= \Sigma(\lambda,\mu)(c^\lambda b^\mu a^\nu - b^\lambda c^\mu a^\nu + a^\lambda c^\mu b^\nu - c^\lambda a^\mu b^\nu)\\ &= \tfrac{1}{k}\Sigma(\lambda,\mu)(c^\lambda d^\mu c^\nu - d^\lambda c^\mu c^\nu)\\ &= \tfrac{1}{k}c^\nu\Sigma(\lambda,\mu)(c^\lambda d^\mu - d^\lambda c^\mu)\\ &= c^\nu\Sigma(\lambda,\mu)(a^\lambda b^\mu - b^\lambda a^\mu) = c^\nu\end{aligned}$$

Et per calculum similem eruitur

$$\gamma a^\nu + \delta b^\nu = d^\nu \qquad Q.\ E.\ P$$

II. Quoniam igitur

$$c^\lambda = \alpha a^\lambda + \beta b^\lambda, \quad c^\mu = \alpha a^\mu + \beta b^\mu$$

fit

$$c^\lambda b^\mu - b^\lambda c^\mu = \alpha(a^\lambda b^\mu - b^\lambda a^\mu)$$

similique modo

$$\begin{aligned}a^\lambda c^\mu - c^\lambda a^\mu &= \beta(a^\lambda b^\mu - b^\lambda a^\mu)\\ d^\lambda b^\mu - b^\lambda d^\mu &= \gamma(a^\lambda b^\mu - b^\lambda a^\mu)\\ a^\lambda d^\mu - d^\lambda a^\mu &= \delta(a^\lambda b^\mu - b^\lambda a^\mu)\end{aligned}$$

ex quibus formulis valores ipsorum α, β, γ, δ multo facilius erui possunt, si modo λ, μ ita accipiuntur, ut $a^\lambda b^\mu - b^\lambda a^\mu$ non sit $=0$, quod certo fieri poterit, quia omnes $a^\lambda b^\mu - b^\lambda a^\mu$ per hyp. divisorem communem non habent adeoque *omnes* $=0$ esse nequeunt. — Ex iisdem aequationibus deducitur, multiplicando primam per quartam, secundam per tertiam et subtrahendo,

$$(\alpha\delta - \beta\gamma)(a^\lambda b^\mu - b^\lambda a^\mu)^2 = (a^\lambda b^\mu - b^\lambda a^\mu)(c^\lambda d^\mu - d^\lambda c^\mu) = k(a^\lambda b^\mu - b^\lambda a^\mu)^2$$

unde necessario

$$\alpha\delta - \beta\gamma = k. \quad Q.\ E.\ S.$$

235.

Si forma $$AXX+2BXY+CYY\ldots F$$

transit in productum e duabus formis

$$axx+2bxy+cyy\ldots f,\quad \text{et}\quad a'x'x'+2b'x'y'+c'y'y'\ldots f'$$

per substitutionem talem

$$X = pxx'+p'xy'+p''yx'+p'''yy'$$
$$Y = qxx'+q'xy'+q''yx'+q'''yy'$$

(quod brevitatis causa in sequentibus semper ita exprimemus: Si F transit in ff' per substitutionem $p, p', p'', p'''; q, q', q'', q'''$*)), dicemus simpliciter, formam F *transformabilem* esse in ff'; si insuper haec transformatio ita est comparata, ut sex numeri

$$pq'-qp',\ pq''-qp'',\ pq'''-qp''',\ p'q''-q'p'',\ p'q'''-q'p''',\ p''q'''-q''p'''$$

divisorem communem non habeant: formam F e formis f, f' *compositam* vocabimus.

Inchoabimus hanc disquisitionem a suppositione generalissima, formam F in ff' transire per substitutionem $p, p', p'', p'''; q, q', q'', q'''$ et quae inde sequantur evolvemus. Manifesto huic suppositioni ex asse aequivalebunt sequentes novem aequationes (*i. e.* simulac hae aequationes locum habent, F per substitutionem dictam transibit in ff', et vice versa):

$$App+2Bpq+Cqq = aa' \quad\ldots\quad [1]$$
$$Ap'p'+2Bp'q'+Cq'q' = ac' \quad\ldots\quad [2]$$
$$Ap''p''+2Bp''q''+Cq''q'' = ca' \quad\ldots\quad [3]$$
$$Ap'''p'''+2Bp'''q'''+Cq'''q''' = cc' \quad\ldots\quad [4]$$
$$App'+B(pq'+qp')+Cqq' = ab' \quad\ldots\quad [5]$$
$$App''+B(pq''+qp'')+Cqq'' = ba' \quad\ldots\quad [6]$$
$$Ap'p'''+B(p'q'''+q'p''')+Cq'q''' = bc' \quad\ldots\quad [7]$$
$$Ap''p'''+B(p''q'''+q''p''')+Cq''q''' = cb' \quad\ldots\quad [8]$$
$$A(pp'''+p'p'')+B(pq'''+qp'''+p'q''+q'p'')+C(qq'''+q'q'') = 2bb' \quad\ldots\quad [9]$$

*) In hac igitur designatione ad ordinem tum coefficientium p, p' etc. tum formarum f, f' probe respicere oportet. Facile autem perspicietur, si ordo formarum f, f' convertatur ut prior fiat posterior, coefficientes p', q' cum his p'', q'' commutandos esse, reliquos suo quemlibet loco manere.

Sint determinantes formarum F, f, f' resp. D, d, d'; divisores communes maximi numerorum $A, 2B, C$; $a, 2b, c$; $a', 2b', c'$ resp. M, m, m' (quos omnes positive acceptos supponimus). Porro determinentur sex numeri integri $\mathfrak{A}, \mathfrak{B}, \mathfrak{C}, \mathfrak{A}', \mathfrak{B}', \mathfrak{C}'$ ita ut sit

$$\mathfrak{A}a+2\mathfrak{B}b+\mathfrak{C}c = m, \quad \mathfrak{A}'a'+2\mathfrak{B}'b'+\mathfrak{C}'c' = m'$$

Denique designentur numeri

$$pq'-qp', \quad pq''-qp'', \quad pq'''-qp''', \quad p'q''-q'p'', \quad p'q'''-q'p''', \quad p''q'''-q''p'''$$

resp. per P, Q, R, S, T, U, sitque ipsorum divisor communis maximus positive acceptus $=k$. — Iam ponendo

$$App'''+B(pq'''+qp''')+Cqq''' = bb'+\Delta \quad \ldots \quad [10]$$

fit ex aequ. 9

$$Ap'p''+B(p'q''+q'p'')+Cq'q'' = bb'-\Delta \quad \ldots \quad [11]$$

Ex his undecim aequationibus 1...11, sequentes novas evolvimus*):

$$DPP = d'aa \quad \ldots \quad [12]$$
$$DP(R-S) = 2d'ab \quad \ldots \quad [13]$$
$$DPU = d'ac-(\Delta\Delta-dd') \quad \ldots \quad [14]$$
$$D(R-S)^2 = 4d'bb+2(\Delta\Delta-dd') \quad \ldots \quad [15]$$
$$D(R-S)U = 2d'bc \quad \ldots \quad [16]$$
$$DUU = d'cc \quad \ldots \quad [17]$$
$$DQQ = da'a' \quad \ldots \quad [18]$$
$$DQ(R+S) = 2da'b' \quad \ldots \quad [19]$$
$$DQT = da'c'-(\Delta\Delta-dd') \quad \ldots \quad [20]$$
$$D(R+S)^2 = 4db'b'+2(\Delta\Delta-dd') \quad \ldots \quad [21]$$
$$D(R+S)T = 2db'c' \quad \ldots \quad [22]$$
$$DTT = dc'c' \quad \ldots \quad [23]$$

Hinc rursus deducuntur hae duae:

*) Origo harum aequationum haec est: 12 ex 5.5 — 1.2; 13 ex 5.9 — 1.7 — 2.6; 14 ex 10.11 — 6.7; 15 ex 5.8 + 5.8 + 10.10 + 11.11 — 1.4 — 2.3 — 6.7 — 6.7; 16 ex 8.9 — 3.7 — 4.6; 17 ex 8.8 — 3.4. Deductio sex reliquarum eodem modo adornatur, si modo aequationes 2, 5, 7 cum aequationibus 3, 6, 8 resp. commutantur, et reliquae 1, 4, 9, 10, 11 eodem loco deinceps retinentur, puta 18 ex 6.6 — 1.3 etc.

$$0 = 2d'aa(\Delta\Delta - dd')$$
$$0 = (\Delta\Delta - dd')^2 - 2d'ac(\Delta\Delta - dd')$$

scilicet prior ex 12.15 — 13 13, posterior ex 14.14 — 12.17; unde facile perspicitur, necessario esse $\Delta\Delta - dd' = 0$, sive sit $a = 0$, sive non sit $= 0$ *). Supponemus itaque, in aequatt. 14, 15, 20, 21 ad dextram deleri $\Delta\Delta - dd'$.

Iam statuendo

$$\mathfrak{A}P + \mathfrak{B}(R - S) + \mathfrak{C}U = mn'$$
$$\mathfrak{A}'Q + \mathfrak{B}'(R + S) + \mathfrak{C}'T = m'n$$

(ubi n, n' etiam fractiones evadere posse probe notandum, etsi mn', $m'n$ necessario sint integri): facile ex aequatt. 12. . 17 deducitur

$$Dmmn'n' = d'(\mathfrak{A}a + 2\mathfrak{B}b + \mathfrak{C}c)^2 = d'mm$$

similiterque ex aequ. 18 ... 23

$$Dm'm'nn = d(\mathfrak{A}'a' + 2\mathfrak{B}'b' + \mathfrak{C}'c')^2 = dm'm'$$

Erit igitur $d = Dnn$, $d' = Dn'n'$, unde nanciscimur CONCLUSIONEM PRIMAM: *Determinantes formarum F, f, f' necessario inter se habent rationem quadratorum;* et SECUNDAM: *D semper metitur numeros $dm'm'$, $d'mm$.* Patet itaque, D, d, d' eadem signa habere, nullamque formam in productum ff' transformabilem esse posse, cuius determinans maior sit quam divisor communis maximus numerorum $dm'm'$, $d'mm$.

Multiplicentur aequationes 12, 13, 14 resp. per $\mathfrak{A}$, $\mathfrak{B}$, $\mathfrak{C}$; similiterque per eosdem numeros aequatt. 13, 15, 16, et 14, 16, 17; addantur terna producta, dividaturque summa per Dmn', scripto pro d', $Dn'n'$. Tunc prodit

$$P = an', \quad R - S = 2bn', \quad U = cn'$$

Simili modo multiplicatis aequationibus 18, 19, 20 nec non 19, 21, 22 et 20, 22, 23 resp. per $\mathfrak{A}'$, $\mathfrak{B}'$, $\mathfrak{C}'$, obtinetur

$$Q = a'n, \quad R + S = 2b'n, \quad T = c'n$$

*) Haec derivatio aequationis $\Delta\Delta = dd'$ ad institutum praesens sufficit; alioquin analysin elegantiorem sed hic nimis prolixam tradere possemus, directe deducendo ex aequationibus 1 ... 11 hanc $0 = (\Delta\Delta - dd')^2$.

Hinc habetur CONCLUSIO TERTIA: *Numeri* a, $2b$, c *proportionales sunt numeris* P, $R-S$, U, *positaque illorum ratione ad hos ut* 1 *ad* n', *erit* n' *radix quadrata ex* $\frac{d'}{D}$; *similiterque numeri* a', $2b'$, c' *ad* Q, $R+S$, T *eandem rationem habent, quae si ponitur esse ut* 1 *ad* n, *erit* n *radix quadrata ex* $\frac{d}{D}$

Ceterum quantitates n, n' radices vel positivae vel negativae ex $\frac{d}{D}$, $\frac{d'}{D}$ esse possunt, unde distinctionem petimus, quae primo aspectu sterilis videbitur, sed cuius usus in sequentibus sufficienter apparebit. Scilicet dicemus, in transformatione formae F in ff formam f accipi *directe* quando n est positiva, *inverse* quando n negativa; similiterque f' accipi directe vel inverse, prout n' positiva vel negativa. Accedente autem conditione ut k sit $=1$, forma F *vel* ex utraque forma f, f' directe composita, *vel* ex utraque inverse *vel* ex f directe et ex f inverse, *vel* ex f inverse et ex f' directe dicetur, prout vel n, n' ambae sunt positivae, vel ambae negativae, vel prior positiva posterior negativa, vel prior negativa posterior positiva. Ceterum quisque facile intelliget, has relationes ab ordine quo formae f, f' collocantur (vid. annot. prim. ad art. praes.) non pendere.

Porro observamus, divisorem maximum communem numerorum P, Q, R, S, T, U puta k metiri numeros mn', $m'n$ (uti ex valoribus supra stabilitis manifestum est) adeoque quadratum kk ipsos $mmn'n'$, $m'm'nn$, atque Dkk ipsos $d'mm$, $dm'm'$. Sed et vice versa quivis divisor communis ipsorum mn', $m'n$ metietur ipsum k. Sit enim e talis divisor, qui manifesto etiam numeros an', $2bn'$, cn', $a'n$, $2b'n$, $c'n$ metietur, *i. e.* numeros P, $R-S$, U, Q, $R+S$, T et proin etiam ipsos $2R$ et $2S$ Iam si $\frac{2R}{e}$ esset numerus impar, etiam $\frac{2S}{e}$ impar esse deberet (quoniam summa et differentia sunt pares) adeoque etiam productum impar. Hoc autem productum fit $=\frac{4}{ee}(b'b'nn-bbn'n')=\frac{4}{ee}(d'nn+a'c'nn-dn'n'-acn'n')$ $=\frac{4}{ee}(a'c'nn-acn'n')$ adeoque par, quia e ipsos $a'n$, $c'n$, an', cn' metitur. Quare $\frac{2R}{e}$ necessario erit par, et proin R nec non S per e divisibilis. Quoniam igitur e omnes sex P, Q, R, S, T, U metitur, metietur etiam ipsorum divisorem communem maximum k. *Q. E. D.* — Hinc concluditur, k esse divisorem communem maximum numerorum mn', $m'n$; unde facile perspicietur, Dkk *fore divisorem communem maximum numerorum* $dm'm'$, $d'mm$. Quae est CONCLUSIO QUARTA. Patet itaque, quoties F ex f et f' composita sit, D fore divisorem communem maximum, numerorum $dm'm'$, $d'mm$, et vice versa; quae proprietas etiam tamquam definitio formae compositae adoptari potuisset. Forma igitur composita e formis f, f' determinantem maximum possibilem inter omnes formas in productum ff' transformabiles habet.

Antequam ulterius progredi possimus ante omnia valorem ipsius Δ accuratius definire oportet, quem quidem ostendimus esse $=\sqrt{dd'}=\sqrt{DDnnn'n'}$, sed cuius *signum* hinc nondum determinatur. Ad hunc finem ex aequatt. fundamentalibus $1-11$ eruimus $DPQ=\Delta aa'$ (quae aequ. obtinetur ex $5.6-1.11$), adeoque $Daa'nn'=\Delta aa'$, unde, nisi aliquis numerorum a, a' est $=0$, fit $\Delta=Dnn'$. Sed prorsus simili modo ex aequatt. fundd. octo aliae deduci possunt, in quibus ad laevam Dnn' ad dextram Δ multiplicati habeantur per $2ab'$, ac', $2ba'$, $4bb'$, $2bc'$, ca', $2cb'$, cc' *), unde facile concluditur propterea quod neque omnes $a, 2b, c$, neque omnes $a', 2b', c'$ possunt esse $=0$, in omnibus casibus fieri $\Delta=Dnn'$, adeoque Δ idem signum habere ut D, d, d' vel oppositum prout n, n' eadem signa habeant vel diversa.

Porro observamus, numeros aa', $2ab'$, ac', $2ba'$, $4bb'$, $2bc'$, ca', $2cb'$, cc', $2bb'+2\Delta$, $2bb'-2\Delta$ omnes per mm' divisibiles esse. De novem prioribus hoc per se manifestum est, de duobus reliquis autem simili modo demonstrari potest ut antea ostendimus R et S per e divisibiles esse. Scilicet patet, $4bb'+4\Delta$ et $4bb'-4\Delta$ per mm' divisibiles esse (quoniam $4\Delta=\sqrt{16dd'}$ atque $4d$ per mm, $4d'$ per $m'm'$ divisibilis, adeoque $16dd'$ per $mmm'm'$ et 4Δ per mm') et differentiam quotientium parem; productum ex quotientibus facile demonstratur esse par unde uterque quotiens par, et $2bb'+2\Delta$, $2bb'-2\Delta$ per mm' divisibiles.

Iam ex undecim aequationibus fundamentalibus facile deducuntur sex sequentes:

$$\begin{aligned}
APP &= aa'q'q' - 2ab'qq' + ac'qq \\
AQQ &= aa'q''q'' - 2ba'qq'' + ca'qq \\
ARR &= aa'q'''q''' - 2(bb'+\Delta)qq''' + cc'qq \\
ASS &= ac'q''q'' - 2(bb'-\Delta)q'q'' + ca'q'q' \\
ATT &= ac'q'''q''' - 2bc'q'q''' + cc'q'q' \\
AUU &= ca'q'''q''' - 2cb'q''q''' + cc'q''q''
\end{aligned}$$

Hinc sequitur, omnes APP, AQQ etc. divisibiles esse per mm', unde facile derivatur, quoniam kk divisor communis maximus numerorum PP, QQ,

*) Analysin quam lectores facile detegere poterunt brevitatis caussa supprimere oportet.

RR etc., etiam Akk per mm' divisibilem esse. Substitutis autem pro a, $2b$, c, a', $2b'$, c' valoribus suis $\frac{P}{n'}$ etc. sive $\frac{1}{n'}(pq'-qp')$ etc., transibunt in sex alias aequationes, in quibus ad dextram habebuntur producta ex quantitate $\frac{1}{nn'}(q'q''-qq''')$ in PP, QQ, RR etc. Calculum facillimum lectoribus relinquimus. Hinc sequitur (quoniam omnes PP, QQ etc. esse $=0$ nequeunt) $Ann' = q'q''-qq'''$

Simili modo ex aequationibus fundamentalibus derivantur sex aliae aequationes, a praecedentibus in eo tantummodo discrepantes, quod pro A ubique habetur C et pro q, q', q'', q''' resp. p, p', p'', p''', quas ipsas brevitatis caussa non adscribimus. Hinc eodem modo sequitur, Ckk per mm' divisibilem esse atque $Cnn' = p'p''-pp'''$

Denique ex eodem fonte petuntur sex aequationes hae:

$$\begin{aligned}
BPP &= -aa'p'q' + ab'(pq'+qp') - ac'pq \\
BQQ &= -aa'p''q'' + ba'(pq''+qp'') - ca'pq \\
BRR &= -aa'p'''q''' + (bb'+\Delta)(pq'''+qp''') - cc'pq \\
BSS &= -ac'p''q'' + (bb'-\Delta)(p'q''+q'p'') - ca'p'q' \\
BTT &= -ac'p'''q''' + bc'(p'q'''+q'p''') - cc'p'q' \\
BUU &= -ca'p'''q''' + cb'(p''q'''+q''p''') - cc'p''q''
\end{aligned}$$

unde perinde ut ante concluditur, $2Bkk$ divisibilem esse per mm' atque $2Bnn' = pq'''+qp'''-p'q''-q'p''$.

Quoniam itaque Akk, $2Bkk$, Ckk per mm' sunt divisibiles, facile perspicietur, etiam Mkk per mm' divisibilem esse debere. Ex aequationibus fundamentalibus autem colligitur, M metiri ipsos aa', $2ab'$ ac', $2ba'$, $4bb'$, $2bc'$, ca', $2cb'$, cc', adeoque etiam ipsos am', $2bm'$, cm' (qui sunt divisores comm. max. trium primorum mediorum et ultimorum resp.); denique etiam ipsum mm' qui est horum div. comm. max. Hinc patet, in eo casu ubi forma F ex formis f, f' composita est sive $k=1$, necessario esse $M=mm'$. Quae est CONCLUSIO QUINTA.

Si div. comm. max. numerorum A, B, C est $\mathfrak{M}$, hic erit vel $=M$ (quando forma F est proprie primitiva vel ex proprie primitiva derivata) vel $=\frac{1}{2}M$ (quando F est forma improprie primitiva vel ex improprie prim. derivata); similiter designando divisores comm. max. numerorum a, b, c; a', b', c' resp. per $\mathfrak{m}$, $\mathfrak{m}'$ erit $\mathfrak{m}$ vel $=m$ vel $\frac{1}{2}m$, et $\mathfrak{m}'$ vel $=m'$ vel $=\frac{1}{2}m'$. Iam patet, $\mathfrak{m}\mathfrak{m}$ metiri ipsum d', $\mathfrak{m}'\mathfrak{m}'$ ipsum d', adeoque $\mathfrak{m}\mathfrak{m}\mathfrak{m}'\mathfrak{m}'$ ipsum dd' sive $\Delta\Delta$, et $\mathfrak{m}\mathfrak{m}'$ ipsum Δ

Hinc ex sex ultimis aequationibus pro BPP etc. sequitur, $\mathfrak{m}\mathfrak{m}'$ metiri ipsum Bkk, adeoque (quum etiam ipsos Akk, Ckk metiatur) etiam ipsum $\mathfrak{M}kk$. Quoties igitur F ex f, f' composita est, metietur $\mathfrak{m}\mathfrak{m}'$ ipsum $\mathfrak{M}$. Quando itaque in hoc casu utraque f, f' est proprie primitiva vel ex proprie primitiva derivata sive $\mathfrak{m}\mathfrak{m}' = mm' = M$, erit $\mathfrak{M} = M$, sive F similis forma. Quando vero, in eadem suppositione, aut utraque f, f' aut alterutra saltem est improprie primitiva vel ex improprie primitiva derivata, *e. g.* forma f; ex aequationibus fundamentalibus sequitur, aa', $2ab'$, ac', ba', $2bb'$, bc', ca', $2cb'$, cc' per $\mathfrak{M}$ divisibiles esse adeoque etiam am', bm', cm' et hinc quoque $\mathfrak{m}m' = \frac{1}{2}mm' = \frac{1}{2}M$; unde necessario in hoc casu erit $\mathfrak{M} = \frac{1}{2}M$, sive etiam forma F vel impr. prim. vel ex impr. prim. derivata. Quae efficiunt CONCLUSIONEM SEXTAM.

Tandem observamus, si novem aequationes

$$an' = P,\quad 2bn' = R - S,\quad cn' = U$$
$$a'n = Q,\quad 2b'n = R + S,\quad c'n = T$$
$$Ann' = q'q'' - qq''',\quad 2Bnn' = pq''' + qp''' - p'q'' - q'p'',\quad Cnn' = p'p'' - pp'''$$

(quas, quoniam in sequentibus saepius ad ipsas revenire oportebit, per Ω designabimus) locum habere *supponantur*, spectatis adeo ipsis n, n' tamquam incognitis, quarum tamen neutra $= 0$: per substitutionem facile confirmari, etiam aequationes fundamentales 1...9 necessario veras esse sive formam (A, B, C) per substitutionem p, p', p'', p'''; q, q', q'', q''' in productum e formis $(a, b, c)(a', b', c')$ transire; praetereaque esse

$$bb - ac = nn(BB - AC),\quad b'b' - a'c' = n'n'(BB - AC)$$

Calculum quem hic apponere nimis prolixum foret lectorum industriae committimus.

236

PROBLEMA. *Propositis duabus formis quarum determinantes aut aequales sunt aut saltem rationem quadratorum inter se habent: invenire formam ex illis compositam.*

Sol. Sint formae componendae $(a, b, c) \ldots f$, $(a', b', c') \ldots f'$; harum determinantes d, d'; divisores communes maximi numerorum a, $2b$, c; a', $2b'$, c' resp m, m'; divisor comm. maximus numerorum $dm'm'$, $d'mm$ eodem signo ut d, d'

affectus D Tunc $\frac{dm'm'}{D}$, $\frac{d'mm}{D}$ erunt numeri positivi inter se primi ipsorumque productum, quadratum; quare ipsi erunt quadrata (art. 21). Hinc $\sqrt{\frac{d}{D}}$, $\sqrt{\frac{d'}{D}}$ erunt quantitates rationales quas ponemus $= n, n'$, et quidem accipiemus pro n valorem positivum vel negativum, prout forma f in compositionem vel directe vel inverse ingredi debet, similiterque signum ipsius n' ex ratione qua f' in compositionem ingredi debet, determinabimus. Erunt itaque mn', $m'n$ numeri integri inter se primi; n et n' autem etiam fractiones esse possunt. His ita factis, observamus, an', cn', $a'n$, $c'n$, $bn'+b'n$, $bn'-b'n$ esse integros, quod de quatuor prioribus per se manifestum est (quum $an' = \frac{a}{m}mn'$ etc.); de duobus reliquis eodem modo probatur ut in art. praec. demonstratum fuit, R et S per e divisibiles esse.

Iam accipiantur quatuor numeri integri $\mathfrak{Q}$, $\mathfrak{Q}'$, $\mathfrak{Q}''$, $\mathfrak{Q}'''$ ad libitum, ea sola conditione, ut quatuor quantitates in aequatione sequente (I) ad laevam positae non omnes simul $= 0$ fiant, ponaturque

$$\begin{aligned} \mathfrak{Q}'an'+\mathfrak{Q}''a'n+\mathfrak{Q}'''(bn'+b'n) &= \mu q \quad \ldots \quad \text{(I)} \\ -\mathfrak{Q}an'+\mathfrak{Q}'''c'n-\mathfrak{Q}''(bn'-b'n) &= \mu q' \\ \mathfrak{Q}'''cn'-\mathfrak{Q}a'n+\mathfrak{Q}'(bn'-b'n) &= \mu q'' \\ -\mathfrak{Q}''cn'-\mathfrak{Q}'c'n-\mathfrak{Q}(bn'+b'n) &= \mu q''' \end{aligned}$$

ita ut q, q', q'', q''' fiant integri divisorem communem non habentes, quod obtinetur accipiendo pro μ divisorem communem maximum quatuor numerorum, qui in his aequationibus sunt ad laevam. Tunc igitur per art. 40 inveniri poterunt quatuor numeri integri $\mathfrak{P}$, $\mathfrak{P}'$, $\mathfrak{P}''$, $\mathfrak{P}'''$ tales ut fiat

$$\mathfrak{P}q+\mathfrak{P}'q'+\mathfrak{P}''q''+\mathfrak{P}'''q''' = 1$$

Quo facto determinentur numeri p, p', p'', p''' per aequationes sequentes:

$$\begin{aligned} \mathfrak{P}'an'+\mathfrak{P}''a'n+\mathfrak{P}'''(bn'+b'n) &= p \qquad \text{(II)} \\ -\mathfrak{P}an'+\mathfrak{P}'''c'n-\mathfrak{P}''(bn'-b'n) &= p' \\ \mathfrak{P}'''cn'-\mathfrak{P}a'n+\mathfrak{P}'(bn'-b'n) &= p'' \\ -\mathfrak{P}''cn'-\mathfrak{P}'c'n-\mathfrak{P}(bn'+b'n) &= p''' \end{aligned}$$

Tandem ponatur

$$q'q''-qq''' = Ann', \quad pq'''+qp'''-p'q''-q'p'' = 2Bnn, \quad p'p''-pp''' = Cnn$$

Tunc A, B, C erunt numeri integri formaque $(A, B, C)\ldots F$ ex formis f, f' composita.

Dem. I. Ex aequatt. I nullo negotio confirmantur sequentes quatuor aequationes:

$$\begin{aligned} 0 &= q'cn' - q''c'n - q'''(bn'-b'n) \quad \ldots\ldots \quad \text{(III)} \\ 0 &= qcn' + q'''a'n - q''(bn'+b'n) \\ 0 &= q'''an' + qc'n - q'(bn'+b'n) \\ 0 &= q''an' - q'a'n - q(bn'-b'n) \end{aligned}$$

II. Iam ponamus, numeros integros $\mathfrak{A}, \mathfrak{B}, \mathfrak{C}, \mathfrak{A}', \mathfrak{B}', \mathfrak{C}', \mathfrak{N}, \mathfrak{N}'$ ita determinatos esse ut fiat

$$\begin{aligned} \mathfrak{A}a + 2\mathfrak{B}b + \mathfrak{C}c &= m \\ \mathfrak{A}'a' + 2\mathfrak{B}'b' + \mathfrak{C}'c' &= m' \\ \mathfrak{N}m'n + \mathfrak{N}'mn' &= 1 \end{aligned}$$

Tunc erit

$$\mathfrak{A}a\mathfrak{N}'n' + 2\mathfrak{B}b\mathfrak{N}'n' + \mathfrak{C}c\mathfrak{N}'n' + \mathfrak{A}'a'\mathfrak{N}n + 2\mathfrak{B}'b'\mathfrak{N}n + \mathfrak{C}'c'\mathfrak{N}n = 1$$

Hinc atque ex aequatt. (III) facile confirmatur, si statuatur

$$\begin{aligned} -q'\mathfrak{A}\mathfrak{N}' - q''\mathfrak{A}'\mathfrak{N} - q'''(\mathfrak{B}\mathfrak{N}'+\mathfrak{B}'\mathfrak{N}) &= \mathfrak{q} \\ q\mathfrak{A}\mathfrak{N}' - q'''\mathfrak{C}'\mathfrak{N} + q''(\mathfrak{B}\mathfrak{N}'-\mathfrak{B}'\mathfrak{N}) &= \mathfrak{q}' \\ -q'''\mathfrak{C}\mathfrak{N}' + q\mathfrak{A}'\mathfrak{N} - q'(\mathfrak{B}\mathfrak{N}'-\mathfrak{B}'\mathfrak{N}) &= \mathfrak{q}'' \\ q''\mathfrak{C}\mathfrak{N}' + q'\mathfrak{C}'\mathfrak{N} + q(\mathfrak{B}\mathfrak{N}'+\mathfrak{B}'\mathfrak{N}) &= \mathfrak{q}''' \end{aligned}$$

fore

$$\begin{aligned} \mathfrak{q}'an' + \mathfrak{q}''a'n + \mathfrak{q}'''(bn'+b'n) &= q \quad \ldots\ldots \quad \text{(IV)} \\ -\mathfrak{q}an' + \mathfrak{q}'''c'n - \mathfrak{q}''(bn'-b'n) &= q' \\ \mathfrak{q}'''cn' - \mathfrak{q}a'n + \mathfrak{q}'(bn'-b'n) &= q'' \\ -\mathfrak{q}''cn' - \mathfrak{q}'c'n - \mathfrak{q}(bn'+b'n) &= q''' \end{aligned}$$

Quoties $\mu = 1$, hae aequationes non sunt necessariae, sed ipsarum loco aequationes (I), quibus omnino analogae sunt, retineri possunt. Quodsi nunc ex aequatt. II, IV valores ipsorum Ann', $2Bnn'$, Cnn' (*i. e.* numerorum $q'q''-qq'''$ etc.) evolvuntur, et quae mutuo se destruunt delentur: invenietur, singulorum partes esse vel producta ex integris in nn', vel ex integris in $dn'n'$ vel ex integris in $d'nn$, insuperque omnes partes constituentes ipsius $2Bnn'$ implicare factorem 2. Hinc concluditur (quoniam $dn'n' = d'nn$, et proin $\frac{dn'n'}{nn'} = \frac{d'nn}{nn'} = \sqrt{dd'}$ sunt integri), A, B, C esse numeros integros. *Q. E. P.*

III. Substituendo ex aequatt. (II) valores ipsorum p, p', p'', p''', facile comprobatur adiumento aequatt. (III) et huius

$$\mathfrak{P}q + \mathfrak{P}'q' + \mathfrak{P}''q'' + \mathfrak{P}'''q''' = 1$$

esse

$$pq' - qp' = an', \quad pq''' - qp''' - p'q'' + q'p'' = 2bn', \quad p''q''' - q''p''' = cn'$$
$$pq'' - qp'' = a'n, \quad pq''' - qp''' + p'q'' - q'p'' = 2b'n, \quad p'q''' - q'p''' = c'n$$

quae aequationes identicae sunt cum sex prioribus (Ω) art. praec.; tres reliquae autem iam per hyp. locum habent. Quare (*ibid. sub fin.*) forma F transibit in ff' per substitutionem p, p', p'', p'''; $q, q', q'' q'''$; ipsiusque determinans erit $= D$, sive aequalis divis. comm. max. numerorum $dm'm'$, $d'mm$, quamobrem per concl. quartam art. praec. F ex f, f' composita erit. *Q. E. S.* Denique facile perspicietur, F ex f, f' *ita* compositam esse ut praescriptum sit, quum signa quantitatum n, n' iam ab initio rite sint determinata.

237.

Theorema. *Si forma F in productum e duabus formis f, f' est transformabilis, atque forma f' formam f'' implicat: F etiam in productum e formis f, f'' transformabilis erit.*

Dem. Retineantur pro formis F, f, f' omnia signa art. 235; forma f'' sit $= (a'', b'', c'')$, transeatque f' in f'' per substitutionem $\alpha, \beta, \gamma, \delta$. Tunc nullo negotio perspicietur, F transire in ff'' per substitutionem

$$\alpha p + \gamma p, \quad \beta p + \delta p', \quad \alpha p'' + \gamma p''', \quad \beta p'' + \delta p'''$$
$$\alpha q + \gamma q', \quad \beta q + \delta q', \quad \alpha q'' + \gamma q''', \quad \beta q'' + \delta q''' \quad Q.\ E.\ D.$$

Positis brevitatis caussa coefficientibus,

$$\alpha p + \gamma p', \ \beta p + \delta p' \text{ etc.} = \mathfrak{P}, \mathfrak{P}', \mathfrak{P}'', \mathfrak{P}'''; \ \mathfrak{Q}, \mathfrak{Q}', \mathfrak{Q}'', \mathfrak{Q}'''$$

numeroque $\alpha\delta - \beta\gamma = e$: ex aequatt. Ω art. 235 facile confirmatur, esse

$$\begin{aligned}
\mathfrak{P}\mathfrak{Q}' - \mathfrak{Q}\mathfrak{P}' &= an'e \\
\mathfrak{P}\mathfrak{Q}''' - \mathfrak{Q}\mathfrak{P}''' - \mathfrak{P}'\mathfrak{Q}'' + \mathfrak{Q}'\mathfrak{P}'' &= 2bn'e \\
\mathfrak{P}''\mathfrak{Q}''' - \mathfrak{Q}''\mathfrak{P}''' &= cn'e \\
\mathfrak{P}\mathfrak{Q}'' - \mathfrak{Q}\mathfrak{P}'' = \alpha\alpha a'n + 2\alpha\gamma b'n + \gamma\gamma c'n &= a''n \\
\mathfrak{P}\mathfrak{Q}''' - \mathfrak{Q}\mathfrak{P}''' + \mathfrak{P}'\mathfrak{Q}'' - \mathfrak{Q}'\mathfrak{P}'' &= 2b''n \\
\mathfrak{P}'\mathfrak{Q}''' - \mathfrak{Q}'\mathfrak{P}''' &= c''n \\
\mathfrak{Q}'\mathfrak{Q}'' - \mathfrak{Q}\mathfrak{Q}''' &= Ann'e \\
\mathfrak{P}\mathfrak{Q}''' + \mathfrak{Q}\mathfrak{P}''' - \mathfrak{P}'\mathfrak{Q}'' - \mathfrak{Q}'\mathfrak{P}'' &= 2Bnn'e \\
\mathfrak{P}'\mathfrak{P}'' - \mathfrak{P}\mathfrak{P}''' &= Cnn'e
\end{aligned}$$

Iam designato determinante formae f'' per d'', erit e radix quadrata ex $\frac{d''}{d'}$, et quidem positiva vel negativa, prout forma f' formam f'' vel proprie vel improprie implicat. Quare $n'e$ erit radix quadrata ex $\frac{d''}{D}$; unde patet, novem aequationes praecedentes aequationibus Ω art. 235 prorsus analogas esse, formamque f in transformatione formae F in ff'' eodem modo accipi, ut in transformatione formae F in ff'; formam f'' vero in illa vel eodem modo ut f' in hac, vel opposito, prout f' ipsam f'' proprie implicet vel improprie.

238.

Theorema. *Si forma F sub forma F' est contenta atque in productum e formis f, f' transformabilis: etiam forma F' in idem productum transformabilis erit.*

Dem. Retentis pro formis F, f, f' iisdem signis ut supra et supponendo formam F' transire in F per substitutionem $\alpha, \beta, \gamma, \delta$, facile perspicietur, F' per substitutionem

$$\begin{matrix} \alpha p + \beta q, & \alpha p' + \beta q', & \alpha p'' + \beta q'', & \alpha p''' + \beta q''' \\ \gamma p + \delta q, & \gamma p' + \delta q', & \gamma p'' + \delta q'', & \gamma p''' + \delta q''' \end{matrix}$$

idem fieri quod F per substitutionem p, p', p'', p'''; q, q', q'', q''', adeoque F' per substitutionem illam transire in ff'. Q. E. D.

Praeterea per similem calculum ut in art. praec. facile confirmatur, F' eodem modo in ff' transformabilem fore ut F, quando F' ipsam F proprie implicet; quando vero F improprie sub F' contenta sit, transformationes formae F in ff' et formae F' in ff' oppositas fore respectu utriusque formae f, f', scilicet quae ex his formis in alteram transformationem directe ingrediatur, in altera accipi inverse.

Ex combinatione theorematis praesentis cum theor. art. praec. obtinemus sequens generalius: *Si forma* F *in productum* ff' *est transformabilis, atque formae* f, f' *resp. implicant formas* g, g', *forma* F *vero sub forma* G *contenta est*: G *in productum* gg' *transformabilis erit.* Nam per theor. art. praes. G transformabilis erit in ff', hinc per theor. art. praec. in fg' et per idem theor. etiam in gg' Porro patet, si omnes tres formae f, f', G formas g, g', F proprie implicent G eodem modo in gg' transformabilem fore respectu formarum g, g', ut F in ff' respectu formarum f, f'; idem evenire, si illae tres implicationes omnes sint impropriae; denique aeque facile determinari poterit, *quomodo* G in gg' transformabilis sit, si ex illis implicationibus aliqua duabus reliquis sit dissimilis.

Si formae F, f, f' formis G, g, g' resp. sunt aequivalentes, hae eosdem determinantes habebunt ut illae, et quod pro formis f, f' sunt numeri m, m', idem erunt pro formis g, g' (art. 161). Hinc nullo negotio per conclus. quartam art. 235 deducitur, in hocce casu G ex g, g' *compositam* fore, si F ex f, f' composita sit, et quidem formam g in compositionem illam eodem modo ingredi, ut f in hanc, quando F ipsi G eodem modo aequivaleat, ut f ipsi g, et contra; similiterque g' in compositione priori vel eodem modo vel opposito accipiendam ut f' in posteriori, prout aequivalentia formarum f', g' aequivalentiae formarum F, G similis sit vel dissimilis.

239.

Theorema. *Si forma* F *ex formis* f, f' *composita est*: *quaevis alia forma in productum* ff' *eodem modo transformabilis ut* F, *ipsam* F *proprie implicabit.*

Dem. Retentis pro F, f, f' omnibus signis art. 235, aequationes Ω etiam hic locum habebunt. Ponamus formam $F' = (A', B', C')$, cuius determinans $= D'$, transire in productum ff' per substitutionem $\mathfrak{p}, \mathfrak{p}', \mathfrak{p}'', \mathfrak{p}'''$; $\mathfrak{q}, \mathfrak{q}', \mathfrak{q}'', \mathfrak{q}'''$ designemusque numeros

$$\mathfrak{p}\mathfrak{q}'-\mathfrak{q}\mathfrak{p}',\quad \mathfrak{p}\mathfrak{q}''-\mathfrak{q}\mathfrak{p}'',\quad \mathfrak{p}\mathfrak{q}'''-\mathfrak{q}\mathfrak{p}''',\quad \mathfrak{p}'\mathfrak{q}''-\mathfrak{q}'\mathfrak{p}'',\quad \mathfrak{p}'\mathfrak{q}'''-\mathfrak{q}'\mathfrak{p}''',\quad \mathfrak{p}''\mathfrak{q}'''-\mathfrak{q}''\mathfrak{p}'''$$

resp. per

$$P',\ Q',\ R',\ S',\ T',\ U'$$

Tunc habebuntur novem aequationes ipsis Ω omnino similes puta

$$P' = a\mathfrak{n}', \quad R' - S' = 2b\mathfrak{n}', \quad U' = c\mathfrak{n}'$$
$$Q' = a'\mathfrak{n}, \quad R' + S' = 2b'\mathfrak{n}, \quad T' = c'\mathfrak{n}$$
$$\mathfrak{q}'\mathfrak{q}'' - \mathfrak{q}\mathfrak{q}''' = A'\mathfrak{n}\mathfrak{n}', \quad \mathfrak{p}\mathfrak{q}''' + \mathfrak{q}\mathfrak{p}''' - \mathfrak{p}'\mathfrak{q}'' - \mathfrak{q}'\mathfrak{p}'' = 2B'\mathfrak{n}\mathfrak{n}', \quad \mathfrak{p}'\mathfrak{p}'' - \mathfrak{p}\mathfrak{p}''' = C'\mathfrak{n}\mathfrak{n}'$$

quas per Ω' designabimus. Quantitates $\mathfrak{n}$, $\mathfrak{n}'$ hic erunt radices quadratae ex $\frac{d}{D'}$, $\frac{d'}{D'}$ et quidem iisdem signis resp. affectae ut n, n'; si igitur radix quadrata ex $\frac{D}{D'}$ positive accepta (quae erit numerus integer) statuitur $= k$, erit $\mathfrak{n} = kn$, $\mathfrak{n}' = kn'$. Hinc et ex aequatt. senis prioribus in Ω et Ω' manifestum est, fore

$$P' = kP, \quad Q' = kQ, \quad R' = kR$$
$$S' = kS, \quad T' = kT, \quad U' = kU$$

Quare per lemma art. 234 determinari poterunt quatuor numeri integri $\alpha, \beta, \gamma, \delta$ tales ut fiat

$$\alpha p + \beta q = \mathfrak{p}, \quad \gamma p + \delta q = \mathfrak{q}$$
$$\alpha p' + \beta q' = \mathfrak{p}', \quad \gamma p' + \delta q' = \mathfrak{q}' \text{ etc.}$$

atque

$$\alpha\delta - \beta\gamma = k$$

Substitutis his valoribus ipsorum $\mathfrak{p}$, $\mathfrak{q}$, $\mathfrak{p}'$, $\mathfrak{q}'$ etc. in aequatt. tribus ultimis Ω', facile confirmatur adiumento aequationum $\mathfrak{n} = kn$, $\mathfrak{n}' = kn'$ triumque ultimarum Ω, fore

$$A'\alpha\alpha + 2B'\alpha\gamma + C'\gamma\gamma = A$$
$$A'\alpha\beta + B'(\alpha\delta + \beta\gamma) + C'\gamma\delta = B$$
$$A'\beta\beta + 2B'\beta\delta + C'\delta\delta = C$$

quapropter forma F' per substitutionem $\alpha, \beta, \gamma, \delta$ (quae propria erit, quoniam $\alpha\delta - \beta\gamma = k$ est positivus) transibit in F, *i. e.* formam F proprie implicabit. *Q. E. D.*

Si itaque F' e formis f, f' etiam composita est (eodem modo ut F ex iisdem), formae F, F' eundem determinantem habebunt, eruntque adeo proprie aequivalentes. Generalius, si forma G e formis g, g' eodem modo composita est ut

F ex f, f' resp., formaeque g, g' ipsis f, f' proprie aequivalent: formae F, G proprie aequivalebunt.

Quum is casus ubi ambae formae componendae compositionem directe ingrediuntur, simplicissimus sit, ad ipsumque reliqui facile reducantur, illum solum in sequentibus contemplabimur, ita ut si forma aliqua simpliciter dicatur e duabus aliis composita, semper subintelligere oporteat, ex utraque illam proprie esse compositam*). Eadem restrictio valebit, quoties forma in productum e duabus aliis transformabilis dicetur.

240.

Theorema. *Si e formis f, f' composita est forma F; ex F et f'' forma $\mathfrak{F}$; ex f, f'' forma F'; ex F' et f' forma $\mathfrak{F}'$: formae $\mathfrak{F}, \mathfrak{F}'$ proprie aequivalentes erunt.*

Dem. I. Sit

$$\begin{aligned}
f &= axx + 2bxy + cyy\\
f' &= a'x'x' + 2b'x'y' + c'y'y'\\
f'' &= a''x''x'' + 2b''x''y'' + c''y''y''\\
F &= AXX + 2BXY + CYY\\
F' &= A'X'X' + 2B'X'Y' + C'Y'Y'\\
\mathfrak{F} &= \mathfrak{A}\mathfrak{X}\mathfrak{X} + 2\mathfrak{B}\mathfrak{X}\mathfrak{Y} + \mathfrak{C}\mathfrak{Y}\mathfrak{Y}\\
\mathfrak{F}' &= \mathfrak{A}'\mathfrak{X}'\mathfrak{X}' + 2\mathfrak{B}'\mathfrak{X}'\mathfrak{Y}' + \mathfrak{C}'\mathfrak{Y}'\mathfrak{Y}'
\end{aligned}$$

determinantes harum septem formarum resp. $d, d', d'', D, D', \mathfrak{D}, \mathfrak{D}'$, qui omnes eadem signa et rationem quadratorum inter se habebunt. Porro sit m divisor communis maximus numerorum $a, 2b, c$, similemque significationem habeant m', m'', M relative ad formas f', f'' F Tum ex concl. 4 art. 235. D erit div. comm. max. numerorum $dm'm', d'mm$ adeoque $Dm''m''$ div. comm. max. numerorum $dm'm'm''m'', d'mmm''m''$; $M = mm'$; $\mathfrak{D}$ div. comm. max. num. $Dm''m''$, $d''MM$, sive numerorum $Dm''m''$, $d''mmm'm'$. Hinc concluditur, $\mathfrak{D}$ esse div. comm. max. trium numerorum $dm'm'm''m''$, $d'mmm''m''$, $d''mmm'm'$; ex simili autem ratione $\mathfrak{D}'$ eorundem trium numerorum divisor communis maximus erit; quare quum $\mathfrak{D}, \mathfrak{D}'$ eadem signa habeant, erit $\mathfrak{D} = \mathfrak{D}'$, sive formae $\mathfrak{F}, \mathfrak{F}'$ eundem determinantem habebunt.

*) Similiter ut in compositione rationum (quae cum compositione formarum magnam analogiam habet) subintelligi solet, rationes componendas directe accipiendas esse nisi ubi contrarium monetur.

II. Iam transeat F in ff' per substitutionem

$$X = pxx' + p'xy' + p''yx' + p'''yy'$$
$$Y = qxx' + q'xy' + q''yx' + q'''yy'$$

atque $\mathfrak{F}$ in Ff'' per substitutionem

$$\mathfrak{X} = \mathfrak{p}Xx'' + \mathfrak{p}'Xy'' + \mathfrak{p}''Yx'' + \mathfrak{p}'''Yy''$$
$$\mathfrak{Y} = \mathfrak{q}Xx'' + \mathfrak{q}'Xy'' + \mathfrak{q}''Yx'' + \mathfrak{q}'''Yy''$$

designenturque radices quadratae positivae ex $\frac{d}{D}, \frac{d'}{D}, \frac{D}{\mathfrak{D}}, \frac{d''}{\mathfrak{D}}$ per $n, n', \mathfrak{N}, \mathfrak{n}''$. Tunc per art. 235 habebuntur decem et octo aequationes, quarum semissis altera ad transformationem formae F in ff' pertinebit, altera ad transformationem formae $\mathfrak{F}$ in Ff''. Prima erit $pq' - qp' = an'$, ad cuius instar facile formari poterunt reliquae brevitatis gratia hic omittendae. Ceterum quantitates $n, n', \mathfrak{N}, \mathfrak{n}''$ rationales quidem erunt, sed non necessario numeri integri.

III. Si valores ipsorum X, Y in valoribus ipsorum $\mathfrak{X}$, $\mathfrak{Y}$ substituuntur, prodit substitutio talis:

$$\begin{aligned}\mathfrak{X} = {} & (1)xx'x'' + (2)xx'y'' + (3)xy'x'' + (4)xy'y'' \\ & + (5)yx'x'' + (6)yx'y'' + (7)yy'x'' + (8)yy'y'' \\ \mathfrak{Y} = {} & (9)xx'x'' + (10)xx'y'' + (11)xy'x'' + (12)xy'y'' \\ & + (13)yx'x'' + (14)yx'y'' + (15)yy'x'' + (16)yy'y''\end{aligned}$$

per quam manifesto $\mathfrak{F}$ transibit in productum $ff'f''$. Coefficiens (1) erit $= p\mathfrak{p} + q\mathfrak{p}''$; valores quindecim reliquorum non apponimus, quippe quos quisque nullo negotio evolvet. Designemus numerum $(1)(10) - (2)(9)$ per $(1, 2)$, numerum $(1)(11) - (3)(9)$ per $(1, 3)$, et generaliter $(g)(8+h) - (h)(8+g)$ per (g, h), supponendo g, h esse integros inaequales inter 1 et 16, quorum maior h*); hoc modo omnino viginti et octo signa habebuntur. Iam denotatis radicibus quadratis positivis ex $\frac{d}{\mathfrak{D}}, \frac{d'}{\mathfrak{D}}$ per $\mathfrak{n}, \mathfrak{n}'$, (quae erunt $= n\mathfrak{N}, n'\mathfrak{N}$), eruentur sequentes 28 aequationes:

*) Horum signorum significatio praesens non est confundenda cum ea, in qua in art. 234 accepta erant; nam numeri per haec signa *hic* expressi apprime respondent iis, qui in art. 234 per numeros similibus signis *illic* denotatos multiplicabantur.

$$\begin{aligned}
(1,2) &= a a'\mathfrak{n}'' \\
(1,3) &= a a''\mathfrak{n}' \\
(1,4) &= a b'\mathfrak{n}'' + a b''\mathfrak{n}' \\
(1,5) &= a' a''\mathfrak{n} \\
(1,6) &= a' b\mathfrak{n}'' + a' b''\mathfrak{n} \\
(1,7) &= a'' b\mathfrak{n}' + a'' b'\mathfrak{n} \\
(1,8) &= b b'\mathfrak{n}'' + b b''\mathfrak{n}' + b' b''\mathfrak{n} + \mathfrak{D}\mathfrak{n}\mathfrak{n}'\mathfrak{n}'', \\
(2,3) &= a b''\mathfrak{n}' - a b'\mathfrak{n}'' \\
(2,4) &= a c''\mathfrak{n}' \\
(2,5) &= a' b''\mathfrak{n} - a' b\mathfrak{n}'' \\
(2,6) &= a' c''\mathfrak{n} \\
(2,7) &= b b''\mathfrak{n}' + b' b''\mathfrak{n} - b b'\mathfrak{n}'' - \mathfrak{D}\mathfrak{n}\mathfrak{n}'\mathfrak{n}'', \\
(2,8) &= b c''\mathfrak{n}' + b' c''\mathfrak{n} \\
(3,4) &= a c'\mathfrak{n}''
\end{aligned}$$

$$\begin{aligned}
(3,5) &= a'' b'\mathfrak{n} - a'' b\mathfrak{n}' \\
(3,6) &= b b'\mathfrak{n}'' + b' b''\mathfrak{n} - b b''\mathfrak{n}' - \mathfrak{D}\mathfrak{n}\mathfrak{n}'\mathfrak{n}'' \\
(3,7) &= a'' c'\mathfrak{n} \\
(3,8) &= b c'\mathfrak{n}'' + b'' c\mathfrak{n} \\
(4,5) &= b' b''\mathfrak{n} - b b'\mathfrak{n}'' - b b''\mathfrak{n}' + \mathfrak{D}\mathfrak{n}\mathfrak{n}'\mathfrak{n}'' \\
(4,6) &= b' c''\mathfrak{n} - b c''\mathfrak{n}' \\
(4,7) &= b'' c'\mathfrak{n} - b c'\mathfrak{n}'' \\
(4,8) &= c' c''\mathfrak{n} \\
(5,6) &= c a'\mathfrak{n}'' \\
(5,7) &= c a''\mathfrak{n}' \\
(5,8) &= b' c\mathfrak{n}'' + b'' c\mathfrak{n}' \\
(6,7) &= b'' c\mathfrak{n}' - b' c\mathfrak{n}'' \\
(6,8) &= c c''\mathfrak{n}' \\
(7,8) &= c c'\mathfrak{n}''
\end{aligned}$$

quas per Φ designabimus, novemque aliae:

$$\begin{aligned}
(10)(11) - (9)(12) &= a\mathfrak{n}'\mathfrak{n}''\mathfrak{A} \\
(1)(12) - (2)(11) - (3)(10) + (4)(9) &= 2a\mathfrak{n}'\mathfrak{n}''\mathfrak{B} \\
(2)(3) - (1)(4) &= a\mathfrak{n}'\mathfrak{n}''\mathfrak{C} \\
-(9)(16) + (10)(15) + (11)(14) - (12)(13) &= 2b\mathfrak{n}'\mathfrak{n}''\mathfrak{A} \\
\left.\begin{aligned}(1)(16) - (2)(15) - (3)(14) + (4)(13) \\ + (5)(12) - (6)(11) - (7)(10) + (8)(9)\end{aligned}\right\} &= 4b\mathfrak{n}'\mathfrak{n}''\mathfrak{B} \\
-(1)(8) + (2)(7) + (3)(6) - (4)(5) &= 2b\mathfrak{n}'\mathfrak{n}''\mathfrak{C} \\
(14)(15) - (13)(16) &= c\mathfrak{n}'\mathfrak{n}''\mathfrak{A} \\
(5)(16) - (6)(15) - (7)(14) + (8)(13) &= 2c\mathfrak{n}'\mathfrak{n}''\mathfrak{B} \\
(6)(7) - (5)(8) &= c\mathfrak{n}'\mathfrak{n}''\mathfrak{C}
\end{aligned}$$

quas designabimus per Ψ *).

IV. Originem omnium harum 37 aequationum deducere nimis prolixum foret: sufficiet quasdam confirmavisse, ad quarum instar reliquae haud difficulter demonstrari poterunt.

*) Observare convenit, 18 alias aequationes his Ψ similes erui posse, in quibus ad dextram loco factorum a, $2b$, c habeantur a', $2b'$, c'; a'', $2b''$, c'': sed has quum ad institutum nostrum non sint necessariae, omittimus.

1) Habetur

$$\begin{aligned}(1,2) &= (1)(10)-(2)(9)\\ &= (\mathfrak{p}\mathfrak{q}'-\mathfrak{q}\mathfrak{p}')pp+(\mathfrak{p}\mathfrak{q}'''-\mathfrak{q}\mathfrak{p}'''-\mathfrak{p}'\mathfrak{q}''+\mathfrak{q}'\mathfrak{p}'')pq+(\mathfrak{p}''\mathfrak{q}'''-\mathfrak{q}''\mathfrak{p}''')qq\\ &= \mathfrak{n}''(App+2Bpq+Cqq) = \mathfrak{n}''aa'\end{aligned}$$

quae est aequ. prima.

2) Fit

$$(1,3) = (1)(11)-(3)(9) = (\mathfrak{p}\mathfrak{q}''-\mathfrak{q}\mathfrak{p}'')(pq'-qp') = a''\mathfrak{N}an' = aa''\mathfrak{n}'$$

aequ. secunda.

3) Erit

$$\begin{aligned}(1,8) &= (1)(16)-(8)(9)\\ &= (\mathfrak{p}\mathfrak{q}'-\mathfrak{q}\mathfrak{p}')pp'''+(\mathfrak{p}\mathfrak{q}'''-\mathfrak{q}\mathfrak{p}''')pq'''-(\mathfrak{p}'\mathfrak{q}''-\mathfrak{q}'\mathfrak{p}'')qp'''+(\mathfrak{p}''\mathfrak{q}'''-\mathfrak{q}''\mathfrak{p}''')qq'''\\ &= \mathfrak{n}''(App'''+B(pq'''+qp''')+Cqq''')+b''\mathfrak{N}(pq'''-qp''')\\ &= \mathfrak{n}''(bb'+\sqrt{dd'})+b''\mathfrak{N}(b'n+bn')\text{*)}\\ &= \mathfrak{n}''bb'+\mathfrak{n}'bb''+\mathfrak{n}b'b''+\mathfrak{D}\mathfrak{n}\mathfrak{n}'\mathfrak{n}''\end{aligned}$$

aequatio octava in Φ. Aequationes reliquas lectoribus confirmandas linquimus.

V. Ex aequatt. Φ sequitur, viginti octo numeros $(1,2)$, $(1,3)$ etc. nullum divisorem communem habere, sequenti modo. Primo observamus, viginti septem producta e ternis factoribus, quorum primus vel $\mathfrak{n}$, secundus aliquis numerorum a', $2b'$, c', tertiusque aliquis numerorum a'', $2b''$, c''; vel primus $\mathfrak{n}'$, secundus aliquis e numeris a, $2b$, c, tertius aliquis numerorum a'', $2b''$, c''; vel denique primus $\mathfrak{n}''$, secundus aliquis numerorum a, $2b$, c tertiusque aliquis e numeris a', $2b'$, c' — singula haec viginti septem producta propter aequatt. Φ aequalia esse vel alicui ex viginti octo numeris $(1,2)$, $(1,3)$ etc. vel plurium summae aut differentiae (*e.g.* $\mathfrak{n}a'a''=(1,5)$, $2\mathfrak{n}a'b''=(1,6)+(2,5)$, $4\mathfrak{n}b'b''=(1,8)+(2,7)+(3,6)+(4,5)$, et sic de reliquis); quamobrem si hi numeri divisorem communem haberent, hic necessario etiam omnia illa producta metiri deberet. Hinc vero facile deducitur, adiumento art. 40 et per methodum saepius in praecedentibus adhibitam, eundem divisorem etiam numeros $\mathfrak{n}m'm''$, $\mathfrak{n}'mm''$, $\mathfrak{n}''mm'$ metiri debere, adeoque horum

*) Hoc sequitur ex aequ. 10 art. 235 et sqq. Quantitas radicalis $\sqrt{dd'}$ fit $=Dnn'=\mathfrak{D}nn'\mathfrak{N}\mathfrak{N}=\mathfrak{D}\mathfrak{n}\mathfrak{n}'$.

quadrata quae sunt $\frac{dm'm'm''m''}{\mathfrak{D}}$, $\frac{d'mmm''m''}{\mathfrak{D}}$, $\frac{d''mmm'm'}{\mathfrak{D}}$ per illius quadratum divisibilia esse, *Q. E. A.*, quoniam per I trium numeratorum divisor communis maximus est $\mathfrak{D}$, adeoque quadrata ipsa divisorem communem habere nequeunt.

VI. Haec omnia pertinent ad transformationem formae $\mathfrak{F}$ in $ff'f''$; et ex transformationibus formae F in ff' formaeque $\mathfrak{F}$ in Ff'' deducta sunt. Sed prorsus simili modo e transformationibus formae F' in ff'' formaeque $\mathfrak{F}'$ in $F'f'$ derivabitur transformatio formae $\mathfrak{F}'$ in $ff'f''$ talis:

$$\mathfrak{X}' = (1)'xx'x'' + (2)'xx'y'' + (3)'xy'x'' + \text{etc.}$$
$$\mathfrak{Y}' = (9)'xx'x'' + (10)'xx'y'' + (11)'xy'x'' + \text{etc.}$$

(designando omnes coefficientes similiter ut in transformatione formae $\mathfrak{F}$ in $ff'f''$ singulisque distinctionis caussa lineolam affigendo), ex qua perinde ut ante 28 aequationes ipsis Φ analogae deducentur, quas per Φ' designabimus, novemque aliae ipsis Ψ analogae, quas exprimemus per Ψ'. Scilicet denotando

$$(1)'(10)' - (2)'(9)' \text{ per } (1,2)', \quad (1)'(11)' - (3)'(9)' \text{ per } (1,3)'$$

aequationes Φ' erunt

$$(1,2)' = aa'\mathfrak{n}'', \quad (1,3)' = aa''\mathfrak{n}', \text{ etc.}$$

aequationes Ψ' autem

$$(10)'(11)' - (9)'(12)' = a\mathfrak{n}'\mathfrak{n}''\mathfrak{A}', \text{ etc.}$$

(Evolutionem uberiorem brevitatis gratia lectoribus relinquimus; ceterum periti novum calculum ne necessarium quidem esse, sed analysin primam per analogiam facile huc transferri posse invenient). Quibus ita factis, ex Φ et Φ' statim sequitur

$$(1,2) = (1,2)', \quad (1,3) = (1,3)', \quad (1,4) = (1,4)', \quad (2,3) = (2,3)', \text{ etc.}$$

hinc vero et inde quod omnes $(1,2)$, $(1,3)$, $(2,3)$ etc. divisorem communem (per V) non habent, adiumento lemmatis art. 234 concluditur, quatuor numeros integros α, β, γ, δ ita determinari posse, ut fiat

$$\alpha(1)' + \beta(9)' = (1), \quad \alpha(2)' + \beta(10)' = (2), \quad \alpha(3)' + \beta(11)' = (3), \text{ etc.}$$
$$\gamma(1)' + \delta(9)' = (9), \quad \gamma(2)' + \delta(10)' = (10), \quad \gamma(3)' + \delta(11)' = (11), \text{ etc.}$$

atque $\alpha\delta - \beta\gamma = 1$.

VII. Hinc atque substituendo ex tribus aequatt. primis Ψ valores ipsorum $a\mathfrak{A}$, $a\mathfrak{B}$, $a\mathfrak{C}$, et ex tribus aequ. primis Ψ' valores ipsorum $a\mathfrak{A}'$, $a\mathfrak{B}'$, $a\mathfrak{C}'$ facile confirmatur fore

$$\begin{aligned} a(\mathfrak{A}\alpha\alpha+2\mathfrak{B}\alpha\gamma+\mathfrak{C}\gamma\gamma) &= a\mathfrak{A}' \\ a(\mathfrak{A}\alpha\beta+\mathfrak{B}(\alpha\delta+\beta\gamma)+\mathfrak{C}\gamma\delta) &= a\mathfrak{B}' \\ a(\mathfrak{A}\beta\beta+2\mathfrak{B}\beta\delta+\mathfrak{C}\delta\delta) &= a\mathfrak{C}' \end{aligned}$$

unde nisi $a=0$, manifesto sequitur, formam $\mathfrak{F}$ transire in $\mathfrak{F}'$ per substitutionem propriam $\alpha, \beta, \gamma, \delta$. — Adhibendo autem loco trium aequationum primarum in Ψ et Ψ' tres sequentes, facile confirmabuntur tres aequationes modo traditis omnino similes, in quibus loco factoris a ubique invenitur b; unde patet, eandem conclusionem etiamnum valere, si modo non sit $b=0$. Denique adhibendo tres ultimas aequationes Ψ, Ψ' invenietur eodem modo conclusionem veram esse, nisi $c=0$. Quocirca, quum certo omnes a, b, c simul $=0$ esse nequeant, necessario forma $\mathfrak{F}$ per subst. $\alpha, \beta, \gamma, \delta$ transibit in $\mathfrak{F}'$, adeoque huic formae proprie aequivalebit. *Q. E. D.*

241.

Talem formam ut $\mathfrak{F}$ vel $\mathfrak{F}'$, quae oritur, si una trium formarum datarum componitur cum ea quae ex compositione duarum reliquarum resultat, *ex his tribus formis compositam* vocabimus, patetque ex art. praec., nihil hic interesse, quonam ordine tres formae componantur. Simili modo propositis quotcunque formis f, f', f'', f''' etc. (quarum determinantes rationem quadratorum inter se habere debent), si forma f componitur cum f', resultans cum f'', quae hinc oritur cum f''' etc.: forma quae ad finem huius operationis prodit *ex omnibus formis* f, f', f'', f''' etc. *composita* dicetur. Facile vero demonstratur, etiam hic arbitrarium esse, quonam ordine formae componantur; *i. e.* quocunque ordine hae formae componantur, formas ex compositione oriundas semper proprie aequivalentes esse. — Porro manifestum est, si formis f, f', f'' etc. proprie aequivaleant formae g, g', g'' etc. resp., formam compositam ex his proprie aequivalentem fore formae ex illis compositae.

242.

Propositiones praecedentes formarum compositionem maxima universalitate complectuntur; progredimur iam ad applicationes magis particulares, per quas illarum ordinem interrumpere noluimus. Ac primo quidem resumemus problema art. 236, quod per conditiones sequentes limitabimus: *primo* ut formae componendae eundem determinantem habeant, sive sit $d = d'$; *secundo* ut m, m' sint inter se primi; *tertio* ut forma quaesita directe ex utraque f, f' composita sit. Hinc etiam mm, $m'm'$ inter se primi erunt; quare divisor communis maximus numerorum $dm'm'$, $d'mm$ *i. e.* D fiet $= d = d'$, atque $n = n' = 1$. Quatuor quantitates $\mathfrak{Q}$, $\mathfrak{Q}'$, $\mathfrak{Q}''$, $\mathfrak{Q}'''$, quae ad libitum assumi possunt, statuemus $= -1, 0, 0, 0$ resp., quod semper licebit unico casu excepto, ubi a, a', $b+b'$ simul sunt $= 0$, ad quem igitur hic non respiciemus; manifesto autem hic casus occurrere nequit nisi in formis determinantis positivi quadrati. Tunc patet, μ fieri divisorem communem maximum numerorum a, a', $b+b'$; numeros $\mathfrak{P}'$, $\mathfrak{P}''$, $\mathfrak{P}'''$ ita accipi debere ut fiat

$$\mathfrak{P}'a + \mathfrak{P}''a' + \mathfrak{P}'''(b+b') = \mu$$

ipsum $\mathfrak{P}$ vero omnino arbitrarium esse. Hinc provenit, substituendo l. c. pro p, q, p', q' etc. valores suos:

$$A = \frac{aa'}{\mu\mu}, \quad B = \frac{1}{\mu}(\mathfrak{P}aa' + \mathfrak{P}'ab' + \mathfrak{P}''a'b + \mathfrak{P}'''(bb'+D))$$

C autem per aequationem $AC = BB - D$ poterit determinari si modo non simul a et $a' = 0$.

In hac igitur solutione valor ipsius A non pendet a valoribus ipsorum $\mathfrak{P}$, $\mathfrak{P}'$, $\mathfrak{P}''$, $\mathfrak{P}'''$ (qui infinitis modis diversis determinari possunt); B autem alios valores obtinebit tribuendo his numeris alios valores, operaeque pretium est investigare, quomodo omnes valores ipsius B inter se connexi sint. Ad hunc finem observamus

I. Quomodocunque determinentur $\mathfrak{P}$, $\mathfrak{P}'$, $\mathfrak{P}''$, $\mathfrak{P}'''$, valores ipsius B inde prodeuntes omnes congruos esse secundum modulum A. Ponamus, si statuatur

$$\mathfrak{P} = \mathfrak{p}, \quad \mathfrak{P}' = \mathfrak{p}', \quad \mathfrak{P}'' = \mathfrak{p}'', \quad \mathfrak{P}''' = \mathfrak{p}''', \quad \text{fieri} \quad B = \mathfrak{B}$$

faciendo autem

$$\mathfrak{P} = \mathfrak{p}+\mathfrak{d}, \quad \mathfrak{P}' = \mathfrak{p}'+\mathfrak{d}', \quad \mathfrak{P}'' = \mathfrak{p}''+\mathfrak{d}'' \quad \mathfrak{P}''' = \mathfrak{p}'''+\mathfrak{d}''' \quad \text{prodire} \quad B = \mathfrak{B}+\mathfrak{D}$$

Tunc igitur erit

$$a\mathfrak{d}'+a'\mathfrak{d}''+(b+b')\mathfrak{d}''' = 0, \quad aa'\mathfrak{d}+ab'\mathfrak{d}'+a'b\mathfrak{d}''+(bb'+D)\mathfrak{d}''' = \mu\mathfrak{D}$$

Multiplicando aequationis posterioris partem primam per $a\mathfrak{p}'+a'\mathfrak{p}''+(b+b')\mathfrak{p}'''$, secundam per μ, et subtrahendo a producto primo quantitatem

$$(ab'\mathfrak{p}'+a'b\mathfrak{p}''+(bb'+D)\mathfrak{p}''')(a\mathfrak{d}'+a'\mathfrak{d}''+(b+b')\mathfrak{d}''')$$

quae propter aequationem priorem manifesto erit $=0$, habebitur evolutione facta et sublatis quae se destruunt

$$aa'(\mu\mathfrak{d}+((b'-b)\mathfrak{p}''+c'\mathfrak{p}''')\mathfrak{d}'+((b-b')\mathfrak{p}'+c\mathfrak{p}''')\mathfrak{d}''-(c'\mathfrak{p}'+c\mathfrak{p}'')\mathfrak{d}''') = \mu\mu\mathfrak{D}$$

unde manifesto $\mu\mu\mathfrak{D}$ per aa', sive $\mathfrak{D}$ per $\frac{aa'}{\mu\mu}$ *i. e.* per A divisibilis erit, atque

$$\mathfrak{B} \equiv \mathfrak{B}+\mathfrak{D} \pmod{A}$$

II. Si valores $\mathfrak{p}$, $\mathfrak{p}'$, $\mathfrak{p}''$ $\mathfrak{p}'''$ ipsorum $\mathfrak{P}$, $\mathfrak{P}'$, $\mathfrak{P}''$, $\mathfrak{P}'''$ reddant $B=\mathfrak{B}$, inveniri posse alios valores horum numerorum, ex quibus B nanciscatur valorem quemcunque datum ipsi $\mathfrak{B}$ secundum mod. A congruum, puta $\mathfrak{B}+kA$. Primo observamus, quatuor numeros μ, c, c' $b-b'$ divisorem communem habere non posse; nam si quem haberent, hic metiretur sex numeros a, a', $b+b'$, c, c', $b-b'$ adeoque tum ipsos a, $2b$, c, tum ipsos a', $2b'$, c' et proin etiam ipsos m, m', qui per hyp. inter se sunt primi. Quamobrem quatuor numeri integri h, h', h'', h''' poterunt assignari tales ut fiat

$$h\mu+h'c+h''c'+h'''(b-b') = 1$$

Quo facto si statuitur

$$kh = \mathfrak{d}, \qquad k(h''(b+b')-h'''a') = \mu\mathfrak{d}'$$
$$k(h'(b+b')+h'''a) = \mu\mathfrak{d}'' \qquad -k(h'a'+h''a) = \mu\mathfrak{d}'''$$

patet, ipsos $\mathfrak{d}$, $\mathfrak{d}'$, $\mathfrak{d}''$, $\mathfrak{d}'''$ esse integros; porro facile confirmatur, fieri

$$a\mathfrak{d}'+a'\mathfrak{d}''+(b+b')\mathfrak{d}''' = 0$$
$$aa'\mathfrak{d}+ab'\mathfrak{d}'+a'b\mathfrak{d}''+(bb'+D)\mathfrak{d}''' = \frac{aa'k}{\mu}(\mu h+ch'+c'h''+(b-b')h''') = \mu kA$$

Ex aequatione priori patet, etiam $\mathfrak{p}+\mathfrak{d}$, $\mathfrak{p}'+\mathfrak{d}'$, $\mathfrak{p}''+\mathfrak{d}''$, $\mathfrak{p}'''+\mathfrak{d}'''$ esse valores ipsorum $\mathfrak{P}$, $\mathfrak{P}'$, $\mathfrak{P}''$, $\mathfrak{P}'''$; ex posteriori, hos valores producere $B=\mathfrak{B}+kA$. *Q.E.D.*—

Hinc perspicuum est, B semper ita determinari posse ut iaceat inter 0 et $A-1$ incl., siquidem A est positivus; vel inter 0 et $-A-1$ si A negativus.

243.

Ex aequationibus

$$\mathfrak{P}'a+\mathfrak{P}''a'+\mathfrak{P}'''(b+b')=\mu,\quad B=\tfrac{1}{\mu}(\mathfrak{P}aa'+\mathfrak{P}'ab'+\mathfrak{P}''a'b+\mathfrak{P}'''(bb'+D))$$

deducitur

$$B=b+\tfrac{a}{\mu}(\mathfrak{P}a'+\mathfrak{P}'(b'-b)-\mathfrak{P}'''c)=b'+\tfrac{a'}{\mu}(\mathfrak{P}a+\mathfrak{P}''(b-b')-\mathfrak{P}'''c')$$

quare

$$B\equiv b(\text{mod.}\tfrac{a}{\mu})\ \text{ et }\ B\equiv b'(\text{mod.}\tfrac{a'}{\mu})$$

Quoties $\frac{a}{\mu}$, $\frac{a'}{\mu}$ inter se primi sunt, inter 0 et $A-1$ (sive inter 0 et $-A-1$ quando A est negativus) unicus tantum numerus iacebit qui secundum mod. $\frac{a}{\mu}$ sit $\equiv b$, et $\equiv b'$ sec. mod. $\frac{a'}{\mu}$; qui si statuitur $=B$ atque $\frac{BB-D}{A}=C$, palam est, (A, B, C) e formis (a, b, c), (a', b', c') compositam fore. In hoc itaque casu ad inventionem formae compositae ad numeros $\mathfrak{P}$, $\mathfrak{P}'$, $\mathfrak{P}''$, $\mathfrak{P}'''$ non amplius oportet respicere*). Ita *e. g.* si quaeritur forma e formis (10, 3, 11), (15, 2, 7) composita, erunt a, a', $b+b'$ resp. $=10, 15, 5$; $\mu=5$; hinc $A=6$; $B\equiv 3\,(\text{mod.}\,2)$ et $\equiv 2$ (mod. 3), unde $B=5$ atque (6, 5, 21) forma quaesita. — Ceterum conditio ut $\frac{a}{\mu}$, $\frac{a'}{\mu}$ inter se primi sint, omnino aequivalet huic, ut numeri duo a, a' divisorem communem maiorem non habeant quam tres a, a', $b+b'$, sive, quod eodem redit, ut divisor communis maximus numerorum a, a' etiam numerum $b+b'$ metiatur. Notentur imprimis sequentes casus particulares:

1) Propositis duabus formis (a, b, c), (a', b', c') eiusdem determinantis D ita comparatis ut divisor comm. max. numerorum a, $2b$, c primus sit ad div. comm. max. num. a', $2b'$, c', atque a primus ad a': forma ex his composita (A, B, C) invenitur faciendo $A=aa'$, $B\equiv b\,(\text{mod.}\,a)$ et $\equiv b'\,(\text{mod.}\,a')$, $C=\frac{BB-D}{A}$. Hic casus semper locum habet, quando altera formarum componendarum est forma principalis, puta $a=1$, $b=0$, $c=-D$ Tunc erit $A=a'$ B statui poterit

*) Quod semper efficitur adhibendo congruentias

$$\frac{aB}{\mu}\equiv\frac{ab'}{\mu},\quad \frac{a'B}{\mu}\equiv\frac{a'b}{\mu},\quad \frac{(b+b')B}{\mu}\equiv\frac{bb'+D}{\mu}\quad(\text{mod.}\,A)$$

$= b'$ unde fiet $C = c'$; quare *ex forma principali et quacunque alia forma eiusdem determinantis composita est haec forma ipsa.*

2) Si duae formae *oppositae* proprie primitivae sunt componendae, puta (a, b, c) et $(a, -b, c)$, erit $\mu = a$. Hinc facile perspicitur, formam principalem $(1, 0, -D)$ ex illis esse compositam.

3) Propositis quotcunque formis proprie primitivis, (a, b, c), (a', b', c'), (a'', b'', c'') etc. eiusdem determinantis D, quarum termini antecedentes a, a', a'' etc. sunt numeri inter se primi, forma (A, B, C) ex illis omnibus composita invenitur, statuendo A aequalem producto ex omnibus a, a', a'' etc.; B congruum ipsis b, b', b'' etc. secundum modulos a, a', a'' etc. resp.; $C = \frac{BB-D}{A}$. Facile enim perspicietur, ex duabus formis (a, b, c), (a', b', c') compositam fore formam $(aa', B, \frac{BB-D}{aa'})$; ex hac atque (a'', b'', c'') formam $(aa'a'', B, \frac{BB-D}{aa'a''})$ etc. — Vice versa

4) Proposita forma proprie primitiva (A, B, C) determinantis D, si terminus A in factores quotcunque inter se primos a, a', a'' etc. resolvitur; numeri b, b', b'' etc. ipsi B vel aequales vel saltem sec. mod. a, a', a'' etc. resp. congrui accipiuntur, atque fit $ac = bb - D$, $a'c' = b'b' - D$, $a''c'' = b''b'' - D$ etc.: forma (A, B, C) composita erit e formis (a, b, c), $(a'\ b'\ c')$, $(a''\ b''\ c'')$, sive *in has formas resolubilis.* Nullo negotio probatur, eandem propositionem adhucdum valere, etiamsi forma (A, B, C) sit improprie primitiva vel derivata. Hoc itaque modo quaelibet forma in alias eiusdem determinantis resolvi potest, quarum termini antecedentes omnes sint vel numeri primi vel numerorum primorum potestates. Talis resolutio saepenumero commode applicari potest, si ex pluribus formis datis componenda est una. Ita *e.g.* si quaeritur forma composita e formis $(3, 1, 134)$, $(10, 3, 41)$, $(15, 2, 27)$, resolvatur secunda in has $(2, 1, 201)$, $(5, -2, 81)$, tertia in has $(3, -1, 134)$, $(5, 2, 81)$, patetque, formam ex quinque formis $(3, 1, 134)$, $(2. 1, 201)$, $(5, -2, 81)$, $(3, -1, 134)$, $(5, 2, 81)$ compositam, quocunque ordine accipiantur, etiam ex tribus datis compositam fore. At ex compositione primae cum quarta oritur forma principalis $(1. 0, 401)$; eadem provenit ex compositione tertiae cum quinta; quare ex compositione cunctarum conflatur forma $(2. 1, 201)$.

5) Propter rei utilitatem operae pretium est, hanc methodum adhuc amplius explicare. Ex observatione praecedente manifestum est, problema, quotcunque formas datas proprie primitivas eiusdem determinantis componere, reduci posse ad compositionem formarum, quarum termini initiales sint potestates numerorum primorum (nam numerus primus tamquam sui ipsius potestas prima considerari potest). Quamobrem eum imprimis casum contemplari convenit, ubi duae formae proprie primitivae (a, b, c), (a', b', c') sunt componendae, in quibus a et a' sunt potestates *eiusdem* numeri primi. Sit itaque $a = h^{\varkappa}$, $a' = h^{\lambda}$ designante h numerum primum, supponamusque (quod licet), $\varkappa$ non esse minorem quam λ. Erit itaque h^{λ} div. comm. max. numerorum a, a', qui si insuper ipsum $b+b'$ metitur, habebitur casus initio huius art. consideratus, eritque (A, B, C) ex propositis composita si statuitur $A = h^{\varkappa-\lambda}$, $B \equiv b \pmod{h^{\varkappa-\lambda}}$ et $\equiv b' \pmod{1}$, quae conditio posterior manifesto omitti potest; $C = \frac{BB-D}{A}$. Si vero h^{λ} ipsum $b+b'$ non metitur, necessario div. comm. max. horum numerorum et ipse erit potestas ipsius h, sit igitur $= h^{\nu}$, eritque $\nu < \lambda$ (statui debet $\nu = 0$ si forte h^{λ} et $b+b'$ inter se primi sunt). Si itaque $\mathfrak{P}'$, $\mathfrak{P}''$, $\mathfrak{P}'''$ ita determinantur, ut fiat

$$\mathfrak{P}'h^{\varkappa} + \mathfrak{P}''h^{\lambda} + \mathfrak{P}'''(b+b') = h^{\nu}$$

$\mathfrak{P}$ vero ad libitum assumitur, forma (A, B, C) ex datis erit composita, si statuitur

$$A = h^{\varkappa+\lambda-2\nu}, \quad B = b + h^{\varkappa-\nu}(\mathfrak{P}h^{\lambda} - \mathfrak{P}'(b-b') - \mathfrak{P}'''c); \quad C = \frac{BB-D}{A}$$

Sed facile perspicitur, in hoc casu etiam $\mathfrak{P}'$ ad libitum assumi posse, quare statuendo $\mathfrak{P} = \mathfrak{P}' = 0$, fit

$$B = b - \mathfrak{P}'''ch^{\varkappa-\nu}$$

sive generaliter

$$B = kA + b - \mathfrak{P}'''ch^{\varkappa-\nu}$$

designante k numerum arbitrarium (art. praec.). In hanc formulam simplicissimam solus $\mathfrak{P}'''$ ingreditur, qui est valor expr. $\frac{h^{\nu}}{b+b'} \pmod{h^{\lambda}}$ *). Si *e.g.* quaeritur forma composita ex $(16, 3, 19)$ et $(8, 1, 37)$, est $h = 2$, $\varkappa = 4$, $\lambda = 3$, $\nu = 2$.

*) sive expr. $\frac{1}{\frac{b+b'}{h^{\nu}}} \pmod{h^{\lambda-\nu}}$ unde $B \equiv b - \frac{ch^{\varkappa-\nu}}{\frac{b+b'}{h^{\nu}}} \equiv \frac{(D+bb'):h^{\nu}}{(b+b'):h^{\nu}} \pmod{A}$

Hinc $A = 8$, $\mathfrak{P}'''$ valor expr. $\frac{1}{4}$ (mod. 8), qualis est 1, unde $B = 8k - 73$, adeoque faciendo $k = 9$, $B = -1$ atque $C = 37$, sive $(8, -1, 37)$ forma quaesita.

Propositis itaque formis quotcunque, quarum termini initiales omnes sunt potestates numerorum primorum, circumspiciendum erit, num aliquarum termini antecedentes sint potestates *eiusdem* numeri primi, atque hae inter se respective per regulam modo traditam componendae. Hac ratione prodibunt formae, quarum termini primi etiamnum erunt potestates numerorum primorum, sed omnino diversorum; forma itaque ex his composita per observ. tertiam definiri poterit. *E.g.* propositis formis $(3, 1, 47)$, $(4, 0, 35)$, $(5, 0, 28)$, $(16, 2, 9)$; $(9, 7, 21)$, $(16, 6, 11)$, ex prima et quinta conflatur forma $(27, 7, 7)$; ex secunda et quarta confit $(16, -6, 11)$, ex hac et sexta $(1, 0, 140)$, quae negligi potest. Supersunt itaque $(5, 0, 28)$, $(27, 7, 7)$, ex quibus producitur $(135, -20, 4)$, cuius loco assumi potest proprie aequivalens $(4, 0, 35)$. Haec itaque est resultans ex compositione sex propositarum.

Ceterum ex hoc fonte plura alia artificia in applicatione utilia hauriri possunt; sed ne nimis longi fiamus, uberiorem huius rei tractationem supprimimus, ad alia difficiliora properantes.

244.

Si per formam aliquam f repraesentari potest numerus a, per formam f' numerus a', atque forma F in ff' est transformabilis: nullo negotio perspicitur, productum aa' per formam F repraesentabile fore. Hinc statim sequitur, quando determinantes harum formarum sint negativi, formam F positivam fore, si vel utraque f, f' sit positiva vel utraque negativa; contra F fieri negativam, si altera formarum f, f' sit positiva altera negativa. Subsistamus in eo imprimis casu, quem in art. praec. consideravimus, ubi F ex f, f' composita est, atque f, f' et F eundem determinantem D habent. Supponamus insuper, repraesentationes numerorum a, a' per formas f, f' fieri per valores indeterminatarum inter se primos, atque priorem pertinere ad valorem b expressionis $\sqrt{D}$ (mod. a), posteriorem ad valorem b' expr. $\sqrt{D}$ (mod. a'), ponaturque $bb - D = ac$, $b'b' - D = a'c'$. Tunc per art. 168 formae (a, b, c), (a', b', c') proprie aequivalebunt formis f, f'; quare F etiam ex illis duabus formis composita erit. Sed ex iisdem formis composita erit forma (A, B, C), si, posito numerorum $a, a', b + b'$ divisore communi maximo $= \mu$, statuitur $A = \frac{aa'}{\mu\mu}$, $B \equiv b$ et b' sec. modulos $\frac{a}{\mu}$, $\frac{a'}{\mu}$ resp.,

$AC = BB - D$, quare haec forma proprie aequivalebit formae F. Iam per formam $Axx + 2Bxy + Cyy$ repraesentatur numerus aa', faciendo $x = \mu$, $y = 0$, quorum valorum divisor comm. max. est μ; quare aa' etiam per formam F repraesentari poterit ita ut valores indeterminatarum habeant divisorem communem maximum μ (art. 166). Quoties igitur evadit $\mu = 1$, aa' per formam F repraesentari poterit tribuendo indeterminatis valores inter se primos, repraesentatioque haec pertinebit ad valorem B expr. $\sqrt{D}$ (mod. aa'), ipsis b, b' secundum modulos a, a' resp. congruum. Conditio $\mu = 1$ semper locum habet, quando a, a' inter se primi sunt; generaliter autem, quando div. comm. max. ipsorum a, a' ad $b + b'$ est primus.

Compositio ordinum.

245.

Theorema. *Si forma f ad eundem* ordinem *referenda est ut g, similiterque f' est ex eodem ordine ut g': forma F ex f, f' composita eundem determinantem habebit ex eodemque ordine erit ut forma G ex g, g' composita.*

Dem. Sint formae f, f' $F = (a, b, c)$, (a', b', c'), (A, B, C) resp., ipsarumque determinantes $= d, d', D$. Porro sit numerorum a, $2b$, c div. comm. max. $= m$; numerorum a, b, c div. comm. max. $= \mathfrak{m}$; similesque significationes habeant m', $\mathfrak{m}'$ respectu formae f', et M, $\mathfrak{M}$ respectu formae F. Tunc ordo formae f determinabitur per numeros d, m, $\mathfrak{m}$, unde iidem numeri etiam pro forma g valebunt; eadem ratione numeri d', m', $\mathfrak{m}'$ idem erunt pro forma g' quod sunt pro forma f'. Iam per art. 235, numeri D, M, $\mathfrak{M}$ determinati sunt per d, d', m, m', $\mathfrak{m}$, $\mathfrak{m}'$; scilicet erit D divisor communis maximus ipsorum $dm'm'$, $d'mm$; $M = mm'$; atque $\mathfrak{M} = \mathfrak{m}\mathfrak{m}'$ (si simul $m = \mathfrak{m}$, $m' = \mathfrak{m}'$) vel $= 2\mathfrak{m}\mathfrak{m}'$ (si $m = 2\mathfrak{m}$, aut $m' = 2\mathfrak{m}'$). Quae proprietates ipsorum D. M, $\mathfrak{M}$, quum inde sequantur, quod F ex f, f' composita est: facile perspicitur, D, M et $\mathfrak{M}$ etiam pro forma G valere, adeoque G esse ex eodem ordine ut F *Q. E. D.*

Ex hac ratione ordinem in quo est forma F, compositum dicemus ex ordinibus in quibus sunt formae f, f'. Ita *e. g.* ex duobus ordinibus proprie primitivis semper compositus est similis ordo; ex proprie primitivo et improprie primitivo, improprie primitivus. — Simili modo intelligendum est, si ordo aliquis ex pluribus aliis ordinibus compositus vocabitur.

Compositio generum.

246.

PROBLEMA. *Propositis duabus formis primitivis quibuscunque f, f', ex quarum compositione oritur F: ex generibus ad quae pertinent f, f' definire genus ad quod referenda erit F*

Sol. I. Consideremus primo eum casum ubi ad minimum una formarum f, f' e. g. prior est proprie primitiva, designemusque determinantes formarum f, f', F per d, d', D. Tunc D erit divisor communis maximus numerorum $dm'm', d'$, ubi m' est aut 1 aut 2, prout forma f' est proprie aut improprie primitiva; F autem in casu illo pertinebit ad ordinem proprie primitivum, in hoc ad improprie primitivum. Iam genus formae F definietur per ipsius characteres particulares, nempe tum respectu singulorum divisorum primorum imparium ipsius D, tum, pro quibusdam casibus, respectu numerorum 4 aut 8. Hos igitur singulos determinare oportebit.

1°. Si p est divisor quicunque primus impar ipsius D, necessario etiam ipsos d, d' metietur, adeoque etiam inter characteres formarum f, f' occurrent ipsarum relationes ad p. Iam si per f repraesentari potest numerus a, per f' numerus a': productum aa' repraesentari poterit per F Si itaque tum per f, tum per f' repraesentari possunt residua quadratica ipsius p (per p non divisibilia), etiam per F residua quadratica ipsius p repraesentari poterunt, *i. e.* si utraque f, f' habet characterem Rp, forma F eundem characterem habebit. Simili ratione F habebit characterem Rp si utraque f, f' habet characterem Np; contra F habebit char. Np, si altera formarum f, f' habet Rp, altera Np.

2°. Si in characterem integrum formae F ingreditur relatio ad numerum 4, talis relatio etiam in characteres formarum f, f' ingredi debet. Nam illud tunc tantummodo evenit quando D est $\equiv 0$ aut $\equiv 3 \pmod{4}$. Quando D per 4 est divisibilis, etiam $dm'm'$ et d' per 4 divisibiles erunt, unde statim patet, f' non posse esse improprie primitivam, adeoque esse $m' = 1$; hinc tum d tum d' per 4 divisibiles erunt, et in utriusque characterem ingredietur relatio ad 4. Quando $D \equiv 3 \pmod{4}$, metietur D ipsos d, d'; quotientes erunt quadrata, adeoque etiam d d' necessario vel $\equiv 0$ vel $\equiv 3 \pmod{4}$, et inter characteres ipsarum f, f' relatio ad 4. Hinc eodem modo ut in (1°) sequitur, characterem formae F fore 1,4, si vel utraque f, f' habeat 1,4 vel utraque 3,4; contra characterem formae F fore 3,4, si altera formarum f, f' habeat 1,4, altera 3,4.

3°. Quando D per 8 est divisibilis, etiam d' erit; hinc f' certo proprie primitiva, $m' = 1$ atque etiam d per 8 divisibilis; quare inter characteres formae F aliquis e characteribus 1,8; 3,8; 5,8; 7,8 tunc tantum locum habere potest, si etiam in charactere tum formae f, tum formae f' talis relatio ad 8 adest. Facile autem confirmatur eodem modo ut ante, characterem formae F fore 1,8, si f et f' respectu ipsius 8 eundem habeant; characterem formae F fore 3,8, si altera formarum f, f' habeat 1,8 altera 3,8, vel altera 5,8 altera 7,8; F habere 5,8, si f, f' habeant 1,8 et 5,8 vel 3,8 et 7,8; F habere 7,8, si f et f' habeant vel 1,8 et 7,8, vel 3,8 et 5,8.

4°. Quando est $D \equiv 2 \pmod{8}$, erit d' vel $\equiv 0$ vel $\equiv 2 \pmod{8}$, hinc $m' = 1$, adeoque etiam d vel $\equiv 0$ vel $\equiv 2 \pmod{8}$; attamen uterque d, d' per 8 divisibilis esse nequit, quoniam D est divisor communis *maximus* ipsorum. Quare in eo tantum casu alteruter characterum 1 *et* 7,8; 3 *et* 5,8, formae F tribui debebit, ubi vel vtraque forma f, f' aliquem ex illis habet, vel altera aliquem ex illis, altera aliquem horum 1,8; 3,8; 5,8; 7,8. Hinc facile deducitur, characterem formae F determinari per tabulam sequentem, si character in margine positus pertineat ad alteram formarum f, f', ad alteram vero character in facie:

	1 *et* 7,8 vel 1,8 vel 7,8	3 *et* 5,8 vel 3,8 vel 5,8
1 *et* 7,8	1 *et* 7,8	3 *et* 5,8
3 *et* 5,8	3 *et* 5,8	1 *et* 7,8

5° Eodem modo probatur, ipsi F tribui non posse alterutrum characterum 1 *et* 3,8; 5 *et* 7,8, nisi etiam aliquis ex iisdem saltem uni formarum f, f' competat, alterique vel aliquis ex iisdem, vel aliquis ex his 1,8; 3,8; 5,8; 7,8.

Et quidem character formae F determinabitur per hanc tabulam, in cuius margine et facie sunt characteres formarum f, f'

	1 *et* 3, 8 vel 1, 8 vel 3, 8	5 *et* 7, 8 vel 5, 8 vel 7, 8
1 *et* 3, 8	1 *et* 3, 8	5 *et* 7, 8
5 *et* 7, 8	5 *et* 7, 8	1 *et* 3, 8

II. Si utraque forma f, f' est improprie primitiva, erit D divisor communis maximus numerorum $4d$, $4d'$, sive $\frac{1}{4}D$ div comm. maximus numerorum d, d' Hinc facile sequitur tum d, tum d', tum $\frac{1}{4}D$ fore $\equiv 1$ (mod. 4). Ponendo autem $F = (A, B, C)$, div. comm. max. numerorum A, B, C erit $= 2$, et div. comm. max. numerorum A, $2B$, C erit 4. Quare F erit forma derivata ex improprie primitiva $(\frac{1}{2}A, \frac{1}{2}B, \frac{1}{2}C)$, cuius determinans erit $\frac{1}{4}D$, et cuius genus determinabit genus formae F. Character autem illius formae, tamquam improprie primitivae, relationes ad 4 vel 8 non implicabit, sed tantummodo relationes ad singulos divisores primos impares ipsius $\frac{1}{4}D$ Iam quum omnes hi divisores manifesto etiam ipsos d, d' metiantur, atque semissis cuiusvis producti duorum factorum, quorum alter per f alter per f' est repraesentabilis, per formam $(\frac{1}{2}A, \frac{1}{2}B, \frac{1}{2}C)$ repraesentari possit: facile perspicietur, characterem huius formae respectu cuiusvis numeri primi imparis p ipsum $\frac{1}{4}D$ metientis fore Rp, *tum* si fuerit $2Rp$ atque formae f, f' respectu ipsius p eundem characterem habeant, *tum* si fuerit $2Np$ atque characteres formarum f, f' respectu ipsius p oppositi; contra characterem illius formae fore Np, *tum* si f, f' habeant characteres aequales respectu ipsius p atque sit $2Np$, *tum* si f, f' habeant oppositos atque sit $2Rp$.

247.

Ex solutione problematis praec. manifestum est, si g sit forma primitiva ex eodem ordine et genere ut f, nec non g' forma primitiva ex eodem ordine et genere ut f': formam ex g et g' compositam ad idem genus pertinere, ad quod pertineat forma ex f et f' composita. Hinc sponte sequitur significatio *generis* ex duobus aliis generibus (sive etiam pluribus) *compositi.* Porro ibinde patet, si f, f' eundem determinantem habeant atque f sit forma e genere principali, F vero ex f et f' composita: F fore ex eodem genere ut f'; quocirca genus principale in compositione cum aliis generibus eiusdem determinantis semper omitti poterit. Si vero reliquis manentibus f non est e genere principali, f' autem forma primitiva: F certo erit ex alio genere quam f'. Denique si f, f' sunt formae proprie primitivae eiusdem generis, F erit e genere principali; si vero f, f' sunt ambae proprie primitivae eiusdem determinantis, sed e diversis generibus, F ad genus principale pertinere non poterit. Quodsi itaque forma quaecunque proprie primitiva *cum se ipsa* componitur, forma inde resultans, quae etiam proprie primitiva eiusdemque determinantis erit, necessario ad genus principale pertinebit.

248.

PROBLEMA. *Propositis duabus formis quibuscunque f, f', e quibus composita est F: e generibus formarum f, f' definire genus formae F.*

Sol. Sit $f = (a, b, c)$, $f' = (a', b', c')$, $F = (A, B, C)$, porro $\mathfrak{m}$ div comm. max. numerorum a, b, c, atque $\mathfrak{m}'$ div. comm. max. numerorum a', b', c', ita ut f, f' sint derivatae e primitivis $(\frac{a}{\mathfrak{m}}, \frac{b}{\mathfrak{m}}, \frac{c}{\mathfrak{m}})$, $(\frac{a'}{\mathfrak{m}'}, \frac{b'}{\mathfrak{m}'}, \frac{c'}{\mathfrak{m}'})$, quas denotabimus per $\mathfrak{f}$, $\mathfrak{f}'$ resp. Iam si saltem una formarum $\mathfrak{f}$, $\mathfrak{f}'$ est proprie primitiva, divisor comm. max. numerorum A, B, C erit $\mathfrak{m}\mathfrak{m}'$, adeoque F derivata e forma primitiva $(\frac{A}{\mathfrak{m}\mathfrak{m}'}, \frac{B}{\mathfrak{m}\mathfrak{m}'}, \frac{C}{\mathfrak{m}\mathfrak{m}'}) \ldots \mathfrak{F}$, unde patet, genus formae F pendere a genere formae $\mathfrak{F}$. Sed facile perspicietur, $\mathfrak{F}$ per eandem substitutionem transire in $\mathfrak{f}\mathfrak{f}'$, per quam F transeat in ff', adeoque $\mathfrak{F}$ ex $\mathfrak{f}$, $\mathfrak{f}'$ esse compositam, ipsiusque genus per problema art. 246 determinari posse. — Si vero utraque $\mathfrak{f}$, $\mathfrak{f}'$ est improprie primitiva, divisor c. m. numerorum A, B, C erit $2\mathfrak{m}\mathfrak{m}'$, formaque $\mathfrak{F}$ etiamnum ex $\mathfrak{f}$, $\mathfrak{f}'$ composita et manifesto e proprie primitiva $(\frac{A}{2\mathfrak{m}\mathfrak{m}'}, \frac{B}{2\mathfrak{m}\mathfrak{m}'}, \frac{C}{2\mathfrak{m}\mathfrak{m}'})$ derivata. Huius itaque formae genus determinari poterit per art. 246; et quum F ex eadem forma derivata sit, ipsius genus hinc sponte innotescit.

Ex hac solutione manifestum est, theorema in art. praec. pro formis primitivis explicatum, scilicet *si f', g' sint ex iisdem generibus resp. ut f, g, formam ex f', g' compositam ex eodem genere fore, ex quo sit forma ex f, g composita,* generaliter pro formis quibuscunque valere.

Compositio classium.

249.

THEOREMA. *Si formae f, f' sunt ex iisdem ordinibus generibus et classibus ut g, g' resp.: forma ex f et f' composita ex eadem classe erit ut forma ex g et g' composita.*

Ex hoc theoremate (cuius veritas ex art. 239 protinus sequitur) sponte patebit significatio *classis e duabus classibus datis* sive etiam *e pluribus compositae.*

Si classis quaecunque K cum classe principali componitur, classis K ipsa prodibit sive classis principalis in compositione cum aliis classibus eiusdem determinantis negligi potest. Ex compositione duarum classium oppositarum proprie primitivarum semper oritur classis principalis eiusdem determinantis (v. art. 243). Quum itaque quaevis classis anceps sibi ipsa opposita sit: ex compositione cuiusvis classis ancipitis proprie primitivae cum se ipsa classis principalis eiusdem determinantis provenit.

Propositio ultima etiam conversa valet: scilicet *si ex compositione classis proprie primitivae K cum se ipsa provenit classis principalis H eiusdem determinantis, K necessario erit classis anceps.* Si enim K' est classis opposita ipsi K, e tribus classibus K, K, K' composita erit eadem classis quae oritur ex H et K'; ex illis provenit K (quoniam K et K' producunt H, haec cum K ipsam K), ex his K'; quare K cum K' coincidet eritque adeo classis anceps.

Porro notetur propositio haec: *Si classes K, L oppositae sunt classibus K', L' resp.: classis ex K et L composita classi ex K' et L' compositae erit opposita.* Sint formae f, g, f', g' resp. e classibus K, L, K', L'; forma F composita ex f, g, atque F' composita ex f', g'. Quum f' ipsi f, atque g' ipsi g improprie aequivaleant, F autem composita sit ex utraque f, g directe: F etiam ex f', g' composita erit, sed ex utraque inverse. Quare forma quaecunque, quae ipsi F improprie aequivalet, composita erit ex f', g' directe adeoque ipsi F' proprie aequivalebit (artt. 238, 239), unde F, F' improprie aequivalebunt, classesque ad quas pertinent, oppositae erunt.

Hinc sequitur, si classis anceps K cum classe ancipite L componatur, semper prodire classem ancipitem. Nam opposita erit classi, quae composita est e classibus ipsis K, L oppositis, adeoque sibi ipsi, quoniam hae classes sibi ipsae sunt oppositae.

Denique observamus, si propositae sint classes duae quaecunque K, L eiusdem determinantis, quarum prior sit proprie primitiva, semper inveniri posse classem M eiusdem determinantis, ex qua atque K composita sit L. Manifesto hoc obtinetur, accipiendo pro M classem quae composita est ex L atque classe ipsi K opposita; simul perspicietur facillime, hanc classem esse unicam quae hac proprietate sit praedita, sive classes diversas eiusdem det. cum eadem classe pr. prim. compositas producere classes diversas.

Classium compositio commode per signum additionis, $+$, denotari potest, sicuti classium identitas per signum aequalitatis. In his signis propositio modo tradita exhiberi potest ita: Si K' est classis opposita ipsi K, erit $K+K'$ classis principalis eiusdem determinantis, unde $K+K'+L=L$; posita itaque $K'+L=M$, erit $K+M=L$, uti desiderabatur; si vero praeter M alia M daretur eadem proprietate praedita, sive $K+M'=L$, foret $K+K'+M' = L+K' = M$, unde $M'=M$. — Si plures classes identicae componuntur, hoc (ad instar multiplicationis) denotari potest praefigendo ipsarum numerum, ita ut $2K$ idem designet ut $K+K$, $3K$ idem ut $K+K+K$ etc. Eadem signa etiam ad formas transferri possent, ita ut $(a, b, c)+(a', b', c')$ designaret formam ex (a, b, c), (a', b', c') compositam: sed ne vel species ambiguitatis oriri possit, hac abbreviatione abstinere malumus, praesertim quod tali signo $\sqrt{M}(a, b, c)$ significationem peculiarem iam tribuimus. — Classem $2K$ ex *duplicatione* classis K oriri dicemus, classem $3K$ ex *triplicatione* etc.

250.

Si D est numerus per mm divisibilis (ubi ipsum m positivum supponimus): dabitur ordo formarum determinantis D ex ordine proprie primitivo determinantis $\frac{D}{mm}$ derivatus (sive *duo*, quando D est negativus, nempe positivus et negativus); manifesto forma $(m, 0, -\frac{D}{m})$ ad illum ordinem pertinebit (scilicet ad positivum) meritoque tamquam *forma simplicissima* in eo considerari potest (sicuti $(-m, 0, \frac{D}{m})$ erit simplicissima in ordine negativo quando D neg.). Si insuper est $\frac{D}{mm}\equiv 1 \pmod{4}$, dabitur etiam ordo formarum det. D ex improprie primitivo det. $\frac{D}{mm}$ derivatus, ad quem manifesto forma $(2m, m, \frac{mm-D}{2m})$ pertinebit et pro simplicissima in eodem habebitur. (Quando D est neg., rursus duo ordines dabuntur et in negativo forma $(-2m, -m, \frac{D-mm}{2m})$ pro simplicissima habebitur). Ita *e.g.*, si etiam eum casum ubi $m=1$ huc referre lubet, in quatuor ordinibus formarum det. 45 sequentes erunt simplicissimae $(1, 0, -45)$, $(2, 1, -22)$, $(3, 0, -15)$, $(6, 3, -6)$. Quibus ita intellectis, offert se

Problema. *Proposita forma quacunque F ex ordine O, invenire formam proprie primitivam (positivam) eiusdem determinantis, ex cuius compositione cum forma in O simplicissima oriatur F.*

Sol. Sit forma $F = (ma, mb, mc)$ derivata e primitiva $f = (a, b, c)$ cuius determinans $= d$, supponamusque *primo*, f esse proprie primitivam. Primo observamus, si forte a ad $2dm$ non sit primus, certo dari alias formas ipsi (a, b, c) proprie aequivalentes, quarum termini primi hac proprietate sint praediti. Nam per art. 228 dantur numeri ad $2dm$ primi per formam illam repraesentabiles; sit talis numerus $a' = a\alpha\alpha + 2b\alpha\gamma + c\gamma\gamma$, supponamusque, (quod licet), α, γ esse inter se primos; tum, acceptis β, δ ita ut fiat $\alpha\delta - \beta\gamma = 1$, transeat f per substitutionem $\alpha, \beta, \gamma, \delta$ in formam (a', b', c'), quae illi proprie aequivalebit et proprietate praescripta erit praedita. Iam quum etiam F et $(a'm, b'm, c'm)$ proprie aequivaleant, facile perspicietur, sufficere eum casum considerare ubi a ad $2dm$ sit primus. Tunc (a, bm, cmm) erit forma proprie primitiva (si enim $a, 2bm, cmm$ divisorem communem haberent, hunc etiam $2dm = 2bbm - 2acm$ implicaret) eiusdem determinantis ut F, confirmaturque facile, F transmutari in productum e forma $(m, 0, -dm)$, quae, nisi F est forma negativa, erit simplicissima ordinis O, in (a, bm, cmm) per substitutionem $1, 0, -b, -cm;\ 0, m, a, bm$, unde per criterium in obs. 4. art. 235 concluditur, F ex $(m, 0, -dm)$ et (a, bm, cmm) esse compositam. Quando autem F est forma negativa, transibit in productum e forma simplicissima eiusdem ordinis $(-m, 0, dm)$ in positivam $(-a, bm, -cmm)$ per substitutionem $1, 0, b, -cm;\ 0, -m, -a, bm$, adeoque ex ipsis erit composita.

Secundo, si f est forma improprie primitiva, supponere licebit $\frac{1}{2}a$ ad $2dm$ esse primum; si enim haec proprietas in forma f locum nondum habet, inveniri potest forma ipsi f proprie aequivalens et hac proprietate praedita. Hinc autem sequitur facile, $(\frac{1}{2}a, bm, 2cmm)$ esse formam proprie primitivam eiusdem determinantis ut F; aeque facile confirmatur, F transire in productum e formis

$$(\pm 2m, \pm m, \pm\tfrac{1}{2}(m - dm)), \quad (\pm\tfrac{1}{2}a, bm, \pm 2cmm)$$

per substitutionem

$$1,\ 0,\ \tfrac{1}{2}(1\mp b),\ -cm;\quad 0,\ \pm 2m,\ \pm\tfrac{1}{2}a,\ (b\pm 1)m$$

ubi signa inferiora accipienda sunt quando F est forma negativa, superiora in casibus reliquis, adeoque ex his duabus formis esse compositam, quarum prior erit simplicissima ordinis O, posterior forma proprie primitiva (positiva).

251.

PROBLEMA. *Propositis duabus formis F, f eiusdem determinantis D et ad eundem ordinem O pertinentibus: invenire formam proprie primitivam determinantis D, quae cum f composita producat F.*

Sol. Sit φ forma simplicissima ordinis O; $\mathfrak{F}$, $\mathfrak{f}$ formae proprie primitivae det. D, quae cum φ compositae producant ipsas F. f resp.; denique f' forma proprie primitiva, quae cum $\mathfrak{f}$ composita producat $\mathfrak{F}$. Tunc forma F composita erit e tribus formis φ, $\mathfrak{f}$, f', sive e duabus f, f'. *Q. E. I.*

Quaevis itaque classis ordinis dati considerari potest tamquam composita ex quacunque classe data eiusdem ordinis et aliqua classe proprie primitiva eiusdem determinantis.

Pro determinante dato in singulis generibus eiusdem ordinis contentae sunt classes aeque multae.

252.

THEOREMA. *Pro determinante dato in singulis generibus eiusdem ordinis contentae sunt classes aeque multae.*

Dem. Pertineant genera G et H ad eundem ordinem, constet G ex n classibus K, K', $K''\ldots K^{n-1}$, sitque L classis aliqua e genere H. Investigetur per art. praec. classis proprie primitiva M eiusdem determinantis, ex cuius compositione cum K prodeat L, designenturque classes quae oriuntur ex compositione classis M cum K', $K''\ldots K^{n-1}$ resp. per L', $L''\ldots L^{n-1}$. Tunc ex obs. ultima art. 249 sequitur, omnes classes L, L', $L''\ldots L^{n-1}$ esse diversas, et per art. 248 omnes pertinebunt ad genus idem, *i. e.* ad genus H. Denique perspicietur facile, H alias classes praeter has continere non posse, quum quaevis classis generis H tamquam composita considerari possit ex M et alia classe eiusdem determinantis, quae necessario semper erit e genere G. Quocirca H perinde ut G continet n classes diversas. *Q. E. D.*

Comparantur multitudines classium in singulis generibus ordinum diversorum contentarum.

253.

Theorema praecedens supponit ordinis identitatem neque ad ordines diversos est extendendum. Ita *e.g.* pro determinante -171 dantur 20 classes positivae, quae reducuntur ad quatuor ordines: in ordine proprie primitivo duo continentur genera, utrumque sex classes complectitur; in ordine impr. primitivo duo genera quatuor classes possident, singula binas; in ordine derivato ex O. proprie prim. det. -19 unicum est genus tres classes complectens; denique O. derivatus ex impr. prim. det. -19 unicum genus habet ex una classe constans; perinde se habent classes negativae. Operae itaque pretium est, in principium generale inquirere, a quo nexus inter multitudines classium in diversis ordinibus pendeat. Supponamus, K, L esse duas classes ex eodem ordine (positivo) O determinantis D, atque M classem proprie primitivam eiusdem det., ex cuius compositione cum K oriatur L, qualis per art. 251 semper potest assignari. Iam in quibusdam casibus fieri potest, ut M sit *unica* classis pr. primitiva, quae cum K composita producat L; in aliis plures classes diversae pr. primitivae exstare possunt hac proprietate praeditae. Supponamus generaliter, dari r huiusmodi classes pr. primitivas, $M, M', M'' \ldots M^{r-1}$ quae singulae cum K compositae producant eandem classem L, designemusque illarum complexum per W. Porro sit L' alia classis ordinis O (a classe L diversa), atque N' classis pr. prim. det. D, quae cum L composita efficiat L', designeturque complexus classium $N'+M$, $N'+M'$, $N'+M'' \ldots N'+M^{r-1}$ (quae omnes erunt proprie primitivae et inter se diversae) per W'. Tunc perspicietur facile, K cum classe quacunque ex W' compositam producere L', unde concluditur, W et W' nullam classem communem habere; praeterea nullo negotio comprobatur, nullam classem pr. primitivam in complexu W' non contentam dari, quae cum K composita producat ipsam L'. Eodem modo patet, si L'' sit alia classis ordinis O a classibus L, L' diversa, dari r formas pr. primitivas tum inter se tum a formis W, W' diversas, quae singulae cum K compositae ipsam L'' producant, et perinde res se habebit pro omnibus reliquis classibus ordinis O. Quoniam vero quaevis classis pr. prim. (positiva) determinantis D cum K composita classem ordinis O producit, facile hinc colligitur, si multitudo omnium classium ordinis O sit n, multitudinem omnium classium proprie primitivarum (positivarum) eiusdem determinantis fore rn. Habemus itaque regulam generalem: Denotantibus K, L classes quascunque ordinis O, atque r multitudinem classium proprie primitivarum diversarum eiusdem determinantis, quae singulae cum K compositae ipsam L producunt, multitudo omnium classium in ordine proprie primitivo (positivo) r vicibus maior erit quam multitudo classium ordinis O.

Quum classes K, L in ordine O omnino ad libitum assumi possint, etiam classes identicas accipere licebit, et quidem e re erit ea classe uti, in qua continetur forma huius ordinis simplicissima. Quam itaque pro K et L assumendo, res eo reducta est, ut omnes classes proprie primitivae assignentur, quae cum K compositae ipsam K reproducant. Huc via sternitur per sequens

254.

Theorema. *Si $F=(A, B, C)$ est forma simplicissima ordinis O determinantis D, atque $f=(a, b, c)$ forma proprie primitiva eiusdem determinantis: per hanc formam f repraesentari poterit numerus AA, si F oritur per compositionem formarum f, F; et vice versa F ex se ipsa atque f composita erit, si AA per f repraesentari potest.*

Dem. I. Si F in productum fF transit per substitutionem p, p', p'', p'''; q, q', q'', q'''; ex art. 235 habemus

$$A(aq''q''-2bqq''+cqq)=A^3, \text{ unde } AA=aq''q''-2bqq''+cqq. \quad \text{Q. E. P}$$

II. Si *supponitur*, AA per f repraesentari posse, designentur valores indeterminatarum per quos hoc efficitur per q'', $-q$, sive sit $AA=aq''q''-2bqq''+cqq$ ponaturque

$$q''a-q(b+B)=Ap, \quad -qC=Ap', \quad q''(b-B)-qc=Ap''$$
$$-q''C=Ap''', \quad q''a-q(b-B)=Aq', \quad q''(b+B)-qc=Aq'''$$

Quo facto, facile confirmatur, F transire in productum fF per substitutionem p, p', p'', p'''; q, q', q'', q''', atque adeo ex f et F compositam esse, si modo omnes numeri p, p' etc. sint integri. Iam per descriptionem formae simplicissimae, B est vel 0 vel $\frac{1}{2}A$, adeoque $\frac{2B}{A}$ integer; indidem patet, $\frac{C}{A}$ semper esse integrum. Hinc $q'-p$, p', $q'''-p''$, p''' erunt integri, superestque adeo tantummodo ut probetur p et p'' esse integros. Fit autem

$$pp+\frac{2pqB}{A} = a-\frac{qqC}{A}, \quad p''p''+\frac{2p''q''B}{A} = c-\frac{q''q''C}{A}$$

quamobrem si $B=0$, fit

$$pp = a-\frac{qqC}{A}, \quad p''p'' = c-\frac{q''q''C}{A}$$

et proin p, p'' integri; si vero $B=\frac{1}{2}A$, fit

$$pp+pq = a-\frac{qqC}{A}, \quad p''p''+p''q'' = c-\frac{q''q''C}{A}$$

unde aeque facile concluditur, p et p'' in hoc quoque casu esse integros. Ex his colligitur, F ex f et F esse compositam. *Q. E. S.*

255.

Problema itaque eo reductum est, ut omnes classes proprie primitivas determinantis D assignare oporteat per quarum formas repraesentari potest AA. Manifesto AA repraesentari potest per quamvis formam, cuius terminus primus est vel AA vel quadratum partis aliquotae ipsius A; vice versa autem, si AA repraesentari potest per formam f, tribuendo ipsius indeterminatis valores αe, γe, quorum divisor communis maximus e, forma f per substitutionem α, β, γ, δ transibit in formam, cuius terminus primus $\frac{AA}{ee}$, formaque haec proprie aequivalebit formae f, si β, δ ita accipiuntur ut fiat $\alpha\delta-\beta\gamma=1$; unde patet, in quavis classe per cuius formas repraesentari possit AA, inveniri formas, quarum terminus primus sit AA vel quadratum partis aliquotae ipsius A. Res itaque in eo versatur, ut omnes classes proprie primitivae det. D eruantur, in quibus huiusmodi formae occurrant, quod obtinetur sequenti modo: Sint a, a', a'' etc. omnes divisores (positivi) ipsius A; investigentur omnes valores expr. $\sqrt{D}\,(\text{mod.}\, aa)$ inter 0 et $aa-1$ incl. siti, qui sint b, b', b'' etc. statuaturque

$$bb-D = aac, \quad b'b'-D = aac', \quad b''b''-D = aac'' \text{ etc.}$$

complexus formarum (aa, b, c), (aa, b', c') etc. designetur per V. Tunc facile perspicitur, in quavis classe det. D, in qua occurrat forma, cuius terminus primus aa, etiam aliquam formam ex V contentam esse debere. Simili modo eruantur omnes formae det. D, quarum terminus primus $a'a'$, medius inter 0 et $a'a'-1$ incl. situs, designeturque ipsarum complexus per V'; eademque ratione sit V''

complexus similium formarum quarum terminus primus $a''a''$ etc. Eiiciantur ex V, V', V'' etc. omnes formae, quae non sunt proprie primitivae, reducantur reliquae in classes, et, si forte plures adsint ad eandem classem pertinentes, in singulis classibus una tantum retineatur. Hoc modo omnes classes quaesitae habebuntur, eritque harum multitudo ad unitatem, ut multitudo omnium classium proprie primitivarum (positivarum) ad multitudinem classium in ordine O.

Ex. Sit $D = -531$, atque O ordo positivus derivatus ex ordine improprie primitivo det. -59, in quo forma simplicissima $(6, 3, 90)$ sive $A = 6$. Hic a, a', a'', a''' erunt $1, 2, 3, 6$; V continebit formam $(1, 0, 531)$; V' has $(4, 1, 133)$, $(4, 3, 135)$; V'' has $(9, 0, 59)$, $(9, 3, 60)$, $(9, 6, 63)$; denique V''' has $(36, 3, 15)$, $(36, 9, 17)$, $(36, 15, 21)$, $(36, 21, 27)$, $(36, 27, 35)$, $(36, 33, 45)$: sed ex his duodecim formis sex sunt reiiciendae, puta ex V'' secunda et tertia, ex V''' prima, tertia, quarta et sexta, quae omnes sunt formae derivatae; sex reliquae omnes ad classes diversas pertinere inveniuntur. Revera multitudo classium proprie primitivarum (positivarum) det. -531 est 18, multitudoque classium impr. primitivarum (pos.) det. -59 (sive multitudo classium det. -531 ex his derivatarum) 3, adeoque illa ad hanc ut 6 ad 1.

256.

Solutio haec per observationes sequentes generales adhuc magis illustrabitur.

I. Si ordo O est derivatus ex ordine proprie primitivo, metietur AA ipsum D; si vero O est impr. primitivus vel ex impr. prim. derivatus, erit A par, D per $\frac{1}{4}AA$ divisibilis et quotiens $\equiv 1 \pmod{4}$. Hinc quadratum cuiusvis divisoris ipsius A metietur vel ipsum D, vel saltem ipsum $4D$, et in casu posteriori quotiens semper erit $\equiv 1 \pmod{4}$.

II. Si aa ipsum D metitur, omnes valores expr. $\sqrt{D} \pmod{aa}$, qui quidem inter 0 et $aa-1$ iacent, erunt $0, a, 2a \ldots aa-a$, adeoque a multitudo formarum in V; sed inter has tot tantummodo erunt proprie primitivae quot numerorum

$$\frac{D}{aa},\quad \frac{D}{aa}-1,\quad \frac{D}{aa}-4 \ldots \frac{D}{aa}-(a-1)^2$$

cum a divisorem communem non habent. Quando $a=1$, V ex unica forma constabit, $(1, 0, -D)$, quae semper erit proprie primitiva. Quando a est 2 vel potestas quaecunque ipsius 2, semissis illorum a numerorum par erunt, semissis impar; quare in V aderunt $\frac{1}{2}a$ formae proprie primitivae. Quando a est alius numerus primus p vel potestas numeri primi p, tres casus sunt distinguendi: scilicet, omnes illi a numeri ad a primi erunt, adeoque omnes formae in V pr. primitivae, si $\frac{D}{aa}$ per p non est divisibilis simulque non residuum quadraticum ipsius p; si vero p ipsum $\frac{D}{aa}$ metitur, in V erunt $\frac{(p-1)a}{p}$ formae pr. primitivae; denique si $\frac{D}{aa}$ est res. quadr. ipsius p per p non divisibile, in V erunt $\frac{(p-2)a}{p}$ formae pr. primitivae. Haec omnia nullo negotio demonstrantur. Generaliter autem posito $a = 2^\nu p^\pi q^\chi r^\rho \ldots$, designantibus p, q, r etc. numeros primos impares diversos, multitudo formarum pr. primitivarum in V erit $NPQR\ldots$, ubi statui debet

$$N = 1 \text{ (si } \nu = 0) \text{ vel } N = 2^{\nu-1} \text{ (si } \nu > 0)$$

$$P = p^\pi \text{ (si } \tfrac{D}{aa} \text{ est non-residuum quadr. ipsius } p) \text{ vel}$$

$$P = (p-1)p^{\pi-1} \text{ (si } \tfrac{D}{aa} \text{ per } p \text{ est divisibilis) vel}$$

$$P = (p-2)p^{\pi-1} \text{ (si } \tfrac{D}{aa} \text{ est res. qu. ipsius } p \text{ per } p \text{ non divisibile)}$$

Q, R etc. autem eodem modo ex q, r etc. sunt definiendi ut P ex p.

III. Si aa ipsum D non metitur, erit $\frac{4D}{aa}$ integer et $\equiv 1 \pmod{4}$, valoresque expr. $\surd D \,(\text{mod.}\, aa)$ hi $\frac{1}{2}a$, $\frac{3}{2}a$, $\frac{5}{2}a \ldots aa - \frac{1}{2}a$, unde multitudo formarum in V erit a, tot autem inter ipsas erunt proprie primitivae quot ex numeris

$$\frac{D}{aa} - \frac{1}{4},\quad \frac{D}{aa} - \frac{9}{4},\quad \frac{D}{aa} - \frac{25}{4} \;\ldots\; \frac{D}{aa} - (a - \tfrac{1}{2})^2$$

ad a sunt primi. Quoties $\frac{4D}{aa} \equiv 1 \pmod{8}$, omnes hi numeri erunt pares, adeoque in V nulla forma pr. primitiva; quando autem $\frac{4D}{aa} \equiv 5 \pmod{8}$, omnes illi numeri erunt impares, adeoque omnes formae in V pr. primitivae, si a est 2 vel potestas ipsius 2, generaliter autem in hoc casu tot formae pr. primitivae in V erunt, quot illorum numerorum per nullum divisorem primum imparem ipsius a sunt divisibiles. Multitudo haec erit $NPQR\ldots$, si $a = 2^\nu p^\pi q^\chi r^\rho \ldots$, ubi statuere oportet $N = 2$, ipsos P, Q, R etc. autem eodem modo ex p, q, r etc. derivare ut in casu praecedente.

IV. Hoc itaque modo multitudines formarum pr. primitivarum in V, V', V'' etc. definiri possunt; pro aggregato omnium harum multitudinum haud difficulter eruitur sequens regula generalis: Si $A = 2^\nu \mathfrak{A}^\alpha \mathfrak{B}^\beta \mathfrak{C}^\gamma \ldots$, designantibus $\mathfrak{A}$, $\mathfrak{B}$, $\mathfrak{C}$ etc. numeros primos impares diversos, multitudo totalis omnium formarum pr. primitivarum in V, V', V'' etc. erit $= \frac{A\mathfrak{n}\mathfrak{a}\mathfrak{b}\mathfrak{c}\ldots}{2\mathfrak{A}\mathfrak{B}\mathfrak{C}\ldots}$, ubi statui debet

$\mathfrak{n} = 1$ (si $\frac{4D}{AA} \equiv 1$, mod. 8), vel

$\mathfrak{n} = 2$ (si $\frac{D}{AA}$ integer), vel

$\mathfrak{n} = 3$ (si $\frac{4D}{AA} \equiv 5$, mod. 8); porro

$\mathfrak{a} = \mathfrak{A}$ (si $\mathfrak{A}$ ipsum $\frac{4D}{AA}$ metitur), vel

$\mathfrak{a} = \mathfrak{A} \pm 1$ (si $\mathfrak{A}$ ipsum $\frac{4D}{AA}$ non metitur, accipiendo signum superius vel inferius prout $\frac{4D}{AA}$ est non-residuum vel res. qu. ipsius $\mathfrak{A}$)

denique $\mathfrak{b}$, $\mathfrak{c}$ etc. eodem modo ex $\mathfrak{B}$, $\mathfrak{C}$ derivari ut $\mathfrak{a}$ ex $\mathfrak{A}$. Demonstrationem fusius hic explicare, brevitas non permittit.

V. Iam quod attinet ad multitudinem classium, quas suppeditant formae pr. primitivae in V, V', V'' etc., tres casus sequentes sunt distinguendi.

Primo, quando D est numerus negativus, singulae formae pr. primitivae in V, V etc. constituent classem peculiarem, sive multitudo ipsa classium quaesitarum exprimetur per formulam in observ. praec. traditam, duobus casibus exceptis, scilicet ubi $\frac{4D}{AA}$ vel $= -4$ vel $= -3$, sive ubi D vel $= -AA$ vel $= -\frac{3}{4}AA$. Ad demonstrationem huius theorematis manifesto ostendi tantummodo debet, fieri non posse, ut duae formae diversae ex V, V', V'' etc. sint proprie aequivalentes. Supponamus itaque, (hh, i, k), $(h'h', i', k')$ esse duas formas diversas pr. primitivas ex V, V', V'' etc. ad eandem classem pertinentes, transeatque prior in posteriorem per substitutionem propriam $\alpha, \beta, \gamma, \delta$; unde habebuntur aequationes

$$\alpha\delta - \beta\gamma = 1,\quad hh\alpha\alpha + 2i\alpha\gamma + k\gamma\gamma = h'h',\quad hh\alpha\beta + i(\alpha\delta + \beta\gamma) + k\gamma\delta = i'$$

Hinc facile concluditur, *primo* γ certo non esse $= 0$ (unde sequeretur, esse $\alpha = \pm 1$, $hh = h'h'$, $i' \equiv i \pmod{hh}$ adeoque formas propositas identicas, contra hyp.); *secundo*, γ divisibilem esse per divisorem maximum communem numerorum h, h'; (ponendo enim hunc divisorem $= r$, hic manifesto etiam metietur ipsos $2i$, $2i'$, ad k vero erit primus; praeterea rr metietur ipsum $hhk - h'h'k' = ii - i'i'$; unde facile deducitur, r etiam metiri ipsum $i - i'$; habetur autem $\alpha i' - \mathfrak{b} h'h' = \alpha i + \gamma k$, unde γk et proin etiam γ divisibilis erit per r); *tertio*, esse $(\alpha hh + \gamma i)^2 - D\gamma\gamma = hhh'h'$. Ponendo itaque $\alpha hh + \gamma i = rp$, $\gamma = rq$, p et q erunt integri quorum posterior non $= 0$, atque $pp - Dqq = \frac{hhh'h'}{rr}$. Sed $\frac{hhh'h'}{rr}$ erit numerus minimus per hh et $h'h'$ simul divisibilis adeoque ipsum AA et proin etiam ipsum $4D$ metietur, quare $\frac{4Drr}{hhh'h'}$ erit integer (negativus), quem statuendo $= -e$, erit $pp - Dqq = -\frac{4D}{e}$ sive $4 = (\frac{2rp}{hh'})^2 + eqq$, in qua aequatione pars $(\frac{2rp}{hh'})^2$ tamquam quadratum ipso 4 minus necessario erit vel 0 vel 1. In casu priori erit $eqq = 4$, et $D = -(\frac{hh'}{rq})^2$, unde sequitur, $\frac{4D}{AA}$ esse quadratum signo negativo affectum adeoque certo non $\equiv 1$ (mod. 4), neque adeo O ordinem improprie primitivum neque ex improprie primitivo derivatum. Hinc $\frac{D}{AA}$ erit integer, unde facile deducitur, e per 4 esse divisibilem, $qq = 1$, $D = -(\frac{hh'}{r})^2$ atque etiam $\frac{AA}{D}$ integrum. Hinc necessario erit $D = -AA$ sive $\frac{D}{AA} = -1$, quae est exceptio prima. In casu posteriori erit $eqq = 3$, unde $e = 3$ et $4D = -3(\frac{hh'}{r})^2$; hinc $3(\frac{hh'}{rA})^2$ erit integer, qui, quoniam per quadratum integrum $(\frac{rA}{hh'})^2$ multiplicatus producit 3, non poterit esse alius quam 3; hinc $4D = -3AA$ sive $D = -\frac{3}{4}AA$, quae est exceptio secunda. In omnibus igitur reliquis casibus omnes formae pr. primitivae in V, V', V'' etc. ad classes diversas pertinebunt. — Pro casibus exceptis ea, quae ex disquisitione haud difficili sed hic brevitatis caussa supprimenda resultaverunt, apposuisse sufficiat. Scilicet in priori, ex formis pr. primitivis in V, V', V'' etc. binae semper ad eandem classem pertinebunt, in posteriori ternae, ita ut multitudo omnium classium quaesitarum in illo casu fiat semissis, in hoc triens valoris expressionis in obs. praec. traditae.

Secundo quando D est numerus positivus quadratus: singulae formae pr. primitivae in V, V', V'' etc. sine exceptione classem peculiarem constituunt. Supponamus enim, (hh, i, k), $(h'h', i', k')$ esse duas tales formas diversas proprie aequivalentes, transeatque prior in posteriorem per substitutionem propriam $\alpha, \mathfrak{b}, \gamma, \delta$. Tum patet, omnia ratiocinia pro casu praec. adhibita, in quibus non supponatur D esse negativum, etiam hic valere. Designantibus itaque p, q, r

idem ut illic, etiam hic erit $\frac{4Drr}{hhh'h'}$ integer, at non amplius negativus sed positivus insuperque quadratus, quo posito $= gg$, erit $(\frac{2rp}{hh'})^2 - ggqq = 4$, *Q. E. A.*, quia differentia duorum quadratorum nequit esse 4, nisi quadratum minus fuerit 0; quamobrem suppositio consistere nequit.

Pro casu *tertio* autem, ubi D est numerus positivus non quadratus, regulam generalem pro comparanda multitudine formarum pr. primitivarum in V, V', V'' etc. cum multitudine classium diversarum inde resultantium hucusque non habemus. Id quidem asserere possumus, hanc vel illi aequalem vel ipsius partem aliquotam esse; quin etiam nexum singularem inter quotientem horum numerorum et valores minimos ipsorum t, u aequationi $tt - Duu = AA$ satisfacientes deteximus, quem hic explicare nimis prolixum foret; an vero possibile sit, illum quotientem in omnibus casibus ex sola inspectione numerorum D, A cognoscere (ut in casibus praecc.), de hac re nihil certi pronunciare possumus. Ecce quaedam exempla, quorum numerum quisque facile augere poterit. Pro $D = 13$, $A = 2$, multitudo formarum pr. prim. in V etc. est 3, quae omnes sunt aequivalentes sive unicam classem efficiunt; pro $D = 37$, $A = 2$, etiam tres formae pr. prim. in V etc. habentur, quae ad tres classes diversas pertinent; pro $D = 588$, $A = 7$, habentur octo formae pr. prim. in V etc. quae efficiunt quatuor classes, pro $D = 867$, $A = 17$ in V etc. sunt 18 formae pr. primitivae totidem pro $D = 1445$, $A = 17$, sed quae pro illo determinante in duas classes discedunt, pro hoc in sex.

VI. Ex applicatione huius theoriae generalis ad eum casum, ubi O est ordo improprie primitivus, colligitur, multitudinem classium in hoc ordine contentarum fore ad multitudinem omnium classium in ordine proprie primitivo, ut 1 ad multitudinem classium proprie primitivarum diversarum, quas hae tres formae $(1, 0, -D)$, $(4, 1, \frac{1-D}{4})$, $(4, 3, \frac{9-D}{4})$ efficiunt. Et quidem hinc resultabit unica classis, quando $D \equiv 1 \pmod{8}$, quia in hoc casu forma secunda et tertia sunt improprie primitivae; quando vero $D \equiv 5 \pmod{8}$, illae tres formae omnes erunt proprie primitivae totidemque classes diversas producent, si D est negativus, unico casu excepto, ubi $D = -3$, in quo unicam classem constituunt; denique casus ubi D est positivus (formae $8n + 5$) ad eos pertinet, pro quibus regula generalis hactenus desideratur. Id tamen asserere possumus, illas tres formas in hoc casu vel ad tres classes diversas pertinere vel ad unicam, numquam ad duas; facile enim perspicitur, si formae $(1, 0, -D)$, $(4, 1, \frac{1-D}{4})$, $(4, 3, \frac{9-D}{4})$ resp. pertineant ad classes K, K', K'', fore $K+K'=K'$, $K'+K'=K''$, adeoque, si K et K' identicae esse supponantur, etiam K' et K'' identicas fore; simili ratione si K et K'' supponuntur esse identicae, etiam K' et K'' erunt: denique quum sit $K'+K''=K$, ex suppositione, K' et K'' identicas esse, sequitur, etiam K et K'' coincidere; unde colligitur, vel omnes tres classes K, K', K'' esse diversas, vel omnes tres identicas. *E. g.* infra 600 dantur 75 numeri formae $8n+5$, inter quos sunt 16 determinantes pro quibus casus prior locum habet sive multitudo classium in ordine pr. primitivo ter maior est quam in impr. primitivo, puta 37, 101, 141, 189, 197, 269, 325, 333, 349, 373, 381, 389, 405, 485, 557, 573; pro 59 reliquis casus posterior valet, sive multitudo classium in utroque ordine est aequalis.

VII. Vix opus erit, observare, per disquisitionem praecedentem non solum multitudines classium in ordinibus diversis eiusdem determinantis comparari posse, sed illam etiam ad quosvis determinantes diversos qui rationem quadratorum inter se teneant esse applicabilem. Scilicet designante O ordinem quemcunque det. dmm, O' ordinem det. $dm'm'$, O comparari poterit cum ordine proprie primitivo det. dmm, atque hic cum ordine derivato ex ordine pr. prim. det. d, sive, quod respectu multitudinis classium eodem redit, cum hoc ordine ipso; et cum eodem prorsus simili ratione comparari poterit ordo O'

De multitudine classium ancipitum.

257.

Inter omnes classes in ordine dato determinantis dati imprimis classes ancipites disquisitionem uberiorem postulant, determinatioque multitudinis harum classium ad multa alia viam nobis aperiet. Sufficit autem, hanc multitudinem in solo ordine pr. primitivo assignare, quum casus reliqui ad hunc facile reduci possint. Hoc negotium ita absolvemus, ut primo omnes formas ancipites pr. primitivas (A, B, C) determinantis propositi D, in quibus vel $B=0$ vel $B=\frac{1}{2}A$, eruere, tunc ex harum multitudine multitudinem omnium classium ancipitum pr. primitivarum det. D invenire doceamus.

I. Omnes formae pr. primitivae $(A, 0, C)$ determinantis D manifesto inveniuntur, accipiendo pro A singulos divisores ipsius D (tum positive tum negative) pro quibus $C = -\frac{D}{A}$ fit primus ad A. Quando itaque $D = 1$, duae huiusmodi formae dantur $(1, 0, -1)$, $(-1, 0, 1)$; totidem quando $D = -1$, puta $(1, 0, 1)$, $(-1, 0, -1)$; quando D est numerus primus aut numeri primi potestas (sive signo positivo sive negativo), quatuor dabuntur $(1\ 0, -D)$, $(-1, 0, D)$, $(D, 0, -1)$, $(-D, 0, 1)$. Generaliter autem, quando D per n numeros primos diversos est divisibilis (inter quos hoc loco etiam 2 in computum ingredi debet): dabuntur omnino 2^{n+1} huiusmodi formae; scilicet posito $D = \pm PQR\ldots$, designantibus P, Q, R etc. numeros primos diversos aut numerorum primorum diversorum potestates, quorum multitudo $= n$, valores ipsius A erunt 1, P, Q, R etc. atque producta ex quotcunque horum numerorum; horum valorum multitudo fit per theoriam combinationum 2^n, sed duplicanda est, quoniam singulis valoribus tum signum positivum tum negativum tribuere oportet.

II. Simili modo patet, omnes formas pr. primitivas $(2B, B, C)$ determinantis D obtineri, si pro B accipiantur omnes divisores ipsius D (positive et negative), pro quibus $C = \frac{1}{2}(B - \frac{D}{B})$ fit integer et ad $2B$ primus. Quum itaque C necessario debeat esse impar, adeoque $CC \equiv 1 \pmod{8}$, ex $D = BB - 2BC = (B-C)^2 - CC$ sequitur, D esse vel $\equiv 3 \pmod{4}$, quando B impar, vel $\equiv 0 \pmod{8}$, quando B par; quoties itaque D alicui numerorum $1, 2, 4, 5, 6$ sec. mod. 8 est congruus, nullae huiusmodi formae dabuntur. Quando $D \equiv 3 \pmod{4}$, C fit integer et impar, quicunque divisor ipsius D pro B accipiatur; ne vero C divisorem comm. cum $2B$ habeat, B ita accipi debebit. ut $\frac{D}{B}$ ad B fiat primus; hinc pro $D = -1$ duae formae habentur $(2, 1, 1)$, $(-2, -1, -1)$, generaliterque facile perspicitur, si multitudo omnium numerorum primorum ipsum D metientium sit n, omnino emergere 2^{n+1} formas. — Quando D per 8 est divisibilis, C fit integer, accipiendo pro B divisorem quemcunque parem ipsius $\frac{1}{2}D$; conditioni alteri autem, ut $C = \frac{1}{2}B - \frac{D}{2B}$ ad $2B$ sit primus, satisfit *primo*, accipiendo pro B omnes divisores impariter pares ipsius D, pro quibus $\frac{D}{B}$ cum B divisorem communem non habet, quorum multitudo (habita ratione diversitatis signorum) erit 2^{n+1}, si D per n numeros primos impares diversos divisibilis esse supponitur; *secundo* accipiendo pro B omnes divisores pariter pares ipsius

$\frac{1}{2}D$, pro quibus $\frac{D}{2B}$ fit primus ad B, quorum multitudo quoque erit 2^{n+1}, ita ut in hoc casu omnino habeantur 2^{n+2} huiusmodi formae. Scilicet ponendo $D = \pm 2^{\mu} PQR\ldots$, designante μ exponentem maiorem quam 2; P, Q, R numeros primos impares diversos aut talium numerorum primorum potestates quorum multitudo n: *tum* pro $\frac{1}{2}B$, *tum* pro $\frac{D}{2B}$ accipi possunt valores 1, P, Q, R etc. productaque ex quotcunque horum numerorum, signo et positivo et negativo.

Ex his omnibus colligitur, si D per n numeros primos impares diversos divisibilis supponatur (statuendo $n = 0$, quando $D = \pm 1$ aut ± 2 aut potestas binarii), multitudinem omnium formarum pr. primitivarum (A, B, C), in quibus B vel 0 vel $\frac{1}{2}A$, fore 2^{n+1} quando D aut $\equiv 1$ aut $\equiv 5 \pmod{8}$; 2^{n+2} quando $D \equiv 2, 3, 4, 6$ aut $7 \pmod{8}$; denique 2^{n+3} quando $D \equiv 0 \pmod{8}$. Quam comparando cum iis quae in art. 231 pro multitudine omnium characterum possibilium formarum primitivarum det. D tradidimus, observamus, illam in omnibus casibus praecise esse duplo hac maiorem. Ceterum manifestum est, quando D sit negativus, inter illas formas totidem positivas affore quot negativas.

258.

Omnes formae in art. praec. erutae manifesto pertinent ad classes ancipites, et vice versa in quavis classe ancipite pr. primitiva det. D saltem una illarum formarum contenta esse debet; in tali enim classe certo adsunt formae ancipites et cuivis formae ancipiti pr. primitivae (a, b, c) det. D aliqua formarum art. praec. aequivalet, scilicet vel

$$(a, 0, -\frac{D}{a}) \text{ vel } (a, \tfrac{1}{2}a, \tfrac{1}{4}a - \frac{D}{a})$$

prout b vel $\equiv 0$ vel $\equiv \frac{1}{2}a \pmod{a}$. Problema itaque eo reductum est, ut quot classes diversas illae formae constituant, investigemus.

Si forma $(a, 0, c)$ est inter formas art. praec., forma $(c, 0, a)$ inter easdem occurret et ab illa semper erit diversa, unico casu excepto, ubi $a = c = \pm 1$ adeoque $D = -1$, quem aliquantisper seponemus. Quoniam vero hae formae manifesto ad eandem classem pertinent, sufficit unam retinere, et quidem reiiciemus eam, cuius terminus primus est maior quam tertius; eum casum, ubi $a = -c = \pm 1$ sive $D = 1$ quoque seponemus. Hoc modo omnes formas

$(A, 0, C)$ ad semissem reducere possumus, retinendo e binis semper unam; et in omnibus remanentibus erit $A < \sqrt{\pm D}$.

Simili modo si inter formas art. praec. occurrit forma $(2b, b, c)$, inter easdem reperietur

$$(4c-2b, 2c-b, c) = (-\tfrac{2D}{b}, -\tfrac{D}{b}, c)$$

quae illi proprie aequivalens et ab ipsa diversa erit, unico quem seponimus casu excepto, ubi $c = b = \pm 1$ sive $D = -1$. Ex his duabus formis eam retinere sufficit, cuius terminus primus est minor quam terminus primus alterius (magnitudine aequales, signis diversi in hoc casu esse nequeunt); unde patet, etiam omnes formas $(2B, B, C)$ ad semissem reduci posse, e binis unam semper eiiciendo; et in remanentibus esse $B < \frac{D}{B}$ sive $B < \sqrt{\pm D}$ Hoc modo ex omnibus formis art. praec. semissis tantum remanet, quarum complexum per W designabimus, nihilque superest, nisi ut ostendamus, quot classes diversae ex his formis oriantur. Ceterum manifestum est, in eo casu ubi D sit negativus, totidem formas positivas in W affore quot negativas.

I. Quando D est negativus, singulae formae in W pertinebunt ad classes diversas. Nam omnes formae $(A, 0, C)$ erunt reductae; similiter omnes formae $(2B, B, C)$ reductae erunt, praeter eas in quibus $C < 2B$; in tali vero forma erit $2C < 2B + C$; unde (quoniam $B < \frac{D}{B}$ *i.e.* $B < 2C - B$, adeoque $2B < 2C$, sive $B < C$), $2C - 2B < C$ et $C - B < \frac{1}{2}C$ et proin $(C, C-B, C)$, quae manifesto illi aequivalet, forma reducta. Hoc modo totidem formae reductae habentur, quot formae habentur in W, et quum facile perspiciatur, inter illas neque identicas neque oppositas occurrere posse, (unico casu excepto, ubi $C - B = 0$, in quo erit $B = C = \pm 1$, adeoque $D = -1$, quem iam seposuimus): omnes ad classes diversas pertinebunt. Hinc colligitur, multitudinem omnium classium ancipitum pr. primitivarum det. D multitudini formarum in W seu semissi multitudinis formarum art. praec. aequalem esse; in casu excepto autem $D = -1$ per compensationem idem evenit, scilicet duae classes habentur, ad quarum alteram pertinent formae $(1, 0, 1)$, $(2, 1, 1)$, ad alteram hae $(-1, 0, -1)$, $(-2, -1, -1)$. Generaliter itaque pro determinante negativo multitudo omnium classium ancipitum pr. prim. aequalis est multitudini omnium characterum assignabilium formarum primitivarum huius determinantis; multitudo classium ancipitum pr. prim. positivarum autem semissis erit.

II. Quando D est positivus quadratus $=hh$, haud difficile demonstratur, singulas formas in W ad classes diversas pertinere; sed pro hoc casu ad problematis solutionem adhuc brevius sequenti modo pervenire possumus. Quum per art. 210 in quavis classe ancipite pr. prim. det. hh, neque in ulla alia, contineatur forma reducta una $(a, h, 0)$, in qua a est valor expr. $\sqrt{1}$ (mod. $2h$) inter 0 et $2h-1$ incl. situs: perspicuum est, totidem classes ancipites pr. prim. det. hh dari, quot valores expressio illa habeat. Ex art. 105 autem nullo negotio deducitur, multitudinem horum valorum esse 2^n vel 2^{n+1} vel 2^{n+2}, prout h sit impar vel impariter par vel pariter par, sive prout $D\equiv 1$ vel $\equiv 4$ vel $\equiv 0$ (mod. 8), designante n multitudinem divisorum primorum imparium ipsius h sive ipsius D. Hinc colligitur, multitudinem classium ancipitum pr. prim. semper esse semissem multitudinis omnium formarum in art. praec. erutarum, sive multitudini formarum in W vel omnium characterum possibilium aequalem.

III. Quando D est positivus non-quadratus, ex singulis formis (A, B, C) in W contentis alias deducamus (A, B', C'), accipiendo $B'\equiv B$ (mod. A) et inter limites $\sqrt{D}$ et $\sqrt{D}\mp A$ (ubi signum superius vel inferius adhibendum, prout A est pos. vel neg.) atque $C'=\frac{B'B'-D}{A}$; designemusque harum complexum per W' Manifesto hae formae erunt proprie primitivae ancipites det. D, atque omnes inter se diversae: praeterea vero omnes erunt formae reductae. Quando enim $A<\sqrt{D}$, B' manifesto erit $<\sqrt{D}$ atque positivus; praeterea $B'>\sqrt{D}\mp A$ adeoque $A>\sqrt{D}-B'$ et proin A, positive acceptus, certo inter $\sqrt{D}+B'$ et $\sqrt{D}-B'$ situs. Quando vero $A>\sqrt{D}$, non poterit esse $B=0$ (quippe quas formas eiecimus), sed erit necessario $B=\frac{1}{2}A$; hinc B' magnitudine ipsi $\frac{1}{2}A$ aequalis, signo positivus (quoniam enim $A<2\sqrt{D}$, $\pm\frac{1}{2}A$ iacebit inter limites ipsi B' assignatos, ipsique B sec. mod. A erit congruus; quare $B'=\pm\frac{1}{2}A$), proin $B'<\sqrt{D}$, unde $2B'<\sqrt{D}+B'$ sive $A<\sqrt{D}+B'$, quamobrem $\pm A$ necessario inter limites $\sqrt{D}+B'$ et $\sqrt{D}-B'$ iacebit. Denique W' omnes formas reductas pr. prim. ancipites det. D continebit; si enim (a, b, c) est huiusmodi forma, erit vel $b\equiv 0$, vel $b\equiv\frac{1}{2}a$ (mod. a). In casu priori manifesto non poterit esse $b<a$ neque adeo $a>\sqrt{D}$, quapropter forma $(a, 0, -\frac{D}{a})$ certo contenta erit in W, et respondens (a, b, c) in W'; in posteriori certo erit $a < 2\sqrt{D}$, adeoque $(a, \frac{1}{2}a, \frac{1}{4}a - \frac{D}{a})$ in W contenta, atque respondens (a, b, c) in W'. Ex his colligitur, multitudinem formarum in W aequalem esse multitudini omnium formarum reductarum ancipitum pr. prim. det. D; quoniam vero in singulis classibus ancipitibus *binae* formae reductae ancipites continentur (artt. 187, 194), multitudo omnium classium ancipitum pr. prim. det. D erit semissis multitudinis formarum in W, sive semissis multitudinis omnium characterum assignabilium.

259.

Multitudo classium ancipitum improprie primitivarum determinantis dati D multitudini proprie primitivarum eiusdem det. semper est aequalis. Sit K classis principalis, atque K', K'' etc. reliquae classes ancipites pr. primitivae huius determinantis; L aliqua classis anceps improprie primitiva eiusdem det., *e. g.* ea in qua est forma $(2, 1, \frac{1}{2} - \frac{1}{2}D)$. Prodibit itaque ex compositione classis L cum K classis L ipsa; ex compositione classis L cum K', K'' etc. provenire supponamus classes L', L'' etc. resp., quae manifesto omnes ad eundem determinantem D pertinebunt, atque improprie primitivae et ancipites erunt. Patet itaque, theorema demonstratum fore, simulac probatum fuerit, omnes classes L, L', L'' etc. esse diversas, aliasque ancipites impr. prim. det. D praeter illas non dari. Ad hunc finem sequentes casus distinguimus:

I. Quando multitudo classium impr. primitivarum multitudini pr. primitivarum aequalis est, quaevis illarum oritur ex compositione classis L cum classe determinata proprie primitiva, unde necessario omnes L, L', L'' etc. erunt diversae. Designante autem $\mathfrak{L}$ classem quamcunque ancipitem impr. prim. det. D, dabitur classis proprie primitiva $\mathfrak{K}$ talis ut sit $\mathfrak{K} + L = \mathfrak{L}$; si classi $\mathfrak{K}$ opposita est classis $\mathfrak{K}'$ erit etiam (quoniam classes L, $\mathfrak{L}$ sibi ipsae oppositae sunt) $\mathfrak{K}' + L = \mathfrak{L}$, unde necessario $\mathfrak{K}$ cum $\mathfrak{K}'$ identica erit, adeoque classis anceps: hinc $\mathfrak{K}$ reperietur inter classes K, K', K'' etc. atque $\mathfrak{L}$ inter has L, L', L'' etc.

II. Quando multitudo classium improprie primitivarum ter minor est quam multitudo classium pr. primitivarum, sit H classis in qua est forma $(4, 1, \frac{1-D}{4})$, H' ea in qua est forma $(4, 3, \frac{9-D}{4})$, eruntque H, H' proprie primitivae et tum inter se tum a classe principali K diversae, atque $H+H'=K$; $2H=H'$, $2H'=H$; et si $\mathfrak{L}$ est classis quaecunque improprie primitiva det. D, quae oritur ex compositione classis L cum proprie primitiva $\mathfrak{K}$, erit etiam $\mathfrak{L}=L+\mathfrak{K}+H$ et $\mathfrak{L}=L+\mathfrak{K}+H'$; praeter tres classes (pr. prim. atque diversas) $\mathfrak{K}$, $\mathfrak{K}+H$, $\mathfrak{K}+H'$ aliae non dabuntur, quae cum L compositae ipsam $\mathfrak{L}$ producant. Quoniam igitur, si $\mathfrak{L}$ est anceps atque $\mathfrak{K}'$ ipsi $\mathfrak{K}$ opposita, etiam $L+\mathfrak{K}'=\mathfrak{L}$, necessario $\mathfrak{K}'$ cum aliqua illarum trium classium identica erit. Si $\mathfrak{K}'=\mathfrak{K}$, erit $\mathfrak{K}$ anceps; si $\mathfrak{K}'=\mathfrak{K}+H$, erit $K=\mathfrak{K}+\mathfrak{K}'=2\mathfrak{K}+H=2(\mathfrak{K}+H')$ adeoque $\mathfrak{K}+H'$ anceps; similiterque si $\mathfrak{K}'=\mathfrak{K}+H'$ erit $\mathfrak{K}+H$ anceps, unde concluditur, $\mathfrak{L}$ inter classes L, L', L'' etc. necessario reperiri. Facile autem perspicitur, inter tres classes $\mathfrak{K}$, $\mathfrak{K}+H$, $\mathfrak{K}+H'$ plures ancipites esse non posse; si enim tum $\mathfrak{K}$ tum $\mathfrak{K}+H$ ancipites essent sive cum oppositis suis $\mathfrak{K}'$, $\mathfrak{K}'+H'$ resp. identicae, foret $\mathfrak{K}+H=\mathfrak{K}+H'$; eadem conclusio resultat ex suppositione, $\mathfrak{K}$ et $\mathfrak{K}+H'$ esse ancipites; denique si $\mathfrak{K}+H$, $\mathfrak{K}+H'$ ancipites sive cum oppositis suis $\mathfrak{K}'+H'$, $\mathfrak{K}'+H$ identicae essent, fieret $\mathfrak{K}+H+\mathfrak{K}'+H=\mathfrak{K}'+H'+\mathfrak{K}+H'$, unda $2H=2H'$, sive $H'=H$. Quamobrem unica tantum classis anceps pr. prim. dabitur, quae cum L composita ipsam $\mathfrak{L}$ producit, adeoque omnes L, L', L'' etc. erunt diversae.

Multitudo classium ancipitum in ordine *derivato* manifesto aequalis est multitudini classium ancipitum in ordine primitivo, ex quo est derivatus, adeoque per praecedentia semper poterit assignari.

260.

PROBLEMA. *Classis proprie primitiva K determinantis D oritur ex duplicatione classis proprie primitivae k eiusdem determinantis: quaeruntur* o m n e s *similes classes, ex quarum duplicatione classis K oritur.*

Sol. Sit H classis principalis det. D atque H', H'', H''' etc. reliquae classes ancipites pr. primitivae eiusdem determinantis; classes quae ex harum compositione cum k oriuntur, $k+H'$, $k+H''$, $k+H'''$ designentur per k', k'', k''' etc. Tunc omnes classes k, k', k'' etc. erunt pr. primitivae det. D et inter se diversae; aeque facile perspicitur, ex singularum duplicatione oriri classem K. Denotante autem $\mathfrak{K}$ classem quamcunque pr. prim. det. D, quae duplicata producit classem K, necessario inter classes k, k', k'' etc. contenta erit. Ponatur enim $\mathfrak{K}=k+\mathfrak{H}$ ita ut $\mathfrak{H}$ sit classis pr. prim. det. D (art. 249), eritque

$2k + 2\mathfrak{H} = 2\mathfrak{K} = K = 2k$, unde facile concluditur, $2\mathfrak{H}$ coincidere cum classe principali, $\mathfrak{H}$ esse ancipitem sive inter H, H', H'' etc. contentam, atque $\mathfrak{K}$ inter k, k', k'' etc.; quamobrem hae classes completam problematis solutionem exhibent.

Ceterum manifestum est, in eo casu, ubi D sit negativus, e classibus k, k', k'' etc. semissem fore classes positivas, semissem negativas.

Quum igitur quaevis classis pr. prim. det. D, quae ex ullius classis similis duplicatione oriri potest, omnino ex totidem classium similium duplicatione proveniat, quot classes ancipites pr. prim. det. D dantur: perspicuum est, si multitudo cunctarum classium pr. prim. det. D sit r, multitudo omnium classium ancipitum pr. prim. huius det. n, multitudinem omnium classium pr. prim eiusdem det. quae ex duplicatione similis classis produci possint, fore $\frac{r}{n}$ Eadem formula resultat, si, pro det. negativo, characteres r, n multitudinem classium *positivarum* designant, ille *omnium* pr. prim., hic solarum ancipitum. Ita *e.g.* pro $D = -161$ multitudo omnium classium pr. prim. positivarum est 16, multitudo ancipitum 4, unde multitudo omnium classium, quae per duplicationem alicuius classis oriri possunt, debebit esse 4. Et revera invenitur, omnes classes in genere principali contentas hac proprietate esse praeditas; scilicet classis principalis $(1, 0, 161)$ oritur ex duplicatione quatuor classium ancipitum; $(2, 1, 81)$ ex duplicatione classium $(9, 1, 18)$, $(9, -1, 18)$, $(11, 2, 15)$, $(11, -2, 15)$; $(9, 1, 18)$ ex dupl. classium $(3, 1, 54)$, $(6, 1, 27)$, $(5, -2, 33)$, $(10, 3, 17)$; denique $(9, -1, 18)$ ex duplicatione classium $(3, -1, 54)$, $(6, -1, 27)$, $(5, 2, 33)$, $(10, -3, 17)$.

Certe semissi omnium characterum pro determinante dato assignabilium genera proprie primitiva (positiva pro det. neg.) respondere nequeunt.

261.

THEOREMA. *Semissi omnium characterum assignabilium pro determinante positivo non-quadrato nulla genera proprie primitiva respondere possunt; pro determinante negativo autem nulla genera proprie primitiva positiva.*

Dem. Sit m multitudo omnium generum proprie primitivorum (positivorum) determinantis D; k multitudo classium in singulis generibus contentarum, ita ut km sit multitudo omnium classium proprie primitivarum (positivarum); n multitudo omnium characterum diversorum pro hoc det. assignabilium. Tunc per art. 258 multitudo omnium classium ancipitum (positivarum) pr. primitivarum erit $\frac{1}{2}n$; hinc per art. praec. multitudo omnium classium pr. prim., quae ex duplicatione similis classis oriri possunt, erit $\frac{2km}{n}$ Sed per art. 247 hae classes omnes pertinent ad genus principale, in quo continentur k classes; si itaque omnes classes generis principalis ex duplicatione alicuius classis provenire possunt (quod revera semper locum habere in sequentibus demonstrabitur), erit $\frac{2km}{n} = k$, sive $m = \frac{1}{2}n$; certo autem nequit esse $\frac{2km}{n} > k$ neque adeo $m > \frac{1}{2}n$. Quoniam itaque multitudo omnium generum pr. prim. (positivorum) certo non est maior quam semissis omnium characterum assignabilium: ad minimum horum semissi talia genera respondere nequeunt. *Q. E. D.* — Ceterum probe notandum est, hinc nondum sequi, semissi omnium characterum assignabilium revera respondere genera pr. prim. (positiva), sed huius propositionis gravissimae veritas infra demum e reconditissimis numerorum mysteriis enodari poterit.

Quum pro determinante negativo totidem genera negativa semper exstent quot positiva, manifesto ex omnibus characteribus assignabilibus non plures quam semissis generibus pr. prim. negativis competere possunt, de qua re ut et de generibus impr. prim. infra loquemur. Denique observamus, theorema ad determinantes positivos quadratos non extendi, pro quibus nullo negotio perspicitur singulis characteribus assignabilibus genera revera respondere.

Theorematis fundamentalis et reliquorum theorematum ad residua -1, $+2$, -2 *pertinentium demonstratio secunda.*

262.

In eo itaque casu, ubi pro determinante non-quadrato dato D duo tantummodo characteres diversi assignari possunt, unico tantum genus pr. primitivum (positivum) respondebit, (quod non poterit esse aliud quam genus principale), alter nulli formae pr. prim. (pos.) illius determinantis competet. Hoc evenit pro determinantibus -1, 2, -2, -4, numeris primis formae $4n+1$ positive, iisque formae $4n+3$ negative acceptis, denique pro omnibus numerorum primorum formae $4n+1$ potestatibus exponentis imparis positive sumtis, et pro potestatibus numerorum primorum formae $4n+3$ positive vel negative sumtis prout exponentes sunt pares vel impares. Ex hoc principio methodum novam haurire possumus, non modo theorema fundamentale, sed etiam reliqua theoremata Sect. praec. ad residua -1, $+2$, -2 pertinentia demonstrandi, quae a methodis in

Sect. praec. adhibitis omnino est diversa, elegantiaque his neutiquam inferior aestimanda videtur. Determinantem -4 autem, et qui sunt numerorum primorum potestates, quum nihil novi doceant, praeteribimus.

Pro determinante -1 itaque nulla forma positiva datur, cuius character sit $3, 4$; pro determinante $+2$ nulla omnino forma, cuius character sit 3 *et* $5, 8$; pro determinante -2 nulli formae positivae competet character 5 *et* $7, 8$; pro determinante $+p$, si p est numerus primus formae $4n+1$, vel pro determinante $-p$, si p est numerus primus formae $4n+3$, nulli formae pr. pr. (positivae in casu post.) competet character Np. Hinc theoremata Sect. praec. sequenti modo demonstramus:

I. Est -1 non-residuum cuiusvis numeri (positivi) formae $4n+3$. Si enim -1 residuum talis numeri A esset, faciendo $-1 = BB - AC$, foret (A, B, C) forma positiva det. -1, cuius character $3, 4$.

II. Est -1 residuum cuiusvis numeri primi p formae $4n+1$. Nam character formae $(-1, 0, p)$, sicuti omnium proprie primitivarum det. p erit Rp, adeoque $-1\,Rp$.

III. Tum $+2$ tum -2 est residuum cuiusvis numeri primi p formae $8n+1$. Nam vel formae $(8, 1, \frac{1-p}{8})$, $(-8, 1, \frac{p-1}{8})$, vel hae $(8, 3, \frac{9-p}{8})$, $(-8, 3, \frac{p-9}{8})$ erunt proprie primitivae (prout n impar vel par), adeoque ipsarum character Rp: hinc $+8\,Rp$ et $-8\,Rp$, unde etiam $2\,Rp$, $-2\,Rp$.

IV Est $+2$ non-residuum cuiusvis numeri formae $8n+3$ aut $8n+5$. Si enim esset residuum talis numeri A, daretur forma (A, B, C) determinantis $+2$, cuius character 3 *et* $5, 8$.

V Simili modo -2 est non-residuum cuiusvis numeri formae $8n+5$ aut $8n+7$, alioquin enim daretur forma (A, B, C) determinantis -2, cuius character 5 *et* $7, 8$.

VI. Est -2 residuum cuiusvis numeri primi p formae $8n+3$. Hanc propositionem per methodum duplicem demonstrare licet. *Primo*, quum per IV sit $+2\,Np$, atque per I, $-1\,Np$ necessario erit $-2\,Rp$. Demonstratio *secunda* petitur ex consideratione determinantis $+2p$, pro quo quatuor characteres sunt assignabiles, puta Rp, 1 *et* $3, 8$; Rp, 5 *et* $7, 8$; Np, 1 *et* $3, 8$; Np, 5 *et* $7, 8$. ex quibus igitur saltem duobus nulla genera respondebunt. Iam formae

$(1, 0, -2p)$ competit character primus; formae $(-1, 0, 2p)$ quartus; quare qui reiici debent sunt secundus atque tertius. Quum itaque character formae $(p, 0, -2)$ relative ad numerum 8 sit 1 *et* 3, 8, ipsius character relative ad p non poterit esse alius quam Rp, unde $-2Rp$.

VII. Est $+2$ residuum cuiusvis numeri primi p formae $8n+7$, quod per methodum duplicem demonstrare licet. *Primo*, quum ex I et V sit $-1Np$, $-2Np$, erit $+2Rp$. *Secundo* quum vel $(8, 1, \frac{1+p}{8})$ vel $(8, 3, \frac{9+p}{8})$ sit forma proprie primitiva determinantis $-p$ (prout n par vel impar), ipsius character erit Rp, adeoque $8Rp$ et $2Rp$.

VIII. Quilibet numerus primus p formae $4n+1$ est non-residuum cuiusvis numeri imparis q, qui ipsius p non-residuum est. Patet enim, si p esset residuum ipsius q, dari formam proprie primitivam determinantis p, cuius character Np:

IX. Simili modo si numerus quicunque impar q est non-residuum numeri primi p formae $4n+3$, erit $-p$ non-residuum ipsius q; alioquin enim daretur forma positiva pr. primitiva determinantis $-p$ cuius character Np.

X. Quivis numerus primus p formae $4n+1$ est residuum cuiusvis alius numeri primi q, qui ipsius p residuum est. Si etiam q est formae $4n+1$, hoc statim sequitur ex VIII; si vero q est formae $4n+3$. erit etiam $-q$ residuum ipsius p (propter II) adeoque pRq (ex IX).

XI. Si numerus quicunque primus q est residuum alius numeri primi p formae $4n+3$, erit $-p$ residuum ipsius q. Si enim q est formae $4n+1$; ex VIII sequitur pRq, adeoque (per II), $-pRq$; casus autem ubi etiam q est formae $4n+3$, huic methodo se subducit, attamen facile ex consideratione determinantis $+pq$ absolvi potest. Scilicet quum ex quatuor characteribus pro hoc determinante assignabilibus Rp, Rq; Rp, Nq; Np, Rq; Np, Nq duobus nulla genera respondere possint, atque formarum $(1, 0, -pq)$, $(-1, 0, pq)$ characteres respective sint primus et quartus, character secundus et tertius nulli formae pr. prim. det. pq competere possunt. Quum itaque character formae $(q, 0, -p)$ resp. numeri p per hyp. sit Rp, eiusdem formae character respectu numeri q debet esse Rq, adeoque $-pRq$. *Q. E. D.*

Si in proposs. VIII et IX, q supponitur designare numerum primum, hae cum X et XI iunctae theorema fundamentale Sect. praec. exhibent.

Ea characterum semissis, quibus genera respondere nequeunt, propius determinantur.

263.

Postquam theorema fundamentale demonstratione nova comprobavimus, eam characterum semissem, quibus nullae formae pr. primitivae (positivae) respondere possunt, pro determinante quocunque non-quadrato dato discernere ostendemus, quod negotium eo brevius absolvere licebit, quum ipsius fundamentum iam in disquisitione artt. 147—150 sit contentum. Sit ee quadratum maximum, determinantem propositum D metiens, atque $D = D'ee$, ita ut D' nullum factorem quadratum implicet; porro sint a, b, c etc. omnes divisores primi impares ipsius D', adeoque D' sine respectu signi sui vel productum ex his numeris vel duplum huius producti. Designetur per Ω complexus characterum particularium Na, Nb, Nc etc., solus, quando $D' \equiv 1$ (mod. 4); adiuncto charactere 3, 4, quando $D' \equiv 3$ atque e impar aut impariter par; adiunctis his 3, 8 atque 7, 8, quando $D' \equiv 3$ atque e pariter par; adiuncto vel charactere 3 *et* 5, 8, vel duobus 3, 8 atque 5, 8, quando $D' \equiv 2$ (mod. 8) atque e vel impar vel par; denique adiuncto vel charactere 5 *et* 7, 8, vel duobus 5, 8 atque 7, 8, quando $D' \equiv 6$ (mod. 8) atque e vel impar vel par. His ita factis, omnibus characteribus integris, in quibus multitudo impar characterum particularium Ω continetur, nulla genera proprie primitiva (positiva) determinantis D respondere poterunt. In omnibus casibus characteres particulares, qui exprimunt relationem ad tales divisores primos ipsius D, qui ipsum D' non metiuntur, ad generum possibilitatem vel impossibilitatem nihil conferunt. — Ex theoria combinationum autem facillime perspicitur, hoc modo revera semissem omnium characterum integrorum assignabilium excludi.

Demonstratio horum praeceptorum adornatur sequenti modo. E principiis Sect. praec., sive theorematibus in art. praec. denuo demonstratis nullo negotio deducitur, si p sit numerus primus (impar positivus) ipsum D non metiens, cui aliquis e characteribus reiectis competat, D' implicare multitudinem imparem factorum, qui sint non-residua ipsius p, atque adeo D', et hinc etiam D, esse non-residuum ipsius p; porro facile perspicitur, productum e numeris quotcunque imparibus ad D primis, quorum nulli aliquis characterum reiectorum competat, etiam cum tali charactere consentire non posse; hinc vice versa perspicuum est, quemvis numerum imparem positivum ad D primum, cui aliquis characterum reiectorum conveniat, certe aliquem factorem primum eiusdem qualitatis implicare, adeoque D ipsius non-residuum esse. Si itaque forma proprie primitiva positiva) determinantis D daretur, alicui characterum reiectorum respondens, D foret non-residuum cuiusvis numeri positivi imparis ad ipsum primi per talem formam repraesentabilis, quod manifesto cum theoremate art. 154 consistere nequit.

Tamquam exempla conferantur classificationes in artt. 231, 232 traditae, quarum numerum quisque pro lubitu augere poterit.

264.

Hoc itaque modo pro quovis determinante non-quadrato dato omnes characteres assignabiles in duas species P, Q aequaliter distribuuntur, ita ut nulli characterum Q forma proprie primitiva (positiva) respondere possit, reliquis autem P, quantum quidem hucusque novimus, nihil obstet, quominus ad tales formas pertineant. Circa has characterum species notetur imprimis propositio sequens, quae ex ipsarum criterio facile deducitur: Si character ex P cum charactere ex Q componitur (ad normam art. 246 perinde ac si etiam huic genus responderet) prodibit character ex Q; si vero duo characteres ex P. vel duo ex Q componuntur, character resultans ad P pertinebit. Adiumento huius theorematis etiam pro generibus negativis atque improprie primitivis semissis omnium characterum assignabilium excludi potest sequenti modo.

I. Pro determinante negativo D genera negativa positivis hoc respectu prorsus contraria erunt, scilicet nullus characterum P pertinebit ad genus proprie primitivum negativum, sed haec genera omnia habebunt characteres ex Q. Quando enim $D' \equiv 1 \pmod{4}$, erit $-D'$ numerus positivus formae $4n+3$, adeoque inter a, b, c etc. multitudo impar numerorum formae $4n+3$, quorum singulorum non-residuum erit -1, unde patet, in characterem integrum formae $-1, 0$ D) in hoc casu ingredi multitudinem imparem characterum particularium ex Ω, sive illum pertinere ad Q; quando $D' \equiv 3 \pmod{4}$, ex simili ratione inter a, b, c etc. vel nullus numerus formae $4n+3$ reperietur, vel duo, vel quatuor etc., sed quum vel 3, 4 vel 3, 8 vel 7, 8 in hoc casu occurrat inter characteres particulares formae $(-1, 0, D)$, patet, characterem integrum huius formae etiam hic pertinere ad Q. Eadem conclusio aeque facile in casibus reliquis obtinetur, ita ut forma negativa $(-1, 0, D)$ semper habeat characterem ex Q Sed quoniam haec forma cum quacunque alia pr. primitiva negativa eiusdem det. composita similem formam positivam producit, facile perspicitur, nullam formam pr. prim. negativam characterem ex P habere posse.

II. Pro generibus improprie primitivis (positivis) simili modo probatur, rem vel eodem modo se habere ut in proprie primitivis, vel contrario, prout $D \equiv 1$ vel $\equiv 5$ (mod. 8). Nam in casu priori crit etiam $D' \equiv 1$ (mod. 8), unde facile concluditur, inter numeros a, b, c etc. vel nullum numerum formae $8n+3$ et $8n+5$ reperiri vel duos vel quatuor etc. (scilicet productum ex quotcunque numeris imparibus, inter quos numeri formae $8n+3$ et $8n+5$ coniunctim multitudinem imparem efficiunt, semper evadit vel $\equiv 3$ vel $\equiv 5$ (mod. 8), productum autem ex omnibus a, b, c etc. aequale esse debet vel ipsi D' vel ipsi $-D'$); hinc patet, characterem integrum formae $(2, 1, \frac{1-D}{2})$ involvere vel nullum characterem particularem ex Ω, vel duos vel quatuor etc., adeoque pertinere ad P. Iam quum quaevis forma improprie primitiva (positiva) determinantis D spectari possit tamquam composita ex $(2, 1, \frac{1-D}{2})$ atque proprie primitiva (positiva) eiusdem determinantis, perspicuum est, nullam formam improprie primitivam (positivam) characterem ex Q in hoc casu habere posse. In casu altero $D \equiv 5$ (mod. 8), omnia contraria sunt, scilicet D', qui etiam erit $\equiv 5$, certo multitudinem imparem factorum formae $8n+3$ atque $8n+5$ implicabit, unde concluditur, characterem formae $(2, 1, \frac{1-D}{2})$, atque hinc etiam characterem cuiusvis formae improprie primitivae (pos.) det. D pertinere ad Q, adeoque nulli characterum P genus impr. prim. pos. respondere posse.

III. Denique pro determinante negativo genera improprie primitiva negativa rursus contraria sunt generibus improprie primitivis positivis, scilicet illa non poterunt habere characterem ex P vel ex Q, prout $D \equiv 1$ vel $\equiv 5$ (mod. 8), sive prout $-D$ est formae $8n+7$ vel $8n+3$. Hoc nullo negotio deducitur inde, quod ex compositione formae $(-1, 0, D)$, cuius character est ex Q, cum formis improprie primitivis negativis eiusdem determinantis formae improprie primitivae positivae proveniunt, adeoque, quando ab his exclusi sunt characteres Q, necessario ab illis exclusi esse debent characteres P, et contra.

Methodus peculiaris, numeros primos in duo quadrata decomponendi.

265.

Ex disquisitionibus artt. 257, 258 supra multitudine classium ancipitum, quibus omnia praecedentia sunt superstructa, multae aliae conclusiones attentione perdignae deduci possunt, quas brevitatis caussa supprimere oportet; sequentem tamen, elegantia sua insignem, praeterire non possumus. Pro determinante positivo p, qui est numerus primus formae $4n+1$, unicam tantummodo classem ancipitem proprie primitivam dari ostendimus; quapropter omnes formae ancipites proprie primitivae talis determinantis proprie aequivalentes erunt. Si itaque b est numerus integer positivus proxime minor quam $\sqrt{p}$, atque $p-bb=a'$, formae $(1, b, -a')$, $(-1, b, a')$, proprie aequivalebunt, adeoque, quum utraque manifesto sit forma reducta, altera in alterius periodo erit contenta. Tribuendo formae priori in periodo sua indicem 0, index posterioris necessario erit impar (quoniam termini primi harum duarum formarum signa opposita habent); ponatur itaque $=2m+1$. Porro facile perspicitur, si formae indicum $1, 2, 3$ etc. resp. sint

$$(-a', b', a''),\ (a'', b'', -a'''),\ (-a''', b''', a'''')\ \text{etc.}$$

indicibus $2m$, $2m-1$, $2m-2$, $2m-3$ etc. responsuras esse formas

$$(a', b, -1),\ (-a'', b', a'),\ (a''', b'', -a''),\ (-a'''', b''', a''')\ \text{etc.}$$

Hinc colligitur, si forma indicis m sit (A, B, C), eandem fore $(-C, B, -A)$, adeoque $C=-A$ et $p=BB+AA$. Quare quivis numerus primus formae $4n+1$ in duo quadrata decomponi potest (quam propositionem supra, art. 182, e principiis prorsus diversis deduximus), et ad talem decompositionem pervenire possumus per methodum simplicissimam et omnino uniformem, scilicet per evolutionem periodi formae reductae, cuius determinans est ille numerus primus et cuius terminus primus 1, usque ad formam, cuius termini externi magnitudine sunt aequales, signis oppositi. Ita *e.g.* pro $p=233$ habetur $(1, 15, -8)$, $(-8, 9, 19)$, $(19, 10, -7)$ $(-7, 11, 16)$, $(16, 5, -13)$, $(-13, 8, 13)$, atque $233=64+169$ Ceterum patet, A necessario fieri imparem (quoniam $(A, B, -A)$ debet esse forma proprie primitiva), et proin B parem. — Quum pro determinante positivo p, qui est numerus primus formae $4n+1$, etiam in ordine improprie primitivo unica tantum classis anceps contineatur, perspicuum est, si g sit numerus impar proxime minor quam $\sqrt{p}$, atque $p - gg = 4h$, formas reductas improprie primitivas $(2, g, -2h)$, $(-2, g, 2h)$ proprie aequivalere, adeoque alteram in alterius periodo contentam esse. Hinc per ratiocinia praecedentibus omnino similia concluditur, in periodo formae $(2, g, -2h)$ reperiri formam, cuius termini externi magnitudine aequales sint, signa habeant opposita, ita ut discerptio numeri p in duo quadrata etiam hinc peti possit. Patet autem, terminos externos huius formae fore pares, adeoque medium imparem; et quum constet, numerum primum unico tantum modo in duo quadrata decomponi posse, forma per hanc posteriorem methodum inventa erit vel $(B, \pm A, -B)$ vel $(-B, \pm A, B)$. Ita in exemplo nostro pro $p = 233$ habetur $(2, 15, -4)$, $(-4, 13, 16)$, $(16, 3, -14)$, $(-14, 11, 8)$, $(8, 13, -8)$, et $233 = 169 + 64$ ut supra.

DIGRESSIO CONTINENS TRACTATUM DE FORMIS TERNARIIS.

266.

Hactenus disquisitionem nostram ad tales functiones secundi gradus restrinximus, quae *duas* indeterminatas implicant, neque opus fuit, denominationem specialem ipsis tribuere. Sed manifesto hoc argumentum tamquam sectionem maxime particularem disquisitionis generalissimae *de functionibus algebraicis rationalibus integris homogeneis plurium indeterminatarum et plurium dimensionum* considerare, talesque functiones secundum multitudinem dimensionum in *formas secundi*, *tertii*, *quarti gradus etc.*, secundum multitudinem indeterminatarum autem in *formas binarias*, *ternarias*, *quaternarias* etc. commode distinguere possumus. Formae itaque, hactenus simpliciter sic dictae, vocabuntur *formae binariae secundi gradus;* tales autem functiones ut

$$Axx + 2Bxy + Cyy + 2Dxz + 2Eyz + Fzz$$

(denotantibus A, B, C, D, E, F integros datos) dicentur *formae ternariae secundi gradus* et sic porro. Proxime quidem Sectio praesens solis formis binariis secundi gradus est dicata; sed quoniam complures veritates ad has spectantes, eaeque pulcherrimae, adhuc supersunt, quarum fons proprius in theoria formarum ternariarum secundi gradus est quaerendus, brevem ad hanc theoriam digressionem hic intercalamus, in qua ex primis eius elementis ea trademus, quae ad perfectionem theoriae formarum binariarum sunt necessaria, quod geometris acceptius fore speramus, quam si illas vel suppprimeremus, vel per methodos minus genuinas erueremus. Exactiorem autem de hoc argumento gravissimo disquisitionem ad aliam occasionem nobis reservare debemus, tum quod ipsius ubertas limites huius operis iam nunc longe egrederetur, tum quod spes est, luculentis adhuc incrementis eam in posterum locupletatum iri. Formae vero tum quaternariae, quinariae etc. secundi gradus, tum omnes superiorum graduum hoc quidem loco ab instituto nostro penitus excluduntur*), sufficiatque hunc campum vastissimum geometrarum attentioni commendavisse, in quo materiem ingentem vires suas exercendi, Arithmeticamque sublimiorem egregiis incrementis augendi invenient.

267.

Ad perspicuitatem multum proderit, inter tres indeterminatas, in formam ternariam ingredientes, simili modo ut in formis binariis, ordinem fixum stabilire, ita ut *indeterminata prima, secunda* et *tertia* ab invicem distinguantur; in disponendis autem singulis formae partibus hunc ordinem semper observabimus, ut primum locum obtineat ea pars quae quadratum indeterminatae primae implicat, in sequentibus eae quae implicant quadratum indeterminatae secundae, quadratum tertiae, productum duplum secundae in tertiam, productum duplum primae in tertiam, productum duplum primae in secundam deinceps sequantur; denique numeros integros determinatos per quos haec quadrata et producta dupla multiplicata sunt, eodem ordine *coëfficientem primum, secundum, tertium, quartum, quintum, sextum* vocabimus. Ita

$$axx + a'x'x' + a''x''x'' + 2bx'x'' + 2b'xx'' + 2b''xx'$$

erit forma ternaria rite ordinata, cuius indeterminata prima x, secunda x', tertia x'', coëfficiens primus a etc., quartus b etc. Sed quoniam ad brevitatem multum conferet, si non semper necesse est, indeterminatas formae ternariae per literas peculiares denotare, eandem formam, quatenus ad indeterminatas non respicimus, etiam hoc modo

$$\begin{pmatrix} a. & a', & a'' \\ b. & b', & b'' \end{pmatrix}$$

designabimus.

*) Propter hanc rationem formae binariae vel ternariae *secundi gradus* in sequentibus semper sunt intelligendae, quoties de talibus formis simpliciter loquemur.

Ponendo

$$bb - a'a'' = A, \quad b'b' - aa'' = A', \quad b''b'' - aa' = A''$$
$$ab - b'b'' = B, \quad a'b' - bb'' = B' \quad a''b'' - bb' = B''$$

oritur alia forma

$$\begin{pmatrix} A, & A', & A'' \\ B, & B', & B'' \end{pmatrix} \ldots F$$

quam *formae*

$$\begin{pmatrix} a, & a', & a'' \\ b, & b', & b'' \end{pmatrix} \ldots f$$

adiunctam dicemus. Hinc rursus invenitur, denotando brevitatis caussa numerum

$$abb + a'b'b' + a''b''b'' - aa'a'' - 2bb'b'' \quad \text{per} \quad D$$
$$BB - A'A'' = aD, \quad B'B' - AA'' = a'D, \quad B''B'' - AA' = a''D$$
$$AB - B'B'' = bD, \quad A'B' - BB'' = b'D, \quad A''B'' - BB' = b''D$$

unde patet, formae F adiunctam esse formam

$$\begin{pmatrix} aD, & a'D, & a''D \\ bD, & b'D, & b''D \end{pmatrix}$$

Numerum D, a cuius indole proprietates formae ternariae f imprimis pendent, *determinantem* huius formae vocabimus; hoc modo determinans formae F fit $= DD$, sive aequalis quadrato determinantis formae f, cui adiuncta est.

Ita *e. g.* formae ternariae $\begin{pmatrix} 29, & 13, & 9 \\ 7, & -1, & 14 \end{pmatrix}$ adiuncta est $\begin{pmatrix} -68, & -260, & -181 \\ 217, & -111, & 133 \end{pmatrix}$ utriusque determinans $= 1$.

Formae ternariae determinantis 0 ab investigatione sequente omnino excludentur, quippe quae, ut in formarum ternariarum theoria, alia occasione uberius tradenda, ostendetur, *specie* tantum sunt ternariae, reveraque binariis aequipollentes.

268.

Si forma aliqua ternaria f determinantis D, cuius indeterminatae sunt x, x', x'' (puta prima $= x$ etc.) in formam ternariam g determinantis E, cuius indeterminatae sunt y, y', y'', transmutatur per substitutionem talem

$$x = \alpha y + \beta y' + \gamma y''$$
$$x' = \alpha' y + \beta' y' + \gamma' y''$$
$$x'' = \alpha'' y + \beta'' y' + \gamma'' y''$$

ubi novem coëfficientes α, β etc. omnes supponuntur esse numeri integri, brevitatis caussa neglectis indeterminatis simpliciter dicemus, f transire in g per substitutionem (S)

$$\begin{matrix} \alpha, & \beta, & \gamma \\ \alpha', & \beta', & \gamma' \\ \alpha'', & \beta'', & \gamma'' \end{matrix}$$

atque f *implicare* ipsam g, sive g *sub* f *contentam* esse. Ex tali itaque suppositione sponte sequuntur sex aequationes pro sex coëfficientibus in g, quas apponere non erit necessarium; hinc autem per calculum facilem sequentes conclusiones evolvuntur:

I. Designato brevitatis caussa numero

$$\alpha\beta'\gamma'' + \beta\gamma'\alpha'' + \gamma\alpha'\beta'' - \gamma\beta'\alpha'' - \alpha\gamma'\beta'' - \beta\alpha'\gamma'' \text{ per } k$$

invenitur post debitas reductiones $E = kkD$, unde patet, D metiri ipsum E et quotientem esse quadratum. Patet itaque, numerum k pro transformationibus formarum ternariarum simile quid esse, ac numerum $\alpha\delta - \beta\gamma$ in art. 157 pro transformationibus formarum binariarum, puta radicem quadratam ex quotiente determinantium, unde coniectare possemus, diversitatem signi ipsius k etiam hic stabilire differentiam essentialem inter transformationes atque implicationes proprias et improprias. Sed rem propius contemplando perspicuum est, f transire in g etiam per hanc substitutionem

$$\begin{matrix} -\alpha, & -\beta, & -\gamma \\ -\alpha', & -\beta'. & -\gamma' \\ -\alpha'', & -\beta'', & -\gamma'' \end{matrix}$$

ponendo autem in valore ipsius k pro α, $-\alpha$, pro β, $-\beta$ etc. prodibit $-k$, quare haec substitutio substitutioni S dissimilis foret, et quaevis forma ternaria, aliam uno modo implicans, eandem etiam altero modo implicaret. Talis itaque distinctio, quoniam in formis ternariis nullum usum habet, hic omnino proscribetur.

II. Denotando per F, G formas ipsis f, g resp. adiunctas, determinantur coëfficientes in F per coëfficientes in f, coëfficientesque in G per valores coëfficientium formae g ex aequationibus quas suppeditat substitutio S notos. Exprimendo coëfficientes formae f per literas, ex comparatione valorum coëfficientium formarum F, G nullo negotio confirmatur, F implicare formam G atque in eam transmutari per substitutionem (S')

$$\begin{array}{lll} \beta'\gamma''-\beta''\gamma', & \gamma'\alpha''-\gamma''\alpha', & \alpha'\beta''-\alpha''\beta' \\ \beta''\gamma-\beta\gamma'', & \gamma''\alpha-\gamma\alpha'', & \alpha''\beta-\alpha\beta'' \\ \beta\gamma'-\beta'\gamma, & \gamma\alpha'-\gamma'\alpha, & \alpha\beta'-\alpha'\beta \end{array}$$

Calculum ipsum nullis difficultatibus obnoxium non adscribimus.

III. Forma g per substitutionem (S'')

$$\begin{array}{lll} \beta'\gamma''-\beta''\gamma', & \beta''\gamma-\beta\gamma'', & \beta\gamma'-\beta'\gamma \\ \gamma'\alpha''-\gamma''\alpha', & \gamma''\alpha-\gamma\alpha'', & \gamma\alpha'-\gamma'\alpha \\ \alpha'\beta''-\alpha''\beta', & \alpha''\beta-\alpha\beta'', & \alpha\beta'-\alpha'\beta \end{array}$$

manifesto in eandem formam transmutatur, in quam f transit per hanc

$$\begin{array}{lll} k, & 0, & 0 \\ 0, & k, & 0 \\ 0, & 0, & k \end{array}$$

sive in eam, quae oritur multiplicando singulos coëfficientes formae f per kk. Hanc formam designabimus per f'.

IV. Prorsus simili modo probatur, formam G per substitutionem (S''')

$$\begin{array}{lll} \alpha, & \alpha', & \alpha'' \\ \beta, & \beta', & \beta'' \\ \gamma, & \gamma', & \gamma'' \end{array}$$

transire in formam, quae oritur ex F, multiplicando singulos coëfficientes per kk. Hanc formam exprimemus per F'.

Substitutionem S''' oriri dicemus *per transpositionem* substitutionis S; tunc manifesto S rursus prodit ex transpositione substitutionis S'''; atque S', S'' altera ex alterius transpositione. — Substitutio S' commode appellari potest substitutioni S *adiuncta*, unde substitutioni S''' adiuncta erit S''.

269.

Si non modo forma f implicat ipsam g, sed etiam haec illam, formae f, g *aequivalentes* vocabuntur. In hoc itaque casu non modo D ipsum E metietur, sed etiam E ipsum D, unde facile concluditur, esse debere $D = E$. Vice versa autem, si forma f implicat formam g eiusdem determinantis, hae duae formae erunt aequivalentes. Erit enim (adhibendo eadem signa ut in art. praec. excipiendoque casum ubi $D = 0$) $k = \pm 1$, adeoque forma f', in quam transit g per substitutionem S'', cum f identica, sive f sub g contenta. Porro patet, in hoc casu etiam formas F, G, ipsius f, g adiunctas, inter se aequivalentes fore, posterioremque in priorem transire per substitutionem S'''. Denique vice versa, si formae F, G aequivalentes esse *supponuntur*, atque prior transit in posteriorem per substitutionem T, etiam formae f, g aequivalentes erunt, transibitque f in g per substitutionem ipsi T adiunctam, atque g in f per eam, quae oritur ex transpositione substitutionis T. Nam per has duas substitutiones resp. transit forma ipsi F adiuncta in formam ipsi G adiunctam atque haec in illam; hae duae formae autem oriuntur ex f, g multiplicando singulos coëfficientes per D; unde nullo negotio concluditur, per easdem substitutiones transire f in g, atque g in f resp.

270

Si forma ternaria f formam ternariam f' implicat, atque haec formam f'' implicabit etiam f ipsam f''. Facillime enim perspicietur si transeat

f in f' per substitutionem	f' in f'' per substitutionem
α, β, γ	$\delta, \varepsilon, \zeta$
α', β', γ'	$\delta', \varepsilon', \zeta'$
$\alpha'', \beta'', \gamma''$	$\delta'', \varepsilon'', \zeta''$

f transmutatum iri per substitutionem

$$\begin{array}{lll} \alpha\delta+\beta\delta'+\gamma\delta'', & \alpha\varepsilon+\beta\varepsilon'+\gamma\varepsilon'', & \alpha\zeta+\beta\zeta'+\gamma\zeta'' \\ \alpha'\delta+\beta'\delta'+\gamma'\delta'', & \alpha'\varepsilon+\beta'\varepsilon'+\gamma'\varepsilon'', & \alpha'\zeta+\beta'\zeta'+\gamma'\zeta'' \\ \alpha''\delta+\beta''\delta'+\gamma''\delta'', & \alpha''\varepsilon+\beta''\varepsilon'+\gamma''\varepsilon'', & \alpha''\zeta+\beta''\zeta'+\gamma''\zeta'' \end{array}$$

In eo itaque casu, ubi f aequivalet ipsi f', atque f' ipsi f'', forma f etiam formae f'' aequivalebit. — Ceterum sponte manifestum est, quomodo haec theoremata ad plures formas sint applicanda.

271.

Hinc iam patet, omnes formas ternarias, perinde ac binarias, in *classes* distribui posse, referendo ad classem eandem formas aequivalentes, non-aequivalentes ad diversas. Formae itaque determinantium diversorum certo ad classes diversas pertinebunt, et proin classes infinite multae formarum ternariarum dabuntur; formae autem ternariae eiusdem determinantis modo minorem modo maiorem classium numerum efficiunt; quod vero tamquam proprietas palmaris harum formarum est considerandum, *omnes formae eiusdem determinantis dati semper constituunt classium multitudinem finitam.* Evolutioni uberiori huius gravissimi theorematis praemittenda est explicatio sequentis differentiae essentialis, quae inter formas ternarias obtinet.

Quaedam formae ternariae ita sunt comparatae, ut per ipsas sine discrimine repraesentari possint numeri positivi et negativi, *e.g.* forma $xx+yy-zz$, quamobrem *formae indefinitae* vocabuntur. Contra per alias numeri negativi repraesentari nequeunt, sed (praeter cifram quae prodit, ponendo singulas indeterminatas $=0$) positivi tantum, ut $xx+yy+zz$, quare *formae positivae* dicentur; denique per alias numeri positivi repraesentari nequeunt, ut $-xx-yy-zz$, unde appellabuntur *formae negativae*; formae positivae et negativae nomine communi *formae definitae* dicentur. Ecce jam criteria generalia, per quae haec formarum indoles discerni poterit.

Multiplicando formam ternariam

$$f = axx+a'x'x'+a''x''x''+2bx'x''+2b'xx''+2b''xx'$$

determinantis D per a, denotandoque coëfficientes formae ipsi f adiunctae perinde ut in art. 267 per A, A', A'', B, B', B'', prodit

$$(ax+b''x'+b'x'')^2 - A''x'x' + 2Bx'x'' - A'x''x'' = g$$

multiplicando denuo per A', provenit

$$A'(ax+b''x'+b'x'')^2 - (A'x''-Bx')^2 + aDx'x' = h$$

Hinc statim concluditur, si tum A' tum aD sint numeri negativi, omnes valores ipsius h esse negativos, unde manifesto per formam f tales tantummodo numeri repraesentari poterunt, quorum signum oppositum est signo ipsius aA', *i. e.* identicum cum signo ipsius a, sive oppositum signo ipsius D. In hoc itaque casu f erit forma definita, et quidem positiva vel negativa, prout a est positivus vel negativus sive prout D est negativus vel positivus.

Si vero vel vterque aD, A' est positivus, vel alter positivus alter negativus (neuter $=0$), facile perspicietur, h per debitam quantitatum x, x', x'' determinationem valores tum positivos tum negativos nancisci posse. Quare in hoc casu f valores tum eodem signo affectos ut aA' tum opposito obtinere poterit, eritque adeo forma indefinita.

Pro eo casu, ubi $A'=0$, neque vero $a=0$, fit

$$g = (ax+b''x'+b'x'')^2 - x'(A''x' - 2Bx'')$$

Tribuendo ipsi x' valorem arbitrarium (qui tamen non $=0$), accipiendoque x'' ita ut $\frac{A''x'}{2B} - x''$ signum idem obtineat ut Bx' (quod fieri posse facile perspicitur, quum B nequeat esse $=0$, hinc enim foret $BB - A'A'' = aD = 0$, adeoque etiam $D=0$, quem casum excludimus), erit $x'(A''x' - 2Bx'')$ quantitas positiva, unde facile patet, x ita determinari posse, ut g obtineat valorem negativum. Manifesto hi valores etiam ita accipi poterunt, ut, si desideretur, omnes sint integri. Denique patet, si ipsis x', x'' valores quicunque tribuantur, ipsum x tam magnum accipi posse, ut g fiat positivus. Hinc concluditur, in hoc casu formam f esse indefinitam.

Denique si $a = 0$, erit

$$f = a'x'x' + 2bx'x'' + a''x''x'' + 2x(b''x' + b'x'')$$

Accipiendo itaque x', x'' ad lubitum, ita tamen ut $b''x' + b'x''$ non sit $= 0$ (quod manifesto fieri poterit, nisi simul b' et b'' sint $= 0$; tunc autem foret $D = 0$), nullo negotio perspicitur, x ita determinari posse, ut f obtineat valores tum positivos, tum negativos. Quare etiam in hocce casu f erit forma indefinita.

Eodem modo, ut hic ex numeris aD, A' indolem formae f diiudicavimus, etiam aD et A'' adhiberi possunt, ita ut f sit forma definita, si tum aD tum A'' sit negativus; indefinita in omnibus reliquis casibus. Nec non prorsus simili modo eidem fini inservire potest consideratio numerorum $a'D$ et A, vel horum $a'D$ et A'', vel horum $a''D$ et A, vel denique ipsorum $a''D$ et A'.

Ex his omnibus colligitur, in forma definita sex numeros A, A', A'', aD, $a'D$, $a''D$ esse negativos, et quidem in forma positiva a, a', a'' erunt positivi, D negativus; in negativa autem a, a', a'' erunt negativi, D positivus. Hinc patet, omnes formas ternarias determinantis dati positivi distribui in negativas et indefinitas; omnes autem determinantis negativi in positivas et indefinitas; denique formas positivas determinantis positivi, seu negativas determinantis negativi omnino non dari. — Indidem facile perspicitur, formae definitae semper adiunctam esse definitam et quidem *negativam*, indefinitae indefinitam.

Quum omnes numeri per formam ternariam datam repraesentabiles manifesto etiam per omnes formas huic aequivalentes repraesentari possint: formae ternariae in eadem classe contentae vel omnes erunt indefinitae, vel omnes positivae, vel omnes negativae. Quamobrem has formarum denominationes etiam ad classes integras transferre licebit.

272.

Theorema in art. praec. propositum, quod omnes formae ternariae determinantis dati in multitudinem *finitam* classium distribuuntur, per methodum ei qua in formis binariis usi sumus analogam tractabimus, scilicet ostendendo, primo, quo pacto quaevis forma ternaria ad formam simpliciorem reduci possit, dein, formarum simplicissimarum (ad quas per tales reductiones perveniatur) multitudinem pro quovis determinante dato esse finitam. Supponamus generaliter, propositam esse formam ternariam $f = \binom{a,\ a',\ a''}{b,\ b',\ b''}$ determinantis D (a cifra diversi), quae per substitutionem (S)

$$\begin{matrix} \alpha, & \beta, & \gamma \\ \alpha', & \beta', & \gamma' \\ \alpha'', & \beta'', & \gamma'' \end{matrix}$$

transeat in aequivalentem $g = \binom{m,\ m',\ m''}{n,\ n',\ n''}$; versabiturque negotium nostrum in eo, ut α, β, γ etc. ita definiantur, ut forma g simplicior evadat quam f. Sint formae ipsis f, g adiunctae resp. $\binom{A,\ A',\ A''}{B,\ B',\ B''}$, $\binom{M,\ M',\ M''}{N,\ N',\ N''}$. quae designentur per F, G. Tunc per art. 269 F transibit in G per substitutionem ipsi S adiunctam, G autem in F per substitutionem ex transpositione ipsius S oriundam. Numerum

$$\alpha\beta'\gamma'' + \alpha'\beta''\gamma + \alpha''\beta\gamma' - \alpha''\beta'\gamma - \alpha\beta''\gamma' - \alpha'\beta\gamma''$$

qui esse debebit vel $= +1$ vel $= -1$, denotabimus per k. Quibus ita factis observamus

I. Si fiat $\gamma = 0$, $\gamma' = 0$, $\alpha'' = 0$, $\beta'' = 0$, $\gamma'' = 1$, fore

$$m = a\alpha\alpha + 2b''\alpha\alpha' + a'\alpha'\alpha', \quad m' = a\beta\beta + 2b''\beta\beta' + a'\beta'\beta', \quad m'' = a''$$
$$n = b\beta' + b'\beta, \quad n' = b\alpha' + b'\alpha, \quad n'' = a\alpha\beta + b''(\alpha\beta' + \beta\alpha') + a'\alpha'\beta'$$

Praeterea esse debebit $\alpha\beta' - \beta\alpha'$ vel $= +1$ vel $= -1$. Hinc manifestum est, formam binariam (a, b'', a'), cuius determinans est A'', transmutari per substitutionem $\alpha, \beta, \alpha', \beta'$ in formam binariam (m, n'', m') determinantis M'', et proin ipsi aequivalere propter $\alpha\beta' - \beta\alpha' = \pm 1$, unde erit $M'' = A''$, quod etiam directe facile confirmatur. Nisi itaque (a, b'', a') iam est forma simplicissima in classe sua, ipsos $\alpha, \beta, \alpha', \beta'$ ita determinare licebit, ut (m, n'', m') sit forma simplicior; et quidem e theoria aequivalentiae formarum binariarum facile concluditur, hoc ita fieri posse, ut m non sit maior quam $\sqrt{-\frac{4}{3}A''}$, si A'' fuerit negativus, vel non maior quam $\sqrt{A''}$, si A'' fuerit positivus, vel $m = 0$, si $A'' = 0$, ita ut in omnibus casibus valor (absolutus) ipsius m certe vel infra vel saltem usque ad $\sqrt{\pm\frac{4}{3}A''}$ deprimi possit. Hoc itaque modo forma f ad aliam reducitur coëfficientem primum, si fieri potest, minorem habentem, et cuius forma adiuncta coëfficientem tertium eundem habet ut forma F ipsi f adiuncta. In hoc consistit *reductio prima.*

II. Si vero fit $\alpha = 1$, $\beta = 0$, $\gamma = 0$, $\alpha' = 0$ $\alpha'' = 0$ erit $k = \beta'\gamma'' - \beta''\gamma' = \pm 1$; substitutio itaque ipsi S adiuncta erit

$$\begin{matrix} \pm 1, & 0, & 0 \\ 0, & \gamma'', & -\beta'' \\ 0, & -\gamma', & \beta' \end{matrix}$$

per quam F transibit in G. Habebitur itaque

$$\begin{aligned} m &= a, \quad n' = b'\gamma'' + b''\gamma', \quad n'' = b'\beta'' + b''\beta' \\ m' &= a'\beta'\beta' + 2b\beta'\beta'' + a''\beta''\beta'' \\ m'' &= a'\gamma'\gamma' + 2b\gamma'\gamma'' + a''\gamma''\gamma'' \\ n &= a'\beta'\gamma' + b(\beta'\gamma'' + \gamma'\beta'') + a''\beta''\gamma'' \\ M' &= A'\gamma''\gamma'' - 2B\gamma'\gamma'' + A''\gamma'\gamma' \\ N &= -A'\beta''\gamma'' + B(\beta'\gamma'' + \gamma'\beta'') - A''\beta'\gamma' \\ M'' &= A'\beta''\beta'' - 2B\beta'\beta'' + A''\beta'\beta' \end{aligned}$$

Hinc patet, formam binariam (A'', B, A'), cuius determinans est Da, transire per substitutionem β', $-\gamma'$, $-\beta''$, γ'' in formam (M'', N, M') determinantis Dm, adeoque (propter $\beta'\gamma'' - \gamma'\beta'' = \pm 1$, vel propter $Da = Dm$) ipsi aequivalere. Nisi itaque (A'', B, A') iam est forma simplicissima classis suae, coëfficientes β', γ', β'', γ'' ita determinari poterunt, ut (M'', N, M') sit simplicior, et quidem hoc semper poterit fieri ita, ut M'' sine respectu signi non sit maior quam $\sqrt{\pm\frac{4}{3}Da}$. Hoc itaque modo forma f reducitur ad aliam coëfficientem primum eundem habentem, sed cuius forma adiuncta coëfficientem tertium si fieri potest minorem habeat quam forma F ipsi f adiuncta. In hoc consistit *reductio secunda.*

III. Si itaque f est forma ternaria, ad quam neque reductio prima neque secunda est applicabilis, *i. e.* quae per neutram in formam simpliciorem transmutari potest: necessario erit tum $aa <$ vel $= \frac{4}{3}A''$, tum $A''A'' <$ vel $= \frac{4}{3}aD$ sine respectu signi. Hinc a^4 erit $<$ vel $= \frac{16}{9}A''A''$, adeoque $a^4 <$ vel $= \frac{64}{27}aD$ $a^3 <$ vel $= \frac{64}{27}D$, et $a <$ vel $= \frac{4}{3}\sqrt[3]{D}$; hinc rursus $A''A'' <$ vel $= \frac{16}{9}\sqrt[3]{D^4}$ atque $A'' <$ vel $= \frac{4}{3}\sqrt[3]{D^2}$. Quamobrem quamdiu a vel A'' hos limites adhuc superant, necessario una aut altera reductionum praecedentium ad formam f applicari poterit. — Ceterum haec conclusio non est convertenda, quum utique saepius accidat ut forma ternaria, cuius coëfficiens primus, atque coëfficiens tertius formae adiunctae iam sunt infra illos limites, nihilominus per unam alteramve reductionem adhuc simplicior reddi possit.

IV. Quodsi vero ad formam ternariam quamcunque datam determinantis D alternis vicibus reductio prima et secunda applicantur, *i. e.* ad ipsam prima vel secunda, ad eam quae hinc resultat secunda vel prima, ad eam quae hinc provenit iterum prima vel secunda etc., manifestum est, tandem necessario ad formam perventum iri, ad quam neutra amplius applicari possit. Quum enim magnitudo absoluta tum coëfficientium primorum formarum hoc modo prodeuntium, tum coëfficientium tertiorum formarum illis adiunctarum continuo alternis vicibus eadem maneat atque decrescat, hic progressus necessario tandem alicubi finietur, quia alioquin duae series infinitae numerorum continuo decrescentium haberentur. Hinc iam nacti sumus egregium theorema: *Quaevis forma ternaria determinantis D reduci potest ad aliam aequivalentem, cuius coëfficiens primus non sit maior quam $\frac{4}{3}\sqrt[3]{D}$, atque coëfficiens tertius formae ipsi adiunctae non maior quam $\frac{4}{3}\sqrt[3]{D^2}$ sine respectu signi, siquidem forma proposita his proprietatibus ipsa nondum est praedita.* — Ceterum loco coefficientis primi formae f atque tertii formae ipsi f adiunctae prorsus simili modo tractare potuissemus vel coëfficientem primum formae ipsius et secundum adiunctae; vel secundum formae ipsius et primum vel tertium adiunctae; vel tertium formae ipsius et primum vel secundum adiunctae, quibus viis perinde ad finem nobis propositum perveniremus: sed e re est, methodo uni constanter adhaerere, quo facilius operationes huc pertinentes ad algorithmum fixum reduci possint. Denique observamus, duobus coëfficientibus, quos infra limites fixos deprimere docuimus, limites adhuc minores constitui posse, si formae definitae ab indefinitis separentur; hoc vero ad institutum praesens non est necessarium.

273.

Ecce iam quaedam exempla, per quae praecepta praecedentia magis illustrabuntur.

Ex. 1. Sit $f = \begin{pmatrix} 19, & 21, & 50 \\ 15, & 28, & 1 \end{pmatrix}$, erit $F = \begin{pmatrix} -825, & -166, & -398 \\ 257, & 573, & -370 \end{pmatrix}$, $D = -1$. Quum (19, 1, 21) sit forma binaria reducta, cui alia, termini primi minoris quam 19, non aequivalet, reductio prima hic non est applicabilis; forma binaria

$(A'', B, A') = (-398, 257, -166)$ autem per theoriam aequivalentiae formarum binariarum in simpliciorem aequivalentem $(-2, 1, -10)$ transmutabilis invenitur, in quam transit per substitutionem 2, 7, 3, 11. Faciendo itaque $\beta' = 2$, $\gamma' = -7$, $\beta'' = -3$, $\gamma'' = 11$, applicanda erit ad formam f substitutio $\left\{\begin{matrix}1, & 0, & 0\\ 0, & 2, & -7\\ 0, & -3, & 11\end{matrix}\right\}$ per quam invenitur transire in hanc $\begin{pmatrix}19, & 354, & 4769\\ -1299, & 301, & -82\end{pmatrix} \ldots f'$. Coëfficiens tertius formae, huic adiunctae, est -2, quo respectu f' simplicior est censenda quam f.

Ad formam f' applicari potest reductio prima. Scilicet quum forma binaria $(19, -82, 354)$ transmutetur in $(1, 0, 2)$ per substitutionem 13, 4, 3, 1: applicanda erit ad formam f' substitutio $\left\{\begin{matrix}13, & 4, & 0\\ 3, & 1, & 0\\ 0, & 0, & 1\end{matrix}\right\}$ per quam transit in hanc $\begin{pmatrix}1, & 2, & 4769\\ -95, & 16, & 0\end{pmatrix} \ldots f''$.

Ad formam f'', cui adiuncta est $\begin{pmatrix}-513, & -4513, & -2\\ -95, & 32, & 1520\end{pmatrix}$, denuo applicari potest reductio secunda. Scilicet $(-2, -95, -4513)$ transit per substitutionem 47, 1, -1, 0 in $(-1, 1, -2)$: quamobrem ad f'' applicanda erit substitutio $\left\{\begin{matrix}1, & 0, & 0\\ 0, & 47, & -1\\ 0, & 1, & 0\end{matrix}\right\}$ per quam transit in $\begin{pmatrix}1, & 257, & 2\\ 1, & 0, & 16\end{pmatrix} \ldots f'''$. Huius coëfficiens primus per reductionem primam amplius diminui non potest, neque formae, ipsi adiunctae. tertius per secundam.

Ex. 2. Proposita sit forma $\begin{pmatrix}10, & 26, & 2\\ 7, & 0, & 4\end{pmatrix} \ldots f$, cui adiuncta est $\begin{pmatrix}-3, & -20, & -244\\ 70, & -28, & 8\end{pmatrix}$ et cuius determinans $= 2$. Hic successive reperiuntur, applicando alternatim reductionem secundam et primam,

substitutiones	per quas transit	in
$\left\{\begin{matrix}1, & 0, & 0\\ 0, & -1, & 0\\ 0, & 4, & -1\end{matrix}\right\}$	f	$\begin{pmatrix}10, & 2, & 2\\ -1, & 0, & -4\end{pmatrix} = f'$
$\left\{\begin{matrix}0, & -1, & 0\\ 1, & -2, & 0\\ 0, & 0, & 1\end{matrix}\right\}$	f'	$\begin{pmatrix}2, & 2, & 2\\ 2, & -1, & 0\end{pmatrix} = f''$
$\left\{\begin{matrix}1, & 0, & 0\\ 0, & -1, & 0\\ 0, & 2, & -1\end{matrix}\right\}$	f''	$\begin{pmatrix}2, & 2, & 2\\ -2, & 1, & -2\end{pmatrix} = f'''$
$\left\{\begin{matrix}1, & 0, & 0\\ 1, & 1, & 0\\ 0, & 0, & 1\end{matrix}\right\}$	f'''	$\begin{pmatrix}0, & 2, & 2\\ -2, & -1, & 0\end{pmatrix} = f''''$

Forma f'''' per reductionem primam vel secundam ulterius deprimi nequit.

274.

Quando forma ternaria habetur, cuius coëfficiens primus, atque formae adiunctae tertius, quantum fieri potest per methodos praecedentes sunt depressi: methodus sequens reductionem ulteriorem suppeditat.

Adhibendo signa eadem ut in art. 272, et ponendo $\alpha = 1$, $\alpha' = 0$, $\beta' = 1$, $\alpha'' = 0$, $\beta'' = 0$, $\gamma'' = 1$, *i. e.* adhibendo substitutionem

$$\begin{matrix} 1, & \beta, & \gamma \\ 0, & 1, & \gamma' \\ 0, & 0, & 1 \end{matrix}$$

erit

$$\begin{aligned} m &= a, \quad m' = a' + 2b''\beta + a\beta\beta, \quad m'' = a'' + 2b\gamma' + 2b'\gamma + a\gamma\gamma + 2b''\gamma\gamma' + a'\gamma'\gamma' \\ n &= b + a'\gamma' + b'\beta + b''(\gamma + \beta\gamma') + a\beta\gamma, \quad n' = b' + a\gamma + b''\gamma', \quad n'' = b'' + a\beta \end{aligned}$$

praeterea

$$M'' = A'', \quad N = B - A''\gamma', \quad N' = B' - N\beta - A''\gamma$$

Per talem itaque substitutionem coëfficientes a, A'', qui per reductiones praecedentes diminuti sunt, non mutantur; quamobrem negotium in eo versatur, ut per idoneam determinationem ipsorum β, γ, γ' depressiones in coëfficientibus reliquis obtineantur. Ad hunc finem observamus primo, si fuerit $A'' = 0$, supponi posse, esse etiam $a = 0$; si enim a non $= 0$, reductio prima adhuc semel applicabilis foret, quum cuivis formae binariae determinantis 0 aequivaleat forma talis $(0, 0, h)$, sive cuius terminus primus $= 0$ (V. art. 215). Prorsus simili ratione supponere licet, esse etiam $A'' = 0$, si fuerit $a = 0$, ita ut vel neuter numerorum a, A'' sit 0 vel uterque.

In casu priori manifestum est, ipsos β, γ, γ' ita determinari posse, ut sine respectu signi n'', N, N' resp. non sint maiores quam $\frac{1}{2}a$, $\frac{1}{2}A''$, $\frac{1}{2}A''$. Ita in exemplo primo art. praec. transibit forma postrema $\begin{pmatrix} 1, & 257, & 2 \\ 1, & 0, & 16 \end{pmatrix}$, cui adiuncta est $\begin{pmatrix} -513, & -2, & -1 \\ 1, & -16, & 32 \end{pmatrix}$, per substitutionem $\begin{Bmatrix} 1, & -16, & 16 \\ 0, & 1, & -1 \\ 0, & 0, & 1 \end{Bmatrix}$ in hanc $\begin{pmatrix} 1, & 1, & 1 \\ 0, & 0, & 0 \end{pmatrix} \ldots f''''$, cui adiuncta est $\begin{pmatrix} -1, & -1, & -1 \\ 0, & 0, & 0 \end{pmatrix}$.

In casu posteriori, ubi $a = A'' = 0$, adeoque etiam $b'' = 0$ erit

$$\begin{aligned} m &= 0, \quad m' = a', \quad m'' = a'' + 2b\gamma' + 2b'\gamma + a'\gamma'\gamma' \\ n &= b + a'\gamma' + b'\beta, \quad n' = b' \quad n'' = 0 \end{aligned}$$

Erit itaque

$$D = a'b'b' = m'n'n'$$

perspicieturque facile, β et γ' ita determinari posse, ut n fiat aequalis residuo absolute minimo ipsius b secundum modulum, qui est divisor communis maximus ipsorum a', b', i. e. ut n fiat non maior quam semissis huius divisoris sine respectu signi, adeoque $n = 0$, quoties a', b' inter se sunt primi. Ipsis β, γ' in hunc modum determinatis, valor ipsius γ ita accipi poterit, ut m'' non sit maior quam b' sine respectu signi; hoc quidem impossibile esset, quando $b' = 0$; tunc vero foret $D = 0$, quem casum exclusimus. Ita fit pro forma postrema in *ex.* 2 art. praec. $n = -2 - \beta + 2\gamma'$, unde statuendo $\beta = -2$, $\gamma' = 0$, fit $n = 0$, porro $m'' = 2 - 2\gamma$, et ponendo $\gamma = 1$, $m'' = 0$. Habemus itaque substitutionem $\left\{\begin{matrix} 1, & -2, & 1 \\ 0, & 1, & 0 \\ 0, & 0, & 1 \end{matrix}\right\}$ per quam forma illa transit in $\begin{pmatrix} 0, & 2, & 0 \\ 0, & -1, & 0 \end{pmatrix} \ldots f''''$.

275.

Si habetur series formarum ternariarum aequivalentium f, f', f'', f''' etc., atque transformationes cuiusvis harum formarum in sequentem: ex transformationibus formae f in f', formaeque f' in f'' per art. 270 deducitur transformatio formae f in f''; ex hac atque transf. formae f'' in f''' sequitur transf. formae f in f''' etc., manifestoque hoc pacto transformatio formae f in quamcunque aliam seriei inveniri poterit. Et quum ex transformatione formae f in quamcunque aliam aequivalentem g deduci possit transformatio formae g in f (S'' ex S artt. 268, 269), hoc modo erui poterit transformatio cuiuslibet formae seriei f', f'' etc. in primam f. — Ita pro formis exempli primi art. praec. inveniuntur substitutiones

$$\begin{matrix} 13, & 4, & 0 \\ 6, & 2, & -7 \\ -9, & -3, & 11 \end{matrix} \quad\Bigg|\quad \begin{matrix} 13, & 188, & -4 \\ 6, & 87, & -2 \\ -9, & -130, & 3 \end{matrix} \quad\Bigg|\quad \begin{matrix} 13, & -20, & 16 \\ 6, & -9, & 7 \\ -9, & 14, & -11 \end{matrix}$$

per quas f transit in f'', f''', f'''' resp., et ex subst. ultima haec $\left\{\begin{matrix} 1, & 4, & 4 \\ 3, & 1, & 5 \\ 3, & -2, & 3 \end{matrix}\right\}$ per quam f'''' transit in f. Simili modo pro *ex.* 2 art. praec. prodeunt substitutiones

$$\begin{matrix} 1, & -1, & 1 \\ -3, & 4, & -3 \\ 10, & -14, & 11 \end{matrix} \quad\Bigg|\quad \begin{matrix} 2, & -3, & -1 \\ 3, & 1, & 0 \\ 2, & 4, & 1 \end{matrix}$$

per quas resp. transit forma $\begin{pmatrix} 10, & 26, & 2 \\ 7, & 0, & 4 \end{pmatrix}$ in $\begin{pmatrix} 0, & 2, & 0 \\ 0, & -1, & 0 \end{pmatrix}$, atque haec in illam.

276.

Theorema. *Classium, in quas omnes formae ternariae determinantis dati distribuuntur, multitudo semper est finita.*

Dem. I. Multitudo omnium formarum $\binom{a,\ a',\ a''}{b,\ b',\ b''}$ determinantis dati D, in quibus $a = 0$, $b'' = 0$, b non maior quam semissis divisoris comm. max. numerorum a', b'; a'' non maior quam b', manifesto est finita. Quoniam enim esse debet $a'b'b' = D$, pro b' alii valores accipi nequeunt, quam $+1$, -1 atque radices quadratorum ipsum D metientium (si quae alia praeter 1 dantur) signo positivo et negativo affectae, quorum valorum multitudo finita est. Pro singulis autem valoribus ipsius b' valor ipsius a' est determinatus, ipsorumque b, a'' valores manifesto limitantur ad multitudinem finitam.

II. Simili modo finita est multitudo omnium formarum $\binom{a,\ a',\ a''}{b,\ b',\ b''}$ determinantis D, in quibus a non $= 0$, neque maior quam $\frac{4}{3}\sqrt[3]{\pm D}$; $b''b'' - aa' = A''$ non $= 0$ neque maior quam $\frac{4}{3}\sqrt[3]{D^2}$; b'' non maior quam $\frac{1}{2}a$; $ab - b'b'' = B$ et $a'b' - bb'' = B'$ non maiores quam $\frac{1}{2}A''$. Nam multitudo omnium combinationum valorem ipsorum a, b'', A'', B, B' finita erit; his vero singulis determinatis, etiam formae coëfficientes reliqui a', b, b', a'', coëfficientesque formae adiunctae

$$bb - a'a'' = A, \quad b'b' - aa'' = A', \quad a''b'' - bb' = B''$$

determinati erunt per aequationes hasce:

$$a' = \frac{b''b'' - A''}{a}, \quad A' = \frac{BB - aD}{A''}, \quad A = \frac{B'B' - a'D}{A''}, \quad B'' = \frac{BB' + b''D}{A''}$$

$$b = \frac{AB - B'B''}{D} = -\frac{Ba' + B'b''}{A''}, \quad b' = \frac{A'B' - BB''}{D} = -\frac{Bb'' + B'a}{A''}$$

$$a'' = \frac{b'b' - A'}{a} = \frac{bb - A}{a'} = \frac{bb' + B''}{b''}$$

Iam quum omnes illae formae obtineantur, eligendo e cunctis combinationibus valorum ipsorum a, b'', A'', B, B' eas, e quibus etiam a', a'', b, b' valores integros nanciscuntur, illarum multitudo manifesto erit finita.

III. Cunctae itaque formae in I et II multitudinem finitam classium constituunt, quae etiam formarum ipsarum multitudine minor esse poterit, si quae ex ipsis inter se sunt aequivalentes. Iam quum per disquisitiones praecedentes quaevis forma ternaria determinantis D alicui ex illis formis necessario aequivaleat, *i. e.* ad aliquam e classibus, quas hae formae constituunt, pertineat: hae classes omnes formas det. D complectentur, *i. e.* omnes formae ternariae det. D in multitudinem finitam classium distribuentur. *Q. E. D.*

277.

Regulae, per quas omnes formae in I et II art. praec. erui possunt, ex ipsarum explicatione sponte defluunt; quare sufficiet quaedam exempla apposuisse. Pro $D = 1$, formae I hae sex (per ambiguitatem signorum) prodeunt

$$\begin{pmatrix}0, & 1, & 0\\ 0, & \pm1, & 0\end{pmatrix}, \quad \begin{pmatrix}0, & 1, & \pm1\\ 0, & \pm1, & 0\end{pmatrix}$$

in formis II a et A'' alios valores quam $+1$ et -1 habere nequeunt, pro singulis quatuor combinationum hinc oriundarum b'', B et B' poni debent $= 0$, unde emergunt quatuor formae

$$\begin{pmatrix}1, & -1, & 1\\ 0, & 0, & 0\end{pmatrix}, \quad \begin{pmatrix}-1, & 1, & 1\\ 0, & 0, & 0\end{pmatrix}, \quad \begin{pmatrix}1, & 1, & -1\\ 0, & 0, & 0\end{pmatrix}, \quad \begin{pmatrix}-1, & -1, & -1\\ 0, & 0, & 0\end{pmatrix}$$

Simili modo pro $D = -1$ sex formae I quatuorque II habentur,

$$\begin{pmatrix}0, & -1, & 0\\ 0, & \pm1, & 0\end{pmatrix}, \quad \begin{pmatrix}0, & -1, & \pm1\\ 0, & \pm1, & 0\end{pmatrix}; \quad \begin{pmatrix}1, & -1, & -1\\ 0, & 0, & 0\end{pmatrix}, \quad \begin{pmatrix}-1, & 1, & -1\\ 0, & 0, & 0\end{pmatrix}, \quad \begin{pmatrix}-1, & -1, & 1\\ 0, & 0, & 0\end{pmatrix}, \quad \begin{pmatrix}1, & 1, & 1\\ 0, & 0, & 0\end{pmatrix}$$

Pro $D = 2$ sex formae I proveniunt

$$\begin{pmatrix}0, & 2, & 0\\ 0, & \pm1, & 0\end{pmatrix}, \quad \begin{pmatrix}0, & 2, & \pm1\\ 0, & \pm1, & 0\end{pmatrix}$$

octoque formae II

$$\begin{pmatrix}1, & -1, & 2\\ 0, & 0, & 0\end{pmatrix}, \quad \begin{pmatrix}-1, & 1, & 2\\ 0, & 0, & 0\end{pmatrix}, \quad \begin{pmatrix}1, & 1, & -2\\ 0, & 0, & 0\end{pmatrix}, \quad \begin{pmatrix}-1, & -1, & -2\\ 0, & 0, & 0\end{pmatrix}$$

$$\begin{pmatrix}1, & -2, & 1\\ 0, & 0, & 0\end{pmatrix}, \quad \begin{pmatrix}-1, & 2, & 1\\ 0, & 0, & 0\end{pmatrix}, \quad \begin{pmatrix}1, & 2, & -1\\ 0, & 0, & 0\end{pmatrix}, \quad \begin{pmatrix}-1, & -2, & -1\\ 0, & 0, & 0\end{pmatrix}$$

Ceterum multitudo classium ex his formis in his tribus casibus prodeuntium formarum multitudine multo minor est. Scilicet facile confirmatur

I. Formam $\begin{pmatrix}0, & 1, & 0\\ 0, & 1, & 0\end{pmatrix}$ transire in

$$\begin{pmatrix}0, & 1, & 0\\ 0, & -1, & 0\end{pmatrix}, \quad \begin{pmatrix}0, & 1, & 1\\ 0, & \pm1, & 0\end{pmatrix}, \quad \begin{pmatrix}0, & 1, & -1\\ 0, & \pm1, & 0\end{pmatrix}, \quad \begin{pmatrix}1, & 1, & -1\\ 0, & 0, & 0\end{pmatrix}$$

resp. per substitutiones

$$\begin{matrix}1, & 0, & 0\\ 0, & 1, & 0\\ 0, & 0, & -1\end{matrix} \quad \Bigg| \quad \begin{matrix}0, & 0, & 1\\ 0, & 1, & -1\\ \pm1, & 1, & 0\end{matrix} \quad \Bigg| \quad \begin{matrix}0, & 0, & 1\\ 0, & 1, & 1\\ \pm1, & -1, & -1\end{matrix} \quad \Bigg| \quad \begin{matrix}1, & 0, & -1\\ 1, & 1, & -1\\ 0, & -1, & 1\end{matrix}$$

formam $\begin{pmatrix}1, & 1, & -1\\ 0, & 0, & 0\end{pmatrix}$ autem in $\begin{pmatrix}1, & -1, & 1\\ 0, & 0, & 0\end{pmatrix}$, $\begin{pmatrix}-1, & 1, & 1\\ 0, & 0, & 0\end{pmatrix}$ per solam indeterminatarum permutationem. Quare illae decem formae ternariae det. 1 ad has duas reducuntur

$\binom{0,\,1,\,0}{0,\,1,\,0}$, $\binom{-1,\,-1,\,-1}{0,\;\;0,\;\;0}$; pro priori, si magis arridet, etiam haec $\binom{1,\,0,\,0}{1,\,0,\,0}$ accipi potest. Quum forma prior indefinita sit, posterior definita, manifestum est, quamvis formam ternariam indefinitam det. 1 aequivalere formae $xx+2yz$, quamvis definitam huic $-xx-yy-zz$.

II. Prorsus simili modo invenitur, quamlibet formam ternariam indefinitam determinantis -1 aequivalere formae $-xx+2yz$, quamlibet definitam huic $xx+yy+zz$.

III. Pro determinante 2 ex octo formis (II) statim reiici possunt secunda, sexta et septima, quippe quae ex prima per solam indeterminatarum permutationem oriuntur, similique ratione etiam quinta quae e tertia, et octava quae e quarta perinde proveniunt; tres reliquae cum sex formis I, tres classes constituunt; scilicet $\binom{0,\,2,\,0}{0,\,1,\,0}$ transit in $\binom{0,\;\;2,\,0}{0,\,-1,\,0}$ per substitutionem $\left\{\begin{matrix}1, & 0, & 0\\ 0, & 1, & 0\\ 0, & 0, & -1\end{matrix}\right\}$ formaque $\binom{1,\,1,\,-2}{0,\,0,\;\;0}$ in

$$\binom{0,\,2,\,1}{0,\,1,\,0},\quad \binom{0,\;\;2,\,1}{0,\,-1,\,0},\quad \binom{0,\,2,\,-1}{0,\,1,\;\;0},\quad \binom{0,\;\;2,\,-1}{0,\,-1,\;\;0},\quad \binom{1,\,-1,\,2}{0,\;\;0,\,0}$$

resp. per substitutiones

$$\begin{array}{c|c|c|c|c} 1,\,0,\,1 & 1,\,0,\,-1 & 1,\,0,\;\;0 & 1,\,0,\,0 & 1,\,0,\,0\\ 1,\,2,\,0 & 1,\,2,\;\;0 & 1,\,2,\,-1 & 1,\,2,\,1 & 0,\,1,\,2\\ 1,\,1,\,0 & 1,\,1,\;\;0 & 1,\,1,\,-1 & 1,\,1,\,1 & 0,\,1,\,1 \end{array}$$

Quaevis itaque forma ternaria determinantis 2 ad aliquam ex his tribus est reducibilis

$$\binom{0,\,2,\,0}{0,\,1,\,0},\quad \binom{1,\,1,\,-2}{0,\,0,\;\;0},\quad \binom{-1,\,-1,\,-2}{0,\;\;0,\;\;0}.$$

loco primae, si magis placet, etiam $\binom{2,\,0,\,0}{1,\,0,\,0}$ accipi potest. Manifesto autem quaevis forma ternaria definita necessario aequivalebit tertiae $-xx-yy-2zz$, quum duae priores sint indefinitae; quaevis indefinita primae vel secundae, et quidem primae $2xx+2yz$, si ipsius coëfficiens primus, secundus et tertius simul sunt pares (quoniam facile perspicitur, talem formam per substitutionem quamcunque in similem formam transire adeoque formae secundae aequivalere non posse), secundae $xx+yy-2zz$ autem, si ipsius coëfficiens primus, secundus et tertius non simul pares sunt, sed unus, duo omnesve impares (in talem enim formam ex simili ratione forma prima $2xx+2yz$ per nullam substitutionem transformabilis esse poterit).

Quod igitur in exemplis artt. 273, 274 evenit, ut forma definita $\begin{pmatrix}19, & 21, & 50\\ 15, & 28, & 1\end{pmatrix}$ determinantis -1 ad hanc $xx+yy+zz$, atque forma indefinita $\begin{pmatrix}10, & 26, & 2\\ 7, & 0, & 4\end{pmatrix}$ determinantis 2 ad $2xx-2yz$ sive (quod eodem redit) ad $2xx+2yz$ reduceretur per disquisitiones praecedentes a priori praevideri potuisset.

278.

Per formam ternariam, cuius indeterminatae sunt x, x', x'', *repraesentantur* tum numeri, tribuendo ipsis x, x', x'' valores determinatos, tum formae binariae per huiusmodi substitutiones

$$x = mt+nu, \quad x' = m't+n'u, \quad x'' = m''t+n''u$$

designantibus m, n, m' etc. numeros determinatos; t, u indeterminatas formae repraesentatae. Ad theoriam itaque completam formarum ternariarum requireretur solutio sequentium problematum: I. Invenire omnes repraesentationes numeri dati per formam ternariam datam. II. Invenire omnes repraesentationes formae binariae datae per ternariam datam. III. Diiudicare, utrum duae formae ternariae datae eiusdem determinantis aequivalentes sint, necne, et in casu priori omnes transformationes alterius in alteram invenire. IV. Diiudicare, utrum forma ternaria data aliam datam determinantis maioris implicet, necne, et in casu priori omnes transformationes illius in hanc assignare. De quibus problematibus longe difficilioribus quam analoga in formis binariis alio loco pluribus agemus: hic disquisitionem nostram restringimus ad ostendendum, quomodo problema primum ad secundum secundumque ad tertium reduci possit; tertium vero pro casibus quibusdam simplicissimis formarumque binariarum theoriam imprimis illustrantibus solvere docebimus; quartum hic omnino excludemus.

279.

Lemma. *Propositis tribus numeris integris quibuscunque* a, a', a'' (*qui tamen non omnes simul* $=0$): *invenire sex alios* B, B', B'', C, C', C'' *ita comparatos ut fiat*

$$B'C''-B''C' = a, \quad B''C-BC'' = a' \quad BC'-B'C = a''$$

Sol. Sit α div. comm. max. ipsorum a, a', a'', accipianturque integri A, A', A'' ita ut fiat

$$Aa+A'a'+A''a'' = \alpha$$

Porro accipiantur tres integri $\mathfrak{C}$, $\mathfrak{C}'$, $\mathfrak{C}''$ ad lubitum ea sola conditione, ut tres numeri $\mathfrak{C}'A''-\mathfrak{C}''A'$, $\mathfrak{C}''A-\mathfrak{C}A''$, $\mathfrak{C}A'-\mathfrak{C}'A$, quos resp. per b, b', b'' ipsorumque divisorem communem maximum per $\mathfrak{b}$ designabimus, non fiant simul $=0$. Tunc ponatur

$$a'b''-a''b'=\alpha\mathfrak{b}C,\quad a''b-ab''=\alpha\mathfrak{b}C',\quad ab'-a'b=\alpha\mathfrak{b}C''$$

patetque, ipsos C, C', C'' fore integros. Denique accipiendo integros $\mathfrak{B}$, $\mathfrak{B}'$, $\mathfrak{B}''$ ita ut fiat

$$\mathfrak{B}b+\mathfrak{B}'b'+\mathfrak{B}''b''=\mathfrak{b}$$

ponendo

$$\mathfrak{B}a+\mathfrak{B}'a'+\mathfrak{B}''a''=h$$

et statuendo

$$B=\alpha\mathfrak{B}-hA,\quad B'=\alpha\mathfrak{B}'-hA',\quad B''=\alpha\mathfrak{B}''-hA''$$

hi valores ipsorum B, B', B'', C, C', C'' aequationibus praescriptis satisfacient.

Invenitur enim

$$aB+a'B'+a''B''=0$$
$$bA+b'A'+b''A''=0 \quad \text{unde} \quad bB+b'B'+b''B''=\alpha\mathfrak{b}$$

Iam ex valoribus ipsorum C', C'' fit

$$\begin{aligned}\alpha\mathfrak{b}(B'C''-B''C') &= ab'B'-a'bB'-a''bB''+ab''B''\\ &= a(bB+b'B'+b''B'')-b(aB+a'B'+a''B'')=\alpha\mathfrak{b}a\end{aligned}$$

adeoque $B'C''-B''C'=a$; similique modo invenitur $B''C-BC''=a'$, $BC'-B'C=a''$. Q. E. F. — Ceterum analysis per quam haec solutio inventa est, nec non methodus ex una solutione omnes inveniendi, hic sunt supprimendae.

280.

Supponamus, formam binariam

$$att+2btu+cuu\ldots\varphi$$

cuius determinans $= D$, repraesentari per formam ternariam f, cuius indeterminatae x, x', x'', ponendo

$$x = mt + nu, \quad x' = m't + n'u, \quad x'' = m''t + n''u$$

ipsique f adiunctam esse formam F, cuius indeterminatae X, X', X''. Tunc per calculum facile confirmatur (designando coëfficientes formarum f, F per literas peculiares) sive etiam ex art. 268. II. protinus deducitur, numerum D repraesentari per F ponendo

$$X = m'n'' - m''n', \quad X' = m''n - mn'', \quad X'' = mn' - m'n$$

quae repraesentatio numeri D repraesentationi formae φ per f *adiuncta* commode dici potest. Si valores ipsarum X, X', X'' divisorem communem non habent, brevitatis caussa hanc repraesentationem ipsius D *propriam* vocabimus, sin secus, *impropriam*, easdem denominationes etiam repraesentationi formae φ per f, cui illa repraes. ipsius D adiuncta est, tribuemus. Iam inventio omnium repraesentationum propriarum numeri D per formam F sequentibus momentis innititur:

I. Nulla repraesentatio ipsius D per F datur, quae non ex aliqua repraesentatione alicuius formae determinantis D per formam f deduci possit, *i. e.* tali repraesentationi adiuncta sit.

Sit enim repraesentatio quaecunque ipsius D per F haec: $X = L$, $X' = L'$, $X'' = L''$; accipiantur per lemma art. praec. m, m', m'', n, n', n'' ita ut fiat

$$m'n'' - m''n' = L, \quad m''n - mn'' = L', \quad mn' - m'n = L''$$

transeatque f per substitutionem

$$x = mt + nu, \quad x' = m't + n'u, \quad x'' = m''t + n''u$$

in formam binariam $\varphi = att + 2btu + cuu$. Tunc facile perspicietur, D fore determinantem formae φ ipsiusque repraesentationi per f repraesentationem propositam ipsius D per F adiunctam.

Ex. Sit $f = xx + x'x' + x''x''$, adeoque $F = -XX - X'X' - X''X''$: $D = -209$; ipsiusque repraesentatio per F haec $X = 1$, $X' = 8$, $X'' = 12$;

hinc inveniuntur valores ipsorum m, m', m'', n, n', n'' hi $-20, 1, 1, -12, 0, 1$ resp., atque $\varphi = 402tt + 482tu + 145uu$.

II. Si φ, χ sunt formae binariae proprie aequivalentes, quaevis repraesentatio ipsius D per F alicui repraesentationi formae φ per f adiuncta, etiam alicui repraesentationi formae χ per f adiuncta erit.

Sint p, q indeterminatae formae χ; transeat φ in χ per substitutionem propriam $t = \alpha p + \beta q$, $u = \gamma p + \delta q$, sitque aliqua repraesentatio formae φ per f haec

$$x = mt + nu, \quad x' = m't + n'u, \quad x'' = m''t + n''u \ldots (R)$$

Tunc nullo negotio perspicitur, si ponatur

$$\alpha m + \gamma n = g, \quad \alpha m' + \gamma n' = g', \quad \alpha m'' + \gamma n'' = g''$$
$$\beta m + \delta n = h, \quad \beta m' + \delta n' = h', \quad \beta m'' + \delta n'' = h''$$

formam χ repraesentatum iri per f statuendo

$$x = gp + hq, \quad x' = g'p + h'q, \quad x'' = g''p + h''q \ldots (R')$$

calculoque facto invenitur (propter $\alpha\delta - \beta\gamma = 1$) esse

$$g'h'' - g''h' = m'n'' - m''n', \quad g''h - gh'' = m''n - mn'', \quad gh' - g'h = mn' - m'n$$

i.e. repraesentationibus R, R' eadem repraesentatio ipsius D per F adiuncta est.

Ita in ex. praec. formae φ aequivalere invenitur $\chi = 13pp - 10pq + 18qq$, in quam illa transit per substitutionem propriam $t = -3p + q$, $u = 5p - 2q$; hinc invenitur repraesentatio formae χ per f haec $x = 4q$, $x' = -3p + q$, $x'' = 2p - q$, ex qua eadem numeri -209 repraesentatio deducitur, a qua profecti eramus.

III. Denique si duae formae binariae φ, χ determinantis D, quarum indeterminatae sunt t, u; p, q, per f repraesentari possunt, alicuique repraesentationi unius eadem repraesentatio propria ipsius D per F adiuncta est, atque alicui repraesentationi alterius, illae formae necessario erunt proprie aequivalentes. Supponamus φ repraesentari per f ponendo

$$x = mt + nu, \quad x' = m't + n'u, \quad x'' = m''t + n''u$$

χ vero statuendo

$$x = gp + hq, \quad x' = g'p + h'q, \quad x'' = g''p + h''q$$

atque esse

$$\begin{aligned} m'n'' - m''n' &= g'h'' - g''h' = L \\ m''n - mn'' &= g''h - gh'' = L' \\ mn' - m'n &= gh' - g'h = L'' \end{aligned}$$

Accipiantur integri l, l', l'' ita ut fiat $Ll + L'l' + L''l'' = 1$, ponaturque

$$\begin{aligned} n'l'' - n''l' = M, \quad n''l - nl'' = M', \quad nl' - n'l = M'' \\ l'm'' - l''m' = N, \quad l''m - lm'' = N', \quad lm' - l'm = N'' \end{aligned}$$

denique statuatur

$$\begin{aligned} gM + g'M' + g''M'' = \alpha, \quad hM + h'M' + h''M'' = \beta \\ gN + g'N' + g''N'' = \gamma, \quad hN + h'N' + h''N'' = \delta \end{aligned}$$

Hinc facile deducitur

$$\begin{aligned} \alpha m + \gamma n &= g - l(gL + g'L' + g''L'') = g \\ \beta m + \delta n &= h - l(hL + h'L' + h''L'') = h \end{aligned}$$

similique modo

$$\alpha m' + \gamma n' = g', \quad \beta m' + \delta n' = h', \quad \alpha m'' + \gamma n'' = g'', \quad \beta m'' + \delta n'' = h''$$

Hinc patet, $mt + nu$, $m't + n'u$, $m''t + n''u$ transire per substitutionem

$$t = \alpha p + \beta q, \quad u = \gamma p + \delta q \,.. \; (S)$$

in $gp + hq$, $g'p + h'q$, $g''p + h''q$ resp., unde manifestum est, φ transire per substitutionem S in eandem formam, in quam f transeat ponendo

$$x = gp + hq, \quad x' = g'p + h'q, \quad x'' = g''p + h''q$$

adeoque in formam χ, cui itaque aequivalet. Denique per substitutiones debitas facile invenitur

$$\alpha\delta - \beta\gamma = (Ll + L'l' + L''l'')^2 = 1$$

quocirca substitutio S est propria, formaeque φ, χ proprie aequivalentes.

Ex his observationibus derivantur regulae sequentes ad inveniendum omnes repraesentationes proprias ipsius D per F: Evolvantur omnes classes formarum binariarum determinantis D, et ex singulis una forma ad libitum eligatur; quaerantur omnes repraesentationes propriae singularum harum formarum per f (reiectis iis, quae forte per f repraesentari nequeunt), et ex singulis hisce repraesentationibus deducantur repraesentationes numeri D per F. Ex I et II manifestum est, hoc modo omnes repraesentationes proprias possibiles obtineri, adeoque solutionem esse completam; ex III, transformationes formarum e classibus diversis certo producere repraesentationes diversas.

281.

Investigatio repraesentationum *impropriarum* numeri dati D per formam F ad casum praecedentem facile reducitur. Scilicet manifestum est, si D per nullum quadratum (praeter 1) divisibilis sit, tales repraesentationes omnino non dari; sin secus, metientibus ipsum D quadratis $\lambda\lambda$, $\mu\mu$, $\nu\nu$ etc., omnes repraesentationes improprias ipsius D per F inveniri, si omnes repraesentationes propriae numerorum $\frac{D}{\lambda\lambda}$, $\frac{D}{\mu\mu}$, $\frac{D}{\nu\nu}$ etc. per eandem formam evolvantur, indeterminatarumque valores per λ, μ, ν etc. resp. multiplicentur.

Hoc itaque modo inventio omnium repraesentationum numeri dati per formam ternariam datam, *quae alicui formae ternariae adiuncta est*, a problemate secundo pendet; ad hunc vero casum, qui primo aspectu minus late patere videri posset, reliqui ita reducuntur. Sit D numerus repraesentandus per formam $\binom{g,\ g',\ g''}{h,\ h',\ h''}$, cuius determinans Δ, et cui adiuncta est forma $\binom{G,\ G',\ G''}{H,\ H',\ H''} = f$. Tunc huic rursus adiuncta erit $\binom{\Delta g,\ \Delta g',\ \Delta g''}{\Delta h,\ \Delta h',\ \Delta h''} = F$, patetque, repraesentationes numeri ΔD per F (quarum investigatio a praecc. pendet) omnino identicas esse cum repraesentationibus numeri D per formam propositam. — Ceterum quando omnes coëfficientes formae f divisorem communem μ habent, perspicuum est, omnes coëfficientes formae F divisibiles esse per $\mu\mu$, quocirca etiam ΔD per $\mu\mu$ divisibilis esse debebit (alioquin nullae repraesentationes darentur); repraesentationesque numeri D per formam propositam coincident cum repraesentationibus numeri $\frac{\Delta D}{\mu\mu}$ per formam, quae oritur ex F, dividendo singulos coëfficientes per $\mu\mu$, quae forma adiuncta erit ei, quae oritur ex f, dividendo singulos coëfficientes per μ.

Denique observamus, hanc problematis primi solutionem in unico casu, ubi

$D = 0$, non esse applicabilem; hic enim omnes formae binariae determinantis D in multitudinem finitam classium non distribuuntur; infra autem hunc casum ex aliis principiis solvemus.

282.

Investigatio repraesentationum formae binariae datae, cuius determinans non $= 0$*), per ternariam datam pendet ab observationibus sequentibus:

I. Ex quavis repraesentatione propria formae binariae $(p, q, r) = \varphi$ determinantis D per ternariam f determinantis Δ deduci possunt integri B, B' tales ut sit

$$BB \equiv \Delta p, \quad BB' \equiv -\Delta q, \quad B'B' \equiv \Delta r \pmod{D}$$

i. e. valor expressionis $\sqrt{\Delta(p, -q, r)} \pmod{D}$. Habeatur repraesentatio propria formae φ per f haec

$$x = \alpha t + \beta u, \quad x' = \alpha' t + \beta' u, \quad x'' = \alpha'' t + \beta'' u$$

(designantibus x, x', x''; t, u indeterminatas formarum f, φ); accipiantur integri $\gamma, \gamma', \gamma''$ ita ut

$$(\alpha'\beta'' - \alpha''\beta')\gamma + (\alpha''\beta - \alpha\beta'')\gamma' + (\alpha\beta' - \alpha'\beta)\gamma''$$

$= k$ fiat vel $= +1$ vel $= -1$, transeatque f per substitutionem

$$\begin{matrix} \alpha, & \beta, & \gamma \\ \alpha', & \beta', & \gamma' \\ \alpha'', & \beta'', & \gamma'' \end{matrix}$$

in formam $\begin{pmatrix} a, & a', & a'' \\ b, & b', & b'' \end{pmatrix} = g$, cui adiuncta sit $\begin{pmatrix} A, & A', & A'' \\ B, & B', & B'' \end{pmatrix} = G$. Tunc manifestum est, fore $a = p$, $b'' = q$, $a' = r$, $A'' = D$, atque Δ determinantem formae g; unde

$$BB = \Delta p + A'D, \quad BB' = -\Delta q + B''D, \quad B'B' = \Delta r + AD$$

Ita *e.g.* forma $19tt + 6tu + 41uu$ repraesentatur per $xx + x'x' + x''x''$ ponendo $x = 3t + 5u$, $x' = 3t - 4u$, $x'' = t$; unde statuendo $\gamma = -1$, $\gamma' = 1$, $\gamma'' = 0$.

*) Hunc casum per methodum aliquantum diversam tractandum hoc loco brevitatis caussa praeterimus.

eruitur $B = -171$, $B' = 27$, sive valor $(-171, 27)$ expr. $\sqrt{-1}\,(19, -3, 41)$ (mod. 770).

Hinc iam sequitur, si $\Delta(p, -q, r)$ non sit residuum quadratum ipsius D, φ per nullam formam ternariam determinantis Δ proprie repraesentabilem esse posse; in eo itaque casu, ubi Δ, D inter se primi sunt, Δ numerus characteristicus formae φ esse debebit.

II. Quum γ, γ', γ'' infinite multis modis diversis determinari possint, etiam alii atque alii valores ipsorum B, B' inde prodibunt, qui quem nexum inter se habeant videamus. Ponamus, etiam δ, δ', δ'' ita comparatos esse, ut $(\alpha'\beta''-\alpha''\beta')\delta+(\alpha''\beta-\alpha\beta'')\delta'+(\alpha\beta'-\alpha'\beta)\delta'' = \mathfrak{k}$ fiat vel $= +1$ vel $= -1$, formamque f transire per substitutionem

$$\begin{matrix} \alpha, & \beta, & \delta \\ \alpha', & \beta', & \delta' \\ \alpha'', & \beta'', & \delta'' \end{matrix}$$

in $\binom{\mathfrak{a}, \mathfrak{a}', \mathfrak{a}''}{\mathfrak{b}, \mathfrak{b}', \mathfrak{b}''} = \mathfrak{g}$, cui adiuncta $\binom{\mathfrak{A}, \mathfrak{A}', \mathfrak{A}''}{\mathfrak{B}, \mathfrak{B}', \mathfrak{B}''} = \mathfrak{G}$. Tunc g, $\mathfrak{g}$ erunt aequivalentes, adeoque etiam G et $\mathfrak{G}$, et per applicationem praeceptorum in artt. 269, 270 traditorum*) invenitur, si statuatur

$$(\beta'\gamma''-\beta''\gamma')\delta+(\beta''\gamma-\beta\gamma'')\delta'+(\beta\gamma'-\beta'\gamma)\delta'' = \zeta$$
$$(\gamma'\alpha''-\gamma''\alpha')\delta+(\gamma''\alpha-\gamma\alpha'')\delta'+(\gamma\alpha'-\gamma'\alpha)\delta'' = \eta$$

formam $\mathfrak{G}$ transire in G per substitutionem

$$\begin{matrix} k, & 0, & 0 \\ 0, & k, & 0 \\ \zeta, & \eta, & \mathfrak{k} \end{matrix}$$

Hinc erit

$$B = \eta\mathfrak{k}D + \mathfrak{k}k\mathfrak{B}, \quad B' = \zeta\mathfrak{k}D + \mathfrak{k}k\mathfrak{B}'$$

adeoque, propter $\mathfrak{k}k = \pm 1$, vel $B \equiv \mathfrak{B}$, $B' \equiv \mathfrak{B}'$, vel $B \equiv -\mathfrak{B}$, $B' \equiv -\mathfrak{B}'$ (mod. D). In casu priori valores (B, B'), $(\mathfrak{B}, \mathfrak{B}')$ aequivalentes vocamus, in posteriori oppositos; repraesentationem formae φ autem ad quemlibet valorem

*) Eruendo ex transf. formae f in g, transformationem formae g in f; ex hac atque transf. formae f in $\mathfrak{g}$, transf. formae g in $\mathfrak{g}$; denique ex hac, per transpositionem, transf. formae $\mathfrak{G}$ in G.

expr. $\sqrt{\Delta(p, -q, r)}\,(\text{mod.}\,D)$, qui ex ipsa per methodum in I deduci potest, *pertinere* dicemus. Hinc omnes valores, ad quos eadem repraesentatio pertinet, vel aequivalentes erunt vel oppositi.

III. Vice versa autem, si ut ante in I repraesentatio formae φ per f haec $x = \alpha t + \beta u$ etc. ad valorem (B, B') pertinet, qui inde deducitur adiumento transformationis

$$\begin{matrix} \alpha, & \beta, & \gamma \\ \alpha', & \beta', & \gamma' \\ \alpha'', & \beta'', & \gamma'' \end{matrix}$$

eadem quoque ad quemvis alium valorem $(\mathfrak{B}, \mathfrak{B}')$ pertinebit, qui illi vel aequivalens est vel oppositus; *i. e.* loco ipsorum $\gamma, \gamma', \gamma''$ alios integros $\delta, \delta', \delta''$ accipere licebit, pro quibus aequatio (Ω) haec

$$(\alpha'\beta'' - \alpha''\beta')\delta + (\alpha''\beta - \alpha\beta'')\delta' + (\alpha\beta' - \alpha'\beta)\delta'' = \pm 1$$

locum habeat, et qui ita comparati sint, ut coëfficiens 4 et 5 in forma ei adiuncta, in quam f per substitutionem (S)

$$\begin{matrix} \alpha, & \beta, & \delta \\ \alpha', & \beta', & \delta' \\ \alpha'', & \beta'', & \delta'' \end{matrix}$$

transit, resp. fiant $= \mathfrak{B}, \mathfrak{B}'$. Statuatur enim

$$\pm B = \mathfrak{B} + \eta D, \quad \pm B' = \mathfrak{B}' + \zeta D$$

(accipiendo hic et postea signa superiora vel inferiora, prout valores (B, B'), $(\mathfrak{B}, \mathfrak{B}')$ aequivalentes sunt vel oppositi), unde ζ, η erunt integri, transeatque g per substitutionem

$$\begin{matrix} 1, & 0, & \zeta \\ 0, & 1, & \eta \\ 0, & 0, & \pm 1 \end{matrix}$$

in formam $\mathfrak{g}$, cuius determinantem esse Δ, in forma adiuncta vero coëfficientes 4 et 5 resp. $= \mathfrak{B}, \mathfrak{B}'$ fieri facile perspicietur. Faciendo autem

$$\alpha\zeta + \beta\eta \pm \gamma = \delta, \quad \alpha'\zeta + \beta'\eta \pm \gamma' = \delta', \quad \alpha''\zeta + \beta''\eta \pm \gamma'' = \delta''$$

nullo negotio patebit, f per substitutionem (S) transire in $\mathfrak{g}$, atque aequationi (Ω) satisfactum esse. *Q. E. D.*

283.

Ex his principiis deducitur methodus sequens, omnes repraesentationes proprias formae binariae

$$\varphi = ptt + 2qtu + ruu$$

determinantis D per ternariam f determinantis Δ inveniendi.

I. Eruantur omnes valores diversi (*i. e.* non-aequivalentes) expressionis $\sqrt{\Delta(p, -q, r)}\,(\text{mod.}\,D)$. Hoc problema pro eo casu, ubi φ est forma primitiva atque Δ ad D primus, supra (art. 233) solutum est, casusque reliqui ad hunc facillime reducuntur, quam tamen rem fusius hic explicare brevitas non permittit. Observamus tantummodo, quoties Δ ad D primus sit, expressionem $\Delta(p, -q, r)$ residuum quadraticum ipsius D esse non posse, nisi φ fuerit forma primitiva. Supponendo enim

$$\Delta p = BB - DA', \quad -\Delta q = BB' - DB'', \quad \Delta r = B'B' - DA$$

fit

$$(DB'' - \Delta q)^2 = (DA' + \Delta p)(DA + \Delta r)$$

hinc, per evolutionem et substituendo $qq - pr$ pro D, fit

$$(qq - pr)(B''B'' - AA') - \Delta(Ap + 2B''q + A'r) + \Delta\Delta = 0$$

unde facile concluditur, si p, q, r divisorem communem haberent, hunc etiam ipsum $\Delta\Delta$ metiri; tunc vero Δ ad D primus esse non posset. Quare p, q, r divisorem communem habere nequeunt, sive φ erit forma primitiva.

II. Designemus multitudinem horum valorum per m, supponamusque inter eos reperiri n valores, qui sibi ipsis oppositi sint (statuendo $n = 0$, quando tales non adsunt). Tunc manifestum est, ex $m - n$ reliquis valoribus binos semper oppositos fore (quoniam cuncti valores complete haberi supponuntur); reiiciatur e binis quibusque valoribus oppositis unus ad libitum, remanebuntque omnino valores $\frac{1}{2}(m + n)$. Ita *e. g.* ex octo valoribus expr. $\sqrt{-1(19, -3, 41)}$

(mod. 770) his (39, 237), (171, —27), (269, —83), (291, —127), (—39, —237), (—171, 27), (—269, 83), (—291, 127), quatuor posteriores sunt reiiciendi, tamquam quatuor prioribus oppositi. Ceterum perspicuum est, si (B, B') sit valor sibi ipsi oppositus, $2B$, $2B'$ et proin etiam $2\Delta p$, $2\Delta q$, $2\Delta r$ per D divisibiles fore; quodsi itaque Δ, D inter se primi sunt, etiam $2p$, $2q$, $2r$ per D divisibiles erunt, et quum, per I, in hoc casu etiam p, q, r divisorem communem habere nequeant, etiam 2 per D divisibilis esse debebit, quod fieri nequit nisi D vel $= \pm 1$, vel $= \pm 2$. Quamobrem pro omnibus valoribus ipsius D maioribus quam 2 semper erit $n = 0$, si Δ ad D est primus.

III. His ita factis manifestum est, quamvis repraesentationem propriam formae φ per f necessario ad aliquem e valoribus remanentibus pertinere debere, et quidem ad unicum tantum. Quare hi valores successive sunt percurrendi, repraesentationesque ad singulos pertinentes investigandae. Ut inveniantur repraesentationes ad valorem *datum* (B, B') pertinentes, primo determinanda est forma ternaria $g = \binom{a,\ a',\ a''}{b,\ b',\ b''}$, cuius determinans $= \Delta$ et in qua $a = p$, $b'' = q$, $a' = r$, $ab - b'b'' = B$, $a'b' - bb'' = B'$; valores ipsorum a'', b, b' hinc inveniuntur adiumento aequationum in II art. 276, ex quibus facile perspicitur, in eo casu, ubi Δ, D inter se primi sint, b, b' a'' necessario fieri integros (nempe quoniam hi tres numeri, multiplicati tum per D tum per Δ integros producunt). Iam si vel aliquis coëfficientium b, b', b'' fractus est, vel formae f, g non sunt aequivalentes: nullae repraesentationes formae φ per f ad (B, B') pertinentes dari possunt; si vero b, b', a'' sunt integri, formaeque f, g aequivalentes, quaevis transformatio illius in hanc, ut

$$\begin{matrix} \alpha, & \beta, & \gamma \\ \alpha', & \beta', & \gamma' \\ \alpha'', & \beta'', & \gamma'' \end{matrix}$$

talem repraesentationem suppeditat, puta

$$x = \alpha t + \beta u, \quad x' = \alpha' t + \beta' u, \quad x'' = \alpha'' t + \beta'' u$$

manifestoque nulla huiusmodi repraesentatio exstare poterit, quae non ex aliqua transformatione deduci posset. Hoc itaque modo ea problematis secundi pars, quae investigat repraesentationes *proprias*, ad problema tertium iam est reducta.

IV. Ceterum transformationes diversae formae f in g semper producunt repraesentationes diversas, eo solo casu excepto, ubi valor (B, B') sibi ipsi oppositus est, in quo binae transformationes unicam semper repraesentationem suppeditant. Supponende enim, f transire in g etiam per substitutionem

$$\begin{array}{ccc} \alpha, & \beta, & \delta \\ \alpha', & \beta', & \delta' \\ \alpha'', & \beta'', & \delta'' \end{array}$$

(quae eandem repr. praebet ut transf. praec.), denotandoque per k, $\mathfrak{k}$, ζ, η numeros eosdem ut in II art. praec., erit

$$B = k\mathfrak{k}B + \eta\mathfrak{k}D, \quad B' = k\mathfrak{k}B' + \zeta\mathfrak{k}D$$

si itaque vel uterque k, $\mathfrak{k}$ supponitur $= +1$, vel uterque $= -1$, erit (quia casum $D = 0$ exclusimus) $\zeta = 0$, $\eta = 0$, unde facile sequitur $\delta = \gamma$, $\delta' = \gamma'$, $\delta'' = \gamma''$; quare illae duae transformationes in eo solo casu diversae esse possunt, ubi alter numerorum k, $\mathfrak{k}$ est $+1$, alter -1; tunc erit $B \equiv -B$, $B' \equiv -B'$, (mod. D), sive valor (B, B') sibi ipsi oppositus.

V. Ex iis, quae supra (art. 271) de criteriis formarum definitarum et indefinitarum tradidimus, facile sequitur, si Δ sit positivus, D negativus, atque φ forma negativa, g fieri formam definitam negativam; si vero Δ sit positivus, atque vel D positivus, vel D negativus et φ forma positiva, g evadere formam indefinitam. Iam quum f, g certo aequivalentes esse nequeant, nisi respectu huius qualitatis similes sint, manifestum est, formas binarias determinantis positivi nec non positivas, per ternariam negativam proprie repraesentari non posse, neque formas binarias negativas per ternariam indefinitam determinantis positivi; sed per formam ternariam prioris posteriorisve speciei unice binarias posterioris priorisve resp. Simili modo concluditur, per formam ternariam determinantis negativi definitam (*i. e.* positivam) unice repraesentari binarias positivas, per indefinitam unice negativas et formas det. positivi.

284.

Quum repraesentationes *impropriae* formae binariae φ determinantis D per ternariam f cui adiuncta est F, eae sint, ex quibus repraesentationes impropriae numeri D per formam F sequuntur, φ per f manifesto nequit improprie repraesentari, nisi D factores quadratos implicet. Ponamus, omnia quadrata ipsum D metientia (praeter 1) esse ee, $e'e'$, $e''e''$ etc. (quorum multitudo finita erit, quia supponimus, non esse $D = 0$), praebebitque quaelibet repr. impr. formae φ per f repraesentationem numeri D per F, in qua valores indeterminatarum aliquem e numeris e, e', e'' etc. pro divisore communi maximo habebunt; hoc respectu brevitatis caussa quamvis repr. impr. formae φ ad divisorem quadratum ee vel $e'e'$ vel $e''e''$ etc. *pertinere* dicemus. Iam omnes repr. formae φ ad eundem divisorem quadratum *datum* ee (cuius radicem e positive acceptam supponimus) pertinentes per regulas sequentes inveniuntur, ex quarum demonstratione synthetica, propter brevitatem hic praeferenda, analysis per quam evolutae sunt, facile restitui poterit.

Primo eruantur omnes formae binariae determinantis $\frac{D}{ee}$, quae in formam φ transeunt per substitutionem propriam talem $T = \varkappa t + \lambda u$, $U = \mu u$, designantibus T, U indeterminatas talis formae; t, u indet. formae φ; $\varkappa$, μ integros positivos (quorum productum itaque $= e$); λ integrum positivum minorem quam μ (sive etiam cifram). Hae formae, cum transformationibus respondentibus, ita inveniuntur:

Aequetur $\varkappa$ successive singulis divisoribus ipsius e positive acceptis (inclusis etiam 1 et e), fiatque $\mu = \frac{e}{\varkappa}$; pro singulis valoribus determinatis ipsorum $\varkappa$ μ tribuantur ipsi λ omnes valores integri a 0 usque ad $\mu - 1$, quo pacto omnes transformationes certo habebuntur. Iam forma, quae per quamvis substitutionem $T = \varkappa t + \lambda u$, $U = \mu u$ in φ transit, invenitur investigando formam, in quam φ transit per hanc $t = \frac{1}{\varkappa} T - \frac{\lambda}{e} U$, $u = \frac{1}{\mu} U$; sic formae singulis transformationibus respondentes obtinebuntur; sed ex omnibus his formis eae tantum retinendae sunt, in quibus omnes tres coëfficientes evadunt integri*).

Secundo ponamus Φ esse aliquam ex hisce formis, quae in φ transeat per subst. $T = \varkappa t + \lambda u$, $U = \mu u$; investigentur omnes repraesentationes *propriae*

*) Si de hoc problemate fusius agere hic liceret, solutionem admodum contrahere possemus. Id statim obvium est, pro $\varkappa$ alios divisores ipsius e accipere non esse necessarium, nisi quorum quadratum metiatur coëfficientem primum formae φ. Ceterum hoc problema, ex quo etiam solutiones simpliciores probl. artt. 213, 214 deduci possunt, alia occasione idonea resumere nobis reservamus.

formae Φ per f (si quae dantur), exhibeanturque indefinite per

$$x = \mathfrak{A}T + \mathfrak{B}U,\quad x' = \mathfrak{A}'T + \mathfrak{B}'U,\quad x'' = \mathfrak{A}''T + \mathfrak{B}''U\ldots (\mathfrak{R})$$

denique ex singulis $(\mathfrak{R})$ deducatur repraesentatio

$$x = \alpha t + \beta u,\quad x' = \alpha' t + \beta' u,\quad x'' = \alpha'' t + \beta'' u.\ldots (\rho)$$

per aequationes

$$\alpha = \varkappa\mathfrak{A},\quad \alpha' = \varkappa\mathfrak{A}',\quad \alpha'' = \varkappa\mathfrak{A}''\ldots\ldots (R)$$
$$\beta = \lambda\mathfrak{A} + \mu\mathfrak{B},\quad \beta' = \lambda\mathfrak{A}' + \mu\mathfrak{B}',\quad \beta'' = \lambda\mathfrak{A}'' + \mu\mathfrak{B}''$$

Eodem prorsus modo, ut forma Φ, tractentur formae reliquae per regulam primam inventae (si plures adsunt), ita ut ex singulis cuiusque repraesentationibus propriis aliae repraesentationes deriventur, dicoque, hoc modo prodire cunctas repraesentationes formae φ ad divisorem ee pertinentes, et quidem quamlibet semel tantum.

Dem. I. Formam ternariam f per quamvis substitutionem (ρ) revera transire in φ, tam obvium est, ut explicatione ampliori non opus sit; quamlibet autem repr. (ρ) esse impropriam et ad divisorem ee pertinere, inde patet, quod numeri $\alpha'\beta'' - \alpha''\beta'$, $\alpha''\beta - \alpha\beta''$, $\alpha\beta' - \alpha'\beta$ resp. fiunt $= e(\mathfrak{A}'\mathfrak{B}'' - \mathfrak{A}''\mathfrak{B}')$, $e(\mathfrak{A}''\mathfrak{B} - \mathfrak{A}\mathfrak{B}'')$, $e(\mathfrak{A}\mathfrak{B}' - \mathfrak{A}'\mathfrak{B})$, unde illorum divisor comm. max. manifesto erit e (quoniam $(\mathfrak{R})$ est repraesentatio propria).

II. Ostendemus, ex quavis repraesentatione data (ρ) formae φ, inveniri posse repraesentationem propriam formae determinantis $\frac{D}{ee}$, inter formas per regulam primam inventas contentae, sive ex valoribus datis ipsorum $\alpha, \alpha', \alpha''$, β, β', β'' deduci posse valores integros ipsorum $\varkappa$, λ, μ, conditionibus praescriptis, atque valores ipsorum $\mathfrak{A}$, $\mathfrak{A}'$, $\mathfrak{A}''$, $\mathfrak{B}$, $\mathfrak{B}'$, $\mathfrak{B}''$, aequationibus (R) satisfacientes, et quidem unico tantum modo. Primo statim patet ex tribus aequ. primis in (R), pro $\varkappa$ accipi debere divisorem communem maximum ipsorum α, α', α'' signo positivo (quum enim $\mathfrak{A}'\mathfrak{B}'' - \mathfrak{A}''\mathfrak{B}'$, $\mathfrak{A}''\mathfrak{B} - \mathfrak{A}\mathfrak{B}''$, $\mathfrak{A}\mathfrak{B}' - \mathfrak{A}'\mathfrak{B}$ divisorem communem non habere debeant, etiam $\mathfrak{A}$, $\mathfrak{A}'$, $\mathfrak{A}''$ div. comm. habere nequeunt); hinc etiam $\mathfrak{A}$, $\mathfrak{A}'$, $\mathfrak{A}''$ determinati erunt, nec non $\mu = \frac{e}{\varkappa}$ (quem necessario integrum fieri facile perspicitur). Ponamus, tres integros $\mathfrak{a}$, $\mathfrak{a}'$, $\mathfrak{a}''$ ita acceptos esse, ut fiat $\mathfrak{a}\mathfrak{A} + \mathfrak{a}'\mathfrak{A}' + \mathfrak{a}''\mathfrak{A}'' = 1$, scribamusque brevitatis caussa k pro $\mathfrak{a}\mathfrak{B} + \mathfrak{a}'\mathfrak{B}' + \mathfrak{a}''\mathfrak{B}''$.

Tunc ex tribus ultimis aeq. (R) sequitur, esse debere $\mathfrak{a}\mathfrak{b}+\mathfrak{a}'\mathfrak{b}'+\mathfrak{a}''\mathfrak{b}'' = \lambda+\mu k$, unde statim patet, pro λ unicum tantummodo valorem inter limites 0 et $\mu-1$ situm dari. Quo facto quum etiam $\mathfrak{B}$, $\mathfrak{B}'$, $\mathfrak{B}''$ valores determinatos nanciscantur, nihil superest, nisi ut demonstremus, hos semper hinc integros evadere. Fiet autem

$$\begin{aligned}\mathfrak{B} = \tfrac{1}{\mu}(\mathfrak{b}-\lambda\mathfrak{A}) &= \tfrac{1}{\mu}(\mathfrak{b}(1-\mathfrak{a}\mathfrak{A})-\mathfrak{A}(\mathfrak{a}'\mathfrak{b}'+\mathfrak{a}''\mathfrak{b}''))+\mathfrak{A}k\\ &= \tfrac{1}{\mu}(\mathfrak{a}''(\mathfrak{A}''\mathfrak{b}-\mathfrak{A}\mathfrak{b}'')-\mathfrak{a}'(\mathfrak{A}\mathfrak{b}'-\mathfrak{A}'\mathfrak{b}))+\mathfrak{A}k\\ &= \tfrac{1}{e}(\mathfrak{a}''(\alpha''\mathfrak{b}-\alpha\mathfrak{b}'')-\mathfrak{a}'(\alpha\mathfrak{b}'-\alpha'\mathfrak{b}))+\mathfrak{A}k\end{aligned}$$

eritque adeo manifesto integer, similiterque facile confirmatur, etiam ipsos $\mathfrak{B}'$, $\mathfrak{B}''$ valores integros nancisci. — Ex his ratiociniis colligitur, nullam repraesentationem impropriam formae φ per f, ad divisorem ee pertinentem, exstare posse, quae per methodum traditam vel non vel pluries obtineatur.

Quodsi iam eodem modo reliqui divisores quadrati ipsius D tractantur, repraesentationesque ad singulos pertinentes eruuntur, cunctae repraesentationes impropriae formae φ per f habebuntur.

Ceterum ex hac solutione facile deducitur, theorema ad finem art. praec. pro repraess. propriis traditum etiam ad improprias patere, scilicet generaliter nullam formam binariam positivam det. negativi per ternariam negativam repraesentari posse etc.; patet enim, si φ sit forma talis binaria, quae propter illud theorema per f proprie repraesentari nequeat, etiam omnes formas determinantium $\frac{D}{ee}$, $\frac{D}{e'e'}$ etc., ipsam φ implicantes per f proprie repraesentari non posse, quum hae formae omnes determinantem eodem signo affectum habeant ut φ et, quoties hi determinantes negativi sunt, vel omnes evadant formae positivae vel negativae, prout φ ad illas vel ad has pertinet.

285.

De quaestionibus problema tertium nobis propositum constituentibus (ad quod duo priora in praecc. sunt reducta), scilicet propositis duabus formis ternariis eiusdem determinantis, diiudicare, utrum aequivalentes sint necne, et in casu priori omnes transformationes alterius in alteram invenire, pauca tantum hoc loco inserere possumus, quum solutio completa, qualem pro problematibus analogis in formis binariis tradidimus, hic adhuc maioribus difficultatibus sit obnoxia.

Quamobrem ad quosdam casus particulares, propter quos praecipue haecce digressio instituta est, disquisitionem nostram limitabimus.

I. Pro determirante $+1$ supra ostensum est, omnes formas ternarias in duas classes distribui, quarum altera omnes formas indefinitas, altera omnes definitas (negativas) contineat. Hinc statim concluditur, duas formas ternarias quascunque det. 1 aequivalentes esse, si vel utraque sit definita vel utraque indefinita; si vero altera sit definita, altera indefinita, aequivalentiam locum non habere (propositionis pars posterior manifesto valet generaliter pro formis determinantis cuiuscunque). — Simili modo duae formae quaecunque determinantis -1 certo aequivalebunt, si vel utraque definita est, vel utraque indefinita. — Duae formae definitae determinantis 2 semper aequivalebunt; duae indefinitae non aequivalebunt, si in altera tres coëfficientes primi omnes pares sunt, in altera vero non omnes sunt pares; in casibus reliquis (si vel utraque tres coëfficientes primos simul pares habet, vel neutra) aequivalebunt. — Hoc modo adhuc multo plures propositiones speciales exhibere possemus, si supra (art. 277) plura exempla evoluta fuissent.

II. Pro omnibus hisce casibus poterit etiam, designantibus f, f' formas ternarias aequivalentes, transformatio una alterius in alteram inveniri. Nam pro omnibus casibus in quavis classe formarum ternariarum multitudo satis parva formarum supra assignata est, ad quarum aliquam per methodos uniformes quaevis forma eiusdem classis reduci possit; has omnes ad unicam reducere ibidem docuimus. Sit F haec forma in ea classe, in qua sunt f, f', poteruntque per praecepta supra tradita inveniri transformationes formarum f, f' in F, nec non formae F in f, f'. Hinc per art. 270 deduci poterunt transformationes formae f in f' formaeque f' in f.

III. Superesset itaque tantummodo, ostendere, quo pacto ex una transformatione formae ternariae f in aliam f' omnes transformationes possibiles derivari possint. Hoc problema pendet ab alio simpliciori, scilicet invenire omnes transformationes formae ternariae f in se ipsam. Nimirum si f per plures substitutiones (τ), (τ'), (τ'') etc. in se ipsam et per substitutionem (t) in f' transit, patet si ad normam art. 270 combinetur transformatio (t) cum (τ), (τ'), (τ'') etc., prodire transformationes, per quas omnes f in f' transeat; praeterea per calculum facile probatur, quamvis transformationem formae f in f' hoc modo deduci posse e combinatione transformationis datae (t) formae f in f' cum aliqua (et quidem *unica*) transformatione formae f in se ipsam, adeoque ex combinatione transformationis datae formae f in f' cum *omnibus* transformationibus formae f in se ipsam oriri *omnes* transformationes formae f in f', et quidem singulas semel tantum.

Investigationem omnium transformationum formae f in se ipsam ad eum casum hic restringimus, ubi f est forma definita, cuius coëfficientes 4, 5, 6 omnes $= 0$*). Sit itaque $f = \binom{a,\ a',\ a''}{0,\ 0,\ 0}$, exhibeanturque omnes substitutiones, per quas f in se ipsam transit, indefinite per

$$\begin{matrix} \alpha, & \beta, & \gamma \\ \alpha', & \beta', & \gamma' \\ \alpha'', & \beta'', & \gamma'' \end{matrix}$$

ita ut satisfieri debeat aequationibus

$$\begin{aligned} a\alpha\alpha + a'\alpha'\alpha' + a''\alpha''\alpha'' &= a \quad . \quad . \qquad (\Omega) \\ a\beta\beta + a'\beta'\beta' + a''\beta''\beta'' &= a' \\ a\gamma\gamma + a'\gamma'\gamma' + a''\gamma''\gamma'' &= a'' \\ a\alpha\beta + a'\alpha'\beta' + a''\alpha''\beta'' &= 0 \\ a\alpha\gamma + a'\alpha'\gamma' + a''\alpha''\gamma'' &= 0 \\ a\beta\gamma + a'\beta'\gamma' + a''\beta''\gamma'' &= 0 \end{aligned}$$

Iam tres casus sunt distinguendi:

I. Quando a, a', a'' (qui idem signum habebunt) omnes sunt inaequales, supponamus $a < a'$, $a' < a''$ (si alius magnitudinis ordo adest, eaedem conclusiones prorsus simili modo eruentur). Tunc aequ. prima in (Ω) manifesto requirit, ut sit $\alpha' = \alpha'' = 0$, adeoque $\alpha = \pm 1$; hinc per aequ. 4, 5 erit $\beta = 0$, $\gamma = 0$; similiter ex aequ. 2 erit $\beta'' = 0$, et proin $\beta' = \pm 1$; hinc fit, per aequ. 6, $\gamma' = 0$, et per 3, $\gamma'' = \pm 1$, ita ut (ob signorum ambiguitatem independentem) omnino habeantur 8 transformationes diversae.

II. Quando e numeris a, a', a'' duo sunt aequales, *e.g.* $a' = a''$, tertius inaequalis, supponamus

primo $a < a'$. Tunc eodem modo ut in casu praec. erit $\alpha' = 0$, $\alpha'' = 0$, $\alpha = \pm 1$, $\beta = 0$, $\gamma = 0$; ex aequ. 2, 3, 6 autem facile deducitur, esse debere

*) Casus reliqui ubi f est forma definita, ad hunc reduci possunt; si vero f est forma indefinita, methodus omnino diversa adhibenda, transformationumque multitudo infinita erit.

vel $\beta' = \pm 1$, $\gamma' = 0$, $\beta'' = 0$, $\gamma'' = \pm 1$, vel $\beta' = 0$, $\gamma' = \pm 1$, $\beta'' = \pm 1$, $\gamma'' = 0$.

Si vero, *secundo*, $a > a'$, eaedem conclusiones sic obtinentur: ex aequ. 2, 3 necessario erit $\beta = 0$, $\gamma = 0$, et vel $\beta' = \pm 1$, $\gamma' = 0$, $\beta'' = 0$, $\gamma'' = \pm 1$, vel $\beta' = 0$, $\gamma' = \pm 1$, $\beta'' = \pm 1$, $\gamma'' = 0$; pro suppositione utraque ex aequ. 4, 5 erit $\alpha' = 0$, $\alpha'' = 0$, atque ex 1, $\alpha = \pm 1$. Habentur itaque, pro utroque casu, 16 transformationes diversae. — Duo casus reliqui, ubi vel $a = a''$, vel $a = a'$, prorsus simili modo absolvuntur, si modo characteres $\alpha, \alpha', \alpha''$ in priori cum β, β', β'', in posteriori cum $\gamma, \gamma', \gamma''$ resp. commutantur.

III. Quando omnes a, a', a'' aequales sunt, aequationes 1, 2, 3 requirunt, ut e tribus numeris $\alpha, \alpha', \alpha''$, nec non ex β, β', β'', ut et ex $\gamma, \gamma', \gamma''$ bini sint $= 0$, tertius $= \pm 1$. Per aequ. 4, 5, 6 autem facile intelligitur, e tribus numeris α, β, γ unum tantummodo $= \pm 1$ esse posse, similiterque ex α', β', γ', nec non ex $\alpha'', \beta'', \gamma''$. Quamobrem sex tantummodo combinationes dantur

α	α	α'	α'	α''	α''	$= \pm 1$	
β'	β''	β	β''	β	β'	$= \pm 1$	Coëfficientes seni reliqui $= 0$
γ''	γ'	γ''	γ	γ'	γ	$= \pm 1$	

ita ut ob signorum ambiguitatem omnino 48 transformationes habeantur. — Idem typus etiam casus praecedentes complectitur: sed e sex columnis primis prima sola accipi debet, quando a, a', a'' omnes sunt inaequales; columna prima et secunda, quando $a' = a''$; prima et tertia, quando $a = a'$; prima et sexta, quando $a = a''$

Hinc colligitur, si forma $f = axx + a'x'x' + a''x''x''$ in aliam aequivalentem f' transeat per substitutionem

$$x = \delta y + \varepsilon y' + \zeta y'', \quad x' = \delta' y + \varepsilon' y' + \zeta' y'', \quad x'' = \delta'' y + \varepsilon'' y' + \zeta'' y''$$

omnes transf. formae f in f' contineri sub schemate sequente:

x	x	x'	x'	x''	x''	$= \pm(\delta y + \varepsilon y' + \zeta y'')$
x'	x''	x	x''	x	x'	$= \pm(\delta' y + \varepsilon' y' + \zeta' y'')$
x''	x'	x''	x	x'	x	$= \pm(\delta'' y + \varepsilon'' y' + \zeta'' y'')$

eo discrimine, ut sex columnae primae omnes adhibendae sint, quando $a = a' = a''$;

columna 1 et 2, quando a', a'' aequales, a inaequalis; 1 et 3, quando $a = a'$; 1 et 6, quando $a = a''$; denique columna prima sola, quando a, a', a'' omnes inaequales. In casu primo transformationum multitudo erit 48, in secundo, tertio et quarto 16, in quinto 8.

* * *

QUAEDAM APPLICATIONES AD THEORIAM FORMARUM BINARIARUM.

De invenienda forma, e cuius duplicatione forma binaria data generis principalis oriatur.

Ab hac succincta primorum elementorum theoriae formarum ternariarum expositione ad quasdem applicationes speciales progredimur, inter quas primum locum meretur sequens

286.

PROBLEMA. *Proposita forma binaria $F = (A, B, C)$ determinantis D ad genus principale pertinente: invenire formam binariam f, e cuius duplicatione illa oriatur.*

Sol. I. Quaeratur repraesentatio propria formae ipsi F oppositae $F' = ATT - 2BTU + CUU$ per formam ternariam $xx - 2yz$, quae sit

$$x = \alpha T + \beta U, \quad y = \alpha' T + \beta' U, \quad z = \alpha'' T + \beta'' U$$

quod fieri posse e theoria praec. formarum ternariarum facile colligitur. Quum enim F per hyp. sit e genere principali, dabitur valor expr. $\sqrt{(A, B, C)}$ (mod. D), unde inveniri poterit forma ternaria φ determinantis 1, in quam $(A, -B, C)$ tamquam pars ingrediatur, cuius formae coëfficientes omnes fore integros nullo negotio perspicietur. Aeque facile intelligitur, φ fore formam indefinitam (quoniam per hyp. F certo non est forma negativa); unde necessario formae $xx - 2yz$ aequivalens erit. Assignari poterit itaque transformatio huius in illam, quae repraesentationem propriam formae F' per $xx - 2yz$ suppeditabit. — Tunc igitur erit

$$A = \alpha\alpha - 2\alpha'\alpha'', \quad -B = \alpha\beta - \alpha'\beta'' - \alpha''\beta' \quad C = \beta\beta - 2\beta'\beta''$$

porro designatis numeris $\alpha\mathfrak{b}'-\alpha'\mathfrak{b}$, $\alpha'\mathfrak{b}''-\alpha''\mathfrak{b}'$, $\alpha''\mathfrak{b}-\alpha\mathfrak{b}''$ per a, b, c resp., hi divisorem communem non habebunt, eritque $D = bb - 2ac$.

II. Hinc adiumento observationis ultimae art. 235 facile concluditur, F transire per substitutionem $2\mathfrak{b}', \mathfrak{b}, \mathfrak{b}, \mathfrak{b}''$; $2\alpha', \alpha, \alpha, \alpha''$ in productum formae $(2a, -b, c)$ in se ipsam, nec non per substitutionem $\mathfrak{b}', \mathfrak{b}, \mathfrak{b}, 2\mathfrak{b}''$; $\alpha', \alpha, \alpha, 2\alpha''$ in productum formae $(a, -b, 2c)$ in se ipsam. Iam divisor communis maximus numerorum $2a$, $2b$, $2c$ est 2; si itaque c est impar, $2a$, $2b$, c divisorem communem non habebunt, sive $(2a, -b, c)$ erit forma proprie primitiva; similiter, si a est impar, $(a, -b, 2c)$ forma proprie primitiva erit; in casu priori F oritur ex duplicatione formae $(2a, -b, c)$, in posteriori ex duplicatione formae $(a, -b, 2c)$, (V. concl. 4, art. 235); unus vero horum casuum certo semper locum habebit. Si enim uterque a, c esset par, b necessario foret impar; iam facile confirmatur, esse $\mathfrak{b}''a + \mathfrak{b}b + \mathfrak{b}'c = 0$, $\alpha''a + \alpha b + \alpha'c = 0$, unde sequeretur, $\mathfrak{b}b$, αb, adeoque etiam α et $\mathfrak{b}$ esse pares. Hinc autem A et C forent pares, quod esset contra hypothesin, secundum quam F est forma e genere principali adeoque ex ordine proprie primitivo. — Ceterum fieri etiam potest, ut tum a tum c impares sint, in quo itaque casu duae statim formae habebuntur, e quarum duplicatione F oritur.

Ex. Proposita sit forma $F = (5, 2, 31)$, det. -151. Valor expressionis $\sqrt{(5, 2, 31)}$ hic invenitur $(55, 22)$; hinc forma ternaria $\varphi = \begin{pmatrix} 5, & 31, & 4 \\ 11, & 0, & -2 \end{pmatrix}$; huic per praecepta art. 272 aequivalens invenitur forma $\begin{pmatrix} 1, & 1, & -1 \\ 0, & 0, & 0 \end{pmatrix}$, quae in φ transit per substitutionem $\begin{Bmatrix} 2, & 2, & 1 \\ 1, & -6, & -2 \\ 0, & 3, & 1 \end{Bmatrix}$. Hinc adiumento transformationum in art. 277 traditarum invenitur, $\begin{pmatrix} 1, & 0, & 0 \\ -1, & 0, & 0 \end{pmatrix}$ transire in φ per substitutionem $\begin{Bmatrix} 3, & -7, & -2 \\ 2, & -1, & 0 \\ 1, & -9, & -3 \end{Bmatrix}$. Fit itaque $a = 11$, $b = -17$, $c = 20$; quare quum a sit impar, F oritur ex duplicatione formae $(11, 17, 40)$ transitque in productum huius formae in se ipsam per substitutionem $-1, -7, -7, -18$; $2, 3, 3, 2$.

Omnibus characteribus, praeter eos, qui in artt. 263, 264 impossibiles inventi sunt, genera revera respondent.

287

Circa problema in art. praec. solutum sequentes adhuc annotationes adiicimus.

I. Si forma F per substitutionem p, p', p'', p'''; q, q', q'', q''' in productum e duabus formis (h, i, k), (h', i', k') transformatur, (utraque uti semper supponimus proprie accepta), habebuntur aequationes, ex concl. 3 art. 235 facile deducendae:

$$p''hn'-p'h'n-p(in'-i'n) = 0$$
$$(p''-p')(in'+i'n)-p(kn'-k'n)+p'''(hn'-h'n) = 0$$
$$p'kn'-p''k'n-p'''(in'-i'n) = 0$$

tresque aliae ex his per commutationem numerorum p, p', p'', p''' cum q, q', q'', q''' oriundae; n n' sunt radices quadratae positivae e quotientibus prodeuntibus, si determinantes formarum (h, i, k), (h', i', k') per det. formae F dividuntur. Si itaque hae formae sunt identicae, sive $n = n'$, $h = h'$, $i = i'$, $k = k'$, illae aequationes transeunt in has:

$$(p''-p')hn = 0,\quad (p''-p')in = 0,\quad (p''-p')kn = 0$$

unde erit *necessario* $p' = p''$, prorsusque simili modo $q' = q''$. — Tribuendo itaque formis (h, i, k), (h', i', k') *easdem* indeterminatas t, u, designandoque indeterminatas formae F per T, U, transibit F per substitutionem

$$T = ptt+2p'tu+p'''uu,\quad U = qtt+2q'tu+q'''uu \text{ in } (htt+2itu+kuu)^2$$

II. Si forma F oritur e duplicatione formae f, orietur etiam e duplicatione cuiusvis alius formae cum f in eadem classe contentae sive classis formae F e duplicatione classis formae f (V. art. 238). Ita in ex. art. praec. $(5, 2, 31)$ orietur etiam e duplicatione formae $(11, -5, 16)$, ipsi $(11, 17, 40)$ proprie aequivalentis. Ex una classe, per cuius dupl. classis formae F oritur, *omnes* (si plures dantur) inveniuntur adiumento probl. 260; in exemplo nostro alia huiusmodi classis positiva non dabitur, quia una tantummodo classis anceps proprie primitiva positiva det. -151 exstat (puta principalis); quum e compositione classis unicae ancipitis negativae $(-1, 0, -151)$, cum classe $(11, -5, 16)$ oriatur classis $(-11, -5, -16)$, haec erit unica negativa, e cuius duplicatione classis $(5, 2, 31)$ oritur.

III. Quum per solutionem ipsam probl. art. praec. evictum sit, quamvis classem formarum binariarum proprie primitivam (positivam) ad genus principale pertinentem ex alicuius classis pr. prim. eiusdem det. duplicatione oriri posse: theorema art. 261, per quod certi eramus, *ad minimum* semissi omnium characterum pro determinante non-quadrato dato D assignabilium genera proprie primitiva (positiva) respondere non posse, eo iam ampliatur, ut *praecise* semissi omnium horum characterum talia genera revera respondeant, alterique ideo semissi nulla respondere possint (V. demonstr. illius theor.). Quare quum in art. 264 omnes illi characteres assignabiles in duas species P, Q aequaliter distributi sint, e quibus posteriores Q formis pr. prim. (positivis) respondere non posse probatum erat, de reliquis autem P incertum maneret, an singulis genera semper revera responderent: nunc hoc dubium penitus est sublatum, certique sumus, in toto characterum complexu P nullum adesse, cui genus non respondeat. — Hinc facile quoque deducitur, pro determinante negativo in ordine pr. prim. *negativo*, in quo omnes P impossibiles *solosque* Q possibiles esse in art. 264, I ostensum est, *omnes* Q revera possibiles esse. Designante enim K characterem quemcunque ex Q, f formam arbitrariam ex ordine pr. prim. neg. formarum det. D, atque K' ipsius characterem, hic erit ex Q; unde facile perspicitur, characterem ex K, K' compositum (ad normam art. 246) ad P pertinere, adeoque formas pr. primitivas positivas det. D exstare, quae ei respondeant; ex compositione talis formae cum f manifesto orietur forma pr. prim. neg. det. D, cuius character erit K. — Prorsus simili ratione probatur, in ordine improprie primitivo eos characteres, qui per praecepta art. 264 II, III *soli* possibiles inveniuntur, *omnes* possibiles esse, sive sint P sive Q. — Haecce theoremata, ni vehementer fallimur, ad pulcherrima in theoria formarum binariarum sunt referenda, eo magis quod licet summa simplicitate gaudeant, tamen tam recondita sint ut ipsarum demonstrationem rigorosam absque tot aliarum disquisitionum subsidio condere non liceat.

Theoria decompositionis tum numerorum tum formarum binariarum in tria quadrata.

Transimus iam ad aliam applicationem digressionis praecedentis, ad discerptionem tum numerorum tum formarum binariarum in terna quadrata, cui praemittimus sequens

288.

PROBLEMA. *Designante M numerum positivum, invenire conditiones sub quibus formae binariae primitivae negativae determinantis $-M$ dari possint, quae sint residua quadratica ipsius M sive pro quibus* 1 *sit numerus characteristicus.*

Sol. Designemus per Ω complexum omnium characterum particularium, quos praebent relationes numeri 1 tum ad singulos divisores primos (impares) ipsius M tum ad numerum 8 vel 4, quando ipsum M metitur; manifesto hi characteres erunt Rp, Rp', Rp'' etc., denotantibus p, p', p'' etc. illos divisores primos, atque 1,4 quando 4; 1,8 quando 8 ipsum M metitur. Praeterea utamur literis P, Q in eadem significatione ut in art. praec. sive ut in 264. Iam distinguamus casus sequentes.

I. Quando M per 4 divisibilis est, Ω erit character integer, patetque ex art. 233 V, 1 talium tantummodo formarum numerum characteristicum esse posse, quarum character sit Ω. Sed manifestum est, Ω fore characterem formae principalis $(1, 0, M)$, adeoque ad P pertinere et proin formae proprie primitivae negativae competere non posse; quare quum formae improprie primitivae pro tali det. non dentur, nullae omnino formae prim. neg. in hoc casu dantur, quae sint residua ipsius M.

II. Quando $M \equiv 3 \pmod{4}$, prorsus eadem ratiocinia valent ea sola exceptione ut in hoc casu ordo *improprie* primitivus negativus exstet, in quo characteres P vel possibiles erunt, vel impossibiles, prout $M \equiv 3$ vel $\equiv 7 \pmod{8}$, V. art. 264, III. In casu igitur priori in hoc ordine genus dabitur, cuius character sit Ω, unde 1 erit numerus characteristicus omnium formarum in ipso contentarum; in casu posteriori nullae omnino formae negativae hac proprietate praeditae dari poterunt.

III. Quando $M \equiv 1 \pmod{4}$, Ω nondum est character completus, sed insuper accedere debet relatio ad numerum 4; patet autem, Ω necessario in characterem formae, cuius num. char. sit 1, ingredi debere, et vice versa, formam quamvis, cuius character sit vel Ω; 1,4, vel Ω; 3,4, habere numerum char. 1. Iam Ω; 1,4 manifesto est character generis principalis, qui ad P pertinet adeoque in ordine pr. prim. negativo impossibilis est; ex eadem ratione Ω; 3,4 ad Q pertinebit (art. 263), unde ipsi in ordine pr. prim. negativo genus respondebit, cuius formae omnes habebunt num. char 1. Ordo improprie primitivus in hoc casu, ut in sequente, non datur.

IV. Quando $M \equiv 2 \pmod{4}$, ad Ω accedere debet relatio ad 8 quo fiat character completus, puta vel 1 *et* 3, 8, vel 5 *et* 7, 8, quando $M \equiv 2 \pmod{8}$; et vel 1 *et* 7, 8, vel 3 *et* 5, 8, quando $M \equiv 6 \pmod{8}$. Pro casu priori character Ω, 1 *et* 3, 8 manifesto pertinet ad P, adeoque Ω; 5 *et* 7, 8 ad Q, unde ipsi respondebit genus pr. prim. neg.; similique ratione pro posteriori unum genus in ordine pr. prim. negativo dabitur, cuius formae proprietate praescripta praeditae sint, puta cuius character Ω; 3 *et* 5, 8.

Ex his colligitur, formas primitivas negativas det. $-M$, quarum numerus characteristicus sit 1, dari, quando M alicui numerorum 1, 2, 3, 5, 6 secundum modulum 8 congruus sit et quidem in unico semper genere, quod improprium erit quando $M \equiv 3$; tales formas omnino non dari, quando $M \equiv 0$, 4 vel 7 (mod. 8). Ceterum manifestum est, si $(-a, -b, -c)$ sit forma primitiva negativa, cuius num. char. $+1$, (a, b, c) esse formam primitivam positivam, cuius num. char. -1; hinc perspicuum est, in quinque casibus prioribus (quando $M \equiv 1, 2, 3, 5, 6$) dari genus unum primitivum positivum, cuius formae habeant num. char. -1, et quidem pro $M \equiv 3$ *improprium*, in tribus reliquis vero (quando $M \equiv 0, 4, 7$) tales formas positivas omnino dari non posse.

289.

Circa repraesentationes proprias formarum binariarum per ternariam $xx+yy+zz = f$, e theoria generali in art. 282 tradita colliguntur haec:

I. Forma binaria φ per f proprie repraesentari nequit, nisi fuerit forma positiva primitiva, atque -1 (*i. e.* det. formae f) ipsius numerus characteristicus. Quare pro determinante positivo, nec non pro negativo $-M$, quando M est vel per 4 divisibilis vel formae $8n+7$, nullae formae binariae per f proprie repraesentabiles dantur.

II. Si vero $\varphi = (p, q, r)$ est forma positiva primitiva determinantis $-M$, atque -1 numerus characteristicus formae φ, adeoque etiam oppositae $(p, -q, r)$: dabuntur repraesentationes propriae formae φ per f ad quemlibet valorem datum expr. $\sqrt{-(p, -q, r)}$ pertinentes. Scilicet omnes coëfficientes formae ternariae g det. -1 (art. 283) necessario fient integri, g vero forma definita, adeoque ipsi f certo aequivalens (art. 285, I).

III. Multitudo omnium repraesentationum ad eundem valorem expr. $\sqrt{-(p, -q, r)}$ pertinentium in omnibus casibus, praeter $M = 1$ et $M = 2$, per art. 283, III aeque magna est ac multitudo transformationum formae f in g, adeoque, per art. 285, $= 48$; ibinde patet, si una repraesentatio ad valorem datum pertinens habeatur, 47 reliquas inde derivari, valores ipsorum x, y, z

omnibus quibus fieri potest modis tum inter se permutando tum signis oppositis afficiendo; quare omnes 48 repraesentationes *unicam* decompositionem formae φ in tria quadrata producunt, si ad quadrata ipsa tantum neque ad ipsorum ordinem radicumve signa respicitur.

IV. Posita multitudine omnium numerorum primorum imparium diversorum ipsum M metientium $= \mu$, haud difficile ex art. 233 concluditur, multitudinem omnium valorum diversorum expressionis $\sqrt{-(p, -q, r)}$ (mod. M) fore $= 2^\mu$, e quibus per art. 283 semissem tantum considerare oportet (quando $M > 2$). Quare multitudo omnium repraesentationum propriarum formae φ per f erit $= 48.2^{\mu-1} = 3.2^{\mu+3}$; multitudo autem discerptionum diversarum in terna quadrata $= 2^{\mu-1}$

Ex. Sit $\varphi = 19tt + 6tu + 41uu$, adeoque $M = 770$; hic quatuor valores sequentes expr. $\sqrt{-(19, -3, 41)}$ (mod. 770) considerare oportet (art. 283): (39, 237), (171, —27), (269, —83), (291, —127). Ut inveniantur repraesentationes ad valorem (39, 237) pertinentes, primo eruitur forma ternaria $\begin{pmatrix} 19, & 41, & 2 \\ 3, & 6, & 3 \end{pmatrix} = g$, in quam per praecepta artt. 272, 275 f transire invenitur per substitutionem $\begin{Bmatrix} 1, & -6, & -0 \\ -3, & -2, & -1 \\ -3, & -1, & -1 \end{Bmatrix}$ unde habetur repraesentatio formae φ per f haec:

$$x = t - 6u \qquad y = -3t - 2u \qquad z = -3t - u$$

repraesentationes 47 reliquas ad eundem valorem pertinentes, quae ex horum valorum permutatione signorumque conversione oriuntur, brevitatis caussa non adscribimus. Omnes vero 48 repraesentationes eandem discerptionem formae φ in tria quadrata

$$tt - 12tu + 36uu, \quad 9tt + 12tu + 4uu, \quad 9tt + 6tu + uu$$

producunt.

Prorsus simili modo valor (171, —27) suppeditat discerptionem in quadrata $(3t+5u)^2$, $(3t-4u)^2$, tt; valor (269, —83) hanc $(t+6u)^2 + (3t+u)^2 + (3t-2u)^2$; denique valor (291, —127) hanc $(t+3u)^2 + (3t+4u)^2 + (3t-4u)^2$; singulae hae decompositiones 48 repraesentationibus aequipollent. — Praeter has 192 repraesentationes autem, sive quatuor discerptiones, aliae non dabuntur quum 770 per nullum quadratum divisibilis sit, adeoque repraesentationes impropriae exstare non possint.

290.

De formis determinantis -1 et -2, quae quibusdam exceptionibus obnoxiae erant, paucis seorsim agemus. Praemittimus observationem generalem, si φ, φ' sint formae binariae aequivalentes quaecunque, (θ) transformatio data illius in hanc, ex combinatione repraesentationis cuiusvis formae φ per aliquam ternariam f cum substitutione (θ) prodire repraesentationem formae φ' per f; porro ex repraesentationibus propriis ipsius φ hoc modo oriri repraesentationes proprias formae φ', e diversis diversas, denique e cunctis cunctas. Haec omnia per calculum facillime comprobantur. Quare una formarum φ, φ' totidem modis per f repraesentari poterit ac altera.

I. Sit primo $\varphi = tt+uu$, atque φ' forma quaecunque alia binaria positiva det. -1, cui itaque φ aequivalebit; transeat φ in φ' per substitutionem $t = \alpha t'+\beta u'$, $u = \gamma t'+\delta u'$ Forma φ repraesentatur per ternariam $f = zz+yy+zz$ ponendo $x = t$, $y = u$, $z = 0$; permutando x, y, z hinc emergunt *sex* repraesentationes, et e singulis rursus quatuor mutando signa ipsorum t, u, ita ut omnino 24 repraesentationes diversae habeantur, quibus unica discerptio in tria quadrata aequipollet et praeter quas alias dari non posse facile perspicitur. Hinc concluditur, etiam formam φ' unico tantum modo in tria quadrata decomponi posse, puta in $(\alpha t'+\beta u')^2$, $(\gamma t'+\delta u')^2$ et 0, quae discerptio 24 repraesentationibus aequivalet.

II. Sit $\varphi = tt+2uu$, φ' quaecunque alia forma binaria positiva det. -2, in quam φ transeat per substitutionem $t = \alpha t'+\beta u'$, $u = \gamma t'+\delta u'$. Tunc simili modo ut in casu praec. concluditur, φ, et proin etiam φ', unico tantum modo in tria quadrata discerpi posse, puta φ in $tt+uu+uu$, atque φ' in $(\alpha t'+\beta u')^2+(\gamma t'+\delta u')^2+(\gamma t'+\delta u')^2$; talem decompositionem 24 repraesentationibus aequipollere facile perspici potest.

Hinc colligitur, formas binarias determinantium -1 et -2 respectu multitudinis repraesentationum per ternariam $xx+yy+zz$ cum aliis formis binariis omnino convenire; quum enim in utroque casu fiat $\mu = 0$, formula in art. praec. IV, tradita utique producit 24 repraesentationes. Ratio huius rei est, quod duae exceptiones, quibus tales formae obnoxiae erant, se mutuo compensant.

Theoriam generalem repraesentationum impropriarum in art. 284 explicatam ad formam $xx+yy+zz$ applicare, brevitatis gratia supersedemus.

291.

Quaestio de inveniendis omnibus repraesentationibus propriis *numeri* positivi dati M per formam $xx+yy+zz$ primo per art. 281 reducitur ad investigationem repraesentationum propriarum numeri $-M$ per formam $-xx-yy-zz = f$; hae vero per praecepta art. 280 ita eruuntur:

I. Evolvantur omnes classes formarum binariarum determinantis $-M$, quarum formae per $XX+YY+ZZ=F$ (cui formae ternariae adiuncta est f) proprie repraesentari possunt. Quando $M\equiv 0$, 4 vel 7 (mod. 8), tales classes per art. 288 non dantur, adeoque M in tria quadrata, quae divisorem communem non habeant, discerpi nequit*). Quando vero $M\equiv 1$, 2, 5 vel 6, dabitur genus positivum proprie primitivum, et quando $M\equiv 3$, improprie primitivum, quod omnes illas classes complectetur: designemus multitudinem harum classium per k.

II. Eligantur iam ex hisce classibus k formae ad lubitum, e singulis una, quae sint φ, φ', φ'' etc.; investigentur omnes omnium repraesentationes propriae per F. quarum itaque multitudo erit $3.2^{\mu+3}k = K$, designante μ multitudinem factorum primorum (imparium) ipsius M; denique e quavis huiusmodi repraesentatione ut

$$X = mt+nu,\quad Y = m't+n'u,\quad Z = m''t+n''u$$

derivetur repraesentatio ipsius M per $xx+yy+zz$ haec

$$x = m'n''-m''n'\quad y = m''n-mn'',\quad z = mn'-m'n$$

In complexu harum K repraesentationum, quem per Ω designemus, omnes repraesentationes ipsius M necessario contentae erunt.

III. Superest itaque tantummodo, ut inquiramus, num in Ω repraesentationes *identicae* occurrere possint; et quum ex art 280, III iam constet, eas repraesentationes in Ω, quae e formis diversis *e.g.* ex φ et φ' derivatae sint, ne-

*) Haec impossibilitas etiam inde manifesta, quod summa trium quadratorum imparium necessario fit $\equiv 3$ (mod. 8); summa duorum imparium cum uno pari vel $\equiv 2$ vel $\equiv 6$; summa unius imparis cum duobus paribus vel $\equiv 1$ vel $\equiv 5$; denique summa trium parium vel $\equiv 0$ vel $\equiv 4$; sed in casu postremo repraesentatio manifesto est impropria.

cessario diversas esse, sola disquisitio restat an repraesentationes diversae eiusdem formae, *e. g.* ipsius φ, per F, repraesentationes identicas numeri M per $xx+yy+zz$ producere possint. Iam statim manifestum est; si inter repraesentationes ipsius φ reperiatur haec

$$X = mt+nu,\quad Y = m't+n'u,\quad Z = m''t+n''u \ldots (r)$$

inter easdem fore hanc

$$X = -mt-nu,\quad Y = -m't-n'u,\quad Z = -m''t-n''u \ldots (r')$$

atque ex utraque derivari eandem repraesentationem ipsius M, quae designetur per (R); examinemus itaque, num eadem (R) ex aliis adhuc repraesentationibus formae φ sequi possit. Ex art. 280, III facile deducitur, statuendo ibi $\chi = \varphi$, si omnes transformationes propriae formae φ in se ipsam exhibeantur per

$$t = \alpha t+\beta u,\quad u = \gamma t+\delta u$$

omnes eas repraesentationes formae φ, e quibus R sequatur, expressum iri per

$$\begin{aligned} x &= (\alpha m+\gamma n)t+(\beta m+\delta n)u\\ y &= (\alpha m'+\gamma n')t+(\beta m'+\delta n')u\\ z &= (\alpha m''+\gamma n'')t+(\beta m''+\delta n'')u \end{aligned}$$

At e theoria transformationum formarum binariarum det. negativi in art. 179 explicata sequitur, in omnibus casibus praeter $M=1$ et $M=3$, duas tantummodo transformationes proprias formae φ in se ipsam dari, puta $\alpha, \beta, \gamma, \delta = 1, 0, 0, 1$ et $= -1, 0, 0, -1$ resp. (quum enim φ sit forma primitiva, id quod in art. 179 designabatur per m, erit vel 1 vel 2, et proin, praeter casus exceptos, certo (1) locum ibi habebit). Quare (R) e solis r, r' provenire poterit, adeoque quaevis repraesentatio propria numeri M bis et non pluries in Ω reperietur, et multitudo omnium repraess. propriarum diversarum ipsius M erit $\frac{1}{2}K = 3.2^{\mu+2}k$.

Quod attinet ad casus exceptos, multitudo transformationum propriarum formae φ in se ipsam per art. 179 erit 4 pro $M=1$, et 6 pro $M=3$; reveraque facile confirmatur, multitudinem repraesentationum propriarum numerorum 1, 3 esse $\frac{1}{4}K$, $\frac{1}{6}K$ resp.; scilicet uterque numerus unico tantum modo in tria quadrata discerpi potest, 1 in $1+0+0$, 3 in $1+1+1$, discerptio ipsius 1 suppeditat sex, discerptio ipsius 3 octo repraesentationes diversas; K vero fit $=24$ pro $M=1$ (ubi $\mu=0$, $k=1$) et $=48$ pro $M=3$ (ubi $\mu=1$, $k=1$).

Ceterum observamus, si h designet multitudinem classium in genere principali, cui multitudo classium in quovis alio genere proprie primitivo per art. 252 aequalis est, fore $k=h$ pro $M\equiv 1, 2, 5$ vel 6 (mod. 8), sed $k=\frac{1}{3}h$ pro $M\equiv 3$ (mod. 8), unico casu $M=3$ excepto, ubi $k=h=1$. Pro numeris itaque formae $8n+3$ multitudo repraesentationum *generaliter* est $=2^{\mu+2}h$, quum in numero 3 duae exceptiones sese compensent.

292.

Discerptiones numerorum (ut formarum binariarum supra) in tria quadrata a repraesentationibus per formam $xx+yy+zz$ ita distinguimus, ut in illis ad solam quadratorum magnitudinem, in his vero insuper ad ipsorum ordinem radicumque signa respiciamus, adeoque repraesentationes $x=a$, $y=b$, $z=c$, et $x=a'$, $y=b'$, $z=c'$ pro diversis habeamus, nisi simul $a=a'$, $b=b'$, $c=c'$; discerptiones autem in $aa+bb+cc$ et in $a'a'+b'b'+c'c'$ pro una, si nullo ordinis respectu habito haec quadrata illis aequalia sunt. Hinc patet,

I. Discerptionem numeri M in quadrata $aa+bb+cc$ aequipollere 48 repraesentationibus, si nullum sit $=0$ omniaque inaequalia; 24 autem, si *vel* unum $=0$ reliqua inaequalia, *vel* nullum $=0$ atque duo inter se aequalia. Si vero in discerptione numeri dati in tria quadrata duo ex his sunt $=0$, *aut* unum $=0$ reliqua aequalia, *aut* omnia aequalia, repraesentationibus 6, *aut* 12, *aut* 8 aequivalens erit; sed haec evenire nequeunt nisi in casibus singularibus, ubi $M=1$ aut 2 aut 3 resp., siquidem repraesentationes esse debent propriae. His exclusis supponamus, multitudinem omnium discerptionum numeri M in terna quadrata (divisoris communis expertia) esse E, atque inter has reperiri e in quibus unum quadratum 0, et e' in quibus duo quadrata aequalia; illae etiam tamquam discerptiones in bina quadrata, hae tamquam discerptiones in quadratum et quadratum duplum spectari possunt. Tunc multitudo omnium repraesentationum propriarum numeri M per $xx+yy+zz$ erit

$$=24(e+e')+48(E-e-e')=48E-24(e+e')$$

At e theoria formarum binariarum facile deducitur, e fore vel $= 0$ vel $= 2^{\mu-1}$ prout -1 sit non-residuum vel residuum quadraticum ipsius M, nec non $e' = 0$ vel $= 2^{\mu-1}$, prout -2 non-residuum vel residuum ipsius M, denotante μ multitudinem factorum primorum (imparium) ipsius M (v. art. 182; expositionem uberiorem hic supprimimus). Hinc facile colligitur, fore

$E = 2^{\mu-2}k$, si tum -1 tum -2 sit $N.R.$ ipsius M;
$E = 2^{\mu-2}(k+2)$, si uterque numerus sit residuum; denique
$E = 2^{\mu-2}(k+1)$, si alter residuum sit alter non-residuum.

In casibus exclusis $M = 1$ et $M = 2$, haec formula praeberet $E = \frac{3}{4}$, quum esse debeat $E = 1$; pro $M = 3$ autem recte provenit $E = 1$, exceptionibus se mutuo compensantibus.

Si itaque M est numerus primus, fit $\mu = 1$, adeoque $E = \frac{1}{2}(k+2)$ quando $M \equiv 1$ (mod. 8); $E = \frac{1}{2}(k+1)$ quando $M \equiv 3$ aut $\equiv 5$. Haecce theoremata specialia ab ill. Le Gendre per inductionem detecta et in commentatione egregia iam saepius laudata *Hist. de l'Ac. de Paris* 1785 *p.* 530 *sqq.* prolata fuerunt, etsi sub forma aliquantum diversa, cuius rei ratio imprimis in eo est sita, quod aequivalentiam propriam ab impropria non distinxit, et proin classes oppositas commiscuit.

II. Ad inventionem omnium discerptionum numeri M in terna quadrata (sine div. comm.) non opus est, omnes repraesentationes proprias omnium formarum φ, φ', φ'' eruere. Primo enim facile confirmatur, omnes (48) repraesentationes formae φ ad eundem valorem expr. $\sqrt{-(p, -q, r)}$ pertinentes (statuendo $\varphi = (p, q, r)$) discerptionem eandem numeri M praebere, adeoque sufficere, si una ex illis habeatur, sive quod eodem redit, si tantummodo omnes diversae discerptiones*) formae φ in terna quadrata conscriptae sint, et perinde de reliquis φ', φ'' etc. Dein si φ est e classe non ancipite, eam formam, quae e classe opposita electa est, omnino praeterire licebit, sive e binis classibus oppositis unicam considerare sufficit. Quum enim prorsus arbitrarium sit, quaenam forma e singulis classibus eligatur, supponamus e classe opposita ei in qua est φ eligi formam ipsi φ oppositam, quae sit $= \varphi'$ Tunc nullo negotio perspicitur, si

*) Semper subintelligendum *propriae*, si hanc expressionem a repraesentationibus ad discerptiones transferre lubet.

discerptiones propriae formae φ indefinite exhibeantur per

$$(gt+hu)^2+(g't+h'u)^2+(g''t+h''u)^2$$

omnes discerptiones formae φ' expressum iri per

$$(gt-hu)^2+(g't-h'u)^2+(g''t-h''u)^2$$

nec non ex his easdem discerptiones numeri M derivari ut ex illis. Denique pro eo casu ubi φ est forma e classe ancipite, attamen neque e classe principali neque formae $(2, 0, \frac{1}{2}M)$ aut $(2, 1, \frac{1}{2}(M+1))$ aequivalens (prout M par aut impar), e valoribus expr. $\sqrt{-(p, -q, r)}$ semissem omittere licet; sed brevitatis caussa hocce compendium fusius hic non explicamus. — Ceterum iisdem compendiis etiam uti possumus, quando omnes repraesentationes propriae ipsius M per $xx+yy+zz$ desiderantur, quum hae e discerptionibus facillime evolvantur.

Exempli caussa investigabimus omnes discerptiones numeri 770 in terna quadrata, ubi $\mu=3$, $e=e'=0$, adeoque $E=2k$. Per classificationem formarum binariarum positivarum determinantis -770, quam quoniam a quovis ad normam art. 231 facile condi potest brevitatis gratia non adscribimus, invenitur classium positivarum multitudo $=32$, quae omnes sunt proprie primitivae et inter 8 genera distribuuntur, ita ut sit $k=4$, et proin $E=8$. Genus, cuius numerus characteristicus -1, respectu numerorum 5, 7, 11 manifesto characteres particulares $R5$; $N7$; $N11$ habere debet, unde per art. 263 facile concluditur, ipsius characterem respectu numeri 8 esse debere 1 *et* 3, 8. Iam in eo genere, cuius character 1 *et* 3, 8; $R5$; $N7$; $N11$, quatuor classes reperiuntur, pro quarum repraesentantibus eligimus formas $(6, 2, 129)$, $(6, -2, 129)$, $(19, 3, 41)$, $(19, -3, 41)$; classem secundam vero et quartam reiicimus, utpote primae et tertiae oppositas. Quatuor discerptiones formae $(19, 3, 41)$ iam in art. 289 tradidimus, e quibus sequuntur discerptiones numeri 770 in $9+361+400$, $16+25+729$, $81+400+289$, $576+169+25$. Simili ratione inveniuntur quatuor discerptiones formae $6tt+4tu+129uu$ in

$$(t-8u)^2+(2t+u)^2+(t+8u)^2,\quad (t-10u)^2+(2t+5u)^2+(t+2u)^2$$
$$(2t-5u)^2+(t+10u)^2+(t+2u)^2,\quad (2t+7u)^2+(t-8u)^2+(t-4u)^2$$

resp. e valoribus expressionis $\sqrt{-(6, -2, 129)}$ hisce oriundae (48, 369), (62, —149), (92, —159), (202, 61); unde prodeunt discerptiones numeri 770 in 225+256+289, 1+144+625, 64+81+625, 16+225+529. Praeter has octo discerptiones aliae non dantur.

Quae ad discerptiones numerorum in terna quadrata divisores communes habentia attinent, tam facile e theoria generali art. 281 sequuntur, ut non opus sit huic rei immorari.

Demonstratio theorematum Fermatianorum, quemvis integrum in tres numeros trigonales vel quatuor quadrata discerpi posse.

293.

Disquisitiones praecedentes etiam suppeditant demonstrationem theorematis famosi, *omnem numerum integrum positivum in tres numeros trigonales discerpi posse,* quod a Fermatio olim inventum est, sed cuius demonstratio rigorosa hactenus desiderabatur. Manifestum est, quamvis discerptionem numeri M in trigonales

$$\tfrac{1}{2}x(x+1)+\tfrac{1}{2}y(y+1)+\tfrac{1}{2}z(z+1)$$

producere discerptionem numeri $8M+3$ in terna quadrata imparia

$$(2x+1)^2+(2y+1)^2+(2z+1)^2$$

et vice versa. Quivis autem numerus integer positivus $8M+3$ per theoriam praecedentem in tria quadrata resolubilis est, quae necessaria erunt imparia (V. annot. art. 291); resolutionumque multitudo pendet tum a multitudine factorum primorum ipsius $8M+3$, tum a multitudine classium, in quas formae binariae determinantis $-(8M+3)$ distribuuntur. Totidem discerptiones numeri M in ternos trigonales dabuntur. Supponimus autem, $\frac{1}{2}x(x+1)$ pro valore quocunque integro ipsius x tamquam trigonalem spectari; quodsi magis placeret cifram excludere, theorema ita immutare oporteret: Quivis integer positivus vel ipse trigonalis est, vel in duos vel in tres trigonales resolubilis. Similis mutatio in theoremate sequente facienda esset, si cifram a quadratis excludere placeret.

Ex iisdem principiis demonstratur aliud Fermatii theorema, *quemvis numerum integrum positivum in quatuor quadrata decomponi posse.* Subtrahendo a numero formae $4n+2$ quadratum arbitrarium (illo numero minus), a numero formae

$4n+1$ quadratum par, a numero formae $4n+3$ quadratum impar, residuum in omnibus his casibus in tria quadrata resolubile erit, adeoque numerus propositus in quatuor. Denique numerus formae $4n$ exhiberi potest per $4^{\mu}N$ ita ut N ad aliquam trium formarum praecedentium pertineat: resoluto autem ipso N in quatuor quadrata, etiam $4^{\mu}N$ resolutus erit. A numero formae $8n+3$ etiam subduci potest quadratum radicis pariter paris, a numero formae $8n+7$ quadratum radicis impariter paris, a numero formae $8n+4$ quadratum impar, residuumque in tria quadrata resolubile erit. Ceterum hocce theorema iam ab ill. La Grange demonstratum erat, *Nouv. Mém. de l'Ac. de Berlin* 1770 *p.* 123, quam demonstrationem (a nostra prorsus diversam) fusius explicavit ill. Euler in *Actis Ac. Petr. Vol.* II. *p.* 48. — Alia Fermatii theoremata quae praecedentium quasi continuationem constituunt, quemvis numerum integrum in quinque numeros pentagonales, sex hexagonales, septem heptagonales etc. resolubilem esse, demonstratione hactenus carent, aliaque principia requirere videntur.

Solutio aequationis $axx+byy+czz=0$.

294.

THEOREMA. *Designantibus* a, b, c *numeros inter se primos, quorum nullus neque* $=0$ *neque per quadratum divisibilis, aequatio*

$$axx+byy+czz=0 \ldots (\Omega)$$

resolutionem in integris non admittet (praeter hanc $x=y=z=0$ *ad quam non respicimus) nisi* $-bc$, $-ac$, $-ab$ *resp. sint residua quadratica ipsorum* a, b, c, *atque hi numeri signis inaequalibus affecti; his vero quatuor conditionibus locum habentibus,* (Ω) *in integris resolubilis erit.*

Dem. Si (Ω) per integros omnino est resolubilis, etiam per tales valores ipsorum x, y, z resolvi poterit, qui divisorem communem non habent; nam valores quicunque, aequ. Ω satisfacientes, etiamnum satisfacient, si per divisorem communem maximum dividuntur. Iam supponendo $app+bqq+crr=0$, atque p, q, r a divisore communi liberos, etiam inter se primi erunt; si enim q r divisorem communem μ haberent, hic ad p primus esset, $\mu\mu$ autem metiretur ipsum app adeoque etiam ipsum a, contra hyp.; et perinde p, r; p, q inter se primi erunt. Repraesentatur itaque $-app$ per formam binariam $byy+czz$, tribuendo ipsis y, z valores inter se primos q, r; unde illius determinans $-bc$ residuum quadraticum ipsius app adeoque etiam ipsius a erit (art. 154); eodem modo erit $-acRb$, $-abRc$. Quod vero (Ω) resolutionem admittere non possit, si a, b, c idem signum habeant, tam obvium est, ut explicatione non egeat.

Demonstrationem propositionis inversae, quae theorematis partem secundam constituit, ita adornabimus, ut *primo* formam ternariam ipsi $\binom{a,\, b,\, c}{0,\, 0,\, 0}\ldots f$ aequivalentem invenire doceamus, cuius coëfficientes 2, 3, 4 per abc divisibiles sint, unde *secundo* solutionem aequationis (Ω) deducemus.

I. Investigentur tres integri A, B, C a divisore communi liberi, atque ita comparati, ut A primus sit ad b et c; B ad a et c; C ad a et b; $aAA+bBB+cCC$ autem per abc divisibilis, quod efficietur sequenti modo. Sint $\mathfrak{A}$, $\mathfrak{B}$, $\mathfrak{C}$ resp. valores expressionum $\sqrt{-bc}\,(\text{mod.}\,a)$, $\sqrt{-ac}\,(\text{mod.}\,b)$, $\sqrt{-ab}$ (mod. c), qui necessario ad a, b, c resp. primi erunt. Accipiantur tres integri $\mathfrak{a}$, $\mathfrak{b}$, $\mathfrak{c}$ omnino ad lubitum, modo ita ut ad a, b, c resp. primi sint (*e.g.* omnes $=1$), determinenturque A, B, C ita ut sit

$$\begin{array}{l} A \equiv \mathfrak{b}c\,(\text{mod.}\,b) \text{ et } \equiv \mathfrak{c}\mathfrak{C}\,(\text{mod.}\,c) \\ B \equiv \mathfrak{c}a\,(\text{mod.}\,c) \text{ et } \equiv \mathfrak{a}\mathfrak{A}\,(\text{mod.}\,a) \\ C \equiv \mathfrak{a}b\,(\text{mod.}\,a) \text{ et } \equiv \mathfrak{b}\mathfrak{B}\,(\text{mod.}\,b) \end{array}$$

Tunc fiet

$$aAA+bBB+cCC \equiv \mathfrak{a}\mathfrak{a}(b\mathfrak{A}\mathfrak{A}+cbb) \equiv \mathfrak{a}\mathfrak{a}(b\mathfrak{A}\mathfrak{A}-\mathfrak{A}\mathfrak{A}b) \equiv 0 \;(\text{mod.}\,a)$$

sive per a divisibilis, et perinde per b, c, adeoque etiam per abc divisibilis erit. Praeterea patet, A necessario fieri primum ad b et c; B ad a et c; C ad a et b. Si vero hi valores ipsorum A, B, C divisorem communem (maximum) μ implicant, hic manifesto ad a, b, c adeoque ad abc primus erit; quare illos valores per μ dividendo novos obtinebimus, qui divisorem communem non habebunt, valorem ipsius $aAA+bBB+cCC$ etiamnum per abc divisibilem producent, adeoque omnibus conditionibus satisfacient.

II. Numeris A, B, C, hoc modo determinatis, etiam Aa, Bb, Cc divisorem communem non habebunt. Si enim haberent div. comm. μ, hic necessario primus esset ad a (quippe qui tum ad Bb tum ad Cc primus est) et similiter ad

b et c; quare μ etiam ipsos A, B, C metiri deberet, contra hyp. Inveniri poterunt itaque integri α, β, γ tales, ut sit $\alpha Aa+\beta Bb+\gamma Cc=1$; quaerantur insuper sex integri $\alpha', \beta', \gamma', \alpha'', \beta'', \gamma''$ tales, ut sit

$$\beta'\gamma''-\gamma'\beta''=Aa, \quad \gamma'\alpha''-\alpha'\gamma''=Bb, \quad \alpha'\beta''-\beta'\alpha''=Cc$$

Iam transeat f per substitutionem

$$\begin{matrix} \alpha, & \alpha', & \alpha'' \\ \beta, & \beta', & \beta'' \\ \gamma, & \gamma', & \gamma'' \end{matrix}$$

in $\binom{m,\ m',\ m''}{n,\ n',\ n''}=g$ (quae ipsi f aequivalens erit), dicoque m', m'', n per abc divisibiles fore. Ponatur enim

$$\beta''\gamma-\gamma''\beta=A', \quad \gamma''\alpha-\alpha''\gamma=B', \quad \alpha''\beta-\beta''\alpha=C'$$
$$\beta\gamma'-\gamma\beta'=A'', \quad \gamma\alpha'-\alpha\gamma'=B'', \quad \alpha\beta'-\beta\alpha'=C''$$

eritque

$$\alpha'=B''Cc-C''Bb, \quad \beta'=C''Aa-A''Cc, \quad \gamma'=A''Bb-B''Aa$$
$$\alpha''=C'Bb-B'Cc, \quad \beta''=A'Cc-C'Aa, \quad \gamma''=B'Aa-A'Bb$$

Quibus valoribus in aequationibus

$$m'=a\alpha'\alpha'+b\beta'\beta'+c\gamma'\gamma'$$
$$m''=a\alpha''\alpha''+b\beta''\beta''+c\gamma''\gamma''$$
$$n=a\alpha'\alpha''+b\beta'\beta''+c\gamma'\gamma''$$

substitutis, fit, secundum modulum a,

$$m'\equiv bcA''A''(BBb+CCc)\equiv 0$$
$$m''\equiv bcA'A'(BBb+CCc)\equiv 0$$
$$n\equiv bcA'A''(BBb+CCc)\equiv 0$$

i. e. m', m'', n per a divisibiles erunt; similique modo iidem numeri per b. c adeoque etiam per abc divisibiles inveniuntur. *Q. E. P*

III. Ponamus, concinnitatis caussa, determinantem formarum f, g, *i. e.* numerum $-abc = d$,

$$md = M, \quad m' = M'd, \quad m'' = M''d, \quad n = Nd, \quad n' = N', \quad n'' = N''$$

patetque, f transire per substitutionem (S)

$$\begin{matrix} \alpha d, & \alpha', & \alpha'' \\ \beta d, & \beta', & \beta'' \\ \gamma d, & \gamma', & \gamma'' \end{matrix}$$

in formam ternariam $\begin{pmatrix} Md, & M'd, & M''d \\ Nd, & N'd, & N''d \end{pmatrix} = g'$ determinantis d^3, quae itaque sub f contenta erit. Iam dico, huic formae g' necessario aequivalere hanc $\begin{pmatrix} d, & 0, & 0 \\ d, & 0, & 0 \end{pmatrix} = g''$ Patet enim, $\begin{pmatrix} M, & M', & M'' \\ N, & N', & N'' \end{pmatrix} = g'''$ fore formam ternariam determinantis 1; porro quum per hyp. a, b, c eadem signa non habeant, f erit forma indefinita, u de facile concluditur, etiam g' et g''' indefinitas esse debere; quare g''' aequivalebit formae $\begin{pmatrix} 1, & 0, & 0 \\ 1, & 0, & 0 \end{pmatrix}$ (art. 277), poteritque transformatio (S') illius in hanc inveniri; manifesto autem per (S') forma g' transibit in g''. Hinc etiam g'' sub f contenta erit, et ex combinatione substitutionum (S), (S') deducetur transformatio formae f in g''. Quae si fuerit

$$\begin{matrix} \delta, & \delta', & \delta'' \\ \varepsilon, & \varepsilon', & \varepsilon'' \\ \zeta, & \zeta', & \zeta'' \end{matrix}$$

manifestum est, duplicem solutionem aequationis (Ω) haberi, puta $x = \delta'$, $y = \varepsilon'$, $z = \zeta'$, et $x = \delta''$, $y = \varepsilon''$, $z = \zeta''$; simul patet, neutros valores simul $= 0$ evadere posse, quum necessario fiat

$$\delta\varepsilon'\zeta'' + \delta'\varepsilon''\zeta + \delta''\varepsilon\zeta' - \delta\varepsilon''\zeta' - \delta'\varepsilon\zeta'' - \delta''\varepsilon'\zeta = d. \qquad Q. E. S.$$

Exemplum. Sit aequatio proposita $7xx - 15yy + 23zz = 0$, quae resolubilis est, quia $345 R 7$, $-161 R 15$, $105 R 23$. Habentur hic valores ipsorum $\mathfrak{A}$, $\mathfrak{B}$, $\mathfrak{C}$ hi 3, 7, 6; faciendoque $\mathfrak{a} = \mathfrak{b} = \mathfrak{c} = 1$ invenitur $A = 98$, $B = -39$ $C = -8$. Hinc eruitur substitutio $\begin{Bmatrix} 3, & 5, & 22 \\ -1, & 2, & -28 \\ 8, & 25, & -7 \end{Bmatrix}$ per quam f transit in $\begin{pmatrix} 1520, & 14490, & -7245 \\ -2415, & -1246, & 4735 \end{pmatrix} = g$ Hinc fit

$$(S) = \begin{Bmatrix} 7245, & 5, & 22 \\ -2415, & 2, & -28 \\ 19320, & 25, & -7 \end{Bmatrix} \qquad g''' = \begin{pmatrix} 3670800, & 6, & -3 \\ -1, & -1246, & 4735 \end{pmatrix}$$

Forma g''' transire invenitur in $\begin{pmatrix}1, & 0, & 0\\ 1, & 0, & 0\end{pmatrix}$ per substitutionem

$$\begin{Bmatrix} 3, & 5, & 1\\ -2440, & -4066, & -813\\ -433, & -722, & -144\end{Bmatrix} \ldots (S')$$

qua cum (S) combinata prodit haec: $\begin{Bmatrix} 9, & 11, & 12\\ -1, & 9, & -9\\ -9, & 4, & 3\end{Bmatrix}$ per quam f transit in g''. Habemus itaque duplicem aequationis propositae solutionem $x=11$, $y=9$, $z=4$, et $x=12$, $y=-9$, $z=3$; posterior simplicior redditur dividendo valores per divisorem communem 3, unde $x=4$, $y=-3$, $z=1$.

295.

Pars posterior theorematis art. praec. etiam sequenti modo absolvi potest. Quaeratur integer h talis, ut sit $ah \equiv \mathfrak{C} \pmod{c}$, (characteres $\mathfrak{A}$, $\mathfrak{B}$, $\mathfrak{C}$ eadem significatione accipimus ut in art. praec.), fiatque $ahh+b=ci$. Tunc facile perspicitur, i fieri integrum, numerumque $-ab$ esse determinantem formae binariae $(ac, ah, i)\ldots\varphi$. Haec forma certo non erit positiva (quum enim per hyp. a, b, c eadem signa non habeant, ab et ac simul positivi esse nequeunt); porro habebit numerum characteristicum -1, quod synthetice ita demonstramus: Determinentur integri e, e' ita ut sit

$$e \equiv 0 \pmod{a} \text{ et } \equiv \mathfrak{B} \pmod{b}; \quad ce' \equiv \mathfrak{A} \pmod{a} \text{ et } \equiv h\mathfrak{B} \pmod{b}$$

eritque (e, e') valor expr. $\sqrt{-(ac, ah, i)} \pmod{-ab}$. Nam secundum modulum a erit

$$ee \equiv 0 \equiv -ac, \quad ee' \equiv 0 \equiv -ah$$
$$cce'e' \equiv \mathfrak{A}\mathfrak{A} \equiv -bc \equiv -cci \quad \text{adeoque } e'e' \equiv -i$$

secundum modulum b autem erit

$$ee \equiv \mathfrak{B}\mathfrak{B} \equiv -ac, \quad cee' \equiv h\mathfrak{B}\mathfrak{B} \equiv -ach \quad \text{adeoque } ee' \equiv -ah$$
$$cce'e' \equiv hh\mathfrak{B}\mathfrak{B} \equiv -achh \equiv -cci \quad \text{adeoque } e'e' \equiv -i$$

eaedem vero tres congruentiae, quae secundum utrumque modulum a, b locum habent, etiam secundum modulum ab valebunt. Hinc per theoriam formarum ternariarum facile concluditur, φ repraesentabilem esse per formam $\begin{pmatrix}-1, & 0, & 0\\ 1, & 0, & 0\end{pmatrix}$; sit itaque

$$actt+2ahtu+iuu = -(\alpha t+\beta u)^2+2(\gamma t+\delta u)(\varepsilon t+\zeta u)$$

eritque, multiplicando per c,

$$a(ct+hu)^2+buu = -c(\alpha t+\beta u)^2+2c(\gamma t+\delta u)(\varepsilon t+\zeta u)$$

Hinc patet, si ipsis t, u tales valores determinati tribuantur, ut vel $\gamma t+\delta u$, vel $\varepsilon t+\zeta u$ fiat $=0$, haberi solutionem aequationis Ω, cui igitur satisfiet tum per

$$x = \delta c-\gamma h,\quad y=\gamma,\quad z=\alpha\delta-\beta\gamma$$

tum per

$$x=\zeta c-\varepsilon h,\quad y=\varepsilon,\quad z=\alpha\zeta-\beta\varepsilon$$

simul manifestum est, neque illos valores neque hos simul $=0$ fieri posse; si enim $\delta c-\gamma h = 0$, $\gamma = 0$, fieret etiam $\delta = 0$ atque $\varphi = -(\alpha t+\beta u)^2$, unde $ab=0$ contra hyp., et perinde de alteris. — In exemplo nostro invenimus formam φ hanc $(161, -63, 24)$, valorem expr. $\sqrt{-\varphi}(\text{mod.}\, 105) = (7, -51)$, atque repraesentationem formae φ per $\binom{-1,\ 0,\ 0}{1,\ 0,\ 0}$ hanc,

$$\varphi = -(13t-4u)^2+2(11t-4u)(15t-5u)$$

hinc prodeunt solutiones $x=7$, $y=11$, $z=-8$; $x=20$, $y=15$, $z=-5$, sive dividendo per 5 et negligendo signum ipsius z, $x=4$, $y=3$, $z=1$.

Ex his duabus methodis aequationem Ω solvendi posterior eo praestat, quod plerumque per numeros minores absolvitur; prior vero, quae etiam per varia artificia hic silentio praetereunda contrahi potest, elegantior videtur ea imprimis ratione, quod numeri a, b, c prorsus eodem modo tractantur, calculusque per horum permutationem quamcunque nihil mutatur. Hoc secus se habet in methodo secunda, ubi calculus maxime commodus plerumque provenit, si pro a accipitur minimus, pro c maximus trium numerorum datorum, uti in exemplo nostro fecimus.

De methodo per quam ill. Le Gendre theorema fundamentale tractavit.

296.

Elegans theorema in artt. praecc. explicatum primo inventum est ab ill. Le Gendre, *Hist. de l'Ac. de Paris* 1784 *p.* 507, atque demonstratione pulcra (a duabus nostris omnino diversa) munitum. Simul vero hic egregius geometra hoc loco operam dedit, demonstrationem propositionum, quae cum theoremate fundamentali

Sect. praec. conveniunt, inde derivare, quam ad hunc scopum non idoneam nobis videri iam supra declaravimus, art. 151. Hic itaque locus erit, hanc demonstrationem (per se valde elegantem) breviter exponendi iudiciique nostri rationes adiungendi. Praemittitur sequens observatio: *Si numeri* a, b, c *omnes sunt* $\equiv 1$ (*mod.* 4), *aequatio* $axx+byy+czz=0 \ldots (\Omega)$ *solubilis esse nequit.* Facillime enim perspicitur, valorem ipsius $axx+byy+czz$ necessario in hoc casu fieri vel $\equiv 1$, vel $\equiv 2$, vel $\equiv 3$ (mod. 4), nisi omnes x, y, z simul pares accipiantur; si itaque Ω solubilis esset, hoc aliter fieri non posset quam per valores pares ipsorum x, y, z, *Q. E. A.*, quoniam valores quicunque aequationi Ω satisfacientes etiamnum satisfaciunt, si per divisorem communem maximum dividuntur, unde necessario ad minimum unus impar prodire debet. Iam casus diversi theorematis demonstrandi ad sequentia momenta referuntur:

I. Designantibus p, q numeros primos formae $4n+3$ (positivos inaequales), nequit simul esse pRq, qRp Si enim possibile esset, manifestum est statuendo $1=a$, $-p=b$, $-q=c$, omnes conditiones ad resolubilitatem aequationis $axx+byy+czz=0$ adimpletas esse (art. 294); eadem vero per observationem praec. resolutionem non admittit; quare suppositio consistere nequit. Hinc protinus sequitur propositio 7 art. 131.

II. Si p est numerus primus formae $4n+1$, q numerus primus formae $4n+3$, nequit simul esse qRp, pNq. Alioquin enim foret $-pRq$, atque aequatio $xx+pyy-qzz=0$ resolubilis, quae per obs. praec. resolutionem respuit. Hinc derivantur casus 4 et 5 art. 131.

III. Si p, q sunt numeri primi formae $4n+1$, nequit simul esse pRq, qNp. Accipiatur alius numerus primus r formae $4n+3$, qui sit residuum ipsius q et cuius non-residuum sit p. Tunc erit per casus modo (II) demonstratos qRr, rNp. Si itaque esset pRq, qNp, foret $qrRp$, $prRq$, $pqNr$ et proin $-pqRr$. Hinc aequatio $pxx+qyy-rzz=0$ resolubilis esset contra obs. praec.; quare suppositio consistere nequit. Hinc sequuntur casus 1 et 2 art. 131.

Concinnius hic casus sequenti modo tractatur. Designet r numerum primum formae $4n+3$, cuius non-residuum sit p. Tunc erit etiam rNp, adeoque (supponendo pRq, qNp) $qrRp$, porro $-pRq$, $-pRr$ et proin etiam $-pRqr$; quare aequatio $xx+pyy-qrzz=0$ resolubilis esset contra obs. praec. Hinc etc.

IV. Si p est numerus primus formae $4n+1$, q primus formae $4n+3$, nequit simul esse pRq, qNp. Accipiatur numerus primus auxiliaris r formae $4n+1$ qui sit non-residuum utriusque p, q. Tunc erit (per II) qNr et (per III) pNr; hinc $pqRr$; si itaque esset pRq, qNp, haberetur etiam $prNq$, $-prRq$, $qrRp$; quare aequatio $pxx-qyy+rzz=0$ resolubilis esset, *Q. E. A.* — Hinc derivantur casus 3 et 6 art. 131.

V. Designantibus p, q numeros primos formae $4n+3$, nequit simul esse pNq, qNp. Supponendo enim fieri posse, et accipiendo numerum primum auxiliarem r formae $4n+1$, qui sit non-residuum utriusque p, q erit $qrRp$, $prRq$; porro (per II) pNr, qNr, unde $pqRr$ et $-pqRr$; hinc aequatio $-pxx-qyy+rzz=0$ possibilis, contra obs. praec. Hinc deducitur casus 8 art. 131.

297.

Demonstrationem praec. proprius contemplando quisque facile intelliget, casus I et II ita absolutos esse ut nihil obiici possit. At demonstrationes casuum reliquorum innituntur existentiae numerorum auxiliarium, qua nondum demonstrata methodus manifesto omnem vim perdit. Quae suppositiones, etsi tam speciosae sint, ut minus attendenti demonstratione ne opus quidem esse videri possit, atque certe theorema demonstrandum ad maximum *probabilitatis* gradum evehant, tamen si rigor geometricus desideretur, neutiquam gratuito sunt admittendae. Quod quidem attinet ad suppositionem in IV et V, exstare numerum primum r formae $4n+1$, qui duorum aliorum primorum datorum p, q non-residuum sit, e Sect. IV facile concluditur, omnes numeros ipso $4pq$ minores ad ipsumque primos (quorum multitudo est $2(p-1)(q-1)$) in quatuor classes aequaliter distribui, quarum una contineat non-residua utriusque p, q, tres reliquae residua ipsius p non-residua ipsius q, non-residua ipsius p residua ipsius q, residua utriusque p, q; et in singulis classibus semissem fore numeros formae $4n+1$, semissem formae $4n+3$. Habebuntur itaque inter illos $\frac{1}{4}(p-1)(q-1)$ non-residua utriusque p, q formae $4n+1$, qui sint g. g', g'' etc.; numeri $\frac{7}{4}(p-1)(q-1)$ reliqui sint h, h', h'' etc. Manifesto omnes numeri in formis $4pqt+g$, $4pqt+g'$, $4pqt+g''$ etc. (G) contenti quoque erunt non-residua ipsorum p, q formae $4n+1$. Iam patet, ad suppositionem stabiliendam demonstrari tantummodo debere, sub formis (G) certo contineri *numeros primos*, quod sane iam per se valde plausibile videtur, quum hae formae una cum his $4pqt+h$, $4pqt+h'$ etc.

(H) omnes numeros ad $4pq$ primos adeoque etiam omnes numeros absolute primos (praeter $2, p, q$) comprehendant, nullaque ratio adsit, quin numerorum primorum series inter illas formas aequaliter distributi sint, ita ut pars octava referantur ad (G), reliqui ad (H). Attamen perspicuum est, tale ratiocinium a rigore geometrico longe abesse. Ill. Le Gendre ipse fatetur, demonstrationem theorematis, sub tali forma $kt+l$, designantibus k, l numeros inter se primos datos, t indefinitum, certo contineri numeros primos, satis difficilem videri, methodumque obiter addigitat, quae forsan illuc conducere possit; multae vero disquisitiones praeliminares necessariae nobis videntur, antequam hacce quidem via ad demonstrationem rigorosam pervenire liceat. — — Circa aliam vero suppositionem (III, meth. secunda) dari numerum primum r formae $3n+3$, cuius nonresiduum sit alius numerus primus datus p formae $4n+1$, ill. Le Gendre nihil omnino adiecit. Supra demonstravimus (art. 129), numeros primos quorum $N.R.$ sit p certo dari, sed methodus nostra haud idonea videtur ad existentiam talium numerorum primorum *qui simul sint formae* $4n+3$ ostendendam (ut hic requiritur neque vero in dem. nostra prima). Ceterum veritatem quidem huius suppositionis ita facile probare possumus. Per art. 287 dabitur genus positivum formarum binariarum det. $-p$, cuius character 3, 4; Np; sit (a, b, c) talis forma atque a impar (quod supponere licet). Tum a erit formae $4n+3$ atque vel ipse primus vel saltem factorem primum r formae $4n+3$ implicabit. Erit autem $-pRa$, adeoque etiam $-pRr$, unde pNr. At probe notandum est, propp. artt. 263, 287 theorematі fundamentali inniti, adeoque circulum vitiosum fore, si qua huius pars illis superstruatur. — — Denique suppositio in methodo prima III adhuc multo magis gratuita est, ita ut non opus sit plura de illa hic adiicere.

Liceat observationem addere circa casum V, qui per methodum praec. quidem non satis probatur, attamen per sequentem commode absolvitur. Si illic simul esset pNq, qNp, foret $-pRq$, $-qRp$, unde facile derivatur, -1 esse numerum characteristicum formae $(p, 0, q)$, quae proin, (secundum theoriam formarum ternariarum) per formam $xx+yy+zz$ repraesentari poterit. Sit

$$ptt+quu=(\alpha t+\beta u)^2+(\alpha' t+\beta' u)^2+(\alpha'' t+\beta'' u)^2$$

sive

$$\alpha\alpha+\alpha'\alpha'+\alpha''\alpha''=p,\quad \beta\beta+\beta'\beta'+\beta''\beta''=q,\quad \alpha\beta+\alpha'\beta'+\alpha''\beta''=0$$

eruntque ex aequatt. 1 et 2, omnes $\alpha, \alpha', \alpha'', \mathfrak{6}; \mathfrak{6}', \mathfrak{6}''$ impares; tum vero manifesto aequatio tertia consistere nequit. — Haud absimili modo etiam casus II absolvi potest.

298.

Problema. *Designantibus a, b, c numeros quoscunque, quorum tamen nullus $= 0$: invenire conditiones resolubilitatis aequationis*

$$axx + byy + czz = 0 \ldots (\omega).$$

Sol. Sint $\alpha\alpha$, $\mathfrak{6}\mathfrak{6}$, $\gamma\gamma$ quadrata maxima ipsos bc, ac, ab resp. metientia, fiatque $\alpha a = \mathfrak{6}\gamma A$, $\mathfrak{6}b = \alpha\gamma B$, $\gamma c = \alpha\mathfrak{6}C$. Tum A, B, C erunt integri, inter se primi; aequatio (ω) autem resolubilis erit vel non erit, prout haec

$$AXX + BYY + CZZ = 0 \ldots (\Omega)$$

resolutionem admittit vel non admittit, quod per art. 294 diiudicari poterit.

Dem. Ponatur $bc = \mathfrak{A}\alpha\alpha$, $ac = \mathfrak{B}\mathfrak{6}\mathfrak{6}$, $ab = \mathfrak{C}\gamma\gamma$, eruntque $\mathfrak{A}, \mathfrak{B}, \mathfrak{C}$ integri a factoribus quadratis liberi atque $\mathfrak{A} = BC$, $\mathfrak{B} = AC$, $\mathfrak{C} = AB$; hinc $\mathfrak{A}\mathfrak{B}\mathfrak{C} = (ABC)^2$, adeoque $ABC = A\mathfrak{A} = B\mathfrak{B} = C\mathfrak{C}$ necessario integer. Sit numerorum $\mathfrak{A}$, $A\mathfrak{A}$ divisor comm. max. m, atque $\mathfrak{A} = gm$, $A\mathfrak{A} = hm$, eritque g primus ad h, nec non (quia $\mathfrak{A}$ liber a fact. qu.) ad m. Iam fit $hhm = gAA\mathfrak{A} = g\mathfrak{B}\mathfrak{C}$, unde g metietur ipsum hhm, quod manifesto impossibile est, nisi $g = \pm 1$. Hinc $\mathfrak{A} = \pm m$, $A = \pm h$, et proin integer, et perinde B, C integri erunt. *Q. E. P.* — Quum $\mathfrak{A} = BC$ factores quadratos non implicet, necessario B, C inter se primi esse debebunt; et similiter A ad C et ad B primus erit. *Q. E. S.* — Denique patet, si aequationi (Ω) satisfaciat $X = P$, $Y = Q$, $Z = R$, aequationem (ω) resolvi per $x = \alpha P$, $y = \mathfrak{6}Q$, $z = \gamma R$; et vice versa si huic satisfiat per $x = p$, $y = q$, $z = r$, illi satisfieri per $X = \mathfrak{6}\gamma p$, $Y = \alpha\gamma q$, $Z = \alpha\mathfrak{6}r$, unde vel utraque resolubilis vel neutra. *Q. E. T.*

Repraesentatio cifrae per formas ternarias quascunque.

299.

Problema. *Proposita forma ternaria*

$$f = axx + a'x'x' + a''x''x'' + 2bx'x'' + 2b'xx'' + 2b''xx'$$

invenire, an cifra per eam repraesentari possit (per valores indeterminatarum qui non simul $= 0$)

Sol. I. Quando $a = 0$, valores ipsorum x', x'' ad lubitum assumi possunt, patetque ex aequatione

$$a'x'x' + 2bx'x'' + a''x''x'' = -2x(b'x'' + b''x')$$

x inde valorem determinatum rationalem nancisci; quoties pro x hoc modo fractio provenit, oportet tantummodo, valores ipsorum x, x', x'' per fractionis denominatorem multiplicare, habebunturque integri. Unice excludendi sunt tales valores ipsorum x', x'', qui reddunt $b'x'' + b''x' = 0$, nisi simul faciant $a'x'x' + 2bx'x'' + a''x''x'' = 0$, in quo casu x ad libitum accipi poterit. Simul patet, hoc modo omnes solutiones possibiles obtineri posse. Ceterum is casus, ubi b' et $b'' = 0$. huc non pertinet; tunc enim x in f non ingreditur, sive f est forma binaria, cifraeque repraesentabilitas per f e theoria talium formarum diiudicari debet.

II. Quando vero non est $a = 0$, aequationi $f = 0$ aequivalebit haec

$$(ax + b''x' + b'x'')^2 - A''x'x' + 2Bx'x'' - A'x''x'' = 0$$

ponendo

$$b''b'' - aa' = A'', \quad ab - b'b'' = B, \quad b'b' - aa'' = A'$$

Iam quando hic $A' = 0$, neque vero $B = 0$, manifestum est, si $ax + b''x' + b'x''$ atque x'' ad lubitum assumantur, x et x' inde rationaliter determinari, et quando integri non fiant, saltem multiplicatorem idoneum integros producturum. Pro unico valore ipsius x'' puta pro $x'' = 0$ valor ipsius $ax + b''x' + b'x''$ non est arbitrarius sed quoque $= 0$ poni debet; tunc vero x' ad lubitum assumi poterit valoremque rationalem ipsius x producet. — Quando vero simul A'' et $B = 0$, patet, si A' sit quadratum $= kk$, aequationem $f = 0$ reduci ad has duas lineares (e quibus *vel* una *vel* altera locum habere debet)

$$ax + b''x' + (b' + k)x'' = 0, \quad ax + b''x' + (b' - k)x'' = 0$$

si vero (in eadem hyp.) A' est non-quadratus, manifesto solutio aequ. propositae pendet ab his (quae *simul* locum habere debent) $x'' = 0$ et $ax + b''x' = 0$.

Ceterum vix necessarium erit observare, methodum in I etiam applicari posse, quando a' vel $a'' = 0$, methodumque in II, quando $A' = 0$.

III. Quando vero nec a nec $A'' = 0$, aequationi $f = 0$ aequivalet haec

$$A''(ax + b''x' + b'x'')^2 - (A''x' - Bx'')^2 + Dax''x'' = 0$$

designando per D determinantem formae f sive per Da numerum $BB - A'A''$. Quando $D = 0$, solutio simili modo se habebit ut in fine casus praec.; scilicet si A'' est quadratum $= kk$, aequ. prop. reducitur ad has

$$kax + (kb'' - A'')x' + (kb' + B)x'' = 0, \quad kax + (kb'' + A'')x' + (kb'' - B)x'' = 0$$

si vero A'' est non-quadratus, fieri debet

$$ax + b''x' + b'x'' = 0, \quad A''x' - Bx'' = 0$$

Quando autem D non $= 0$, reducti sumus ad aequationem

$$A''tt - uu + Davv = 0$$

cuius possibilitas per art. praec. diiudicari potest. Quodsi haec aliter resolvi nequit, quam per $t = 0$, $u = 0$, $v = 0$, manifesto etiam proposita aliam solutionem non admittet, quam hanc $x = 0$, $x' = 0$, $x'' = 0$; si vero illa aliter solubilis est, e valoribus integris quibusvis ipsorum t, u, v derivabuntur per aequationes

$$ax + b''x' + b'x'' = t, \quad A''x' - Bx'' = u, \quad x'' = v$$

saltem valores rationales ipsorum x, x', x'', e quibus, si fractiones involvunt, per idoneum multiplicatorem integri elici poterunt.

Quamprimum autem *una* solutio aequationis $f = 0$ in integris inventa est, problema ad casum I reduci, et perinde ac illic solutiones omnes exhiberi poterunt sequenti modo. Satisfaciant aequationi $f = 0$ valores ipsorum x, x', x'' hi α, α', α'', quos a factoribus communibus liberos supponimus, accipiantur (per artt. 40, 279) integri β, β', β'', γ, γ', γ'' tales, ut sit

$$\alpha(\beta'\gamma'' - \beta''\gamma') + \alpha'(\beta''\gamma - \beta\gamma'') + \alpha''(\beta\gamma' - \beta'\gamma) = 1$$

transeatque f per substitutionem

$$x = \alpha y + 6y' + \gamma y'', \quad x' = \alpha' y + 6' y' + \gamma' y'', \quad x'' = \alpha'' y + 6'' y' + \gamma'' y'' \ldots (S)$$

in

$$g = cyy + c'y'y' + c''y''y'' + 2dy'y'' + 2d'yy'' + 2d''yy'$$

Tunc manifesto erit $c = 0$, atque g ipsi f aequivalens, unde facile concluditur, ex omnibus solutionibus aequationis $g = 0$ derivari (per S) omnes solutiones aequationis $f = 0$ in integris. Iam ex I sequitur, omnes solutiones aequ. $g = 0$ contineri sub formulis

$$y = -z(c'pp + 2dpq + c''qq), \quad y' = 2z(d''pp + d'pq), \quad y'' = 2z(d''pq + d'qq)$$

designantibus p, q integros indefinitos, z numerum indefinitum, pro quo etiam fractiones accipi possunt, modo ita ut y, y', y'' integri maneant. His valoribus ipsorum y, y', y'' in (S) substitutis, omnes solutiones aequ. $f = 0$ in integris habebuntur. — Ita *e. g.* si

$$f = xx + x'x' + x''x'' - 4x'x'' + 2xx'' + 8xx'$$

atque una solutio aequationis $f = 0$ habetur $x = 1$, $x' = -2$, $x'' = 1$: faciendo $6, 6', 6'', \gamma, \gamma', \gamma'' = 0, 1, 0, 0, 0, 1$ prodit

$$g = y'y' + y''y'' - 4y'y'' + 12yy''$$

Hinc omnes solutiones aequ. $g = 0$ in integris contentae erunt sub formula

$$y = -z(pp - 4pq + qq), \quad y' = 12zpq, \quad y'' = 12zqq$$

et proin omnes solutiones aequ. $f = 0$ sub hac

$$\begin{aligned} x &= -z(pp - 4pq + qq) \\ x' &= 2z(pp + 2pq + qq) \\ x'' &= -z(pp - 4pq - 11qq) \end{aligned}$$

Solutio generalis aequationum indeterminatarum secundi gradus duas incognitas implicantium per quantitates rationales.

300.

E problemata art. praec. sponte defluit solutio aequationis indeterminatae

$$axx + 2bxy + cyy + 2dx + 2ey + f = 0$$

si valores tantummodo rationales desiderantur, quam, si integri postulantur, supra (art. 216 sqq.) iam absolvimus. Nam omnes valores rationales ipsorum x, y exhiberi possunt per $\frac{t}{v}$, $\frac{u}{v}$, ita ut t, u, v sint integri, unde patet, solutionem illius aequationis per numeros rationales identicam esse cum solutione aequationis

$$att + 2btu + cuu + 2dtv + 2euv + fvv = 0$$

per numeros integros; haec vero convenit cum aequ. in art. praec. tractata. Excludi debent eae solae solutiones ubi $v = 0$; tales autem provenire nequeunt, quando $bb - ac$ est numerus non-quadratus. Ita *e.g.* omnes solutiones aequationis (in art. 221 per integros generaliter solutae)

$$xx + 8xy + yy + 2x - 4y + 1 = 0$$

per numeros rationales contentae erunt sub formula

$$x = \frac{pp - 4pq + qq}{pp - 4pq - 11qq} \qquad y = -\frac{2pp + 4pq + 2qq}{pp - 4pq - 11qq}$$

designantibus p, q integros quoscunque. — Ceterum de his duobus problematibus arctissimo nexu coniunctis breviter tantummodo hic egimus, multasque observationes huc pertinentes suppressimus, tum ne nimis prolixi fieremus, tum quod solutionem aliam probl. art. praec. habemus, principiis generalioribus innixam, cuius expositionem, quia penitiorem formarum ternariarum disquisitionem postulat, ad aliam occasionem nobis reservare debemus.

De multitudine mediocri generum.

301.

Revertimus ad formas binarias, de quibus adhuc plures proprietates singulares recensere oportet. Et primo quasdam observationes circa multitudinem generum et classium in ordine proprie primitivo (positivo pro det. neg.) adiiciemus, ad quem brevitatis caussa disquisitionem restringimus.

Multitudo generum, in quae omnes formae (pr. prim. pos.) determinantis dati positivi vel negativi $\pm D$ distribuuntur, semper est 1, 2, 4 vel altior potestas numeri 2, cuius exponens pendet a factoribus ipsius D, et per disquisitiones praecc. omnino a priori inveniri potest. Iam quum in serie numerorum naturali numeri primi cum magis minusque compositis permixti sint, evenit, ut pro pluribus determinantibus successivis $\pm D$, $\pm(D+1)$, $\pm(D+2)$ etc. multitudo generum nunc crescat nunc decrescat, nullusque in hac serie perturbata ordo adesse videatur. Nihilominus si multitudines generum multis dett. successivis

$$\pm D, \quad \pm(D+1) \quad . \quad . \quad . \quad \pm(D+m)$$

respondentes adduntur, summaque per determinantium multitudinem dividitur, *multitudo generum mediocris* provenit, quae circa medium determinantium $\pm(D+\frac{1}{2}m)$ locum habere censeri poterit, progressionemque valde regularem constituit. Supponimus autem, non modo m esse satis magnum, sed etiam D multo maiorem, ut ratio determinantium extremorum D, $D+m$ non nimis a ratione aequalitatis discrepet. Regularitas illius progressionis ita intelligenda est: si D' est numerus multo maior quam D, multitudo generum mediocris circa determinantem $\pm D'$ sensibiliter maior erit quam circa D; si vero D, D' non nimis differunt, etiam generum multitudines mediocres circa D et D' fere aequales erunt. Ceterum multitudo mediocris generum circa determinantem positivum $+D$ semper fere aequalis invenitur multitudini mediocri circa negativum, eoque exactius quo maior est D, quum pro valore parvo prior paullulum maior evadat quam posterior. Hae observationes magis illustrabuntur per exempla sequentia, e tabula classificationis formarum binariarum plures quam 4000 determinantes complectente excerpta. Inter centum determinantes a 801 usque ad 900 reperiuntur 7 quibus unicum genus respondet; 32, 52, 8, 1 quibus resp. 2, 4, 8, 16 genera respondent; hinc omnino emergunt genera 359, unde multitudo mediocris $= 3{,}59$. Centum determinantes negativi a -801 usque ad 900 producunt genera 360. Exempla sequentia omnia desumuntur a determinantibus negativis. In centade 16 (a -1501 usque ad -1600) mult. med. generum invenitur 3,89; in centade 25 est 4,03; in centade 51 prodit 4,24; e sexcentis dett. -9401 . -10000 computatur 4,59. Ex his exemplis patet, multitudinem generum mediocrem multo lentius crescere, quam determinantes ipsos; sed quaeritur, quaenam sit lex huius progressionis? — Per disquisitionem theoreticam satis difficilem, quam hic explicare nimis prolixum foret, inventum est, multitudinem generum mediocrem circa determinantem $+D$ vel $-D$ quam proxime exhiberi per formulam

$$\alpha \log D + \beta$$

ubi α, β sunt quantitates constantes, et quidem

$$\alpha = \frac{4}{\pi\pi} = 0,4052847346$$

(designante π semiperipheriam circuli cuius radius 1),

$$\beta = 2\alpha g + 3\alpha\alpha h - \tfrac{1}{6}\alpha \log 2 = 0,8830460462$$

ubi g est summa seriei

$$1 - \log(1+1) + \tfrac{1}{2} - \log(1+\tfrac{1}{2}) + \tfrac{1}{3} - \log(1+\tfrac{1}{3}) + \text{etc.} = 0,5772156649$$

(V. Euler Inst. Calc. Diff. p. 444); h vero summa seriei

$$\tfrac{1}{4}\log 2 + \tfrac{1}{9}\log 3 + \tfrac{1}{16}\log 4 + \text{etc.}$$

quae per approximationem inventa est $= 0,9375482543$. Ex hac formula patet, multitudinem mediocrem generum crescere in progressione arithmetica, si determinantes augeantur in geometrica. Valores huius formulae pro $D = 850\frac{1}{2}$, $1550\frac{1}{2}$, $2450\frac{1}{2}$, $5050\frac{1}{2}$, $9700\frac{1}{2}$ inveniuntur 3,617; 3,86; 4,046; 4,339; 4,604, qui a multitudinibus mediocribus supra datis parum discrepant. Quo maior fuerit determinans medius, et e quo pluribus multitudo mediocris computetur, eo minus a valore formulae differet. Adiumento huius formulae etiam aggregatum multitudinum generum determinantibus successivis $\pm D$, $\pm(D+1)\ldots\pm(D+m)$ respondentium quam proxime erui potest, si multitudines mediocres singulis respondentes computantur et in summam colliguntur, quantumvis diversi sint extremi D $D+m$. Haec summa erit

$$= \alpha\,(\log D + \log(D+1) + \text{etc.} + \log(D+m)) + \beta\,(m+1)$$

sive satis exacte

$$= \alpha((D+m)\log(D+m) - (D-1)\log(D-1)) + (\beta - \alpha)(m+1)$$

Hoc modo summa mult. gen. pro dett. -1 usque ad -100 invenitur $= 234,4$, quum revera sit 233; similiter, a -1 usque ad -2000, $= 7116,6$, quum sit 7112; a -9001 usque ad -10000 ubi est 4595 formula praebet 4594,9, qualis consensus vix exspectari potuisset.

De multitudine mediocri classium.

302.

Respectu *multitudinis classium* (pr. primit. posit., quod semper subintelligendum) determinantes positivi prorsus aliter se habent quam negativi; quamobrem utrosque seorsim considerabimus. In eo hi cum illis conveniunt, quod pro determinante dato in singulis generibus classes aeque multae continentur, adeoque multitudo omnium classium aequalis est producto e multitudine generum in multitudinem classium in singulis generibus contentarum.

Quod primo attinet ad determinantes negativos, multitudo classium pluribus dett. successivis $-D$, $-(D+1)$, $-(D+2)$ etc. respondentium progressionem aeque perturbatam constituit, ac multitudo generum. Multitudo classium mediocris autem (cui definitione opus non erit) valde regulariter crescit, ut ex exemplis sequentibus apparebit. Centum determinantes a -500 usque ad -600 suppeditant classes 1729, unde multitudo mediocris $= 17,29$. Similiter in centade 15 multitudo classium mediocris invenitur 28,26; e centadibus duabus 24 et 25 computatur 36,28; e tribus 61, 62 et 63 prodit 58,50 e quinque 91...95, fit 71,56; denique e quinque 96...100 fit 73,54. Haec exempla ostendunt, classium multitudinem mediocrem lentius quidem crescere, quam determinantes, multo tamen citius, quam multitudinem mediocrem generum: levi autem attentione cognoscetur, illam satis exacte crescere in ratione radicum quadratarum e determinantibus mediis. Revera per disquisitionem theoreticam invenimus, classium multitudinem mediocrem circa determinantem $-D$ proxime exprimi per:

$$\gamma\sqrt{D} - \delta$$

ubi

$$\gamma = 0,7467183115 = \frac{2\pi}{7e}$$

denotante e summam seriei

$$1 + \tfrac{1}{8} + \tfrac{1}{27} + \tfrac{1}{64} + \tfrac{1}{125} \text{ etc.}$$

$$\delta = 0,2026423673 = \frac{2}{\pi\pi}$$

valores mediocres secundum hanc formulam computati ab iis, quos supra e tabula classificationum exscripsimus, parum differunt. Adiumento huius formulae etiam aggregatum multitudinum omnium classium (pr. pr. pos.) determinantibus successivis $-D$ $-(D+1)$, $-(D+2)\ldots-(D+m-1)$ respondentium qaum proxime assignari potest, quantumvis extremi sint diversi, summando multitudines mediocres illis determinantibus secundum formulam respondentes, unde erit

$$=\gamma(\sqrt{D}+\sqrt{(D+1)}+\text{etc}+\sqrt{(D+m-1)})-\delta m$$

sive quam proxime

$$=\tfrac{2}{3}\gamma((D+m-\tfrac{1}{2})^{\frac{3}{2}}-(D-\tfrac{1}{2})^{\frac{3}{2}})-\delta m$$

Ita *e.g.* illud aggregatum pro centum dett. $-1\ldots-100$ ex formula computatur $=481{,}1$, quum revera sit 477; mille determinantes $-1\ldots-1000$ secundum tabulam suppeditant 15533 classes, formula dat 15551,4; millias secunda sistit classes 28595 secundum tabulam, formula praebet 28585,7; similiter millias tertia revera suggerit 37092 classes, formula dat 37074,3; millias decima dat 72549 per tabulam, formula 72572.

303.

Tabula determinantium negativorum secundum diversitatem classificationum ipsis respondentium digesta multas alias observationes singulares offert. Pro determinantibus formae $-(8n+3)$ multitudo classium (tum earum quae in omnibus, tum earum quae in singulis generibus pr. primitivis contentae sunt) semper divisibilis est per 3, unico determinante -3 excepto, cuius rei ratio ex art. 256, VI sponte sequitur. Pro iis determinantibus, quorum formae unicum genus conficiunt, multitudo classium semper impar est; quum enim pro tali determinante unica tantum classis anceps detur, puta principalis, multitudo classium reliquarum, e quibus binae semper oppositae erunt, necessario erit par, adeoque multitudo omnium impar; ceterum haec posterior proprietas etiam pro determinantibus positivis valet. — Porro series determinantium, quibus eadem classificatio data (*i. e.* multitudo data tum generum tum classium) respondet, semper abrumpi videtur, quam observationem satis miram per aliquot exempla illustramus. (Numerus primus, romanus, indicat multitudinem generum pr. prim. pos.; sequens multitudinem classium in singulis generibus contentarum; tunc sequitur series determinantium, quibus illa classificatio respondet, et quorum signum negativum brevitatis caussa omittitur).

I. 1 ... 1, 2, 3, 4, 7

I. 3 ... 11, 19, 23, 27, 31, 43, 67, 163

I. 5 ... 47, 79, 103. 127

I. 7 ... 71, 151, 223, 343, 463, 487

II. 1 ... 5, 6, 8, 9, 10, 12, 13, 15, 16, 18, 22, 25, 28, 37, 58

II. 2 ... 14, 17, 20, 32, 34, 36, 39, 46, 49, 52, 55, 63, 64, 73, 82, 97, 100, 142, 148, 193

IV 1 ... 21, 24, 30, 33, 40, 42, 45, 48, 57, 60, 70, 72, 78, 85, 88, 93, 102, 112, 130, 133, 177, 190, 232, 253

VIII. 1 ... 105, 120, 165, 168, 210, 240, 273, 280, 312, 330, 345 357, 385, 408, 462, 520, 760

XVI. 1 ... 840, 1320, 1365, 1848

Similiter 20 determinantes reperiuntur (maximus = —1423), quibus classificatio I. 9 respondet; 4 (maximus = —1303), quibus respondet classificatio I. 11 etc.; classificationes II. 3; II. 4; II. 5; IV. 2 respondent determinantibus non pluribus quam 48, 31, 44, 69 resp., e quibus maximi —652, —862, —1318, —1012. Quum tabula, ex qua haec exempla sumsimus, longe ultra maximos determinantes hic occurentes producta sit*), nec ulli amplius prodierint ad illas classificationes pertinentes: nullum dubium esse videtur, quin series adscriptae revera abruptae sint, et per analogiam conclusionem eandem ad quasvis alias classificationes extendere licebit. *E. g.* quum in tota milliade decima determinantium nullus se obtulerit, cui multitudo classium infra 24 responderet: maxime est verisimile, classificationes I. 23; I. 21 etc.; II. 11; II. 10 etc. IV. 5; IV. 4; IV. 3; VIII. 2 iam ante —9000 desiisse, aut saltem perpaucis determinantibus ultra —10000 competere. Demonstrationes autem *rigorosae* harum observationum perdifficiles esse videntur. — Non minus admiratione dignum est, quod omnes determinantes, quorum formae in 32 aut plura genera distribuantur, ad minimum binas classes in singulis generibus habeant, adeoque classificationes XXXII. 1, LXIV. 1 etc. omnino excidant (minimo ex huiusmodi dett., —9240, respondet XXXII. 2); satisque probabile videtur, multitudine generum crescente continuo plures classificationes excidere. Hoc respectu 65 determinantes supra traditi,

*) Dum haec imprimuntur, usque ad —3000 *uno tractu*, nec non per totam milliadem decimam, pluresque alias centades dispersas, quibus accedunt permulti determinantes singulares sedulo electi.

quibus classificationes I. 1; II. 1; IV. 1; VIII. 1; XVI. 1 respondent, valde sunt memorabiles, perspiciturque facile, illos omnes ac solos his duabus proprietatibus insignibus gaudere, ut omnes classes formarum ad ipsos pertinentes ancipites sint, et formae quaecunque in eodem genere contentae necessario tum proprie tum improprie aequivaleant. Ceterum iidem 65 numeri (sub aspectu paullulum diverso cuius mentio infra fiet et cum criterio demonstratu facili) iam ab ill. Eulero traditi sunt *Nouv. Mém. de l'Ac. de Berlin* 1776 *p.* 338.

304.

Multitudo classium pr. primitivarum, quas formae binariae det. positivi *quadrati* kk constituunt, omnino a priori assignari potest, multitudinique numerorum ad $2k$ primorum ipsoque minorum aequalis est; unde per ratiocinia non difficilia sed hic supprimenda deducitur, multitudinem mediocrem classium ad tales determinantes circa kk pertinentium proxime exprimi per $\frac{8k}{\pi\pi}$. — Determinantes positivi non-quadrati autem hoc respectu phaenomena prorsus singularia offerunt. Scilicet quum classium multitudo parva, *e. g.* classificatio I. 1 aut I. 3 aut II. 1 etc. pro determinantibus negativis et quadratis parvis tantum et mox omnino cessantibus locum habeat: contra e determinantibus positivis non-quadratis, saltem non permagnis, pars longe maxima tales classificationes praebent, ubi unica classis in quovis genere continetur, ita ut hae I. 3; I. 5; II. 2; II. 3; IV. 2 etc. sint rarissimae. Ita *e. g.* inter 90 dett. non-qu. infra 100 reperiuntur 11, 48, 27, quibus respondent classificationes I. 1, II. 1, IV. 1 resp.; unicus tantum (37) habet I. 3; duo (34 et 82) habent II. 2; unus (79) II. 3. Attamen, determinantibus crescentibus, classium multitudines maiores sensim frequentiores fiunt; ita inter 96 dett. non-qu. a 101 usque ad 200 duo (101, 197) habent I. 3; quatuor (145, 146, 178, 194) II. 2; tres (141, 148, 189) II. 3. Ex 197 dett. a 801 usque ad 1000 tres habent I. 3; quatuor II. 2; quatuordecim II. 3; duo II. 5; duo II. 6; quindecim IV. 2; sex IV. 3; duo IV 4; quatuor VIII. 2, reliqui 145 unam classem in quovis genere. — Quaestio curiosa foret, nec geometrarum sagacitate indigna, secundum quam legem determinantes unam classem in quovis genere habentes continuo rariores fiant, investigare; hactenus nec per theoriam decidere possumus, nec per observationem satis certo coniectare, utrum tandem omnino abrumpantur (quod tamen parum probabile videtur), aut saltem *infinite rari* evadant an ipsorum frequentia ad limitem fixum continuo magis accedat. Multitudo classium mediocris in ratione parum maiori increscit, quam multitudo generum, longeque lentius quam radices quadratae e determinantibus; inter 800 et 1000 illa invenitur $= 5,01$. Liceat his observationibus aliam adiicere, quae analogiam inter determinantes positivos et negativos quodammodo restituit. Scilicet invenimus, pro determinante positivo D non tam multitudinem classium ipsam, quam potius hanc multitudinem per logarithmum quantitatis $t+u\sqrt{D}$ multiplicatam (designantibus t, u numeros minimos, praeter 1, 0, aequationi $tt-Duu = 1$ satisfacientes) multitudini classium pro determinante negativo pluribus rationibus hic fusius non explicandis analogam esse, atque valorem mediocrem illius producti aeque exacte exprimi per formulam talem $m\sqrt{D}-n$; sed valores quantitatum constantium m, n hactenus per theoriam determinare non licuit; si quid ex aliquot centadibus determinantium inter se comparatis concludere permissum est, m parum a $2\frac{1}{3}$ differre videtur. — Ceterum de principiis disquisitionum praecedentium circa valores mediocres quantitatum lege analytica non progredientium, sed ad talem legem asymptotice continuo magis approximantium alia occasione fusius agere nobis reservamus. Transimus iam ad aliam disquisitionem, qua classes diversae pr. prim. eiusdem det. inter se comparabuntur, finisque huic longae sectioni imponetur.

Algorithmus singularis classium proprie primitivarum; determinantes regulares et irregulares etc.

305.

Theorema. *Designante K classem principalem formarum determinantis dati D, C classem quamcunque aliam e genere principali formarum eiusdem det.; $2C$, $3C$, $4C$ etc. classes resp. e duplicatione, triplicatione, quadruplicatione etc. classis C ortas (ut in art. 249): in progressione C, $2C$, $3C$ etc. satis continuata tandem ad classem cum K identicam pervenitur; supponendoque, mC esse primam cum K identicam, atque multitudinem omnium classium in genere principali $=n$, erit vel $m=n$, vel m pars aliquota ipsius n.*

Dem. I. Quum omnes classes K, C, $2C$, $3C$ etc. necessario ad genus principale pertineant (art. 247), classes $n+1$ priores huius seriei K, C, $2C \ldots nC$ manifesto omnes diversae esse nequeunt. Erit itaque vel K cum aliqua classium C, $2C$, $3C \ldots nC$ identica, vel saltem duae ex his classibus inter se identicae.

Sit $rC = sC$ atque $r > s$, eritque etiam

$$(r-1)C = (s-1)C, \quad (r-2)C = (s-2)C \text{ etc. et } (r+1-s)C = C$$

unde $(r-s)C = K$. *Q. E. P.*

II. Hinc etiam protinus sequitur, esse vel $m = n$ vel $m < n$, superestque tantummodo, ut ostendamus, in casu posteriori m esse partem aliquotam ipsius n. Quum classes

$$K, \; C, \; 2C \ldots (m-1)C, \text{ quarum complexum per } \mathfrak{C}$$

designabimus, totum genus principale in hoc casu nondum exhauriant, sit C' aliqua classis huius generis in $\mathfrak{C}$ non contenta, designeturque complexus classium, quae ex compositione ipsius C' cum singulis classibus in $\mathfrak{C}$ oriuntur, puta

$$C', \; C'+C, \; C'+2C \ldots C'+(m-1)C \text{ per } \mathfrak{C}'$$

Iam facile perspicitur, omnes classes in $\mathfrak{C}'$ tum inter se tum ab omnibus in $\mathfrak{C}$ diversas esse et ad genus principale pertinere; quodsi itaque $\mathfrak{C}$ et $\mathfrak{C}'$ hoc genus omnino exhauriunt, habebimus $n = 2m$; sin minus, erit $2m < n$. Sit in casu posteriori C'' aliqua classis generis principalis nec in $\mathfrak{C}$ nec in $\mathfrak{C}'$ contenta, designeturque complexus classium ex compositione ipsius C'' cum singulis classibus in $\mathfrak{C}$ prodeuntium *i. e.* harum

$$C'', \; C''+C, \; C''+2C \ldots C''+(m-1)C \text{ per } \mathfrak{C}''$$

patetque facile, has omnes inter se et ab omnibus in $\mathfrak{C}$ et $\mathfrak{C}'$ diversas esse, et ad genus principale pertinere. Quare si $\mathfrak{C}, \mathfrak{C}', \mathfrak{C}''$ hoc genus exhauriunt, erit $n = 3m$; sin minus, $n > 3m$, in quo casu classis alia C''' in genere principali contenta, neque vero in $\mathfrak{C}$, $\mathfrak{C}'$ vel $\mathfrak{C}''$, simili modo tractata docebit, esse vel $n = 4m$ vel $n > 4m$, et sic porro. Iam quum n et m sint numeri finiti, genus principale necessario tandem exhaurietur, eritque n multiplum ipsius m, sive m pars aliquota ipsius n. *Q. E. S.*

Ex. Sit $D = -356$, $C = (5, 2, 72)$ *), invenieturque $2C = (20, 8, 21)$, $3C = (4, 0, 89)$, $4C = (20, -8, 21)$, $5C = (5, -2, 72)$, $6C = (1, 0, 356)$. Hic

*) Classes hic semper per *formas* (simplicissimas) in ipsis contentas exprimuntur.

itaque est $m = 6$, n vero pro hoc determinante est 12. Accipiendo pro C' classem $(8, 2, 45)$, classes quinque reliquae in $\mathfrak{C}'$ erunt $(9, -2, 40)$, $(9, 2, 40)$, $(8, -2, 45)$, $(17, 1, 21)$, $(17, -1, 21)$.

306.

Demonstratio theor. praec. omnino analoga invenietur demonstrationibus in artt. 45, 49, reveraque theoria multiplicationis classium cum argumento in Sect. III. tractato permagnam undique affinitatem habet. At limites huius operis non permittunt, illam theoriam ea qua digna est ubertate hic persequi; quocirca paucas tantummodo observationes hic adiiciemus, eas quoque demonstrationes, quae apparatum prolixiorem requirerent, supprimemus, disquisitionemque ampliorem ad aliam occasionem nobis reservabimus.

I. Si series K, C, $2C$, $3C$ etc. ultra $(m-1)C$ producitur, eaedem classes iterum comparent,

$$mC = K, \quad (m+1)C = C, \quad (m+2)C = 2C \text{ etc.}$$

generaliterque (spectando concinnitatis caussa K tamquam $0C$) classes gC, $g'C$ identicae erunt vel diversae, prout g et g' secundum modulum m congrui sunt vel incongrui. Classis itaque nC semper identica est cum principali K.

II. Complexum classium K, C, $2C \ldots (m-1)C$, quem supra per $\mathfrak{C}$ designavimus, vocabimus *periodum* classis C, quae expressio non est confundenda cum *periodis formarum* reductarum det. positivi non-quadrati in art. 186 sqq. tractatis. Patet itaque, e compositione classium quotcunque in eadem periodo contentarum oriri classem in ea periodo quoque contentam

$$gC + g'C + g''C \text{ etc.} = (g + g' + g'' + \text{ etc.})C$$

III. Quum $C + (m-1)C = K$, classes C et $(m-1)C$ oppositae erunt, et perinde $2C$ et $(m-2)C$, $3C$ et $(m-3)C$ etc. Si itaque m est par, classis $\frac{1}{2}mC$ sibi ipsa opposita erit adeoque *anceps*; vice versa, si in $\mathfrak{C}$ praeter K adhuc alia classis anceps occurrit, puta gC, erit $gC = (m-g)C$ adeoque $g = m - g = \frac{1}{2}m$. Hinc sequitur, si m sit par, praeter duas K et $\frac{1}{2}mC$, si vero m sit impar, praeter unam K, aliam classem ancipitem in $\mathfrak{C}$ contentam esse non posse.

IV. Si periodus alicuius classis hC in $\mathfrak{C}$ contentae supponitur esse

$$K, \ hC, \ 2hC, \ 3hC \ldots (m'-1)hC$$

manifestum est, $m'h$ esse multiplum minimum ipsius h per m divisibile. Si itaque m et h inter se primi sunt, erit $m' = m$, duaeque periodi easdem classes sed ordine diverso dispositas continebunt; generaliter autem designante μ divisorem comm. max. ipsorum m, h, erit $m' = \frac{m}{\mu}$. Hinc patet, multitudinem classium in periodo cuiusvis classis ex $\mathfrak{C}$ contentarum esse vel m vel partem aliquotam ipsius m; et quidem tot classes in $\mathfrak{C}$ habebunt periodos m terminorum, quot numeri ex his $0, 1, 2 \ldots m-1$ ad m primi sunt, sive φm, utendo signo art. 39; generaliter vero tot classes in $\mathfrak{C}$ habebunt periodos $\frac{m}{\mu}$ terminorum, quot numeri ex his $0, 1, 2 \ldots . m-1$ divisorem maximum μ cum m communem habent, quorum multitudinem esse $\varphi \frac{m}{\mu}$ facile perspicitur. Si itaque $m = n$, sive *totum* genus principale sub $\mathfrak{C}$ contentum, dabuntur in hoc genere omnino φn classes, quarum periodi idem genus totum includunt, et φe classes, quarum periodi ex e terminis constant, denotante e divisorem quemcunque ipsius n. Haec conclusio generaliter valet, quando in genere principali ulla classis datur, cuius periodus ex n terminis constat.

V. Sub eadem suppositione, systema classium generis principalis aptius disponi nequit, quam aliquam classem, periodum n terminorum habentem, quasi pro *basi* adoptando, generisque principalis classes eodem ordine collocando, quo in illius periodo progrediuntur. Quodsi tunc classi principali *index* 0 adscribitur, classi, quae pro basi accepta est, index 1 et sic porro: per solam indicum additionem inveniri poterit, quaenam classis e compositione classium quarumcunque generis principalis oriatur. Ecce exemplum pro determinante -356, ubi classam $(9, 2, 40)$ pro basi accepimus:

0	(1, 0, 356)	4	(20, 8, 21)	8	(20, −8, 21)
1	(9, 2, 40)	5	(17, 1, 21)	9	(8, 2, 45)
2	(5, 2, 72)	6	(4, 0, 89)	10	(5, −2, 72)
3	(8, −2, 45)	7	(17, −1, 21)	11	(9, −2, 40)

VI. Quamquam vero tum analogia cum Sect. III, tum inductio circa plures quam 200 determinantes negativos, longeque adhuc plures positivos non-quadratos instituta maximam probabilitatem afferre videantur, illam suppositionem pro *omnibus* determinantibus locum habere: talis conclusio nihilominus falsa foret, et per tabulae classificationum continuationem refelleretur. Liceat, brevitatis caussa, eos determinantes pro quibus totum genus principale unicae periodo includi potest, *regulares* vocare, reliquos vero, pro quibus hoc fieri nequit, *irregulares*. Hoc argumentum, quod ad arithmeticae sublimioris mysteria maxime recondita pertinere, disquisitionibusque difficillimis locum relinquere videtur, paucis tantum observationibus hic illustrare possumus, quibus sequentem generalem praemittimus.

VII. Si in genere principali classes C, C' occurrunt, quarum periodi ex m, m' classibus constant, atque M est numerus minimus per m et m' divisibilis: in eodem genere etiam classes dabuntur, quarum periodi M terminos contineant. Resolvatur M in duos factores r, r' inter se primos, quorum alter (r) metiatur ipsum m, alter (r') ipsum m' (v. art. 73), habebitque classis $\frac{m}{r}C+\frac{m'}{r'}C'=C''$ proprietatem praescriptam. Supponamus enim, periodum classis C'' constare ex g terminis, eritque

$$K=grC''=gmC+\frac{grm'}{r'}C'=K+\frac{grm'}{r'}C'=\frac{grm'}{r'}C'$$

unde $\frac{grm'}{r'}$ per m' divisibilis esse debebit sive gr per r', adeoque etiam g per r'. Prorsus simili modo g per r divisibilis invenitur, unde etiam per $rr'=M$ divisibilis erit. Sed quum manifesto sit $MC''=K$, erit etiam M per g divisibilis; quare necessario $M=g$. Hinc nullo negotio sequitur, multitudinem *maximam* classium, in ulla periodo contentarum (pro det. dato), divisibilem esse per multitudinem classium in quavis alia periodo (classis ex eodem genere principali). Simul ibinde methodus derivari potest, talem classem cuius periodus sit quam maxima (adeoque pro det. regulari totum genus principale complectatur) eruendi methodo artt. 73, 74 prorsus analoga, etsi in praxi laborem per plura artificia contrahere liceat. Quotiens e divisione numeri n per multitudinem classium in periodo maxima, qui pro determinantibus regularibus est 1, pro irregularibus semper fit integer maior quam 1, et pro his imprimis commodus est ad diversas irregularitatis species exprimendas; quamobrem *exponens irregularitatis* dici poterit.

VIII. Hactenus regula generalis non habetur, per quam determinantes regulares ab irregularibus a priori distingui possent, praesertim quum inter posteriores numeri tum primi tum compositi reperiantur; sufficiat itaque quasdam observationes particulares hic adiunxisse. Quando in genere principali plures quam duae classes ancipites continentur, determinans certo est irregularis atque exponens irregularitatis par; quando vero una tantum aut duae in illo genere adsunt, det. aut regularis erit aut saltem exp. irr. impar. Omnes determinantes negativi formae $-(216k+27)$, unico -27 excepto, irregulares sunt, et exp. irr. per 3 divisibilis; idem valet de dett. negg. formae $-(1000k+75)$ et $-(1000k+675)$, unico -75 excepto, infinitisque aliis. Si exp. irr. est numerus primus p, aut saltem per p divisibilis, n per pp divisibilis erit, unde sequitur, si n nullum divisorem quadratum implicet, determinantem certo esse regularem. Pro solis determinantibus *quadratis* positivis ee a priori semper dignosci potest, utrum regulares sint an irregulares; scilicet illud evenit, quando e est 1 aut 2 aut numerus primus impar aut potestas numeri primi imparis; hoc in omnibus reliquis casibus. Pro dett. negg., irregulares continuo frequentiores evadunt, quo maiores fiunt determinantes; *e. g.* in tota milliade prima tredecim irregulares reperiuntur, (signo negativo omisso) 576, 580, 820, 884, 900, quorum exp. irr. est 2, atque 243, 307, 339, 459, 675, 755, 891, 974, quorum exp. irr. 3; in milliade secunda reperti sunt 13, quorum exp. irr. 2, atque 15, quorum exp. irr. 3; in milliade decima 31 cum exp. irr. 2 atque 32 cum exp. irr. 3. Num determinantes cum exp. irr. maiori quam 3 infra -10000 occurrant, decidere nondum licet; ultra hunc limitem exponentes quicunque dati provenire possunt. Frequentiam determinantium negativorum irregularium ad frequentiam regularium continuo magis, dett. crescentibus, ad rationem constantem appropinquare valde probabile est, cuius determinatio geometrarum sagacitate magnopere digna foret. — Pro determinantibus positivis non-quadratis irregulares multo rariores sunt; tales, quorum exp. irr. par sit, infinite multi certo dantur (*e. g.* 3026 pro quo est 2); nullum quoque dubium videtur, quin tales exstent, quorum exp. irr. sit impar, etsi fateri oporteat, nullum se hactenus nobis obtulisse.

IX. De adornatione maxime commoda systematis classium, in genere principali pro determinante irregulari contentarum, hic agere propter brevitatem non licet: observamus tantummodo, quum unica basis hic non sufficiat duas vel adeo plures adhuc classes hic esse accipiendas, e quarum multiplicatione et compositione omnes producantur. Hinc *indices duplices aut multiplices* emergent, qui eundem fere usum praestabunt ac simplices pro regularibus. Sed hanc rem alio tempore fusius tractabimus.

X. Denique observamus, quum omnes proprietates in hoc art. et praec. consideratae imprimis a numero n pendeant, qui simile quid est ac $p-1$ in Sect. III, hunc numerum summa attentione dignum esse; quamobrem quam maxime optandum esset, ut inter ipsum atque determinantem, ad quem pertinet, nexus generalis detegatur. De qua re gravissima eo minus desperandum censemus, quoniam iam successit, valorem mediocrem producti ex n in multitudinem generum (quae a priori assignari potest) saltem pro determinantibus negativis formulae analyticae subiicere (art. 302).

307

Disquisitiones artt. praecc. solas classes generis principales complectuntur, adeoque sufficiunt tum pro dett. poss., ubi unicum omnino genus datur, tum pro negativis, ubi unicum genus positivum adest, si ad genus negativum respicere nolumus. Superest, ut de reliquis quoque generibus (pr. primitivis) quaedam adiiciamus.

I. Quando in genere G' a principali G (eiusdem det.) diverso ulla classis anceps datur, totidem in ipso aderunt ac in G. Sint in G classes ancipites L, M, N etc. (inter quas etiam erit classis principalis K), in G' vero hae L', M', N' etc., designeturque illarum complexus per A, complexus harum per A'. Quum manifesto omnes classes $L+L'$, $M+L'$, $N+L'$ etc. ancipites diversaeque sint, et ad G' pertineant, adeoque sub A' contentae esse debeant: multitudo classium in A' certo nequit esse minor quam in A; similiter quum classes $L'+L'$, $M'+L'$, $N'+L'$ etc. diversae ancipitesque sint et ad G pertineant, adeoque sub A contineantur, multitudo classium in A nequit esse minor quam in A' quare multitudines classium in A et A' necessario aequales erunt.

II. Quum multitudo omnium classium ancipitum multitudini generum aequalis sit (artt. 261, 287 III): manifestum est, si in G una tantum classis anceps detur, in *quovis* genere unam classem ancipitem contentam esse debere; si in G duae ancipites exstent, in semissi omnium generum binas dari, in reliquis nullas; denique si in G plures ancipites contineantur, puta a*), partem a^{tam} omnium generum a classes ancipites continere, reliqua nullas.

III. Sint, pro eo casu, ubi G duas classes ancipites continet, G, G', G'' etc. ea genera, quae binas, atque H, H', H'' etc. ea quae nullas continent, designeturque complexus illorum per $\mathfrak{G}$, complexus horum per $\mathfrak{H}$. Quum e compositione duarum classium ancipitum semper proveniat classis anceps (art. 249), nullo negotio perspicietur, e compositione duorum generum ex $\mathfrak{G}$ semper prodire genus ex $\mathfrak{G}$. Hinc porro sequitur, e compositione generis ex $\mathfrak{G}$ cum genere ex $\mathfrak{H}$ prodire genus ex $\mathfrak{H}$; si enim *e. g.* $G'+H$ non ad $\mathfrak{H}$ sed ad $\mathfrak{G}$ pertineret, etiam $G'+H+G'$ ad $\mathfrak{G}$ referendum esset, *Q. E. A.*, quoniam $G'+G'=G$ adeoque $G'+H+G'=H$. Denique facillime intelligitur, genera $G+H$, $G'+H$, $G''+H$ etc., una cum his $H+H$, $H'+H$, $H''+H$ etc. omnia diversa fore adeoque cum $\mathfrak{G}$ et $\mathfrak{H}$ simul sumtis identica; sed, per ea quae modo demonstrata sunt, genera $G+H$, $G'+H$, $G''+H$ etc. omnia pertinent ad $\mathfrak{H}$ adeoque hunc complexum exhauriunt; quare necessario reliqua $H+H$, $H'+H$, $H''+H$ etc. omnia ad $\mathfrak{G}$ pertinebunt, *i. e.* e compositione duorum generum ex $\mathfrak{H}$ semper oritur genus ex $\mathfrak{G}$.

IV. Si E est classis generis V, a principali G diversi, patet, $2E$, $4E$, $6E$ etc. omnes pertinere ad G; has vero $3E$, $5E$, $7E$ etc. ad V. Si itaque periodus classis $2E$ ex m terminis constat: manifesto in serie E, $2E$, $3E$ etc. classis $2mE$, nec ulla prior, cum K identica erit, sive periodus classis E ex $2m$ terminis constabit. Hinc multitudo terminorum in periodo classis cuiuscunque, ex alio genere quam principali, erit vel $2n$ vel pars aliquota ipsius $2n$, designante n multitudinem classium in singulis generibus.

V Sit C classis data generis principalis G; E classis generis V, e cuius duplicatione C oriatur (qualis semper dabitur, art. 286), atque omnes classes ancipites (pr. prim. eiusdem det.) K, K', K'' etc., eruntque *omnes* classes, e quarum

*) Hoc pro solis determinantibus irregularibus evenire potest, eritque a semper potestas binarii.

duplicatione C oritur, hae: $E\ (=E+K)$, $E+K'$, $E+K''$ etc., quarum complexus exprimatur per Ω; multitudo harum classium aequalis erit multitudini classium ancipitum sive multitudini generum. Manifestum est, e classibus in Ω tot ad genus V pertinere, quot ancipites dentur in G; designando itaque harum multitudinem per a, patet, in quovis genere vel a classes ex Ω dari vel nullas. Hinc facile colligitur, quando sit $a=1$, in quovis genere contineri unam classem ex Ω; quando $a=2$, semissem omnium generum binas classes ex Ω continere, reliqua nullas, et quidem semissem priorem vel totam cum $\mathfrak{G}$ coincidere (in eadem significatione ut supra III), posteriorem cum $\mathfrak{H}$, vel hanc cum $\mathfrak{G}$, illam cum $\mathfrak{H}$. — Quando a adhuc maior est, semper pars a^{ta} omnium generum classes Ω includent (singula a classes).

VI. Supponamus iam, C esse talem classem, cuius periodus ex n terminis constet, perspicieturque facile, in eo casu, ubi $a=2$ adeoque n par, nullam ex Ω ad G pertinere posse (tunc enim talis classis in periodo classis C contenta foret; si itaque esset $=rC$, sive $2rC=C$, foret $2r\equiv 1\ (\text{mod.}\ n)$. *Q. E. A.*); quamobrem quum G ad $\mathfrak{G}$ pertineat, necessario omnes classes Ω inter genera $\mathfrak{H}$ distributae erunt. Hinc colligitur, quoniam (pro det. reg.) in G omnino dantur φn classes periodos n terminorum habentes, pro eo casu ubi $a=2$ inveniri in quovis genere $\mathfrak{H}$ omnino $2\varphi n$ classes, quarum periodi $2n$ terminos, adeoque tum genus suum tum principale, complectantur; quando vero $a=1$, in quovis genere a principali diverso φn huiusmodi classes dabuntur.

VII. His observationibus methodum sequentem superstruimus, systema *omnium* classium pr. prim. pro quolibet determinante regulari dato (irregulares enim omnino seponimus) quam aptissime construendi. Eligatur ad lubitum classis E, cuius periodus $2n$ terminos, adeoque tum genus suum quod sit V tum principale G complectatur; classes horum duorum generum ita disponantur, ut in illa periodo progrediuntur. Hoc modo res iam absoluta erit, quando plura genera quam haec duo omnino non adsunt, sive reliqua adiicere non necesse videtur (*e. g.* pro tali det. neg., ubi duo tantum genera positiva dantur). Quando vero quatuor aut plura genera construenda sunt, reliqua hoc modo tractentur. Sit V' aliquod e reliquis atque $V+V'=V''$, dabunturque in V' et V'' duae classes ancipites (puta vel in utroque una, vel in altero duae, in altero nulla; ex his eligatur una A ad lubitum, patetque facile, si A cum singulis classibus in G et V componatur, prodire $2n$ classes diversas ad V' et V'' pertinentes, adeoque haec genera omnino exhaurientes; ita haec quoque genera ordinari poterunt. — Si praeter haec quatuor genera alia adhuc supersunt, sit V''' unum e reliquis, atque V'''', V''''', V'''''' genera ea, quae prodeunt e compositione generis V''' cum V, V' et V''. Haec quatuor genera $V''' \ldots V''''''$ quatuor classes ancipites continebunt, patetque, si ex his una A' eligatur atque cum singulis classibus in G, V, V', V'' componatur, omnes classes in $V''' \ldots V''''''$ prodire. — Si adhuc plura genera supersunt, simili modo continuetur, donec omnia exhausta sint. Patet, si multitudo omnium generum construendorum sit 2^{μ}, omnino opus fore $\mu - 1$ classibus ancipitibus, et quamvis classem horum generum produci posse vel e multiplicatione classis E, vel e compositione classis, e tali multiplicatione ortae, cum una pluribusve ancipitibus. Ecce duo exempla, per quae haec praecepta illustrabuntur; plura de usu talis constructionis vel de artificiis, per quae labor sublevari potest, hic adiicere non licet.

I. Determinans —161.

Quatuor genera positiva; in singulis quaternae classes.

G	V
1,4; $R7$; $R23$	3,4; $N7$; $R23$
$(1, 0, 161) = K$	$(3, 1, 54) = E$
$(9, 1, 18) = 2E$	$(6, -1, 27) = 3E$
$(2, 1, 81) = 4E$	$(6, 1, 27) = 5E$
$(9, -1, 18) = 6E$	$(3, -1, 54) = 7E$

V'	V''
3,4; $R7$; $N23$	1,4; $N7$; $N23$
$(7, 0, 23) = A$	$(10, 3, 17) = A+E$
$(11, -2, 15) = A+2E$	$(5, 2, 33) = A+3E$
$(14, 7, 15) = A+4E$	$(5, -2, 33) = A+5E$
$(11, 2, 15) = A+6E$	$(10, -3, 17) = A+7E$

II. Determinans —546.

Octo genera positiva; in singulis ternae classes.

G	V
1 *et* 3, 8; R3; R7; R13	5 *et* 7, 8; N3; N7; N13
$(1, \ 0, \ 546) = K$	$(5, \ 2, \ 110) = E$
$(22, -2, \ 25) = 2E$	$(21, \ 0, \ 26) = 3E$
$(22, \ 2, \ 25) = 4E$	$(5, -2, \ 110) = 5E$

V'	V''
1 *et* 3, 8; N3; R7; N13	5 *et* 7, 8; R3; N7; R13
$(2, \ 0, \ 273) = A$	$(10, \ 2, \ 55) = A+E$
$(11, -2, \ 50) = A+2E$	$(13, \ 0, \ 42) = A+3E$
$(11, \ 2, \ 50) = A+4E$	$(10, -2, \ 55) = A+5E$

V'''	V''''
1 *et* 3, 8; N3; N7; R13	5 *et* 7, 8; R3; R7; N13
$(3, \ 0, \ 182) = A'$	$(15, -3, \ 37) = A'+E$
$(17, \ 7, \ 35) = A'+2E$	$(7, \ 0, \ 78) = A'+3E$
$(17, -7, \ 35) = A'+4E$	$(15, \ 3, \ 37) = A'+5E$

V'''''	V''''''
1 *et* 3, 8; R3; N7; N13	5 *et* 7, 8; N3; R7; R13
$(6, \ 0, \ 91) = A+A'$	$(23, \ 11, 29) = A+A'+E$
$(19, \ 9, \ 33) = A+A'+2E$	$(14, \ 0, 39) = A+A'+3E$
$(19, -9, \ 33) = A+A'+4E$	$(23, -11, 29) = A+A'+5E$

SECTIO SEXTA.

VARIAE DISQUISITIONUM PRAECEDENTIUM APPLICATIONES.

308.

Quam fertilis sit arithmetica sublimior veritatibus, quae in aliis quoque matheseos partibus usum praestent, pluribus iam passim locis addigitavimus; quasdam vero applicationes, quae expositionem ampliorem merentur, seorsim tractare non inutile duximus, non tam ut hoc argumentum, quo plura volumina facile impleri possent, exhauriatur, quam potius ut per aliqua specimina illustretur. In hacce quidem Sectione primo de resolutione fractionum in simpliciores agemus; dein de conversione fractionum communium in decimales; tum methodum novam exclusionis explicabimus, solutioni aequationum indeterminatarum secundi gradus inservientem; tandem methodos novas expeditas tradEMUS, numeros primos a compositis dignoscendi, horumque factores explorandi. In Sectione sequente autem theoriam generalem generis peculiaris functionum, per totam analysin latissime patentis, quatenus cum arithmetica sublimiori arctissime connexa est, stabiliemus, imprimisque theoriam sectionis circuli, cuius prima tantum elementa hactemus innotuerunt, novis incrementis amplificare studebimus.

Resolutio fractionum in simpliciores.

309.

PROBLEMA. *Fractionem* $\frac{m}{n}$, *cuius denominator* n *est productum e duobus numeris inter se primis* a, b, *in duas alias discerpere, quarum denominatores sint* a. b.

Sol. Sint fractiones quaesitae $\frac{x}{a}$, $\frac{y}{b}$, fierique debebit $bx + ay = m$; hinc x erit radix congruentiae $bx \equiv m \pmod{a}$, quae per Sect. II erui poterit, y vero fiet $= \frac{m - bx}{a}$.

Ceterum constat, congruentiam $bx \equiv m$ radices infinite multas, sed secundum a congruas, habere, unica vero tantum positiva minorque quam a dabitur; fieri autem potest etiam, ut y evadat negativus. Vix necesse erit monere, y etiam per congruentiam $ay \equiv m \pmod{b}$, atque x per aequationem $x = \frac{m - ay}{b}$ inveniri posse. — *E. g.* proposita fractione $\frac{58}{77}$, erit 4 valor expr. $\frac{58}{11} \pmod{7}$, unde $\frac{58}{77}$ resolvitur in $\frac{4}{7} + \frac{2}{11}$

310.

Si fractio $\frac{m}{n}$ proponitur, cuius denominator n est productum e factoribus quotcunque inter se primis a, b, c, d etc.: per art. praec. primo in duas resolvi potest, quarum denominatores sint a et bcd etc.; secunda iterum in duas denominatorum b et cd etc.; posterior rursus in duas et sic porro unde tandem fractio proposita sub hanc formam redigetur

$$\frac{m}{n} = \frac{\alpha}{a} + \frac{\beta}{b} + \frac{\gamma}{c} + \frac{\delta}{d} + \text{etc.}$$

Numeratores α, β, γ, δ etc. manifesto positivos ac denominatoribus suis minores accipere licebit, praeter ultimum, qui reliquis determinatis non amplius est arbitrarius, atque etiam negativus aut denominatore maior fieri potest (siquidem non supponimus $m < n$). Tum plerumque e re erit, ipsum sub formam $\frac{\varepsilon}{e} \mp k$ redigere, ita ut ε sit positivus ac minor quam e, k vero integer. Denique patet, a, b, c etc. ita accipi posse, ut sint vel numeri primi vel numerorum primorum potestates.

Ex. Fractio $\frac{391}{924}$, cuius denominator $= 4.3.7.11$ hoc modo resolvitur in $\frac{1}{4} + \frac{40}{231}$; $\frac{40}{231}$ in $\frac{2}{3} - \frac{38}{77}$; $-\frac{38}{77}$ in $\frac{1}{7} - \frac{7}{11}$; unde, scribendo $\frac{4}{11} - 1$ pro $-\frac{7}{11}$ fit $\frac{391}{924} = \frac{1}{4} + \frac{2}{3} + \frac{1}{7} + \frac{4}{11} - 1$.

311.

Fractio $\frac{m}{n}$ *unico tantum modo* sub formam $\frac{\alpha}{a} + \frac{\beta}{b} +$ etc. $\mp k$ reduci potest, ita ut α, β etc. sint positivi ac minores quam a, b etc. scilicet supponendo

$$\frac{m}{n} = \frac{\alpha}{a} + \frac{\beta}{b} + \frac{\gamma}{c} + \text{etc.} \mp k = \frac{\alpha'}{a} + \frac{\beta'}{b} + \frac{\gamma'}{c} + \text{etc.} \mp k'$$

atque etiam α', β' etc. positivos ac minores quam a, b etc., necessario erit $\alpha = \alpha'$, $\beta = \beta'$, $\gamma = \gamma'$ etc., $k = k'$. Multiplicando enim per $n = abc$ etc., patet fieri $m \equiv \alpha bcd$ etc. $\equiv \alpha' bcd$ etc. (mod. a), unde, quoniam bcd etc. ad a primus est, necessario $\alpha \equiv \alpha'$ adeoque $\alpha = \alpha'$, et perinde $\beta = \beta'$ etc., unde etiam sponte $k = k'$. Iam quum prorsus arbitrarium sit, cuiusnam denominatoris numerator primus supputetur, manifestum est, *omnes* numeratores ita investigari posse ut α in art. praec., puta β per congruentiam βacd etc. $\equiv m$ (mod. b), γ per hanc γabd etc. $\equiv m$ (mod. c) etc.; summa omnium fractionum sic inventarum vel propositae $\frac{m}{n}$ aequalis erit, vel differentia numerus integer $= k$, qua via simul confirmationem calculi nanciscimur. Ita in ex. art. praec. valores expr. $\frac{391}{231}$ (mod. 4), $\frac{391}{308}$ (mod. 3), $\frac{391}{132}$ (mod. 7), $\frac{391}{84}$ (mod. 11) statim suppeditant numeratores 1, 2, 1, 4 denominatoribus 4, 3, 7, 11 respondentes, summaque harum fractionum propositam unitate superare invenitur.

Conversio fractionum communium in decimales.

312.

Definitio. Si fractio communis in decimalem convertitur, seriem figurarum decimalium *) (excluso si quis adest numero integro), sive finita sit, sive in infinitum excurrat, fractionis *mantissam* vocamus, expressionem, alias tantummodo apud logarithmos usitatam, in significatione latiori accipientes. Ita *e. g.* fractionis $\frac{1}{8}$ mantissa est 125, mantissa fractionis $\frac{35}{16}$ 1875, fractionis $\frac{2}{37}$ mantissa 054054 ... in inf.

Ex hac definitione statim patet, fractiones eiusdem denominatoris $\frac{l}{n}$, $\frac{m}{n}$ easdem vel diversas mantissas habere, prout numeratores l, m secundum n congrui sint vel incongrui. Mantissa finita non mutatur, si ad dextram cifrae quotcunque apponantur. Mantissa fractionis $\frac{10m}{n}$ obtinetur, rescindendo a mantissa fractionis $\frac{m}{n}$ figuram primam et generaliter mantissa fractionis $\frac{10^\nu m}{n}$ invenitur rescindendo ν figuras primas mantissae ipsius $\frac{m}{n}$ Mantissa fractionis $\frac{1}{n}$ statim figura significativa (*i. e.* a cifra diversa) incipit, si n non > 10; si vero $n > 10$ ac nulli potestati ipsius 10 aequalis, multitudoque figurarum e quibus constat est k, primae $k-1$ figurae mantissae ipsius $\frac{1}{n}$ erunt cifrae atque demum sequens k^{ta} erit significativa. Hinc facile deducitur, si $\frac{l}{n}$, $\frac{m}{n}$ mantissas diversas habeant (*i. e.*

*) Brevitatis caussa disquisitionem sequentem ad systema vulgare decadicum restringimus, quum facile ad quodvis aliud extendi possit.

si l, m sec. n incongrui), has certo in primis k figuris convenire non posse, sed saltem in k^{ta} discrepare debere.

313.

Problema. *Dato denominatore fractionis* $\frac{m}{n}$ *atque primis* k *figuris ex ipsius mantissa, invenire numeratorem* m, *quem ipso* n *minorem supponimus.*

Sol. Considerentur illae k figurae tamquam numerus integer, qui per n multiplicetur, productumque per 10^k dividatur (sive k ultimae figurae resecentur). Si quotiens est integer (sive figurae resectae cifrae), ipse manifesto erit numerator quaesitus atque mantissa data completa; sin minus, numerator quaesitus erit integer proxime maior, sive ille quotiens unitate auctus, postquam figurae decimales sequentes reiectae sunt. Ratio huius regulae tam facile ex iis, quae ad finem art. praec. observavimus, cognoscitur, ut explicatione uberiori opus non sit.

Ex. Si constat, duas figuras primas mantissae fractionis, cuius denominator 23, esse 69, habemus productum $23.69 = 1587$, a quo duas ultimas figuras abiiciendo, unitatemque addendo, numerator quaesitus prodit $= 16$.

314.

Inchoamus a consideratione talium fractionum, quarum denominatores sunt numeri primi vel numerorum primorum potestates, posteaque reliquas ad has reducere ostendemus. Et primo statim observamus, mantissam fractionis $\frac{a}{p^\mu}$ (cuius numeratorem a per numerum primum p non divisibilem esse semper supponimus) finitam esse, atque ex μ figuris constare, si $p = 2$ aut $= 5$; in casu priori haec mantissa, tamquam numerus integer considerata, erit $= 5^\mu a$, in posteriori $= 2^\mu a$. Haec tam obvia sunt, ut expositione non egeant.

Si vero p est alius numerus primus, $10^r a$ per p^μ numquam divisibilis erit, quantumvis magnus accipiatur r, unde sponte sequitur, mantissam fractionis $F = \frac{a}{p^\mu}$ necessario in infinitum progredi. Supponamus, 10^e esse potestatem infimam numeri 10, quae unitati secundum modulum p^μ congrua fit (Conf. Sectio III, ubi ostendimus, e vel numero $(p-1)p^{\mu-1}$ aequalem vel ipsius partem aliquotam esse), perspicieturque facile, etiam $10^e a$ fore numerum, in serie $10a$, $100a$ $1000a$ etc. primum, qui ipsi a secundum eundem modulum sit congruus. Iam quum per art. 312 mantissae fractionum $\frac{10a}{p^\mu}$, $\frac{100a}{p^\mu}$ ... $\frac{10^e a}{p^\mu}$ oriantur, demendo mantissae fractionis F figuram primam, duas . e figuras primas resp., manifestum est, in hac mantissa post primas e figuras, neque prius, easdem iterum repeti. Has primas e figuras, e quibus infinities repetitis mantissa formata est, *periodum* huius mantissae sive fractionis F vocare possumus, patetque, magnitudinem periodi, *i. e.* multitudinem figurarum, e quibus constat, quae est $= e$, a numeratore a omnino independentem esse, et per solum denominatorem determinari. Ita *e. g.* periodus fractionis $\frac{1}{11}$ est 09, fractionis $\frac{3}{7}$ periodus 428571 *).

315.

Simulac igitur fractionis alicuius periodus habetur, mantissa ad figuras quotcunque produci poterit. Porro patet, si fuerit $b \equiv 10^\lambda a$ (mod. p^μ), periodum fractionis $\frac{b}{p^\mu}$ oriri, si primae λ figurae periodi fractionis F (supponendo $\lambda < e$ quod licet) reliquis $e-\lambda$ postscribantur, adeoque cum periodo fractionis F simul periodos omnium fractionum haberi, quarum numeratores ipsis $10a$, $100a$, $1000a$ etc. secundum denominatorem p^μ sint congrui. Ita *e. g.* quum $6 \equiv 3.10^2$ (mod. 7), periodus fractionis $\frac{6}{7}$ statim e periodo fractionis $\frac{3}{7}$ fit 857142.

Quoties itaque pro modulo p^μ numerus 10 est radix primitiva (artt. 57, 89), e periodo fractionis $\frac{1}{p^\mu}$ protinus deduci poterit periodus cuiusvis alius fractionis $\frac{m}{p^\mu}$ (cuius numerator m per p non divisibilis), tot figuras ab illa a laeva resecando et ad dextram restituendo, quot unitates habet index ipsius m, numero 10 pro basi accepto. Hinc perspicuum est, quamobrem in hocce casu numerus 10 in tabula I semper pro basi acceptus sit (v. art. 72).

Quando vero 10 non est radix primitiva, e periodo fractionis $\frac{1}{p^\mu}$ earum tantummodo fractionum periodi exscindi possunt, quarum numeratores alicui potestati ipsius 10 secundum p^μ sunt congrui. Sit 10^e potestas infima ipsius 10 unitati secundum p^μ congrua, $(p-1)p^{\mu-1} = ef$. atque talis radix primitiva r pro basi accepta, ut index numeri 10 fiat f (art. 71). In hoc itaque systemate numeratores fractionum, quarum periodi e periodo fractionis $\frac{1}{p^\mu}$ exscindi possunt, habebunt indices f, $2f$, $3f$ . . . $ef-f$; simili modo e periodo fractionis $\frac{r}{p^\mu}$ deduci possunt periodi fractionum, quarum numeratores $10r$, $100r$, $1000r$ etc. indicibus $f+1$, $2f+1$, $3f+1$ etc. respondentes; e periodo fractionis cum numeratore rr (cuius index 2) deducentur periodi fractionum cum numeratoribus quo-

*) Cel. Robertson periodi initium et finem duobus punctis figurae primae et ultimae suprascriptis indicat (*Theory of circulating fractions*, *Philos. Trans.* 1769 *p.* 207), quod hic non necessarium putamus.

rum indices $f+2$, $2f+2$, $3f+2$ etc.; generaliterque e periodo fractionis cum numeratore r^i derivari poterunt periodi fractionum cum numeratoribus, quorum indices $f+i$, $2f+i$, $3f+i$ etc. Hinc facile colligitur, si tantummodo periodi fractionum cum numeratoribus $1, r, rr, r^3 \ldots\ldots r^{f-1}$ habeantur, omnes reliquas inde per solam transpositionem deduci posse adiumento regulae sequentis: Sit index numeratoris m fractionis propositae $\frac{m}{p^\mu}$, in systemate ubi r pro basi acceptus est, $= i$ (quem supponimus minorem quam $(p-1)p^{\mu-1}$); fiat (dividendo per f) $i = \alpha f + \mathfrak{b}$, ita ut $\alpha, \mathfrak{b}$ sint integri positivi (sive etiam 0) atque $\mathfrak{b} < f$; quo facto orietur periodus fractionis $\frac{m}{p^\mu}$ e periodo fractionis, cuius numerator $r^{\mathfrak{b}}$ (adeoque 1, quando $\mathfrak{b} = 0$), collocando huius α primas figuras post reliquas (adeoque hanc ipsam periodum retinendo, quando $\alpha = 0$). Haec sufficienter declarabunt, cur in condenda tabula I normam in art. 72 explicatam sequuti simus.

316.

Secundum haec principia pro omnibus denominatoribus formae p^μ infra 1000 tabulam periodorum necessariarum construximus, quam integram sive etiam ulterius continuatam occasione data publici iuris faciemus. Hoc loco tabula III usque ad 100 tantum producta tamquam specimen sufficiat, cui explicatione vix opus erit. Pro iis denominatoribus, ubi 10 est radix primitiva, periodos fractionum cum numeratore 1 exhibet (puta pro 7, 17, 19, 23, 29, 47, 59, 61, 97); pro reliquis, f periodos numeratoribus $1, r, rr, \ldots r^{f-1}$ respondentes; quae per numeros adscriptos (0), (1), (2) etc. sunt distinctae; pro basi r semper eadem radix primitiva adoptata est ut in tabula I. Hinc igitur periodus fractionis cuiusvis, cuius denominator in hac tabula continetur, adiumento praeceptorum art. praec. erui poterit, postquam numeratoris index per tabulam I est computatus. Ceterum pro denominatoribus tam parvis negotium aeque facile absque tabula I absolvere poterimus, si per divisionem vulgarem tot figuras initiales mantissae quaesitae computamus, quot per art. 313 necessariae sunt, ut ab omnibus aliis eiusdem denominatoris distingui possit (pro tabula III non plures quam 2), omnesque periodos denominatori dato respondentes perlustramus, usquedum ad illas figuras initiales perveniamus, quae periodi initium haud dubie indicabunt; monere tamen oportet, illas figuras etiam separatas esse posse, ita ut prima (vel plures) finem alicuius periodi constituant, reliqua vel reliquae eiusdem initium.

Ex. Quaeritur periodus fractionis $\frac{12}{19}$. Hic pro modulo 19 per tab. I habetur ind. 12 $=$ 2 ind. 2 $+$ ind. 3 $=$ 39 $\equiv$ 3 (mod. 18) (art. 57); quare quum pro hoc casu unica tantum periodus numeratori 1 respondens habeatur, huius tres primas figuras ad finem translocare oportet, unde fit periodus quaesita 6315 78947368421052. — Aeque facile periodi initium e duabus primis figuris 63 inventum fuisset.

Si periodus fractionis $\frac{45}{53}$ desideratur, fit pro modulo 53, ind. 45 $=$ 2 ind. 3 $+$ ind. 5 $=$ 49; multitudo periodorum hic est 4 $= f$, atque 49 $= 12f+1$, quare a periodo cum (1) signata 12 primae figurae postponendae erunt ultimae, periodusque quaesita fit 8490566037735. Figurae initiales 84 in hoc casu separatae sunt in tabula.

Observabimus adhuc, adiumento tabulae III etiam numerum inveniri posse, qui pro modulo dato (in ipsa sub denominatoris titulo contento) indici dato respondeat, ut in art. 59 polliciti sumus. Patet enim per praecc., inveniri posse periodum fractionis cuius numeratori (licet incognitus sit) index datus respondeat; sufficit autem, tot figuras initiales huius periodi excerpere, quot figuras habet denominator; ex illis per art. 313 eruetur numerator sive numerus quaesitus indici dato respondens.

317.

Per praecedentia mantissa fractionis cuiuscunque, cuius denominator est numerus primus aut numeri primi potestas intra limites tabulae, ad figuras quotcunque sine computo erui potest; sed adiumento disquisitionum in initio huius Sectionis tabulae ambitus multo latius patet, omnesque fractiones, quarum denominatores sunt producta e numeris primis aut primorum potestatibus intra ipsius limitem, complectitur. Quum enim talis fractio in alias decomponi possit, quarum denominatores sint hi factores, atque has in fractiones decimales ad figuras quotcunque convertere liceat, restat tantummodo, ut hae in summam uniantur. Ceterum vix opus erit monere, summae sic prodeuntis figuram ultimam iusto minorem evadere posse; manifesto autem defectus ad tot unitates adscendere nequit, quot fractiones particulares adduntur, unde hae ad aliquot figuras ulterius computare conveniet, quam fractio proposita iusta desideratur. Exempli caussa considerabimus fractionem $\frac{6099380351}{1271808720} = F$*), cuius denominator est productum e nume-

*) Haec fractio est una ex iis, quae ad radicem quadratam ex 23 quam proxime appropinquant, et quidem excessus est minor quam septem unitates in loco figurae decimalis vigesimae.

ris 16, 9, 5, 49, 13, 47, 59. Per praecepta supra data invenitur $F = 1 + \frac{11}{16} + \frac{4}{9} + \frac{4}{5} + \frac{22}{49} + \frac{5}{13} + \frac{7}{47} + \frac{52}{59}$, quae fractiones particulares, ita ut sequitur, in decimales convertuntur:

1	$= 1$		
$\frac{11}{16}$	$= 0,6875$		
$\frac{4}{5}$	$= 0,8$		
$\frac{4}{9}$	$= 0,4444444444$	4444444444	44
$\frac{22}{49}$	$= 0,4489795918$	3673469387	75
$\frac{5}{13}$	$= 0,3846153846$	1538461538	46
$\frac{7}{47}$	$= 0,1489361702$	1276595744	68
$\frac{52}{59}$	$= 0,8813559322$	0338983050	84
F	$= 4,7958315233$	1271954166	17

Defectus huius summae a iusto certo minor est quinque unitatibus in figura ultima vigesima secunda, quare viginti primae inde mutari nequeunt. Calculum ad plures figuras producendo, pro duabus figuris ultimis 17 prodit 1893936 . . — Ceterum vel nobis non monentibus quisque videbit, hanc methodum, fractiones communes in decimales convertendi, ei potissimum casui accomodatam esse, ubi multae figurae decimales desiderentur; quando enim paucae sufficiunt, divisio vulgaris sive logarithmi aeque expedite plerumque adhiberi poterunt.

318.

Quum itaque resolutio talium fractionum, quarum denominatores e pluribus numeris primis diversis compositi sunt, ad eum casum iam reducta sit, ubi denominator est primus aut primi potestas: de illarum mantissis pauca tantum adiiciemus. Si denominator factorem 2 et 5 non continet, mantissa etiam hic e periodis constabit, quoniam pro hoc quoque casu in serie 10, 100, 1000 ad terminum, unitati secundum denominatorem congruum, tandem pervenitur, simulque huius termini exponens, qui per art. 92 facile determinari poterit, periodi magnitudinem a numeratore independentem, indicabit, siquidem hic ad denominatorem primus fuerit. — Si vero denominator est formae $2^{\alpha}5^{\beta}N$, designante N numerum ad 10 primum, α et β numeros, quorum unus saltem non est 0, fractionis mantissa post primas α vel β figuras (prout α vel β maior) e periodis constare incipiet, cum periodis fractionum cum denominatore N respectu longitudinis convenientibus; hoc facillime inde derivatur, quod illa fractio in duas alias cum denominatoribus $2^\alpha 5^\beta$ et N resolubilis est, quarum prior post primas α vel β figuras abrumpetur. — Ceterum de hoc argumento multas alias observationes adiicere possemus, praesertim circa artificia, talem tabulam ut III quam citissime construendi, quas brevitatis caussa eo lubentius hoc loco supprimimus, quum plura huc pertinentia tum a cel. Robertson l. c., tum a cel. Bernoulli (*Nouv. Mém. de l'Ac. de Berlin* 1771 *p.* 273) iam sint tradita.

Solutio congruentiae $xx \equiv A$ per methodum exclusionis.

319.

Congruentiae $xx \equiv A \pmod{m}$, quae convenit cum aequatione indeterminata $xx = A + my$, *possibilitatem* in Sect. IV (art. 146) ita tractavimus, ut nihil amplius desiderari posse videatur; respectu investigationis incognitae ipsius autem, iam supra (art. 152) observavimus, methodos indirectas directis longe esse praeferendas. Si m est numerus primus (ad quem casum reliqui facile reducuntur), tabulam indicum I (cum III secundum obs. art. 316 combinatam) ad hunc finem adhibere possemus, ut in art. 60 generalius ostendimus: haec vero methodus intra tabulae limites restricta foret. Propter has rationes methodum sequentem generalem ac expeditam arithmeticae amatoribus haud ingratam fore speramus.

Ante omnia observamus, sufficere, si ii tantummodo valores ipsius x habeantur, qui sint positivi atque non maiores quam $\frac{1}{2}m$, quum quivis alius horum alicui vel ipsi vel negative sumto secundum modulum m congruus sit; pro tali vero valore ipsius x valor ipsius y necessario inter limites $-\frac{A}{m}$ et $\frac{1}{4}m - \frac{A}{m}$ contentus erit. Methodus itaque, quae statim se offert, in eo consisteret, ut pro singulis valoribus ipsius y intra hos limites contentis, quorum complexum exprimemus per Ω, valor ipsius $A + my$, quem per V denotabimus, computetur, iique soli retineantur, pro quibus V fit quadratum. Quando m est numerus parvus (*e.g.* infra 40), hoc tentamen tam breve est, ut contractione vix opus sit, quando autem m est magnus, labor per *methodum exclusionis* sequentem, quantum lubet, abbreviari poterit.

320

Sit E numerus arbitrarius integer ad m primus ac maior quam 2; omnia eius non-residua quadratica diversa (*i. e.* secundum E incongrua) haec a, b, c etc.;

denique radices congruentiarum

$$A + my \equiv a, \quad A + my \equiv b, \quad A + my \equiv c \text{ etc. sec. mod. } E$$

hae α, β, γ etc., quas omnes positivas ac minores quam E accipere licebit. Si itaque ipsi y valor alicui ex his numeris α, β, γ etc. secundum E congruus tribuitur, valor ipsius $V = A + my$ inde oriundus alicui ex his a, b, c etc. congruus et proin non-residuum ipsius E erit, neque adeo quadratum esse poterit. Hinc patet, ex Ω omnes statim numeros tamquam inutiles excludi posse, qui sub formis $Et + \alpha$, $Et + \beta$, $Et + \gamma$ etc. contenti sint, sufficietque, tentamen de reliquis, quorum complexus fit Ω', instituisse. In illa operatione numero E nomen *excludentis* tribui potest.

Accipiendo autem pro excludente numerum idoneum alium E', prorsus simili modo invenientur tot numeri α', β', γ' etc., quot non-residua diversa quadratica habet, quibus y secundum modulum E' congruus esse nequit. Quare denuo ex Ω' eiicere licebit omnes numeros sub formis $E't + \alpha'$, $E't + \beta'$, $E't + \gamma'$ etc. contentos. Hoc modo continuari poterit, alios aliosque semper excludentes adhibendo, donec multitudo numerorum ex Ω tantum deminuta fuerit, ut non difficilius videatur, omnes superstites tentamini revera subiicere, quam exclusiones novas instituere.

Ex. Proposita aequatione $xx = 22 + 97y$, limites valorum ipsius y erunt $-\frac{22}{97}$ et $24\frac{1}{4} - \frac{22}{97}$, unde (quoniam inutilitas valoris 0 per se est obvia) Ω comprehendet numeros $1, 2, 3 \ldots 24$. Pro $E = 3$ habetur unicum non-residuum $a = 2$; unde fit $\alpha = 1$; excludendi sunt itaque ex Ω omnes numeri formae $3t + 1$; multitudo remanentium Ω' erit 16. Simili modo pro $E = 4$ habetur $a = 2$, $b = 3$, unde $\alpha = 0$, $\beta = 1$; quare reiici debent numeri formae $4t$ et $4t + 1$ restantque hi octo 2, 3, 6, 11, 14, 15, 18, 23. Perinde pro $E = 5$ reiiciendi inveniuntur numeri formarum $5t$ et $5t + 3$; remanentque hi 2, 6, 11, 14. Excludens 6 removeret numeros formarum $6t + 1$ et $6t + 4$, hi vero (qui cum numeris formae $3t + 1$ conveniunt) iam absunt. Excludens 7 eiicit numeros formarum $7t + 2$, $7t + 3$, $7t + 5$, ac relinquit hos 6, 11, 14. Hi pro y substituti producunt resp. $V = 604, 1089, 1380$, e quibus valor secundus solus est quadratus, unde $x = \mp 33$.

321.

Quum operatio cum excludente E instituta e valoribus ipsius V, valoribus ipsius y in Ω respondentibus, omnes eos releget, qui sunt non-residua quadratica ipsius E, residua vero eiusdem numeri non attingat; facile intelligitur, usum excludentium E et $2E$ nihil differe, si E sit impar, quum in hoc casu E et $2E$ eadem residua et non-residua habeant. Hinc patet, si successive numeri 3, 4, 5 etc. tamquam excludentes adhibeantur, numeros impariter pares 6, 10, 14 etc. tamquam superfluos praetereundos esse. Porro perspicuum est, operationem duplicem, cum excludentibus E, E' institutam, omnes eos valores ipsius V removere, qui vel utriusque E, E' vel unius non-residua sint, eosque qui sint utriusque residua, remanere. Iam quum in eo casu, ubi E et E' divisorem communem non habent, illi numeri eiecti omnes sint non-residua, atque hi superstites residua producti EE', manifestum est, usum excludentis EE' in hoc casu omnino tantundem efficere, ac usum duorum E, E', adeoque illum, post hunc, superfluum fieri. Quare eos quoque excludentes omnes praeterire licebit, qui in duos factores inter se primos resolvi possunt, sufficietque iis uti, qui sunt vel numeri primi (ipsum m non metientes) vel primorum potestates. Denique manifestum est, post usum excludentis p^μ, qui sit potestas numeri primi p, excludentem p seu p^ν, quando $\nu < \mu$, superfluum fieri; quum enim p^μ inter valores ipsius V sola sui residua reliquerit, a potiori non-residua ipsius p aut potestatis cuiusvis inferioris p^ν non amplius aderunt. Si vero p aut p^ν iam ante p^μ adhibitus est, hic manifesto tales tantum valores ipsius V eiicere potest, qui simul sunt residua ipsius p (aut p^ν) atque non-residua ipsius p^μ; quare huiusmodi tantum non-residua ipsius p^μ pro a, b, c etc. accipere sufficiet.

322.

Computus numerorum α, β, γ etc. cuivis excludenti dato E respondentium multum contrahitur per observationes sequentes. Sint $\mathfrak{A}$, $\mathfrak{B}$, $\mathfrak{C}$ etc. radices congruentiarum $my \equiv a$, $my \equiv b$, $my \equiv c$ etc. (mod. E) atque k radix huius $my \equiv -A$, patetque fieri $\alpha \equiv \mathfrak{A} + k$, $\beta \equiv \mathfrak{B} + k$, $\gamma \equiv \mathfrak{C} + k$ etc. Iam si ipsos $\mathfrak{A}$, $\mathfrak{B}$, $\mathfrak{C}$ etc. revera per solutionem illarum congruentiarum eruere oporteret, haec via ipsos α, β, γ etc. inveniendi nihilo utique brevior foret, quam ea quam supra ostendimus: sed illud neutiquam est necessarium. Si enim, primo, E est numerus primus, atque m residuum qu. ipsius E, patet per art. 98, ipsos $\mathfrak{A}$, $\mathfrak{B}$, $\mathfrak{C}$ etc.

qui sunt valores expr. $\frac{a}{m}, \frac{b}{m}, \frac{c}{m}$ etc. (mod. E), fieri non-residua diversa ipsius E, adeoque cum ipsis $\alpha, 6, \gamma$ etc. omnino convenire, abstrahendo ab ipsorum ordine, cuius nihil hic refert; si vero in eadem suppositione m est non-residuum ipsius E, numeri $\mathfrak{A}, \mathfrak{B}, \mathfrak{C}$ etc. cum omnibus residuis quadraticis, abiecto 0, convenient. Si E est quadratum numeri primi (imparis), $=pp$, atque p iam tamquam excludens applicatus, sufficit per art. praec., pro a, b, c etc. ea non-residua ipsius pp assumere quae sunt residua ipsius p, *i. e.* numeros $p, 2p, 3p \ldots pp-p$ (scilicet omnes numeros infra pp praeter 0, qui per p sunt divisibiles); hinc vero facile perspicitur, pro $\mathfrak{A}, \mathfrak{B}, \mathfrak{C}$ etc. omnino eosdem numeros provenire debere, aliter tantum dispositos. Similiter si post applicationem excludentium p et pp ponitur $E=p^3$, sufficiet pro a, b, c etc. accipere producta singulorum non-residuorum ipsius p in pp, unde pro $\mathfrak{A}, \mathfrak{B}, \mathfrak{C}$ etc. provenient vel iidem numeri, vel producta ipsius pp in singula residua ipsius p praeter 0, prout m est residuum vel non-residuum ipsius p. Generaliter accipiendo pro E potestatem quamcunque numeri primi puta p^μ, omnibus inferioribus iam applicatis, pro $\mathfrak{A}, \mathfrak{B}, \mathfrak{C}$ etc. prodibunt producta ipsius $p^{\mu-1}$ vel in omnes numeros ipso p minores, 0 semper excepto, quando μ par, vel in omnia non-residua ipsius p minora quam p, quando μ impar atque mRp, vel in omnia residua, quando mNp. — Si $E=4$, adeoque $a=2$, $b=3$, pro $\mathfrak{A}, \mathfrak{B}$ habemus vel 2 et 3 vel 2 et 1, prout $m\equiv 1$ aut $\equiv 3$ (mod. 4). Si post usum excl. 4 statuitur $E=8$, habemus $\alpha=5$, unde $\mathfrak{A}$ fit 5, 7, 1, 3, prout $m\equiv 1, 3, 5, 7$ (mod. 8). Generaliter autem si E est potestas altior quaecunque binarii puta 2^μ, inferioribus iam applicatis, poni debet $a=2^{\mu-1}$, $b=3.2^{\mu-2}$, quando μ est par, unde fit $\mathfrak{A}=2^{\mu-1}$, $\mathfrak{B}=3.2^{\mu-2}$ vel $=2^{\mu-2}$ prout $m\equiv 1$ vel $\equiv 3$, quando vero μ est impar, ponendum est $a=5.2^{\mu-3}$, unde $\mathfrak{A}$ aequalis fit producto numeri $2^{\mu-3}$ in 5, 7, 1, vel 3, prout $m\equiv 1, 3, 5$ vel 7 (mod. 8).

Ceterum periti facile comminiscentur apparatum, per quem valores inutiles ipsius y *mechanice* ex Ω eiici possint, postquam pro tot excludentibus quot necessarii videntur numeri $\alpha, 6, \gamma$ etc. sunt computati; sed de hac re sicut de aliis artificiis laborem contrahendi hic agere non licet.

Solutio aequationis indeterminatae $mxx+nyy=A$ per exclusiones.

323.

Omnes repraesentationes numeri dati A per formam binariam $mxx+nyy$.

sive solutiones aequationis indeterminatae $mxx+nyy=A$, in Sectione V methodo generali inuenire docuimus, cuius brevi as quoque nihil desiderandum relinquere videtur, si omnes valores expr. $\sqrt{-mn}$ secundum modulum A ipsum, et per suos factores quadratos divisum, iam habentur; hic autem pro eo casu, ubi mn est positivus, solutionem explicabimus, directa multo expeditiorem, si ad hanc illos valores antea computare oportet. Supponemus autem, numeros m, n et A esse positivos atque inter se primos, quum casus reliqui ad hunc facile possint reduci. Manifesto quoque sufficit, valores positivos ipsorum x, y eruere, quum reliqui inde per solam signorum mutationem deducantur.

Perspicuum est, x ita comparatum esse debere, ut $\frac{A-mxx}{n}$, pro quo scribemus V, positivus, integer, et quadratus evadat. Conditio prima requirit, ut x non sit maior quam $\sqrt{\frac{A}{m}}$; secunda iam per se locum habet, quando $n=1$, alioquin requirit, ut valor expr. $\frac{A}{m}(\text{mod.}\, n)$ sit residuum quadraticum ipsius n, designandoque omnes valores diversos expr. $\sqrt{\frac{A}{m}}(\text{mod.}\, n)$ per $\pm r$, $\pm r'$ etc., x sub aliqua formarum $nt+r$, $nt-r$, $nt+r'$ etc. contentus esse debebit. Simplicissimum itaque foret, omnes numeros harum formarum infra limitem $\sqrt{\frac{A}{m}}$, quorum complexum per Ω exprimemus, pro x substituere, eosque solos retinere, pro quibus V fit quadratum. Hoc tentamen, quantum lubeat, contrahere, in art. sq. docebimus.

324.

Methodus exclusionum, per quam hoc efficiemus, perinde ac in disqu. praec. in eo consistit, ut plures numeros, etiam hic *excludentes* vocandos, ad lubitum accipiamus, pro quibusnam valoribus ipsius x valor ipsius V fiat non-residuum qu. horum excludentium, investigemus, talesque x ex Ω eiiciamus. Per ratiocinia iis quae in art. 321 exposuimus omnino analoga apparet, tales tantum excludentes adhibendos esse, qui sint numeri primi aut numerorum primorum potestates, et pro excludente posterioris generis ea tantum ipsius non-residua a valoribus ipsius V arcenda, quae sint residua omnium potestatum inferiorum eiusdem numeri primi, siquidem exclusio cum his iam est instituta.

Si itaque excludens $E=p^\mu$ (includendo etiam eum casum ubi $\mu=1$), ubi p est numerus primus ipsum m non metiens, supponamusque*) p^ν esse sum-

*) Brevitatis caussa duos casus, in quibus n per p est divisibilis ac non divisibilis, simul complectimur; in posteriori $\nu=0$ ponere oportet.

mam potestatem eiusdem numeri primi per quam n sit divisibilis. Sint a, b c etc. non-residua quadratica ipsius E (omnia, quando $\mu=1$; necessaria sive ea quae sunt residua potestatum inferiorum, quando $\mu>1$). Computentur radices congruentiarum $mz\equiv A-na$, $mz\equiv A-nb$, $mz\equiv A-nc$ etc. (mod. $Ep^{\nu}=p^{\mu+\nu}$), quae sint α, β, γ etc., patetque facile, si pro quo valore ipsius x fiat $xx\equiv\alpha$ (mod. Ep^{ν}), valorem respondentem ipsius V fieri $\equiv a$ (mod. E) sive non-residuum ipsius E, similiterque de numeris reliquis β, γ etc.; aeque facile vice versa perspicitur, si quis valor ipsius x producat $V\equiv a$ (mod. E), pro eodem fieri $xx\equiv\alpha$ (mod. Ep^{ν}), adeoque omnes valores ipsius x, pro quibus xx nulli numerorum α, β, γ etc. sec. mod. Ep congruus sit, tales valores ipsius V producere, qui nulli numerorum a, b, c etc. sec. mod. E sint congrui. Eligantur iam e numeris α, β, γ etc. omnia residua quadratica ipsius Ep^{ν}, quae sint g, g', g'' etc., computentur valores expressionum $\sqrt{g}$, $\sqrt{g'}$. $\sqrt{g''}$ etc. (mod. Ep^{ν}), ponamusque hinc prodire $\pm h$, $\pm h'$, $\pm h''$ etc. His ita factis manifestum est, omnes numeros formarum $Ep^{\nu}t\pm h$, $Ep^{\nu}t\pm h'$, $Ep^{\nu}t\pm h''$ etc. ex Ω tuto eiici posse, nullique valori ipsius x in Ω post hanc exclusionem remanenti valorem ipsius V sub formis $Eu+a$, $Eu+b$, $Eu+c$ etc. contentum respondere posse. Ceterum manifestum est, tales valores ipsius V iam per se e nullo valore ipsius x prodire posse, quando inter numeros α, β, γ etc. nulla residua qu. ipsius Ep^{ν} inveniantur, adeoque in hoc casu numerum E tamquam excludentem applicari non posse. — Huiusmodi excludentes, quot placet, adhiberi, atque sic numeri in Ω ad lubitum diminui possunt.

Videamus iam, annon etiam numeros primos ipsum m metientes, taliumve numerorum potestates tamquam excludentes adhibere liceat. Sit B valor expr. $\frac{A}{n}$ (mod. m,), patetque, V semper ipsi B secundum mod. m congruum fieri, quicunque valor pro x accipiatur, adeoque ad possibilitatem aequ. prop. necessario requiri, ut B sit residuum quadraticum ipsius m. Designante itaque p divisorem quemcunque primum imparem ipsius m, qui per hyp. ipsos n et A, adeoque etiam ipsum B non metietur, pro valore quocunque ipsius x erit V residuum ipsius p adeoque etiam cuiuscunque potestatis ipsius p; quamobrem p ipsiusque potestates nequeunt excludentium loco haberi. — Prorsus simili ratione, quando m per 8 est divisibilis, ad aequ. prop. possibilitatem necessario requiritur, ut sit $B\equiv 1$ (mod. 8), unde etiam V pro valore quocunque ipsius x fiet $\equiv 1$ (mod. 8), et proin binarii potestates ad exclusionem non idoneae. — Quando autem m per 4 neque vero per 8 est divisibilis, ex simili ratione esse debebit $B \equiv 1$ (mod. 4), adeoque valor expr. $\frac{A}{n}$ (mod. 8) vel 1 vel 5, designetur per C. Nullo negotio perspicietur, pro valore pari ipsius x hic fieri $V \equiv C$; pro impari, $V \equiv C + 4$ (mod. 8); unde patet, valores pares reiiciendos esse, quando $C = 5$; impares, quando $C = 1$. — Denique quando m per 2, neque vero per 4 est divisibilis, sit ut ante C valor expr. $\frac{A}{n}$ (mod. 8), qui erit 1, 3, 5 vel 7; atque D valor huius $\frac{\frac{1}{2}m}{n}$ (mod. 4), qui erit 1 vel 3. Iam quum valor ipsius V manifesto semper fiat $\equiv C - 2Dxx$ (mod. 8), adeoque pro x pari $\equiv C$, pro impari $\equiv C - 2D$, facile hinc colligitur, reiiciendos esse omnes valores impares ipsius x, quando $C = 1$; omnes pares, quando $C = 3$ et $D = 1$, aut $C = 7$ et $D = 3$, atque valores remanentes omnes producere $V \equiv 1$ (mod. 8) sive residuum cuiusvis potestatis binarii; in casibus reliquis autem, puta quando $C = 5$, aut $C = 3$ et $D = 3$, aut $C = 7$ et $D = 1$, fiet $V \equiv 3$, 5 vel 7 (mod. 8), sive x accipiatur par sive impar, unde liquet, in his casibus aequationem prop. solutionem omnino non admittere.

Ceterum quum prorsus simili modo, ut hic valorem ipsius x per exclusiones invenire docuimus, etiam, mutatis mutandis, valorem ipsius y elicere possimus, methodum exclusionis ad problematis propositi solutionem duobus semper modis applicare licebit (nisi $m = n = 1$, ubi coincidunt), e quibus is plerumque est praeferendus, pro quo Ω terminorum multitudinem minorem continet, quod facile a priori aestimari poterit. — Denique vix necesse erit observare, si post aliquot exclusiones *omnes* numeri ex Ω abierint, hoc ut certum indicium impossibilitatis aequationis propositae esse considerandum.

325.

Ex. Proposita sit aequatio $3xx + 455yy = 10857362$, quam duplici modo solvemus, *primo* investigando valores ipsius x, dein valores ipsius y. Limes illorum in hoc casu est $\sqrt{3619120\frac{2}{3}}$, qui cadit inter 1902 et 1903; valor expr. $\frac{A}{3}$ (mod. 455) est 354 atque valores expr. $\sqrt{354}$ (mod. 455) hi ± 82, ± 152, ± 173, ± 212. Hinc Ω constat e 33 numeris sequentibus: 82, 152, 173, 212, 243, 282, 303, 373, 537, 607, 628, 667, 698, 737, 758, 828, 992, 1062, 1083, 1122, 1153, 1192, 1213, 1283, 1447, 1517, 1538, 1577, 1608, 1647, 1668, 1738, 1902. Numerus 3 in hoc casu ad exclusionem adhiberi nequit, quia ipsum m metitur. Pro excludente 4 habemus $a = 2$, $b = 3$, unde $\alpha = 0$, $\beta = 3$,

$g=0$, atque valores expr. $\sqrt{g}$ (mod. 4) hos 0 et 2; hinc sequitur, omnes numeros formarum $4t$ et $4t+2$, *i. e.* omnes pares ex Ω eiiciendos esse; designentur (sedecim) reliqui per Ω'. Pro $E=5$, qui etiam ipsum n metitur, habemus radices congruentiarum $mz\equiv A-2n$ et $mz\equiv A-3n$ (mod. 25) has 9 et 24, quae ambae sunt residua ipsius 25, valoresque expressionum $\sqrt{9}$ et $\sqrt{24}$ (mod. 25) fiunt ± 3, ± 7; eiectis ex Ω' omnibus numeris formarum $25t\pm 3$, $25t\pm 7$ restant hi decem (Ω''): 173, 373, 537, 667, 737, 1083, 1213, 1283, 1517, 1577 Pro $E=7$, habemus congruentiarum $mz\equiv A-3n$, $mz\equiv A-5n$, $mz\equiv A-6n$ (mod. 49) radices 32, 39, 18, quae omnes sunt residua ipsius 49, atque valores expr. $\sqrt{32}$, $\sqrt{39}$, $\sqrt{18}$ (mod. 49) hos ± 9, ± 23, ± 19; eiectis ex Ω'' numeris formarum $49t\pm 9$, $49t\pm 19$, $49t\pm 23$ remanent hi quinque (Ω'''): 537, 737, 1083, 1213, 1517. Pro $E=8$ habemus $a=5$, unde $\alpha=5$, qui est nonresiduum ipsius 8; quare excludens 8 non potest adhiberi. Numerus 9 ex eadem ratione praetereundus est ut 3. Pro $E=11$ numeri a, b etc. fiunt 2, 6, 7, 8, 10; $\nu=0$; unde numeri α, β etc. $=8$, 10, 5, 0, 1, e quibus tres sunt residua ipsius 11 puta 0, 1, 5; hinc deducitur, ex Ω''' reiiciendos esse numeros formarum $11t$, $11t\pm 1$, $11t\pm 4$, quo facto remanent 537, 1083, 1213. Quos tentando prodeunt pro V resp. valores 21961, 16129, 14161, e quibus secundus ac tertius soli sunt quadrata. Quare aequ. prop. duas solutiones per valores positivos ipsorum x, y admittit, $x=1083$, $y=127$, et $x=1213$, $y=119$.

Secundo. Si alteram eiusdem aequationis incognitam per exclusiones indagare placet, ponatur haec sub formam $455xx+3yy=10857362$, commutando x cum y, ut omnia signa artt. 323, 324 retinere liceat. Limes valorum ipsius x hic cadit inter 154 et 155; valor expr. $\frac{A}{m}$ (mod. n) est 1; valores huius $\sqrt{1}$ (mod. 3) sunt $+1$ et -1. Quare Ω continet omnes numeros formarum $3t+1$ et $3t-1$, *i. e.* omnes per 3 non divisibiles usque ad 154 incl., quorum multitudo est 103; applicando autem praecepta supra data invenitur, pro excl. 3; 4; 9; 11; 17; 19; 23 reiiciendos esse numeros formarum $9t\pm 4$; $4t$, $4t\pm 2$ sive omnes pares; $27t\pm 1$, $27t\pm 10$; $11t$, $11t\pm 1$, $11t\pm 3$; $17t\pm 3$, $17t\pm 4$, $17t\pm 5$, $17t\pm 7$; $19t\pm 2$, $19t\pm 3$, $19t\pm 8$, $19t\pm 9$; $23t$, $23t\pm 1$, $23t\pm 5$, $23t\pm 7$, $23t\pm 9$, $23t\pm 10$. His deletis superstites inveniuntur 119, 127, qui duo soli ipsi V valorem quadratum conciliant, easdemque solutiones suggerunt, ad quas supra pervenimus.

326.

Methodus praecedens iam per se tam expedita est, ut vix quidquam optandum relinquat; attamen per multifaria artificia magnopere adhuc contrahi potest, e quibus hic pauca tantum attingere licet. Restringemus itaque disquisitionem ad eum casum, ubi excludens est numerus primus impar ipsum A non metiens, sive talis primi potestas, praesertim quoniam casus reliqui vel ad hunc reduci vel methodo analoga tractari possunt. Supponendo *primo*, excludentem $E = p$ esse numerum primum ipsos m, n non metientem, atque valores expr. $\frac{A}{m}$, $-\frac{na}{m}$, $-\frac{nb}{m}$, $-\frac{nc}{m}$ etc. (mod. p) resp. k, $\mathfrak{A}$, $\mathfrak{B}$, $\mathfrak{C}$ etc.: numeri α, β, γ etc. inveniuntur per congruentias $\alpha \equiv k + \mathfrak{A}$, $\beta \equiv k + \mathfrak{B}$, $\gamma \equiv k + \mathfrak{C}$ etc. (mod. p). Numeri $\mathfrak{A}$, $\mathfrak{B}$, $\mathfrak{C}$ etc. autem per artificium ei prorsus simile, quo in art. 322 usi sumus, sine congruentiarum computatione erui possunt, et vel cum omnibus non-residuis, vel cum omnibus residuis ipsius p (praeter 0) convenient, prout valor expr. $-\frac{m}{n}$ (mod. p), sive (quod hic eodem redit) numerus $-mn$ est residuum vel non-residuum ipsius p. Ita in *ex.* II art. praec. pro $E = 17$ fit $k = 7$; $-mn = -1365 \equiv 12$ est non-residuum ipsius 17; hinc numeri $\mathfrak{A}$, $\mathfrak{B}$ etc. erunt 1, 2, 4, 8, 9, 13, 15, 16 adeoque numeri α, β etc. 8, 9, 11, 15, 16, 3, 5, 6; ex his residua sunt 8, 9, 15, 16, unde $\pm h$, h' etc. fiunt $\pm$ 5, 3, 7, 4. — Quibus saepius occasio est huiusmodi problemata solvendi, commoditati suae eximie consulent, si pro pluribus numeris primis p, valores ipsorum h, h' etc. singulis valoribus ipsorum k $(1, 2, 3 \ldots p-1)$ respondentes, in duplici suppositione (puta ubi $-mn$ est residuum et ubi non-residuum ipsius p) computent. Ceterum observamus adhuc, multitudinem numerorum h, $-h$, h' etc. semper esse $\frac{1}{2}(p-1)$, quando uterque numerus k et $-mn$ sit residuum vel uterque non-residuum ipsius p; $\frac{1}{2}(p-3)$, quando prior $R.$, posterior $NR.$; $\frac{1}{2}(p+1)$, quando prior $NR.$; posterior $R.$; sed demonstrationem huius theorematis, ne nimis prolixi fiamus, supprimere debemus.

Quod autem, *secundo*, eos casus attinet, ubi E est numerus primus ipsum n metiens, aut potestas numeri primi (imparis) ipsum n metientis seu non metientis, hi adhuc expeditius tractari possunt. Omnes hos casus simul complectemur, omnibusque art. 324 signis retentis ponemus $n = n'p^{\nu}$, ita ut n' per p non sit divisibilis. Numeri a, b, c etc. erunt producta numeri $p^{\mu-1}$ vel in omnes numeros ipso p minores (praeter 0), vel in omnia non-residua ipsius p infra p, prout μ est par vel impar; exprimantur indefinite per $up^{\mu-1}$. Sit k valor expr. $\frac{A}{m}$ (mod. $p^{\mu+\nu}$), eritque per p non divisibilis, quia eadem proprietas in A supponitur; porro patet, omnes α, β, γ etc. ipsi k sec. mod. p congruos fieri, adeoque p^μ nihil ex Ω excludere, si kNp; si vero kRp adeoque etiam $kRp^{\mu+\nu}$, sit r valor expr. $\sqrt{k}(\text{mod.}\, p^{\mu+\nu})$, qui per p non erit divisibilis, atque e valor huius $-\frac{n'}{2mr}(\text{mod.}\, p)$, eritque $\alpha \equiv rr + 2erap^\nu(\text{mod.}\, p^{\mu+\nu})$, unde facile colligitur, α esse residuum ipsius $p^{\mu+\nu}$, atque valores expr. $\sqrt{\alpha}(\text{mod.}\, p^{\mu+\nu})$ fieri $\pm(r+eap^\nu)$; hinc omnes h, h', h'' etc. exprimentur per $r+uep^{\mu+\nu-1}$. Denique nullo negotio hinc concluditur, numeros h, h', h'' etc. oriri ex additione numeri r cum productis numeri $p^{\mu+\nu-1}$ *vel* in omnes numeros infra p (praeter 0), puta quando μ par; *vel* in omnia non-residua ipsius p infra hunc limitem, quando μ impar atque eRp sive, quod hic eodem redit, quando $-2mrn'Rp$; *vel* in omnia residua (praeter 0), quando μ impar atque $-2mrn'Np$.

Ceterum simulac pro singulis excludentibus, quos applicare placet, numeri h, h' etc. sunt eruti, exclusionem ipsam etiam per operationes mechanicas perficere licebit, quales quisque harum rerum peritus facile proprio marte excogitare poterit, si operae pretium esse videbitur.

Tandem observare debemus, quamvis aequationem $axx+2bxy+cyy=M$, in qua $bb-ac$ negativus $=-D$, facile ad eam formam, quam in praecc. consideravimus, reduci posse. Designando enim divisorem communem maximum numerorum a, b per m, et ponendo

$$a = ma', \quad b = mb', \quad \frac{D}{m} = a'c - mb'b' = n, \quad a'x + b'y = x'$$

aequ. illa manifesto aequivalet huic $mx'x'+nyy = a'M$, quae per praecepta supra tradita solvi poterit. Ex huius autem solutionibus eae tantum erunt retinendae, in quibus $x'-b'y$ per a' fit divisibilis, sive unde x valores integros nanciscitur.

Alia methodus congruentiam $xx \equiv A$ solvendi pro eo casu, ubi A est negativus.

327

Quemadmodum solutio directa aequationis $axx+2bxy+cyy = M$ in Sect. V contenta valores expr. $\sqrt{(bb-ac)}(\text{mod.}\, M)$ notos supponit: ita vice versa pro eo casu, ubi $bb-ac$ est negativus, solutio indirecta in praecc. exposita methodum expeditissimam subministrat, illos valores eruendi, quae, praesertim pro valore permagno ipsius M, methodo art. 322 sqq. longe est praeferenda. Supponemus autem, M esse numerum primum, aut saltem ipsius factores si compositus esset, adhuc incognitos; si enim constaret, numerum primum p ipsum M metiri, atque esse $M = p^\mu M'$, ita ut M' factorem p non amplius implicet, longe commodius foret, valores expr. $\sqrt{(bb-ac)}$ pro modulis p^μ et M' sigillatim explorare (priores ex valoribus secundum modulum p, art. 101), valoresque sec. mod. M ex horum combinatione deducere (art. 105).

Quaerendi sint itaque omnes valores expr. $\sqrt{-D}\,(\text{mod.}\, M)$, ubi D et M positivi supponuntur, atque M sub forma divisorum ipsius $xx+D$ contentus (art. 147 sqq.), alioquin enim a priori constaret, nullos numeros expressioni propositae satisfacere posse. Sint valores quaesiti, e quibus bini semper oppositi erunt, $\pm r$, $\pm r'$, $\pm r''$ etc., atque $D+rr=Mh$, $D+r'r'=Mh'$, $D+r''r''=Mh''$ etc.; porro designentur classes, ad quas formae (M, r, h), $(M, -r, h)$, (M, r', h'), $(M, -r', h')$, (M, r'', h''), $(M, -r'', h'')$ etc. pertinent, resp. per $\mathfrak{C}$, $-\mathfrak{C}$, $\mathfrak{C}'$, $-\mathfrak{C}'$, $\mathfrak{C}''$, $-\mathfrak{C}''$ etc., ipsarumque complexus per $\mathfrak{G}$. Hae classes quidem, generaliter loquendo, tamquam incognitae sunt spectandae: attamen perspicuum est, *primo*, omnes esse positivas atque proprie primitivas, *secundo*, omnes ad idem genus pertinere, cuius *character* ex indole numeri M, *i. e.* ex ipsius relationibus ad singulos divisores primos ipsius D (insuperque ad 4 aut 8, quando hae sunt necessariae) facile cognosci possit (art. 230). Quum suppositum sit, M contineri sub forma divisorum ipsius $xx+D$, a priori certi esse possumus, huic characteri necessario genus pos. pr. pr. formarum determ. $-D$ respondere, etiamsi forsan expressioni $\sqrt{-D}\,(\text{mod.}\, M)$ satisfieri nequeat; quum itaque hoc genus sit notum omnes classes in ipso contentae erui poterunt, quae sint C, C', C'' etc., atque ipsarum complexus G. Patet igitur, singulas classes $\mathfrak{C}$, $-\mathfrak{C}$ etc. cum aliqua classe in G identicas esse debere; fieri potest quoque, ut plures classes in $\mathfrak{G}$ inter se, adeoque cum eadem in G identicae sint, et quando G unicam classem continet, certo omnes in $\mathfrak{G}$ cum hac convenient. Quare si e classibus C, C', C'' etc. formae (simplissimae) f, f', f'' etc. eliguntur, (una e singulis): e singulis classibus in $\mathfrak{G}$ una forma inter has reperietur. Iam si $axx+2bxy+cyy$ est forma in classe $\mathfrak{C}$ contenta, dabuntur duae repraesentationes numeri M per ipsam ad valorem r pertinentes, et si una est $x=m$, $y=n$, altera erit $x=-m$, $y=-n$; unicus casus excipi debet, ubi $D=1$, in quo quatuor repraesentationes dabuntur (v. art. 180).

Ex his colligitur, si omnes repraesentationes numeri M per singulas formas f, f', f'' etc. investigentur (per methodum indirectam in praecc. traditam), atque hinc valores expr. $\sqrt{-D}\,(\text{mod.}\ M)$, ad quos singulae pertinent deducantur (art. 154 sqq.), *omnes* valores huius expressionis inde obtineri, et quidem singulos bis, aut, si $D = 1$, quater. *Q. E. F* Si quae formae inter f, f' etc. reperiuntur, per quas M repraesentari nequit, hoc est indicium, ipsas ad nullam classem in $\mathfrak{G}$ pertinere, adeoque negligendas esse: si vero M per nullam illarum formarum repraesentari potest, necessario $-D$ debebit esse non-residuum quadraticum ipsius M. — Circa has operationes teneantur adhuc observationes sequentes.

I. Repraesentationes numeri M per formas f, f' etc., quas hic adhibemus, subintelliguntur esse tales, in quibus indeterminatarum valores inter se primi sunt; si quae aliae se offerunt, in quibus hi valores divisorem communem μ habent (quod tunc tantummodo accidere potest, ubi $\mu\mu$ metitur ipsum M, certoque accidet, quando $-D\mathrm{R}\frac{M}{\mu\mu}$): hae ad institutum praesens omnino negligi debent, etsi alio respectu utiles esse possint.

II. Ceteris paribus labor manifesto eo facilior erit, quo minor est multitudo classium f, f', f'' etc., adeoque brevissimus, quando D est unus e 65 numeris in art. 303 traditis, pro quibus in singulis generibus unica tantum classis datur.

III. Quum binae semper huiusmodi repraesentationes $x = m$, $y = n$; $x = -m$, $y = -n$ ad eundem valorem pertineant, perspicuum est, sufficere, si eae tantummodo repraesentationes considerentur, in quibus y positivus. *Tales* itaque repraesentationes diversae semper valoribus diversis expr. $\sqrt{-D}\,(\text{mod.}\ M)$ respondent, unde multitudo omnium valorum diversorum multitudini omnium talium repraesentationum prodeuntium aequalis erit (semper excipiendo casum $D = 1$, ubi illa huius semissis erit).

IV. Quoniam, simulac alter duorum valorum oppositorum $+r$, $-r$, cognitus est, alter sponte innotescit, operationes adhuc aliquantum abbreviari possunt. Si valor r obtinetur e repraesentatione numeri M per formam in classe C contentam, *i. e.* si $\mathfrak{C} = C$; valor oppositus $-r$ manifesto emerget e repraesentatione per formam, in classe ipsi C opposita contentam, quae differens erit a classe C, nisi haec est anceps. Hinc sequitur, quando non omnes classes in G ancipites sint, e reliquis semissem tantum considerare oportere, puta e binis oppositis quibusque unam, alteram negligendo, e qua valores iis, quos prior suppeditavit, oppositos resultare iam absque calculo praevidere licet. Quando autem C est anceps, ambo valores r et $-r$ simul inde emergent; puta, si ex C forma anceps

$axx + 2bxy + cyy$ electa est, atque valor r prodiit e repr. $x = m$, $y = n$, valor $-r$ prodibit ex hac $x = -m - \frac{2bn}{a}$, $y = n$.

V. Pro eo casu, ubi $D = 1$, una tantum classis omnino datur, e qua formam $xx + yy$ electam esse supponere licebit. Quodsi valor r ex repraesentatione $x = m$, $y = n$ provenit, idem ex his prodibit $x = -m$, $y = -n$; $x = n$, $y = -m$; $x = -n$, $y = m$, oppositusque $-r$ ex his $x = m$, $y = -n$; $x = -m$, $y = n$; $x = n$, $y = m$; $x = -n$, $y = -m$; quare ex his octo reprr., quae unicam discerptionem constituunt, una sufficit, si modo valori inde resultanti oppositum associemus.

VI. Valor expr. $\sqrt{-D}$ (mod. M), ad quem repr. haec $M = amm + 2bmn + cnn$ pertinet, per art. 155 est $\mu(mb + nc) - \nu(ma + nb)$ sive numerus quicunque huic secundum M congruus, ipsis μ, ν ita acceptis, ut fiat $\mu m + \nu n = 1$. Designando itaque talem valorem per v, erit

$$mv \equiv \mu m(mb + nc) - \nu(M - mnb - nnc) \equiv (\mu m + \nu n)(mb + nc) \equiv mb + nc \pmod{M}$$

Hinc patet, v esse valorem expr. $\frac{mb + nc}{m}$ (mod. M); similique modo invenitur, v esse valorem expr. $-\frac{ma + nb}{n}$ (mod. M). Hae formulae saepenumero ei, ex qua deductae fuerunt praeferendae sunt.

328.

Exempla. I. Quaeruntur omnes valores expr. $\sqrt{-1365}$ (mod. $5428681 = M$); numerus M hic est $\equiv 1, 1, 1, 6, 11$ (mod. 4, 3, 5, 7, 13) adeoque sub forma divisorum ipsorum $xx + 1$, $xx + 3$, $xx - 5$, et sub forma non-divisorum ipsorum $xx + 7$, $xx - 13$, et proin sub forma divisorum ipsius $xx + 1365$ contentus; characterque generis, in quo classes $\mathfrak{G}$ reperientur, erit 1,4; $R3$; $R5$; $N7$; $N13$. In hoc genere unica classis continetur, e qua eligimus formam $6xx + 6xy + 229yy$; ut omnes repraesentationes numeri M per hanc inveniantur, ponemus $2x + y = x'$, unde fieri debebit $3x'x' + 455yy = 2M$. Haec aequatio quatuor solutiones admittit, in quibus y est positivus, puta $y = 127$, $x' = \pm 1083$, $y = 119$, $x' = \pm 1213$. Hinc prodeunt quatuor solutiones aequ. $6xx + 6xy + 229yy = M$, in quibus y positivus,

x	478	-605	547	-666
y	127	127	119	119

Solutio prima dat pro v valorem expr. $\frac{30517}{478}$ sive $-\frac{3249}{127}$ (mod. M), unde invenitur 2350978; secunda producit valorem oppositum — 2350978; tertia hunc 2600262, quarta oppositum — 2600262.

II. Si quaerendi sunt valores expr. $\sqrt{-286}$ (mod. $4272943 = M$), character generis, in quo classes $\mathfrak{G}$ contentae sunt, invenitur 1 *et* 7, 8; R 11; R 13; quare erit genus principale, in quo tres classes continentur, per formas (1, 0, 286), (14, 6, 23), (14, —6, 23) exhibitae; ex his tertiam, utpote secundae oppositam negligere licet. Per formam $xx + 286yy$ duae repraesentationes numeri M inveniuntur, in quibus y positivus, puta $y = 103$, $x = \pm 1113$, unde prodeunt valores expr. propositae hi 1493445, —1493445. Per formam (14, 6, 23) autem M non repraesentabilis invenitur, unde concluditur, praeter duos valores inventos alios non dari.

III. Proposita expr. $\sqrt{-70}$ (mod. 997331), classes $\mathfrak{G}$ contentae esse debebunt in genere, cuius character 3 *et* 5, 8; R 5; N 7; in hoc unica classis reperitur, cuius forma repraesentans haec (5, 0, 14). At calculo instituto invenitur, numerum 997331 per formam (5, 0, 14) non esse repraesentabilem, quamobrem —70 necessario erit non-residuum qu. illius numeri.

Duae methodi, numeros compositos a primis dignoscendi, illorumque factores investigandi.

329.

Problema, numeros primos a compositis dignoscendi, hosque in factores suos primos resolvendi, ad gravissima ac utilissima totius arithmeticae pertinere, et geometrarum tum veterum tum recentiorum industriam ac sagacitatem occupavisse, tam notum est, ut de hac re copiose loqui superfluum foret. Nihilominus fateri oportet, omnes methodos hucusque prolatas vel ad casus valde speciales restrictas esse, vel tam operosas et prolixas, ut iam pro numeris talibus, qui tabularum a viris meritis constructarum limites non excedunt, *i. e.* pro quibus methodi artificiales supervacuae sunt, calculatoris etiam exercitati patientiam fatigent, ad maiores autem plerumque vix applicari possint. Etsi vero illae tabulae, quae in omnium manibus versantur, et quas subinde adhuc ulterius continuatum iri sperare licet, in plerisque casibus vulgo occurrentibus utique sufficiant: tamen calculatori perito occasio haud raro se offert, e numerorum magnorum resolutione in factores magna emolumenta capiendi, quae temporis dispendium mediocre largiter compensent; praetereaque scientiae dignitas requirere videtur, ut omnia subsidia ad solutionem problematis tam elegantis ac celebris sedulo excolantur. Propter has rationes non dubitamus, quin duae methodi sequentes, quarum efficaciam ac brevitatem longa experientia confirmare possumus, arithmeticae amatoribus haud ingratae sint futurae. Ceterum in problematis natura fundatum est, ut methodi *quaecunque* continuo prolixiores evadant, quo maiores sunt numeri, ad quos applicantur; attamen pro methodis sequentibus difficultates perlente increscunt, numerique e septem, octo vel adeo adhuc pluribus figuris constantes praesertim per secundam felici semper successu tractati fuerunt, omnique celeritate, quam pro tantis numeris exspectare aequum est, qui secundum omnes methodos hactenus notas laborem, etiam calculatori indefatigabili intolerabilem, requirerent.

Antequam methodi sequentes in usum vocentur, semper utilissimum est, divisionem numeri cuiusque propositi per aliquot numeros primos minimos tentare, puta per 2, 3, 5, 7 etc. usque ad 19 aut adhuc ulterius, non solum, ne poeniteat, talem numerum, quando divisor est, per methodos subtiles ac artificiosas eruisse, qui multo facilius per solam divisionem inveniri potuisset*), sed etiam, quod tunc, ubi nulla divisio successit, applicatio methodi secundae *residuis* ex illis divisionibus ortis magno cum fructu utitur. Ita *e. g.* si numerus 314159265 in factores suos resolvendus est, divisio per 3 bis succedit, posteaque etiam divisiones per 5 et 7, unde habetur $314159265 = 9.5.7.997331$, sufficitque numerum 997331, qui per 11, 13, 17, 19 non divisibilis invenitur, examini subtiliori subiicere. Similiter proposito numero 43429448, factorem 8 auferemus, methodosque magis artificiales ad quotientem 5428681 applicabimus.

330.

Fundamentum METHODI PRIMAE est theorema, *quemvis numerum positivum seu negativum, qui alius numeri M residuum quadraticum sit, etiam residuum cuiusvis divisoris ipsius M esse.* Vulgo notum est, si M per nullum numerum primum infra $\sqrt{M}$ divisibilis sit, certo M esse primum; si vero omnes numeri primi infra hunc limitem, ipsum M metientes sint p, q etc. numerum M vel ex his *solis* (ipsorumve potestatibus) compositum esse, vel *unum* tantum alium factorem primum maiorem quam $\sqrt{M}$ implicare posse, qui invenitur, dividendo ipsum M per p, q etc., quoties licet. Designando itaque complexum omnium numerorum primorum infra $\sqrt{M}$ (exclusis iis, per quos divisio frustra iam tentata est) per Ω, manifesto

*) Eo magis, quod inter sex numeros, generaliter loquendo, vix *unus* per omnes 2, 3, 5 ... 19 non divisibilis reperitur.

sufficit, si omnes divisores primi ipsius M, in Ω contenti, habeantur. Iam si alicunde constat, numerum aliquem r (non-quadratum) esse residuum quadraticum ipsius M, nullus certo numerus primus cuius *NR.* est r divisor ipsius M esse poterit; quare ex Ω omnes huiusmodi numeros primos (qui plerumque omnium semissem fere efficient) eiicere licebit. Si insuper de alio numero non-quadrato, r' constat, ipsum esse residuum ipsius M, e numeris primis in Ω post primam exclusionem relictis iterum eos excludere poterimus, quorum *NR.* est r', qui rursus illorum semissem fere conficient, siquidem residua r et r' sunt independentia, (*i. e.* nisi alterum necessario per se est residuum omnium numerorum, quorum residuum est alterum, quod eveniret, quando rr' esset quadratum). Si adhuc alia residua ipsius M noti sunt, r'', r''' etc., quae omnia a reliquis sunt independentia*), cum singulis exclusiones similes institui possunt, per quas multitudo numerorum in Ω rapidissime diminuetur, ita ut mox vel omnes deleti sint, in quo casu M certo erit numerus primus, vel tam pauci restent (inter quos omnes divisores primi ipsius M, si quos habet, manifesto reperientur), ut divisio per ipsos nullo negotio tentari possit. Pro numero millionem non multum superante plerumque sex aut septem; pro numero ex octo aut novem figuris constante, novem aut decem exclusiones abunde sufficient. Duo iam sunt, de quibus agere oportebit. *primo* quomodo residua ipsius M idonea et satis multa inveniri possint, *deinde* quo pacto exclusionem ipsam commodissime perficere liceat. Sed ordinem harum quaestionum invertemus, praesertim quoniam secunda docebit, qualia potissimum residua ad hunc finem sint commoda.

331

Numeros primos, quorum residuum est numerus datus r (quem per nullum quadratum divisibilem supponere licet), ab iis, quorum non-residuum est, sive divisores expr. $xx - r$ a non-divisoribus distinguere, in Sect. IV copiose docuimus, scilicet omnes priores sub certis huiusmodi formulis $rz + a$, $rz + b$ etc., aut talibus $4rz + a$, $4rz + b$ etc. contentos esse, posterioresque sub aliis similibus. Quoties r est numerus valde parvus, exclusiones adiumento harum formularum

*) Si productum e numeris quotcunque r, r', r'' etc. quadratum est: quisque ipsorum *e. g.* r erit residuum cuiusvis numeri primi (nullum ex ipsis metientis), qui reliquorum r', r'' etc. residuum est. Ut igitur residua quotcunque tamquam independentia considerari possint, nullum productum nec e binis, nec e ternis etc. quadratum esse oportet.

percommode perfici possunt; *e. g.* excludendi erunt omnes numeri formae $4z+3$, quando $r=-1$; omnes numeri formarum $8z+3$ et $8z+5$, quando $z=2$ etc. Sed quum non semper in potestate sit, huiusmodi residua numeri propositi M invenire, neque formularum applicatio pro valore magno ipsius r satis commoda sit, ingens lucrum est, laboremque exclusionis mirifice sublevat, si pro multitudine satis magna numerorum (r) per quadratum non divisibilium tum positivorum tum negativorum *tabula* iam constructa habetur, in qua numeri primi, quorum residua sunt illi singuli (r), ab iis, quorum non-residua sunt, distinguuntur. Talis tabula perinde adornari poterit ac specimen ad calcem huius operis adiectum supraque iam descriptum; sed ut ad institutum praesens utilitatem satis amplam praestet, numeri primi in margine positi (moduli) longe ulterius puta saltem usque ad 1000 aut ad 10000 continuati esse debent, praetereaque commoditas multum augetur, si in facie etiam numeri compositi et negativi recipiuntur, etsi hoc non sit absolute necessarium, ut e Sect. IV perspicuum est. Ad summum autem commoditatis fastigium usus talis tabulae evehetur, si singulae columellae verticales, e quibus constat, exsecantur lamellisque aut baculis (Neperianis similibus) agglutinantur, ita ut eae, quae in quovis casu sunt necessariae *i. e.* quae numeris r, r', r'' etc., residuis numeri propositi in factores resolvendi, respondent, separate examinari possint. Quibus iuxta tabulae columnam primam (quae modulos exhibet) *rite* positis, *i. e.* ita, ut loca singulorum baculorum eidem numero primo columnae primae respondentium cum hoc in directum iaceant, sive in eadem linea horizontali siti sint: manifesto ei numeri primi, qui post exclusiones cum residuis r, r', r'', ex Ω remanent, per solam inspectionem immediate cognosci poterunt; nimirum hi convenient cum iis in columna prima, quibus in *omnibus* baculis adiacentibus lineolae respondent, reiicique debent omnes, quibus in *ullo* bacillo spatium vacuum adiacet. Per exemplum haec sufficienter illustrabuntur. Si alicunde constat, numeros -6, $+13$, -14, $+17$, $+37$, -53 esse residua ipsius 997331, consociandae erunt columna prima (quae in hoc casu usque ad 997 continuata esse debet, *i. e.* usque ad numerum primum proxime minorem quam $\sqrt{997331}$) atque lamellae, in quarum facie numeri -6, $+13$ etc. sunt suprascripti. Ecce partem schematis hoc modo prodeuntis·

	-6	$+13$	-14	$+17$	$+37$	-53
3	—	—	—		—	—
5	—		—			
7	—		—		—	
11	—				—	
13		—	—	—		—
17		—		—		—
19			—	—		—
23		—	—			—
			etc.			
113		—	—			—
127	—	—	—	—	—	—
131	—	—	—			
			etc.			

Quemadmodum hic ex sola inspectione cognoscitur, ex iis numeris primis, *qui in hac schematis parte continentur*, solum 127 post exclusiones cum residuis -6, 13 etc. in Ω relinqui, ita schema integrum usque ad 997 extensum ostendit, *omnino* nullum alium ex Ω remanere; divisione autem tentata, 997331 per 127 revera divisibilis invenitur. Hoc itaque modo ille numerus in factores primos 127×7853 resolutus habetur*).

Ceterum ex hac expositione abunde colligitur, praesertim utilia esse residua non nimis magna, aut saltem in factores primos non nimis magnos resolubilia, quum tabulae auxiliaris usus immediatus non ultra numeros in facie positos pateat, ususque mediatus tales tantum complectatur, qui in factores in tabula contentos resolvi possunt.

332.

Ad invenienda residua numeri dati M tres methodos diversas trademus, quarum expositioni duas observationes praemittimus, quarum adiumento e residuis minus idoneis simpliciora derivari possunt. *Primo*, si numerus akk per quadratum kk divisibilis (quod ad M primum esse supponitur) est residuum ipsius M, etiam a erit residuum; propter hanc rationem residua per magna

*) Auctor apparatum satis amplum tabulae hic descriptae, quem ad usum suum construendum curavit, publici iuris lubenter faceret, si paucitas eorum, quibus usui esse potest, sumtibus talis incepti sustentandis sufficeret. Si quis interea arithmeticae amator, principiis probe penetratis, proprio marte talem tabulam sibi condere optat, auctor magnae voluptati sibi ducet, omnia cum eo emolumenta ac artificia per literas communicare.

quadrata divisibilia aeque utilia sunt ac parva; omniaque residua per methodos sequentes suppeditata a fractoribus suis quadratis statim liberata supponemus. *Secundo* si duo pluresve numeri sunt residua, etiam productum ex ipsis residuum erit. Combinando hanc observationem cum praec., persaepe e pluribus residuis, quae non omnia sunt satis simplicia, aliud admodum simplex deduci potest, si modo illa multos factores communes implicant. Hanc ob caussam talia quoque residua valde sunt opportuna, quae e multis factoribus non nimis magnis composita sunt, convenietque omnia statim in factores suos resolvere. Vis harum observationum melius per exempla usumque frequentem quam per praecepta percipietur.

I. Methodus simplicissima, iisque, qui per frequentem exercitationem iam aliquam dexteritatem sibi conciliaverunt, commodissima, consistit in eo, ut M aut generalius multiplum quodcunque ipsius M quomodocunque in duas partes decomponatur $kM = a + b$ (sive utraque sit positiva sive altera positiva altera negativa), quarum productum signo mutato erit residuum ipsius M; erit enim $-ab \equiv aa \equiv bb \pmod{M}$, adeoque $-ab\,\mathrm{R}\,M$. Numeri a, b ita accipiendi sunt, ut productum per quadratum magnum divisibile quotiensque vel parvus vel saltem in factores non nimis magnos resolubilis evadat, quod semper non difficile effici poterit. Imprimis commendandum est, ut pro a accipiatur vel quadratum, vel quadratum duplex, vel triplex etc. a numero M numero vel parvo vel in factores commodos resolubili discrepans. Ita *e.g.* invenitur $997331 = 999^2 - 2.5.67$ $= 994^2 + 5.11.13^2 = 2.706^2 + 3.17.3^2 = 3.575^2 + 11.31.4^2 = 3.577^2 - 7.13.4^2$ $= 3.578^2 - 7.19.37 = 11.299^2 + 2.3.5.29.4^2 = 11.301^2 + 5\ 12^2$ etc. Hinc habentur residua sequentia $2.5.67$, -5.11, $-2.3.17$, $-3.11.31$, $3.7.13$, $3.7.19\ 37$, $-2.3.5.11.29$; discerptio ultima suppeditat residuum -5.11 quod iam habemus. Pro residuis $-3.11.31$, $-2.3.5.11.29$ haec adoptare possumus $3.5.31$, $2.3.29$, ex illorum combinatione cum -5.11 oriunda.

II. Methodus secunda et tertia inde petuntur, quod, si duae formae binariae (A, B, C), (A', B', C') eiusdem determinantis M, aut $-M$, aut generalius $\pm kM$, ad idem genus pertinent, numeri AA', AC', $A'C$ sunt residua ipsius kM; hoc nullo negotio inde perspicitur, quod numerus quivis characteristicus unius formae, puta m, etiam est numerus char. alterius, adeoque mA, mC,

mA', mC' omnes residua ipsius kM. Si itaque (a, b, a') est forma reducta determinantis positivi M aut generalius kM, atque (a', b', a''), (a'', b'', a''') etc. formae ex ipsius periodo, adeoque ipsi aequivalentes et a potiori sub eodem genere contentae: numeri aa', aa'', aa''' etc. omnes erunt residua ipsius M. Computus multitudinis magnae formarum talis periodi facillime adiumento algorithmi art. 187 instituitur; residua simplicissima plerumque prodeunt statuendo $a = 1$; ea quae factores nimis magnos implicant, erunt reiicienda. Ecce initia periodorum formarum (1, 998, —1327) et (1, 1412, —918), quarum determinantes sunt 997331, 1994662:

(1, 998, —1327)	(1, 1412, —918)
(—1327, 329, 670)	(—918, 1342, 211)
(670, 341, —1315)	(211, 1401, —151)
(—1315, 974, 37)	(—151, 1317, 1723)
(37, 987, —626)	(1723, 406, —1062)
(—626, 891, 325)	(—1062, 656, 1473)
(325, 734, —1411)	(1473, 817, —901)
(—1411, 677, 382)	(—901, 985, 1137)
(382, 851, —715)	etc.

Sunt itaque residua numeri 997331 omnes numeri —1327, 670 etc.; negligendo autem ea, quae factores nimis magnos implicant, haecce habemus: 2.5.67, 37, 13, —17.83, —5.11.13, —2.3.17, —2.59, —17.53; residuum 2.5.67, nec non hoc —5.11, quod e combinatione tertii cum quinto evolvitur, iam supra erueramus.

III. Si C est classis quaecunque formarum det. neg. $-M$ sive generalius $-kM$, a principali diversa, ipsiusque periodus haec $2C$, $3C$ etc. (art. 307): classes $2C$, $4C$ etc. ad genus principale pertinebunt; hae vero $3C$, $5C$ etc. ad idem genus ut C. Si itaque (a, b, c) est forma (simplicissima) ex C atque (a', b', c') forma ex aliqua classe illius periodi puta ex nC, erit vel a', vel aa' residuum ipsius M, prout n par vel impar (in casu priori manifesto etiam c', in posteriori ac', ca' et cc'). Evolutio periodi, *i. e.* formarum simplicissimarum in ipsius classibus, mira facilitate perficitur, quando a est valde parvus, praesertim quando est $= 3$, quod semper efficere licet, quando $kM \equiv 2 \pmod{3}$. Ecce initium periodi classis, in qua est forma (3, 1, 332444)

C	(3, 1, 332444)		$6C$	(729, —209, 1428)
$2C$	(9, —2, 110815)		$7C$	(476, 209, 2187)
$3C$	(27, 7, 36940)		$8C$	(1027, 342, 1085)
$4C$	(81, 34, 12327)		$9C$	(932, —437, 1275)
$5C$	(243, 34, 4109)		$10C$	(425, 12, 2347)

Hinc promanant residua (inutilibus reiectis) 3.476, 1027, 1085, 425 sive (tollendo factores quadratos) 3.7.17, 13.79, 5.7.31, 17, e quorum combinatione apta cum octo residuis in II inventis facile eruuntur duodecim sequentia —2.3, 13, —2.7, 17, 37, —53, —5.11, 79, —83, —2.59, —2.5.31, 2.5.67; sex priora sunt eadem, quibus in art. 331 usi sumus. Adiici potuissent residua 19 et —29, si ea quoque in usum vocare voluissemus, quae in I reperta sunt; reliqua illic eruta ab iis quae hic evolvimus iam sunt dependentia.

333.

Methodus secunda, numerum datum M in factores resolvendi, petitur e consideratione valorum talis expr. $\sqrt{-D}\,(\text{mod.}\,M)$, observationibusque sequentibus innititur.

I. Quando M est numerus primus aut potestas numeri primi (imparis ipsumque D non metientis), erit $-D$ residuum vel non-residuum ipsius M, prout M vel in forma divisorum vel in forma non-divisorum ipsius $xx+D$ continetur, et in casu priori expressio $\sqrt{-D}\,(\text{mod.}\,M)$ duos tantummodo valores diversos habebit, qui oppositi erunt.

II. Quando vero M est compositus, puta $=pp'p''$ etc., designantibus p, p', p'' etc. numeros primos (diversos impares ipsumque D non metientes) aut talium numerorum potestates: $-D$ tunc tantummodo residuum ipsius M erit, quando est residuum singulorum p, p', p'' etc., *i. e.* quando hi numeri omnes in formis divisorum ipsius $xx+D$ continentur. Designando autem valores expr. $\sqrt{-D}$ sec. modulos p, p', p'' etc. resp. per $\pm r$, $\pm r'$, $\pm r''$ etc., omnes valores eiusdem expressionis sec. mod. M orientur, eruendo numeros, qui secundum p sint $\equiv r$ aut $\equiv -r$, secundum p' aut $\equiv r'$ aut $\equiv -r'$ etc., quocirca ipsorum multitudo fiet $=2^\mu$, designante μ multitudinem numerorum p, p', p'' etc. Quodsi itaque hi valores sunt R, $-R$, R', $-R'$, R'' etc., sponte erit $R\equiv R$ secundum omnes p, p', p'' etc., sed secundum nullos $R\equiv -R$, unde divisor communis maximus numeri M cum $R-R$ erit M, et 1 div. comm. max. ipsius M cum $R+R$; sed valores duo nec identici nec oppositi ut R et R' necessario unum pluresve numerorum p, p', p'' etc., neque vero secundum omnes, congrui erunt, et secundum reliquos $R \equiv -R'$; hinc illorum productum erit divisor communis maximus numerorum M et $R-R'$, productumque horum d. c. m. ipsorum M et $R+R'$. Hinc facile sequitur, si omnes divisores communes maximi ipsius M cum differentiis inter singulos valores expr. $\sqrt{-D}\,(\text{mod.}\,M)$ atque aliquem valorem datum computentur, horum complexum continere numeros 1, p, p', p'' etc. atque omnia producta e binis, ternis etc. horum numerorum. *Hoc itaque modo e valoribus illius expressionis numeros p, p', p'' etc. eruere licebit.*

Ceterum quum methodus art. 327 singulos hosce valores ad valores expressionum huius formae $\frac{m}{n}(\text{mod.}\,M)$ reducat, ita ut denominator n ad M primus sit: ad institutum praesens ne necessarium quidem est, has ipsas computare. Nam div. comm. max. numeri M cum differentia inter R et R', qui cum $\frac{m}{n}$, $\frac{m'}{n'}$ conveniunt, manifesto etiam erit div. comm. max. ipsorum M et $nn\,(R-R')$, sive ipsorum M et $mn'-m'n$, quippe cui $nn'(R-R')$ secundum modulum M est congruus.

334.

Applicatio observationum praecc. ad problema, de quo agimus, duplici modo institui potest; prior non solum decidet, utrum numerus propositus M primus sit an compositus, sed in hoc casu etiam factores ipsos suppeditat; posterior autem eatenus praestat, quod plerumque calculum expeditiorem permittit, sed factores ipsos numerorum compositorum, quos quoque a primis protinus distinguit, interdum non profert, nisi pluries repetatur.

I. Investigetur numerus negativus $-D$, qui sit residuum quadraticum ipsius M, ad quem finem methodi in art. 332 sub I et II traditae adhiberi poterunt. Per se quidem arbitrarium est, quidnam residuum eligatur, neque hic ut in methodo praec. opus est, ut D sit numerus parvus; sed calculus eo brevior erit, quo minor est multitudo classium formarum binariarum in singulis generibus pr. pr. det. $-D$ contentarum; quamobrem imprimis talia residua, quae inter 65 numeros art. 303 continentur, si quae se offerunt, opportuna erunt. Ita pro $M = 997331$ ex omnibus residuis negativis supra erutis hoc -102 maxime

52

idoneum esset. Eruantur omnes valores diversi expr. $\sqrt{-D}$ (mod. M); quodsi duo tantum proveniunt (oppositi), M certo erit vel numerus primus vel numeri primi potestas; si plures, puta 2^μ, M compositus erit ex μ numeris primis, aut primorum potestatibus, diversis, qui factores per methodum art. praec. erui poterunt. Utrum vero hi factores numeri primi sint an primorum potestates, tum per se facillimum erit dignoscere; tum etiam via ipsa, per quam valores expr. $\sqrt{-D}$ inveniuntur, omnes numeros primos, quorum potestas aliqua ipsum M metitur, sponte indicat; scilicet si M divisibilis est per quadratum numeri primi π, ille calculus certo etiam unam pluresve repraesentationes tales numeri M, $M = amm + 2bmn + cnn$, produxerit, in quibus divisor comm. max. numerorum m, n est π (et quidem ideo, quod in hoc casu $-D$ etiam est residuum ipsius $\frac{M}{\pi\pi}$). Quando vero nulla repraesentatio prodiit, in qua m et n divisorem communem habent, hoc certum indicium est, M per nullum quadratum divisibilem esse adeoque omnes p, p', p'' etc. numeros primos.

Ex. Per methodum supra traditam inveniuntur quatuor valores expr. $\sqrt{-408}$ (mod. 997331) cum valoribus harum $\pm\frac{1664}{113}$, $\pm\frac{2824}{3}$ convenientes; divisores communes maximi 997331 cum his $3.1664 - 113.2824$ et $3.1664 + 113.2824$ sive cum 314120 et 324104 eruuntur hi 7853 et 127, unde $997331 = 127.7853$, ut supra.

II. Accipiatur aliquis numerus negativus $-D$ talis, ut M contentus sit in forma divisorum ipsius $xx + D$; per se arbitrarium est, quis huiusmodi numerus eligatur, sed commoditatis caussa imprimis videndum est, ut multitudo classium in generibus det. $-D$ sit quam maxime parva. Ceterum inventio talis numeri nulli difficultati obnoxia est, si tentando adeatur; nam plerumque inter multitudinem considerabilem numerorum tentatorum pro totidem fere M in forma divisorum continetur, ac in forma non-divisorum. Quare maxime e re erit, tentamen a 65 numeris art. 303 inchoare (et quidem a maximis), et si eveniret, ut nullus idoneus esset (quod tamen generaliter loquendo inter 16384 casus semel tantum accidit), ad alios progredi, ubi classes binae in singulis generibus continentur. — Tunc investigentur valores expr. $\sqrt{-D}$ (mod. M), et si qui inveniuntur, factores ipsius M prorsus eodem modo inde deducantur ut supra; si vero nulli valores prodeunt, adeoque $-D$ est non-residuum ipsius M, certo M neque numerus primus neque numeri primi potestas esse poterit. Quodsi in hoc casu factores ipsi desiderantur, vel eandem operationem repetere oportet, alios valores pro D accipiendo, vel ad methodum aliam confugere.

Ita *e. g.* tentamine facto 997331 contentus invenitur in forma non-divisorum ipsorum $xx+1848$, $xx+1365$, $xx+1320$, sed in forma divisorum ipsius $xx+840$; pro valoribus expr. $\sqrt{-840}$ (mod. 997331) prodeunt expr. $\pm\frac{1272}{163}$, $\pm\frac{3288}{125}$, unde iidem factores deducuntur ut ante. — Si quis plura exempla desiderat, art. 328 consulat, ubi primum docet esse $5428681 = 307.17683$; secundum, 4272943 esse numerum primum; tertium, 997331 certe e pluribus primis compositum esse.

* * *

Ceterum limites huius operis praecipua tantum momenta utriusque methodi factores investigandi hic exsequi permiserunt; disquisitionem uberiorem una cum pluribus tabulis auxiliaribus aliisque subsidiis alii occasioni reservamus.

SECTIO SEPTIMA

DE

AEQUATIONIBUS CIRCULI SECTIONES DEFINIENTIBUS.

335.

Inter incrementa splendidissima, mathesi per recentiorum labores adiecta, theoria functionum a circulo pendentium procul dubio locum imprimis insignem tenet. Cui mirabili quantitatum generi, ad quod in disquisitionibus maxime heterogeneis saepissime deferimur, cuiusque subsidio nulla universae matheseos pars carere potest, summi geometrae recentiores industriam sagacitatemque suam tam assidue impenderunt, disciplinamque tam vastam inde efformaverunt, ut parum exspectari potuisset, ullam huius theoriae partem, nedum elementarem atque in limine quasi positam, gravium adhuc incrementorum capacem esse. Loquor de theoria functionum trigonometricarum, arcubus cum peripheria commensurabilibus respondentium, sive de theoria polygonorum regularium, cuius quam parva pars hucusque enucleata sit, Sectio praesens patefaciet. Mirari possent lectores, talem disquisitionem in hocce potissimum opere, disciplinae primo aspectu maxime heterogeneae imprimis dicato, institui; sed tractatio ipsa abunde declarabit, quam intimo nexu hoc argumentum cum arithmetica sublimiori coniunctum sit.

Ceterum principia theoriae, quam exponere aggredimur, multo latius patent, quam hic extenduntur. Namque non solum ad functiones circulares, sed pari successu ad multas alias functiones transscendentes applicari possunt, *e.g.* ad eas, quae ab integrali $\int \frac{dx}{\sqrt{(1-x^4)}}$ pendent, praetereaque etiam ad varia congruentiarum genera: sed quoniam de illis functionibus transscendentibus amplum opus peculiare paramus, de congruentiis autem in continuatione disquisitionum arithmeticarum copiose tractabitur, hoc loco solas functiones circulares considerare visum est. Imo has quoque, quas summa generalitate amplecti liceret, per subsidia in art. sq. exponenda ad casum simplicissimum reducemus, tum brevitati consulentes, tum ut principia plane nova huius theoriae eo facilius intelligantur.

Disquisitio reducitur ad casum simplicissimum, ubi multitudo partium, in quas circulum secare oportet, est numerus primus.

336.

Designando circuli peripheriam sive quatuor angulos rectos per P, supponendoque m, n esse integros, atque n productum e factoribus inter se primis a, b, c etc.: angulus $A = \frac{mP}{n}$ per art. 310 sub hanc formam reduci potest $A = (\frac{\alpha}{a} + \frac{\beta}{b} + \frac{\gamma}{c} + \text{etc.})P$, functionesque trigonometricae ipsi respondentes e functionibus ad partes $\frac{\alpha P}{a}$, $\frac{\beta P}{b}$ etc. pertinentibus per methodos notas deducentur. Quoniam itaque pro a, b, c etc. numeros primos aut numerorum primorum potestates accipere licet: manifesto sufficit, sectionem circuli in partes, quarum multitudo est numerus primus aut primi potestas, considerare, polygonumque n laterum e polygonis a, b, c etc. laterum protinus habebitur. Attamen hoc loco disquisitionem ad eum casum restringemus, ubi circulus in partes dividendus est, quarum multitudo est numerus primus (impar), sequenti praesertim ratione inducti. Constat, functiones circulares angulo $\frac{mP}{pp}$ respondentes e functionibus ad $\frac{mP}{p}$ pertinentibus per solutionem aequationis p^{ti} gradus derivari, et perinde ex illis per aequationem aeque altam functiones ad $\frac{mP}{p^3}$ pertinentes etc., ita ut, si polygonum p laterum iam habeatur, ad determinationem polygoni p^λ laterum necessario solutio $\lambda - 1$ aequationum p^{ti} gradus requiratur. Etiamsi vero theoriam sequentem ad hunc quoque casum extendere liceret, tamen hac via non minus ad totidem aequationes p^{ti} gradus delaberemur, quae, siquidem p est numerus primus, ad inferiores deprimi nullo modo possunt. Ita *e.g.* infra ostendetur, polygonum 17 laterum geometrice construi posse: sed ad determinationem polygoni 289 laterum aequationem 17^{mi} gradus nullo modo evitare licet.

Aequationes pro functionibus trigonometricis arcuum, qui sunt pars aut partes totius peripheriae; reductio functionum trigonometricarum ad radices aequationis $x^n - 1 = 0$.

337.

Satis constat, functiones trigonometricas omnium angulorum $\frac{kP}{n}$, denotando per k indefinite omnes numeros $0, 1, 2 \ldots n-1$, per radices aequationum n^{ti} gradus exprimi, puta *sinus* per radices huius (I)

$$x^n - \tfrac{1}{4} n x^{n-2} + \tfrac{1}{16} \tfrac{n.n-3}{1.2} x^{n-4} - \tfrac{1}{64} \tfrac{n.n-4.n-5}{1.2.3} x^{n-6} + \text{etc.} \pm \tfrac{1}{2^{n-1}} nx = 0$$

cosinus per radices huius (II)

$$x^n - \tfrac{1}{4} n x^{n-2} + \tfrac{1}{16} \tfrac{n.n-3}{1.2} x^{n-4} - \tfrac{1}{64} \tfrac{n.n-4.n-5}{1.2.3} x^{n-6} + \text{etc.} \pm \tfrac{1}{2^{n-1}} nx - \tfrac{1}{2^{n-1}} = 0$$

denique *tangentes* per radices huius (III)

$$x^n - \tfrac{n.n-1}{1.2} x^{n-2} + \tfrac{n.n-1.n-2.n-3}{1.2.3.4} x^{n-4} - \text{etc.} \pm nx = 0$$

Hae aequationes (quae generaliter pro quovis valore impari ipsius n valent, II vero pro pari quoque), ponendo $n = 2m+1$, facile ad gradum m^{tum} deprimuntur; scilicet I et III, dividendo partem a laeva per x et substituendo y pro xx. Aequatio II autem manifesto radicem $x = 1$ $(= \cos 0)$ implicat, et e reliquis binae semper aequales sunt $(\cos \frac{P}{n} = \cos \frac{(n-1)P}{n}$, $\cos \frac{2P}{n} = \cos \frac{(n-2)P}{n}$ etc.); quare ipsius pars a laeva per $x-1$ divisibilis, quotiensque quadratum erit, cuius radicem quadratam extrahendo, aequatio II reducitur ad hanc

$$\begin{aligned} x^m + \tfrac{1}{2} x^{m-1} - \tfrac{1}{4}(m-1) x^{m-2} - \tfrac{1}{8}(m-2) x^{m-3} \\ + \tfrac{1}{16} \tfrac{m-2.m-3}{1.2} x^{m-4} + \tfrac{1}{32} \tfrac{m-3.m-4}{1.2} x^{m-5} - \text{etc.} = 0 \end{aligned}$$

cuius radices erunt cosinus angulorum $\frac{P}{n}, \frac{2P}{n}, \frac{3P}{n} \ldots \frac{mP}{n}$. Ulteriores reductiones harum aequationum, pro eo quidem casu, ubi n est numerus primus, hactenus non habebantur.

Attamen nulla harum aequationum tam tractabilis et ad institutum nostrum tam idonea est, quam haec $x^n - 1 = 0$, cuius radices cum radicibus illarum arctissime connexas esse constat. Scilicet, scribendo brevitatis caussa i pro quantitate imaginaria $\sqrt{-1}$, radices aequationis $x^n - 1 = 0$ exhibentur per

$$\cos \frac{kP}{n} + i \sin \frac{kP}{n} = r,$$

ubi pro k accipiendi sunt omnes numeri $0, 1, 2 \ldots n-1$. Quocirca quum sit $\frac{1}{r} = \cos\frac{kP}{n} - i\sin\frac{kP}{n}$, radices aequationis I exhibebuntur per $\frac{1}{2i}(r - \frac{1}{r})$ sive per $i\frac{1-rr}{2r}$; radices aequationis II per $\frac{1}{2}(r + \frac{1}{r}) = \frac{1+rr}{2r}$; denique radices aequationis III per $\frac{i(1-rr)}{1+rr}$. Hanc ob caussam disquisitionem considerationi aequationis $x^n - 1 = 0$ superstruemus, ipsum n esse numerum primum imparem supponendo. Ne vero investigationum ordinem interrumpere oporteat, sequens lemma hic praemittimus.

338.

Problema. *Data aequatione*

$$(W) \quad .. \; z^m + Az^{m-1} + etc. = 0,$$

invenire aequationem (W'). *cuius radices sint potestates* λ^{tae} *radicum aequationis* (W). *designante* λ *exponentem integrum positivum datum.*

Sol. Designatis radicibus aequationis W per a, b, c etc., radices aequ. W' esse debebunt $a^\lambda, b^\lambda, c^\lambda$ etc. Per theorema notum Newtonianum e coëfficientibus aequ. W invenire licet aggregata quarumlibet potestatum radicum a, b, c etc. Quaerantur itaque summae

$$a^\lambda + b^\lambda + c^\lambda + \text{etc.},\; a^{2\lambda} + b^{2\lambda} + c^{2\lambda} \text{ etc. etc. usque ad } a^{m\lambda} + b^{m\lambda} + c^{m\lambda} + \text{etc.}$$

unde via inversa per idem theorema coëfficientes aequ. W' deduci poterunt. *Q. E. F.* — Simul hinc liquet, si omnes coëfficientes in W sint rationales, omnes quoque in W' rationales evadere. Alia quidem via probari potest, si illi omnes integri sint, etiam hos omnes integros fieri; huic autem theoremati, ad institutum nostrum non adeo necessario, hic non immoramur.

339.

Aequatio $x^n - 1 = 0$ (in suppositione semper abhinc subintelligenda, n esse numerum primum imparem) unicam radicem realem implicat, $x = 1$; $n-1$ reliquae, quas aequatio

$$x^{n-1} + x^{n-2} + \text{etc.} + x + 1 = 0$$

complectitur, omnes sunt imaginariae; harum complexum per Ω, functionemque

$$x^{n-1} + x^{n-2} + \text{etc.} + x + 1 \text{ per } X$$

denotabimus. Si itaque r est radix quaecunque ex Ω, erit $1 = r^n = r^{2n}$ etc., et generaliter $r^{en} = 1$ pro quovis valore integro ipsius e, positivo seu negativo; hinc perspicuum est, si λ, μ sint integri secundum n congrui, fore $r^\lambda = r^\mu$. Si vero λ, μ sec. mod. n incongrui sunt, r^λ et r^μ inaequales erunt; in hoc enim casu integer ν ita accipi potest, ut fiat $(\lambda - \mu)\nu \equiv 1 \pmod{n}$, unde $r^{(\lambda-\mu)\nu} = r$, adeoque $r^{\lambda-\mu}$ certo non $= 1$. Porro patet, quamvis potestatem ipsius r etiam radicem aequ. $x^n - 1 = 0$ esse; quocirca quum quantitates $1\ (= r^0)$, $r, rr \ldots r^{n-1}$ omnes sint diversae, hae exhibebunt omnes radices aequ. $x^n - 1 = 0$, et proin hae $r, rr, r^3 \ldots r^{n-1}$ cum Ω coincident. Facile hinc generalius colligitur, Ω convenire cum $r^e, r^{2e}, r^{3e} \ldots r^{(n-1)e}$, si e sit integer quicunque per n non divisibilis, positivus seu negativus. Erit itaque

$$X = (x - r^e)(x - r^{2e})(x - r^{3e}) \ldots (x - r^{(n-1e)})$$

unde

$$r^e + r^{2e} + r^{3e} + \ldots + r^{(n-1)e} = -1, \text{ et } 1 + r^e + r^{2e} + \ldots + r^{(n-1)e} = 0$$

Duas radices tales ut r et $\frac{1}{r}\ (= r^{n-1})$, aut generaliter r^e et r^{-e} *reciprocas* vocabimus; manifestum est, productum ex duobus factoribus simplicibus $x - r$ et $x - \frac{1}{r}$ fieri reale $= xx - 2x\cos\omega + 1$, ita ut angulus ω vel angulo $\frac{P}{n}$ vel alicui multiplo eius sit aequalis.

340.

Quoniam itaque, una radice ex Ω per r expressa, omnes radices aequ. $x^n - 1 = 0$ per potestates ipsius r exprimuntur, productum, e pluribus radicibus huius aequ. quomodocunque conflatum, per r^λ exhiberi poterit, ita ut λ sit vel 0, vel positivus et $< n$. Designando itaque per $\varphi(t, u, v \ldots)$ functionem algebraicam rationalem integram indeterminatarum t, u, v etc., qualem per summam talium partium $h t^\alpha u^\beta v^\gamma \ldots$ exprimere licet: manifestum est, si pro t, u, v etc. quaedam e radicibus aequ. $x^n - 1 = 0$ substituantur, puta $t = a$, $u = b$, $v = c$ etc., $\varphi(a, b, c \ldots)$ sub formam

$$A + A'r + A''rr + A'''r^3 + \ldots + A^\nu r^{n-1}$$

reduci posse, ita ut coëfficientes A, A' etc. (e quibus etiam aliqui deesse adeoque $= 0$ fieri possunt) sint quantitates determinatae, insuperque omnes hos coëfficientes integros fieri, si omnes coëfficientes determinati in $\varphi(t, u, v \ldots)$, *i. e.* omnes

h sint integri. Quodsi vero postea pro $t, u, v \ldots$ substituuntur $aa, bb, cc \ldots$ resp., quaevis pars ut $ht^\alpha u^6 v^\gamma \ldots$, quae antea reducebatur ad r^σ, nunc fiet $r^{2\sigma}$ unde facile concluditur, fieri

$$\varphi(aa, bb, cc\ldots) = A + A'rr + A''r^4 + A'''r^6 + \ldots + A^\nu r^{2n-2}$$

Perinde erit generaliter, pro valore quocunque integro ipsius λ,

$$\varphi(a^\lambda, b^\lambda, c^\lambda \ldots) = A + A'r^\lambda + A''r^{2\lambda} + \ldots + A^\nu r^{(n-1)\lambda}$$

quae propositio maximi est momenti, fundamentumque disquisitionum sequentium constituit. — Hinc sequitur etiam

$$\varphi(1, 1, 1\ldots) = \varphi(a^n, b^n, c^n \ldots) = A + A' + A'' + \ldots + A^\nu$$

nec non

$$\varphi(a, b, c\ldots) + \varphi(aa, bb, cc\ldots) + \varphi(a^3, b^3, c^3 \ldots) + \ldots + \varphi(a^n, b^n, c^n \ldots) = nA$$

quae itaque summa semper fit integra per n divisibilis, quando omnes coëfficientes determinati in $\varphi(t, u, v\ldots)$ sunt integri.

Theoria radicum aequationis $x^n - 1 = 0$ (ubi supponitur, n esse numerum primum).
Omittendo radicem 1, reliquae (Ω) continentur in aequatione $X = x^{n-1} + x^{n-2} + etc. + x + 1 = 0$.
Functio X resolvi nequit in factores inferiores, in quibus omnes coëfficientes sint rationales.

341.

THEOREMA. *Si functio X per functionem inferioris gradus*

$$P = x^\lambda + Ax^{\lambda-1} + Bx^{\lambda-2} + \ldots + Kx + L$$

est divisibilis, coëfficientes $A, B \ldots L$ omnes integri esse nequeunt.

Dem. Sit $X = PQ$, atque $\mathfrak{P}$ complexus radicum aequationis $P = 0$, $\mathfrak{Q}$ complexus radicum aequationis $Q = 0$, ita ut Ω constet ex $\mathfrak{P}$ et $\mathfrak{Q}$ simul sumtis. Porro sit $\mathfrak{R}$ complexus radicum ipsis $\mathfrak{P}$ reciprocarum, $\mathfrak{S}$ complexus radicum ipsis $\mathfrak{Q}$ reciprocarum, sintque radices, quae continentur in $\mathfrak{R}$, radices aequationis $R = 0$ (quam fieri $x^\lambda + \frac{K}{L}x^{\lambda-1} + \text{etc.} + \frac{A}{L}x + \frac{1}{L} = 0$ facile perspicitur), eaeque quae continentur in $\mathfrak{S}$ radices aequationis $S = 0$. Manifesto etiam radices $\mathfrak{R}$ et $\mathfrak{S}$ iunctae complexum Ω efficient, ac erit $RS = X$ Iam quatuor casus distinguimus.

I. Quando $\mathfrak{P}$ convenit cum $\mathfrak{R}$ adeoque $P = R$. In hoc casu manifesto binae semper radices in $\mathfrak{P}$ reciprocae erunt, adeoque P productum ex $\frac{1}{2}\lambda$ factoribus talibus duplicibus $xx - 2x \cos\omega + 1$; quum talis factor sit $= (x - \cos\omega)^2 + \sin\omega^2$, facile perspicietur, P pro valore quocunque reali ipsius x necessario valorem realem positivum obtinere. Sint aequationes, quarum radices sunt quadrata, cubi, biquadrata ... potestates $n-1^{\text{tae}}$ radicum in $\mathfrak{P}$ resp. hae $P' = 0$, $P'' = 0$, $P''' = 0, \ldots P^{v} = 0$, sintque valores functionum $P, P', P'' \ldots P^{v}$, quos obtinent statuendo $x = 1$, resp. $p, p', p'' \ldots p^{v}$, tunc per ante dicta p erit quantitas positiva et prorsus simili ratione etiam p', p'' etc. positivae erunt. Quum itaque p sit valor functionis $(1-t)(1-u)(1-v)$ etc., quem obtinet ponendo pro t, u, v etc. radices in $\mathfrak{P}$; p' valor eiusdem, statuendo pro t, u, v etc. quadrata illarum radicum etc., insuperque valor pro $t = 1$, $u = 1$, $v = 1$ etc. manifesto fiat $= 0$: summa $p + p' + p'' \ldots + p^{v}$ erit integer per n divisibilis. Praeterea facile perspicietur, productum $PP'P'' \ldots$ fieri $= X^{\lambda}$, adeoque $pp'p'' \ldots = n^{\lambda}$.

Iam si omnes coëfficientes in P rationales essent, omnes quoque in P', P'' etc. per art. 338 rationales evaderent; per art. 42 autem cuncti hi coëfficientes necessario forent integri. Hinc etiam p, p', p'' etc. omnes integri forent, quorum productum quum sit n^{λ}, multitudo vero $n - 1 > \lambda$, necessario quidam ex ipsis (saltem $n - 1 - \lambda$) esse debebunt $= 1$, reliqui vero ipsi n vel potestati ipsius n aequales. Quodsi itaque g ex ipsis sunt $= 1$, summa $p + p' +$ etc. manifesto erit $\equiv g \pmod{n}$ adeoque certo per n non divisibilis. Quare suppositio consistere nequit.

II. Quando $\mathfrak{P}$ et $\mathfrak{R}$ non quidem coincidunt, attamen quasdam radices communes continent, sit $\mathfrak{T}$ harum complexus atque $T = 0$ aequatio, cuius radices sunt. Tunc T erit divisor communis maximus functionum P, R (ut e theoria aequationum constat). Manifesto autem binae semper radices in $\mathfrak{T}$ reciprocae erunt, unde per ante demonstrata omnes coëfficientes in T rationales esse nequeunt. Hoc vero certo eveniret, si omnes in P adeoque etiam omnes in R rationales essent, ut e natura operationis, divisiorem comm. max investigandi sponte sequitur. Quare suppositio est absurda.

III. Quando $\mathfrak{Q}$ et $\mathfrak{S}$ vel coincidunt, vel saltem radices communes implicant, prorsus eodem modo omnes coëfficientes in Q rationales esse nequeunt; fierent vero rationales, si omnes in P rationales essent; hoc itaque est impossibile.

IV Si vero neque $\mathfrak{P}$ cum $\mathfrak{R}$, neque $\mathfrak{Q}$ cum $\mathfrak{S}$ ullam radicem communem habet, omnes radices $\mathfrak{P}$ necessario reperientur in $\mathfrak{S}$, omnesque $\mathfrak{Q}$ in $\mathfrak{R}$, unde erit $P = S$ et $Q = R$. Quamobrem $X = PQ$ erit productum ex P in R *i. e.*

$$\text{ex } x^\lambda + Ax^{\lambda-1} \ldots + Kx + L \text{ in } x^\lambda + \tfrac{K}{L}x^{\lambda-1} \ldots + \tfrac{A}{L}x + \tfrac{1}{L}$$

unde statuendo $x = 1$, fit

$$nL = (1 + A \ldots + K + L)^2$$

Iam si omnes coëfficientes in P rationales, adeoque per art. 42 etiam integri essent, L qui coefficientem ultimum in X *i. e.* unitatem metiri deberet, necessario foret $= \pm 1$, unde $\pm n$ esset numerus quadratus. Quod quum hypothesi repugnet, suppositio consistere nequit.

Ex hoc itaque theoremate liquet, quomodocunque X in factores resolvatur, horum coëfficientes partim saltem irrationales fieri, adeoque aliter, quam per aequationem elevatam, determinari non posse.

Propositum disquisitionum sequentium declaratur.

342.

Propositum disquisitionum sequentium, quod paucis declaravisse haud inutile erit, eo tendit, ut X in factores continuo plures GRADATIM resolvatur, et quidem ita, ut horum coëfficientes per aequationes ordinis quam infimi determinentur, usque dum hoc modo ad factores simplices sive ad radices Ω ipsas perveniatur. Scilicet ostendemus, si numerus $n - 1$ quomodocunque in factores integros α, β, γ etc. resolvatur (pro quibus singulis numeros primos accipere licet), X in α factores $\frac{n-1}{\alpha}$ dimensionum resolvi posse, quorum coëfficientes per aequationem α^{ti} gradus determinentur; singulos hos factores iterum in β alios $\frac{n-1}{\alpha\beta}$ dimensionum adiumento aequationis β^{ti} gradus etc., ita ut designante ν multitudinem factorum α, β, γ etc. inventio radicum Ω ad resolutionum ν aequationum α^{ti}, β^{ti}, γ^{ti} etc. gradus reducatur. *E. g.* pro $n = 17$, ubi $n - 1 = 2.2.2.2$, quatuor aequationes quadraticas solvere oportebit; pro $n = 73$ tres quadraticas duasque cubicas.

Quum in sequentibus persaepe tales potestates radicis r considerandae sint, quarum exponentes rursus sunt dignitates, huiusmodi expressiones autem non sine molestia typis describantur: ad facilitandam impressionem sequenti in posterum abbreviatione utemur. Pro r, rr, r^3 etc. scribemus [1], [2], [3] etc., generaliterque pro r^λ, denotante λ integrum quemcunque, $[\lambda]$. Tales itaque expressiones penitus determinatae nondum sunt, sed fiunt, simulac pro r sive [1] radix determinata ex Ω accipitur. Erunt itaque generaliter $[\lambda]$, $[\mu]$ aequales vel inaequales, prout λ, μ secundum modulum n congrui sunt vel incongrui; porro $[0]=1$; $[\lambda]\,[\mu]=[\lambda+\mu]$; $[\lambda]^\nu=[\lambda\nu]$; summa $[0]+[\lambda]+[2\lambda]\ldots+[(n-1)\lambda]$ vel 0 vel n, prout λ per n non divisibilis est vel divisibilis.

Omnes radices Ω in certas classes (periodos) distribuuntur.

343.

Si, pro modulo n. g est numerus talis, qualem in Sect. III radicem primitivam diximus, $n-1$ numeri $1, g, gg\ldots g^{n-2}$ his $1, 2, 3\ldots n-1$ secundum mod. n congrui erunt, etsi alio ordine, puta quivis numerus unius seriei congruum habebit in altera. Hinc sponte sequitur, radices $[1]$, $[g]$, $[gg]\ldots[g^{n-2}]$ cum Ω coincidere; et prorsus simili modo generalius

$$[\lambda],\ [\lambda g],\ [\lambda gg]\ldots[\lambda g^{n-2}]\ \text{cum}\ \Omega$$

coincident, designante λ integrum quemcunque per n non divisibilem. Porro quum sit $g^{n-1}\equiv 1\,(\text{mod.}\,n)$, nullo negotio perspicietur, duas radices $[\lambda g^\mu]$, $[\lambda g^\nu]$ identicas vel diversas esse, prout μ, ν secundum $n-1$ congrui sint vel incongrui.

Si itaque G est alia radix primitiva, radices $[1]$, $[g]\ldots[g^{n-2}]$ etiam cum his $[1]$, $[G]\ldots[G^{n-2}]$ convenient, si ad ordinem non respicitur. Sed praeterea facile probatur, si e sit divisor ipsius $n-1$, atque ponatur $n-1=ef$, $g^e=h$, $G^e=H$, etiam f numeros $1, h, hh\ldots h^{f-1}$ his $1, H, H^2\ldots H^{f-1}$ secundum n congruos esse (sine respectu ordinis). Supponamus enim $G\equiv g^\omega\,(\text{mod.}\,n)$ sitque μ numerus arbitrarius positivus et $<f$ atque ν residuum minimum ipsius $\mu\omega\,(\text{mod.}\,f)$. Tunc erit $\nu e\equiv\mu\omega e\,(\text{mod.}\,n-1)$, hinc $g^{\nu e}\equiv g^{\mu\omega e}\equiv G^{\mu e}\,(\text{mod.}\,n)$, sive $H^\mu\equiv h^\nu$, i. e. quivis numerus posterioris seriei $1, H, H^2$ etc. congruum habebit in serie $1, h, hh\ldots$, et perinde vice versa. — Hinc manifestum est, f radices $[1]$, $[h]$, $[hh]\ldots[h^{f-1}]$ identicas esse cum his $[1]$, $[H]$, $[H^2]\ldots[H^{f-1}]$, generaliusque eodem modo facile perspicietur,

$$[\lambda],\ [\lambda h],\ [\lambda hh]\ldots[\lambda h^{f-1}]\ \text{cum}\ [\lambda],\ [\lambda H],\ [\lambda H^2]\ldots[\lambda H^{f-1}]$$

convenire. *Aggregatum* talium f radicum $[\lambda]+[\lambda h]+\text{etc.}+[\lambda h^{f-1}]$, quod, quum non mutetur accipiendo pro g aliam radicem primitivam, tamquam independens a g considerandum est, per (f, λ) designabimus; earundem radicum *complexum* vocabimus *periodum* (f, λ), ubi ad radicum ordinem non respicitur*). — In exhibenda tali periodo e re erit, singulas radices, e quibus constat, ad expressionem simplicissimam reducere, puta pro numeris λ, λh, λhh etc. residua minima sec. mod n substituere, secundum quorum magnitudinem, si placet, etiam periodi partes ordinari poterunt.

E. g. Pro $n = 19$, ubi 2 est radix primitiva, periodus $(6, 1)$ constat e radicibus [1], [8], [64], [512], [4096], [32768], sive [1], [7], [8], [11], [12], [18]. Similiter periodus $(6, 2)$ constat ex [2], [3], [5], [14], [16], [17]. Periodus $(6, 3)$ cum praec. identica invenitur. Periodus $(6, 4)$ continet [4], [6], [9], [10], [13], [15].

Varia theoremata de periodis radicum Ω.

344.

Circa huiusmodi periodos statim se offerunt observationes sequentes:

I. Quum sit $\lambda h^f \equiv \lambda$, $\lambda h^{f+1} \equiv \lambda h$ etc. (mod. n), manifestum est, ex iisdem radicibus, e quibus constet (f, λ), etiam constare $(f, \lambda h)$, $(f, \lambda hh)$ etc.; generaliter itaque designante $[\lambda']$ radicem quamcunque ex (f, λ), haec periodus cum (f, λ') omnino identica erit. Si itaque duae periodi ex aeque multis radicibus constantes (quales *similes* dicemus) ullam radicem communem habent, manifesto identicae erunt. Quare fieri nequit, ut duae radices in aliqua periodo simul contineantur, in alia simili vero una earum tantum reperiatur; porro patet, si duae radices $[\lambda]$, $[\lambda']$ ad eandem periodum f terminorum pertineant, valorem expr. $\frac{\lambda'}{\lambda}$ (mod. n) alicui potestati ipsius h congruum esse, sive supponi posse $\lambda' \equiv \lambda g^{\nu e}$ (mod. n).

II. Si $f = n-1$, $e = 1$, periodus $(f, 1)$ manifesto cum Ω coincidit; in reliquis vero casibus Ω ex e periodis $(f, 1)$, (f, g), $(f, gg) \ldots (f, g^{e-1})$ compositus erit. Hae periodi itaque omnino inter se diversae erunt, patetque, quamvis aliam similem periodum (f, λ) cum harum aliqua coincidere, siquidem $[\lambda]$ ad Ω pertineat, *i. e.* si λ per n non divisibilis sit. Periodus $(f, 0)$ autem aut (f, kn) manifesto ex f unitatibus est composita. Aeque facile perspicitur.

*) Aggregatum in sequentibus etiam periodi valorem numericum vocare liceat, aut simpliciter periodum, ubi ambiguitas non metuenda.

si λ sit numerus quicunque per n non divisibilis, etiam complexum e periodorum (f, λ), $(f, \lambda g)$, $(f, \lambda gg) \ldots (f, \lambda g^{e-1})$ cum Ω convenire. — Ita *e.g.* pro $n = 19$, $f = 6$, Ω constat e tribus periodis $(6, 1)$, $(6, 2)$, $(6, 4)$, ad quarum aliquam quaevis alia similis, praeter $(6, 0)$ reducitur.

III. Si $n-1$ est productum e tribus numeris positivis a, b, c, manifestum est, quamvis periodum bc terminorum ex b periodis c terminorum compositam esse, puta (bc, λ) ex (c, λ), $(c, \lambda g^{a})$, $(c, \lambda g^{2a}), \ldots (c, \lambda g^{ab-a})$, unde hae sub illa contentae dicentur. Ita pro $n = 19$ periodus $(6, 1)$ constat e tribus $(2, 1)$, $(2, 8)$, $(2, 7)$, quarum prima continet radices r, r^{18}; secunda r^{8}, r^{11}; tertia r^{7}, r^{12}

345.

Theorema. *Sint (f, λ), (f, μ) duae periodi similes, identicae aut diversae, constetque (f, λ) e radicibus $[\lambda]$, $[\lambda']$, $[\lambda'']$ etc. Tunc productum ex (f, λ) in (f, μ) erit aggregatum f periodorum similium puta*

$$= (f, \lambda+\mu) + (f, \lambda'+\mu) + (f, \lambda''+\mu) + \textit{etc.} = W$$

Dem. Sit ut supra $n-1 = ef$; g radix primitiva pro modulo n, atque $h = g^{e}$, unde per praecedentia erit $(f, \lambda) = (f, \lambda h) = (f, \lambda hh)$ etc. Hinc productum quaesitum erit

$$= [\mu].(f, \lambda) + [\mu h].(f, \lambda h) + [\mu hh].(f, \lambda hh) + \text{etc.}$$

adeoque

$$\begin{array}{l} = [\lambda \quad +\mu] \quad +[\lambda h \quad +\mu] \quad \ldots + [\lambda h^{f-1} + \mu] \\ + [\lambda h \quad +\mu h] \quad + [\lambda hh + \mu h] \quad \ldots + [\lambda h^{f} \quad + \mu h] \\ + [\lambda hh + \mu hh] + [\lambda h^{3} \quad + \mu hh] \ldots + [\lambda h^{f+1} + \mu hh] \text{ etc.} \end{array}$$

quae expressio omnino ff radices continet. Quodsi hic singulae columnae verticales seorsim in summam colliguntur, manifesto prodit

$$(f. \lambda + \mu) + (f, \lambda h + \mu) + \ldots + (f, \lambda h^{f-1} + \mu)$$

quam expressionem cum W convenire nullo negotio perspicitur, quum numeri λ, λ', λ'' etc. per hyp. ipsis λ, λh, $\lambda hh \ldots \lambda h^{f-1}$ secundum modulum n congrui esse debeant (quonam ordine hic nihil interest) adeoque etiam

$\lambda+\mu$, $\lambda'+\mu$, $\lambda''+\mu$ etc. ipsis $\lambda+\mu$, $\lambda h+\mu$, $\lambda hh+\mu \ldots \lambda h^{f-1}+\mu$ *Q.E.D.*

Huic theorematі adiungimus corollaria sequentia:

I. Designante k integrum quemcunque, productum ex $(f, k\lambda)$ in $(f, k\mu)$ erit

$$= (f, k(\lambda+\mu)) + (f, k(\lambda'+\mu)) + (f, k(\lambda''+\mu)) + \text{etc.}$$

II. Quum singulae partes, e quibus W constat, vel cum aggregato $(f, 0)$, quod est $=f$, vel cum aliquo ex his $(f, 1)$, (f, g), $(f, gg) \ldots (f, g^{e-1})$ conveniant, W ad formam sequentem reduci poterit

$$W = af + b(f, 1) + b'(f, g) + b''(f, gg) + \ldots + b^{\varepsilon}(f, g^{e-1})$$

ubi coëfficientes a, b, b' etc. erunt integri positivi (sive etiam quidam $= 0$): porro patet, productum ex $(f, k\lambda)$ in $(f, k\mu)$ tunc fieri

$$= af + b(f, k) + b'(f, kg) + \ldots + b^{\varepsilon}(f, kg^{e-1})$$

Ita *e.g.* pro $n = 19$ productum ex aggregato $(6, 1)$ in se ipsum, sive quadratum huius aggregati fit $= (6, 2) + (6, 8) + (6, 9) + (6, 12) + (6, 13) + (6, 19) = 6 + 2(6, 1) + (6, 2) + 2(6, 4)$.

III. Quum productum ex singulis partibus ipsius W in periodum similem (f, ν) ad formam analogam reduci possit, manifestum est, etiam productum e tribus periodis $(f, \lambda) . (f, \mu) . (f, \nu)$ per $cf + d(f, 1) \ldots + d^{\varepsilon}(f, g^{e-1})$ exhiberi posse, et coëfficientes c, d etc. integros ac positivos (sive $= 0$) evadere, insuperque pro valore quocunque integro ipsius k fieri

$$(f, k\lambda) . (f, k\mu) . (f, k\nu) = cf + d(f, k) + d'(f, kg) + \text{etc.}$$

Perinde hoc theorema ad producta e periodis similibus quotcunque extenditur nihilque interest, sive hae periodi omnes diversae sint, sive partim aut cunctae identicae.

IV. Hinc colligitur, si in functione quacunque algebraica rationali integra $F = \varphi(t, u, v \ldots)$ pro indeterminatis t, u, v etc. resp. substituantur periodi similes (f, λ), (f, μ), (f, ν) etc., eius valorem ad formam

$$A + B(f, 1) + B'(f, g) + B''(f, gg) + \ldots + B^{\varepsilon}(f, g^{e-1})$$

reducibilem esse, coëfficientesque A, B, B' etc. omnes integros fieri, si omnes coëfficientes determinati in F sint integri; si vero postea pro t, u, v etc. resp.

substituantur $(f, k\lambda)$, $(f, k\mu)$, $(f, k\nu)$ etc. valorem ipsius F reduci ad $A + B(f, k) + B'(f, kg) +$ etc.

346.

THEOREMA *Supponendo, λ esse numerum per n non divisibilem, et scribendo brevitatis ergo p pro (f, λ), quaevis alia similis periodus (f, μ) ubi etiam μ per n non divisibilis supponitur, reduci poterit sub formam talem*

$$\alpha + \beta p + \gamma pp + \ldots + \theta p^{e-1}$$

ita ut coëfficientes α, β etc. sint quantitates determinatae rationales.

Dem. Designentur ad abbreviandum periodi $(f, \lambda g)$, $(f, \lambda gg)$, $(f, \lambda g^3)$ etc. usque ad $(f, \lambda g^{e-1})$, quarum multitudo est $e-1$, et cum quarum aliqua (f, μ) necessario conveniet, per p', p'', p''' etc. Habetur itaque statim aequatio

$$0 = 1 + p + p' + p'' + p''' + \text{etc.} \; \ldots\ldots \; (\text{I})$$

evolvendo autem secundum praecepta art. praec. valores potestatum ipsius p usque ad $e-1^{\text{tam}}$, $e-2$ aliae tales promanabunt.

$$0 = pp + A + ap + a'p' + a''p'' + a'''p''' + \text{etc.} \ldots (\text{II})$$
$$0 = p^3 + B + bp + b'p' + b''p'' + b'''p''' + \text{etc.} \ldots (\text{III})$$
$$0 = p^4 + C + cp + c'p + c''p'' + c'''p''' + \text{etc.} \ldots (\text{IV}) \text{ etc.}$$

ubi omnes coëfficientes A, a, a' etc. B, b, b' etc. etc. erunt integri, atque, quod probe notandum est et ex art. praec. sponte sequitur, a λ omnino independentes; *i. e.* eaedem aequationes etiamnum valebunt, quicunque alius valor ipsi λ tribuatur; haec annotatio manifesto etiam ad aequ. I extenditur, si modo λ per n non divisibilis accipiatur. — Supponamus $(f, \mu) = p'$; facillime enim perspicietur, si (f, μ) cum alia periodo ex p'', p''' etc. conveniat, ratiocinia sequentibus prorsus analoga adhiberi posse. Quum multitudo aequationum I, II, III etc. sit $e-1$, quantitates p'', p''' etc., quarum multitudo $= e-2$, per methodos notas inde eliminari possunt, ita ut prodeat aequatio talis (Z) ab ipsis libera

$$0 = \mathfrak{A} + \mathfrak{B}p + \mathfrak{C}pp + \text{etc.} + \mathfrak{M}p^{e-1} + \mathfrak{N}p'$$

quod ita fieri poterit, ut omnes coëfficientes $\mathfrak{A}$, $\mathfrak{B} \ldots \mathfrak{N}$ sint integri atque certe non omnes $= 0$. Iam si hic non est $\mathfrak{N} = 0$, protinus liquet, p' inde ita, ut in theoremate enuntiatum est, determinari. Superest itaque, ut demonstremus, $\mathfrak{N} = 0$ fieri non posse.

Supponendo esse $\mathfrak{N} = 0$, aequatio Z fit $\mathfrak{M}p^{e-1} + \text{etc.} + \mathfrak{B}p + \mathfrak{A} = 0$, cui, quum ultra gradum $e-1^{\text{tum}}$ certo non ascendat, plures quam $e-1$ valores diversi ipsius p satisfacere nequeunt. At quum aequationes, e quibus Z deducta fuit, a λ sint independentes, liquet, etiam Z a λ non pendere, sive locum habere, quicunque integer per n non divisibilis pro λ accipiatur. Quare aequ. Z satisfiet, cuicunque ex e aggregatis $(f, 1)$, (f, g), (f, gg) . (f, g^{e-1}) aequalis statuatur p, unde sponte sequitur, haec aggregata omnia inaequalia esse non posse, sed ad minimum duo inter se aequalia esse debere. Contineat unum e duobus talibus aggregatis aequalibus radices $[\zeta]$, $[\zeta']$, $[\zeta'']$ etc., alterum has $[\eta]$, $[\eta']$, $[\eta'']$ etc., supponamusque (quod licet), omnes numeros ζ, ζ', ζ'' etc. η, η', η'' etc. esse positivos et $< n$; manifesto omnes etiam diversi erunt, nullusque $= 0$. Designetur functio

$$x^{\zeta} + x^{\zeta'} + x^{\zeta''} + \text{etc.} - x^{\eta} - x^{\eta'} - x^{\eta''} - \text{etc.}$$

cuius terminus summus non ultra x^{n-1} ascendet, per Y, patetque fieri $Y = 0$, si statuatur $x = [1]$; hinc Y implicabit factorem $x - [1]$, quem cum functione in praec. per X denotata *communem* habebit; hoc vero absurdum esse, facile monstrari poterit. Si enim Y cum X ullum factorem communem haberet, divisor communis *maximus* functionum X, Y (quem certo usque ad $n-1$ dimensiones ascendere non posse iam inde patet, quod Y per x est divisibilis), omnes coëfficientes suos rationales haberet, ut e natura operationum, divisorem communem maximum duarum talium functionum investigandi, quarum coëfficientes omnes sunt rationales, sponte sequitur. Sed in art. 341 ostendimus, X implicare non posse factorem pauciorum quam $n-1$ dimensionum, cuius coëfficientes omnes sint rationales: quamobrem suppositio, esse $\mathfrak{N} = 0$, consistere nequit.

Ex. Pro $n = 19$, $f = 6$ fit $pp = 6 + 2p + p' + 2p''$, unde et ex $0 = 1 + p + p' + p''$ deducitur $p' = 4 - pp$, $p'' = -5 - p + pp$ Quare

$$(6, 2) = 4 - (6, 1)^2, \quad (6, 4) = -5 - (6, 1) + (6, 1)^2$$
$$(6, 4) = 4 - (6, 2)^2, \quad (6. 1) = -5 - (6, 2) + (6, 2)^2$$
$$(6, 1) = 4 - (6, 4)^2, \quad (6, 2) = -5 - (6, 4) + (6, 4)^2$$

347.

THEOREMA. *Si* $F = \varphi(t, u, v \ldots)$ *est functio* ***invariabilis*****) *algebraica rationalis integra f indeterminatarum* t, u, v *etc., atque substituendo pro his f radices in periodo* (f, λ) *contentas, valor ipsius F per praecepta art.* 340 *ad formam*

$$A + A'[1] + A''[2] + \text{etc.} = W$$

reducitur: radices quae in hac expressione ad eandem periodum quamcunque f terminorum pertinent, coëfficientes aequales habebunt.

Dem. Sint $[p]$, $[q]$ duae radices ad unam eandemque periodum pertinentes, supponanturque p, q positivi et minores quam n, ita ut demonstrare oporteat, $[p]$ et $[q]$ in W eundem coëfficientem habere. Sit $q \equiv pg^{\nu e}$ (mod. n); sint porro radices in (f, λ) contentae $[\lambda]$, $[\lambda']$, $[\lambda'']$ etc., ubi numeros λ, λ', λ'' etc. positivos et minores quam n supponimus; denique sint residua minima positiva numerorum $\lambda g^{\nu e}$, $\lambda' g^{\nu e}$, $\lambda'' g^{\nu e}$ etc., secundum modulum n, haec μ, μ', μ'' etc., quae manifesto cum numeris λ, λ', λ'' etc. identica erunt, etsi ordine transposito. Iam ex art. 340 patet,

$$\varphi([\lambda g^{\nu e}], [\lambda' g^{\nu e}], [\lambda'' g^{\nu e}] \ldots) = (\text{I})$$

reduci ad

$$A + A'[g^{\nu e}] + A''[2g^{\nu e}] + \text{etc. aut ad } A + A'[\theta] + A''[\theta'] + \text{etc.} = (W')$$

designando per θ, θ' etc. residua minima numerorum $g^{\nu e}$, $2g^{\nu e}$ etc. secundum modulum n, unde manifestum est, $[q]$ habere eundem coëfficientem in (W'), quem $[p]$ habeat in (W). Sed nullo negotio perspicitur, ex evolutione expressionis (I) idem provenire atque ex evolutione huius $\varphi([\mu], [\mu'], [\mu'']$ etc.$)$, quoniam $\mu \equiv \lambda g^{\nu e}$, $\mu' \equiv \lambda' g^{\nu e}$ etc. (mod. n); haec vero expressio idem producit ac haec $\varphi([\lambda], [\lambda'], [\lambda'']$ etc.$)$, quoniam numeri μ, μ', μ'' etc. ordine tantum ab his λ, λ', λ'' etc. discrepant, cuius in functione invariabili nihil interest. Hinc colligitur, W' omnino identicam fore cum W; quamobrem radix $[q]$ eundem coëfficientem in W habebit ut $[p]$. *Q. E. D.*

Hinc manifestum est, W reduci posse sub formam

*) Functiones invariabiles eas vocari constat, quibus omnes indeterminatae eodem modo insunt, sive clarius, quae non mutantur, quomodocunque indeterminatae inter se permutentur; cuiusmodi sunt *e. g.* summa omnium, productum ex omnibus, summa productorum e binis etc.

$$A + a(f, 1) + a'(f, g) + a''(f, gg) \ldots + a^{\varepsilon}(f, g^{e-1})$$

ita ut coëfficientes A, $a \ldots a^{\varepsilon}$ sint quantitates determinatae, quae insuper integri erunt, si omnes coëfficientes rationales in F sunt integri. — Ita *e. g.* si $n = 19$, $f = 6$, $\lambda = 1$, atque functio φ designat aggregatum productorum e binis indeterminatis, eius valor reducitur ad $3 + (6, 1) + (6, 4)$.

Porro facile perspicietur, si postea pro t, u, v etc. radices ex alia periodo $(f, k\lambda)$ substituantur, valorem ipsius F fieri

$$A + a(f, k) + a'(f, kg) + a''(f, kgg) + \text{etc.}$$

348.

Quum in aequatione quacunque

$$x^f - \alpha x^{f-1} + \beta x^{f-2} - \gamma x^{f-3} \ldots = 0$$

coëfficientes α, β, γ etc. sint functiones invariabiles radicum, puta α summa omnium, β summa productorum e binis, γ summa productorum e ternis etc.: in aequatione, cuius radices sunt radices in periodo (f, λ) contentae, coëfficiens primus erit $= (f, \lambda)$, singuli reliqui vero sub formam talem

$$A + a(f, 1) + a'(f, g) \ldots + a^{\varepsilon}(f, g^{e-1})$$

reduci poterunt, ubi omnes A, a, a' etc. erunt integri; praetereaque patet, aequationem, cuius radices sint radices in quacunque alia periodo $(f, k\lambda)$ contentae, ex illa derivari, si in singulis coëfficientibus pro $(f, 1)$ substituatur (f, k); pro (f, g), (f, kg) et generaliter pro (f, p), (f, kp). Hoc itaque modo assignari poterunt e aequationes $z = 0$, $z' = 0$, $z'' = 0$ etc., quarum radices sint radices contentae in $(f, 1)$, in (f, g), (f, gg) etc., quamprimum e aggregata $(f, 1)$, (f, g), (f, gg) etc. innotuerunt, aut potius quamprimum *unum* quodcunque eorum inventum est, quoniam per art. 346 ex uno omnia reliqua rationaliter deducere licet. Quo pacto simul functio X in e factores f dimensionum resoluta habetur: productum enim e functionibus z, z', z'' etc. manifesto erit $= X$.

Ex. Pro $n = 19$ summa omnium radicum in periodo $(6, 1)$ est $= (6, 1) = \alpha$; summa productorum e binis fit $= 3 + (6, 1) + (6, 4) = \beta$; similiter summa productorum e ternis invenitur $= 2 + 2(6, 1) + (6, 2) = \gamma$; summa productorum e quaternis $= 3 + (6, 1) + (6, 4) = \delta$; summa productorum e quinis $= (6, 1) = \varepsilon$; productum ex omnibus $= 1$; quare aequatio

$$z = x^6 - \alpha x^5 + \beta x^4 - \gamma x^3 + \delta xx - \varepsilon x + 1 = 0$$

omnes radices in $(6, 1)$ contentas complectitur. Quodsi in coëfficientibus α, β, γ etc. pro $(6, 1)$, $(6, 2)$, $(6, 4)$ resp. substituantur $(6, 2)$, $(6, 4)$, $(6, 1)$, prodibit aequatio $z' = 0$, quae radices in $(6, 2)$ complectetur; et si eadem commutatio hic denuo applicatur, habebitur aequatio $z'' = 0$, radices in $(6, 4)$ complectens, productumque $zz'z''$ erit $= X$.

349.

Plerumque commodius est, praesertim quoties f est numerus magnus, coëfficientes β, γ etc. secundum theorema Newtonianum e summis potestatum radicum deducere. Scilicet sponte patet, summam quadratorum radicum in (f, λ) contentarum esse $= (f, 2\lambda)$, summam cuborum $= (f, 3\lambda)$ etc. Scribendo itaque brevitatis caussa pro (f, λ), $(f, 2\lambda)$, $(f, 3\lambda)$, etc. q, q', q'' etc. erit

$$\alpha = q, \quad 2\beta = \alpha q - q', \quad 3\gamma = \beta q - \alpha q' + q'' \text{ etc.}$$

ubi producta e duabus periodis per art. 345 statim in summas periodorum sunt convertenda. Ita in exemplo nostro, scribendo pro $(6, 1)$, $(6, 2)$, $(6, 4)$ resp, p, p', p'' fiunt $q, q', q'', q''', q'''', q'''''$ resp. $= p, p', p', p'', p', p''$; hinc

$$\alpha = p, \quad 2\beta = pp - p' = 6 + 2p + 2p''$$
$$3\gamma = (3 + p + p'')p - pp' + p' = 6 + 6p + 3p'$$
$$4\delta = (2 + 2p + p')p - (3 + p + p'')p' + pp' - p'' = 12 + 4p + 4p'' \text{ etc.}$$

Ceterum sufficit semissem coëfficientium tantum hoc modo computare; etenim non difficile probatur, ultimos ordine inverso primis vel aequales esse, puta ultimum $= 1$, penultimum $= \alpha$, antepenultimum $= \beta$ etc., vel ex iisdem resp. deduci, si pro $(f, 1)$, (f, g) etc. substituantur $(f, -1)$, $(f, -g)$ etc. sive $(f, n-1)$, $(f, n-g)$ etc. Casus prior locum habet, quando f est par; posterior, quando f impar; coëfficiens ultimus autem semper fit $= 1$. Fundamentum huius rei innititur theoremati art. 79; sed brevitatis caussa huic argumento non immoramur.

350.

THEOREMA. *Sit* $n-1$ *productum e tribus integris positivis* $\alpha, 6, \gamma$; *constet periodus* $(6\gamma, \lambda)$, *quae est* 6γ *terminorum, ex* 6 *periodis minoribus* γ *terminorum his* (γ, λ). (γ, λ'), (γ, λ'') *etc., supponamusque, si in functione* 6 *indeterminatarum, similiter affecta ut in art.* 347, *puta in* $F=\varphi(t, u, v\ldots)$ *pro indeterminatis* t, u, v *etc. substituantur aggregata* (γ, λ), (γ, λ'), (γ, λ'') *etc. resp., eius valorem per praecepta art.* 345. IV *reduci ad*

$$A+a(\gamma, 1)+a'(\gamma, g)\ldots+a^{\zeta}(\gamma, g^{\alpha 6-\alpha})\ldots+a^{\theta}(\gamma, g^{\alpha 6-1})=W$$

Tum dico si F *sit functio invariabilis, eas periodos in* W, *quae sub eadem periodo* 6γ *terminorum contentae sint, i. e. generaliter tales* (γ, g^{μ}) *et* $(\gamma, g^{\alpha\nu+\mu})$, *designante* ν *integrum quemcunque, coëfficientes eosdem habituras esse.*

Dem. Quum periodus $(6\gamma, \lambda g^{\alpha})$ identica sit cum hac $(6\gamma, \lambda)$, minores hae $(\gamma, \lambda g^{\alpha})$, $(\gamma, \lambda' g^{\alpha})$, $(\gamma, \lambda'' g^{\alpha})$ etc., e quibus manifesto prior constat, necessario cum iis convenient, e quibus posterior constat, etsi alio ordine. Quodsi itaque, illis pro t, u, v etc. resp. substitutis, F in W' transire supponitur, W' coincidet cum W. At per art. 347 erit

$$\begin{aligned} W' &= A+a(\gamma, g^{\alpha})+a'(\gamma, g^{\alpha+1})\ldots+a^{\zeta}(\gamma, g^{\alpha 6})\ldots+a^{\theta}(\gamma, g^{\alpha 6+\alpha-1}) \\ &= A+a(\gamma, g^{\alpha})+a'(\gamma, g^{\alpha+1})\ldots+a^{\zeta}(\gamma, 1)\ldots+a^{\theta}(\gamma, g^{\alpha-1}) \end{aligned}$$

quare quum haec expressio cum W convenire debeat, coëfficiens primus, secundus, tertius etc. in W (incipiendo ab a) necessario conveniet cum $\alpha+1^{\text{to}}$ $\alpha+2^{\text{to}}$, $\alpha+3^{\text{to}}$ etc., unde nullo negotio concluditur, generaliter coëfficientes periodorum (γ, g^{μ}), $(\gamma, g^{\alpha+\mu})$, $(\gamma, g^{2\alpha+\mu})\ldots(\gamma, g^{\nu\alpha+\mu})$, qui sunt $\mu+1^{\text{tus}}$, $\alpha+\mu+1^{\text{tus}}$ $2\alpha+\mu+1^{\text{tus}}\ldots\nu\alpha+\mu+1^{\text{tus}}$, inter se convenire debere *Q. E. D.*

Hinc manifestum est, W reduci posse ad formam

$$A+a(6\gamma, 1)+a'(6\gamma, g)\ldots+a^{\varepsilon}(6\gamma, g^{\alpha-1})$$

ubi omnes coëfficientes A, a etc. integri erunt, si omnes coëfficientes determinati in F sunt integri. Porro facile perspicietur, si postea pro indeterminatis in F substituantur 6 periodi γ terminorum in alia periodo 6γ terminorum puta in $(6\gamma, \lambda k)$ contentae, quae manifesto erunt $(\gamma, \lambda k)$, $(\gamma, \lambda' k)$, $(\gamma, \lambda'' k)$ etc., valorem inde prodeuntem fore $A+a(6\gamma, k)+a'(6\gamma, gk)\ldots+a^{\varepsilon}(6\gamma, g^{\alpha-1}k)$.

Ceterum patet. theorema ad eum quoque casum extendi posse, ubi $\alpha = 1$, sive $\beta\gamma = n-1$; scilicet hic *omnes* coëfficientes in W aequales erunt, unde W reducetur sub forn am $A + a(\beta\gamma, 1)$.

351.

Retentis itaque omnibus signis art. praec., manifestum est, singulos coëfficientes aequationis, cuius radices sunt β aggregata (γ, λ) (γ, λ'), (γ, λ'') etc., sub formam talem

$$A + a(\beta\gamma. 1) + a'(\beta\gamma, g) \ldots + a^{\varepsilon}(\beta\gamma, g^{\alpha-1})$$

reduci posse, atque numeros A, a etc. omnes fieri integros; aequationem autem, cuius radices sint β periodi γ terminorum in alia periodo $(\beta\gamma, k\lambda)$ contentae, ex illa derivari, si ubique in coëfficientibus pro qualibet periodo $(\beta\gamma, \mu)$ substituatur $(\beta\gamma, k\mu)$. Si igitur $\alpha = 1$, omnes β periodi γ terminorum determinabuntur per aequationem β^{ti} gradus, cuius singuli coëfficientes sub formam $A + a(\beta\gamma, 1)$ rediguntur, *adeoque sunt quantitates cognitae*, quoniam $(\beta\gamma. 1) = (n-1, 1) = -1$. Si vero $\alpha > 1$, coëfficientes aequationis, cuius radices sunt omnes periodi γ terminorum in aliqua periodo data $\beta\gamma$ terminorum contentae, quantitates cognitae erunt, simulac valores numerici omnium α periodorum $\beta\gamma$ terminorum innotuerunt.— Ceterum calculus coëfficientium harum aequationum saepe commodius instituitur, praesertim quando β non est valde parvus, si primo summae potestatum radicum eruuntur, ac dein ex his per theorema Newtonianum coëfficientes deducuntur, simili modo ut supra art 349.

Ex. I. Quaeritur pro $n = 19$ aequatio, cuius radices sint aggregata $(6, 1)$, $(6, 2)$, $(6, 4)$. Designando has radices per p, p', p'' resp., et aequationem quaesitam per

$$x^3 - Axx + Bx - C = 0$$

fit

$$A = p + p' + p'', \quad B = pp' + pp'' + p'p'', \quad C = pp'p''$$

Hinc

$$A = (18, 1) = -1$$

porro habetur

$$pp' = p + 2p' + 3p'',\quad pp'' = 2p + 3p' + p'',\quad p'p'' = 3p + p' + 2p''$$

unde

$$B = 6(p + p' + p'') = 6(18, 1) = -6$$

denique fit

$$C = (p + 2p' + 3p'')p'' = 3(6, 0) + 11(p + p' + p'') = 18 - 11 = 7$$

quare aequatio quaesita

$$x^3 + xx - 6x - 7 = 0$$

Utendo methodo altera habemus

$$p + p' + p'' = -1$$

$$pp = 6 + 2p + p' + 2p'',\quad p'p' = 6 + 2p' + p'' + 2p,\quad p''p'' = 6 + 2p'' + p + 2p'$$

unde

$$pp + p'p' + p''p'' = 18 + 5(p + p' + p'') = 13$$

similiterque

$$p^3 + p'^3 + p''^3 = 36 + 34(p + p' + p'') = 2$$

hinc per theorema Newtonianum eadem aequatio derivatur ut ante.

II. Quaeritur pro $n = 19$ aequatio, cuius radices sint aggregata $(2, 1)$, $(2, 7)$, $(2, 8)$. Quibus resp. per q, q', q'' designatis, invenitur

$$q + q' + q'' = (6, 1),\quad qq' + qq'' + q'q'' = (6, 1) + (6, 4),\quad qq'q'' = 2 + (6, 2)$$

unde, retentis signis ex. praec., aequatio quaesita erit

$$x^3 - pxx + (p + p'')x - 2 - p' = 0$$

Aequatio, cuius radices sunt aggregata $(2, 2)$, $(2, 3)$, $(2, 5)$, sub $(6, 2)$ contenta, e praecedente deducitur, substituendo pro p, p', p'' resp. p', p'', p, eademque substitutione iterum facta, prodit aequatio, cuius radices sunt aggregata $(2, 4)$, $(2, 6)$, $(2, 9)$ sub $(6, 4)$ contenta.

Disquisitionibus praecc. superstruitur solutio aequationis $X = 0$.

352.

Theoremata praecedentia cum consectariis annexis praecipua totius theoriae momenta continent, modusque valores radicum Ω inveniendi paucis iam tradi poterit.

Ante omnia accipiendus est numerus g, qui pro modulo n sit radix primitiva, residuaque minima potestatum ipsius g usque ad g^{n-2} secundum modulum n eruenda. Resolvatur $n-1$ in factores, et quidem, si problema ad aequationes gradus quam infimi reducere lubet, in factores primos; sint hi (ordine prorsus arbitrario) α, β, $\gamma \ldots \zeta$, ponaturque

$$\frac{n-1}{\alpha} = \beta\gamma \ldots \zeta = a, \quad \frac{n-1}{\alpha\beta} = \gamma \ldots \zeta = b, \text{ etc.}$$

Distribuantur omnes radices Ω in α periodos a terminorum; hae singulae rursus in β periodos b terminorum; hae singulae denuo in γ periodos etc. Quaeratur per art. praec. aequatio α^{ti} gradus (A), cuius radices sint illa α aggregata a terminorum, quorum itaque valores per resolutionem huius aequationis innotescent.

At hic difficultas oritur, quum incertum videatur, cuinam radici aequationis (A) quodvis aggregatum aequale statuendum sit, puta quaenam radix per $(a, 1)$, quaenam per (a, g) etc. denotari debeat: huic rei sequenti modo remedium afferri poterit. Per $(a, 1)$ designari potest radix quaecunque aequationis (A); quum enim quaevis radix huius aequ. sit aggregatum a radicum ex Ω, omninoque arbitrarium sit, quaenam radix ex Ω per $[1]$ denotetur, manifesto supponere licebit, aliquam ex iis radicibus, e quibus radix quaecunque data aequ. (A) constat, per $[1]$ exprimi, unde illa radix aequ. (A) fiet $(a, 1)$; radix $[1]$ vero hinc nondum penitus determinatur, sed etiamnum prorsus arbitrarium seu indefinitum manet, quamnam radicem ex iis, quae $(a, 1)$ constituunt, pro $[1]$ adoptare velimus. Simulac vero $(a, 1)$ determinatum est, etiam omnia reliqua aggregata a terminorum rationaliter inde deduci poterunt (art. 346). Hinc simul patet, unicam tantummodo radicem per huius resolutionem eruere oportere. — Potest etiam methodus sequens, minus directa, ad hunc finem adhiberi. Accipiatur pro $[1]$ radix determinata, *i. e.* ponatur $[1] = \cos\frac{kP}{n} + i\sin\frac{kP}{n}$, integro k ad lubitum electo, ita tamen ut per n non sit divisibilis; quo facto etiam $[2]$, $[3]$ etc. radices determinatas indicabunt, unde etiam aggregata $(a, 1)$, (a, g) etc. quantitates determinatas designabunt. Quibus e tabulis sinuum levi tantum calamo computatis, puta ea praecisione, ut quae maiora quaeve minora sint decidi possit, nullum dubium superesse poterit, quibusnam signis singulae radices aequ. (A) sint distinguendae.

Quando hoc modo omnia α aggregata a terminorum inventa sunt, investigetur per art. praec. aequatio (B) β^{ti} gradus, cuius radices sint β aggregata b terminorum sub $(a, 1)$ contenta; coëfficientes huius aequationis omnes erunt quantitates cognitae. Quum adhuc arbitrarium sit, quaenam ex $a = \mathfrak{b}b$ radicibus sub $(a, 1)$ contentis per [1] denotetur, quaelibet radix data aequ. (B) per $(b, 1)$ exprimi poterit, quia manifesto supponere licet, aliquam b radicum, e quibus composita est, per [1] denotari. Investigetur itaque una radix quaecunque aequationis (B) per eius resolutionem, statuatur $= (b, 1)$, deriventurque inde per art. 346 omnia reliqua aggregata b terminorum. Hoc modo simul calculi confirmationem nanciscimur, quum semper ea aggregata b terminorum, quae ad easdem periodos a terminorum pertinent, summas notas conficere debeant. — In quibusdam casibus aeque expeditum esse potest, $\alpha - 1$ alias aequationes $\mathfrak{b}^{\text{ti}}$ gradus eruere, quarum radices sint resp. singula $\mathfrak{b}$ aggregata b terminorum in reliquis periodis a terminorum, (a, g), (a, gg) etc. contenta, atque *omnes* radices tum harum aequationum tum aequationis B per resolutionem investigare: tunc vero simili modo ut supra adiumento tabulae sinuum decidere oportebit, quibusnam periodis b terminorum singulae radices hoc modo prodeuntes aequales statui debeant Ceterum ad hocce iudicium varia alia artificia adhiberi possunt, quae hoc loco complete explicare non licet; unum tamen, pro eo casu ubi $\mathfrak{b} = 2$, quod imprimis utile est, ac per exempla brevius quam per praecepta declarari poterit, in exemplis sequentibus cognoscere licebit.

Postquam hoc modo valores omnium $\alpha\mathfrak{b}$ aggregatorum b terminorum inventi sunt, prorsus simili modo hinc per aequationes γ^{ti} gradus omnia $\alpha\mathfrak{b}\gamma$ aggregata c terminorum determinari poterunt. Scilicet *vel unam* aequationem γ^{ti} gradus, cuius radices sint γ aggregata c terminorum sub $(b, 1)$ contenta, per art. 350 eruere; per eius resolutionem unam radicem quamcunque elicere et $= (c, 1)$ statuere, tandemque hinc per art. 346 omnia reliqua similia aggregata deducere oportebit; *vel* simili modo omnino $\alpha\mathfrak{b}$ aequationes γ^{ti} gradus evolvere, quarum radices sint resp. γ aggregata c terminorum in singulis periodis b terminorum contenta, valores omnium radicum omnium harum aequationum per resolutionem extrahere, tandemque ordinem harum radicum perinde ut supra adiumento tabulae sinuum, vel, pro $\gamma = 2$, per artificium infra in exemplis ostendendum determinare.

Hoc modo pergendo, manifesto tandem omnia $\frac{n-1}{\zeta}$ aggregata ζ terminorum habebuntur; evolvendo itaque per art. 348 aequationem ζ^{ti} gradus, cuius radices sint ζ radices ex Ω in $(\zeta, 1)$ contentae, huius coëfficientes omnes erunt quantitates cognitae; quodsi per resolutionem una eius radix quaecunque elicitur, hanc $= [1]$ statuere licebit, omnesque reliquae radices Ω per huius potestates habebuntur. Si magis placet, etiam *omnes* radices illius aequationis per resolutionem erui, praetereaque per solutionem $\frac{n-1}{\zeta} - 1$ aliarum aequationum ζ^{ti} gradus, quae resp. omnes ζ radices in singulis reliquis periodis ζ terminorum contentas exhibent, omnes reliquae radices Ω inveniri poterunt.

Ceterum patet, simulac prima aequatio (A) soluta sit, sive simulac valores omnium α aggregatorum a terminorum habeantur, etiam resolutionem functionis X in α factores a dimensionum per art. 348 sponte haberi; porroque post solutionem aequ. (B), sive postquam valores omnium $\alpha\beta$ aggregatorum b terminorum inventi sint, singulos illos factore iterum in β, sive X in $\alpha\beta$ factores b dimensionum resolvi etc.

353.

Exemplum primum pro $n = 19$. Quum hic fiat $n-1 = 3.3.2$, inventio radicum Ω ad solutionem duarum aequationum cubicarum uniusque quadraticae est reducenda. Hoc exemplum eo facilius intelligetur, quod operationes necessariae ad maximam partem in praecedentibus iam sunt contentae. Accipiendo pro radice primitiva g numerum 2, residua minima eius potestatum haec prodeunt (exponentes potestatum in serie prima residuis sunt suprascripti):

0.	1.	2.	3.	4.	5.	6.	7.	8.	9.	10.	11.	12.	13.	14.	15.	16.	17
1.	2.	4.	8.	16.	13.	7.	14.	9.	18.	17.	15.	11.	3.	6.	12.	5.	10

Hinc per artt. 344, 345 facile deducitur distributio sequens omnium radicum Ω in tres periodos senorum, harumque singularum in ternas binorum terminorum:

$$\Omega = (18,1) \begin{cases} (6,1) \begin{cases} (2,\ 1)\ldots[1],[18] \\ (2,\ 8)\ldots[8],[11] \\ (2,\ 7)\ldots[7],[12] \end{cases} \\ (6,2) \begin{cases} (2,\ 2)\ldots[2],[17] \\ (2,16)\ldots[3],[16] \\ (2,14)\ldots[5],[14] \end{cases} \\ (6,4) \begin{cases} (2,\ 4)\ldots[4],[15] \\ (2,13)\ldots[6],[13] \\ (2,\ 9)\ldots[9],[10] \end{cases} \end{cases}$$

Aequatio (A), cuius radices sunt aggregata $(6,1)$, $(6,2)$, $(6,4)$, invenitur $x^3 + xx - 6x - 7 = 0$, cuius una radix eruitur $-1,2218761623$. Hanc per $(6,1)$ exprimendo fit

$$(6,2) = 4 - (6,1)^2 = 2{,}5070186441$$
$$(6,4) = -5 - (6,1) + (6,1)^2 = -2.2851424818$$

Hinc X in tres factores 6 dimensionum resoluta erit, si hi valores in art. 348 substituuntur.

Aequatio (B), cuius radices sunt aggregata (2, 1), (2.7), (2, 8), prodit haec

$$x^3 - (6,1)xx + ((6,1) + (6,4))x - 2 - (6,2) = 0$$

sive

$$x^3 + 1{,}2218761623xx - 3{,}5070186441x - 4{,}5070186441 = 0$$

cuius una radix elicitur $-1{,}3545631433$, quam per (2, 1) exprimemus. Per methodum art. 346 autem inveniuntur aequationes sequentes, ubi brevitatis caussa q pro (2, 1) scribitur:

$$(2,2) = qq - 2,\ (2,3) = q^3 - 3q,\ (2,4) = q^4 - 4qq + 2,\ (2,5) = q^5 - 5q^3 + 5q$$
$$(2,6) = q^6 - 6q^4 + 9qq - 2,\quad (2,7) = q^7 - 7q^5 + 14q^3 - 7q$$
$$(2,8) = q^8 - 8q^6 + 20q^4 - 16qq + 2,\ (2,9) = q^9 - 9q^7 + 27q^5 - 30q^3 + 9q$$

Commodius quam per praecepta art. 346 hae aequationes in casu praesenti per reflexiones sequentes evolvi possunt. Supponendo

$$[1] = \cos\frac{kP}{19} + i\sin\frac{kP}{19}$$

fit

$$[18] = \cos\frac{18kP}{19} + i\sin\frac{18kP}{19} = \cos\frac{kP}{19} - i\sin\frac{kP}{19}, \text{ adeoque } (2,1) = 2\cos\frac{kP}{19}$$

nec non generaliter

$$[\lambda] = \cos\frac{\lambda kP}{19} + i\sin\frac{\lambda kP}{19}; \text{ adeoque } (2,\lambda) = [\lambda] + [18\lambda] = [\lambda] + [-\lambda] = 2\cos\frac{\lambda kP}{19}$$

Quare si $\frac{1}{2}q = \cos\omega$, erit $(2,2) = 2\cos 2\omega$, $(2,3) = 2\cos 3\omega$ etc., unde per aequationes notas pro cosinubus angulorum multiplicium eaedem formulae ut supra derivantur. — Iam ex his formulis valores numerici sequentes eliciuntur:

(2, 2) =	−0,1651586909	(2, 6) =	0,4909709743
(2, 3) =	1,5782810188	(2, 7) =	−1,7589475024
(2, 4) =	−1,9727226068	(2, 8) =	1,8916344834
(2, 5) =	1,0938963162	(2, 9) =	−0,8033908493

Valores ipsorum $(2,7)$, $(2,8)$ etiam ex aequatione (B), cuius duae reliquae radices sunt, elici possunt, dubiumque, *utra* harum radicum fiat $(2,7)$ et utra $(2,8)$, vel per calculum approximatum secundum formulas praecc., vel per tabulas sinuum tolletur, quae obiter tantum consultae ostendunt, fieri $(2,1) = 2\cos\omega$ ponendo $\omega = \frac{7}{19}P$, unde fieri oportet

$$(2,7) = 2\cos\tfrac{49}{19}P = 2\cos\tfrac{8}{19}P, \quad \text{et} \quad (2,8) = 2\cos\tfrac{56}{19}P = 2\cos\tfrac{1}{19}P$$

Similiter aggregata $(2,2)$, $(2,3)$, $(2,5)$ etiam per aequationem

$$x^3-(6,2)xx+((6,1)+(6,2))x-2-(6,4) = 0$$

cuius radices sunt, invenire licet, incertitudoque, quaenam radices illis aggregatis *resp.* aequales statuendae sint, prorsus eodem modo removebitur, ut ante; et perinde etiam aggregata $(2,4)$, $(2,6)$, $(2,9)$ per aequationem

$$x^3-(6,4)xx+((6,2)+(6,4))x-2-(6,1) = 0$$

elici poterunt.

Denique [1] et [18] sunt radices aequationis $xx-(2,1)x+1 = 0$, quarum altera fit $= \frac{1}{2}(2,1)+i\sqrt{(1-\frac{1}{4}(2,1)^2)} = \frac{1}{2}(2,1)+i\sqrt{(\frac{1}{2}-\frac{1}{4}(2,2))}$, altera $= \frac{1}{2}(2,1)-i\sqrt{(\frac{1}{2}-\frac{1}{4}(2,2))}$, hinc valores numerici $= -0{,}6772815716 \pm 0{,}7357239107\,i$. Sedecim radices reliquae vel ex evolutione potestatum utriusvis harum radicum, vel e solutione octo aliarum similium aequationum deduci possunt, ubi in methodo posteriori vel per tabulas sinuum vel per artificium in ex. sq. explicandum decidi debebit, pro utra radice parti imaginariae signum positivum et pro utra negativum praefigendum sit. Hoc modo inventi sunt valores sequentes, ubi signum superius radici priori, inferius posteriori respondere supponitur:

$$\begin{aligned}
[1] \text{ et } [18] &= -0{,}6772815716 \pm 0{,}7357239107\,i\\
[2] \text{ et } [17] &= -0{,}0825793455 \mp 0{,}9965844930\,i\\
[3] \text{ et } [16] &= 0{,}7891405094 \pm 0{,}6142127127\,i\\
[4] \text{ et } [15] &= -0{,}9863613034 \pm 0{,}1645945903\,i\\
[5] \text{ et } [14] &= 0{,}5469481581 \mp 0{,}8371664783\,i\\
[6] \text{ et } [13] &= 0{,}2454854871 \pm 0{,}9694002659\,i\\
[7] \text{ et } [12] &= -0{,}8794737512 \mp 0{,}4759473930\,i\\
[8] \text{ et } [11] &= 0{,}9458172417 \mp 0{,}3246994692\,i\\
[9] \text{ et } [10] &= -0{.}4016954247 \pm 0{,}9157733267\,i
\end{aligned}$$

354.

Exemplum secundum pro $n = 17$. Hic habetur $n - 1 = 2.2.2.2$, quamobrem calculus radicum Ω ad quatuor aequationes quadraticas reducendus erit. Pro radice primitiva hic accipiemus numerum 3, cuius potestates residua minima sequentia secundum modulum 17 suppeditant:

0.1.2. 3. 4.5. 6. 7. 8. 9.10.11.12.13.14.15
1.3.9.10.13.5.15.11.16.14. 8. 7. 4.12. 2. 6

Hinc emergunt distributiones sequentes complexus Ω in periodos duas octonorum, quatuor quaternorum, octo binorum terminorum:

$$\Omega = (16,1)\left\{\begin{array}{l}(8,1)\left\{\begin{array}{l}(4,\ 1)\left\{\begin{array}{l}(2,\ 1)\ldots[1],\ [16]\\(2,13)\ldots[4],\ [13]\end{array}\right.\\(4,\ 9)\left\{\begin{array}{l}(2,\ 9)\ldots[8],\ [\ 9]\\(2,15)\ldots[2],\ [15]\end{array}\right.\end{array}\right.\\(8,3)\left\{\begin{array}{l}(4,\ 3)\left\{\begin{array}{l}(2,\ 3)\ldots[3],\ [14]\\(2,\ 5)\ldots[5],\ [12]\end{array}\right.\\(4,10)\left\{\begin{array}{l}(2,10)\ldots[7],\ [10]\\(2,11)\ldots[6],\ [11]\end{array}\right.\end{array}\right.\end{array}\right.$$

Aequatio (A), cuius radices sunt aggregata $(8, 1)$, $(8, 3)$, per praecepta art. 351 invenitur haec $xx + x - 4 = 0$; huius radices computantur $-\frac{1}{2} + \frac{1}{2}\sqrt{17} = 1{,}5615528128$, et $-\frac{1}{2} - \frac{1}{2}\sqrt{17} = -2{,}5615528128$; priorem statuemus $= (8, 1)$, unde necessario posterior ponenda erit $= (8, 3)$.

Porro aequatio, cuius radices sunt aggregata $(4, 1)$ et $(4, 9)$, eruitur haec (B): $xx - (8, 1)x - 1 = 0$; huius sunt $\frac{1}{2}(8, 1) \pm \frac{1}{2}\sqrt{(4 + (8, 1)^2)} = \frac{1}{2}(8, 1) \pm \frac{1}{2}\sqrt{(12 + 3(8, 1) + 4(8, 3))}$; eam, in qua quantitati radicali signum positivum tribuitur, et cuius valor numericus est $2{,}0494811777$, statuemus $= (4, 1)$, unde sponte altera, ubi quantitas radicalis negative sumitur et cuius valor est $-0{,}4879283649$, per $(4, 9)$ exprimi debebit. Aggregata autem reliqua quatuor terminorum, puta $(4, 3)$ et $(4, 10)$ duplici modo indagari possunt. Scilicet *primo* per methodum art. 346, quae formulas sequentes suppeditat, ubi ad abbreviandum pro $(4, 1)$ scribitur p:

$$(4,\ 3) = -\tfrac{3}{2} + 3p - \tfrac{1}{2}p^3 = 0{,}3441507314$$
$$(4, 10) = \tfrac{3}{2} + 2p - pp - \tfrac{1}{2}p^3 = -2{,}9057035442$$

Eadem methodus etiam hanc formulam largitur $(4,9) = -1 - 6p + pp + p^3$, unde valor idem elicitur, quem ante tradidimus. *Secundo* vero aggregata (4, 3), (4, 10) etiam per resolutionem aequationis, cuius radices sunt, determinare licet, quae aequatio fit $xx - (8, 3)x - 1 = 0$, unde eius radices sunt $\frac{1}{2}(8, 3) \pm \frac{1}{2}\sqrt{(4 + (8, 3)^2)}$, sive $\frac{1}{2}(8, 3) + \frac{1}{2}\sqrt{(12 + 4(8, 1) + 3(8, 3))}$ et $\frac{1}{2}(8, 3) - \frac{1}{2}\sqrt{(12 + 4(8, 1) + 3(8, 3))}$; dubium vero, *utram* radicem per (4, 3) et utram per (4, 10) exprimere oporteat, per artificium sequens, cuius mentionem in art. 352 iniecimus, tolletur. Evolvatur productum ex (4, 1) — (4, 9) in (4, 3) — (4, 10), unde emergere invenietur 2(8, 1) — 2(8, 3)*); iam huius expressionis valor manifesto est positivus puta $= +2\sqrt{17}$, praetereaque etiam producti factor primus (4, 1) — (4, 9) positivus est puta $= +\sqrt{(12 + 3(8, 1) + 4(8, 3))}$, quare necessario etiam alter factor (4, 3) — (4, 10) positivus esse debebit, et proin (4, 3) radici *priori*, in qua signum positivum radicali praefigitur, et (4, 10) posteriori aequale statui. Ceterum hinc iidem valores numerici derivantur ut supra.

Cunctis aggregatis quatuor terminorum inventis, progredimur ad aggregata duorum terminorum. Aequatio (*C*), cuius radices sunt hae (2, 1), (2, 13) sub (4, 1) contentae, eruitur haec $xx - (4, 1)x + (4, 3) = 0$; huius radices sunt $\frac{1}{2}(4, 1) \pm \frac{1}{2}\sqrt{(-4(4, 3) + (4, 1)^2)}$ sive $\frac{1}{2}(4, 1) \pm \frac{1}{2}\sqrt{(4 + (4, 9) - 2(4, 3))}$: eam, ubi quantitas radicalis positive sumitur et cuius valor reperitur = 1,8649444588, statuimus = (2, 1), unde (2, 13) aequale fiet alteri, cuius valor = 0,1845367189. Si aggregata reliqua duorum terminorum per methodum art. 346 investigare placet, pro (2, 2), (2, 3), (2, 4), (2, 5), (2, 6), (2, 7), (2, 8) eaedem formulae adhiberi poterunt, quae in ex. praec. pro quantitatibus similiter designatis tradidimus puta (2, 2), (sive (2, 15)), $= (2, 1)^2 - 2$ etc. Si vero magis arridet, binas per resolutionem aequationis quadraticae computare, pro his (2, 9), (2, 15) invenitur aequatio $xx - (4, 9)x + (4, 10) = 0$, cuius radices evolvuntur $\frac{1}{2}(4, 9) \pm \frac{1}{2}\sqrt{(4 + (4, 1) - 2(4, 10))}$; quo pacto vero signum ambiguum hic definire oporteat, simili modo decidetur ut supra. Scilicet per evolutionem producti (2, 1) — (2, 13) in (2, 9) — (2, 15) producitur — (4, 1) + (4, 9) — (4, 3) + (4, 10); quod quum manifesto sit negativum, factor (2, 1) — (2, 13) vero positivus, necessario (2, 9) — (2, 15)

*) Vera indoles huius artificii in eo consistit, quod a priori praevideri poterat, hocce productum evolutum aggregata quatuor terminorum non continere sed per sola aggregata octo terminorum exhiberi posse, cuius rei rationem hic brevitatis caussa praetereundam periti facillime deprehendent.

negativus esse debebit, quocirca in expressione ante data signum superius positivum pro (2, 15), pro (2, 9) inferius negativum adoptandum erit. Hinc computatur $(2,9) = -1{,}9659461994$, $(2,15) = 1{,}4780178344$. — Perinde quum ex evolutione producti ex $(2,1)-(2,13)$ in $(2,3)-(2,5)$ prodeat $(4,9)-(4,10)$, adeoque quantitas positiva, factorem $(2,3)-(2,5)$ positivum esse concludimus; hinc simili calculo ut ante instituto invenitur

$$(2,3) = \tfrac{1}{2}(4,3)+\tfrac{1}{2}\sqrt{(4+(4,10)-2(4,9))} = 0{,}8914767116$$
$$(2,5) = \tfrac{1}{2}(4,3)-\tfrac{1}{2}\sqrt{(4+(4,10)-2(4,9))} = -0{,}5473259801$$

Denique per operationes omnino analogas eruitur

$$(2,10) = \tfrac{1}{2}(4,10)-\tfrac{1}{2}\sqrt{(4+(4,3)-2(4,1))} = -1{,}7004342715$$
$$(2,11) = \tfrac{1}{2}(4,10)+\tfrac{1}{2}\sqrt{(4+(4,3)-2(4,1))} = -1{,}2052692728$$

Superest ut ad radices Ω ipsas descendamus. Aequatio (D), cuius radices sunt [1] et [16], prodit $xx-(2,1)x+1=0$, unde radices $\tfrac{1}{2}(2,1)\pm\tfrac{1}{2}\sqrt{((2,1)^2-4)}$ aut potius $\tfrac{1}{2}(2,1)\pm i\sqrt{(4-(2,1)^2)}$ sive $\tfrac{1}{2}(2,1)\pm\tfrac{1}{2}i\sqrt{(2-(2,15))}$ signum superius pro [1], inferius pro [16] adoptamus. Quatuordecim reliquae radices vel per potestates ipsius [1] habebuntur; vel per resolutionem septem aequationum quadraticarum, quae singulae binas exhibent, ubi incertitudo de signis quantitatum radicalium per idem artificium tolli poterit ut in praecedentibus. Ita [4] et [13] sunt radices aequationis $xx-(2,13)x+1=0$, adeoque $\tfrac{1}{2}(2,13)\pm\tfrac{1}{2}i\sqrt{(2-(2,9))}$; per evolutionem producti ex [1]—[16] in [4]—[13] autem prodit $(2,5)-(2,3)$, adeoque quantitas realis negativa, quare quum [1]—[16] sit $+i\sqrt{(2-(2,15))}$, *i. e.* productum ex imaginaria i in realem *positivam*, etiam [4]—[13] esse debet productum ex i in realem *positivam* propter $ii=-1$; hinc colligitur, pro [4] signum superius, pro [13] inferius accipiendum esse. Simili modo pro radicibus [8] et [9] invenitur $\tfrac{1}{2}(2,9)\pm\tfrac{1}{2}i\sqrt{(2-(2,1))}$, ubi, quoniam productum ex [1]—[16] in [8]—[9] fit $(2,9)-(2,10)$ adeoque negativum, pro [8] signum superius, pro [9] inferius accipere oportet. Computando perinde radices reliquas. sequentes valores numericos obtinemus, ubi radicibus prioribus signa superiora. posterioribus inferiora respondere subintelligendum est.

[1], [16] . . .	$0,9324722294 \pm 0,3612416662i$
[2], [15] . . .	$0,7390089172 \pm 0,6736956436i$
[3], [14] . . .	$0,4457383558 \pm 0,8951632914i$
[4], [13] . . .	$0,0922683595 \pm 0,9957341763i$
[5], [12] . . .	$-0,2736629901 \pm 0,9618256432i$
[6], [11] . . .	$-0,6026346364 \pm 0,7980172273i$
[7], [10] . . .	$-0,8502171357 \pm 0,5264321629i$
[8], [9] . . .	$-0,9829730997 \pm 0,1837495178i$

* * *

Possent quidem ea, quae in praecc sunt tradita, ad solutionem aequationis $x^n - 1 = 0$ adeoque etiam ad inventionem functionum trigonometricarum arcubus cum peripheria commensurabilibus respondentium sufficere. attamen, propter rei gravitatem, finem huic disquisitioni imponere non possumus, quin antea ex magna copia quum observationum hoc argumentum illustrantium tum positionum ei affinium vel inde pendentium quaedam hic annectamus. Inter quae talia potissimum eligemus, quae sine magno aliarum disquisitionum apparatu absolvere licet, aliterque ea considerari nolimus quam ut *specimina* huius amplissimae doctrinae, in posterum copiose pertractandae.

Disquisitiones ulteriores de radicum periodis.
Aggregata, in quibus terminorum multitudo par, sunt quantitates reales.

355.

Quum n semper supponatur impar, erit 2 inter factores ipsius $n-1$, complexusque Ω ex $\frac{1}{2}(n-1)$ periodis duorum terminorum formatus. Talis periodus ut $(2, \lambda)$, e radicibus $[\lambda]$ et $[\lambda g^{\frac{1}{2}(n-1)}]$ constabit, denotante g ut supra radicem primitivam quamcunque pro modulo n. Sed fit $g^{\frac{1}{2}(n-1)} \equiv -1 \pmod{n}$ adeoque $\lambda g^{\frac{1}{2}(n-1)} \equiv -\lambda$ (V. art 62), unde $[\lambda g^{\frac{1}{2}(n-1)}] = [-\lambda]$. Quare supponendo $[\lambda] = \cos\frac{kP}{n} + i\sin\frac{kP}{n}$, et proin $[-\lambda] = \cos\frac{kP}{n} - i\sin\frac{kP}{n}$, fit aggregatum $(2, \lambda) = 2\cos\frac{kP}{n}$ Unde hoc loco hanc tantummodo conclusionem deducimus, valorem cuiusvis aggregati duorum terminorum esse quantitatem realem. Quum quaevis periodus, cuius terminorum multitudo par $= 2a$, in a periodos binorum terminorum discerpi possit, patet generalius, valorem cuiusvis aggregati, cuius terminorum multitudo par, semper esse quantitatem realem. Quodsi itaque in art 352 inter factores α, β, γ etc. binarius ad ultimum locum reservatur, omnes operationes, usquedum ad aggregata duorum terminorum perveniatur, per quantitates reales absolventur, imaginariaeque tunc demum introducentur, quando ab his aggregatis ad radices ipsas progredieris.

De aequatione, per quam distributio radicum Ω in duas periodos definitur.

356.

Summam attentionem merentur aequationes auxiliares, per quas pro quolibet valore ipsius n aggregata complexum Ω constituentia determinantur, quae mirum in modum cum proprietatibus maxime reconditis numeri n connexae sunt. Hoc vero loco disquisitionem ad duos casus sequentes restringemus. *primo* de aequatione quadratica, cuius radices sunt aggregata $\frac{1}{2}(n-1)$ terminorum, *secundo*, pro eo casu, ubi $n-1$ factorem 3 implicat, de cubica, cuius radices sunt aggregata $\frac{1}{3}(n-1)$ terminorum, agemus.

Scribendo brevitatis caussa m pro $\frac{1}{2}(n-1)$ et designando per g radicem primitivam quamcunque pro modulo n, complexus Ω e duabus periodis $(m, 1)$ et (m, g) constabit, continebitque prior radices $[1]$, $[gg]$, $[g^4] \ldots [g^{n-3}]$, posterior has $[g]$, $[g^3]$, $[g^5] \ldots [g^{n-2}]$. Supponendo residua minima positiva numerorum $gg, g^4 \ldots g^{n-3}$ secundum modulum n esse, ordine arbitrario, R, R', R'' etc.; nec non residua horum g, g^3, $g^5 \ldots g^{n-2}$ haec N, N', N'' etc., radices, e quibus $(m, 1)$ constat convenient cum his $[1]$, $[R]$, $[R']$, $[R'']$ etc., radicesque periodi (m, g) cum his $[N]$, $[N']$, $[N'']$ etc. Iam patet, omnes numeros 1, R, R', R'' etc. esse *residua quadratica* numeri n, et quum omnes diversi ipsoque n minores sint ipsorumque multitudo $=\frac{1}{2}(n-1)$ adeoque multitudini cunctorum residuorum positivorum ipsius n infra n aequalis, haec residua cum illis numeris omnino convenient. Hinc sponte sequitur, omnes numeros N, N', N'' etc., qui tum inter se tum ab ipsis 1, R, R' etc. diversi sunt, et cum his simul sumti omnes numeros $1, 2, 3 \ldots n-1$ exhauriunt, cum omnibus *non-residuis quadraticis* positivis ipsius n infra n convenire debere. Quodsi iam supponitur, aequationem, cuius radices sunt aggregata $(m, 1)$, (m, g), esse

$$xx - Ax + B = 0$$

fit

$$A = (m, 1) + (m, g) = -1 \quad B = (m, 1) \times (m, g)$$

Productum ex $(m, 1)$ in (m, g) per art. 345 fit

$$= (m, N+1) + (m, N'+1) + (m, N''+1) + \text{etc.} = W$$

atque hinc reducetur sub formam talem $\alpha(m, 0) + \beta(m, 1) + \gamma(m, g)$. Ad determinationem coëfficientium α, β, γ observamus, *primo*, fieri $\alpha+\beta+\gamma = m$ (scilicet quoniam multitudo aggregatorum in W est $= m$); *secundo*, esse $\beta = \gamma$ (hoc sequitur ex art. 350, quum productum $(m, 1) \times (m, g)$ sit functio invariabilis aggregatorum $(m, 1)$, (m, g), e quibus aggregatum maius $(n-1, 1)$ compositum est); *tertio*, quum omnes numeri $N+1$, $N'+1$, $N''+1$ etc. infra limites 2 et $n+1$ excl. contineantur, manifestum est, *vel* nullum aggregatum in W ad $(m, 0)$ reduci adeoque esse $\alpha = 0$, quando inter numeros N, N', N'' etc. non occurrat $n-1$, *vel* unum puta (m, n), et proin haberi $\alpha = 1$, quando $n-1$ inter numeros N, N', N'' etc. reperiatur. Hinc colligitur, in casu priori fieri $\alpha = 0$, $\beta = \gamma = \frac{1}{2}m$, in posteriori $\alpha = 1$, $\beta = \gamma = \frac{1}{2}(m-1)$, simul hinc sequitur, quum numeri β et γ necessario fiant integri, casum priorem locum habere, sive $n-1$ (aut quod idem est -1) inter non-residua ipsius n non reperiri, quando m sit par sive n formae $4k+1$; casum posteriorem vero adesse, sive $n-1$ aut -1 inter non-residua ipsius n reperiri, quoties m sit impar sive n formae $4k+3$ *) Hinc productum quaesitum fit, propter $(m, 0) = m$, $(m, 1) + (m, g) = -1$, in casu priori $= -\frac{1}{2}m$, in posteriori $= \frac{1}{2}(m+1)$, adeoque aequatio quaesita in illo casu $xx + x - \frac{1}{4}(n-1) = 0$, cuius radices sunt $-\frac{1}{2} \pm \frac{1}{2}\sqrt{n}$, in hoc vero $xx + x + \frac{1}{4}(n+1) = 0$, cuius radices $-\frac{1}{2} \pm \frac{1}{2}i\sqrt{n}$.

Quaecunque itaque radix ex Ω pro [1] adoptata est, differentia inter summas $\Sigma[\mathfrak{R}]$ et $\Sigma[\mathfrak{N}]$, ubi pro $\mathfrak{R}$ omnia residua, pro $\mathfrak{N}$ omnia non-residua quadratica positiva ipsius n infra n substituenda sunt, erit $= \pm\sqrt{n}$, pro $n \equiv 1$, et $= \pm i\sqrt{n}$, pro $n \equiv 3$ (mod. 4). Nec non hinc facile sequitur, denotante k integrum quemcunque per n non divisibilem, fieri

$$\Sigma \cos\frac{k\mathfrak{R}P}{n} - \Sigma\cos\frac{k\mathfrak{N}P}{n} = \pm\sqrt{n} \quad \text{et} \quad \Sigma\sin\frac{k\mathfrak{R}P}{n} - \Sigma\sin\frac{k\mathfrak{N}P}{n} = 0$$

pro $n \equiv 1$ (mod. 4); contra pro $n \equiv 3$ (mod. 4) differentiam illam $= 0$, hanc

*) Hoc modo nacti sumus demonstrationem novam theorematis, -1 esse residuum omnium numerorum primorum formae $4k+1$, non-residuum omnium formae $4k+3$, quod supra (art. 108, 109, 262) iam pluribus modis diversis comprobatum fuit. Si magis arridet, hoc theorema supponere, non necessarium erit ad distinctionem duorum casuum diversorum eius conditionis rationem habere, quod β, γ iam per se fiunt integri.

$=\pm\sqrt{n}$, quae theoremata propter elegantiam suam valde sunt memorabilia. Ceterum observamus, signa superiora semper valere, quando pro k accipiatur unitas aut generalius residuum quadraticum ipsius n, inferiora, quando pro k non-residuum assumatur, nec non haecce theoremata salva vel potius aucta elegantia sua etiam ad valores quosvis compositos ipsius n extendi posse. sed de his rebus, quae altioris sunt indaginis, hoc loco tacere earumque considerationem ad aliam occasionem nobis reservare oportet.

Demonstratio theorematis in Sect. IV commemorati.

357.

Sit aequatio m^{ti} gradus, cuius radices sunt m radices in periodo $(m, 1)$ contentae. haec

$$x^m - ax^{m-1} + bx^{m-2} - \text{etc.} = 0$$

sive $z = 0$, eritque $a = (m, 1)$, singulique reliqui coëfficientes b etc. sub forma tali $\mathfrak{A} + \mathfrak{B}(m, 1) + \mathfrak{C}(m, g)$ comprehensi, ita ut $\mathfrak{A}$, $\mathfrak{B}$, $\mathfrak{C}$ sint integri (art. 348); denotandoque per z' functionem, in quam z transit, si pro $(m, 1)$ ubique substituitur (m, g), pro (m, g) vero (m, gg) sive quod idem est $(m, 1)$, radices aequationis $z' = 0$ erunt radices in (m, g) contentae, productumque

$$zz' = \frac{x^n - 1}{x - 1} = X$$

Potest itaque z ad formam talem $R + S(m, 1) + T(m, g)$ reduci, ubi R, S, T erunt functiones integrae ipsius x, quarum omnes coëfficientes etiam integri erunt; quo facto habebitur

$$z' = R + S(m, g) + T(m, 1)$$

Hinc fit scribendo brevitatis caussa p et q pro $(m, 1)$ et (m, g) resp.

$$2z = 2R + (S+T)(p+q) - (T-S)(p-q) = 2R - S - T - (T-S)(p-q)$$

similiterque

$$2z' = 2R - S - T + (T-S)(p-q)$$

unde ponendo

$$2R - S - T = Y, \quad T - S = Z$$

fit $4X = YY - (p-q)^2 ZZ$, adeoque quum $(p-q)^2 = \pm n$

$$4X = YY \mp nZZ$$

signo superiori valente, quando n est formae $4k+1$, inferiori, quando n formae $4k+3$. Hoc est theorema, cuius demonstrationem supra (art. 124) polliciti sumus. Terminos duos summos functionis Y semper fieri $2x^m + x^{m-1}$; summumque functionis Z, x^{m-1} facile perspicietur; coëfficientes reliqui autem, qui manifesto omnes erunt integri, variant pro diversa indole numeri n, nec formulae analyticae generali subiici possunt.

Ex. Pro $n = 17$ aequatio, cuius radices sunt octo radices in $(8, 1)$ contentae, per praecepta art. 348 eruitur

$$x^8 - px^7 + (4+p+2q)x^6 - (4p+3q)x^5 + (6+3p+5q)x^4$$
$$- (4p+3q)x^3 + (4+p+2q)xx - px + 1 = 0$$

unde

$$R = x^8 + 4x^6 + 6x^4 + 4xx + 1$$
$$S = -x^7 + x^6 - 4x^5 + 3x^4 - 4x^3 + xx - x$$
$$T = 2x^6 - 3x^5 + 5x^4 - 3x^3 + 2xx$$

atque hinc

$$Y = 2x^8 + x^7 + 5x^6 + 7x^5 + 4x^4 + 7x^3 + 5xx + x + 2$$
$$Z = x^7 + x^6 + x^5 + 2x^4 + x^3 + xx + x$$

Ecce adhuc alia quaedam exempla:

n	Y	Z
3	$2x+1$	1
5	$2xx+x+2$	x
7	$2x^3+xx-x-2$	$xx+x$
11	$2x^5+x^4-2x^3+2xx-x-2$	x^4+x
13	$2x^6+x^5+4x^4-x^3+4xx+x+2$	x^5+x^3+x
19	$2x^9+x^8-4x^7+3x^6+5x^5-5x^4$ $-3x^3+4xx-x-2$	$x^8-x^6+x^5+x^4-x^3+x$
23	$2x^{11}+x^{10}-5x^9-8x^8-7x^7-4x^6$ $+4x^5+7x^4+8x^3+5xx-x-2$	$x^{10}+x^9-x^7-2x^6-2x^5$ $-x^4+xx+x$

De aequatione pro distributione radicum Ω in tres periodos.

358.

Progredimur ad considerationem aequationum cubicarum, per quas in eo casu, ubi n est formae $3k+1$, tria aggregata $\frac{1}{3}(n-1)$ terminorum complexum Ω componentia determinantur. Sit g radix primitiva quaecunque pro modulo n, atque $\frac{1}{3}(n-1) = m$, qui erit integer par. Tunc tria aggregata, e quibus Ω constat, erunt $(m, 1)$, (m, g), (m, gg), pro quibus resp. scribemus p, p', p'', patetque primum continere radices $[1]$, $[g^3]$, $[g^6] \ldots [g^{n-4}]$, secundum has $[g]$, $[g^4] \ldots [g^{n-3}]$, tertium has $[gg]$, $[g^5] \ldots [g^{n-2}]$. Supponendo, aequationem quaesitam esse

$$x^3 - Axx + Bx - C = 0$$

fit

$$A = p + p' + p'', \quad B = pp' + p'p'' + pp'', \quad C = pp'p''$$

unde protinus habetur $A = -1$. Sint residua minima positiva numerorum g^3, $g^6 \ldots g^{n-4}$ secundum modulum n ordine arbitrario haec $\mathfrak{A}$, $\mathfrak{B}$, $\mathfrak{C}$ etc., atque $\mathfrak{K}$ ipsorum complexus superadiecto numero 1; similiter sint $\mathfrak{A}'$, $\mathfrak{B}'$, $\mathfrak{C}'$ etc. residua minima numerorum g, g^4, $g^7 \ldots g^{n-3}$, atque $\mathfrak{K}'$ illorum complexus; denique $\mathfrak{A}''$, $\mathfrak{B}''$, $\mathfrak{C}''$ etc. residua minima ipsorum gg, g^5, $g^8 \ldots g^{n-2}$ et $\mathfrak{K}''$ eorum complexus, unde omnes numeri in $\mathfrak{K}$, $\mathfrak{K}'$, $\mathfrak{K}''$ diversi erunt et cum his $1, 2, 3 \ldots n-1$ convenient. Ante omnia hic observandum est, numerum $n-1$ necessario in $\mathfrak{K}$ reperiri, quippe quem esse residuum ipsius $g^{\frac{3m}{2}}$ facile perspicitur. Hinc facile quoque consequitur, duos numeros tales h, $n-h$ semper in *eodem* trium complexuum $\mathfrak{K}$, $\mathfrak{K}'$, $\mathfrak{K}''$ reperiri, si enim alter est residuum potestatis g^λ, alter erit residuum potestatis $g^{\lambda+\frac{3m}{2}}$, aut huius $g^{\lambda-\frac{3m}{2}}$ si $\lambda > \frac{3m}{2}$. Denotemus hocce signo $(\mathfrak{K}\mathfrak{K})$ multitudinem numerorum in serie $1, 2, 3 \ldots n-1$, qui tum ipsi tum simul numeri proximi unitate maiores in $\mathfrak{K}$ continentur; similiter sit $(\mathfrak{K}\mathfrak{K}')$ multitudo numerorum in eadem serie, qui ipsi in $\mathfrak{K}$ proxime sequentes vero in $\mathfrak{K}'$ continentur, unde simul significatio signorum $(\mathfrak{K}\mathfrak{K}'')$, $(\mathfrak{K}'\mathfrak{K})$, $(\mathfrak{K}'\mathfrak{K}')$, $(\mathfrak{K}'\mathfrak{K}'')$. $(\mathfrak{K}''\mathfrak{K})$, $(\mathfrak{K}''\mathfrak{K}')$. $(\mathfrak{K}''\mathfrak{K}'')$ sponte innotescet. Quo facto dico *primo*, fieri $(\mathfrak{K}\mathfrak{K}') = (\mathfrak{K}'\mathfrak{K})$. Supponendo enim, h, h', h'', etc. esse omnes numeros seriei $1, 2, 3 \ldots n-1$, qui ipsi in $\mathfrak{K}$ proxime maiores $h+1$, $h'+1$, $h''+1$ etc. autem in $\mathfrak{K}'$ continentur, et quorum ideo multitudo $= (\mathfrak{K}\mathfrak{K}')$, manifestum est, omnes numeros $n-h-1$, $n-h'-1$, $n-h''-1$ etc. in $\mathfrak{K}'$ contineri, proxime maiores vero $n-h$, $n-h'$ etc.

in $\mathfrak{K}$; quare quum tales numeri omnino dentur $(\mathfrak{K}'\mathfrak{K})$, certo nequit esse $(\mathfrak{K}'\mathfrak{K}) < (\mathfrak{K}\mathfrak{K}')$, et perinde demonstratur, esse non posse $(\mathfrak{K}\mathfrak{K}') < (\mathfrak{K}'\mathfrak{K})$, quocirca hi numeri necessario aequales erunt. Prorsus eodem modo probatur $(\mathfrak{K}\mathfrak{K}'') = (\mathfrak{K}''\mathfrak{K})$. $(\mathfrak{K}'\mathfrak{K}'') = (\mathfrak{K}''\mathfrak{K}')$. Secundo, quum necessario quemvis numerum ex $\mathfrak{K}$, maximo $n-1$ excepto, sequi debeat proxime maior vel in $\mathfrak{K}$, vel in $\mathfrak{K}'$ vel in $\mathfrak{K}''$ contentus, summa $(\mathfrak{K}\mathfrak{K}) + (\mathfrak{K}\mathfrak{K}') + (\mathfrak{K}\mathfrak{K}'')$ fiet aequalis multitudini omnium numerorum in $\mathfrak{K}$ unitate deminutae puta $= m-1$, et simili ratione erit

$$(\mathfrak{K}'\mathfrak{K}) + (\mathfrak{K}'\mathfrak{K}') + (\mathfrak{K}'\mathfrak{K}'') = (\mathfrak{K}''\mathfrak{K}) + (\mathfrak{K}''\mathfrak{K}') + (\mathfrak{K}''\mathfrak{K}'') = m$$

His ita praeparatis evolvimus per praecepta art. 345 productum pp' in $(m, \mathfrak{A}'+1) + (m, \mathfrak{B}'+1) + (m, \mathfrak{C}'+1) + \text{etc.}$, quam expressionem facile perspicietur reduci ad $(\mathfrak{K}'\mathfrak{K})p + (\mathfrak{K}'\mathfrak{K}')p' + (\mathfrak{K}'\mathfrak{K}'')p''$, et quum per art. 345 I productum $p'p''$ ex illo oriatur, substituendo pro $(m, 1)$, (m, g), (m, gg) resp. (m, g), (m, gg), (mg^3) *i. e.* pro p, p', p'' resp. p', p'', p, fiet $p'p'' = (\mathfrak{K}'\mathfrak{K})p' + (\mathfrak{K}'\mathfrak{K}')p'' + (\mathfrak{K}'\mathfrak{K}'')p$, et prorsus simili modo $p''p = (\mathfrak{K}'\mathfrak{K})p'' + (\mathfrak{K}'\mathfrak{K}')p + (\mathfrak{K}'\mathfrak{K}'')p'$. Hinc protinus sequitur *primo*

$$B = m(p+p'+p'') = -m$$

secundo quum simili ratione, ut antea pp' evolutum est, etiam pp'' ad $(\mathfrak{K}''\mathfrak{K})p + (\mathfrak{K}''\mathfrak{K}')p' + (\mathfrak{K}''\mathfrak{K}'')p''$ reducatur, atque haec expressio cum praecedente identica esse debeat, necessario erit $(\mathfrak{K}''\mathfrak{K}) = (\mathfrak{K}'\mathfrak{K}')$ et $(\mathfrak{K}''\mathfrak{K}'') = (\mathfrak{K}'\mathfrak{K})$. Hinc colligitur statuendo

$$(\mathfrak{K}'\mathfrak{K}'') = (\mathfrak{K}''\mathfrak{K}') = a, \quad (\mathfrak{K}''\mathfrak{K}'') = (\mathfrak{K}'\mathfrak{K}) = (\mathfrak{K}\mathfrak{K}') = b, \quad (\mathfrak{K}'\mathfrak{K}') = (\mathfrak{K}''\mathfrak{K}) = (\mathfrak{K}\mathfrak{K}'') = c$$

fieri $m-1 = (\mathfrak{K}\mathfrak{K}) + (\mathfrak{K}\mathfrak{K}') + (\mathfrak{K}\mathfrak{K}'') = (\mathfrak{K}\mathfrak{K}) + b + c$, atque $a+b+c = m$, unde $(\mathfrak{K}\mathfrak{K}) = a-1$, ita ut illae novem quantitates incognitae ad tres, a, b, c, sive potius propter aequationem $a+b+c = m$ ad duas reductae sint. Denique patet, quadratum pp evolvi in $(m, 1+1) + (m, \mathfrak{A}+1) + (m, \mathfrak{B}+1) + (m, \mathfrak{C}+1) + \text{etc.}$; inter partes huius expressionis reperietur (m, n), quae reducitur ad $(m, 0)$ sive ad m, reliquas vero facile perspicietur reduci ad $(\mathfrak{K}\mathfrak{K})p + (\mathfrak{K}\mathfrak{K}')p' + (\mathfrak{K}\mathfrak{K}'')p''$, unde habetur $pp = m + (a-1)p + bp' + cp'$

Hoc itaque modo per disquisitiones praecedentes quatuor hasce reductiones nacti sumus.

$$\begin{aligned} pp &= m+(a-1)p+bp'+cp'' \\ pp' &= \phantom{m+(a-1)p+{}} bp+cp'+ap'' \\ pp'' &= \phantom{m+(a-1)p+{}} cp+ap'+bp'' \\ p'p'' &= \phantom{m+(a-1)p+{}} ap+bp'+cp'' \end{aligned}$$

ubi inter tres incognitas a, b, c aequatio conditionalis

$$a+b+c = m \quad \ldots\ldots\ldots \quad (\mathrm{I})$$

intercedit, insuperque certum est, ipsas esse numeros integros. Hinc colligitur

$$\begin{aligned} C = p\times p'p'' &= app+bpp'+cpp'' \\ &= am+(aa+bb+cc-a)p+(ab+bc+ac)p'+(ab+bc+ac)p'' \end{aligned}$$

At quum $pp'p''$ sit functio invariabilis aggregatorum p, p', p'', coëfficientes, per quos haec in expr. praec. multiplicata sunt, necessario aequales erunt (art. 350), unde habetur aequatio nova

$$aa+bb+cc-a = ab+bc+ac \;.\; .\; (\mathrm{II})$$

atque hinc $C = am+(ab+bc+ac)(p+p'+p'')$, sive (propter I, et $p+p'+p''$ $= -1$)

$$C = aa-bc \;\ldots\; (\mathrm{III})$$

Iam etsi C hic a tribus incognitis pendeat, inter quas duae tantum aequationes habentur, tamen hae, adiumento conditionis, ex qua a, b, c sunt integri, ad plenam determinationem ipsius C sufficiunt. Quod ut ostendamus, aequationem II ita exhibemus

$$\begin{aligned} 12a+12b+12c+4 = 36aa+36bb+36cc-36ab-36ac-36bc \\ -24a+12b+12c+4 \end{aligned}$$

pars prior, per I, fit $=12m+4 = 4n$; posterior vero reducitur ad

$$(6a-3b-3c-2)^2+27(b-c)^2$$

aut scribendo k pro $2a-b-c$, ad $(3k-2)^2+27(b-c)^2$ Hinc patet, numerum $4n$ (*i. e.* generaliter quadruplum cuiuslibet primi formae $3m+1$) per formam $xx+27yy$ repraesentari posse, quod quidem sine difficultate e theoria generali formarum binariarum deduci potest, attamen satis mirum est, talem discerptionem cum valoribus ipsarum a, b, c cohaerere. At numerus $4n$ semper unico tantum modo in quadratum et quadratum 27^{plex} discerpi potest, quod ita demonstramus*). Si supponatur

$$4n = tt + 27uu = t't' + 27u'u'$$

fieret *primo*

$$(tt' - 27uu')^2 + 27(tu' + t'u)^2 = 16nn$$

secundo

$$(tt' + 27uu')^2 + 27(tu' - t'u)^2 = 16nn$$

tertio

$$(tu' + t'u)\,(tu' - t'u) = 4n(u'u' - uu)$$

ex aequatione tertia sequitur, ipsum n, quoniam est numerus primus, alterutrum numerorum $tu' + t'u$, $tu' - t'u$ metiri; e prima et secunda vero patet, utrumque hunc numerum esse minorem quam n; quare is, quem n metitur, necessario esse debet $= 0$, adeoque etiam $u'u' - uu = 0$, unde $u'u' = uu$ et $t't' = tt$ *i. e.* duae illae discerptiones non different. Si itaque discerptionem ipsius $4n$ in quadratum et quadratum 27^{plex} notam supponimus (quam vel per methodum directam Sect. V vel per indirectam in artt. 323, 324 traditam eruere licet) puta si habetur $4n = MM + 27NN$, quadrata $(3k-2)^2$, $(b-c)^2$ determinata erunt, et loco aequationis II duas iam nacti erimus. Sed facile patet, non solum quadratum $(3k-2)^2$ sed etiam radicem ipsam $3k-2$ penitus determinatam esse; quum enim necessario sit vel $= +M$ vel $= -M$, ambiguitas inde tolletur, quod k fieri debet integer, quamobrem statuetur $3k - 2 = +M$ vel $= -M$, prout M est formae $3z+1$ vel $3z+2$†). Iam quum fiat $k = 2a - b - c = 3a - m$, erit $a = \frac{1}{3}(m+k)$, $b + c = m - a = \frac{1}{3}(2m-k)$, unde

$$\begin{aligned} C = aa - bc &= aa - \tfrac{1}{4}(b+c)^2 + \tfrac{1}{4}(b-c)^2 \\ &= \tfrac{1}{9}(m+k)^2 - \tfrac{1}{36}(2m-k)^2 + \tfrac{1}{4}NN = \tfrac{1}{12}kk + \tfrac{1}{3}km + \tfrac{1}{4}NN \end{aligned}$$

atque sic omnes coëfficientes aequ. quaesitae inventi. *Q. E. F* — Haec formula

*) Magis directe haecce proposito e principiis Sect. V probari posset.

†) Manifesto M nequit esse formae $3z$, alioquin enim $4n$ per 3 divisibilis evaderet. — Ad ambiguitatem, utrum $b-c$ statui debeat $= N$, an $= -N$, hic non opus est respicere, neque etiam per rei naturam ullo modo auferri potest, quum ab electione radicis primitivae g pendeat, ita ut pro aliis radicibus primitivis differentia $b-c$ positiva evadat, pro aliis negativa.

adhuc simplicior evadit, si pro NN eius valor ex aequ. $(3k-2)^2+27NN = 4n = 12m+4$ substituitur, unde elicitur calculo facto

$$C = \tfrac{1}{9}(m+k+3km) = \tfrac{1}{9}(m+kn)$$

Idem valor etiam ad $(3k-2)NN+k^3-2kk+k-km+m$ reduci potest, quae expressio, ad usum quidem minus idonea, protinus monstrat, C ut par est, certo evadere integrum.

Ex. Pro $n = 19$, fit $4n = 49+27$, unde $3k-2 = +7$, $k = 3$, $C = \frac{1}{9}(6+57) = 7$ et aequatio quaesita $x^3+xx-6x-7 = 0$ ut supra (art. 351). — Simili modo pro $n = 7, 13, 31, 37, 43; 61, 67$ valor ipsius k eruitur resp. $1, -1, 2, -3, -2, 1, -1$, unde $C = 1, -1, 8, -11, -8, 9, -5$.

Ceterum etsi problema in hoc art. solutum satis intricatum sit, tamen id supprimere noluimus, tum propter solutionis elegantiam, tum quod variis artificiis in usum vocandis occasionem dedit, quae in aliis quoque quaestionibus insigni cum fructu adhiberi poterunt*).

Aequationum per quas radices Ω inveniuntur reductio ad puras.

359.

Disquisitiones praecc. circa *inventionem* aequationum auxiliarium versabantur: iam de earum *solutione* proprietatem magnopere insignem explicabimus. Constat, omnes summorum geometrarum labores, aequationum ordinem quartum superantium resolutionem generalem, sive (ut accuratius quid desideretur definiam) AFFECTARUM REDUCTIONEM AD PURAS, inveniendi semper hactenus irritos fuisse, et vix dubium manet, quin hocce problema non tam analyseos hodiernae vires superet, quam potius aliquid impossibile proponat (Cf. quae de hoc argumento annotavimus in *Demonstr. nova etc. art.* 9). Nihilominus certum est, innumeras aequationes affectas cuiusque gradus dari, quae talem reductionem ad puras admittant, geometrisque gratum fore speramus, si nostras aequationes auxiliares semper huc referendas esse ostenderimus. Sed propter amplum ambitum huius disquisitionis,

*) Corollar. Sit ε radix aequationis $x^3-1=0$ et habebis $(p+\varepsilon p'+\varepsilon\varepsilon p'')^3 = \frac{n}{2}(M+N\sqrt{-27})$. Fiat $\frac{M}{\sqrt{4n}} = \cos\varphi$, $\frac{N\sqrt{27}}{\sqrt{4n}} = \sin\varphi$ eritque

$$p = -\tfrac{1}{3}+\tfrac{2}{3}\cos\tfrac{1}{3}\varphi\sqrt{n};\quad M \equiv +1 \pmod{3};\quad 1 \equiv M(1.2.3\ldots m)^3 \pmod{n}$$

Setzt man $3x+1 = y$ so wird die Gleichung $y^3-3ny-Mn = 0$.

praecipua tantum momenta, quae ad possibilitatem ostendendam necessaria sunt, hoc loco tradimus, uberioremque tractationem, qua hoc argumentum perdignum est, ad aliud tempus differimus. Praemittendae sunt quaedam observationes generales circa radices aequ. $x^e - 1 = 0$, quae eum quoque casum complectantur, ubi e est numerus compositus.

I. Exhibentur hae radices (ut ex libris elementaribus notum est) per $\cos\frac{kP}{e} + i\sin\frac{kP}{e}$, ubi pro k accipiendi sunt e numeri $0, 1, 2, 3 \ldots e-1$, aut quicunque alii his secundum modulum e congrui. Una radix, pro $k=0$ aut generaliter pro k per e divisibili fit $=1$; cuivis alii valori ipsius k radix ab 1 diversa respondet.

II. Quum sit $(\cos\frac{kP}{e} + i\sin\frac{kP}{e})^\lambda = \cos\frac{\lambda kP}{e} + i\sin\frac{\lambda kP}{e}$, patet, si R sit radix talis, quae respondeat valori ipsius k ad e primo, in progressione R, RR, R^3 etc. terminum e^{tum} quidem esse $=1$, omnes antecedentes vero ab 1 diversos. Hinc statim sequitur, omnes e quantitates $1, R, RR, R^3 \ldots R^{e-1}$ inaequales esse, et quum manifesto omnes aequationi $x^e - 1 = 0$ satisfaciant, exhibebunt omnes radices huius aequationis.

III. Denique in eadem suppositione aggregatum

$$1 + R^\lambda + R^{2\lambda} \ldots + R^{\lambda(e-1)} \text{ fit } = 0$$

pro quovis valore integro ipsius λ per e non divisibili; etenim est $= \frac{1-R^{\lambda e}}{1-R^\lambda}$, cuius fractionis numerator fit $=0$, denominator vero non $=0$. Quando vero λ per e divisibilis est, illud aggregatum manifesto fit $=e$.

360.

Sit, ut semper in praecc., n numerus primus, g radix primitiva pro modulo n, atque $n-1$ productum e tribus integris positivis α, β, γ. brevitatis caussa disquisitionem ita statim instituemus, ut etiam ad casus ubi α aut $\gamma = 1$ pateat; quando $\gamma = 1$, pro aggregatis $(\gamma, 1)$, (γ, g) etc. radices $[1]$, $[g]$ etc. accipere oportebit. Supponamus itaque, ex omnibus α aggregatis $\beta\gamma$ terminorum cognitis $(\beta\gamma, 1)$, $(\beta\gamma, g)$, $(\beta\gamma, gg) \ldots (\beta\gamma, g^{\alpha-1})$ deducenda esse aggregata γ terminorum, quod negotium supra ad aequationem affectam β^{ti} gradus reduximus, nunc vero per puram aeque altam absolvere docebimus. Ad abbreviandum pro aggregatis

$$(\gamma, 1), (\gamma, g^\alpha), (\gamma, g^{2\alpha}) \ldots (\gamma, g^{\alpha\beta-\alpha})$$

quae sub $(\mathfrak{b}\gamma, 1)$ contenta sunt, scribemus $a, b, c \ldots m$ resp.; pro his

$$(\gamma, g), (\gamma, g^{\alpha+1}) \ldots (\gamma, g^{\alpha\mathfrak{b}-\alpha+1})$$

sub $(\mathfrak{b}\gamma, g)$ contentis resp. $a', b' \ldots m'$; pro his

$$(\gamma, gg), (\gamma, g^{\alpha+2}) \ldots (\gamma, g^{\alpha\mathfrak{b}-\alpha+2})$$

resp. $a'', b'' \ldots m''$ etc. usque ad ea, quae sub $(\mathfrak{b}\gamma, g^{\alpha-1})$ continentur.

I. Iam designet R indefinite radicem aequationis $x^{\mathfrak{b}}-1=0$, supponamusque ex evolutione potestatis $\mathfrak{b}^{\text{tae}}$ functionis

$$t = a + Rb + RRc \ldots + R^{\mathfrak{b}-1}m$$

oriri per praecepta art. 345

$$\begin{array}{l} N + Aa + Bb + Cc \ldots + Mm \\ \quad + A'a' + B'b' + C'c' \ldots + M'm' \\ \quad + A''a'' + B''b'' + C''c'' \ldots + M''m'' \\ \quad + \text{etc.} \qquad\qquad\qquad\qquad = T \end{array}$$

ubi omnes coëfficientes N, A, B, A' etc. erunt functiones rationales integrae ipsius R. Supponantur etiam potestates $\mathfrak{b}^{\text{tae}}$ duarum aliarum functionum

$$u = R^{\mathfrak{b}}a + Rb + RRc \ldots + R^{\mathfrak{b}-1}m, \quad u' = b + Rc + RRd \ldots + R^{\mathfrak{b}-2}m + R^{\mathfrak{b}-1}a$$

resp. evolvi in U et U', perspicieturque facile ex art. 350, quum u' oriatur ex t commutando aggregata $a, b, c \ldots m$ resp. cum $b, c, d \ldots a$, fore

$$\begin{array}{l} U' = N + Ab + Bc + Cd \ldots + Ma \\ \qquad + A'b' + B'c' + C'd' \ldots + M'a' \\ \qquad + A''b'' + B''c'' + C''d'' \ldots + M''a'' \\ \qquad + \text{etc.} \end{array}$$

Porro patet, quum sit $u = Ru'$, fore $U = R^{\mathfrak{b}}U'$, quare propter $R^{\mathfrak{b}} = 1$ coëfficientes correspondentes in U et U' aequales erunt; denique, quum t et u in eo tantum differant, quod a in t per unitatem, in u per $R^{\mathfrak{b}}$ multiplicatur, facile intelligetur, omnes coëfficientes correspondentes (*i. e.* qui eadem aggregata multiplicant) in T et U aequales esse, et proin etiam omnes coëfficientes correspondentes in T et U'. Hinc tandem colligitur $A = B = C$ etc. $= M$;

$A' = B' = C'$ etc. $A'' = B'' = C''$ etc. etc., unde T reducitur ad formam talem

$$N + A(\mathfrak{G}\gamma, 1) + A'(\mathfrak{G}\gamma, g) + A''(\mathfrak{G}\gamma, gg) \text{ etc.}$$

ubi singuli coëfficientes N, A, A' etc. sub formam talem reducere licet

$$pR^{\mathfrak{G}-1} + p'R^{\mathfrak{G}-2} + p''R^{\mathfrak{G}-3} + \text{etc.}$$

ita ut p, p', p'' etc. sint numeri integri dati.

II. Si pro R accipitur radix determinata aequationis $x^{\mathfrak{G}} - 1 = 0$ (cuius solutionem iam haberi supponimus), et quidem talis, cuius nulla inferior potestas quam $\mathfrak{G}^{\text{ta}}$ unitati aequalis est, etiam T quantitas determinata erit, ex qua t per aequationem puram $t^{\mathfrak{G}} - T = 0$ derivare licet. At quum haec aequatio $\mathfrak{G}$ radices habeat, quae erunt t, Rt, $RRt \ldots R^{\mathfrak{G}-1}t$, dubium videri potest, quamnam radicem adoptare oporteat. Hoc vero prorsus arbitrarium esse ita facile apparebit. Meminisse oportet, postquam omnia aggregata $\mathfrak{G}\gamma$ terminorum determinata sint, radicem [1] eatenus tantum definitam esse, ut aliqua ex $\mathfrak{G}\gamma$ radicibus in $(\mathfrak{G}\gamma, 1)$ contentis hoc signo denotari debeat; et perin omnino arbitrarium esse, quidnam ex $\mathfrak{G}$ aggregatis ipsum $(\mathfrak{G}\gamma, 1)$ constituentibus per a designare velimus. Quodsi iam, aliquo aggregato determinato per a expresso supponatur fieri $t = \mathfrak{T}$, facile perspicietur, si postea aggregatum id, quod modo designabatur per b, per a denotare lubeat, ea quae antea erant c, $d \ldots a$, b, nunc fieri b, $c \ldots m$, a, adeoque valorem ipsius t nunc $= \frac{\mathfrak{T}}{R} = \mathfrak{T}R^{\mathfrak{G}-1}$. Simili modo si per a id aggregatum exprimere placet, quod ab initio erat c, valor ipsius t fiet $\mathfrak{T}R^{\mathfrak{G}-2}$, et ita porro t cuicunque quantitatum $\mathfrak{T}$, $\mathfrak{T}R^{\mathfrak{G}-1}$, $\mathfrak{T}R^{\mathfrak{G}-2}$ etc. aequalis censeri potest, *i. e.* cuilibet radici aequ. $x^{\mathfrak{G}} - T = 0$, prout aliud aliudve aggregatum sub $(\mathfrak{G}\gamma, 1)$ contentum per $(\gamma, 1)$ expressum supponatur. *Q. E. D.*

III. Postquam quantitas t hoc modo determinata est, $\mathfrak{G} - 1$ alias investigare oportet, quae ex t prodeunt, si in eius expressione pro R successive RR, R^3, $R^4 \ldots R^{\mathfrak{G}}$ substituuntur, puta

$$t' = a + RRb + R^4c \ldots + R^{2\mathfrak{G}-2}m, \quad t'' = a + R^3b + R^6c \ldots + R^{3\mathfrak{G}-3}m \text{ etc.}$$

Ultima quidem iam habetur, quum manifesto fiat $= a + b + c \ldots + m = (\mathfrak{G}\gamma, 1)$; reliquae vero sequenti modo erui possunt. Si per praecepta art. 345, simili modo ut $t^{\mathfrak{G}}$ antea in I, productum $t^{\mathfrak{G}-2}t'$ evolvitur, probabitur per methodum praecedenti prorsus analogam, quod inde prodeat ad formam talem

$$\mathfrak{N} + \mathfrak{A}(\text{ϐ}\gamma, 1) + \mathfrak{A}'(\text{ϐ}\gamma, g) + \mathfrak{A}''(\text{ϐ}\gamma, gg) \text{ etc.} = T'$$

reduci posse, ita ut $\mathfrak{N}$, $\mathfrak{A}$, $\mathfrak{A}'$ etc. sint functiones rationales integrae ipsius R, adeoque T' quantitas nota, unde habebitur $t' = \frac{T'tt}{T}$. Prorsus eodem modo, si ex evolutione producti $t^{\text{ϐ}-3}t''$ prodire supponitur T'', haec expressio similem formam habebit et proin ex eius valore noto derivabitur t'' per aequationem $t'' = \frac{T''t^3}{T}$; perinde t''' per aequationem talem invenietur $t''' = \frac{T'''t}{T}$, ita ut T''' sit quantitas nota etc.

Haec methodus non foret applicabilis, si fieri posset $t = 0$, unde etiam esse deberet $T = T' = T''$ etc. $= 0$; sed probari potest, hoc esse impossibile, etsi demonstrationem propter prolixitatem hoc loco supprimere oporteat. — Dantur etiam artificia peculiaria, per quae fractiones $\frac{T'}{T}$, $\frac{T''}{T}$ etc. in functiones rationales *integras* ipsius R convertere licet; nec non methodi breviores pro eo casu ubi $\alpha = 1$ valores ipsarum t', t'' etc. eruendi, quae omnia hic silentio praeterire debemus.

IV. Denique simulac t, t', t'' etc. inventae sunt, habebitur statim per obs. III art. praec. $t + t' + t'' +$ etc. $= \text{ϐ}a$, unde valor ipsius a notus erit, ex quo per art. 346 valores omnium reliquorum aggregatorum γ terminorum derivari poterunt. — Valores ipsorum b, c, d etc. etiam per aequationes sequentes elici possunt, quarum ratio cuivis attendenti facile patebit:

$$\text{ϐ}b = R^{\text{ϐ}-1}t + R^{\text{ϐ}-2}t' + R^{\text{ϐ}-3}t'' + \text{etc.}$$
$$\text{ϐ}c = R^{2\text{ϐ}-2}t + R^{2\text{ϐ}-4}t' + R^{2\text{ϐ}-6}t'' + \text{etc.}$$
$$\text{ϐ}d = R^{3\text{ϐ}-3}t + R^{3\text{ϐ}-6}t' + R^{3\text{ϐ}-9}t'' + \text{etc. etc.}$$

Ex magno numero observationum ad disquisitionem praec. pertinentium hic unam tantum attingimus. Quod attinet ad solutionem aequationis purae $x^{\text{ϐ}} - T = 0$, facile patet, T in plerisque casibus valorem imaginarium $P + iQ$ habere, unde illa solutio partim a sectione anguli (cuius tangens $= \frac{Q}{P}$) partim a sectione rationis (unitatis ad $\sqrt{(PP + QQ)}$) in ϐ partes, ut constat, pendebit. Ubi valde mirabile est (quod tamen fusius hic non exsequimur), valorem ipsius $\sqrt[\text{ϐ}]{(PP + QQ)}$ semper *rationaliter* per quantitates iam notas exprimi posse, ita ut, praeter extractionem radicis quadraticae, ad solutionem *sola* sectio anguli requiratur, *e. g.* pro $\text{ϐ} = 3$ sola trisectio anguli.

Tandem quum nihil obstet, quo minus statuamus $\alpha = 1$, $\gamma = 1$ adeoque

$\beta = n-1$: manifestum est, solutionem aequationis $x^n - 1 = 0$ statim reduci posse ad solutionem aequationis purae $n-1^{ti}$ gradus $x^{n-1} - T = 0$, ubi T per radices aequationis $x^{n-1} - 1 = 0$ determinabitur. Unde adiumento observationis modo factae colligitur, sectionem circuli integri in n partes requirere 1° sectionem circuli integri in $n-1$ partes, 2° sectionem alius arcus, qui illa sectione facta construi potest, in $n-1$ partes, 3° extractionem unius radicis quadraticae, et quidem ostendi potest, hanc semper esse $\sqrt{n}$.

Applicatio disquisitionum praecedentium ad functiones trigonometricas. Methodus, angulos quibus singulae radices Ω respondeant dignoscendi.

361.

Superest, ut nexum inter radices Ω atque functiones trigonometricas angulorum $\frac{P}{n}, \frac{2P}{n}, \frac{3P}{n} \ldots \frac{(n-1)P}{n}$ adhuc propius contemplemur. Methodus, quam pro inveniendis radicibus Ω exposuimus, ita comparata est, ut adhuc incertum relinquat (nisi tabulae sinuum inter laborem ita ut supra diximus consultae fuerint, quod tamen minus directum foret), *quaenam* radices *singulis* illis angulis respondeant *i. e.* quaenam radix sit $= \cos\frac{P}{n} + i\sin\frac{P}{n}$, quaenam $= \cos\frac{2P}{n} + i\sin\frac{2P}{n}$ etc. Haec vero incertitudo facile discutitur, reflectendo, cosinus angulorum $\frac{P}{n}, \frac{2P}{n}, \frac{3P}{n} \ldots \frac{(n-1)P}{2n}$ continuo decrescere (siquidem etiam signorum ratio habeatur), sinus omnes positivos esse; angulos $\frac{(n-1)P}{n}, \frac{(n-2)P}{n}, \frac{(n-3)P}{n} \ldots \frac{(n+1)P}{2n}$ vero eosdem resp. cosinus habere ut illos, sinus autem negativos ceterum magnitudine absoluta sinubus illorum aequales. Quare e radicibus Ω duae istae, quae partes reales maximas (inter se aequales) habent, respondebunt angulis $\frac{P}{n}, \frac{(n-1)P}{n}$, et quidem priori ea, ubi quantitas imaginaria i per quantitatem positivam, posteriori ea, ubi i per quantitatem negativam multiplicata est. Ex $n-3$ reliquis radicibus istae rursus, quae maximas partes reales habent, angulis $\frac{2P}{n}, \frac{(n-2)P}{n}$ respondebunt et sic porro. — Simulac ea radix cui angulus $\frac{P}{n}$ respondet agnita est, eae quae angulis reliquis respondent etiam inde distingui poterunt, quod, si illa supponatur esse $= [\lambda]$, angulis $\frac{2P}{n}, \frac{3P}{n}, \frac{4P}{n}$ etc. manifesto respondebunt radices $[2\lambda]$, $[3\lambda]$, $[4\lambda]$ etc. Ita in exemplo art. 353 illico videtur, angulo $\frac{1}{19}P$ aliam radicem respondere non posse quam hanc $[11]$ anguloque $\frac{18}{19}P$ radicem $[8]$; similiter angulis $\frac{2}{19}P, \frac{17}{19}P, \frac{3}{19}P, \frac{16}{19}P$ etc. respondent radices $[3]$, $[16]$, $[14]$, $[5]$ etc. In exemplo art. 354 angulo $\frac{1}{17}P$ manifesto respondet radix $[1]$, angulo $\frac{2}{17}P$ haec $[2]$ etc. Hoc itaque modo cosinus et sinus angulorum $\frac{P}{n}, \frac{2P}{n}$ etc. plene determinati erunt.

Tangentes, cotangentes, secantes et cosecantes e sinubus et cosinubus absque divisione derivantur.

362.

Quod vero attinet ad reliquas functiones trigonometricas horum angulorum, possent eae quidem e cosinubus et sinubus respondentibus per methodos vulgo notas facile derivari, puta secantes et tangentes, dividendo unitatem et sinus per cosinus; nec non cosecantes et cotangentes, dividendo unitatem et cosinus per sinus. Sed commodius plerumque idem obtinetur adiumento formularum sequentium absque divisionibus per meras additiones. Sit ω angulus quicunque ex his $\frac{P}{n}, \frac{2P}{n} \ldots \frac{(n-1)P}{n}$ atque $\cos\omega + i\sin\omega = R$, unde R erit aliqua e radicibus Ω,

$$\cos\omega = \tfrac{1}{2}(R+\tfrac{1}{R}) = \frac{1+RR}{2R}, \quad \sin\omega = \tfrac{1}{2i}(R-\tfrac{1}{R}) = \frac{i(1-RR)}{2R}$$

Hinc fit

$$\sec\omega = \frac{2R}{1+RR}, \quad \operatorname{tang}\omega = \frac{i(1-RR)}{1+RR}, \quad \operatorname{cosec}\omega = \frac{2Ri}{RR-1}, \quad \operatorname{cotang}\omega = \frac{i(RR+1)}{RR-1}$$

Iam numeratores harum quatuor fractionum ita transformare ostendemus, ut per denominatores divisibiles evadant.

I. Propter $R = R^{n+1} = R^{2n+1}$, fit $2R = R + R^{2n+1}$, quam expressionem per $1+RR$ divisibilem esse patet, quum n sit numerus impar. Hinc fit

$$\sec\omega = R - R^3 + R^5 - R^7 \ldots + R^{2n-1}$$

adeoque (quum propter $\sin\omega = -\sin(2n-1)\omega$, $\sin 3\omega = -\sin(2n-3)\omega$ etc. manifesto fiat $\sin\omega - \sin 3\omega + \sin 5\omega \ldots + \sin(2n-1)\omega = 0$)

$$\sec\omega = \cos\omega - \cos 3\omega + \cos 5\omega \ldots + \cos(2n-1)\omega$$

sive tandem, (quoniam $\cos\omega = \cos(2n-1)\omega$, $\cos 3\omega = \cos(2n-3)\omega$ etc.),

$$= 2(\cos\omega - \cos 3\omega + \cos 5\omega \ldots \mp \cos(n-2)\omega) \pm \cos n\omega$$

signo superiori vel inferiori valente prout n est formae $4k+1$ vel $4k+3$. Manifesto haec formula etiam ita exhiberi potest

$$\sec\omega = \pm(1 - 2\cos 2\omega + 2\cos 4\omega \ldots \pm 2\cos(n-1)\omega)$$

II. Simili modo substituendo $1 - R^{2n+2}$ pro $1 - RR$, prodit

$$\text{tang}\,\omega = i(1 - RR + R^4 - R^6 \ldots - R^{2n})$$

sive (quoniam $1 - R^{2n} = 0$, $RR - R^{2n-2} = 2i \sin 2\omega$, $R^4 - R^{2n-4} = 2i \sin 4\omega$ etc.),

$$\text{tang}\,\omega = 2(\sin 2\omega - \sin 4\omega + \sin 6\omega \ldots \mp \sin(n-1)\omega)$$

III. Quum habeatur $1 + RR + R^4 \ldots + R^{2n-2} = 0$ fit

$$n = n - 1 - RR - R^4 \ldots R^{2n-2} = (1-1) + (1 - RR) + (1 - R^4) \ldots + (1 - R^{2n-2})$$

cuius aggregati partes singulae per $1 - RR$ sunt divisibiles. Hinc

$$\begin{aligned}\frac{n}{1-RR} &= 1 + (1 + RR) + (1 + RR + R^4) \ldots + (1 + RR + R^4 \ldots + R^{2n-4}) \\ &= (n-1) + (n-2)RR + (n-3)R^4 \ldots + R^{2n-4}\end{aligned}$$

quocirca multiplicando per 2, subtrahendo

$$0 = (n-1)(1 + RR + R^4 \ldots . + R^{2n-2})$$

rursusque per R multiplicando fit

$$\frac{2nR}{1-RR} = (n-1)R + (n-3)R^3 + (n-5)R^5 \ldots - (n-3)R^{2n-3} - (n-1)R^{2n-1}$$

unde protinus deducitur

$$\begin{aligned}\text{cosec}\,\omega &= \tfrac{1}{n}((n-1)\sin\omega + (n-3)\sin 3\omega \ldots - (n-1)\sin(2n-1)\omega) \\ &= \tfrac{2}{n}((n-1)\sin\omega + (n-3)\sin 3\omega + \text{etc.} + 2\sin(n-2)\omega)\end{aligned}$$

quae formula etiam ita exhiberi potest

$$\text{cosec}\,\omega = -\tfrac{2}{n}(2\sin 2\omega + 4\sin 4\omega + 6\sin 6\omega \ldots + (n-1)\sin(n-1)\omega)$$

IV Multiplicando valorem ipsius $\frac{n}{1-RR}$ supra traditum per $1 + RR$ et subtrahendo

$$0 = (n-1)(1 + RR + R^4 \ldots + R^{2n-2})$$

prodit

$$\frac{n(1+RR)}{1-RR} = (n-2)RR + (n-4)R^4 + (n-6)R^6 \ldots \; - (n-2)R^{2n-2}$$

unde statim sequitur

$$\text{cotang}\,\omega = \tfrac{1}{n}((n-2)\sin 2\omega + (n-4)\sin 4\omega + (n-6)\sin 6\omega \ldots - (n-2)\sin(n-2)\omega$$

$$= \tfrac{2}{n}((n-2)\sin 2\omega + (n-4)\sin 4\omega \ldots + 3\sin(n-3)\omega + \sin(n-1)\omega)$$

quam formulam etiam hocce modo exhibere licet

$$\text{cotang}\,\omega = -\tfrac{2}{n}(\sin\omega + 3\sin 3\omega \ldots + (n-2)\sin(n-2)\omega)$$

Methodus, aequationes pro functionibus trigonometricis successive deprimendi.

363.

Quemadmodum, supponendo $n-1 = ef$, functio X in e factores f dimensionum resolvi potest, simulac valores omnium e aggregatorum f terminorum innotuerunt (art. 348): ita tunc etiam, supponendo $Z = 0$ esse aequationem $n-1^{\text{ti}}$ ordinis, cuius radices sint sinus aut quaelibet aliae functiones trigonometricae angulorum $\frac{P}{n}$, $\frac{2P}{n} \ldots \frac{(n-1)P}{n}$, functio Z in e factores f dimensionum resolvi poterit, cuius rei praecipua momenta haec sunt.

Constet Ω ex e periodis f terminorum his $(f, 1) = P$, P', P'' etc., periodusque P e radicibus $[1]$, $[a]$, $[b]$, $[c]$ etc.; P' ex his $[a']$, $[b']$, $[c']$ etc.; P'' ex his $[a'']$, $[b'']$, $[c'']$ etc. etc. Respondeat radici $[1]$ angulus ω, adeoque radicibus $[a]$, $[b]$ etc. anguli $a\omega$, $b\omega$ etc., radicibus $[a']$, $[b']$ etc. anguli $a'\omega$, $b'\omega$ etc., radicibus $[a'']$, $[b'']$ etc. anguli $a''\omega$, $b''\omega$ etc. etc., perspicieturque facile, omnes hos angulos simul sumtos cum angulis $\frac{P}{n}$, $\frac{2P}{n}$, $\frac{3P}{n} \ldots \frac{(n-1)P}{n}$ respectu functionum trigonometricarum*) convenire. Quodsi itaque functio, de qua agitur, per characterem φ angulo praefixum denotetur; productum ex e factoribus

$$x - \varphi\omega,\ x - \varphi a\omega,\ x - \varphi b\omega \text{ etc.}$$

statuatur $= Y$, productum ex his $x - \varphi a'\omega$, $x - \varphi b'\omega$ etc. $= Y'$, productum ex his $x - \varphi a''\omega$, $x - \varphi b''\omega$ etc. $= Y''$ etc.: necessario erit productum $YY'Y''. \;. = Z$. Superest iam, ut demonstremus, omnes coëfficientes in functionibus Y, Y' Y'' etc. ad formam talem

*) Hoc respectu duo anguli conveniunt, quorum differentia vel peripheriae integrae vel alicui eius multiplo aequalis est, quales *secundum peripheriam congruos* vocare possemus, si congruentiam sensu aliquantum latiori intelligere luberet.

$$A + B(f, 1) + C(f, g) + D(f. gg) \ldots + L(f, g^{e-1})$$

reduci posse. quo facto manifesto omnes pro cognitis habendi erunt, simulac valores omnium aggregatorum f terminorum innotuerunt: hoc sequenti modo efficiemus.

Sicuti $\cos\omega = \frac{1}{2}[1] + \frac{1}{2}[1]^{n-1}$, $\sin\omega = -\frac{1}{2}i[1] + \frac{1}{2}i[1]^{n-1}$, ita per art. praec. reliquae quoque functiones trigonometricae anguli ω ad formam talem reduci possunt $\mathfrak{A} + \mathfrak{B}[1] + \mathfrak{C}[1]^2 + \mathfrak{D}[1]^3 +$ etc., nulloque negotio perspicietur, functionem anguli $k\omega$ tunc fieri $= \mathfrak{A} + \mathfrak{B}[k] + \mathfrak{C}[k]^2 + \mathfrak{D}[k]^3 +$ etc. denotante k integrum quemcunque. Iam quum singuli coëfficientes in Y sint functiones rationales integrae invariabiles ipsarum $\varphi\omega$, $\varphi a\omega$, $\varphi b\omega$ etc., perspicuum est, si pro his quantitatibus valores sui substituantur, singulos coëfficientes fieri functiones rationales integras invariabiles ipsarum $[1]$, $[a]$, $[b]$ etc.; quamobrem per art. 347 ad formam $A + B(f, 1) + C(f, g) +$ etc. reducentur. Et prorsus simili ratione etiam omnes coëfficientes in Y', Y'' etc. ad formam similem reducere licebit. *Q. E. D.*

364.

Circa problema art. praec. quasdam adhuc observationes adiicimus.

I. Quum singuli coëfficientes in Y' sint functiones tales radicum in periodo P' (quam $= (f, a')$ statuere licet) contentarum, quales functiones radicum in P sunt coëfficientes respondentes in Y, ex art. 347 manifestum est, Y' ex Y derivari posse, si modo ubique in Y pro $(f, 1)$, (f, g), (f, gg) etc. resp. substituantur (f, a'), $(f, a'g)$, $(f, a'gg)$ etc. Et perinde Y'' ex Y derivabitur substituendo ubique in Y pro $(f, 1)$, (f, g), (f, gg) etc. resp. (f, a''), $(f, a''g)$, $(f, a''gg)$ etc. etc. Simulatque igitur functio Y evoluta est, reliquae Y', Y'' etc. nullo negotio inde sequuntur.

II. Supponendo

$$Y = x^f - \alpha x^{f-1} + \mathfrak{b} x^{f-2} - \text{etc.}$$

coëfficientes α, $\mathfrak{b}$ etc. erunt resp. summa radicum aequ. $Y = 0$ *i. e.* quantitatum $\varphi\omega$, $\varphi a\omega$, $\varphi b\omega$ etc., summa productorum e binis etc. At plerumque hi coëfficientes multo commodius eruuntur per methodum ei, quae art. 349 tradita est, similem, computando summam radicum $\varphi\omega$, $\varphi a\omega$, $\varphi b\omega$ etc., summam quadratorum, cuborum etc., atque hinc per theorema Newtonianum illos coëfficientes deducendo. — Quoties φ designat tangentem, secantem, cotangentem aut cosecantem, adhuc alia compendia dantur, quae tamen silentio hic praeterimus.

III. Considerationem peculiarem meretur is casus, ubi f est numerus par, adeoque quaevis periodus P, P', P'' etc. ex $\frac{1}{2}f$ periodis binorum terminorum composita. Constet P ex his $(2, 1)$, $(2, \mathfrak{a})$, $(2, \mathfrak{b})$, $(2, \mathfrak{c})$ etc., conveniantque numeri 1, $\mathfrak{a}$, $\mathfrak{b}$, $\mathfrak{c}$ etc. atque $n-1$, $n-\mathfrak{a}$, $n-\mathfrak{b}$, $n-\mathfrak{c}$ etc. simul sumti, cum his 1, a, b, c etc. aut saltem (quod hic eodem redit) his secundum modulum n congrui erunt. Sed est $\varphi(n-1)\omega = \pm\varphi\omega$, $\varphi(n-\mathfrak{a})\omega = \pm\varphi\mathfrak{a}\omega$ etc., signis superioribus valentibus, quoties φ designat cosinum aut secantem, inferioribus, quando φ exprimit sinum, tangentem, cotangentem aut cosecantem. Hinc colligitur, in duobus casibus prioribus inter factores, e quibus compositus est Y, binos semper aequales adeoque Y quadratum esse, et quidem $Y = yy$, si y ponatur aequalis producto ex

$$x-\varphi\omega,\quad x-\varphi\mathfrak{a}\omega,\quad x-\varphi\mathfrak{b}\omega \text{ etc.}$$

Similiter in iisdem casibus functiones reliquae Y', Y'' etc. quadrata erunt, et quidem supponendo P' constare ex $(2, \mathfrak{a}')$, $(2, \mathfrak{b}')$, $(2, \mathfrak{c}')$ etc.; P'' ex $(2, \mathfrak{a}'')$, $(2, \mathfrak{b}'')$, $(2, \mathfrak{c}'')$ etc. etc., productum ex $x-\varphi\mathfrak{a}'\omega$, $x-\varphi\mathfrak{b}'\omega$, $x-\varphi\mathfrak{c}'\omega$ etc. esse $= y'$, productum ex $x-\varphi\mathfrak{a}''\omega$, $x-\varphi\mathfrak{b}''\omega$ etc. $= y''$ etc., erit $Y' = y'y'$, $Y'' = y''y''$ etc.; nec non etiam functio Z quadratum erit (conf. supra art. 337), et radix producto ex y, y', y'' etc. aequalis. Ceterum facile perspicietur, y', y'' etc. perinde ex y derivari, ut Y', Y'' etc. ex Y sequi ante in I diximus; nec non singulos coëfficientes in y quoque ad formam

$$A + B(f, 1) + C(f, g) + \text{etc.}$$

reduci posse, quum summae singularum potestatum rad. aequ. $y = 0$ manifesto sint semisses potestatum aequ. $Y = 0$, adeoque ad talem formam reducibiles. In quatuor casibus posterioribus autem Y erit productum e factoribus

$$xx-(\varphi\omega)^2,\quad xx-(\varphi\mathfrak{a}\omega)^2,\quad xx-(\varphi\mathfrak{b}\omega)^2 \text{ etc.}$$

adeoque formae

$$x^f - \lambda x^{f-2} + \mu x^{f-4} - \text{etc.}$$

patetque coëfficientes λ, μ etc. e summis quadratorum, biquadratorum etc. radicum $\varphi\omega$, $\varphi\mathfrak{a}\omega$ $\varphi\mathfrak{b}\omega$ etc. deduci posse; et similiter se habebunt functiones Y', Y'' etc.

Ex. I. Sit $n = 17$, $f = 8$ atque designet φ cosinum. Hinc fit

$$Z = (x^8 + \tfrac{1}{2}x^7 - \tfrac{7}{4}x^6 - \tfrac{3}{4}x^5 + \tfrac{15}{16}x^4 + \tfrac{5}{16}x^3 - \tfrac{5}{32}xx - \tfrac{1}{32}x + \tfrac{1}{256})^2$$

oportetque adeo $\sqrt{Z}$ in duos factores quaternarum dimensionum y, y' resolvere. Periodus $P = (8, 1)$ constat ex $(2, 1)$, $(2, 9)$, $(2, 13)$, $(2, 15)$, unde y erit productum e factoribus

$$x - \varphi\omega,\quad x - \varphi 9\omega,\quad x - \varphi 13\omega,\quad x - \varphi 15\omega$$

Substituendo $\tfrac{1}{2}[k] + \tfrac{1}{2}[n-k]$ pro $\varphi k\omega$, invenitur

$$\varphi\omega + \varphi 9\omega + \varphi 13\omega + \varphi 15\omega = \tfrac{1}{2}(8,1),\ (\varphi\omega)^2 + (\varphi 9\omega)^2 + (\varphi 13\omega)^2 + (\varphi 15\omega)^2 = 2 + \tfrac{1}{4}(8,1)$$

perinde summa cuborum $= \tfrac{3}{8}(8, 1) + \tfrac{1}{8}(8, 3)$, summa biquadratorum $= 1\tfrac{1}{2} + \tfrac{5}{16}(8, 1)$; hinc per theorema Newtonianum coëfficientibus in y determinatis prodit

$$y = x^4 - \tfrac{1}{2}(8,1)x^3 + \tfrac{1}{4}((8,1) + 2(8,3))xx - \tfrac{1}{8}((8,1) + 3(8,3))x + \tfrac{1}{16}((8,1) + (8,3))$$

y' vero ex y derivatur commutando $(8, 1)$ cum $(8, 3)$; substituendo itaque pro $(8, 1)$, $(8, 3)$ valores $-\tfrac{1}{2} + \tfrac{1}{2}\sqrt{17}$, $-\tfrac{1}{2} - \tfrac{1}{2}\sqrt{17}$ fit

$$y = x^4 + (\tfrac{1}{4} - \tfrac{1}{4}\sqrt{17})x^3 - (\tfrac{3}{8} + \tfrac{1}{8}\sqrt{17})xx + (\tfrac{1}{4} + \tfrac{1}{8}\sqrt{17})x - \tfrac{1}{16}$$
$$y' = x^4 + (\tfrac{1}{4} + \tfrac{1}{4}\sqrt{17})x^3 - (\tfrac{3}{8} - \tfrac{1}{8}\sqrt{17})xx + (\tfrac{1}{4} - \tfrac{1}{8}\sqrt{17})x - \tfrac{1}{16}$$

Simili modo $\sqrt{Z}$ in quatuor factores binarum dimensionum resolvi potest, quorum primus erit $(x - \varphi\omega)(x - \varphi 13\omega)$, secundus $(x - \varphi 9\omega)(x - \varphi 15\omega)$, tertius $(x - \varphi 3\omega)(x - \varphi 5\omega)$, quartus $(x - \varphi 10\omega)(x - \varphi 11\omega)$, omnesque coëfficientes in his factoribus per quatuor aggregata $(4, 1)$, $(4, 9)$, $(4, 3)$, $(4, 10)$ exprimi poterunt. Manifesto autem productum e factore primo in secundum erit y, productum e tertio in quartum y'

Ex II. Si, omnibus reliquis manentibus, φ sinum indicare supponitur, ita ut

$$Z = x^{16} - \tfrac{17}{4}x^{14} + \tfrac{119}{16}x^{12} - \tfrac{221}{32}x^{10} + \tfrac{935}{256}x^8 - \tfrac{561}{512}x^6 + \tfrac{357}{2048}x^4 - \tfrac{51}{4096}xx + \tfrac{17}{65536}$$

in duos factores 8 dimensionum y, y' resolvere oporteat, erit y productum e quatuor factoribus duplicibus

$$xx-(\varphi\omega)^2,\ xx-(\varphi 9\omega)^2,\ xx-(\varphi 13\omega)^2,\ xx-(\varphi 15\omega)^2$$

Iam quum sit $\varphi k\omega = -\frac{1}{2}i[k]+\frac{1}{2}i[n-k]$, erit

$$(\varphi k\omega)^2 = -\tfrac{1}{4}[2k]+\tfrac{1}{2}[n]-\tfrac{1}{4}[2n-2k] = \tfrac{1}{2}-\tfrac{1}{4}[2k]-\tfrac{1}{4}[2n-2k]$$

hinc deducitur summa quadratorum radicum $\varphi\omega$, $\varphi 9\omega$, $\varphi 13\omega$ $\varphi 15\omega$ haec $2-\frac{1}{4}(8,1)$, earundem biquadratorum summa $=\frac{3}{2}-\frac{3}{16}(8,1)$, summa potestatum sextarum $=\frac{5}{4}-\frac{9}{64}(8,1)-\frac{1}{64}(8,3)$, summa octavarum $\frac{35}{32}-\frac{27}{256}(8,1)-\frac{1}{32}(8,3)$. Hinc fit

$$y = x^8-(2-\tfrac{1}{4}(8,1))x^6+(\tfrac{3}{2}-\tfrac{5}{16}(8,1)+\tfrac{1}{8}(8,3))x^4$$
$$-(\tfrac{1}{2}-\tfrac{9}{64}(8,1)+\tfrac{5}{64}(8,3))xx+\tfrac{1}{16}-\tfrac{5}{256}(8,1)+\tfrac{3}{256}(8,3)$$

y' derivatur ex y commutando $(8,1)$, $(8,3)$, ita ut per substitutionem valorum horum aggregatorum habeatur

$$y = x^8-(\tfrac{17}{8}-\tfrac{1}{8}\sqrt{17})x^6+(\tfrac{51}{32}-\tfrac{7}{32}\sqrt{17})x^4-(\tfrac{17}{32}-\tfrac{7}{64}\sqrt{17})xx+\tfrac{17}{256}-\tfrac{1}{64}\sqrt{17}$$
$$y' = x^8-(\tfrac{17}{8}+\tfrac{1}{8}\sqrt{17})x^6+(\tfrac{51}{32}+\tfrac{7}{32}\sqrt{17})x^4-(\tfrac{17}{32}+\tfrac{7}{64}\sqrt{17})xx+\tfrac{17}{256}+\tfrac{1}{64}\sqrt{17}$$

Perinde Z in quatuor factores resolvi potest, quorum coëfficientes per aggregata quatuor terminorum exprimi possunt, et quidem productum e duobus erit y, productum e duobus reliquis y.

Sectiones circuli, quas per aequationes quadraticas sive per constructiones geometricas perficere licet.

365.

Reduximus itaque, per disquisitiones praecedentes, sectionem circuli in n partes, si n est numerus primus, ad solutionem tot aequationum, in quot factores resolvere licet numerum $n-1$, quarum aequationum gradus per magnitudinem factorum determinantur. Quoties itaque $n-1$ est potestas numeri 2, quod evenit pro valoribus ipsius n his 3, 5, 17, 257, 65537 etc, sectio circuli ad solas aequationes quadraticas reducetur, functionesque trigonometricae angulorum $\frac{P}{n}$, $\frac{2P}{n}$ etc. per radices quadraticas plus minusve complicatas (pro magnitudine ipsius n) exhiberi poterunt; quocirca in his casibus sectio circuli in n partes, sive descriptio polygoni regularis n laterum manifesto per constructiones geometricas absolvi poterit. Ita *e. g.* pro $n = 17$ ex artt. 354, 361 facile pro cosinu anguli $\frac{1}{17}P$ expressio haec derivatur:

$$-\tfrac{1}{16} + \tfrac{1}{16}\sqrt{17} + \tfrac{1}{16}\sqrt{(34 - 2\sqrt{17})} + \tfrac{1}{8}\sqrt{(17 + 3\sqrt{17} - \sqrt{(34 - 2\sqrt{17})} - 2\sqrt{(34 + 2\sqrt{17})})}$$

cosinus multiplorum illius anguli formam similem, sinus autem uno signo radicali plus habent. Magnopere sane est mirandum, quod, quum iam Euclidis temporibus circuli divisibilitas geometrica in tres et quinque partes nota fuerit nihil his inventis intervallo 2000 annorum adiectum sit, omnesque geometrae tamquam certum pronuntiaverint, praeter illas sectiones easque, quae sponte inde demanant, puta sectiones in 15, 3.2^{μ}, 5.2^{μ}, 15.2^{μ} nec non in 2^{μ} partes, nullas alias per constructiones geometricas absolvi posse. — Ceterum facile probatur, si numerus primus n sit $= 2^m + 1$, etiam exponentem m alios factores primos quam numerum 2 implicare non posse, adeoque vel $= 1$ vel $= 2$ vel altiori potestati numeri 2 aequalem esse debere; si enim m per ullum numerum imparem ζ (unitate maiorem) divisibilis esset atque $m = \zeta\eta$, foret $2^m + 1$ divisibilis per $2^{\eta} + 1$, adeoque necessario compositus. Omnes itaque valores ipsius n, pro quibus ad meras aequationes quadraticas deferimur, sub forma $2^{2^{\nu}} + 1$ continentur; ita quinque numeri 3, 5, 17, 257, 65537 prodeunt statuendo $\nu = 0, 1, 2, 3, 4$ sive $m = 1, 2, 4, 8, 16$. Neutiquam vero pro *omnibus* numeris sub illa forma contentis sectio circuli geometrice perficitur, sed pro iis tantum, qui sunt numeri primi. Fermatius quidem inductione deceptus affirmaverat, omnes numeros sub illa forma contentos necessario primos esse; at ill. Euler hanc regulam iam pro $\nu = 5$ sive $m = 32$ erroneam esse numero $2^{32} + 1 = 4294967297$ factorem 641 involvente, primus animadvertit.

Quoties autem $n - 1$ alios factores primos praeter 2 implicat, semper ad aequationes altiores deferimur; puta ad unam pluresve cubicas, quando 3 semel aut pluries inter factores primos ipsius $n - 1$ reperitur, ad aequationes quinti gradus, quando $n - 1$ divisibilis est per 5 etc., OMNIQUE RIGORE DEMONSTRARE POSSUMUS, HAS AEQUATIONES ELEVATAS NULLO MODO NEC EVITARI NEC AD INFERIORES REDUCI POSSE, etsi limites huius operis hanc demonstrationem hic tradere non patiantur, quod tamen monendum esse duximus, ne quis adhuc alias sectiones praeter eas, quas theoria nostra suggerit, *e.g.* sectiones in 7, 11, 13, 19 etc. partes, ad constructiones geometricas perducere speret tempusque inutiliter terat.

366.

Si circulus in a^α partes secandus est, designante a numerum primum, manifesto hoc geometrice perficere licet, quando $a = 2$, neque vero pro ullo alio valore ipsius a, siquidem $\alpha > 1$; tunc enim praeter eas aequationes, quae ad sectionem in a partes requiruntur, necessario adhuc $\alpha - 1$ alias a^{ti} gradus solvere oportet; etiam has nullo modo nec evitare nec deprimere licet. Gradus itaque aequationum necessariarum e factoribus primis numeri $(a-1)a^{\alpha-1}$ generaliter (scilicet pro eo quoque casu ubi $\alpha = 1$) cognosci possunt.

Denique si circulus in $N = a^\alpha b^\beta c^\gamma \ldots$ partes secandus est, denotantibus a, b, c etc. numeros primos inaequales, sufficit, sectiones in a^α, b^β, c^γ etc. partes perfecisse (art. 336); quare ut gradus aequationum ad hunc finem necessarium cognoscantur, factores primos numerorum

$$(a-1)a^{\alpha-1},\ (b-1)b^{\beta-1},\ (c-1)c^{\gamma-1} \text{ etc.}$$

sive quod hic eodem redit producti ex his numeris considerare oportet. Observetur, hoc productum exprimere multitudinem numerorum ad N primorum ipsoque minorum (art. 38). Geometrice itaque sectio tunc tantummodo absolvitur, quando hic numerus est potestas binarii; quando vero factores primos alios quam 2 puta p p etc. implicat, aequationes gradus p^{ti}, p'^{ti} etc. nullo modo evitari possunt. Hinc colligitur generaliter, ut circulus geometrice in N partes dividi possit, N esse debere *vel* 2 aut altiorem potestatem ipsius 2, *vel* numerum primum formae $2^m + 1$, *vel* productum e pluribus huiusmodi numeris primis, *vel* productum ex uno tali primo aut pluribus in 2 aut potestatem altiorem ipsius 2; sive brevius, requiritur, ut N neque ullum factorem primum imparem qui non est formae $2^m + 1$, implicet, neque etiam ullum factorem primum formae $2^m + 1$ pluries. Huiusmodi valores ipsius N infra 300 reperiuntur hi 38:

2, 3, 4, 5, 6, 8, 10, 12, 15, 16, 17, 20, 24, 30, 32, 34, 40, 48, 51, 60, 64, 68, 80, 85, 96, 102, 120, 128, 136, 160, 170, 192, 204, 240, 255, 256, 257, 272.

ADDITAMENTA.

Ad art. 28. Solutio aequationis indeterminatae $ax = by \pm 1$ non primo ab ill. Eulero (ut illic dicitur) sed iam a geometra 17^{mi} saeculi Bachet de Meziriac, celebri Diophanti editore et commentatore, perfecta est, cui ill. La Grange hunc honorem vindicavit (*Add. à l'Algèbre d'Euler p.* 525, ubi simul methodi indoles indicata est), Bachet inventum suum in editione secunda libri *Problemes plaisans et délectables qui se font par les nombres*, 1624, tradidit; in editione prima (à Lyon 1612) quam solam mihi videre licuit, nondum exstat. verumtamen iam annuntiatur.

Ad artt. 151, 296. 297. Ill. Le Gendre demonstrationem suam denuo exposuit in opere praeclaro *Essai d'une théorie des nombres* p. 214 sqq., attamen ita, ut nihil essentiale mutatum sit: quamobrem haec methodus etiamnum omnibus obiectionibus in art. 297 prolatis obnoxia manet. Theorema quidem (cui una suppositio innititur), in quavis progressione arithmetica l, $l+k$, $l+2k$ etc, numeros primos reperiri, si k et l divisorem communem non habeant, fusius in hoc opere consideratum est p. 12 sqq : sed rigori geometrico nondum satisfactum esse videtur. Attamen tunc quoque, quando hoc theorema plene demonstratum erit: suppositio altera supererit (dari numeros primos formae $4n+3$, quorum non-residuum quadraticum sit numerus primus datus formae $4n+1$ positive sumtus), quae an *rigorose* demonstrari possit, nisi theorema fundamentale ipsum iam *supponatur*, nescio. Ceterum observare oportet, ill. Le Gendre hanc posteriorem suppositionem non tacite assumsisse, sed ipsum quoque eam non dissimulavisse, p. 221.

Ad artt. 288—293. De eodem argumento, quod hic tamquam applicatio specialis theoriae formarum ternariarum exhibetur, et respectu rigoris et generalitatis ita absolutum esse videtur, ut nihil amplius desiderari possit, ill. Le Gendre in parte III operis sui p. 321—400 disquisitionem multo ampliorem instituit*). Principiis et methodis usus est a nostris prorsus diversis: attamen hac via compluribus difficultatibus implicatus est, quae effecerunt, ut theoremata palmaria demonstratione rigorosa munire non licuerit. Has difficultates ipse candide indicavit: sed ni fallimur hae quidem facilius forsan auferri poterunt, quam ea, quod in hac quoque disquisitione theorema modo memoratum (In quavis progressione arithmetica e.c.) suppositum est, p. 371 annot. in fine.

Ad a t. 306 VIII. In chiliade tertia determinantium negativorum reperti sunt 37 irregulares, inter quos 18 habent indicem irregularitatis 2, et 19 reliqui indicem 3.

Ad eundem X. Quaestionem hic propositam plene solvere nuper successit, quam disquisitionem plures partes tum Arithmeticae sublimioris tum Analyseos mirifice illustrantem in continuatione huius operis trademus quam primum licebit. Eadem docuit, coëfficientem m in art. 304, esse $= \gamma\pi = 2{,}3458847616$, designante γ eandem quantitatem ut in art. 302, et π ut ibidem semicircumferentiam circuli, cuius radius 1.

---

*) Vel nobis non monentibus lectores cavebunt, ne nostras formas ternarias cum eo, quod ill. Le Gendre *forme trinaire d'un nombre* dixit, confundant. Scilicet per hanc expressionem indicavit decompositionem numeri in tria quadrata.

T A B U L A E.

TABULA I. (artt. 58, 91)

		2. 3. 5. 7.11	13.17.19.23.29	31.37.41.43.47	53.59.61.67.71	73.79.83.89
3	2	1				
5	2	1. 3				
7	3	2. 1. 5				
9	2	1. *. 5. 4				
11	2	1. 8. 4. 7				
13	6	5. 8. 9. 7.11				
16	5	*. 3. 1. 2. 1	3			
17	10	10.11. 7. 9.13	12			
19	10	17. 5. 2.12. 6	13. 8			
23	10	8.20.15.21. 3	12.17 5			
25	2	1. 7 * 5.16	19.13.18.11			
27	2	1 *. 5.16.13	8.15.12.11			
29	10	11.27.18.20.23	2. 7.15.24			
31	17	12.13.20. 4.29	23. 1.22.21.27			
32	5	* 3. 1. 2. 5	7. 4. 7 6. 3	0		
37	5	11.34. 1.28. 6	13. 5.25.21.15	27		
41	6	26.15.22.39. 3	31.33. 9.36. 7	28. 32		
43	28	39.17. 5. 7. 6	40.16.29.20.25	32.35.18		
47	10	30.18.17.38.27	3.42.29.39.43	5.24.25.37		
49	10	2.13.41. *.16	9.31.35.32.24	7.38.27 36.23		
53	26	25. 9.31.38.46	28.42.41.39. 6	45.22.33.30. 8		
59	10	25.32.34.44.45	23.14.22.27. 4	7.41. 2.13.53	28	
61	10	47.42.14.23.45	20.49.22.39.25	13.33.18.41.40	51.17	
64	5	*. 3. 1.10. 5	15.12. 7.14.11	8. 9.14.13.12	5. 1. 3	
67	12	29. 9.39. 7.61	23. 8.26.20.22	43.44.19.63.64	3.54. 5	
71	62	58.18.14.33.43	27. 7.38. 5. 4	13.30.55.44.17	59.29.37.11	
73	5	8. 6. 1.33.55	59.21.62.46.35	11.64. 4.51.31	53. 5.58.50.44	
79	29	50.71.34.19.70	74. 9.10.52. 1	76.23.21.47.55	7.17.75.54.33	4
81	11	25. *.35.22. 1	38.15.12. 5. 7	14.24.29.10.13	45.53. 4.20.33	48.52
83	50	3.52.81.24.72	67. 4.59.16.36	32.60.38.49.69	13.20.34.53.17	43.47
89	30	72.87.18. 7. 4	65.82.53.31.29	57.77.67.59.34	10.45.19.32.26	68.46.27
97	10	86. 2.11.53.82	83.19.27 79.47	26.41.71.44.60	14.65.32.51.25	20.42.91.18

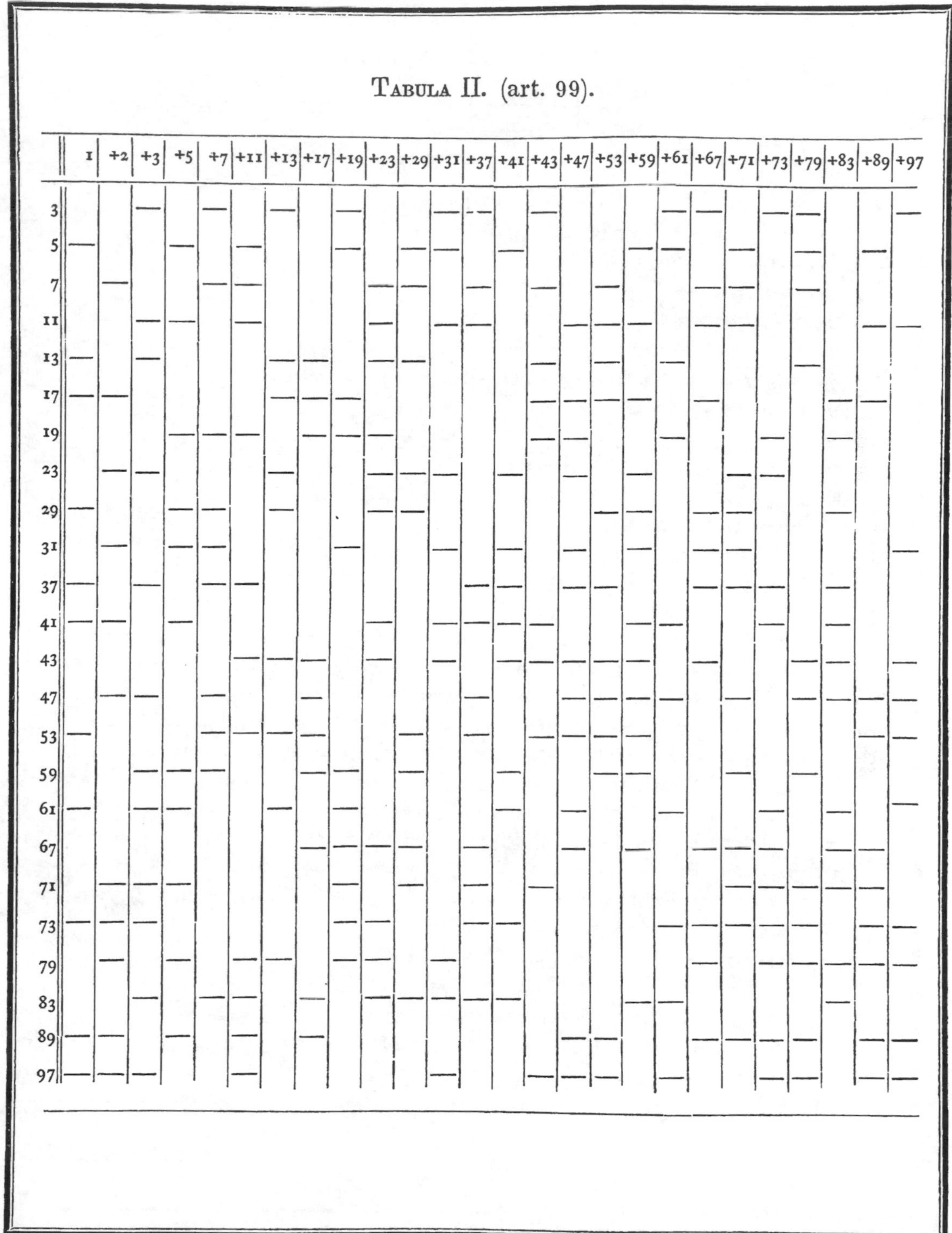

Tabula II. (art. 99).

	1	+2	+3	+5	+7	+11	+13	+17	+19	+23	+29	+31	+37	+41	+43	+47	+53	+59	+61	+67	+71	+73	+79	+83	+89	+97
3			—		—		—		—			—	—		—				—	—		—	—			—
5	—			—		—			—		—	—		—				—	—		—		—		—	
7		—			—	—				—	—		—		—		—			—	—		—			
11			—	—		—				—		—	—			—	—	—		—	—				—	—
13	—		—				—	—		—	—				—		—		—				—			
17	—	—					—	—	—						—	—	—	—		—				—	—	
19				—	—	—		—	—	—					—	—			—			—		—		
23		—	—				—			—	—	—		—		—		—			—	—				
29	—			—	—		—			—	—						—	—		—	—			—		
31		—		—	—				—			—		—		—		—		—	—					—
37	—		—		—	—							—	—		—	—			—	—	—		—		
41	—	—		—						—		—	—	—	—			—	—			—		—		
43						—	—	—		—		—		—	—	—	—	—		—			—	—		—
47		—	—		—			—					—			—	—	—	—		—		—	—	—	—
53	—				—	—	—	—			—		—		—	—	—	—							—	—
59			—	—	—			—	—		—			—			—	—			—		—			
61	—		—	—			—		—					—		—			—			—		—		—
67								—	—	—	—		—			—		—		—	—	—		—	—	
71		—	—	—					—		—		—		—						—	—	—	—	—	
73	—	—	—						—	—			—	—					—	—	—	—	—		—	—
79		—		—		—	—		—	—		—								—		—	—	—	—	—
83			—		—	—		—		—	—	—	—	—				—	—					—		
89	—	—		—		—		—								—	—			—	—	—	—		—	—
97	—	—	—			—						—			—	—	—		—			—	—		—	—

TABULA III. (art. 316).

3	(0)..3; (1)..6
7	(0)..142857
9	(0)..1; (1)..2; (2)..4; (3)..8; (4)..7; (5)..5
11	(0)..09; (1)..18; (2)..36; (3)..72; (4)..45
13	(0)..076923; (1)..461538
17	(0)..0588235294 117647
19	(0)..0526315789 47368421
23	(0)..0434782608 6956521739 13
27	(0)..037; (1)..074; (2)..148; (3)..296; (4)..592; (5)..185
29	(0)..0344827586 2068965517 24137931
31	(0)..0322580645 16129; (1)..5483870967 74193
37	(0)..027; (1)..135; (2)..675; (3)..378; (4)..891; (5)..459
	(6)..297; (7)..486; (8)..432; (9)..162; (10)..810; (11)..054
41	(0)..02439; (1)..14634; (2)..87804; (3)..26829; (4)..60975; (5)..65853; (6)..95121; (7)..70731
43	(0)..0232558139 5348837209 3; (1)..6511627906 9767441860 4
47	(0)..0212765957 4468085106 3829787234 0425531914 893617
49	(0)..0204081632 6530612244 8979591836 7346938775 51
53	(0)..0188679245 283; (1)..4905660377 358; (2)..7547169811 320; (3)..6226415094 339
59	(0)..0169491525 4237288135 5932203389 8305084745 7627118644 06779661
61	(0)..0163934426 2295081967 2131147540 9836065573 7704918032 7868852459
67	(0)..0149253731 3432835820 8955223880 597; (1)..1791044776 1194029850 7462686567 164
71	(0)..0140845070 4225352112 6760563380 28169; (1)..8732394366 1971830985 9154929577 46478
73	(0)..01369863; (1)..06849315; (2)..34246575; (3)..71232876; (4)..56164383
	(5)..80821917; (6)..04109589; (7)..20547945; (8)..02739726
79	(0)..0126582278 481; (1)..3670886075 949; (2)..6455696202 531
	(3)..7215189873 417; (4)..9240506329 113; (5)..7974683544 303
81	(0)..012345679; (1). 135802469; (2)..493827160; (3)..432098765; (4)..753086419; (5)..283950617
83	(0)..0120481927 7108433734 9397590361 4457831325 3
	(1)..6024096385 5421686746 9879518072 2891566265 0
89	(0)..0112359550 5617977528 0898876404 4943820224 7191
	(1)..3370786516 8539325842 6966292134 8314606741 5730
97	(0)..0103092783 5051546391 7525773195 8762886597 9381443298 9690721649 4845360824 7422680412
	3711340206 185567

CONTENTA.

60

GOSLARIAE EX OFFICINA E. W. G. KIRCHER.

ANHANG.

HANDSCHRIFTLICHE AUFZEICHNUNGEN VON GAUSS.

Zu Art. 40. *Accedente numero tertio* C, *sit* λ' *maximus divisor communis numerorum* λ, C, *determinenturque numeri* k, γ *ita ut sit* $k\lambda+\gamma C=\lambda'$, *unde erit* $k\alpha A+k\beta B+\gamma C=\lambda'$. *Manifesto autem* λ *est divisor communis numerorum* A, B. C, *et quidem maximus, si enim exstaret major* $=\theta$, *foret*

$$k\alpha.\frac{A}{\theta}+k\beta.\frac{B}{\theta}+\gamma.\frac{C}{\theta}=\frac{\lambda'}{\theta} \quad \textit{integer, Q. E. A.}$$

Factum est itaque quod propositum fuerat, dum statuimus $k\alpha=a$, $k\beta=b$, $\gamma=c$, $\lambda'=\mu$.

Zu Art. 114. *Concinnius demonstratio ita adornatur* $(a^{3n}-a^n)^2=2+(a^{4n}+1)(a^{2n}-2)$, $(a^{3n}+a^n)^2=-2+(a^{4n}+1)(a^{2n}+2)$ *adeoque* $\sqrt{2}\equiv\pm(a^{3n}-a^n)$, $\sqrt{-2}\equiv\pm(a^{3n}+a^n)$ (*mod.* $8n+1$)

Zu den in Art. 256 VI angegebenen 16 positiven Determinanten von der Form $8n+5$, für welche die Anzahl der eigentlich primitiven Classen drei mal grösser ist als die der uneigentlich primitiven '37, .. 573' sind hinzugefügt: *677, 701, 709, 757, 781, 813, 829, 877, 885, 901, 909, 925, 933, 973, 997 adeoque inter 125 exstant 31.*

Zu den Worten des Art. 301: Hoc modo summa mult. gen. pro dett. -1 usque ad -100 invenitur $=234,4$ quum revera sit 233. — — *a —1 usque ad —3000, tabula 11166, formula 11167,9.*

Zu Art. 336. *Wären alle Zahlen der Form* $2^{2^m}+1$ *Primzahlen, so würde ein hinlänglich genäherter Ausdruck für die Menge der in Rede stehenden Zahlen (N) kleiner als die gegebene Zahl* M, *folgender sein* $\frac{1}{2}\left(\frac{\log M}{\log 2}\right)^2$

Zu dem Lehrsatze in Art. 42 über die Theiler einer algebraischen ganzen rationalen Function mit ganzzahligen Coëfficienten — — *1797 Jul. 22.*

Zu den Worten des Art. 130: Postquam rigorose demonstravimus, quemvis numerum primum formae $4n+1$, et positive et negative acceptum, alicuivis numeri primi ipso minoris non-residuum esse, — — *Hanc demonstrationem deteximus 1796 Apr. 8.*

Zu Art. 131. *Theorema fundamentale per inductionem detectum 1795 Martio. Demonstratio prima, quae in hac sectione traditur, inventa 1796 Apr.*

Zu den Worten des Art. 133: Investigationem (theor. fund.) adhuc generalius instituamus. Contemplemur duos numeros quoscunque impares inter se primos, signis quibuscunque affectos, P et Q. — — *1796 Apr. 29.*

Zu den Worten des Art. 145: Praeterea theoremata ad residua $+2$ et -2 pertinentia tunc supponi debuissent; quum vero nostra demonstratio absque his theorematibus sit perfecta, novam hinc methodum nanciscimur, illa demonstrandi. — — *1797 Febr. 4.*

Zu der Ueberschrift der Sectio quinta: De formis aequationibusque indeterminatis secundi gradus. — — *Inde a Jun. 22. 1796.*

Zu den Worten des Art. 234: .. ad aliud argumentum gravissimum transimus a nemine hucusque attactum, de formarum compositione. — — *Hae disquiss. inchoatae autumno 1798.*

Zu den Worten des Art. 262: Ex hoc principio methodum novam haurire possumus, non modo theorema fundamentale, sed etiam reliqua theoremata Sect. praec. ad residua -1, $+2$, -2 pertinentia demonstrandi, — — *Principia huius methodi primum se obtulerant 1796 Jul. 27, at exculta et ad formam praesentem reducta Vere a. 1800.*

Zu den Worten des Art. 266: sed quoniam complures veritates ad has spectantes, eaeque pulcherrimae, adhuc supersunt, quarum fons proprius in theoria formarum ternariarum secundi gradus est quaerendus, brevem ad hanc theoriam digressionem hic intercalamus, — — *Febr. 14. 1799.*

Zu den Worten des Art. 272: scilicet ostendendo, primo, quo pacto quaevis forma ternaria ad formam simpliciorem reduci possit, dein, formarum simplicissimarum (ad quas per tales reductiones perveniatur), multitudinem pro quovis determinante dato esse finitam. — — *1800 Febr. 13.*

Zu den Worten des Art. 287 III: Prorsus simili ratione probatur, in ordine improprie primitivo eos characteres, qui per praecepta art 264 II, III soli possibiles inveniuntur, omnes possibiles esse, sive sint P sive Q — Haecce theoremata, etc. — — *Demonstratione primum munita sunt Mense Aprili 1798.*

Zu den Worten des Art. 302: Multitudo classium mediocris autem (quae definitione opus non habebit) valde regulariter crescit, — — *Idea prima initio a 1799.*

Zu den Worten des Art. 306 X: Denique observamus, quum omnes proprietates in hoc art. et praec. consideratae imprimis a numero n pendeant, qui simile quid est ac $p-1$ in Sect. III, hunc numerum summa attentione dignum esse; quamobrem quam maxime optandum esset, ut inter ipsum atque determinantem, ad quem pertinet, nexus generalis detegatur. — — *Ex voto nobis ac sic successit ut nihil amplius desiderandum supersit Nov. 30—Dec. 3. 1800.*

Zu Art. 365. *Circulum in 17 partes divisibilem esse geometrice, deteximus 1796 Mart. 30.*

SCHLUSSBEMERKUNG ZUR NEUEN AUSGABE.

Dieser erste Band von GAUSS Werken ist ein Wiederabdruck der im Jahre 1801 in Octav erschienenen sieben Sectionen der Disquis. Arithm. Die achte Section, auf die an mehren Stellen verwiesen wird und die GAUSS wol anfangs mit den übrigen zu veröffentlichen beabsichtigte, findet sich unter seinen Handschriften. Da er die Ausarbeitung derselben aber nicht in gleicher Weise abgeschlossen hat wie die der sieben ersten Sectionen, so wird sie in dieser Ausgabe den arithmetischen Abhandlungen des Nachlasses sich anschliessen.

Textänderungen sind in den Disqu. Ar. nur an folgenden Stellen vorgenommen:

In Art. 125 sind die beiden Einschaltungen (si >5) und (>17; sed $-13N3$, $-17N5$) eingefügt worden.

In Art. 126. *Demonstr.* ist 'in serie (I) a terminos esse per p divisibiles, b terminos per p^2 divisibiles, c terminos per p^3 divisibiles etc.' statt 'in serie (I) a terminos esse per p divisibiles neque vero per p^2, b terminos per p^2 non autem per p^3 divisibiles, c terminos per p^3 non autem per p^4 etc.' gesetzt worden.

In Art. 128 III sind die nach 'Si enim $+b$ vel $-b \equiv r$ (mod. p), erit $bb \equiv rr$ (mod. $2p$), adeoque terminus $\frac{1}{2}(a-bb)$ per p divisibilis.' in der Ausgabe von 1801 noch folgenden Worte 'multoque magis $2(a-bb)$.' ausgelassen.

In Art. 129 ist überall $2\sqrt{a}+1$ statt $2\sqrt{a}$ und demnach 9 statt 4 als diejenige Zahl, bis zu welcher a jedenfalls nicht herabgeht, gesetzt worden.

In Art. 139 lautete der Schluss der Untersuchung über den Fall (4) 'Facile vero perspicitur, ex ista aequatione deduci posse haec $a'pRh$, $\pm ahpRa'$, $\pm aa'hRp$; quae cum iis quae in (2) invenimus conveniunt. In reliquis autem demonstratio est eadem.' Dieses ist gemass der Note geändert, die GAUSS dem Art. 2 der Abhandlung *Theorematis arithmetici demonstratio nova* beigefügt hat: 'Haud abs re erit, levem aliquem errorem, qui nescio qua negligentia in illius demonstrationis expositionem irrepsit, hic indicare atque corrigere. Pag. (108) inde a l. (14) ratiocinia sequentia sunt substituenda: Facile vero perspicitur, ex ista aequatione deduci posse haec $a'pRh \ldots (\alpha)$; $\pm ahRa' \ldots (\beta)$; $\pm ahRp \ldots (\gamma)$. Ex (α) quod convenit cum (α) in (2) sequitur perinde ut illic, esse vel simul hRp, hRa', vel hNp, hNa'. Sed in casu priori foret per (β), aRa' contra hyp.; quare erit hNp, adeoque per (γ) etiam aNp.

In Art. 171 ist zufolge einer handschriftlichen Bemerkung 'in qua A nec maior quam $\sqrt{\frac{4}{3}D}$, C, nec minor quam $2B$' statt 'in qua A non $>\sqrt{\frac{4}{3}D}$, B non $>\frac{1}{2}A$, C non $<A$' gesetzt worden.

In Art. 174. *Methodus secunda.* ist 'Quum a non erit $>\sqrt{\frac{4}{3}D}$, omnes formae quae hoc modo prodeunt, manifesto erunt reductae.' gesetzt statt 'Si quae formae hoc modo prodeunt, in quibus $a>\sqrt{\frac{4}{3}D}$, erunt reiiciendae, reliquae vero omnes manifesto erunt reductae.'

In Art. 256 VI enthält die frühere Ausgabe unter den positiven Determinanten von der Form $8n+5$, für welche die Anzahl der Classen in der eigentlich primitiven Ordnung dreimal grösser ist als die in der uneigentlich primitiven, auch den Determinant 397, dem aber von beiden Arten gleich viel Classen zugehören.

In Art. 302 ist zufolge einer handschriftlichen Bemerkung die Anzahl der Classen für das zweite Tausend der negativen Determinanten zu 28595 angegeben und nicht zu 28603, wie in der frühern Ausgabe steht.

In Art. 303 sind für die Classificationen II. 4; II. 5; IV. 2 die Mengen der Determinanten nach den im Nachlass vorgefundenen Tafeln zu 31, 44, 69 angegeben und nicht wie in der früheren Ausgabe zu 32, 42, 68.

In Art. 325 ist '$23t$, $23t\pm1$, $23t\pm5$, $23t\pm7$, $23t\pm9$, $23t\pm10$. His deletis superstites inveniuntur 119, 127, qui duo soli ipsi V valorem quadratum conciliant', gesetzt statt '$23t$, $23t\pm5$, $23t\pm7$, $23t\pm9$, $23t\pm10$. His deletis superstites inveniuntur 119, 127, 137, e quibus duo priores soli ipsi V valorem quadratum conciliant.'

In Art. 360 IV sind die Worte 'quum pro plerisque aliis aequationibus cubicis, quarum radices omnes reales sunt, simul anguli et rationis trisectio evitari nequeat.' die auf: '*e. g.* pro $\mathfrak{e}=3$ sola trisectio anguli', folgten, und deren Unrichtigkeit Gauss in seinem Handexemplare notirt hat, ausgelassen.

Die Noten auf Seite 80, 102, 133, 211, 263, 265, 449, sind dem handschriftlichen Nachlasse entlehnt.

Die äussere Form ist bei der neuen Ausgabe zur Erleichterung der Uebersicht einigen Abänderungen gegen den Druck dieses Werkes im Jahre 1801 unterworfen, man glaubte sich dazu um so mehr berechtigt, als Gauss ausgesprochener Weise auch in anderen Punkten auf Raumersparniss Rücksicht genommen. Viele Formeln, die der Textzeile eingeschlossen waren, sind abgesondert herausgesetzt. Die Inhaltsangaben, die zusammengestellt dem Werke vorangingen, sind auch den einzelnen Abtheilungen und nicht nur den Sectionen wie in der ersten Ausgabe beigefügt, die allgemeineren darunter sind den Seiten als Überschrift gegeben.

GÖTTINGEN,
GEDRUCKT IN DER DIETERICHSCHEN UNIVERSITÄTS-DRUCKEREI
W. FR. KAESTNER.